U0163253

纺织服装高等教育“十三五”部委级规划教材

尚装服装讲堂

服装立体裁剪 Ⅱ

Draping

The Complete Course

崔学礼　著

東華大學 出版社 · 上海

图书在版编目（CIP）数据

尚装服装讲堂·服装立体裁剪Ⅱ/崔学礼著.--上海 ：东华大学出版社，2020.6
ISBN 978-7-5669-1748-5

Ⅰ. ①尚… Ⅱ. ①崔… Ⅲ. ①立体裁剪 Ⅳ.①TS941

中国版本图书馆CIP数据核字(2020)第096607号

责任编辑 谢 未
装帧设计 彭利平 王 丽

尚装服装讲堂·服装立体裁剪Ⅱ
SHANGZHUANG FUZHUANG JIANGTANG FUZHUANG LITI CAIJIAN Ⅱ

著 者：崔学礼
出 版：东华大学出版社
（上海市延安西路1882号 邮政编码：200051）
出版社网址：dhupress.dhu.edu.cn
天猫旗舰店：http://dhdx.tmall.com
营销中心：021-62193056 62373056 62379558
印 刷：当纳利（上海）信息技术有限公司
开 本：889mm×1194mm 1/16
印 张：16.25
字 数：572千字
版 次：2020年6月第1版
印 次：2021年10月第2次印刷
书 号：ISBN 978-7-5669-1748-5
定 价：98.00元

作者简介

崔学礼，本科毕业于天津美术学院服装设计专业，从事服装设计与制版工作近20年，曾任国内多个一线服装品牌设计总监、技术总监，同时受聘多所高校担任服装设计研究生企业导师，期间师从国内外多位服装制版和立裁名师，博采国内外学院和知名教师的特点，2008年起由其主创的教学团队“尚装服装讲堂”面向社会进行服装设计和制版的教学，更多地服务于服装设计技术从业者、高校服装专业教师和学生，以及社会爱好者，受到了国内各服装企业和学员的认可和好评，其间带领团队研创了“尚装服装制版原型”并获得了“尚装原型模版”国家专利，为让更多学习者更高效地学习，崔学礼老师及其团队倾注近十年的时间对专业教学资源进行整理，面向社会出版了尚装服装讲堂服装平面制版、服装立体裁剪系列书籍。

教学理念：

- 好的教学要深入而浅出，把复杂的技术内容简单化、形象化；
- 服装设计、制版、工艺的学习要相结合，先技术再艺术，先功法后心法，泰豆驾车，心意贯穿马志；
- 服装样版既要 “合理”又要“合情”， “合理”即版型结构的功能性问题，“合情”是审美问题，动手实践与思考要高度统一，完美结合！

本书介绍：

本书是《尚装服装讲堂·服装立体裁剪Ⅰ》的姊妹篇，此书由两大部分组成，分别是“成衣篇”和“提高篇”。

“成衣篇”中精选了有代表性的领型、袖型、身型，这些都是在各成衣品牌中普遍存在的款式。

立裁的技法中，加放松量是重点，本书列举了几种不同的设置松量方法，展示了由紧身款式到宽松款式的松量变化规律。

“提高篇”中出现的款式在外观造型与内在结构上都有一定难度，需要经过“基础立裁”与“成衣立裁”训练后才能驾驭；难度虽大，但只要基础学好，再加以灵活应用，是能够将这类款式做好的！

此书介绍

·目录·

6

成衣篇

7

提高篇

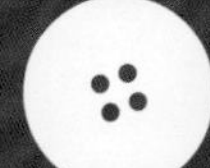

6

成　衣　篇

- 衬衫
- 通天省西装外套
- 三开身夹克
- 插肩袖上衣
- 两开身风衣
- 宽松落肩袖大衣
- 连肩插角大衣
- 光芒褶礼服

Draping

The Complete Course

款式描述

衣身为片内省结构，合体偏紧身松量；领型为分断式（装领座）衬衫领；袖型为一片袖，袖口偏瘦，有叠褶装袖头。

学习重点

- 掌握片内省紧身上衣侧缝加放松量的方法。
- 平面绘制袖肥、袖口褶、袖内缝线及袖头的方法。
- 立体调整袖山高，理解绱袖角度的造型原理；确定袖山弧线的方法。

材料准备

- 人台（不限定号型）。
- 宽0.3cm纯棉织带。
- 专业立裁针、剪刀、缝纫线、手缝针。
- 110cm×150cm纯棉坯布。
- 马克笔（或4B铅笔）、三色圆珠笔。
- 推版尺、多功能尺、皮尺。
- 粘合衬嵌条。

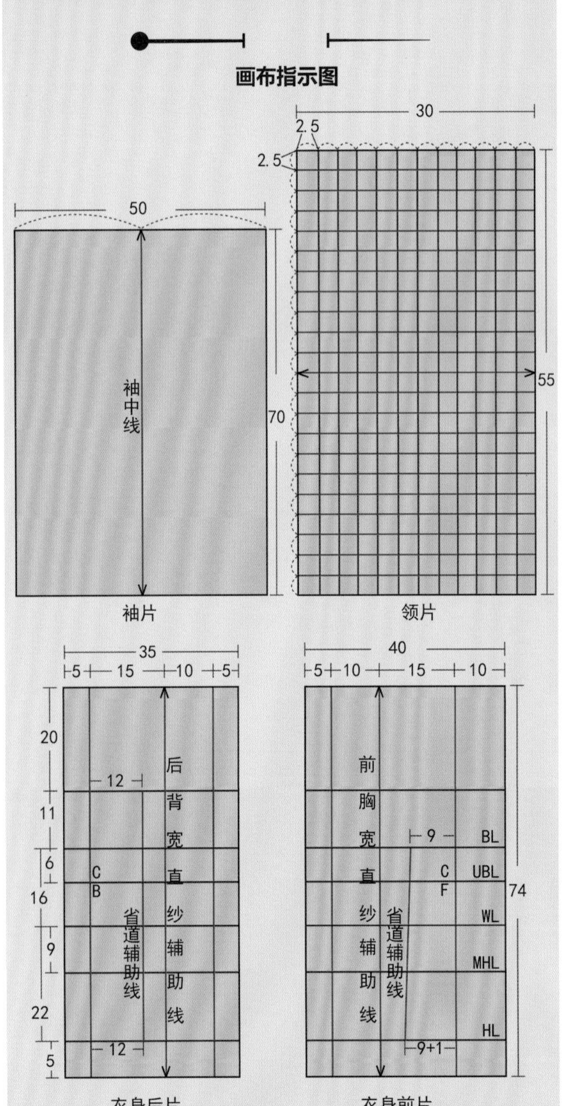

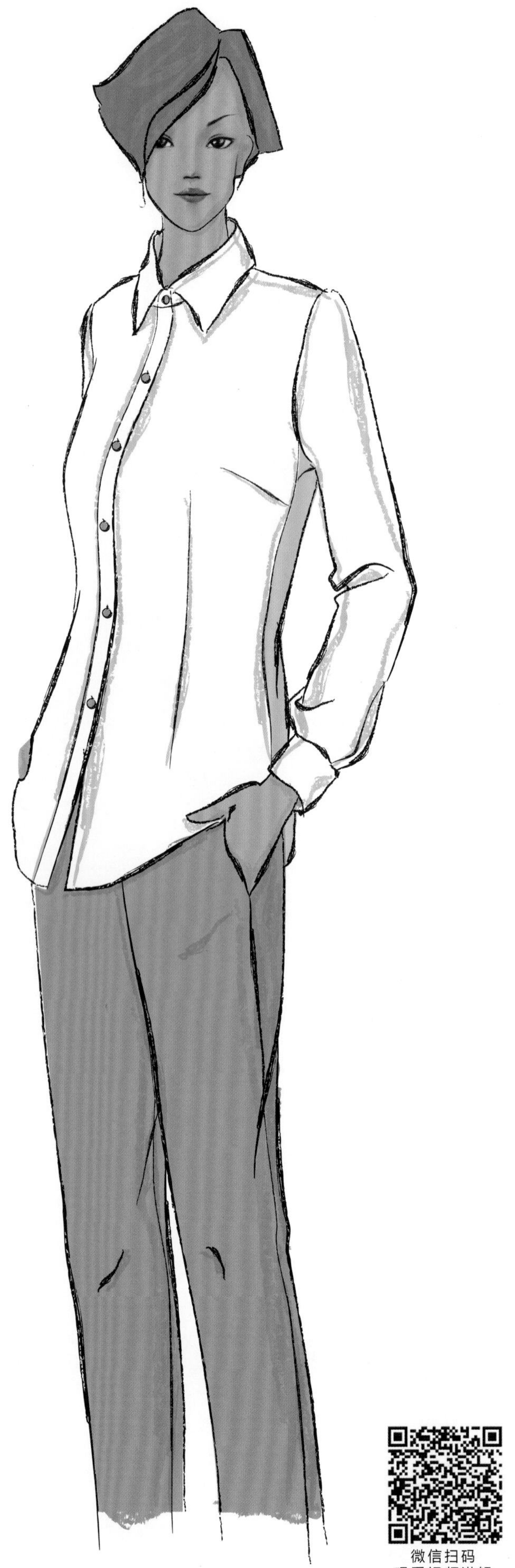

微信扫码
观看视频讲解

- **人台准备**

如图所示需要提前标好前、后片内省的省道线。

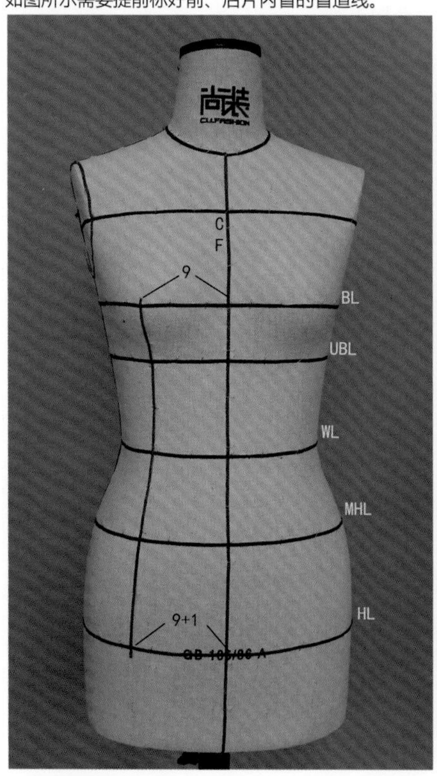

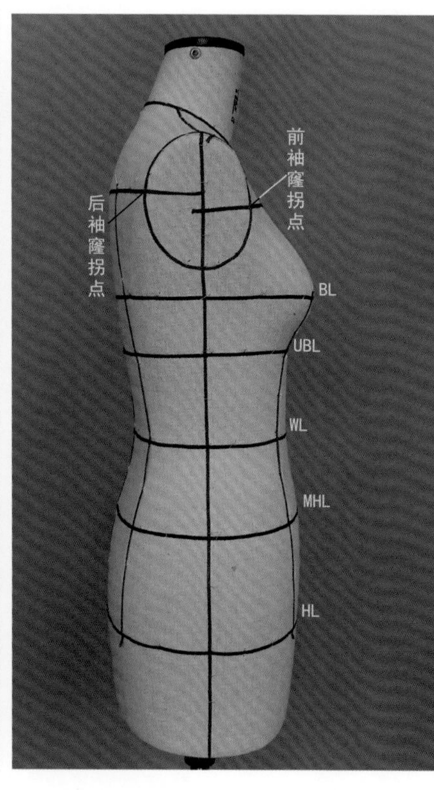

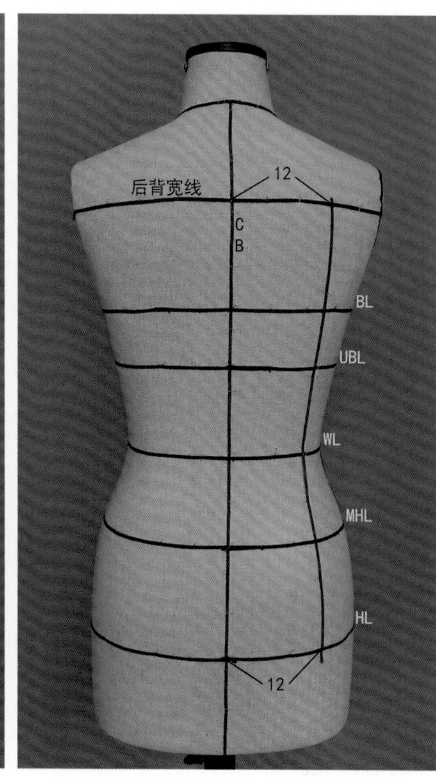

- **款式制作**

1 前片制作：前腰中点下针固定前中丝道线，确保各辅助线的水平与垂直，并与人台标线相对应。

2 自前颈点往肩颈点方向沿颈根均匀打剪口，剪出前领口造型，在肩颈点与肩端点处用大头针将坯布与人台固定；将多余坯布绕至侧面覆盖侧缝，保持胸围线水平，并在侧缝线上用针将坯布与人台固定。

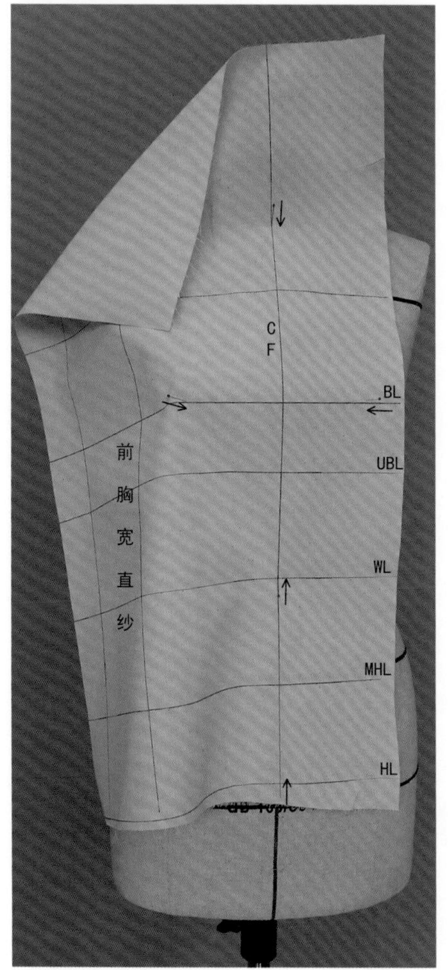

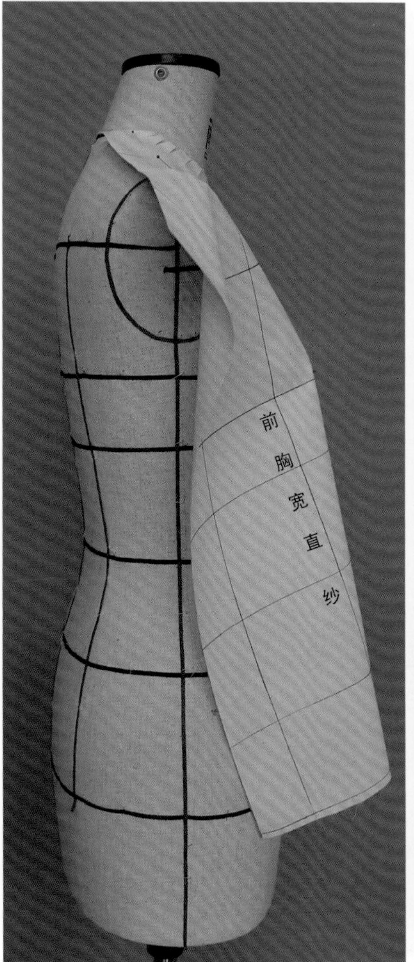

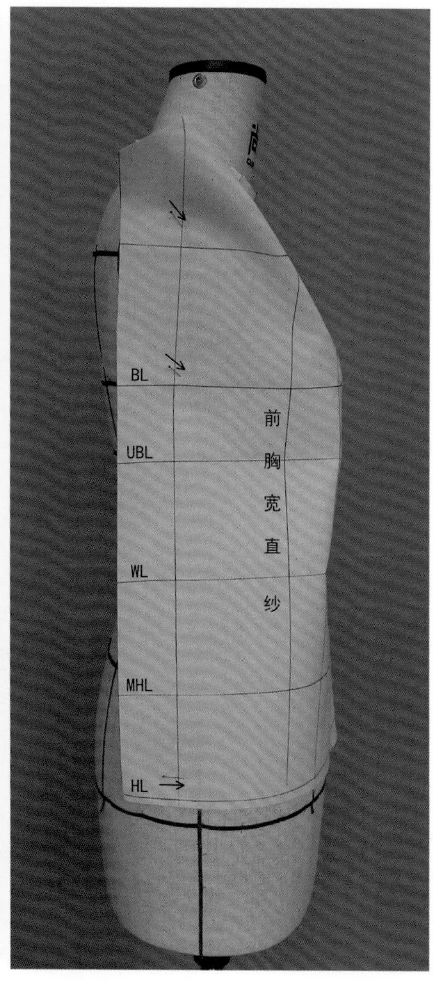

3 将人台转至正面，参考人台前腰省标线与前片基础布的省道辅助线，捏出前腰省的大小，定出上下省尖点的位置。

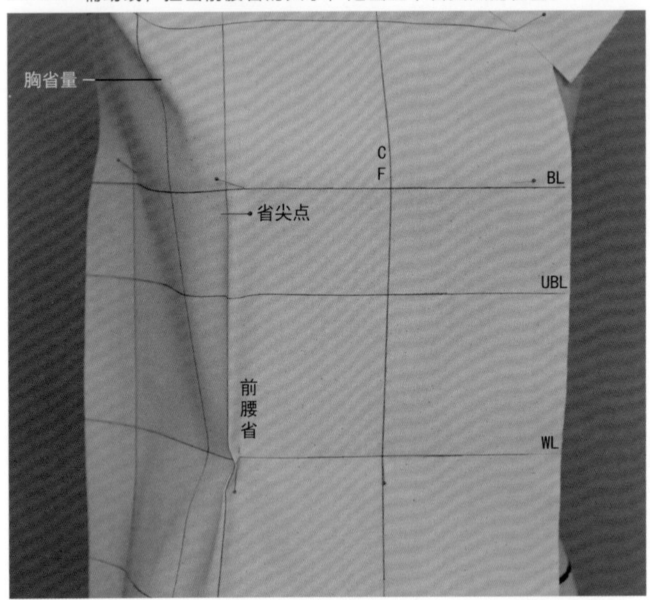

4 确保前胸宽直纱辅助线垂直地面后，在直纱辅助线处用针将面料与人台固定，然后用划丝道针法将侧缝的结构固定。注意此时面料与人台的空间状态是基本无松量但又并非紧贴人台，所以操作时以整体造型的美观和谐为主，面料不必紧贴人台。

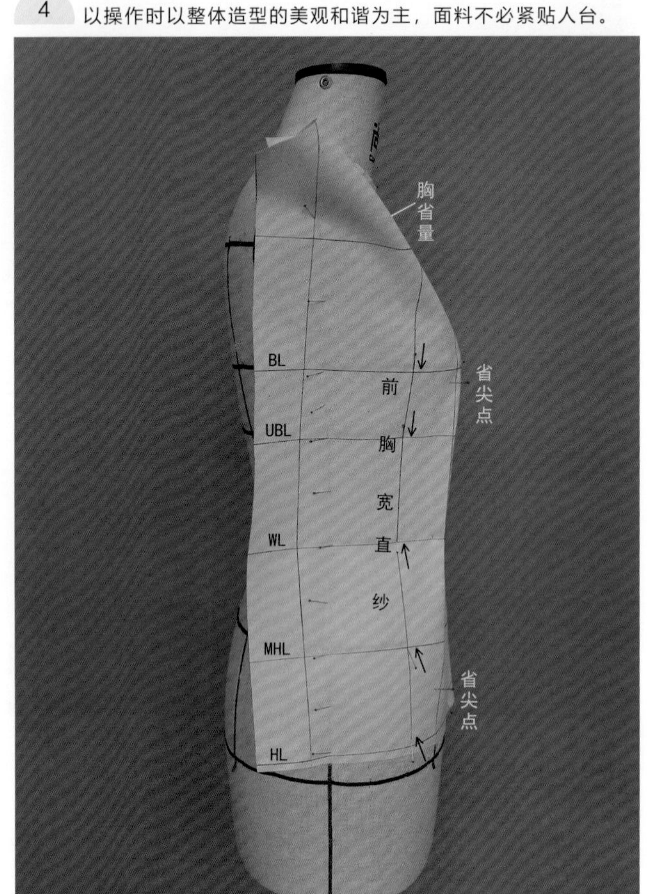

5 以BP点为省尖，往侧缝的方向画一条直线（斜度自定）；以此线为转移胸省的参考线，在转移胸省之前取下袖窿部位部分影响转省操作的大头针，并沿着省线用针将面料与人台固定，然后转移胸省，并将转移后的胸省用立裁针进行假缝。

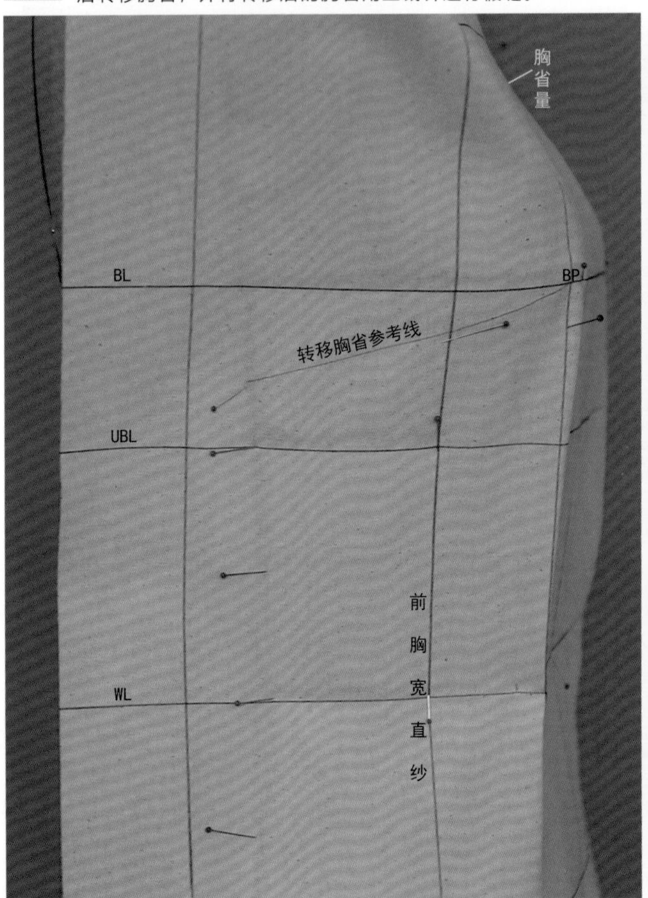

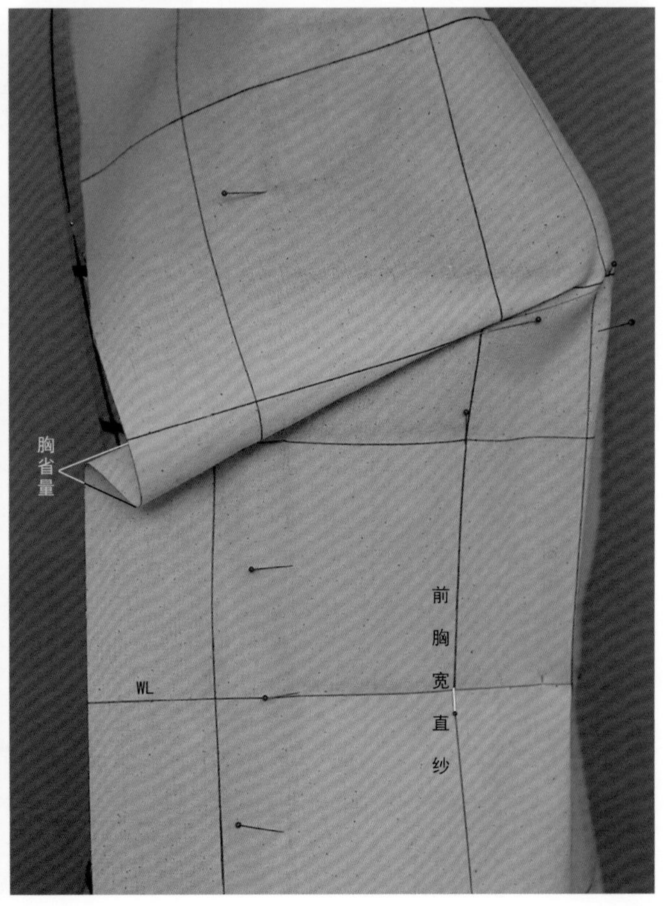

6 胸省假缝完成后对小肩及侧缝线的缝份进行清剪，并作反向刮折处理（与本系列丛书《尚装服装讲堂•服装立体裁剪Ⅰ》中“紧身五开身立裁”方法相同）。

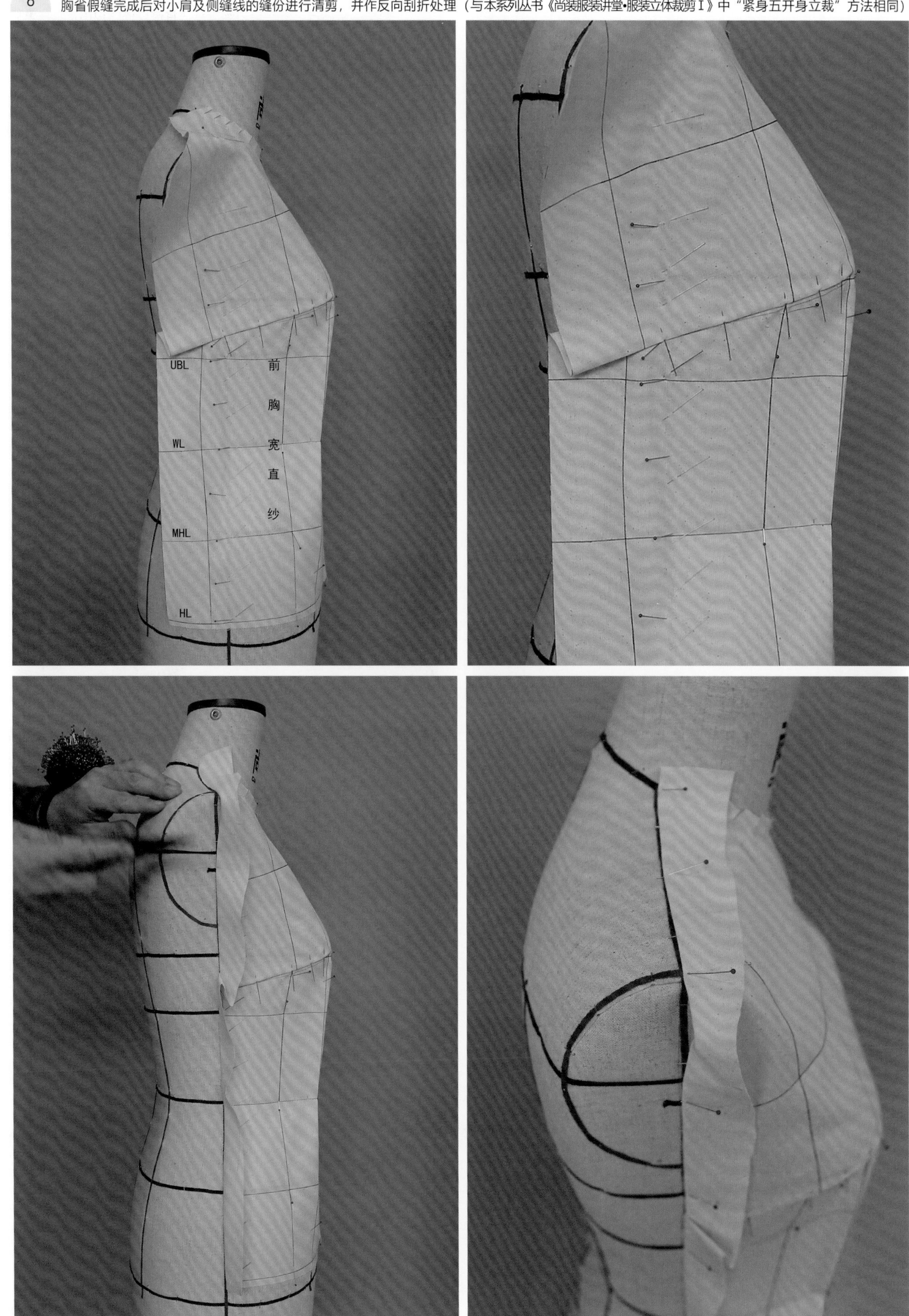

7 后片制作：后腰中点下针固定后中丝道线，确保各辅助线的水平与垂直，并与人台标线相对应。

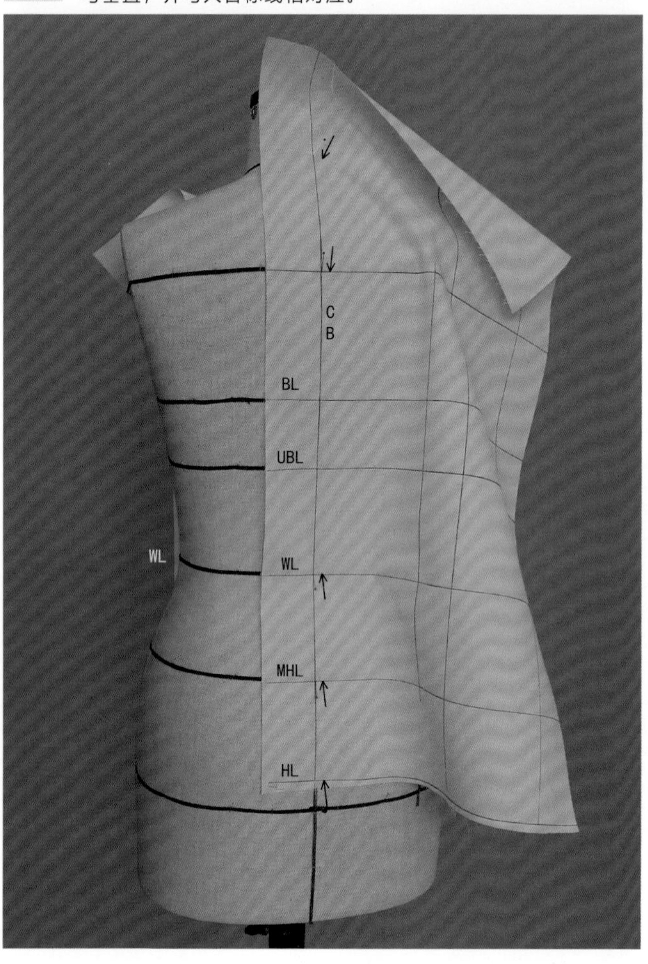

8 自后颈点往肩颈点方向均匀打剪口，剪出后领口造型，在肩颈点处用大头针将面料与人台固定；小肩1/2处保留0.5cm左右的吃势，如图所示用大头针固定吃势部位与肩端点。

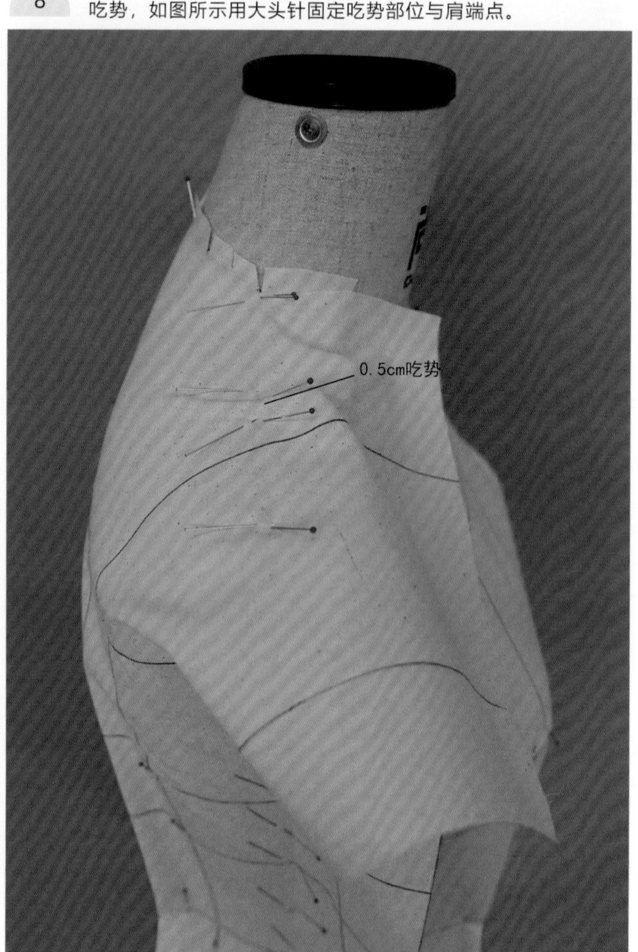

9 参考人台后腰省标线与后片基础布的省道辅助线捏出后腰省的大小，定出上下省尖点的位置；确定后背宽直纱辅助线垂直地面后，在直纱辅助线处用针将面料与人台固定；然后用划丝道针法将侧缝结构固定，同做前片时的原则一样，面料可在适度范围内不紧贴人台。

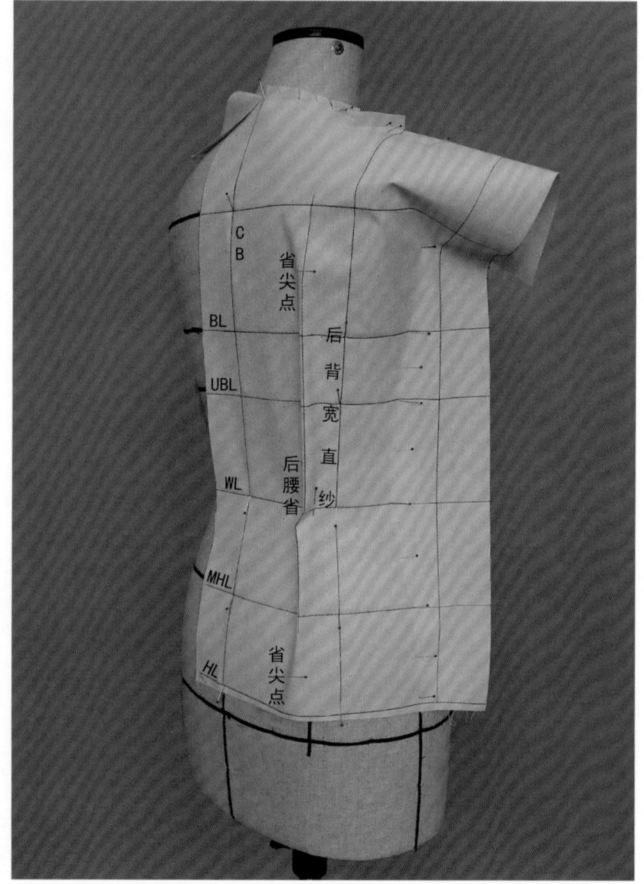

10 对后侧缝及后小肩的缝份进行清剪，并作反向刮折处理，对肩颈点、肩颈点沿肩线向肩端点3cm处、肩端点沿肩线向肩颈点3cm处、肩端点、前后袖窿拐点、胸省与侧缝交点、腰侧点、臀侧点、前后颈点进行描点。

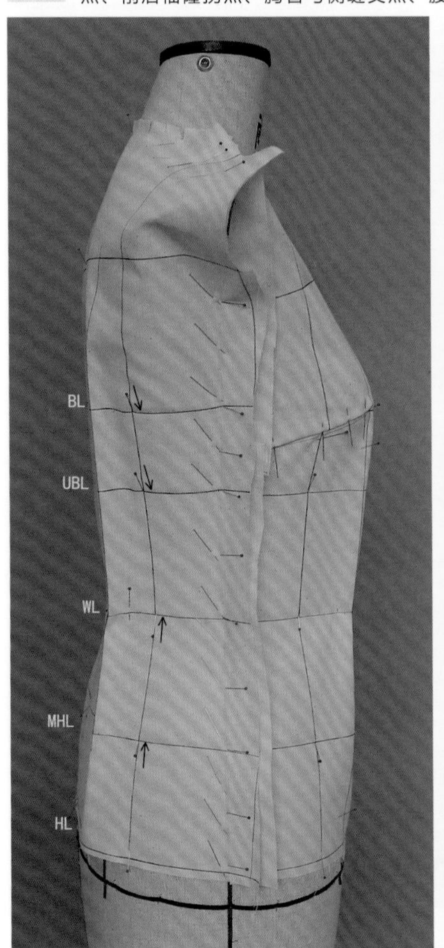

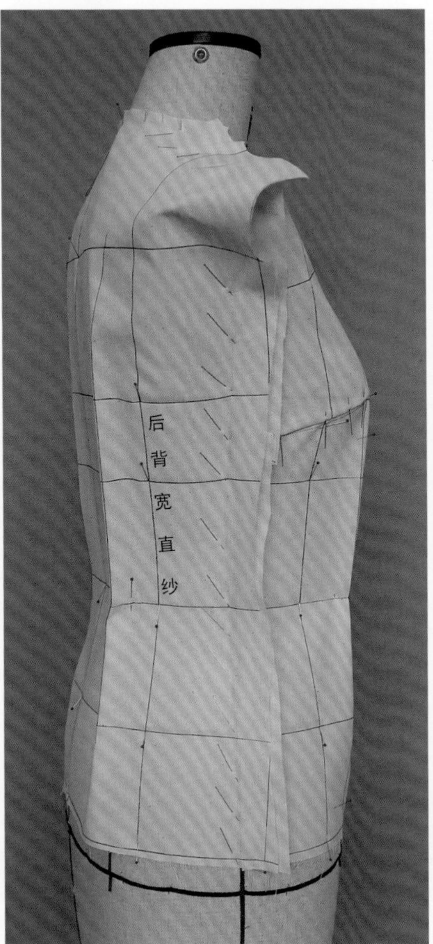

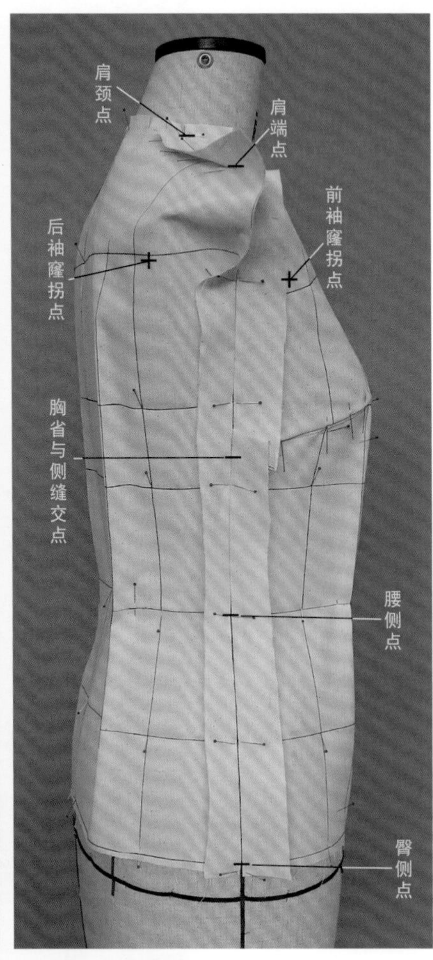

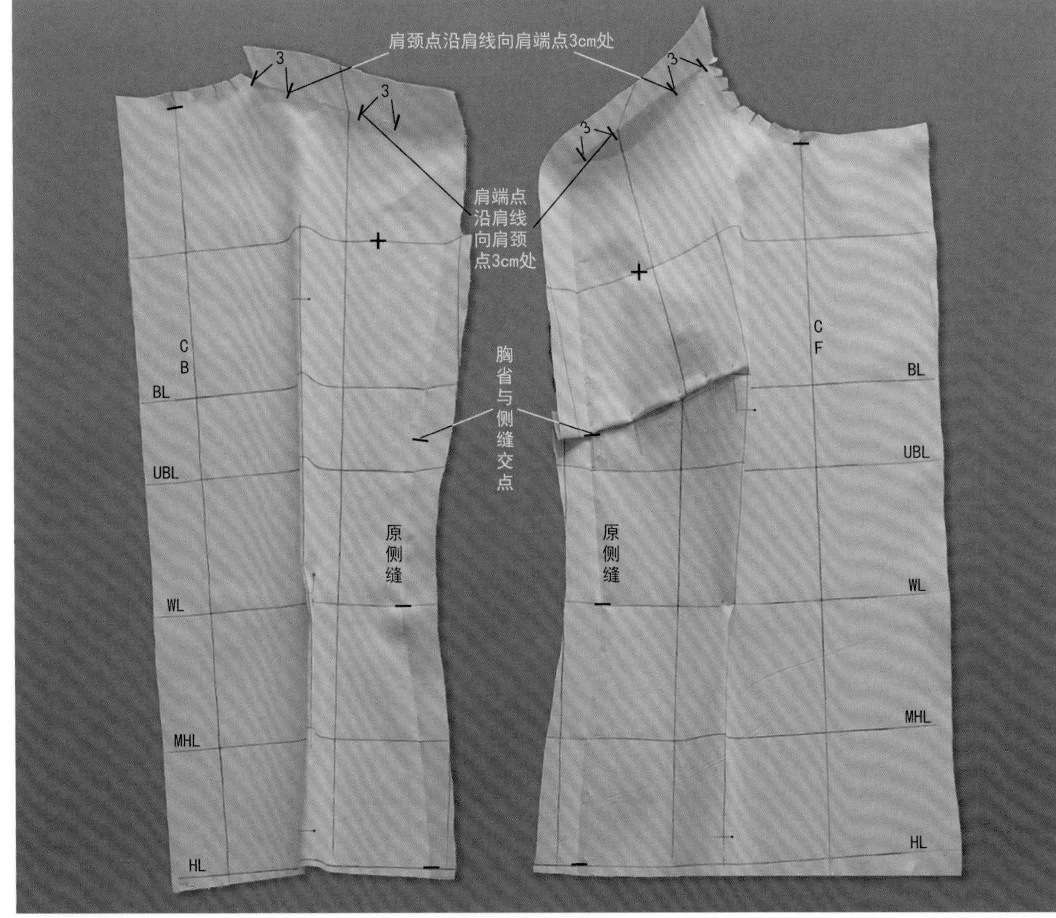

11-1

将各裁片取下，以刮折的折印为参考修顺样版线条。胸省未拆开之前，在修顺侧缝的基础上平行外加适量的松量（0.5cm～0.8cm/边），加放完松量之后将胸省拆开。如图所示画出前后腰省的形状。

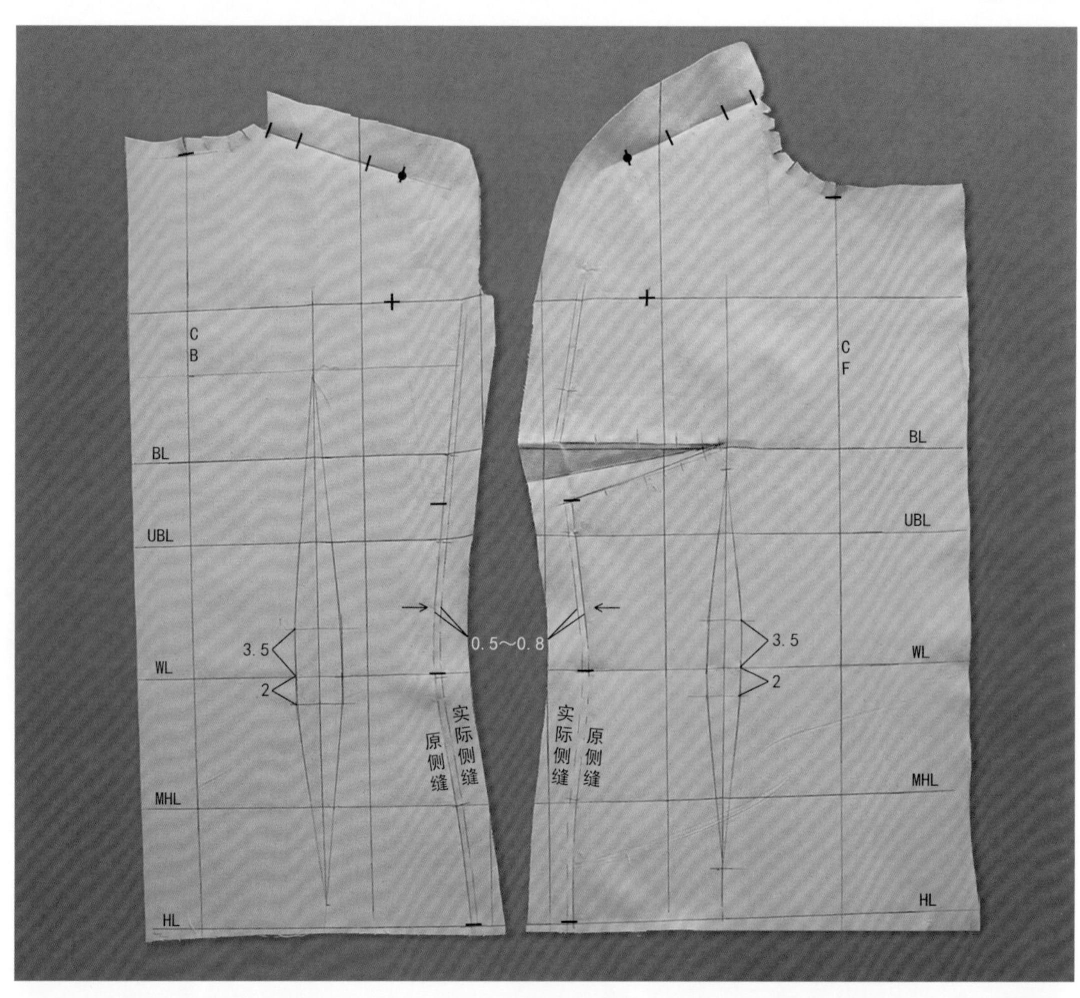

11-2

对侧缝线进行假缝操作后将衣身平铺，准备画衣身袖窿。例：测量人体臂根围（37），臂根围+7(袖窿弧长松量)=44（实际袖窿弧长）即AH；AH为44，过前、后肩端点与前、后袖窿拐点画袖窿弧线；此线形状为"水滴形"，此线画好后与实际侧缝线的交点为衣身腋点，参考图中所示确定实际胸省省尖点与实际胸省线。

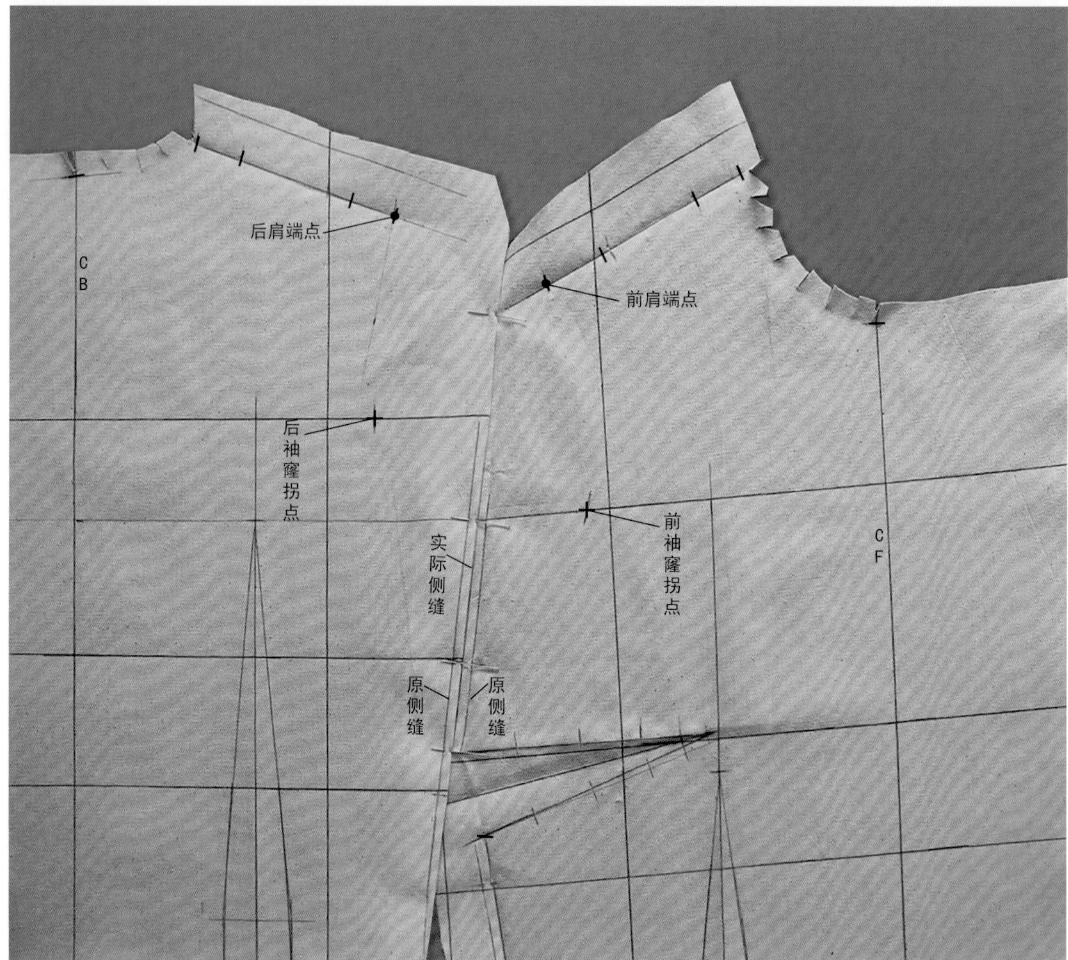

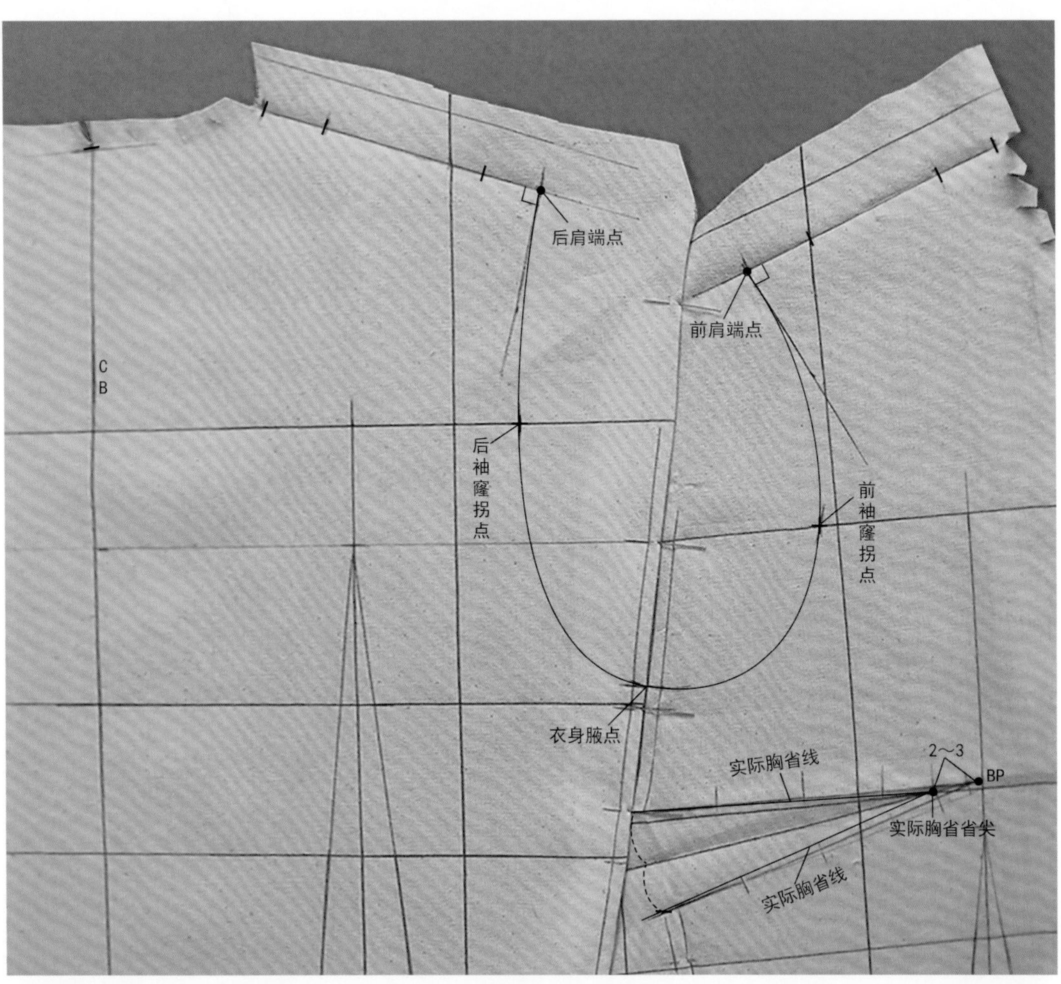

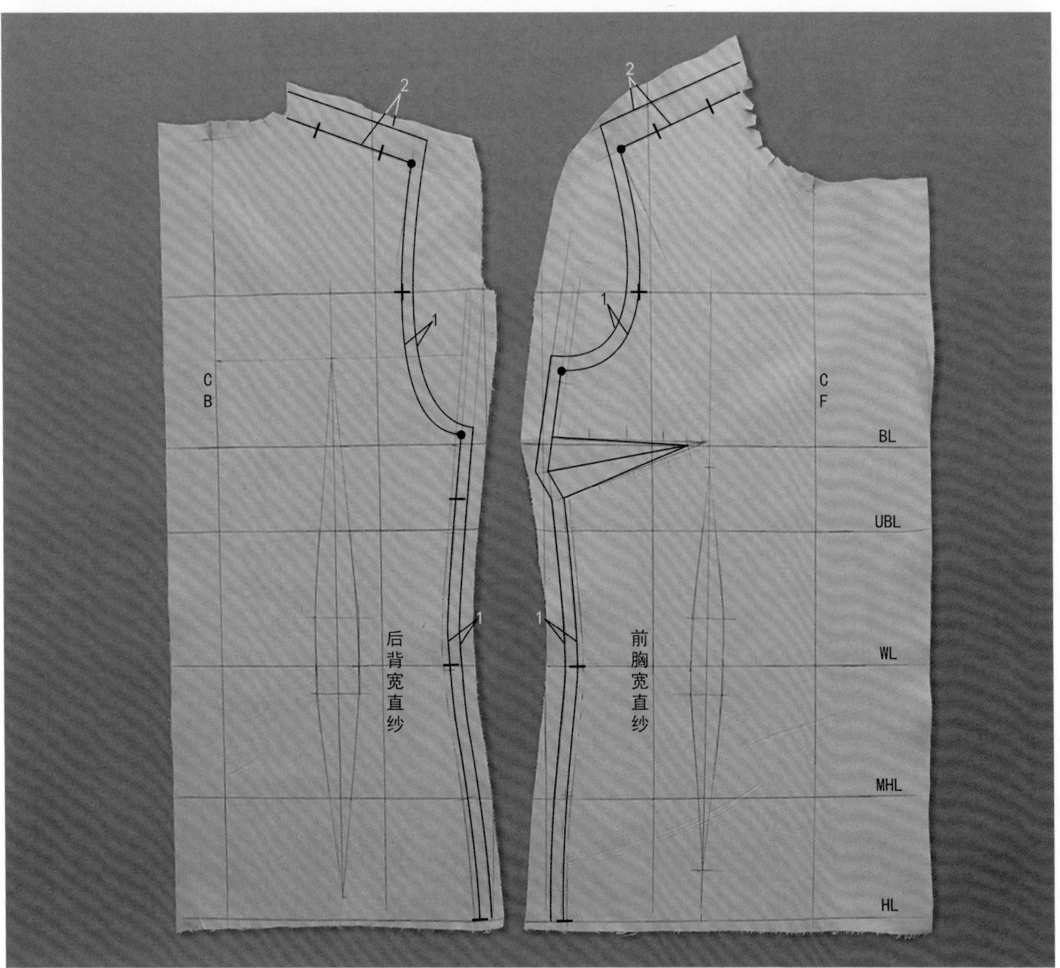

11-3

对衣身各结构线的缝份进行清剪，完成后将裁片放到烫台上，整理丝道后烫平。

12

对衣身裁片的缝份进行扣烫整理，由衣身腋点沿袖窿弧线向上量取7cm作对位点，并对衣身各裁片进行假缝，将假缝好的衣身穿至人台上。

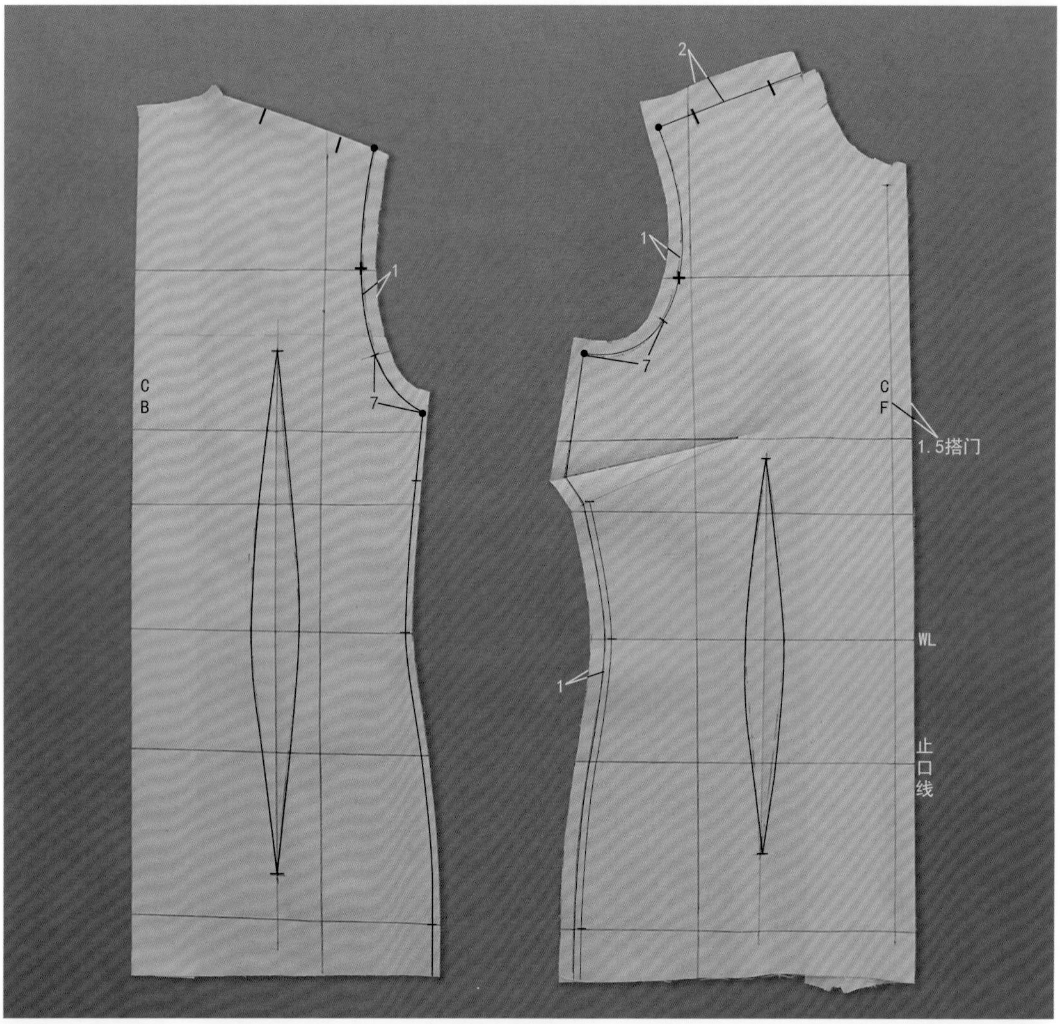

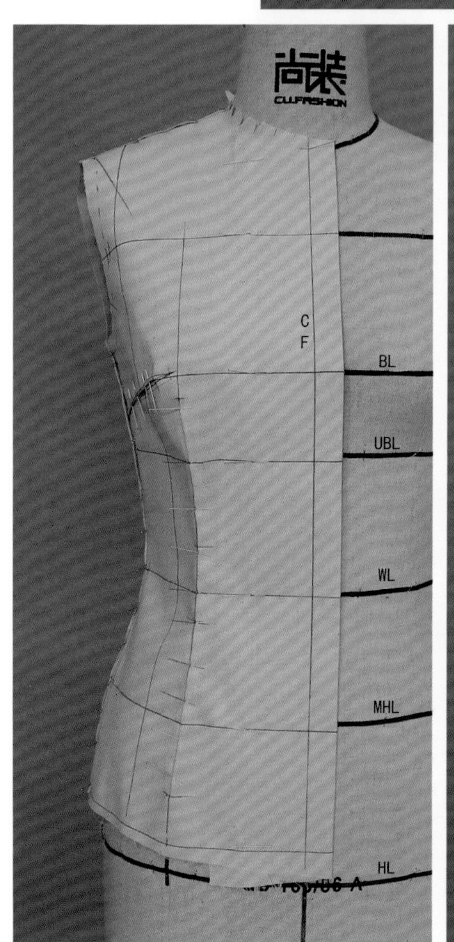

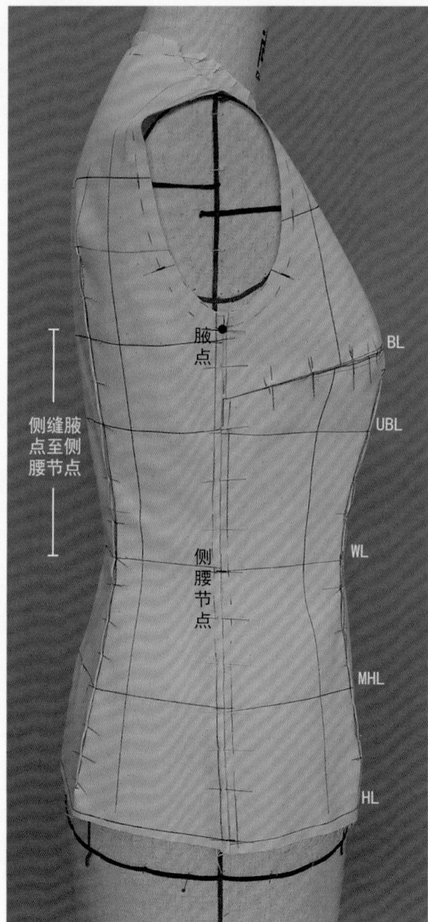

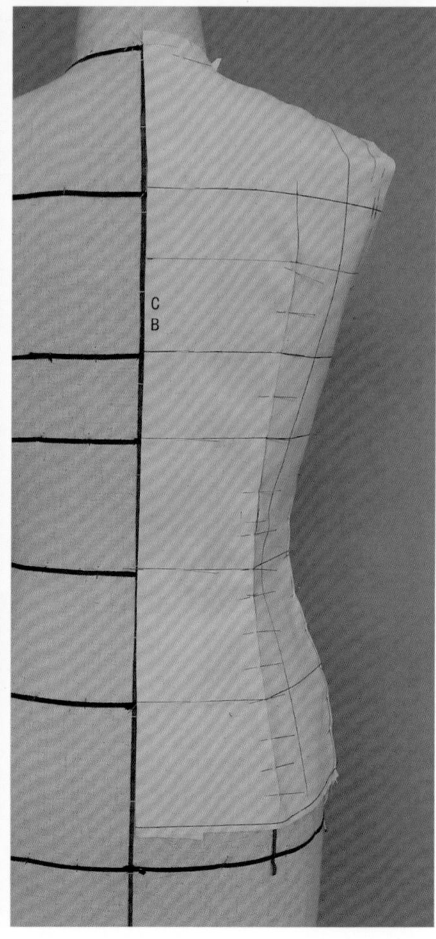

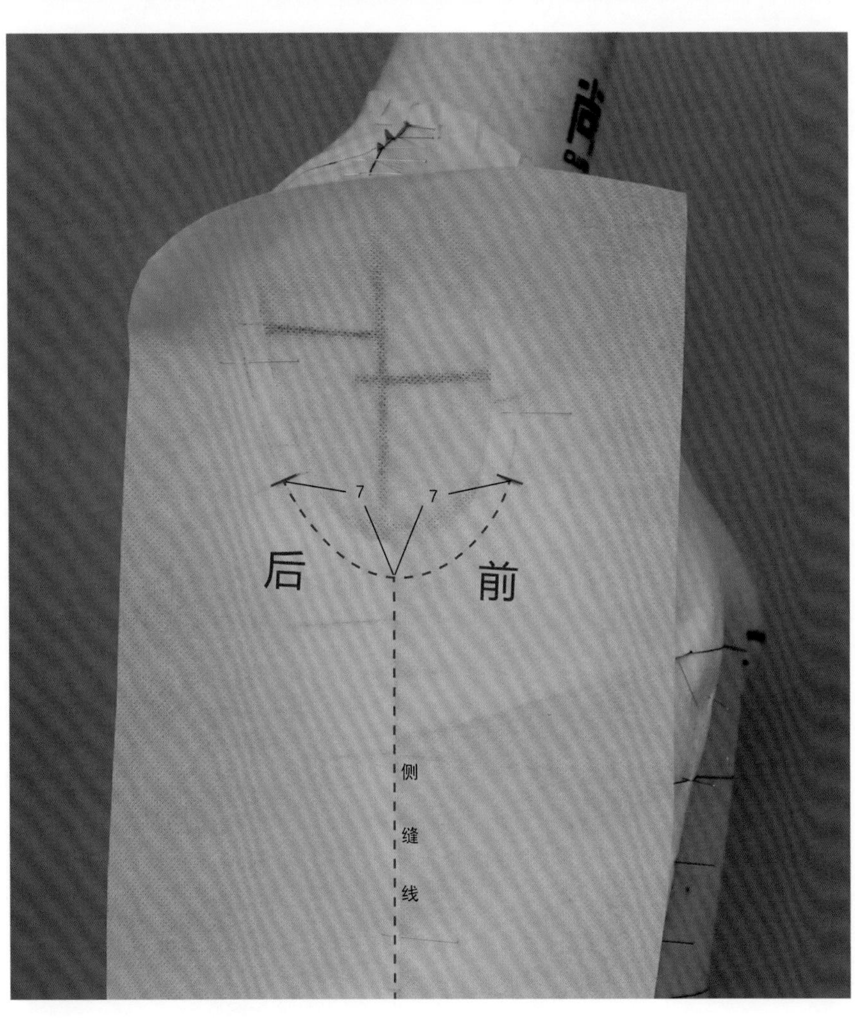

13-1

袖子制作：衣身组装完成后用半透明纸或无纺布对衣身袖窿底弯和侧缝进行拓印。

13-2 使用拓好的衣身袖窿底弯，根据下图的图示画出袖身样版。注：袖肥=AH×0.75≈32；袖口=腕围15+松量（袖口松量）5=20。

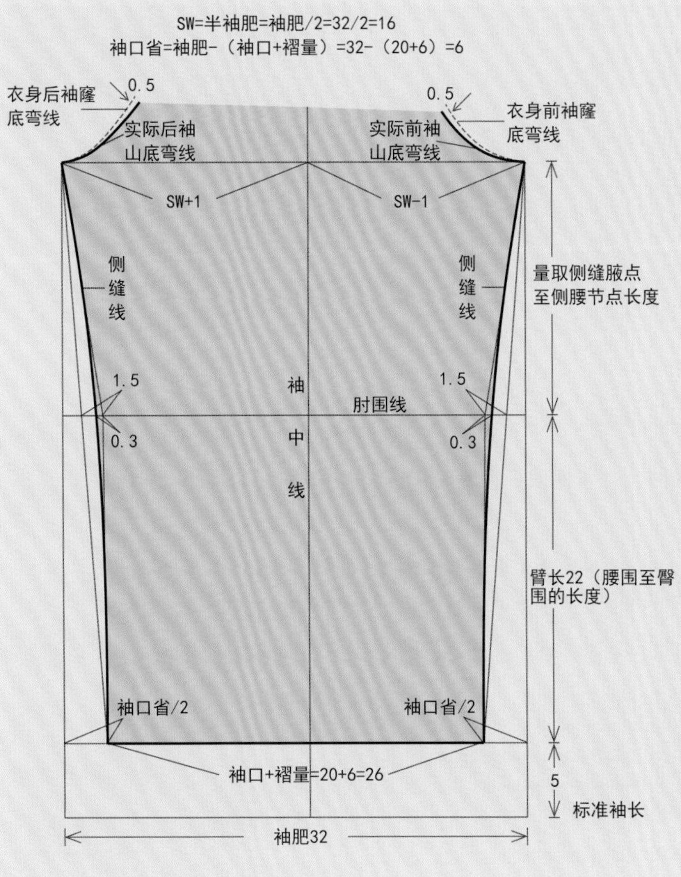

SW=半袖肥=袖肥/2=32/2=16
袖口省=袖肥-（袖口+褶量）=32-（20+6）=6
衣身后袖窿底弯线
0.5
实际后袖山底弯线
0.5
实际前袖山底弯线
衣身前袖窿底弯线
SW+1
SW-1
侧缝线
侧缝线
量取侧缝腋点至侧腰节点长度
1.5
0.3
袖中线
肘围线
1.5
0.3
臂长22（腰围至臂围的长度）
袖口省/2
袖口省/2
袖口+褶量=20+6=26
5
标准袖长
袖肥32

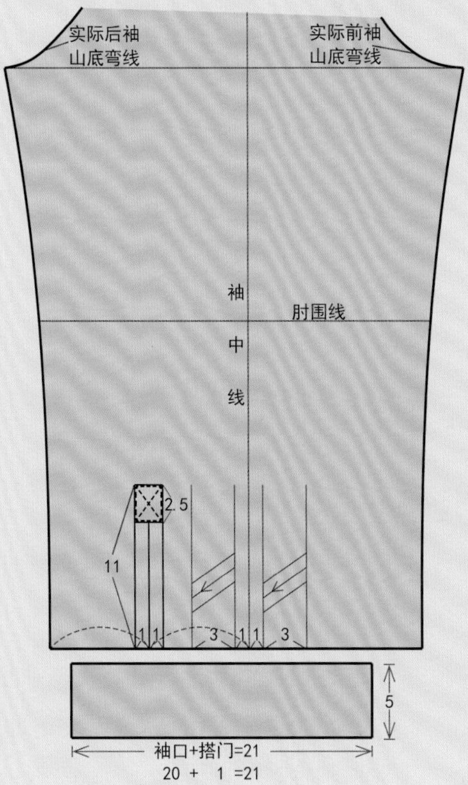

实际后袖山底弯线
实际前袖山底弯线
袖中线
肘围线
2.5
11
1 1
3
1 1
3
5
袖口+搭门=21
20 + 1 =21

13-3 对袖子样版进行拓印并清剪缝份（注：图中所出现的尺寸为参考尺寸）。

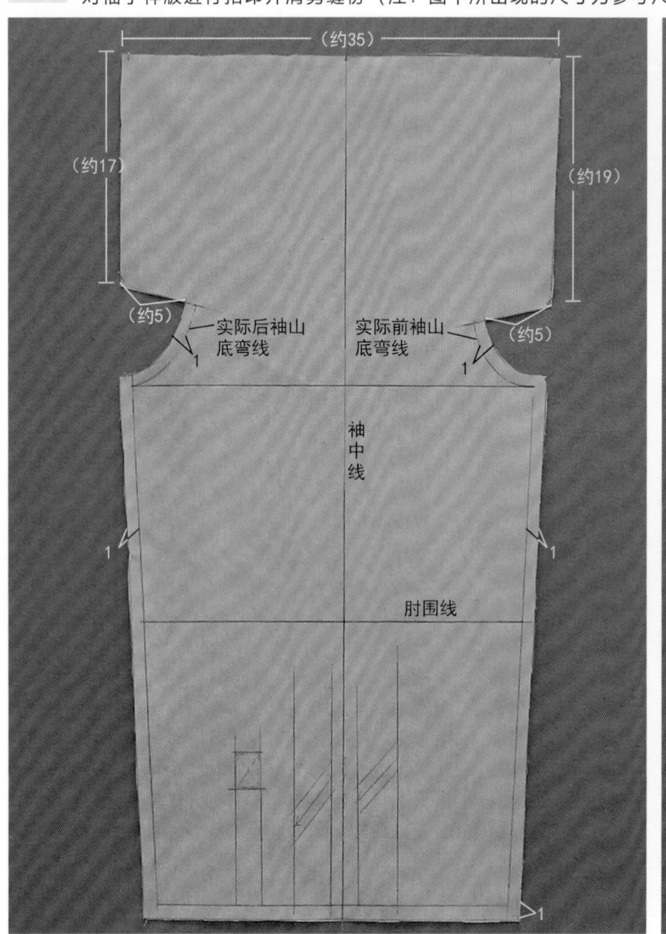

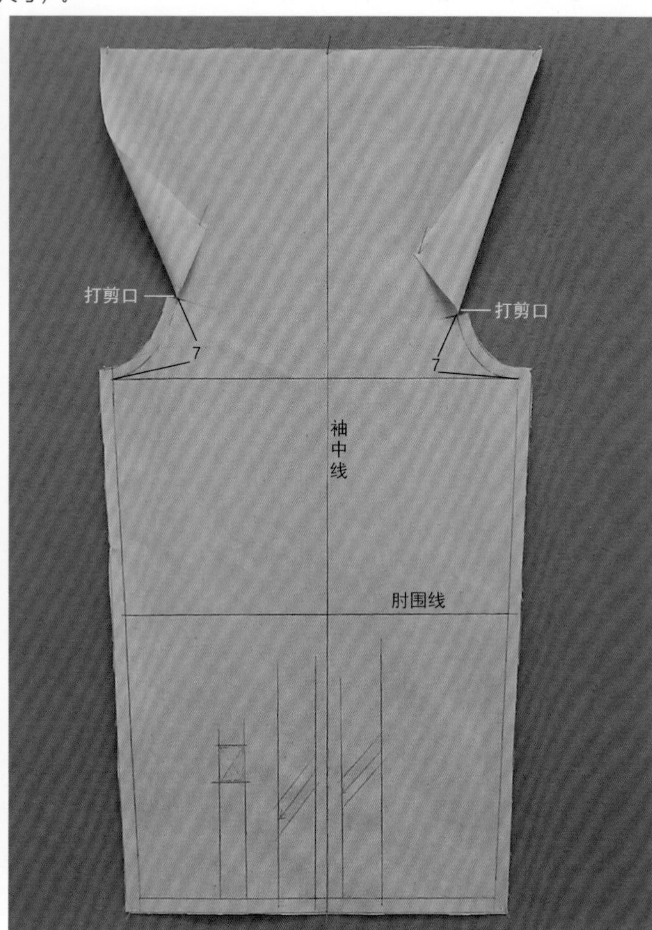

13-4 对袖子进行组装。

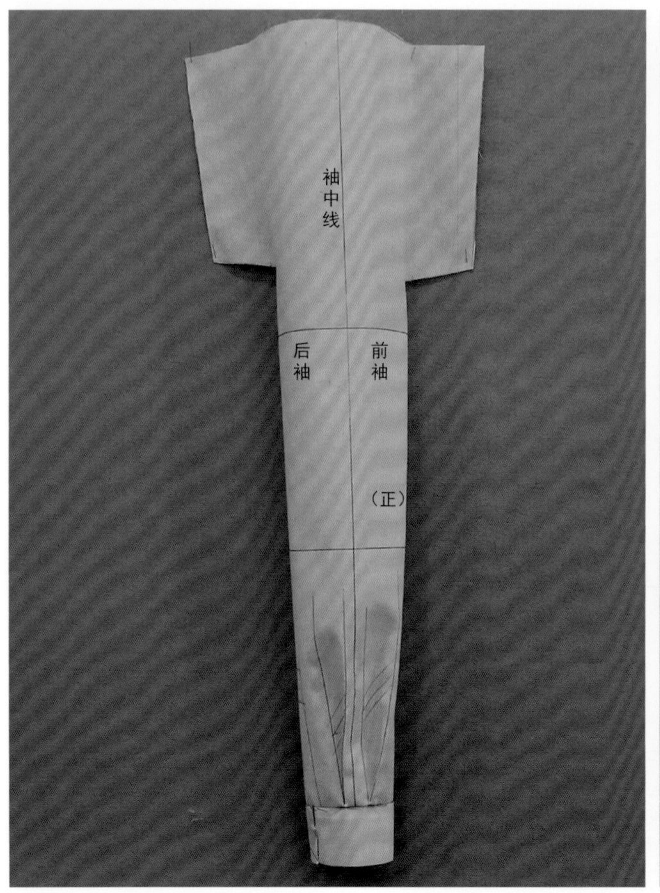

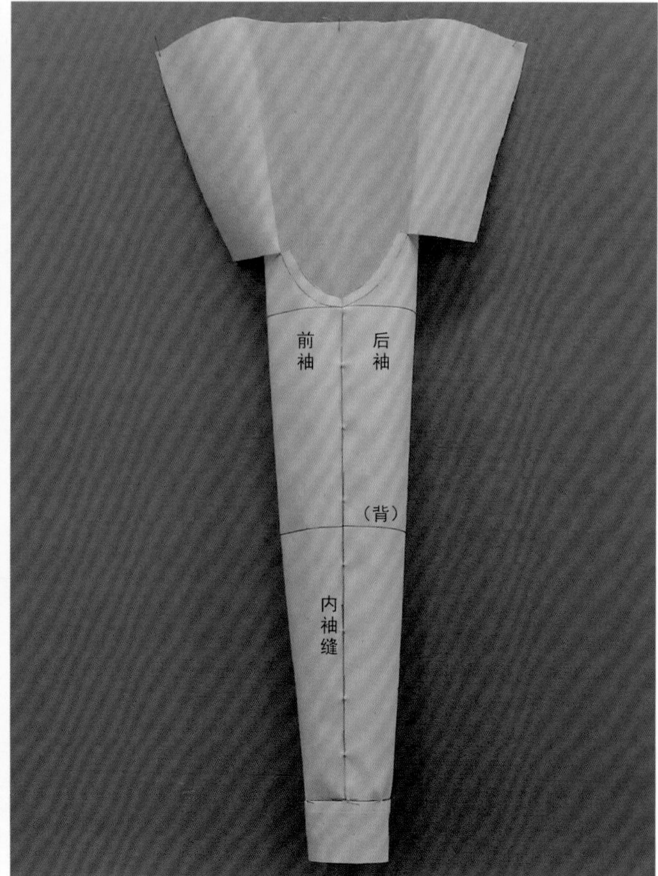

13-5 将袖山底弯线与袖窿底弯线的7cm处对合并用大头针自上而下固定（重叠针法），装配底弯后，立体调整绱袖角度及袖山形状，调整好造型后在肩端点位置上用大头针（重叠针法）将袖山基础布与衣身基础布固定。

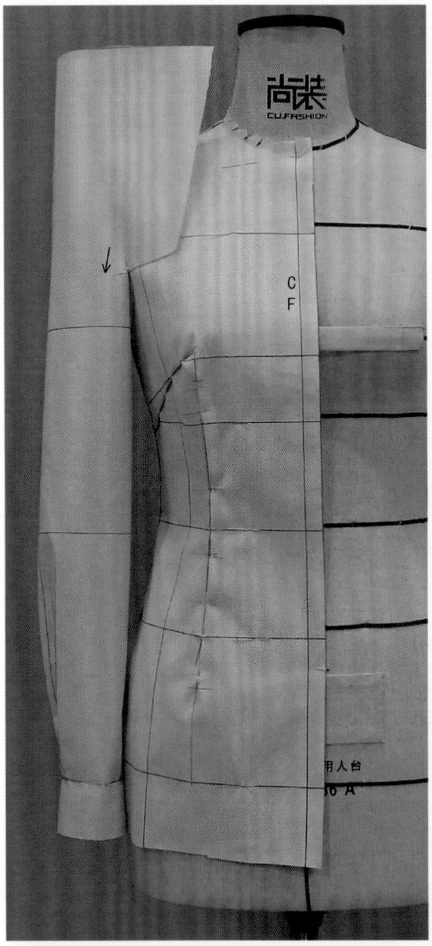

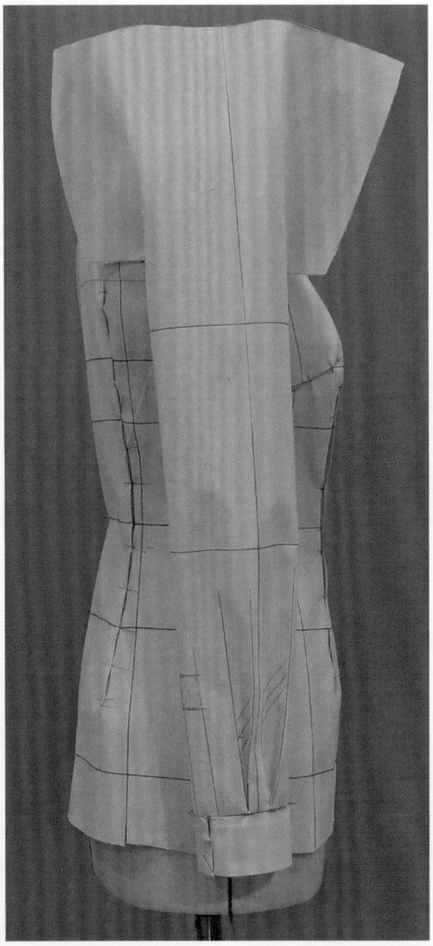

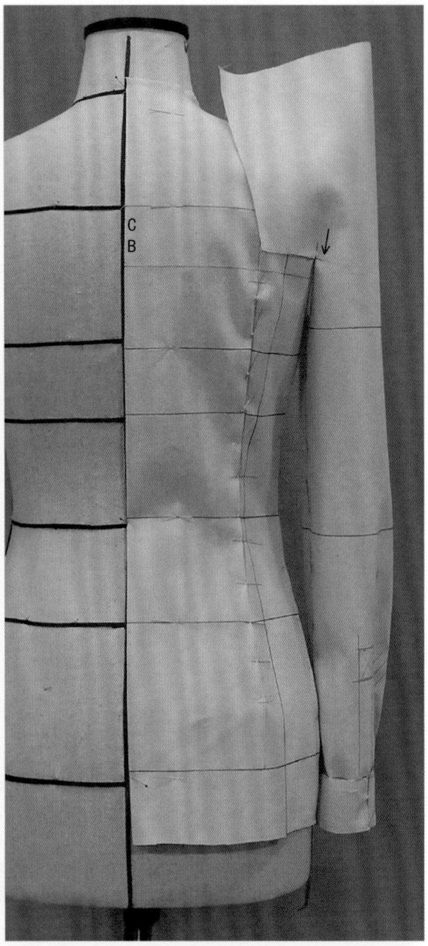

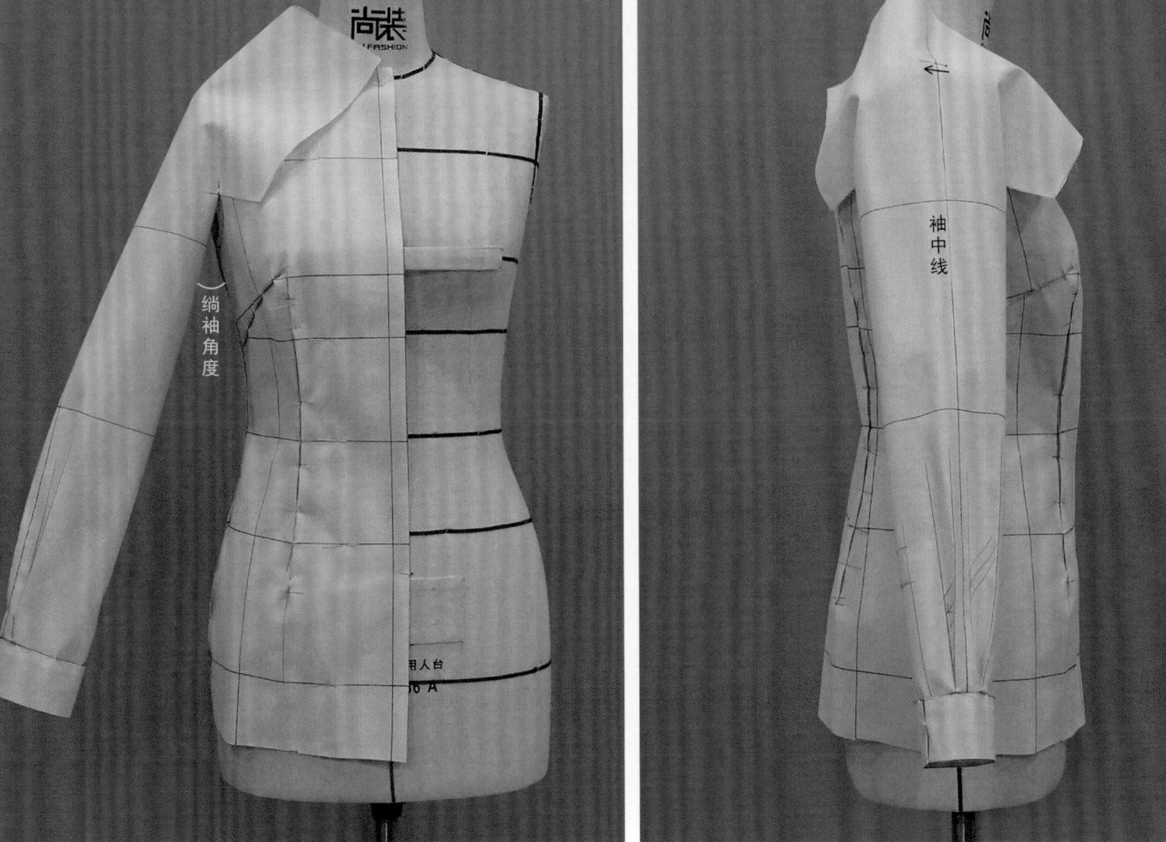

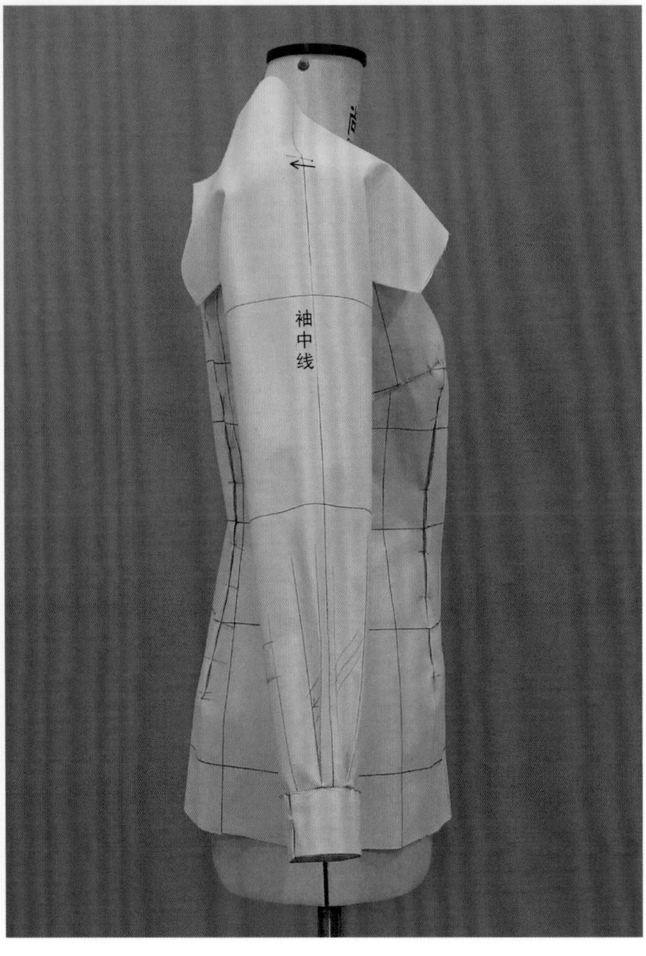

13-6 整体调整完成后对袖山进行描点，然后将袖子取下，并根据描点修顺袖山结构线。

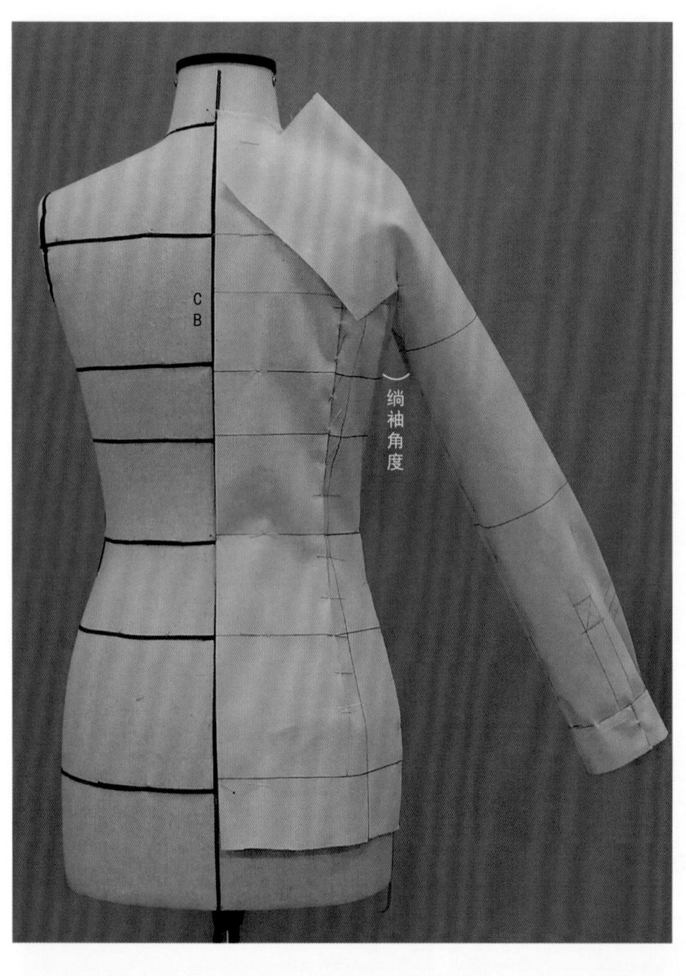

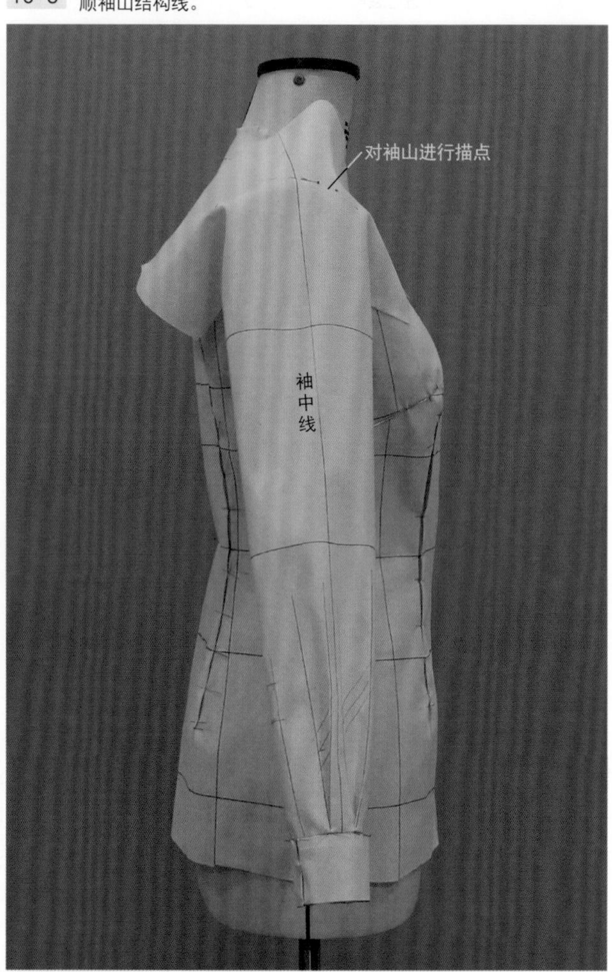

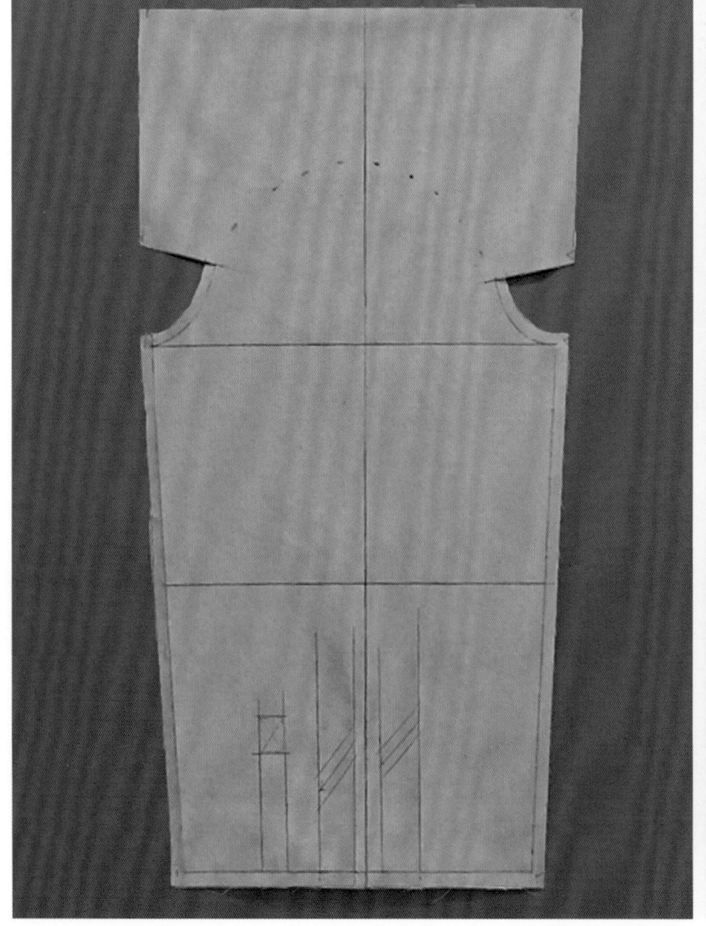

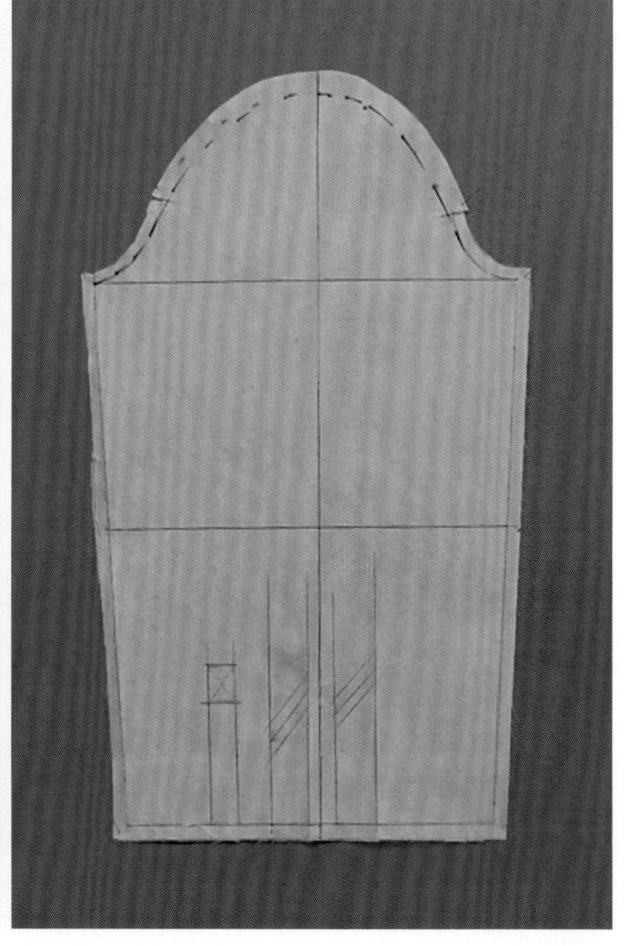

13-7 再次对袖子进行装配，注意此步骤可对袖山进行调整，方便进行袖子与衣身的装配。

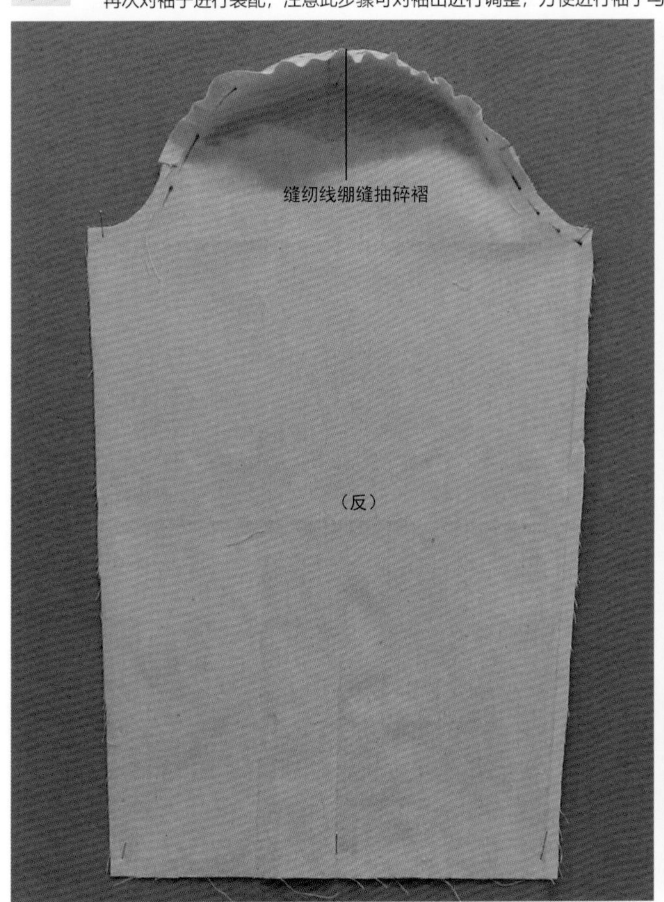

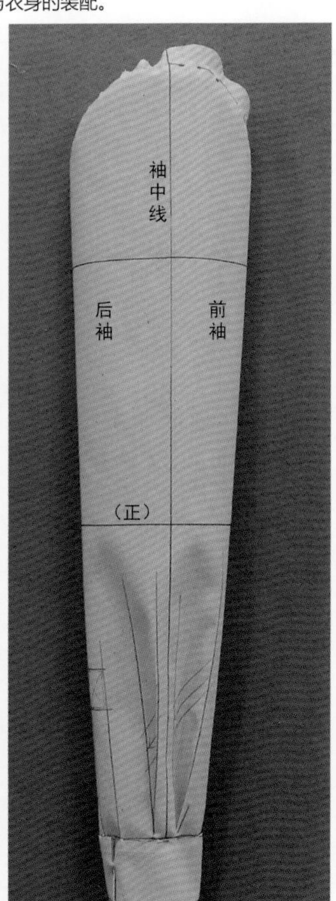

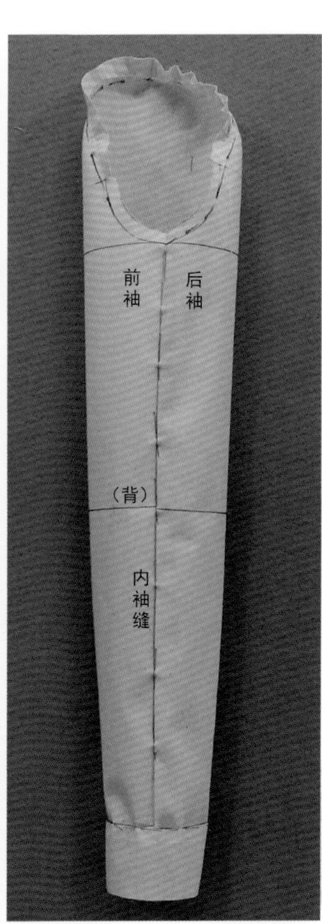

13-8 袖子与衣身装配完成效果。

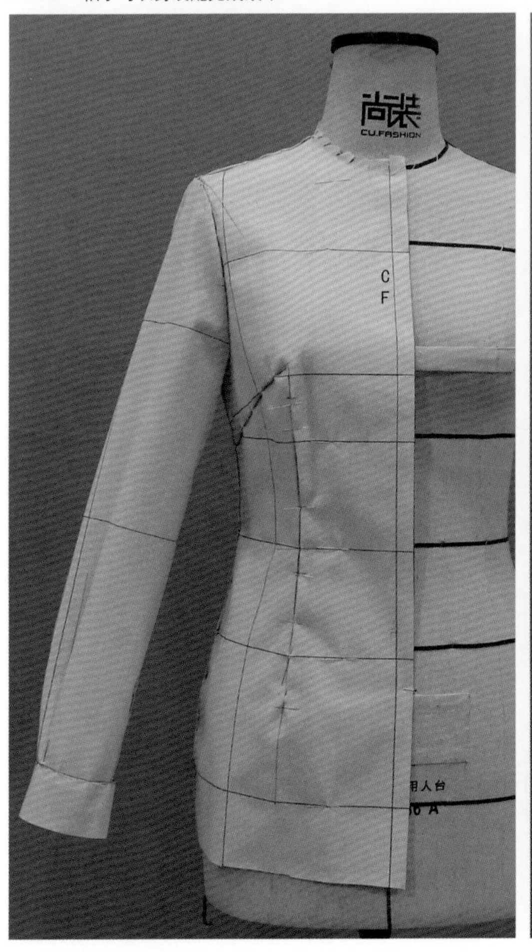

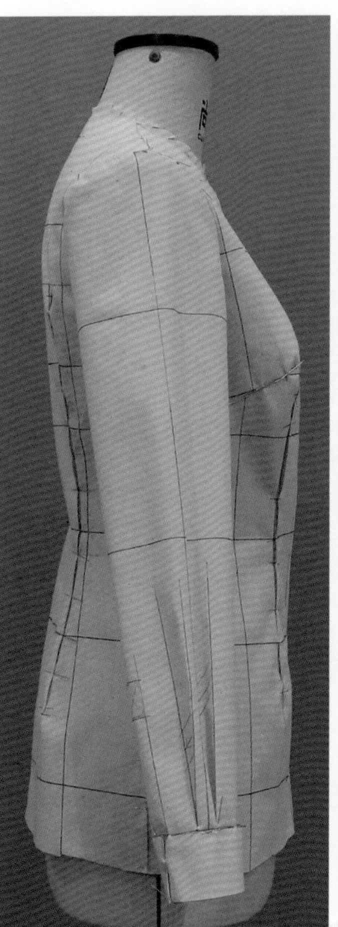

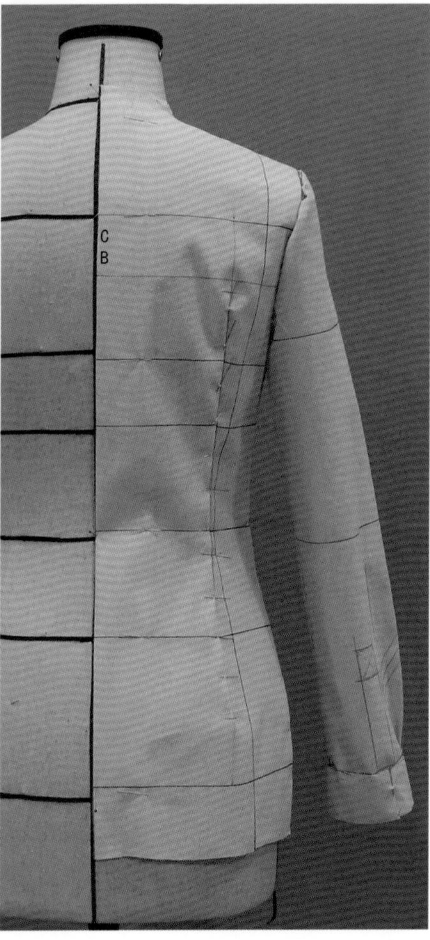

14-1

立领制作：请参考本系列丛书《尚装服装讲堂•服装立体裁剪Ⅰ》中第133～137页的 3 ～ 13 步骤。

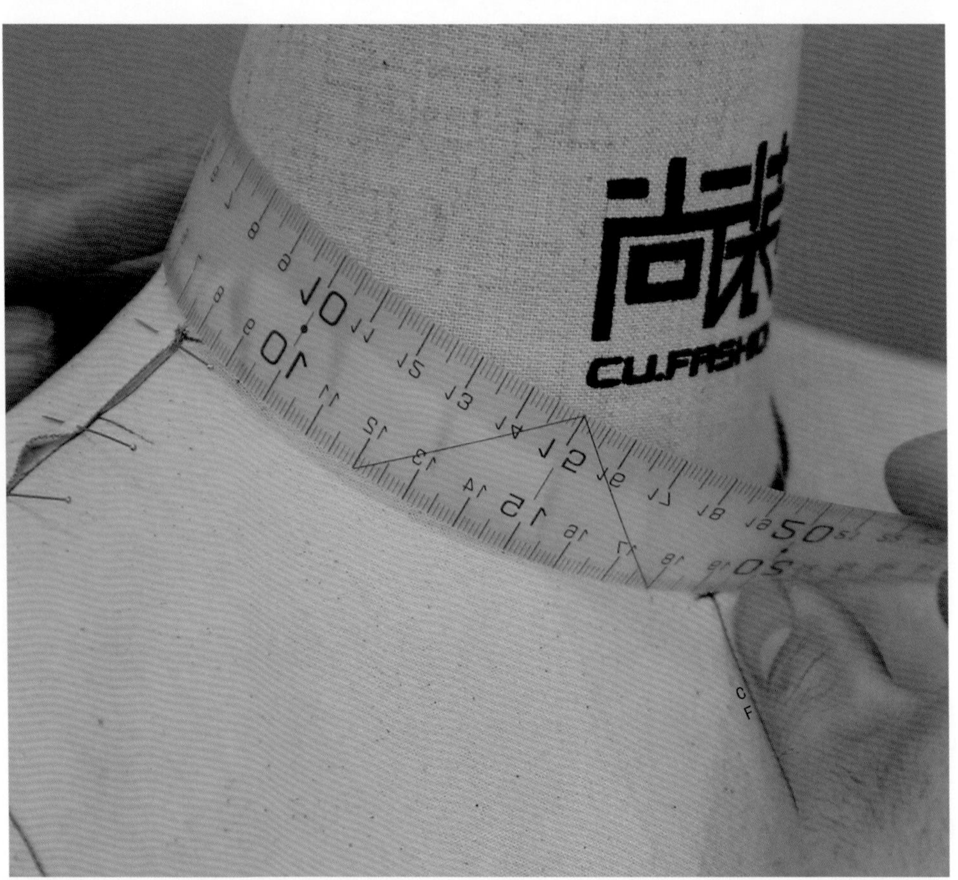

14-2

立领假缝效果。

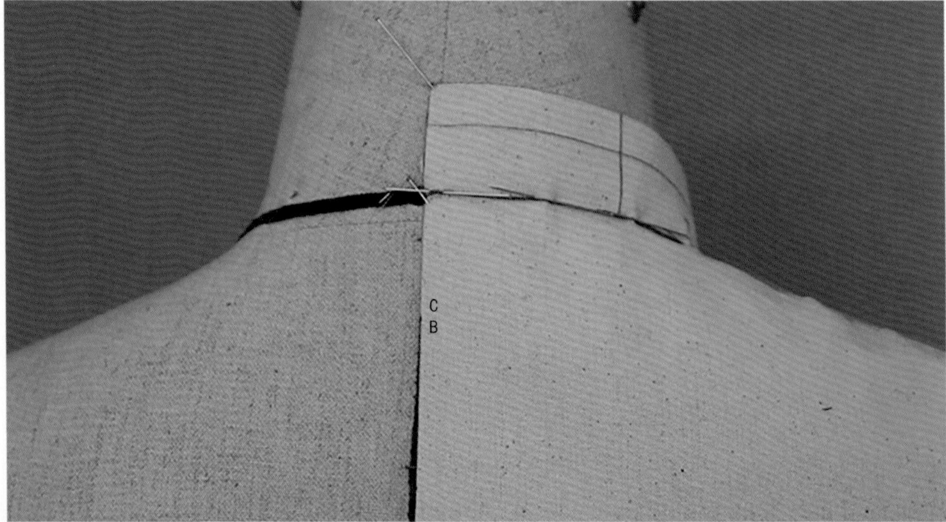

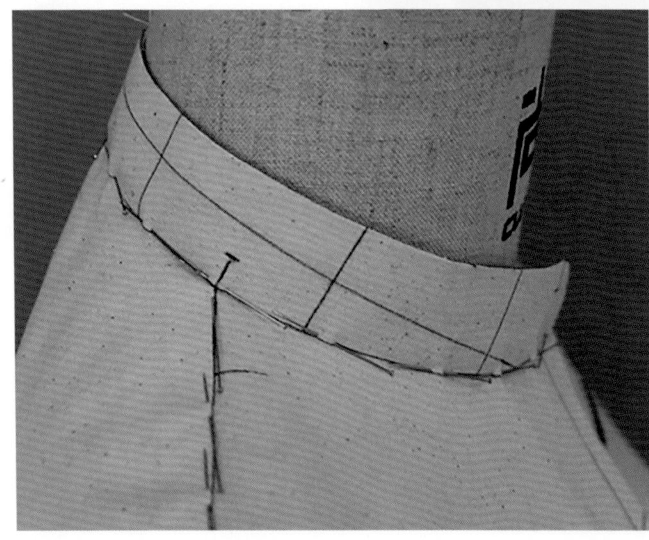

15-1 翻领制作：请参考本系列丛书《尚装服装讲堂•服装立体裁剪Ⅰ》中第137～141页的 14 ～ 23 步骤。

15-2

翻领与立领假缝效果。

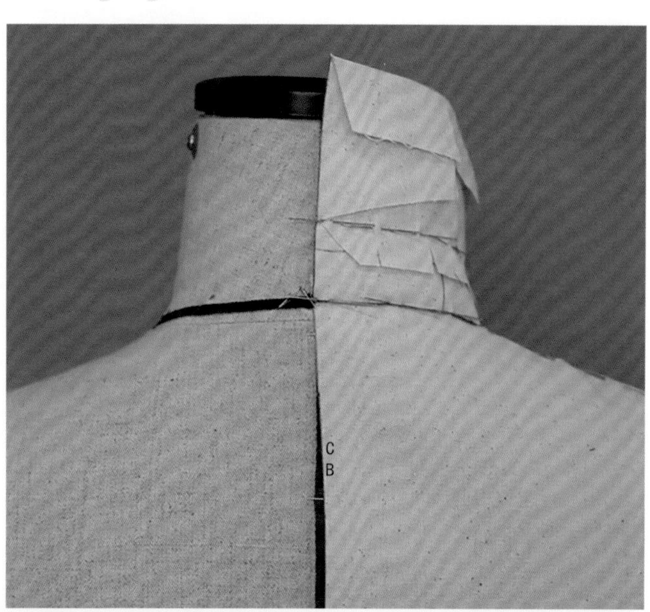

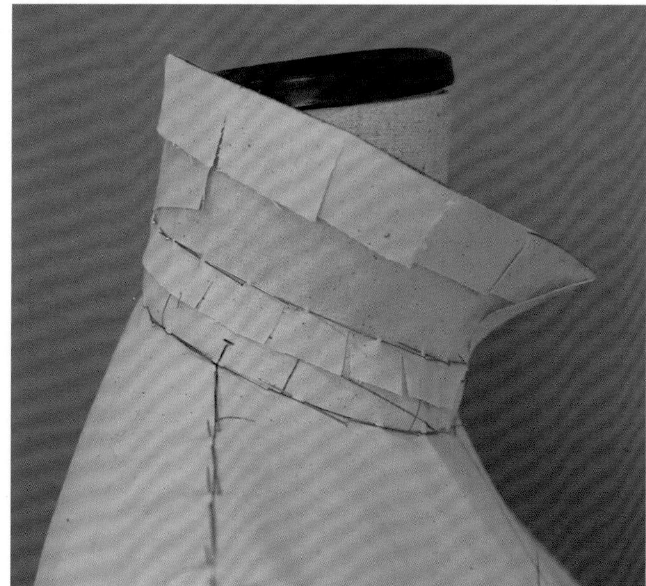

16-1 根据造型需要画出下摆形状。

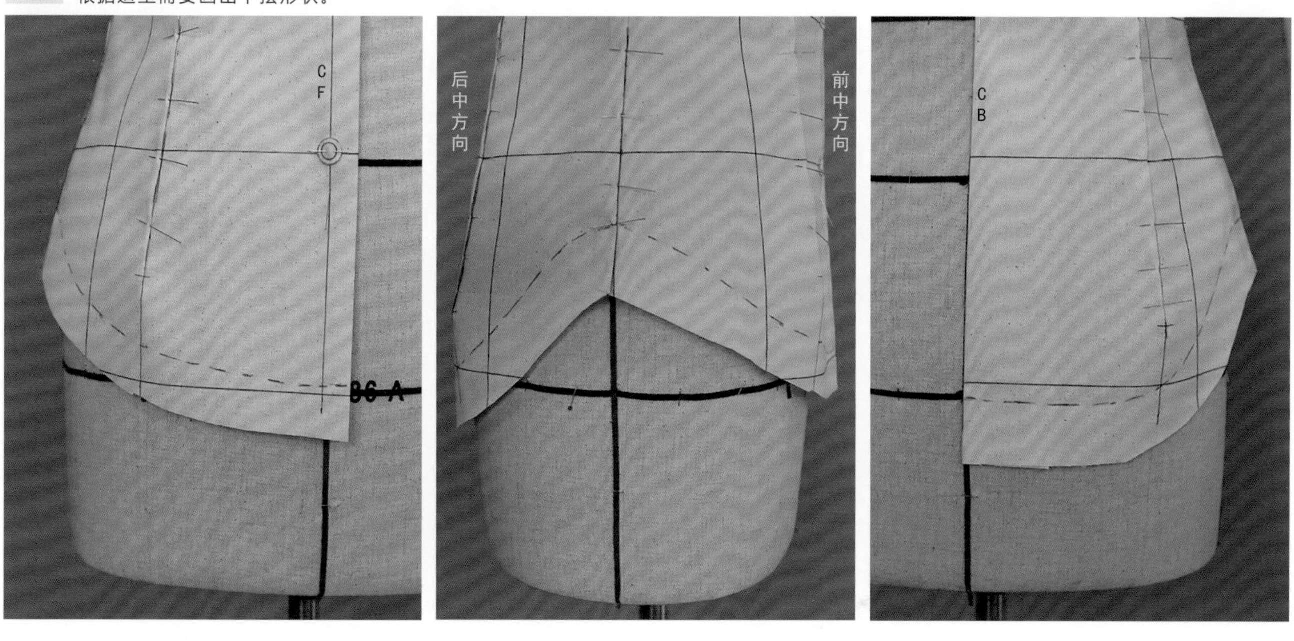

16-2 进行扣烫整理后的效果。

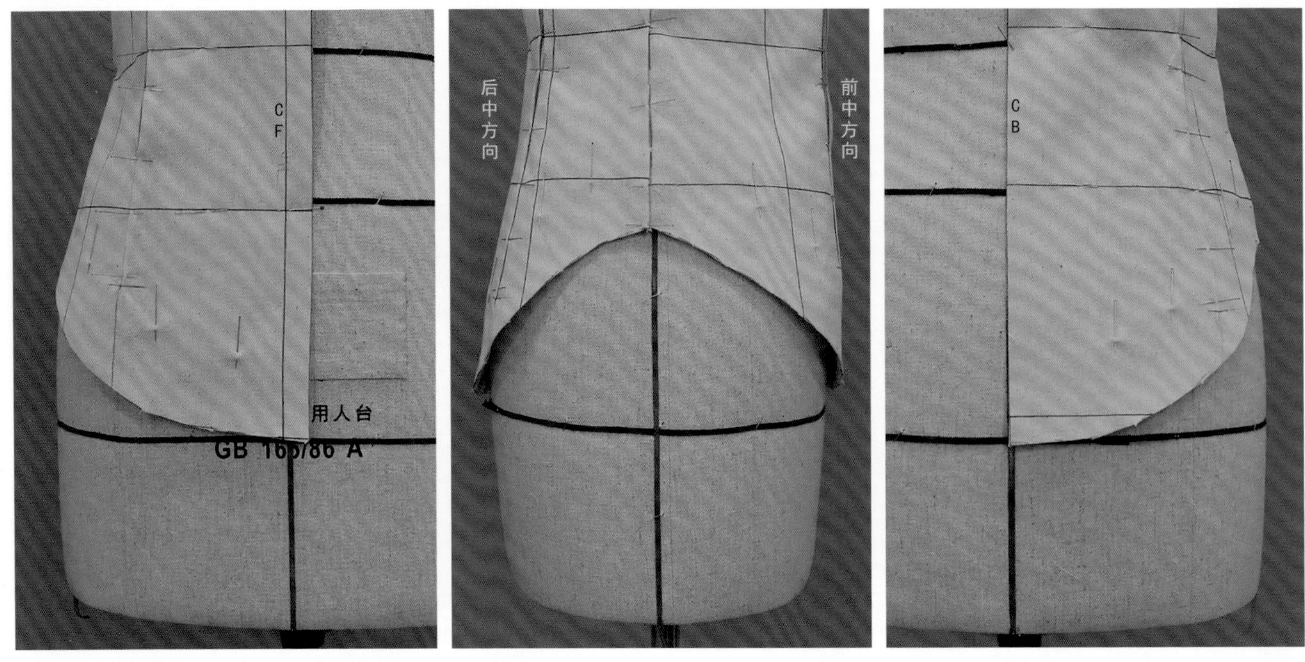

• **半身假缝完成效果**

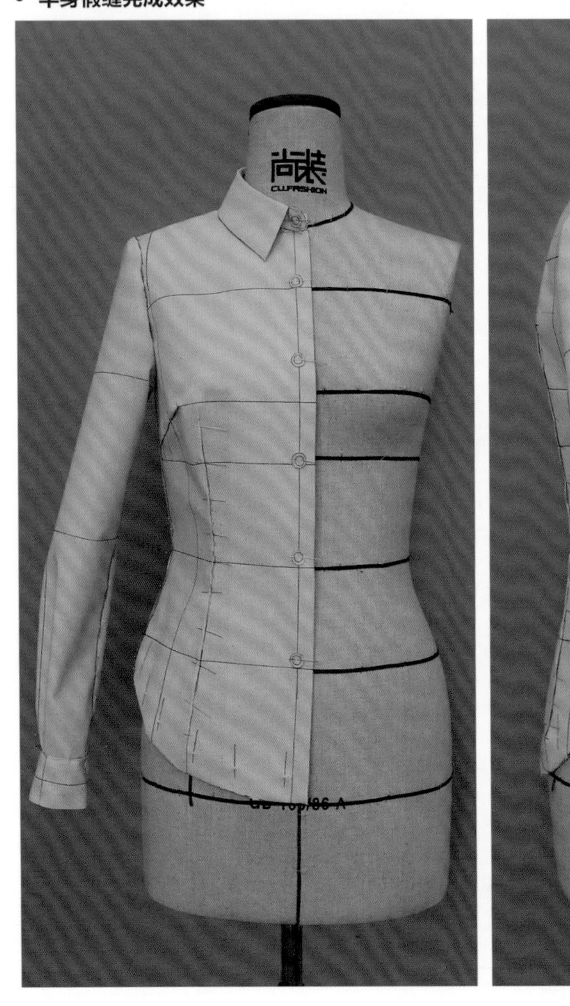

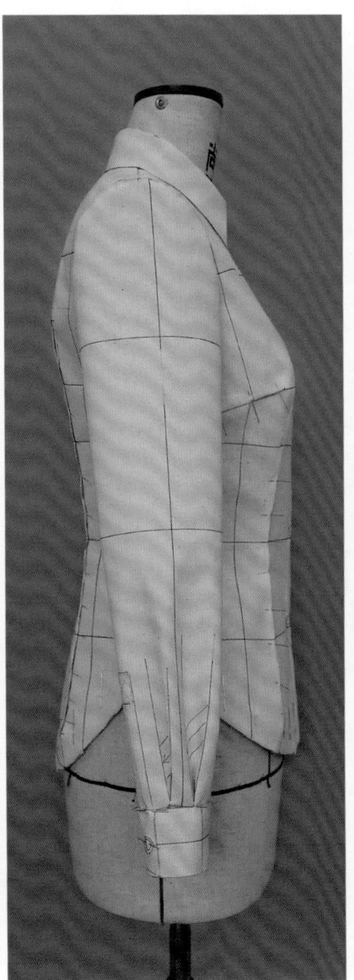

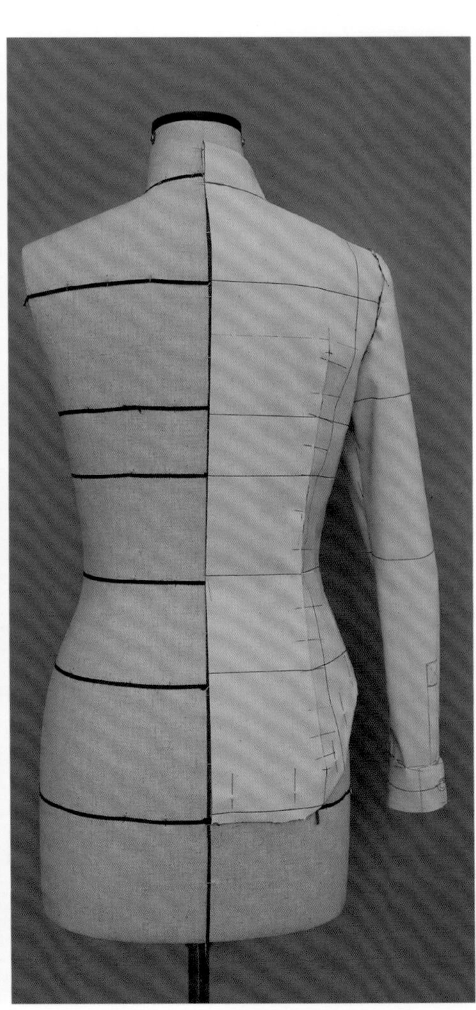

完 成 图

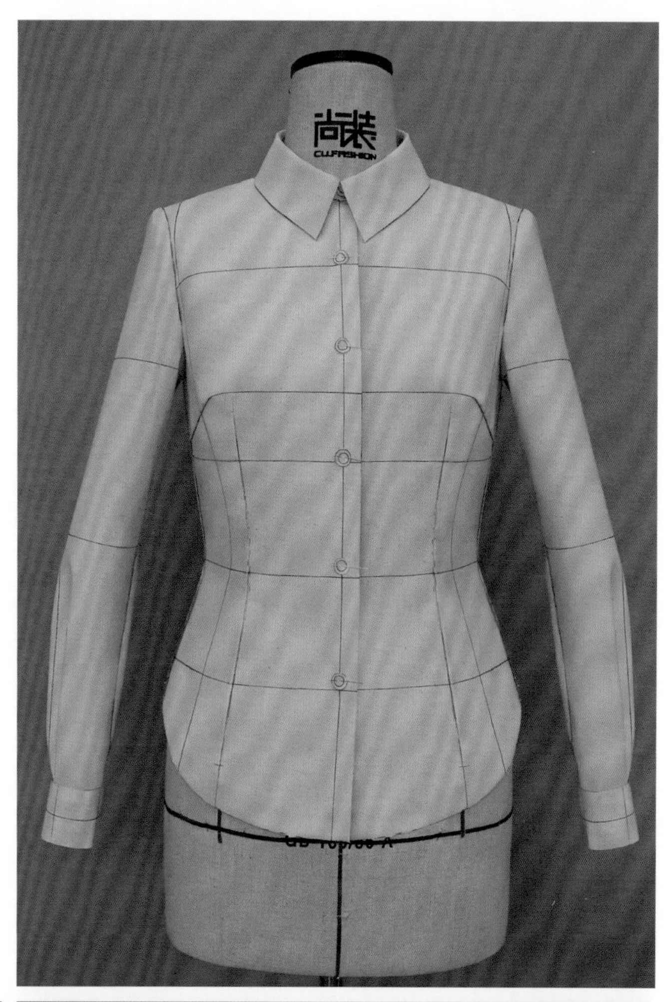

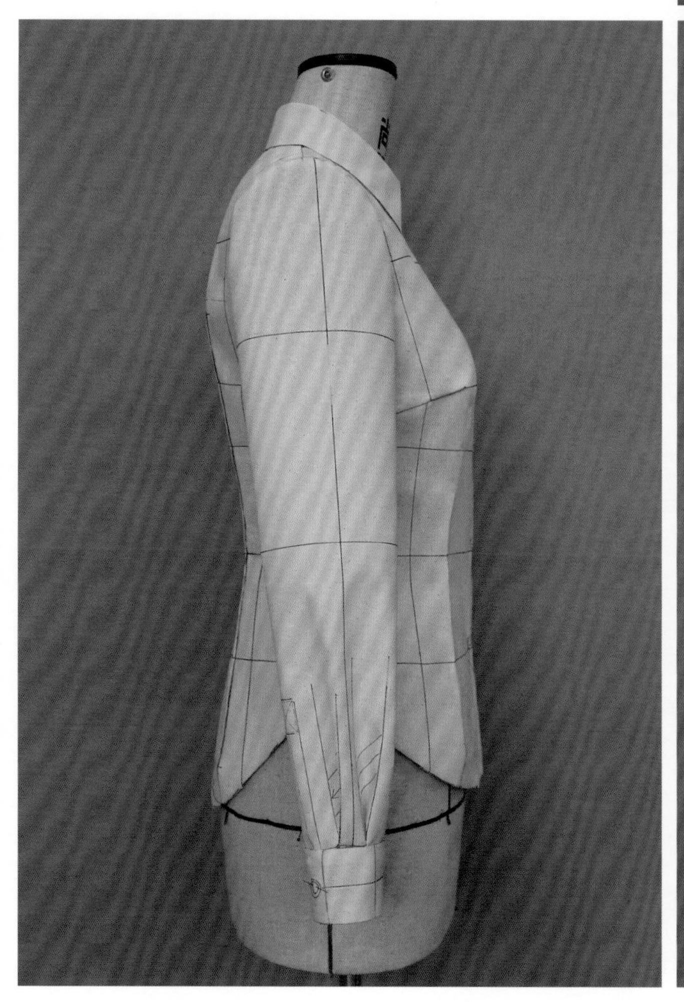

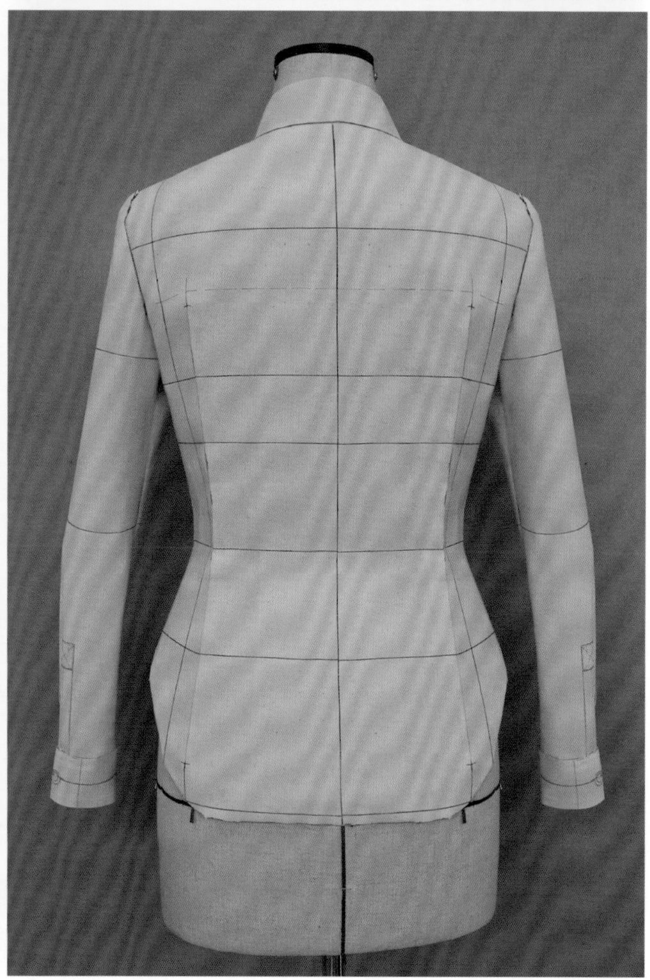

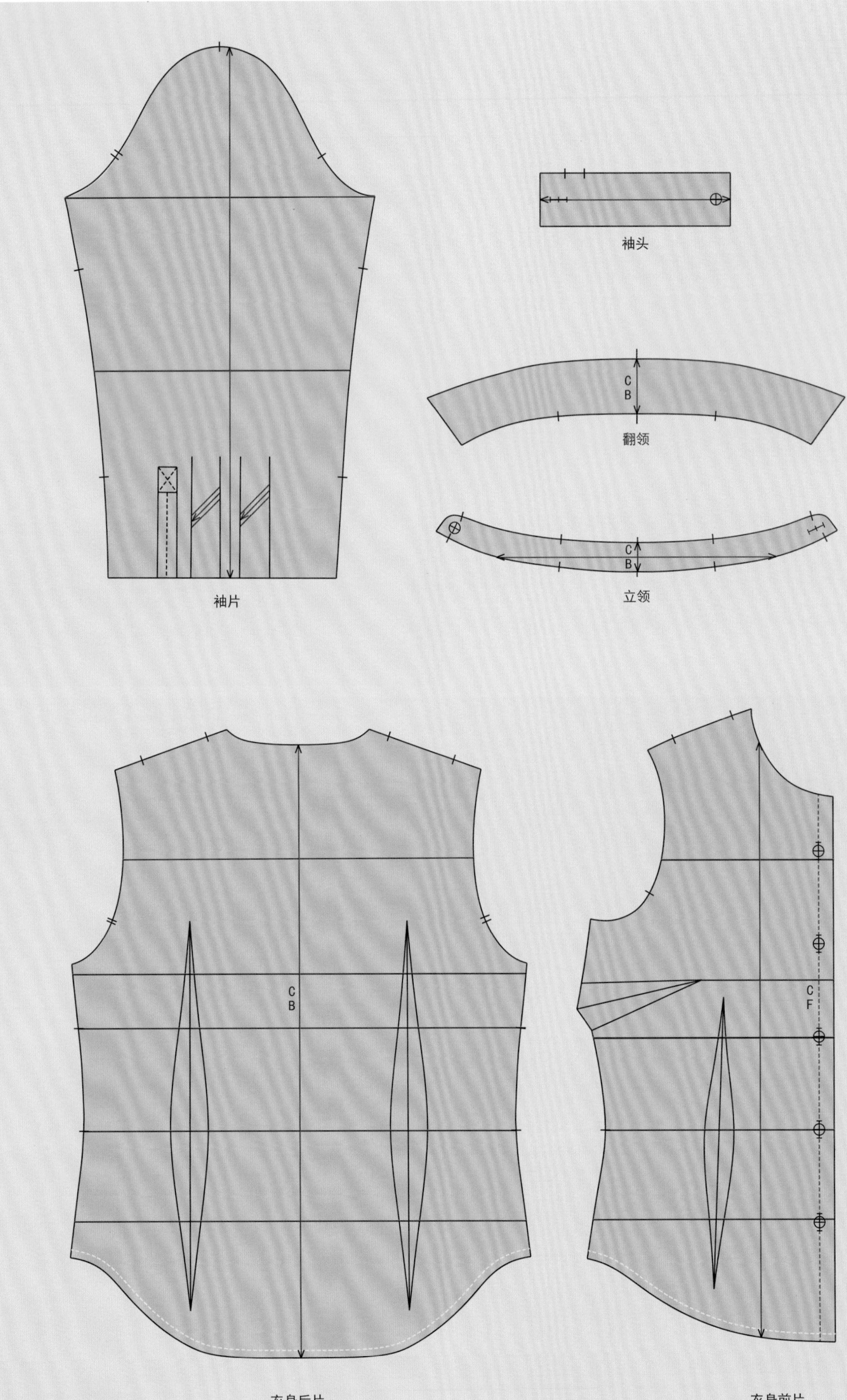
袖头
C
B
翻领
C
B
立领
袖片
C
B
C
F
衣身后片
衣身前片

西装外套 通天省

款式描述

衣身为分断省，四开身，合体松量，X廓型；合体圆装两片袖；连领座翻驳领。

学习重点

- 掌握四开身3/4侧面（前后侧面的1/2处）加放松量的方法（3/4侧面加放松量的方法通常用于合体松量，并且在加放松量的部位没有分割的情况下）。
- 了解并掌握平面制版的方法，绘制两片袖。

材料准备

- 人台（不限定号型）。
- 宽0.3cm纯棉织带。
- 专业立裁针、剪刀。
- 120cm×150cm纯棉坯布。
- 马克笔（或4B铅笔）、三色圆珠笔。
- 粘合衬嵌条。
- 推版尺、多功能尺、皮尺。

画布指示图

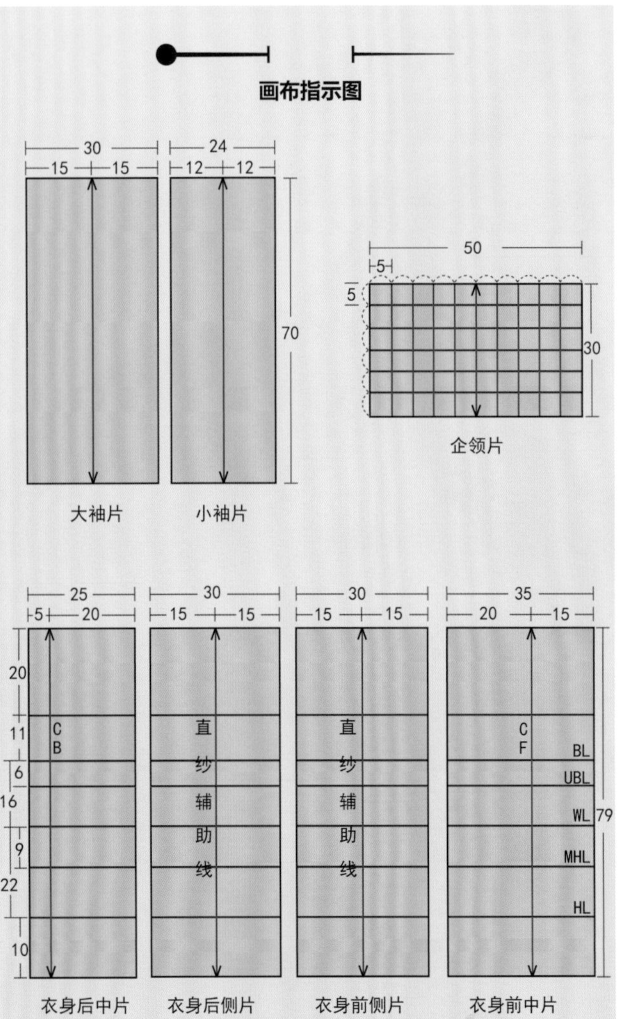

• 人台准备

需要提前标线的部位：前后通天省、翻驳领的领口线、翻驳领外口线、穿口线及驳口线、搭门和驳端点、前门止口线、底摆线、口袋的大小及位置。

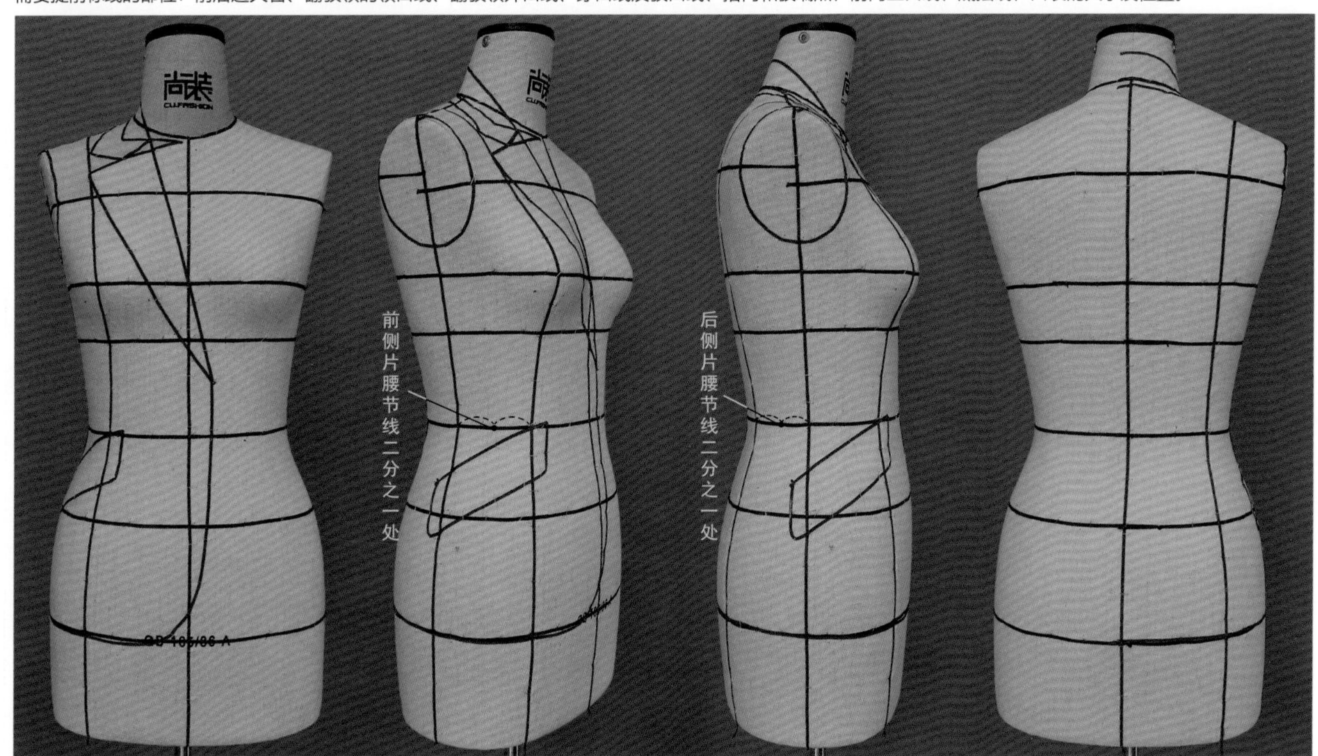

• 款式制作

1 前中片制作：腰节线与前中线交点（前腰中点）处下针固定前中丝道线，确保各辅助线的水平与垂直，并与人台标线相对应。

2 自前颈点往肩颈点方向沿颈根均匀打剪口，剪出前领口造型，在肩颈点及肩线处用大头针将面料与人台固定；将通天省线右侧多余面料剪掉，并在腰围线与前通天省断缝线交点处打剪口。

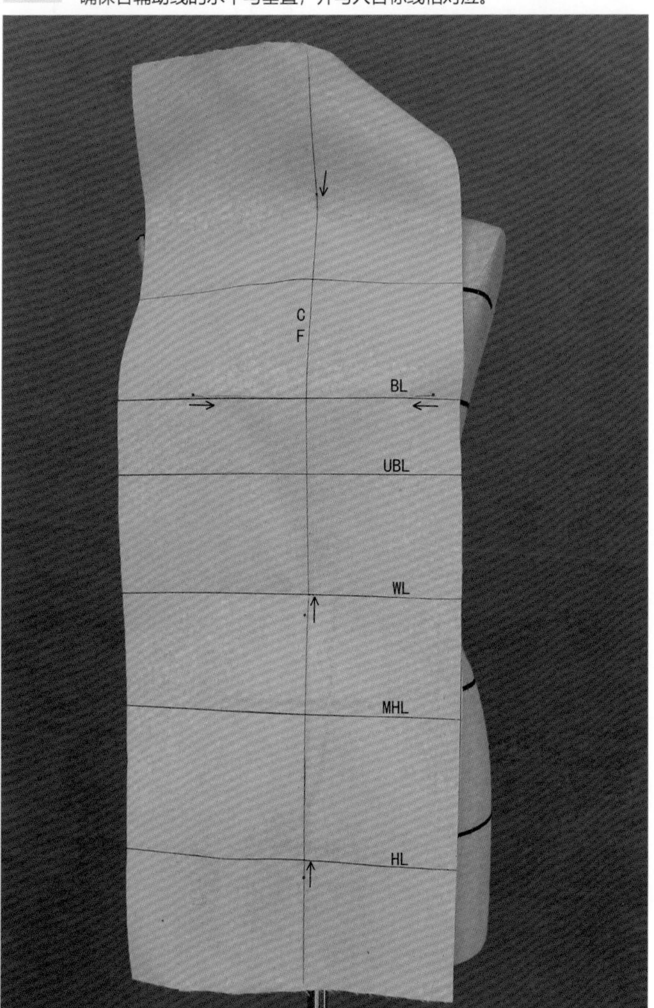

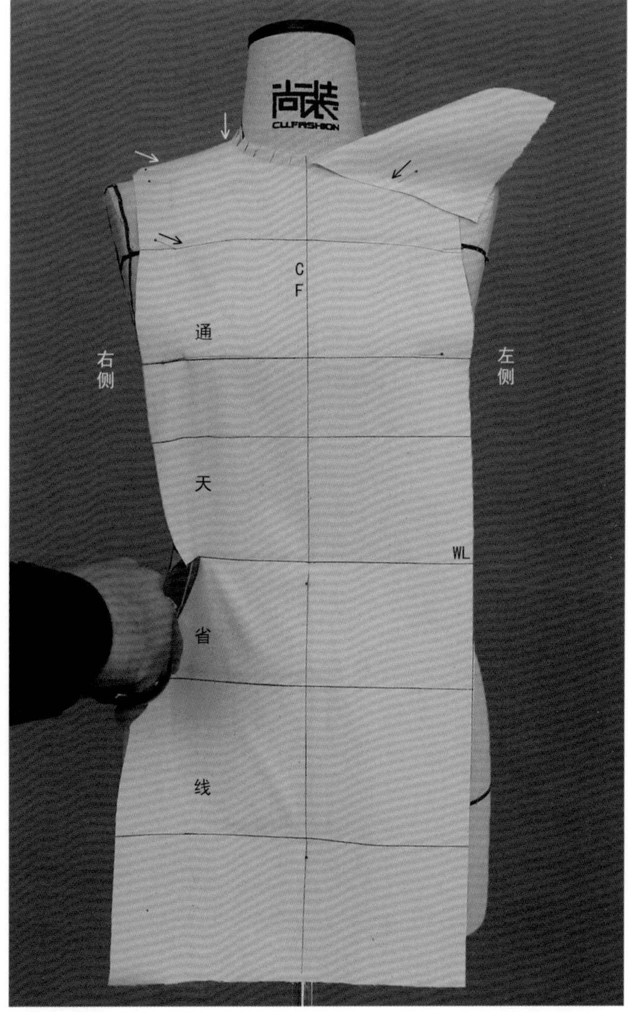

3 以腰节为分断，用划丝道针法固定前片造型，遵循原则：先下后上，面料与人台基本无松量，且整体造型平整、伏贴（固定余布边缘的大头针应完全扎入人台）。

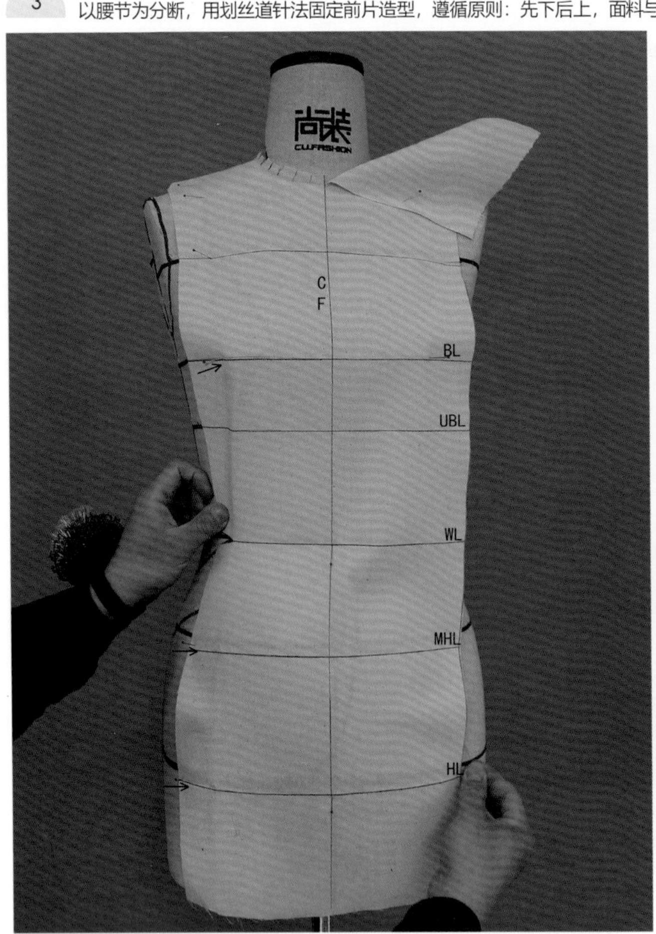

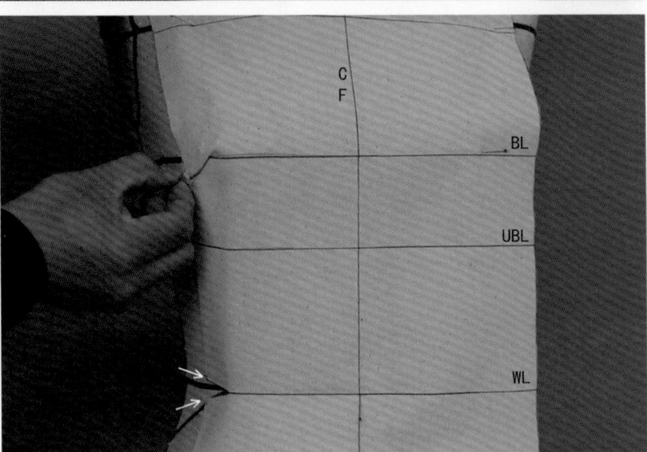

4 确认造型无误后，对完成部分进行描点，描点部位：前通天省断缝线、前小肩。

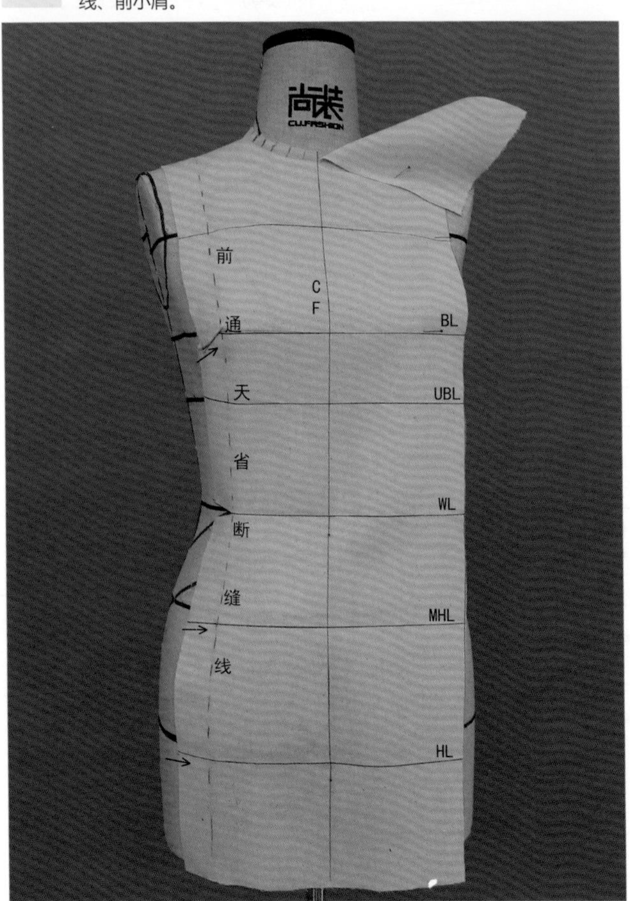

5 前侧片制作：前侧片腰节线宽度1/2处下针固定直纱辅助线与WL交点处，确保胸围线以下各辅助线的水平与垂直，并与人台标线相对应（与五开身紧身立裁中的前侧片制作方法相同）。

6 通天省线与WL、MHL、BL的交点处依次打剪口并对缝份进行反向刮折与内扣假缝的处理。此步骤所遵循原则：自下而上，造型平伏且美观。

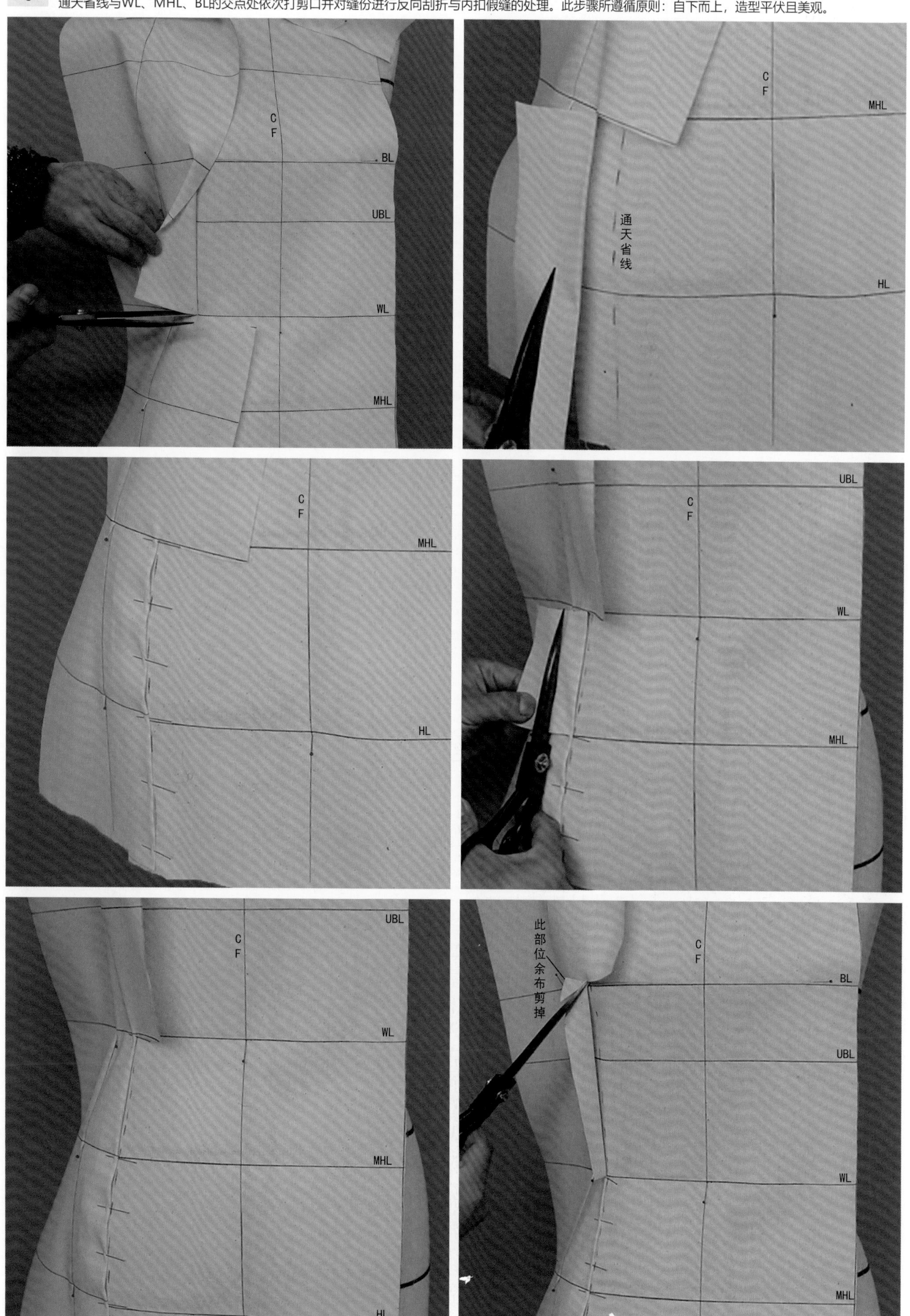

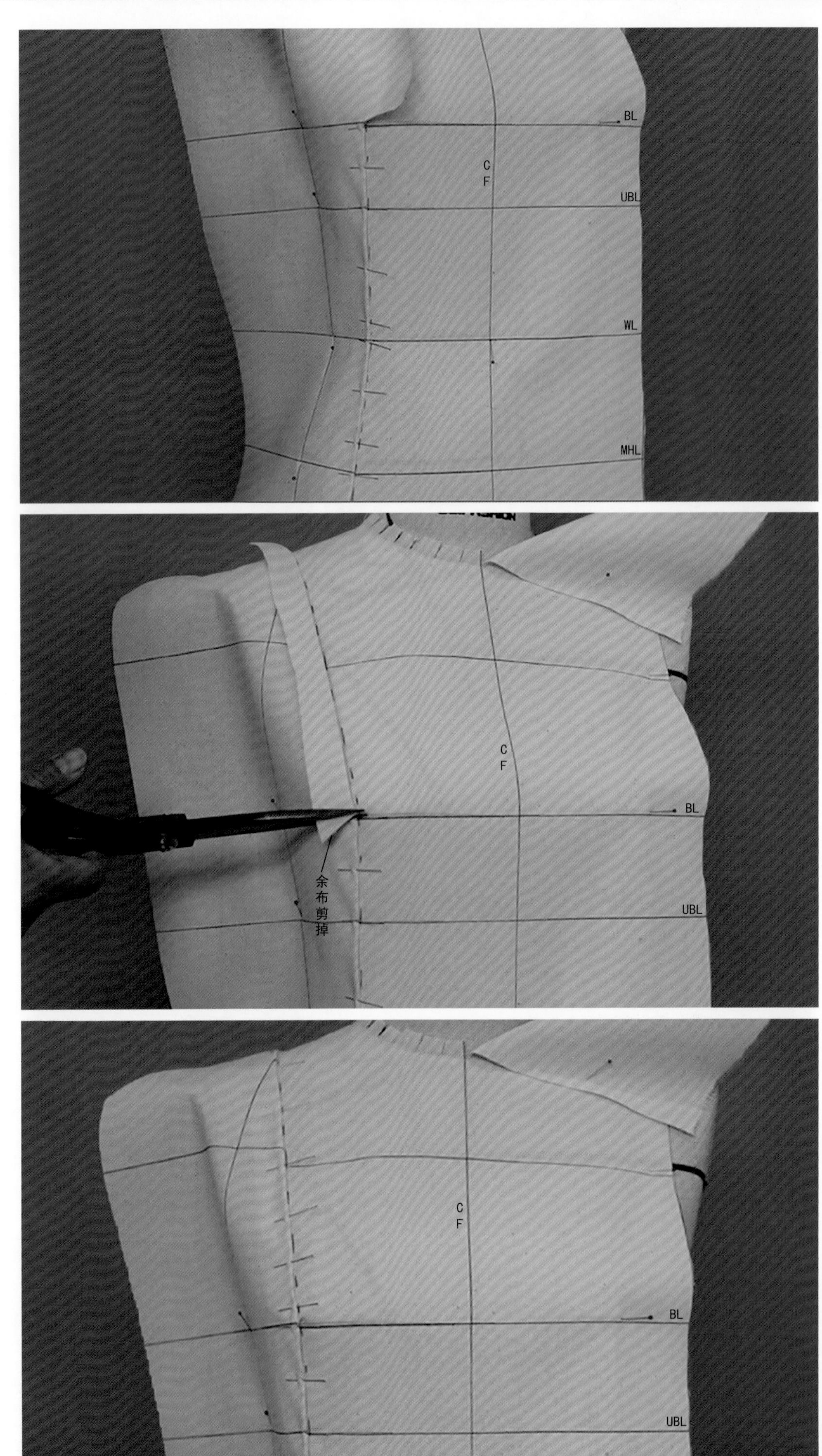
BL
C
F
UBL
WL
MHL
C
F
BL
余布剪掉
UBL
C
F
BL
UBL

7 将直纱辅助线上的固定针取下，并在直纱辅助线上捏出适量的松量。松量大小如下图所示用大头针固定。

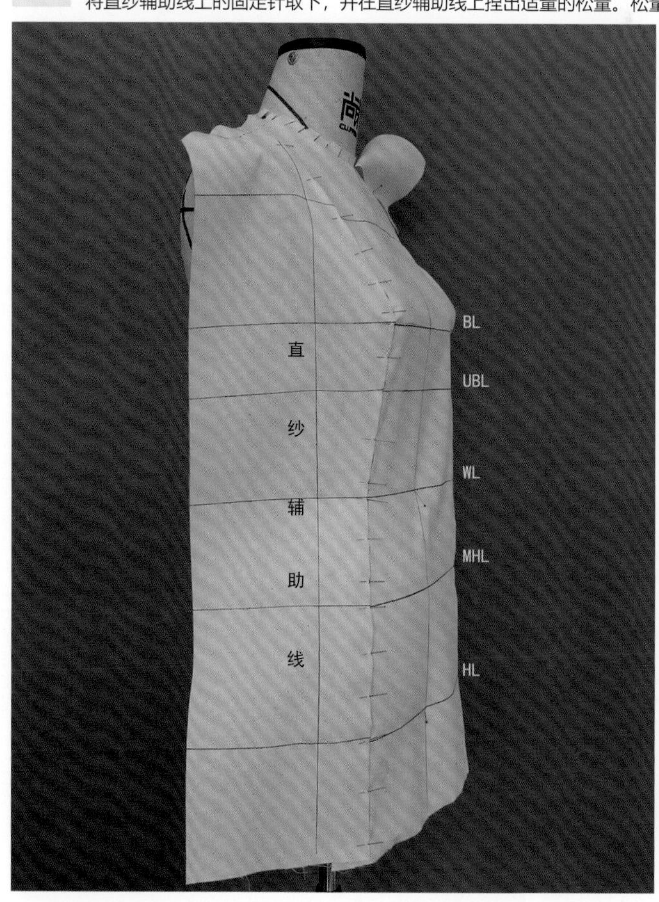

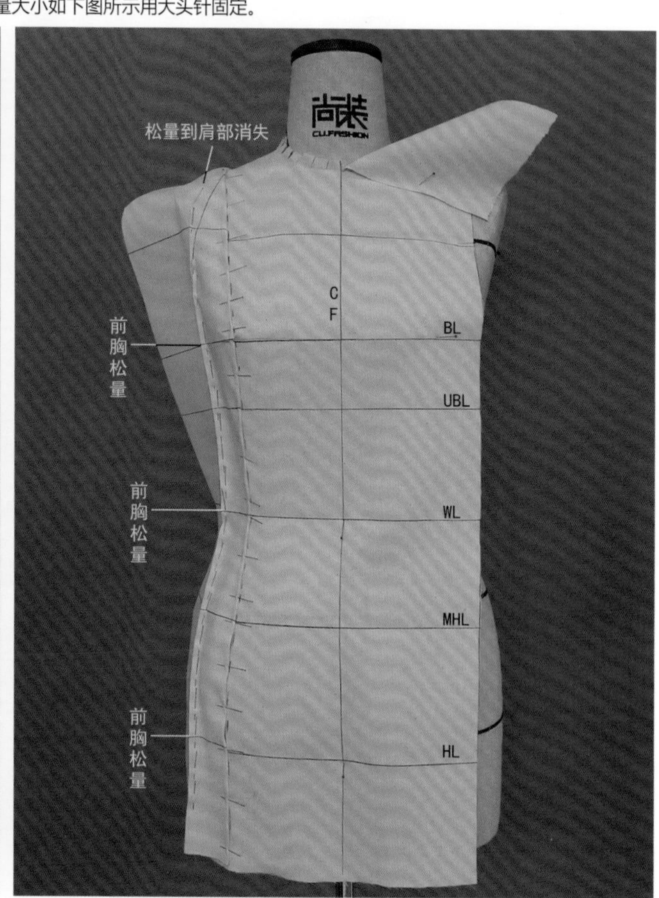

8 用划丝道针法固定侧缝线，要求做到造型平伏且基本无松量。

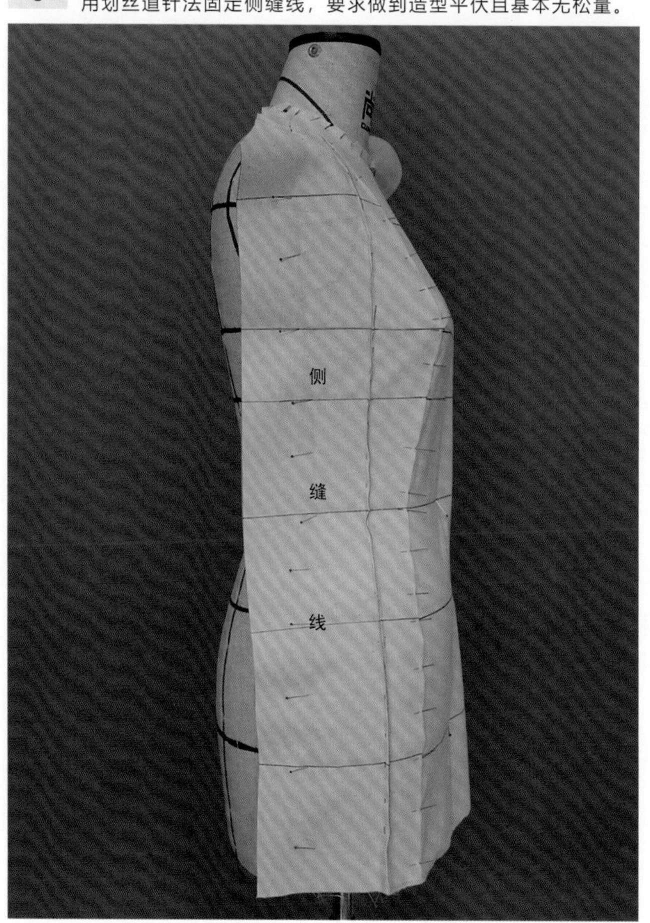

9 在侧缝线基础上留缝边量，清剪余布，并在布的边缘如图所示用点针完全扎入人台固定。对完成部分进行描点，描点部位：侧缝、小肩、前袖窿拐点及肩端点。

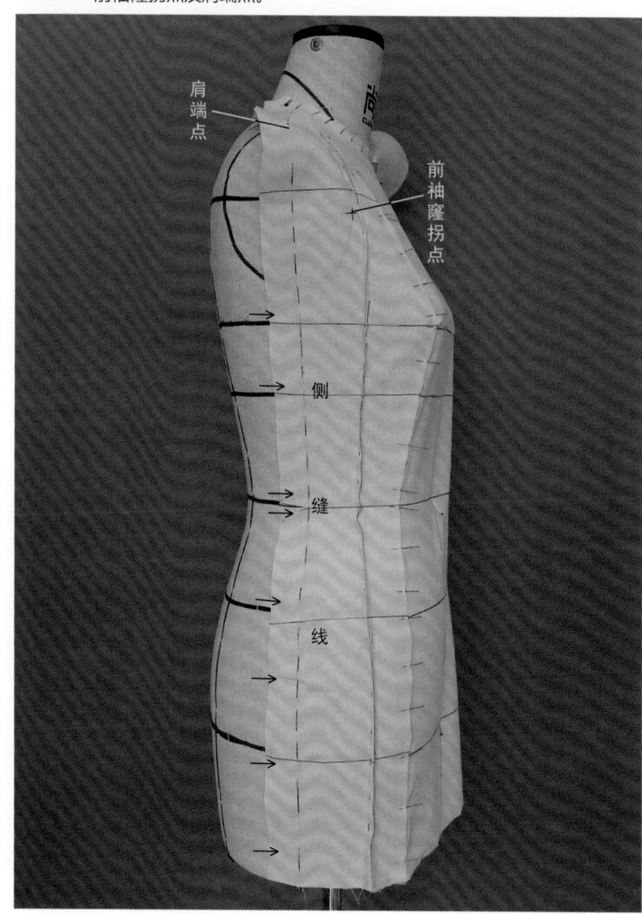

10

后片制作：腰节线与后中线交点（后腰中点）处下针固定后中丝道线，确保各辅助线的垂直与水平状态，并与人台相对应。后颈点处大头针向下固定坯布，由后颈点向肩颈点方向沿颈根围打剪口，剪出后领口造型后，用立裁针固定肩颈点；在后背宽线与后中线（CB）交点处用交叉针固定，手在腰节线位置将坯布往左侧轻轻拉动，使坯布上后腰中点向右偏移1cm左右，大头针固定，并在腰节附近斜向打剪口至人台标线的后腰中点。

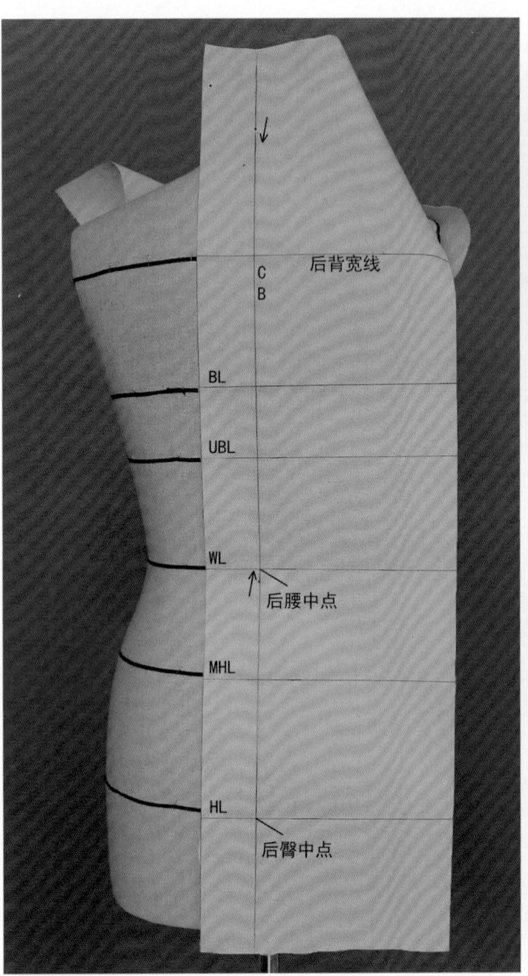

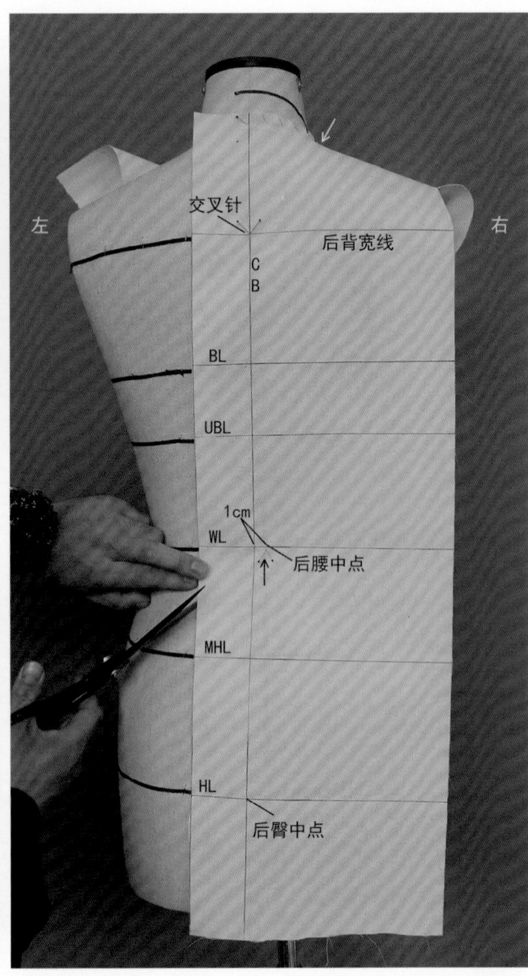

11

手在臀围线位置向右轻轻推动坯布，使坯布上的后臀中点向右偏移0.5cm，用大头针将面料与人台固定，并对整个后中进行描点。

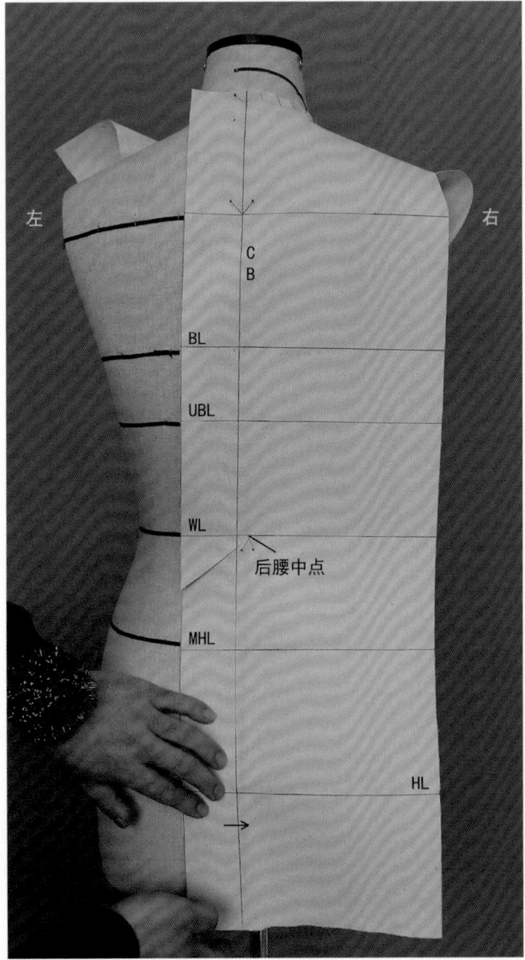

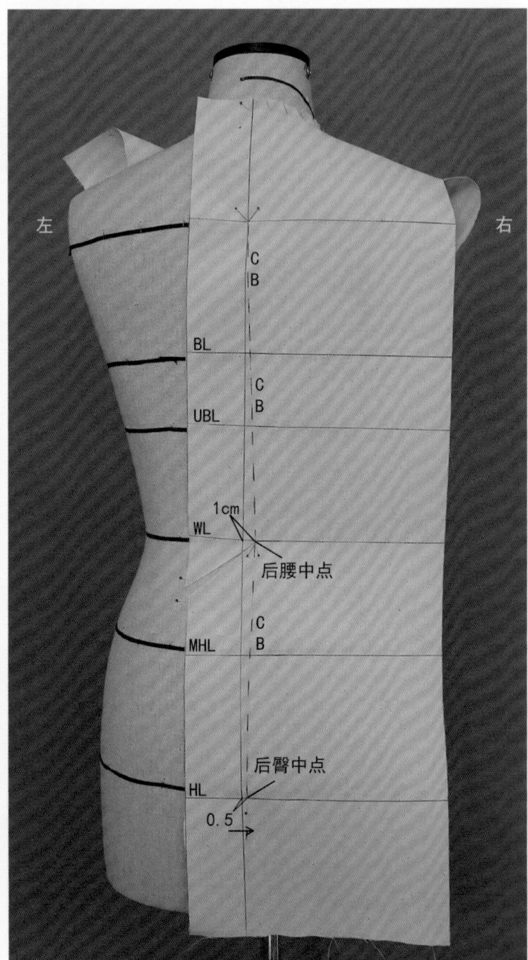

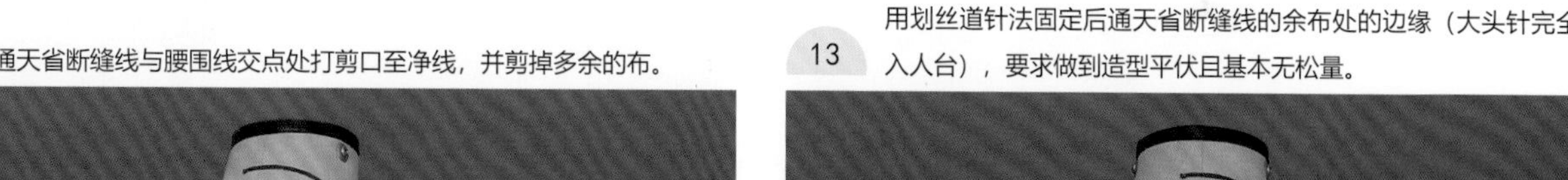

12 后通天省断缝线与腰围线交点处打剪口至净线，并剪掉多余的布。

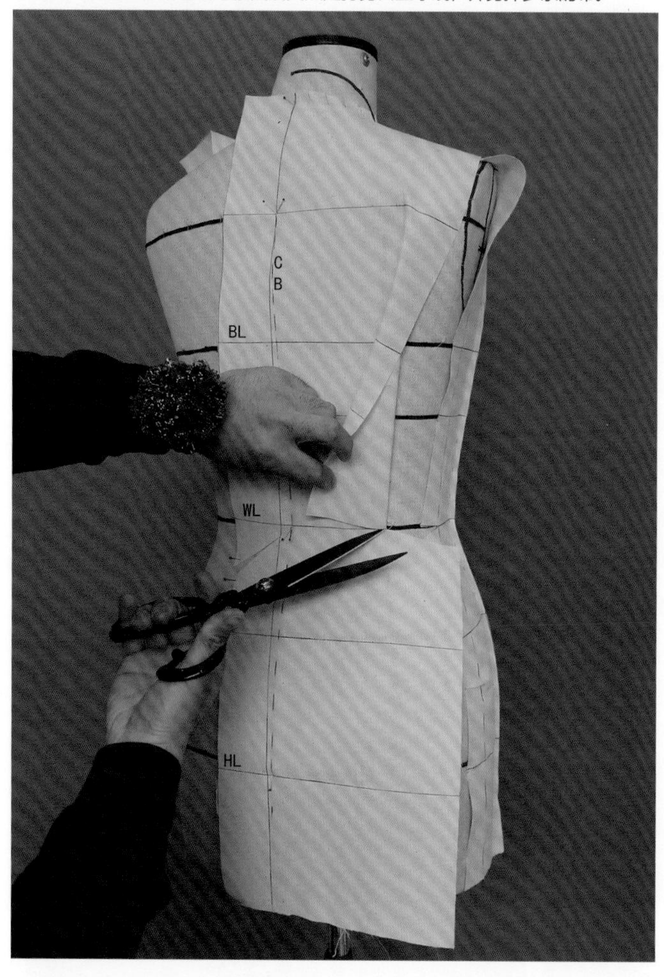

13 用划丝道针法固定后通天省断缝线的余布处的边缘（大头针完全扎入人台），要求做到造型平伏且基本无松量。

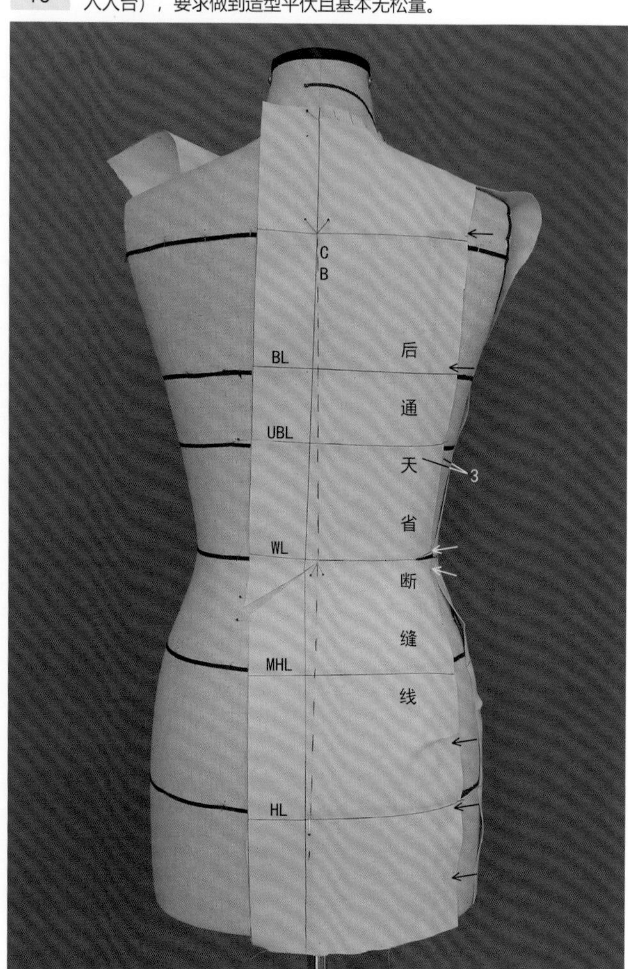

14 对小肩断缝进行假缝处理。

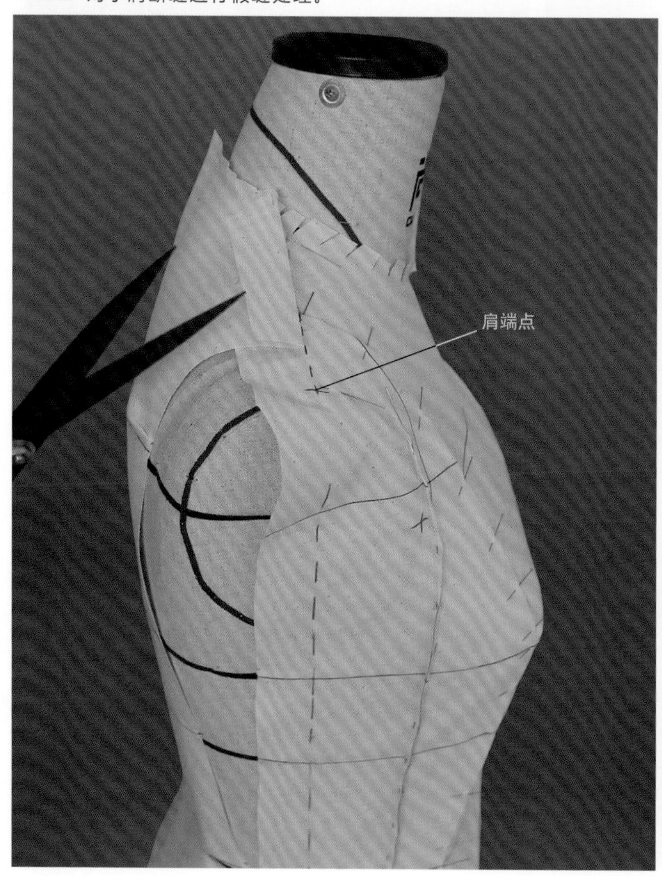

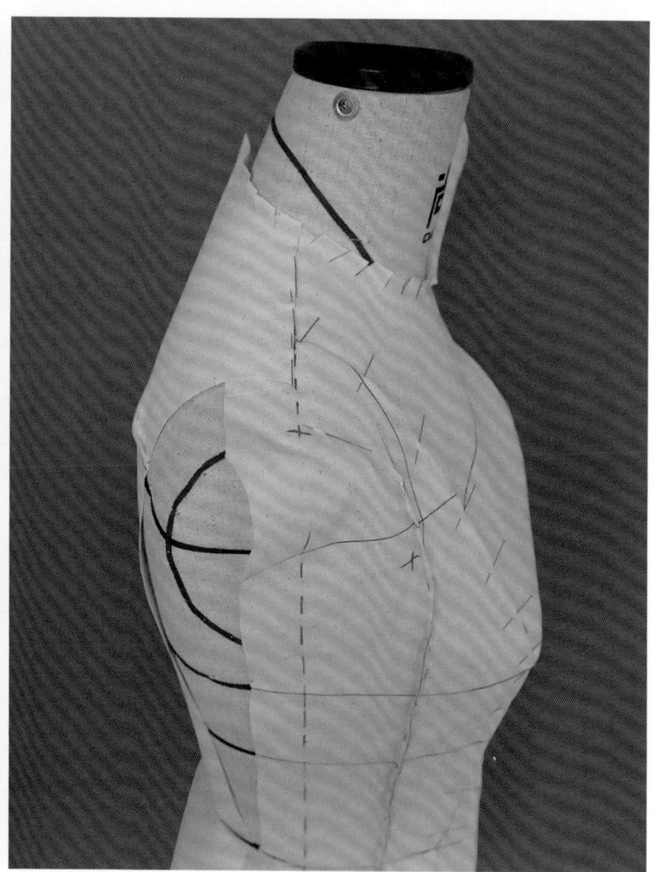

15

对后片的通天省断缝线进行描点。

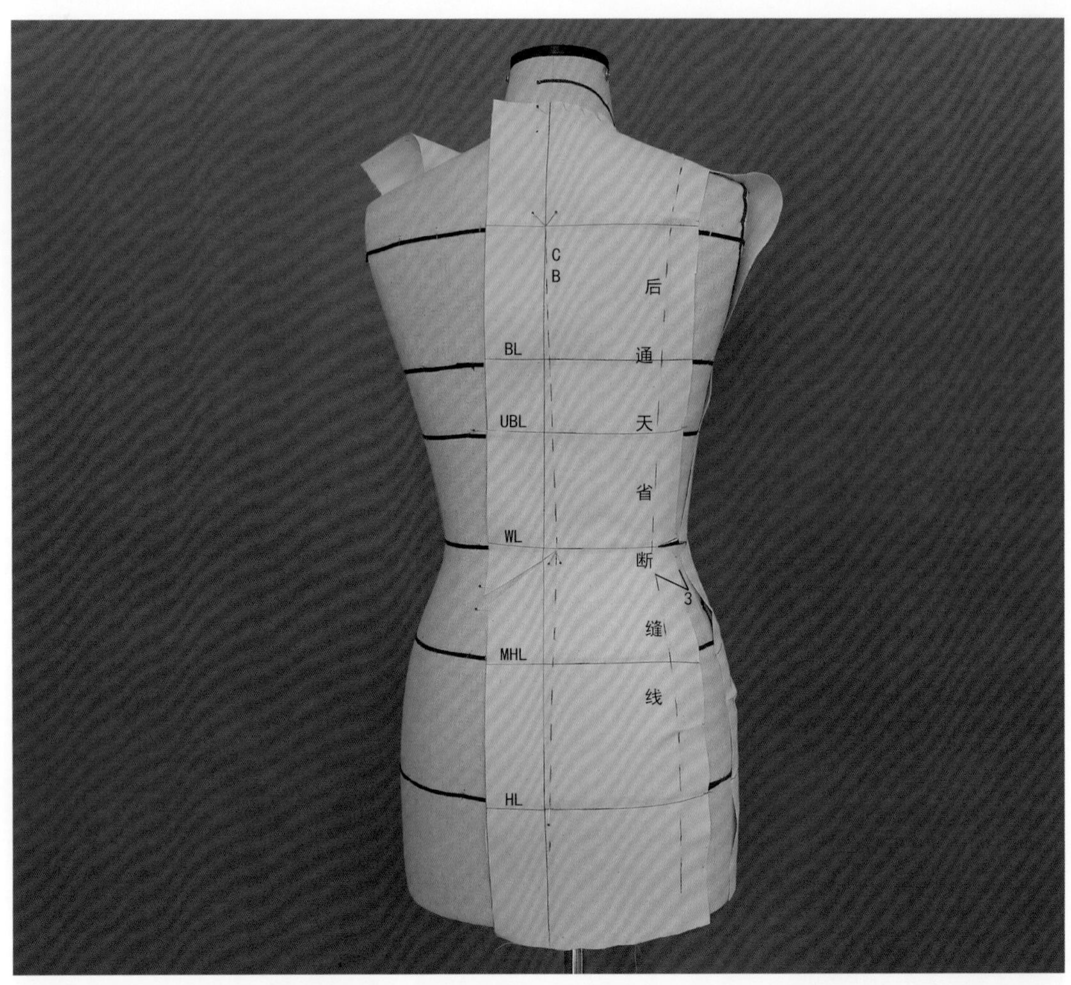

16

后侧片制作：人台后侧片腰节线宽度1/2处下针固定后侧片直纱辅助线与WL的交点，确保胸围线以下各辅助线的水平与垂直，并与人台标线相对应。在腰节线与通天省断缝线交点处打剪口并对缝份进行反向刮折清剪余布和内扣假缝的处理。

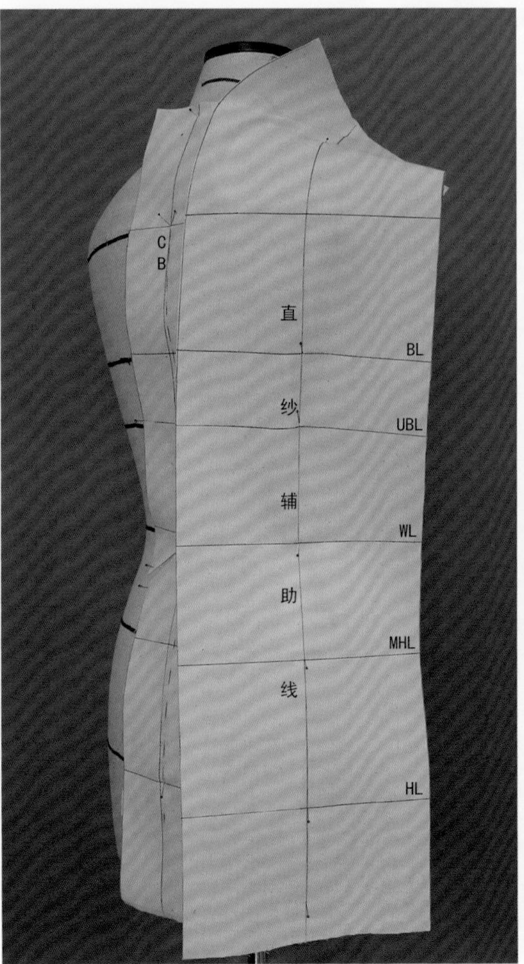

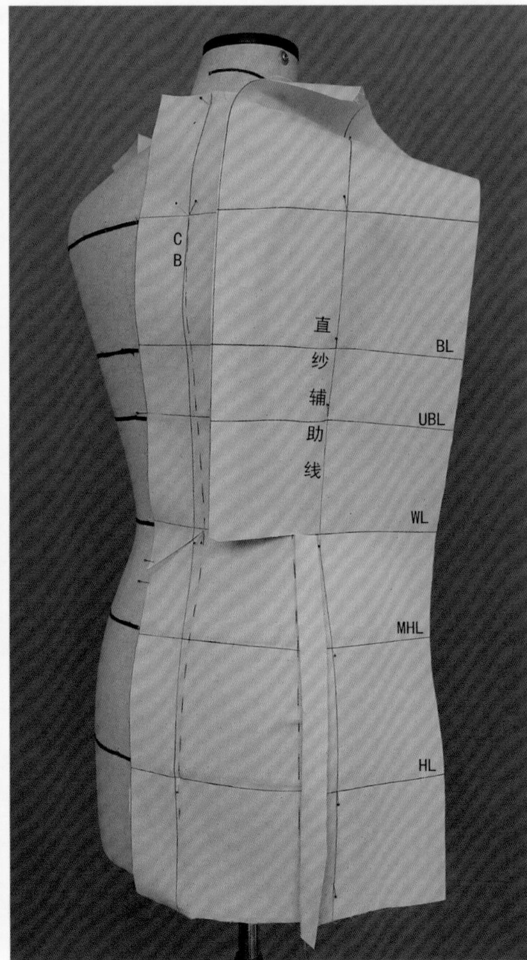

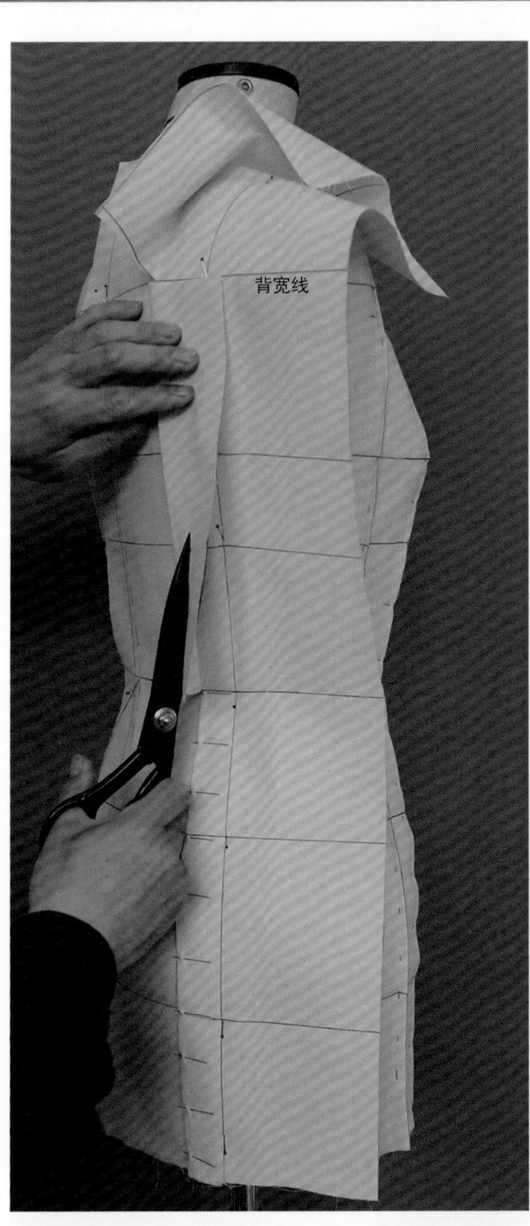

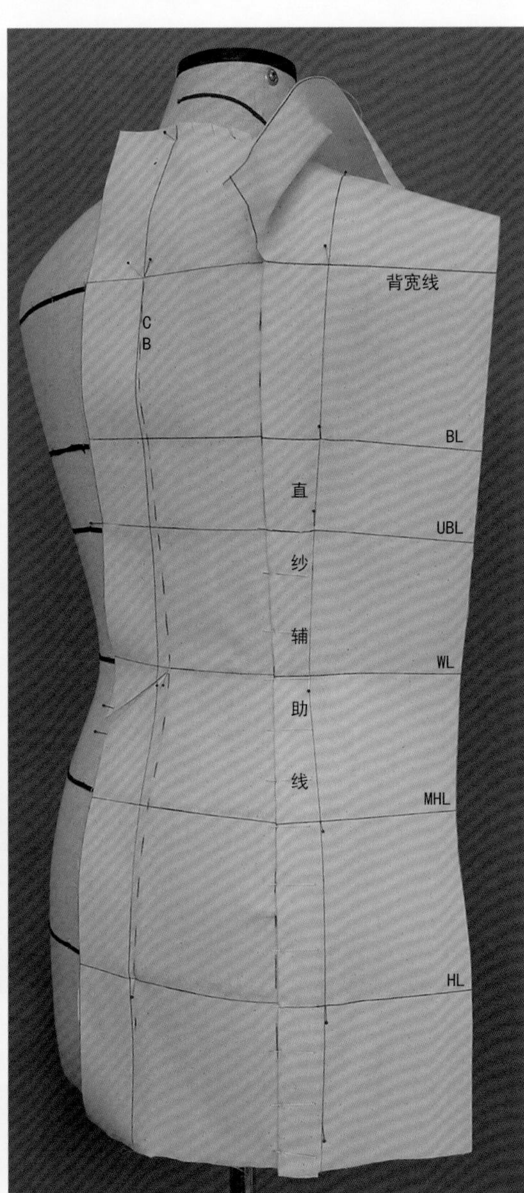

16-1

此步骤所遵循原则：自下而上，造型平伏且美观（在背宽线与通天省断缝线交点处打剪口）。

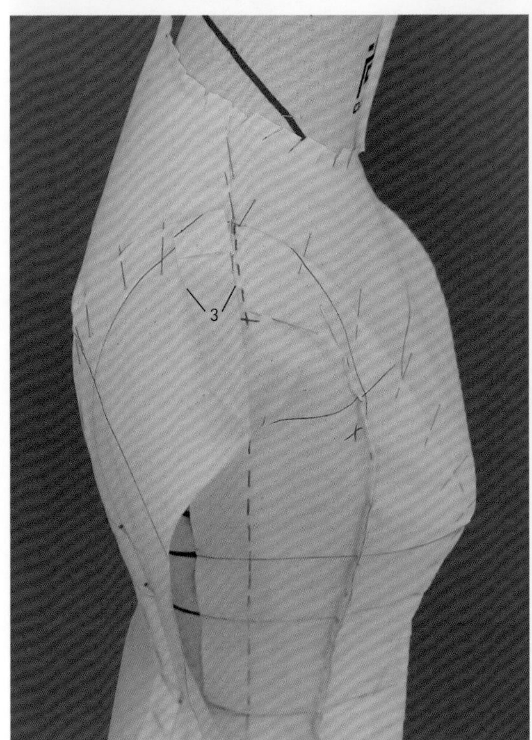

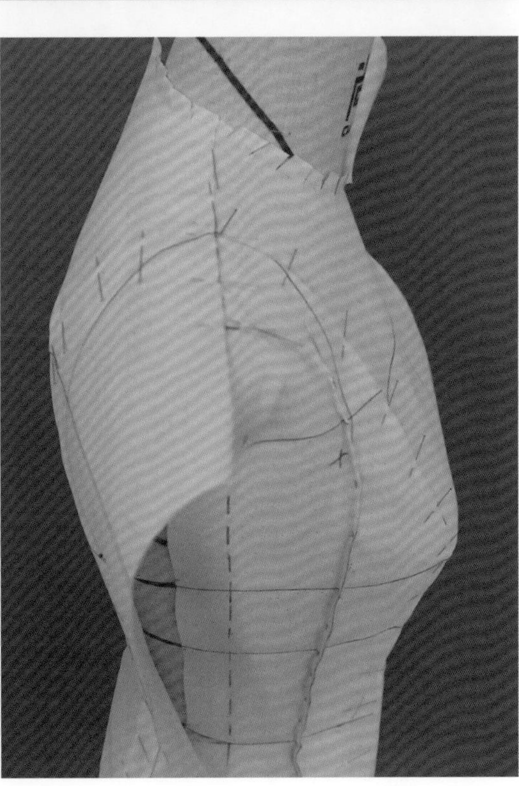

16-2

小肩断缝线的假缝。

16-3 后侧片通天省断缝线及小肩假缝完成效果，将直纱辅助线上的大头针取下，准备加松量。

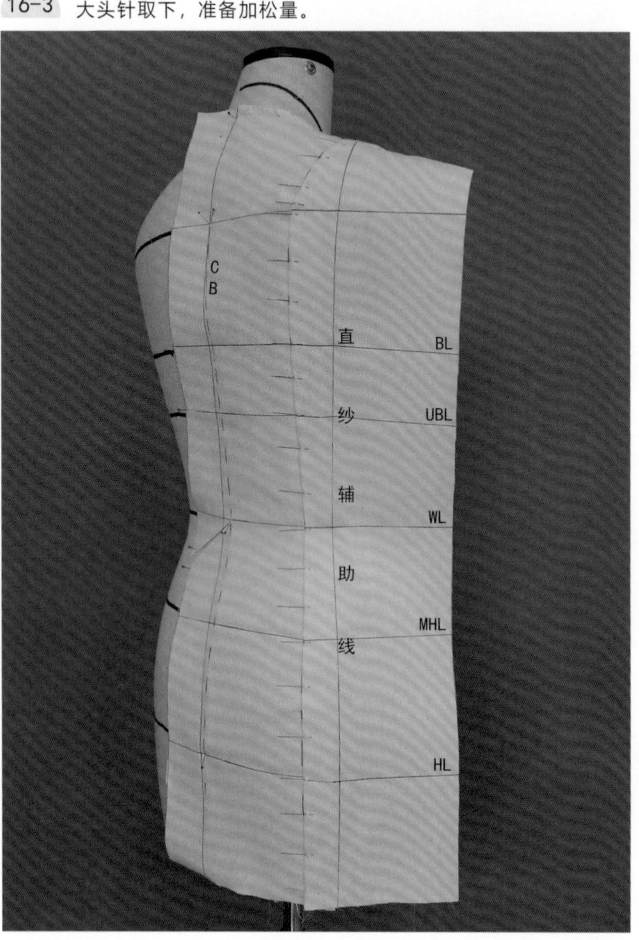

17 在直纱辅助线上如图所示加松量，松量至肩头部位逐渐消失；用大头针（重叠针法）固定松量。

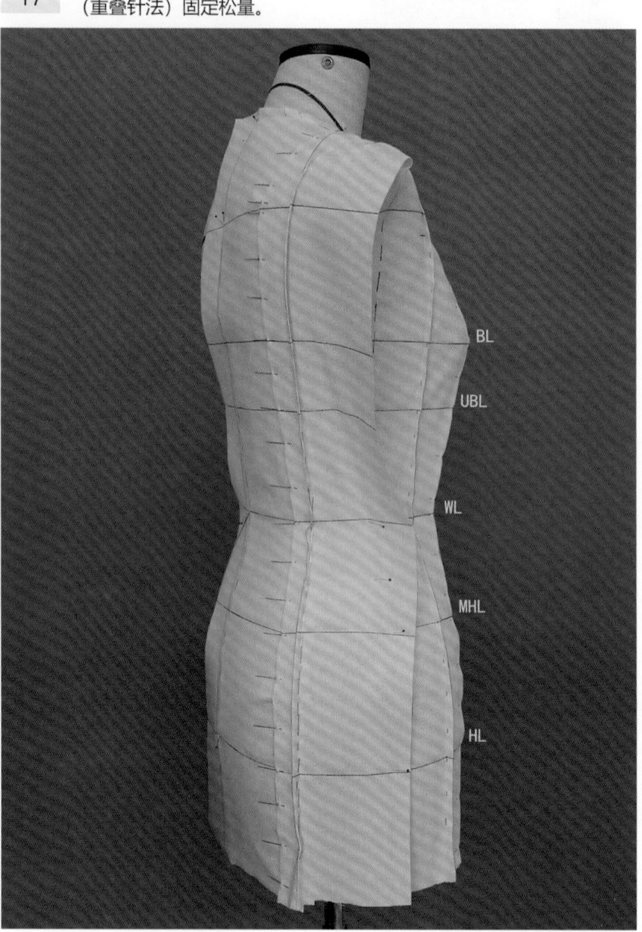

18 如图所示对后侧片侧缝线进行刮折、扣净及假缝处理（注意大头针针法的使用顺序与扣净假缝的部位顺序）。

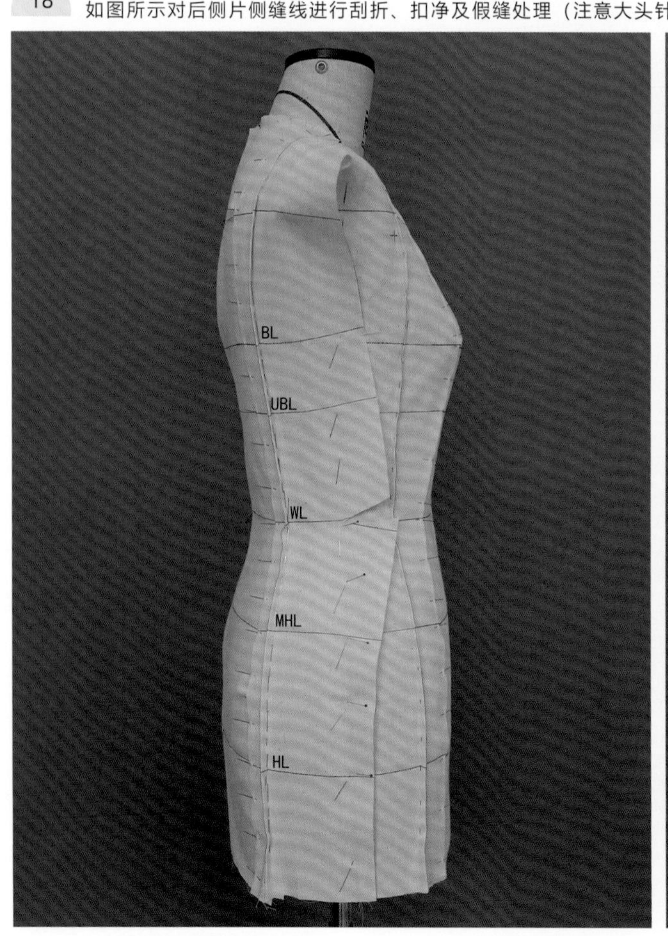

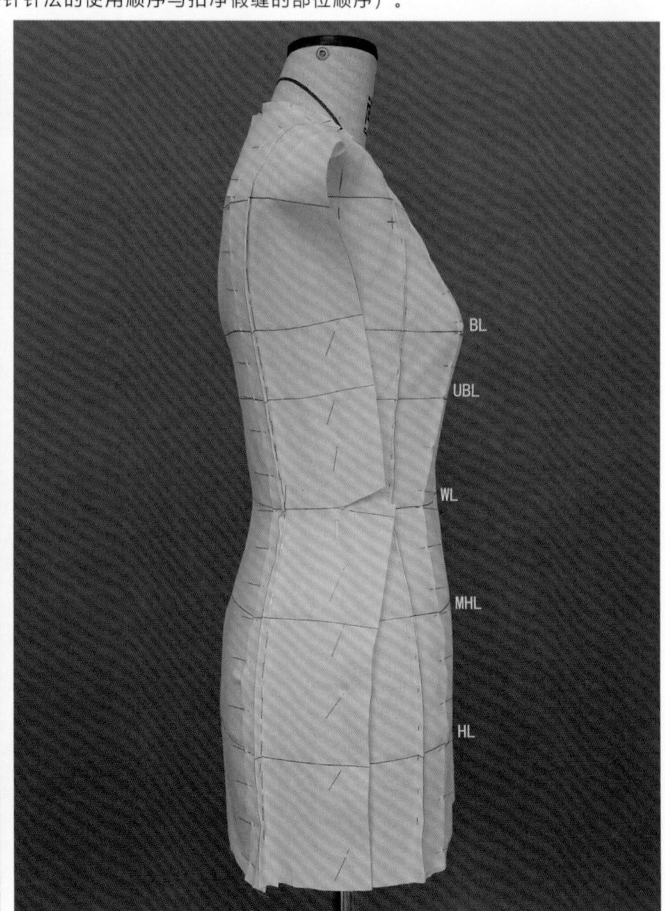

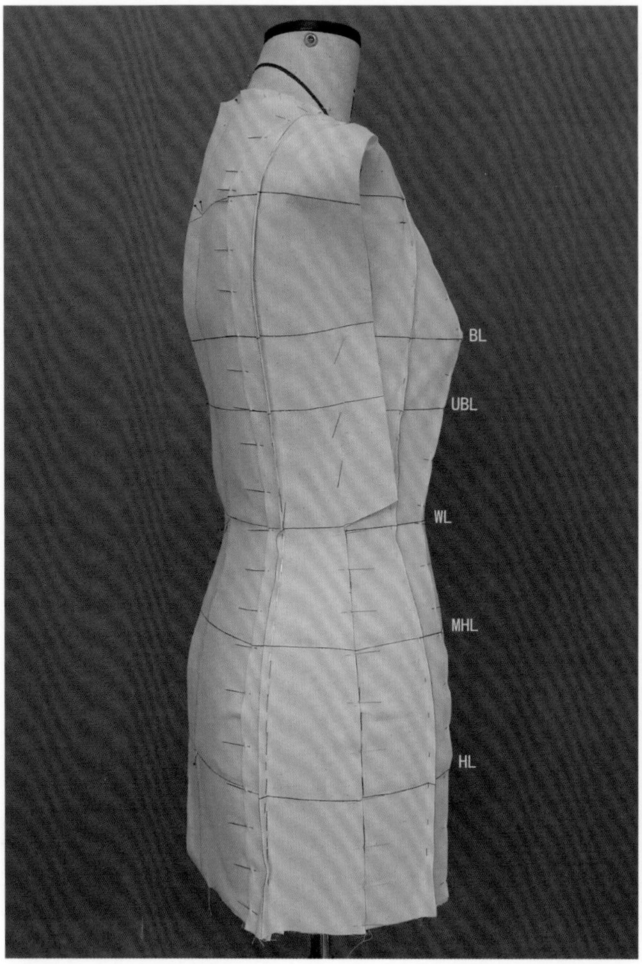

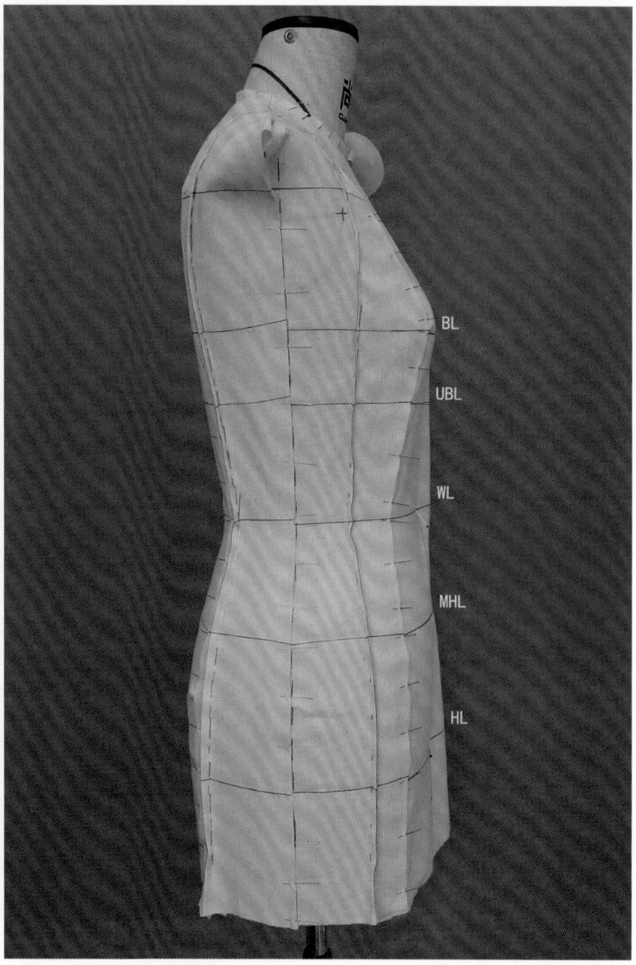

BL
UBL
WL
MHL
HL

BL
UBL
WL
MHL
HL

19 对完成部分进行描点，主要描点部位：前、后袖窿拐点，肩颈点，肩端点，前颈点，后颈点，侧缝，前、后通天省。

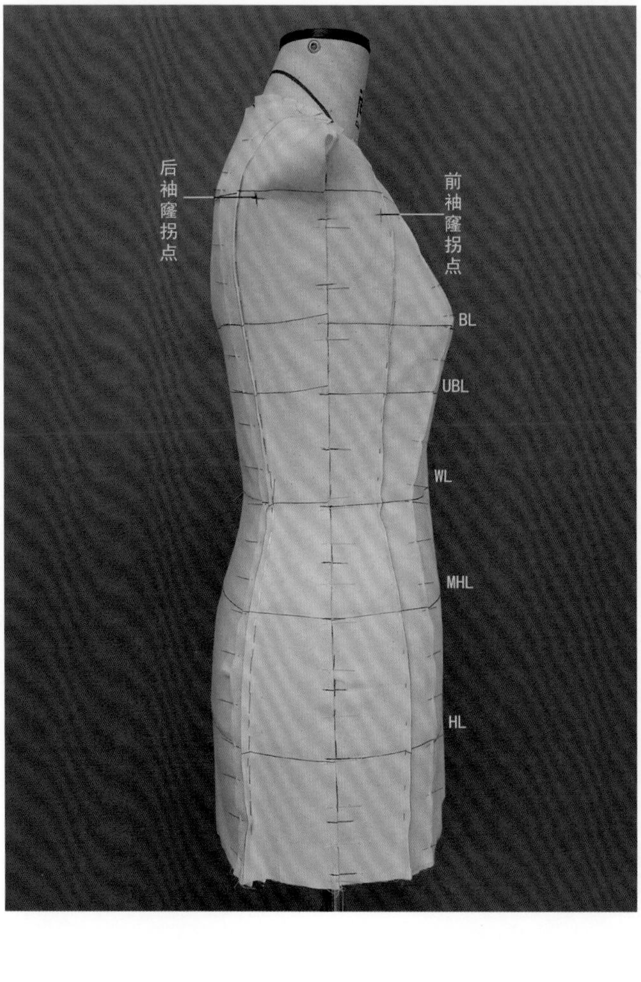

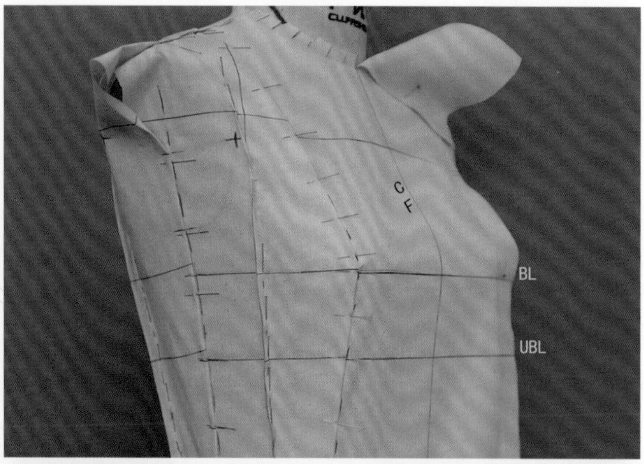

后袖窿拐点
前袖窿拐点
BL
UBL
WL
MHL
HL

CF
BL
UBL

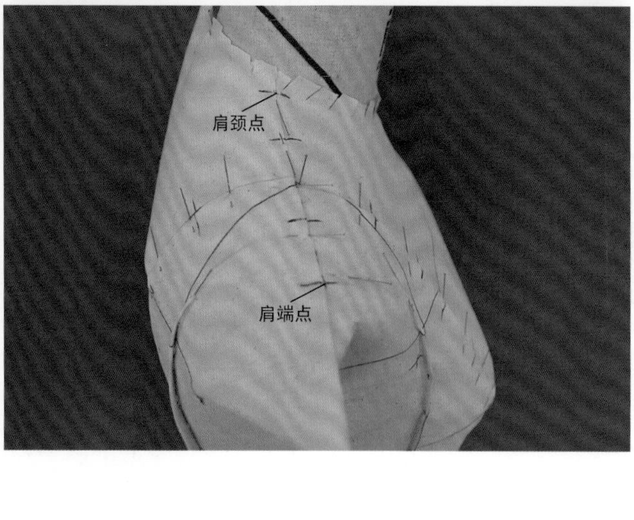

肩颈点
肩端点

- **衣身裁片整理**

20

将衣身部分已完成的裁片取下平铺，并根据折印与描点进行造型线的修顺画线工作。

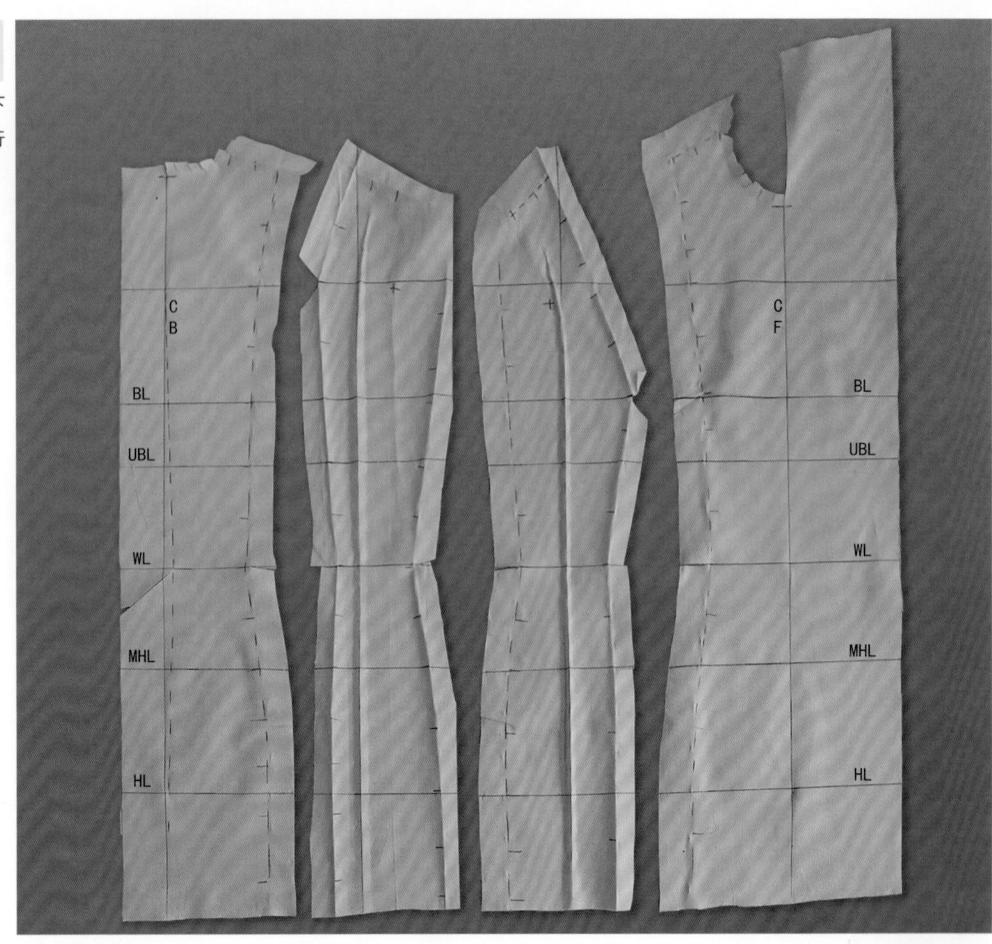

21

将侧缝线靠近袖窿部分假缝；测量人体臂根围（37cm），臂根围+7（袖窿弧长松量）=44（实际袖窿弧长）即AH，过前、后肩端点分别作肩线的85°角线与95°角线，如图所示用AH=44的长度线相切于前、后肩端点并过前、后袖窿拐点画"水滴形"抛物线，此线为实际的袖窿形态，并在此基础上加1cm缝边。

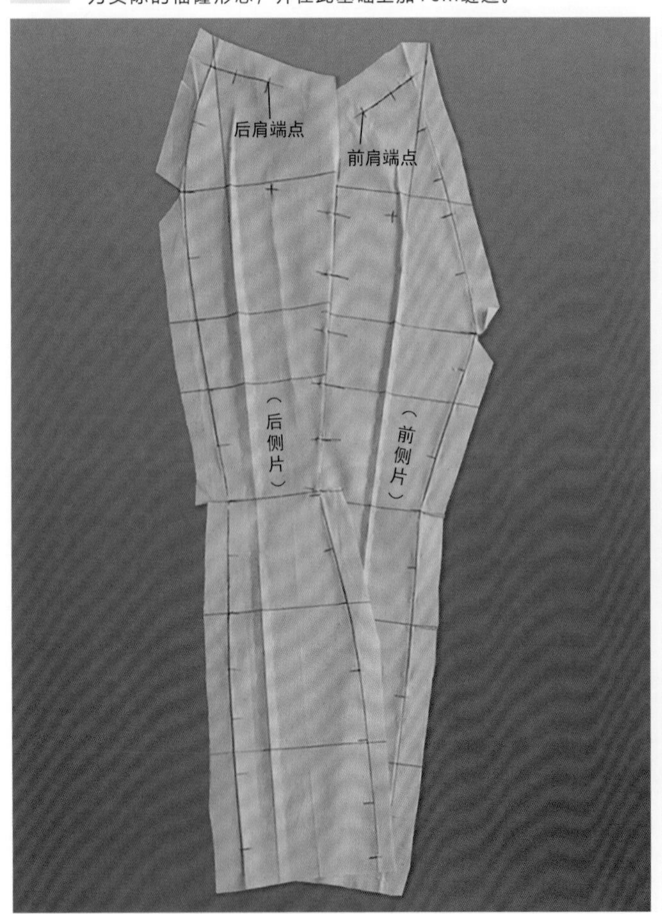

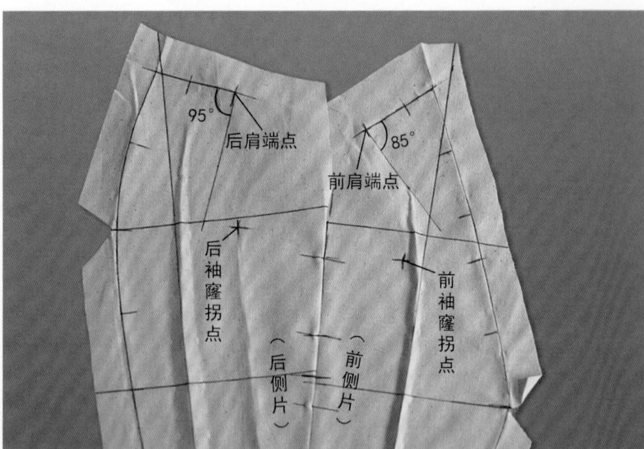

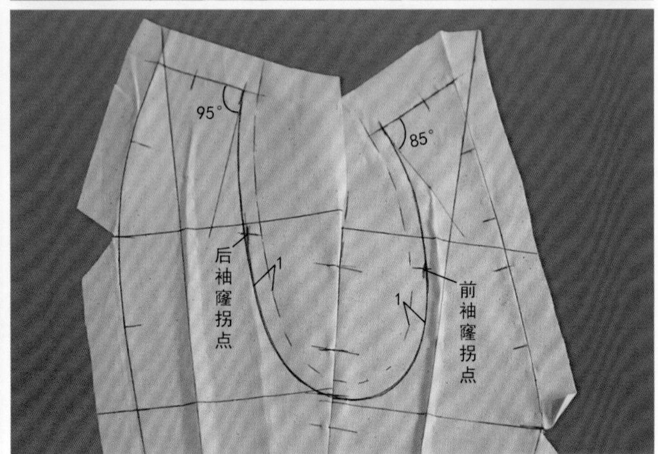

22 对所有裁片进行清剪熨烫整理，并对各裁片进行假缝，在CF线的基础上向外2cm为止口线。

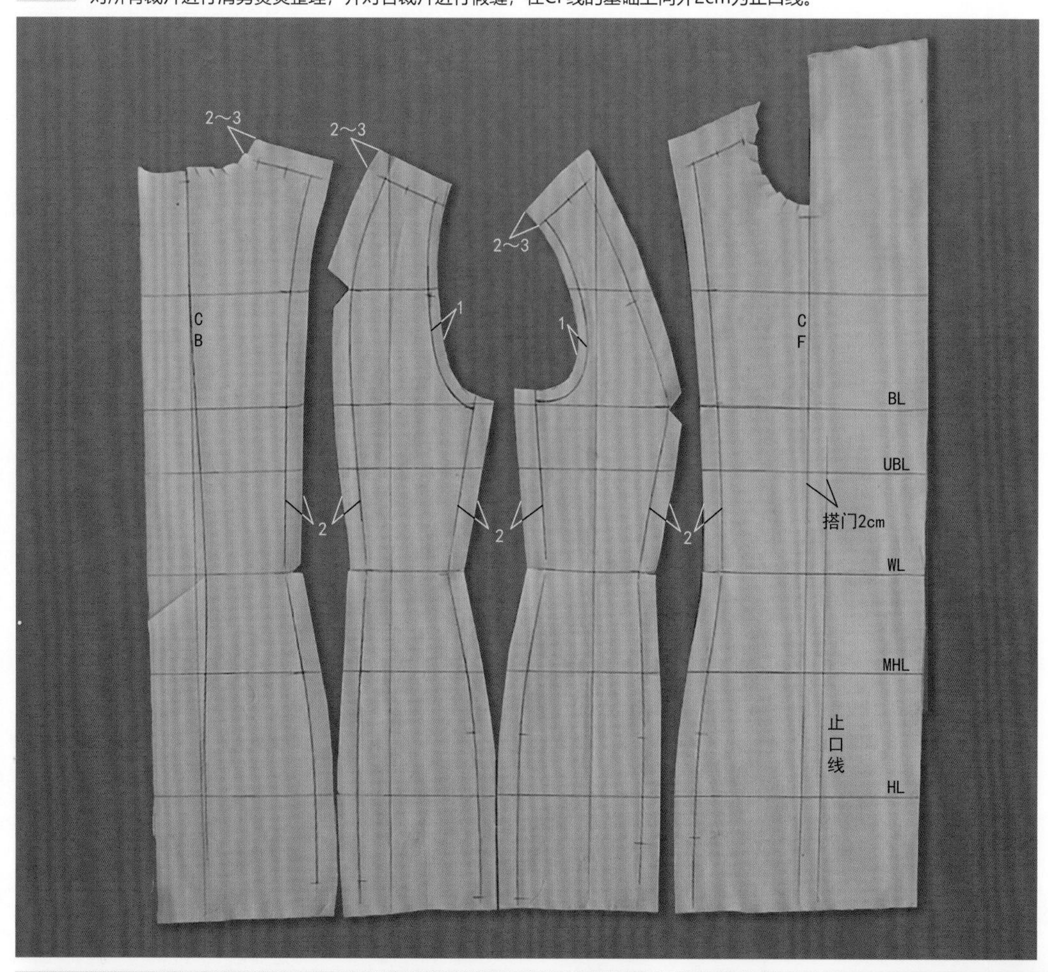

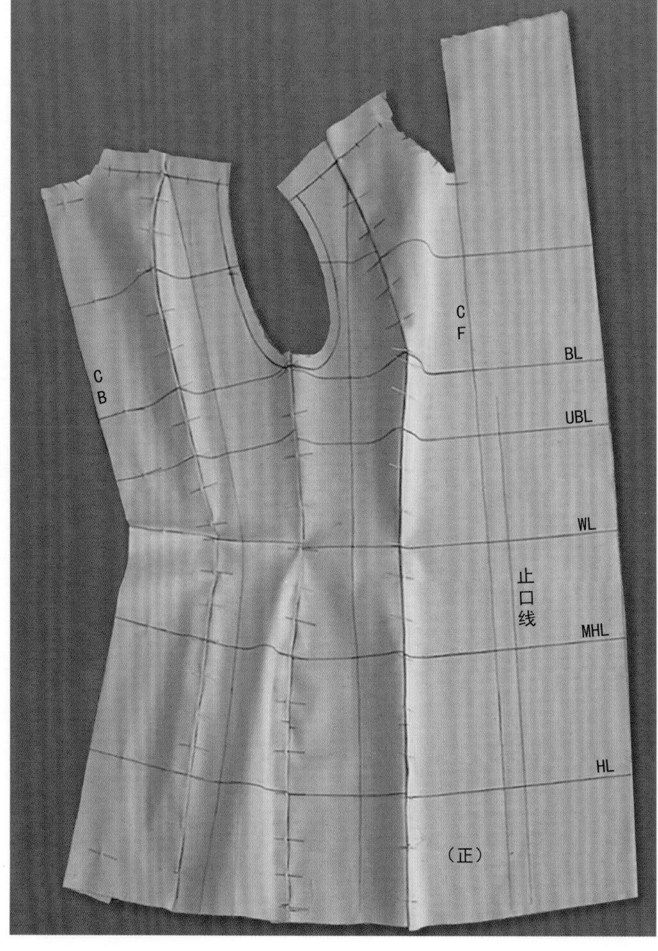

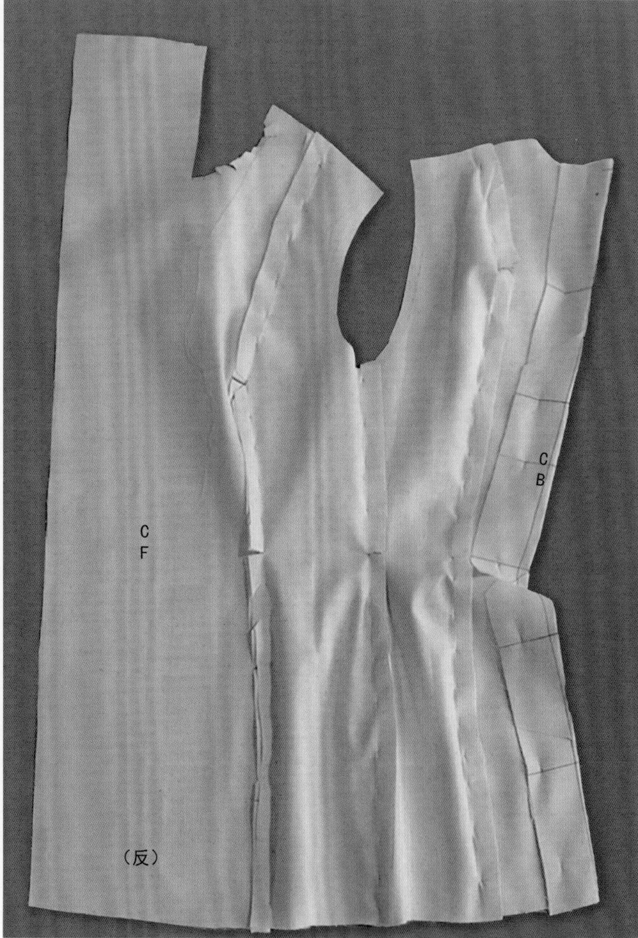

23 衣身部分假缝完成效果（测量立体袖窿深SH，为后面配袖做准备）。

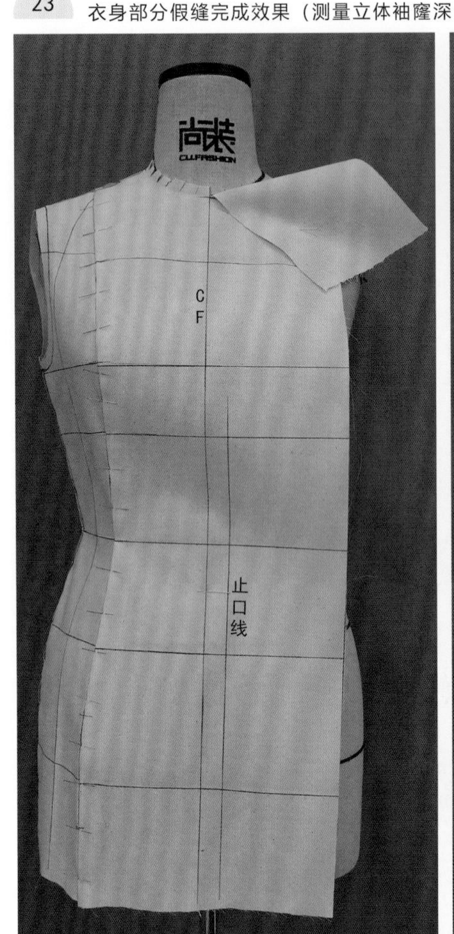

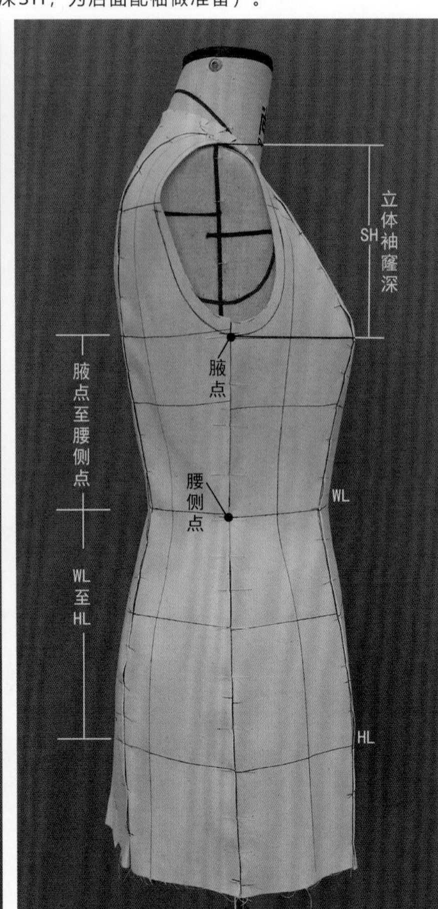

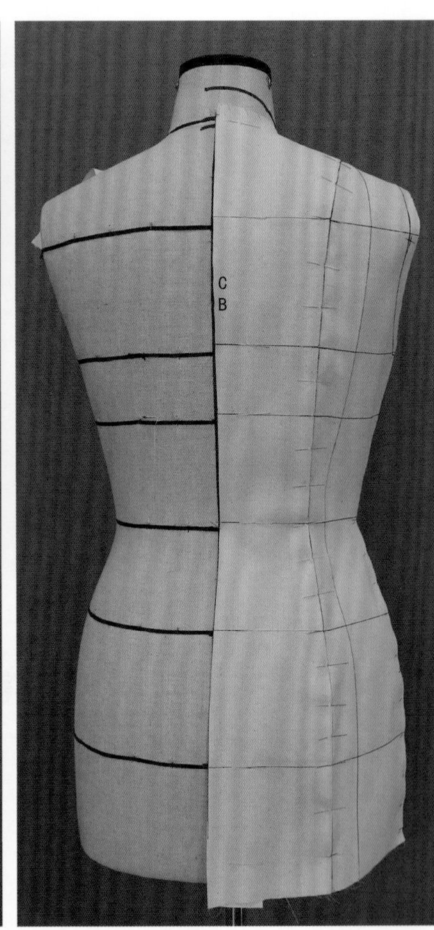

24 根据造型确定驳端点位置，并对驳端点以下的前止口及底摆作内扣处理。

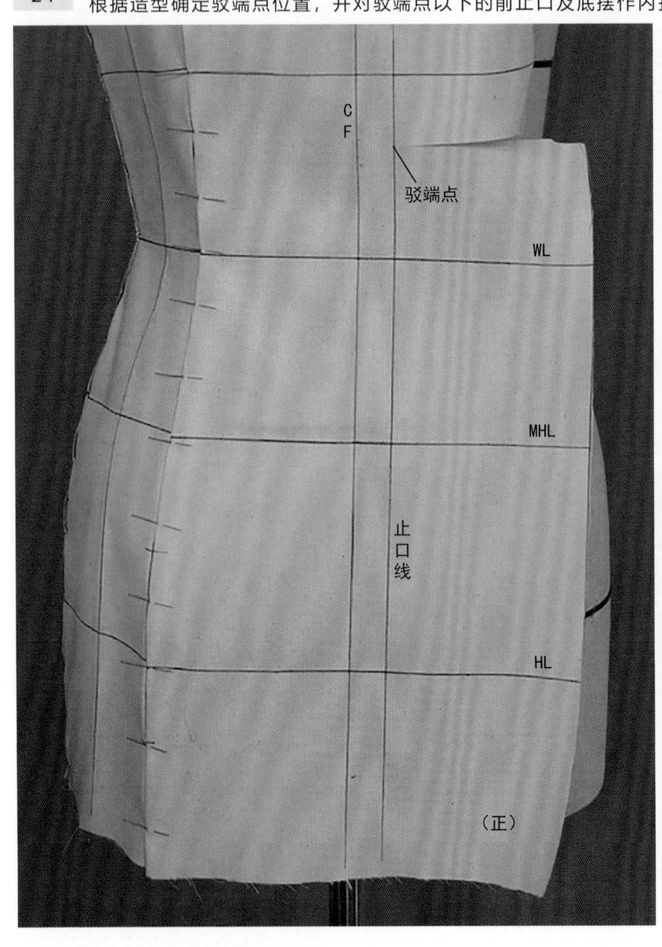

（正）

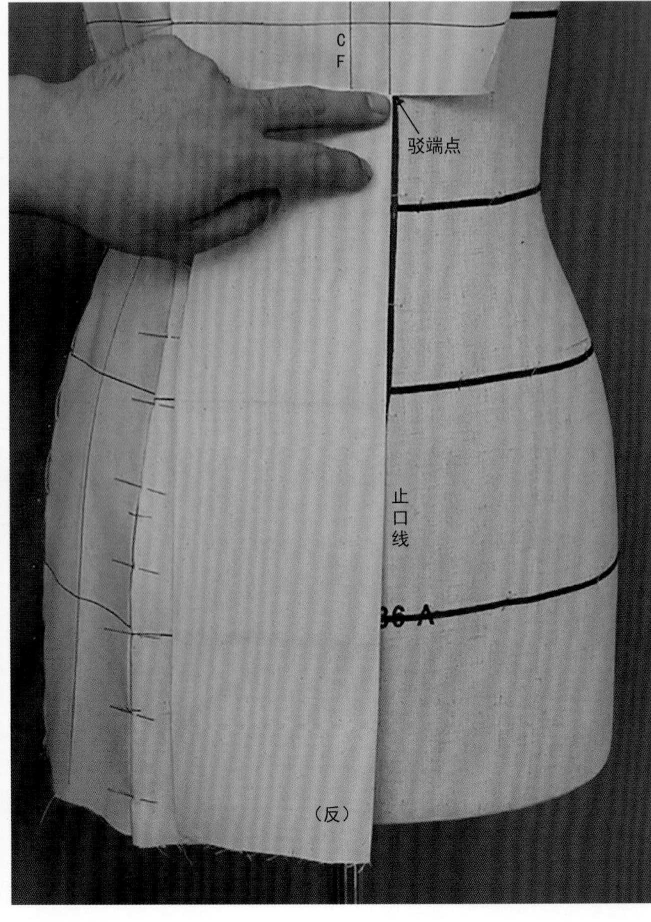

（反）

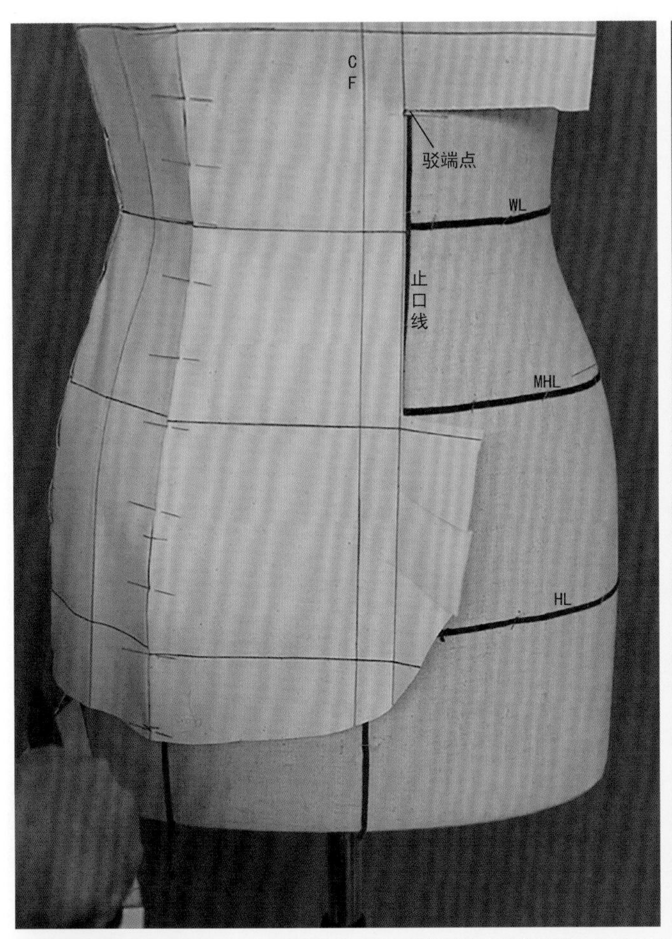
C
F
驳端点
WL
止
口
线
MHL
HL

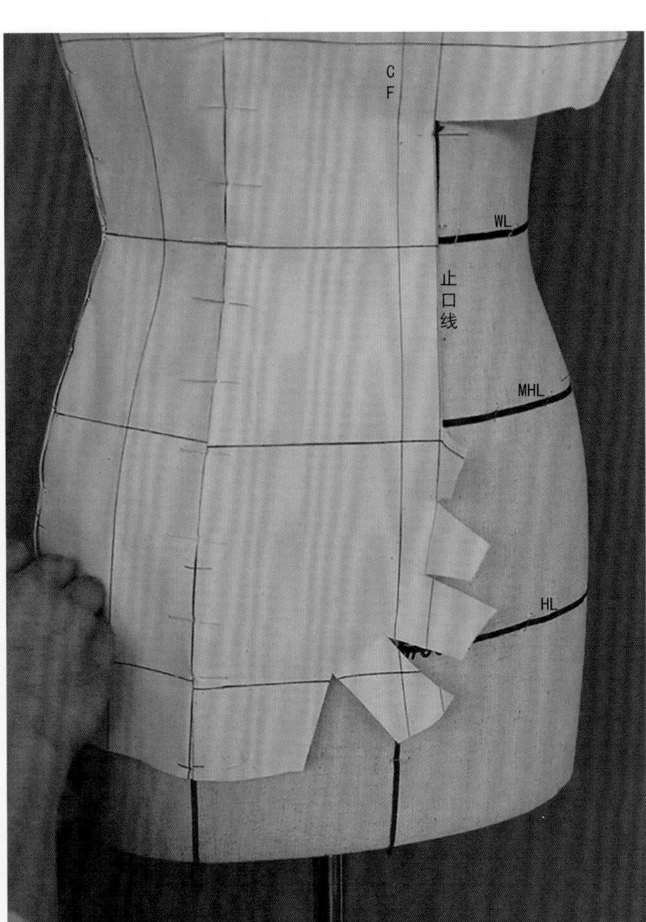
C
F
WL
止
口
线
MHL
HL

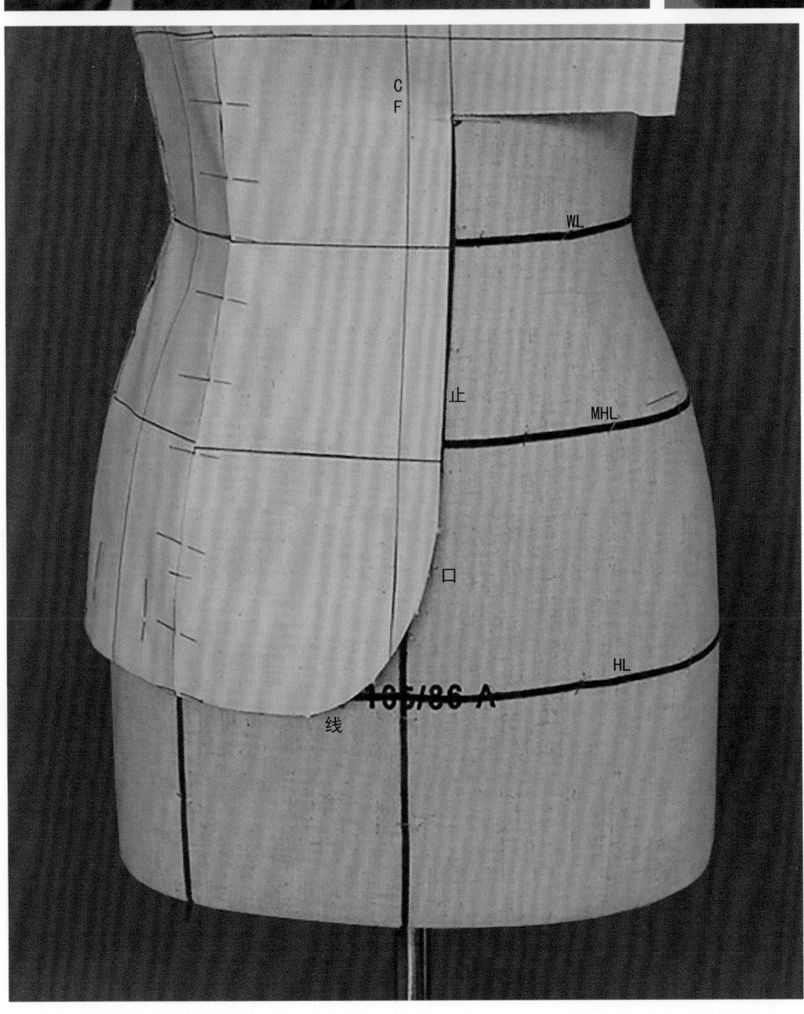
C
F
WL
止
MHL
口
HL
线

- **袖子制图与装配假缝**

25 注：此制图方法可参考“尚装平面制版教材”中的两片袖制图（或结合视频教学学习）。

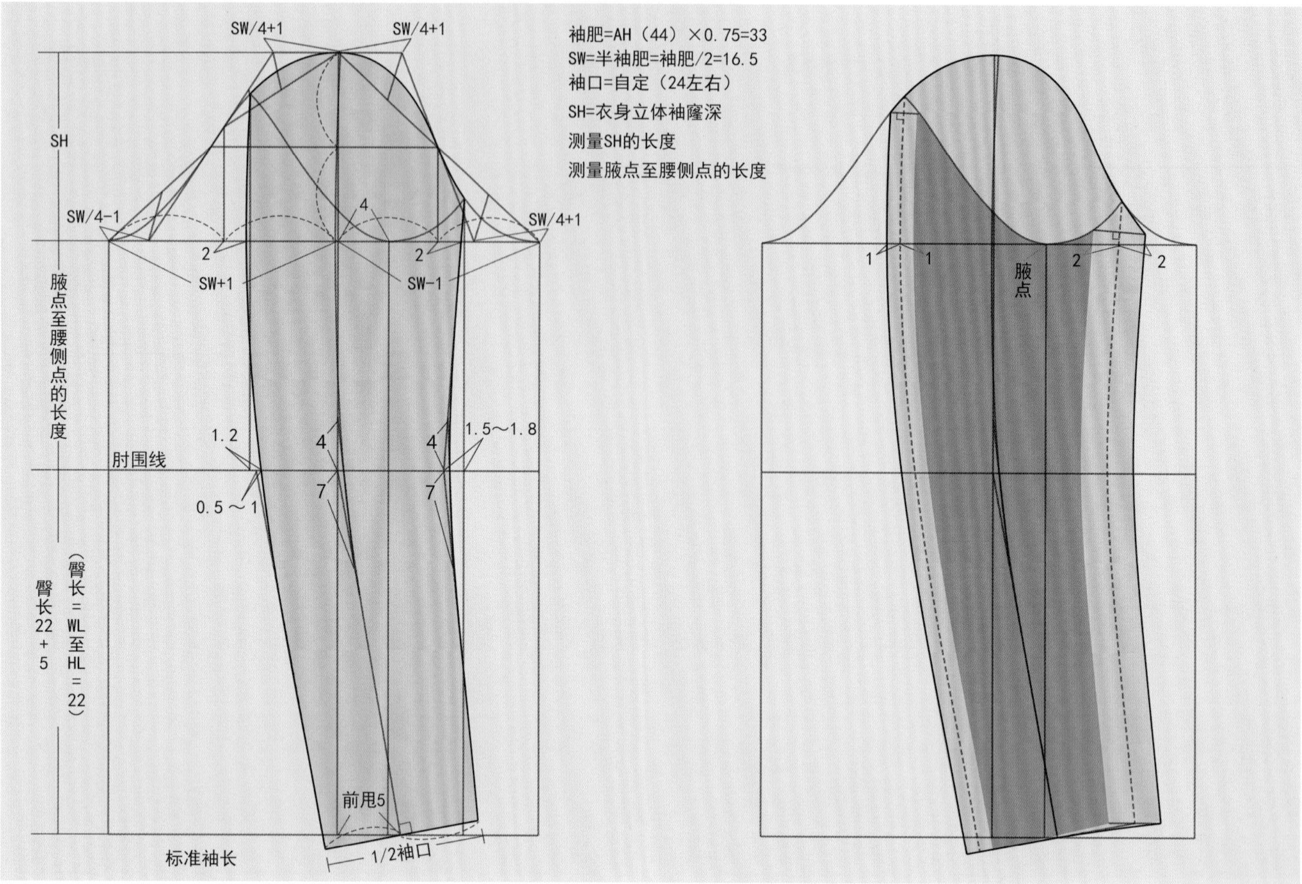

SW/4+1
SW/4+1
袖肥=AH（44）×0.75=33
SW=半袖肥=袖肥/2=16.5
袖口=自定（24左右）
SH=衣身立体袖窿深
测量SH的长度
测量腋点至腰侧点的长度
SH
SW/4-1
SW/4+1
4
2
2
SW+1
SW-1
腋点至腰侧点的长度
1.2
4
4
1.5～1.8
肘围线
0.5～1
7
7
臂长22+5
（臂长=WL至HL=22）
前甩5
标准袖长
1/2袖口
1
1
腋点
2
2

腋点
小袖（内袖）
大袖（外袖）

26 将袖子裁片拓在坯布上，留好缝份并对余布进行清剪。

1
1
腋点
小袖
（内袖）
大袖
（外袖）
1
1
1
3～4

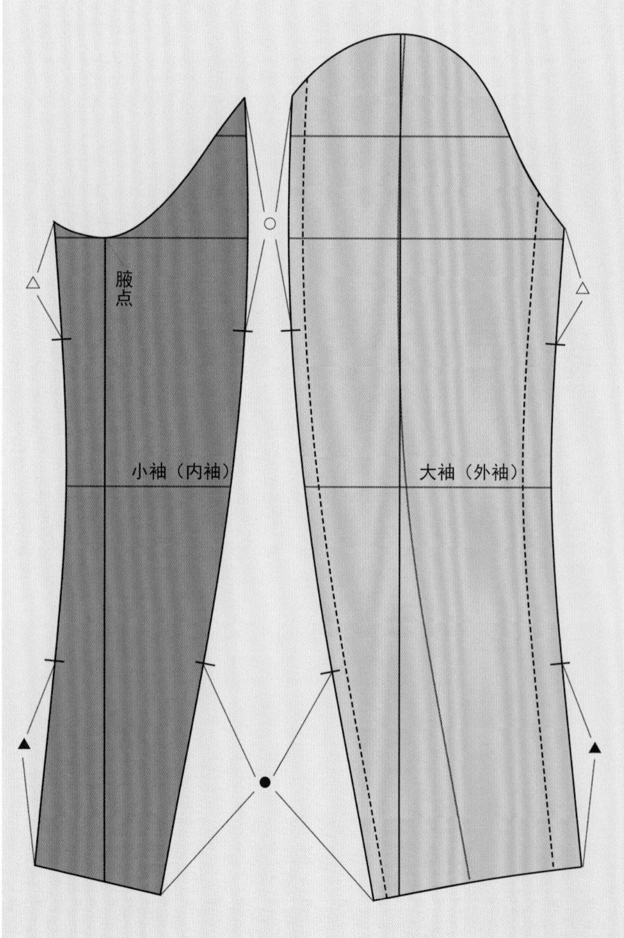

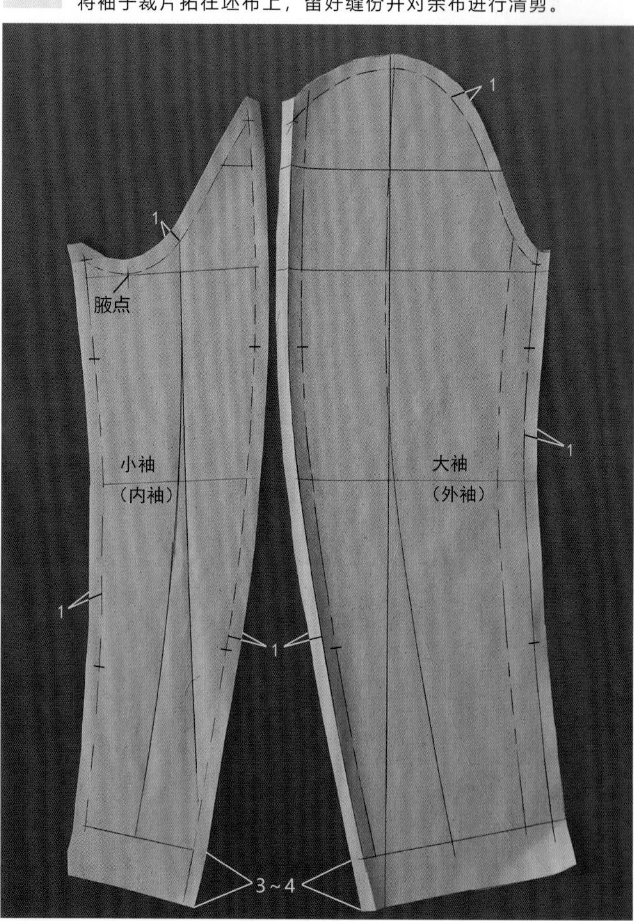

27 将袖子的大小袖进行假缝，如图所示使用缝纫线绷缝袖山并抽小碎褶（吃势）。

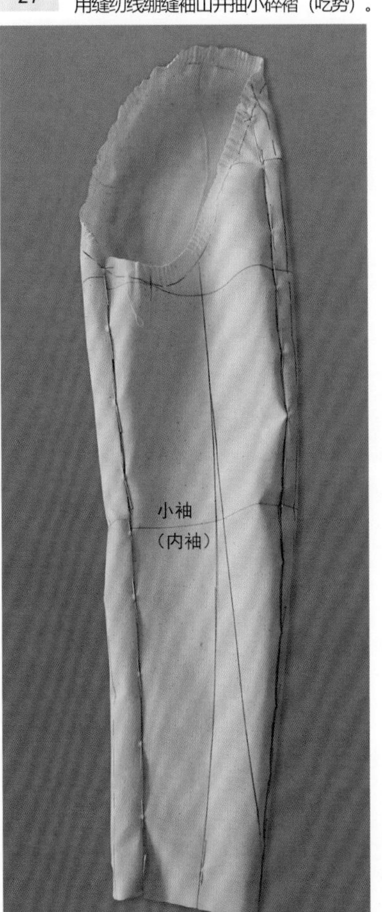

28 将袖子与衣身进行组装。组装时，先从底弯部分固定（重叠针），再组装袖山头部位（隐藏针）。

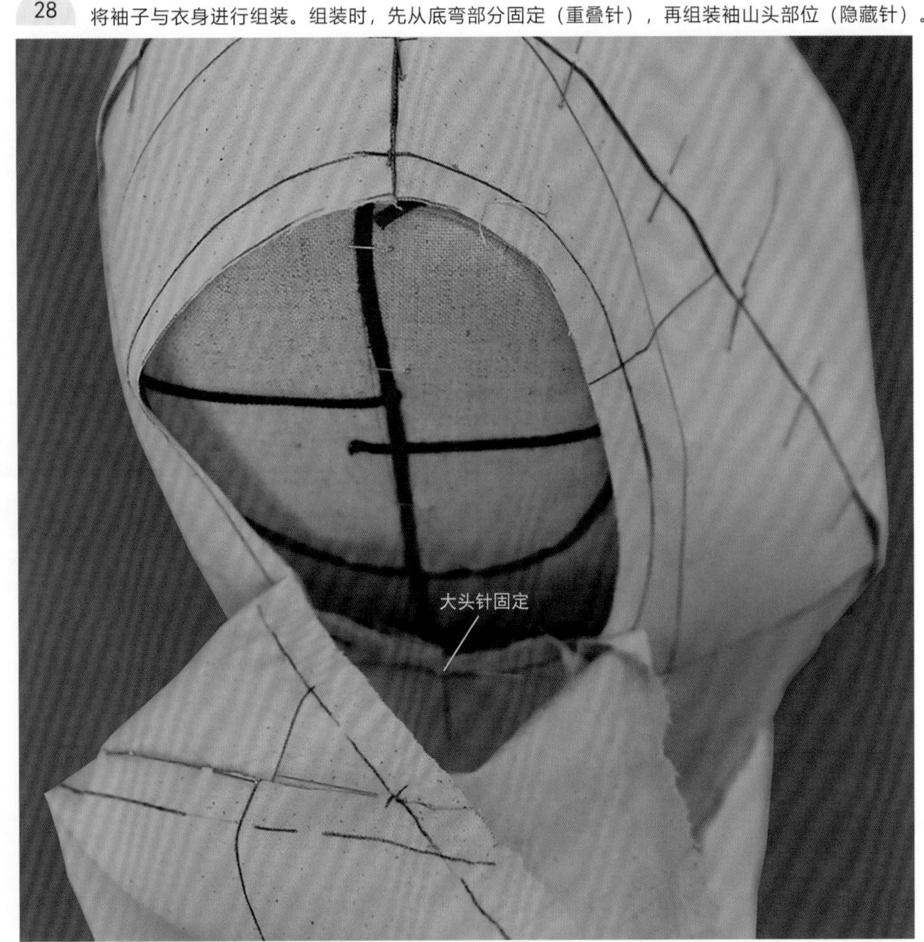

29 领子制作：袖组装完成后整体效果，画出实际的前后领口与穿口线，请参考本系列丛书《尚装服装讲堂•服装立体裁剪 I 》中第163～173页的 4 ～ 20 步骤。

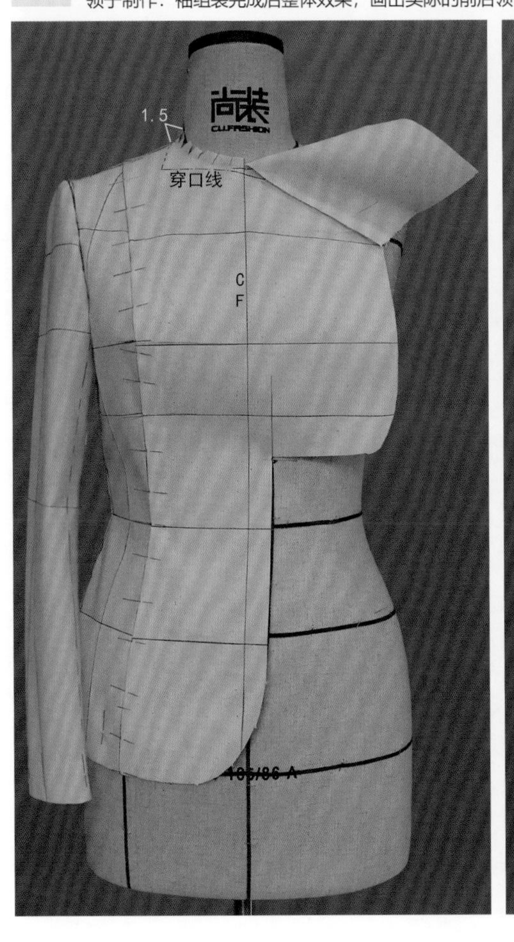

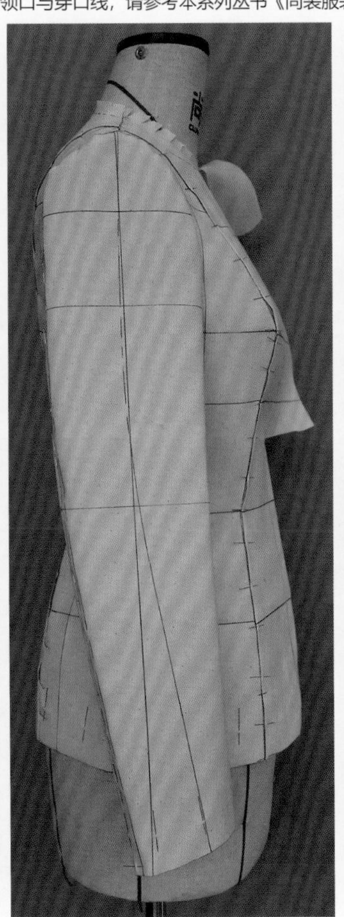

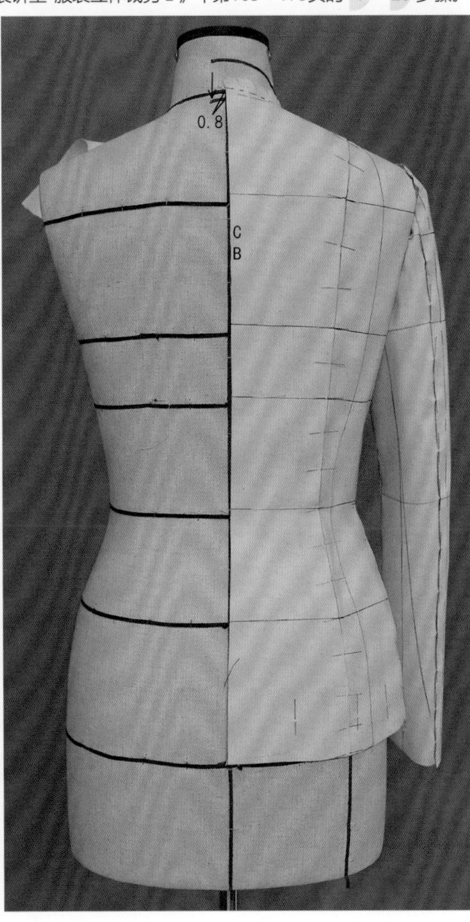

30 翻领假缝完成效果。

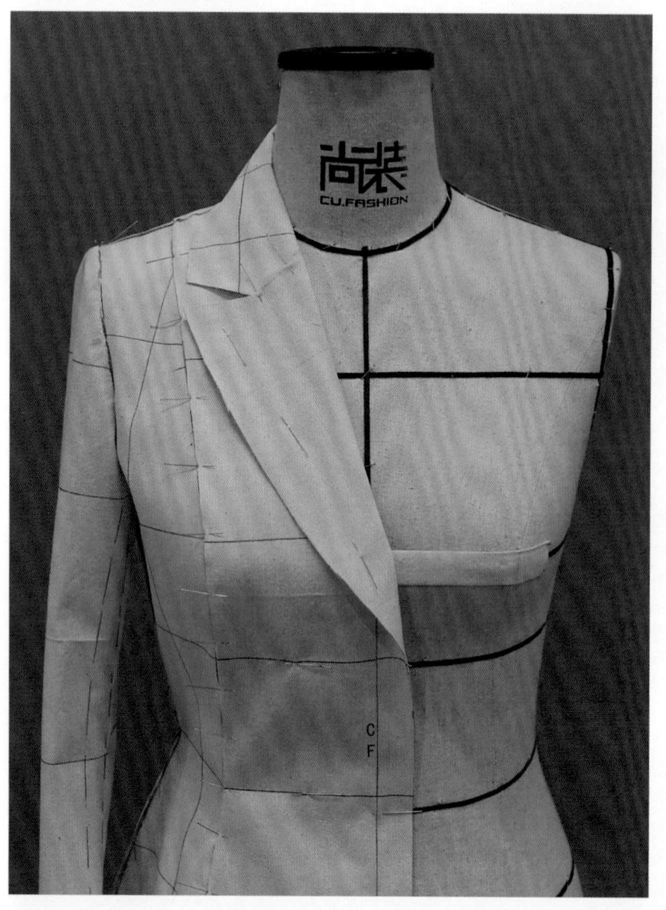

31 • **口袋与扣子立裁准备**

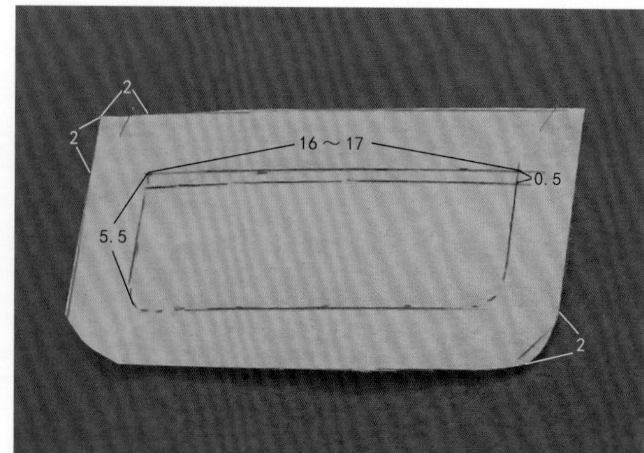

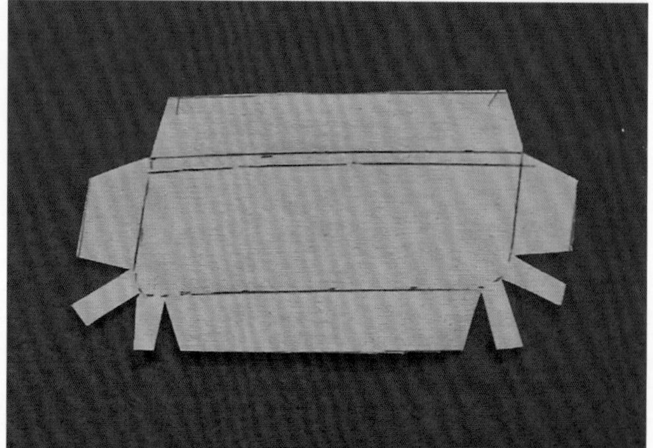

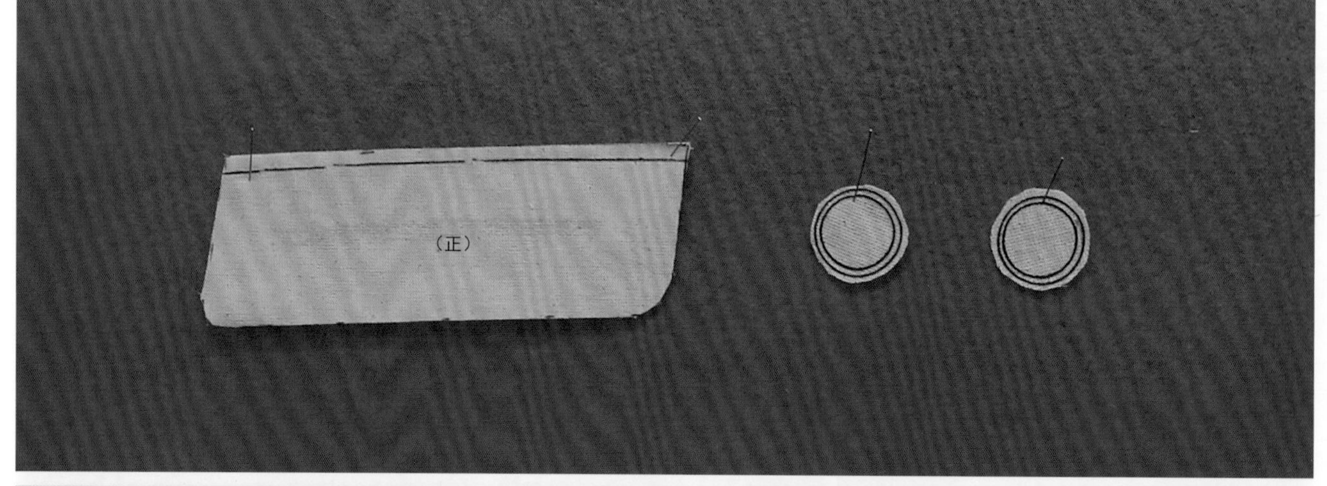

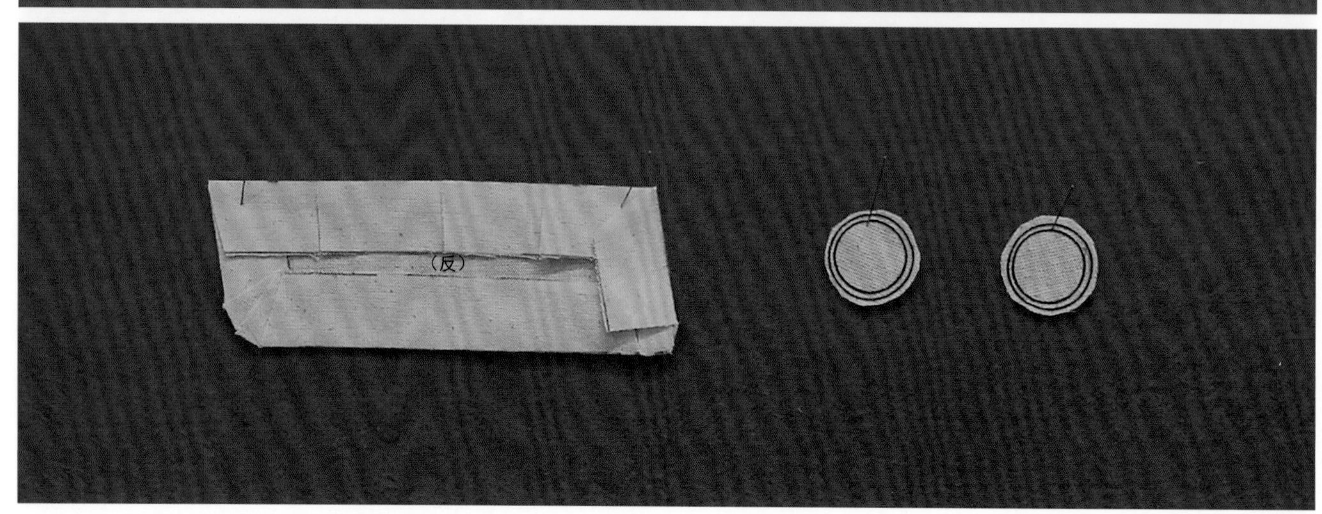

• 半身假缝完成效果

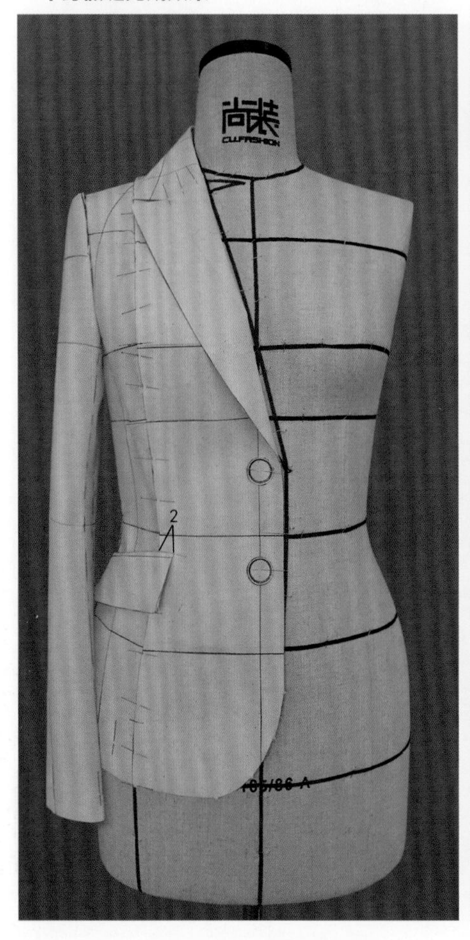

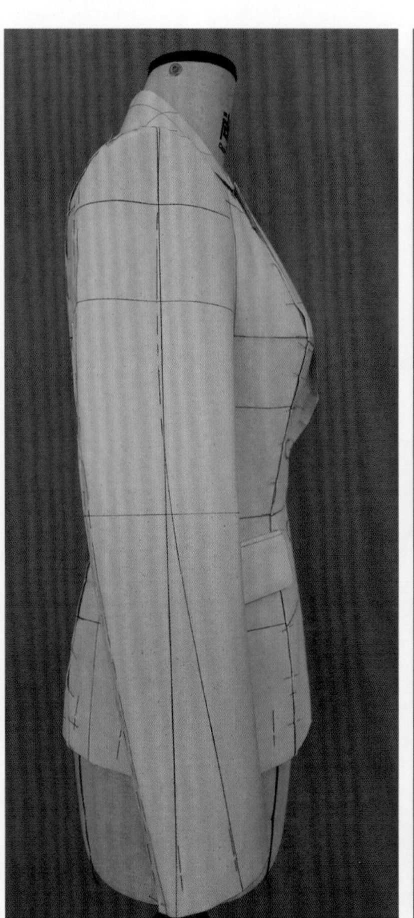

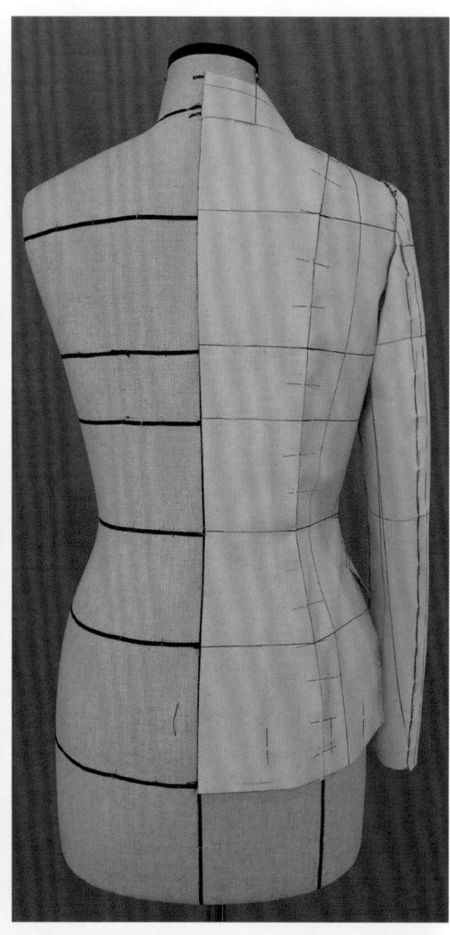

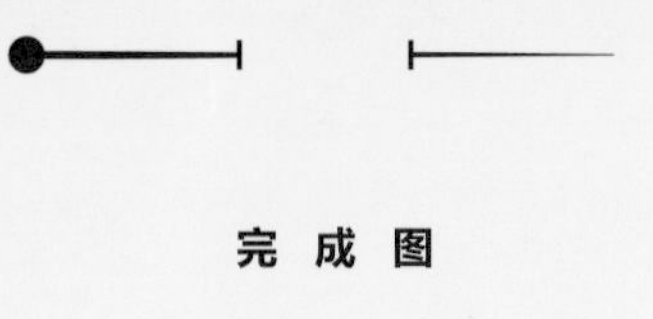

完 成 图

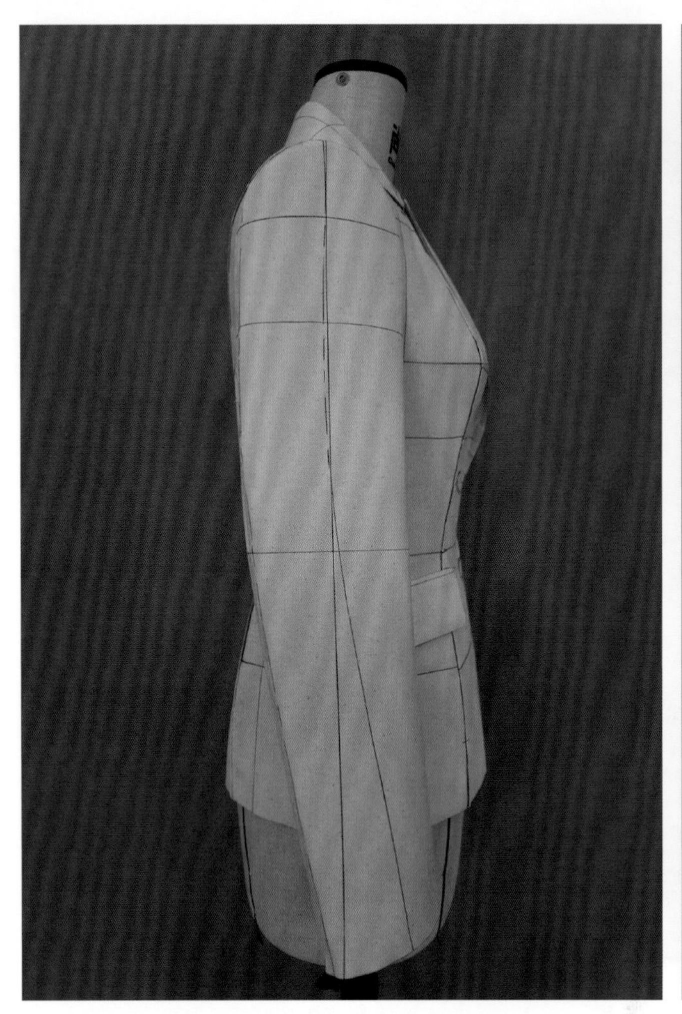

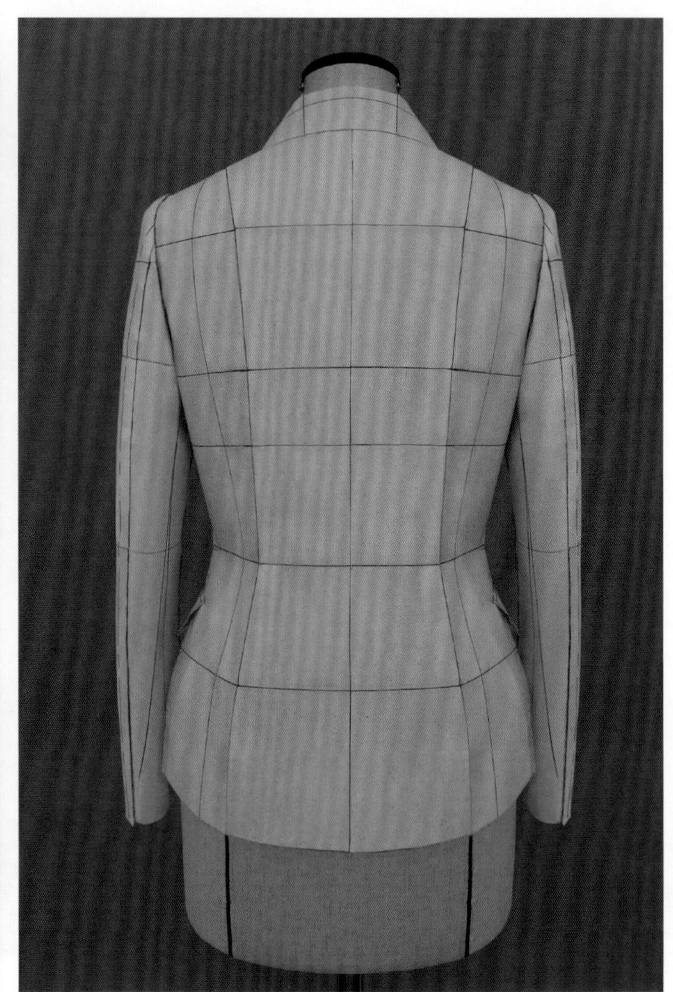

立裁样版图

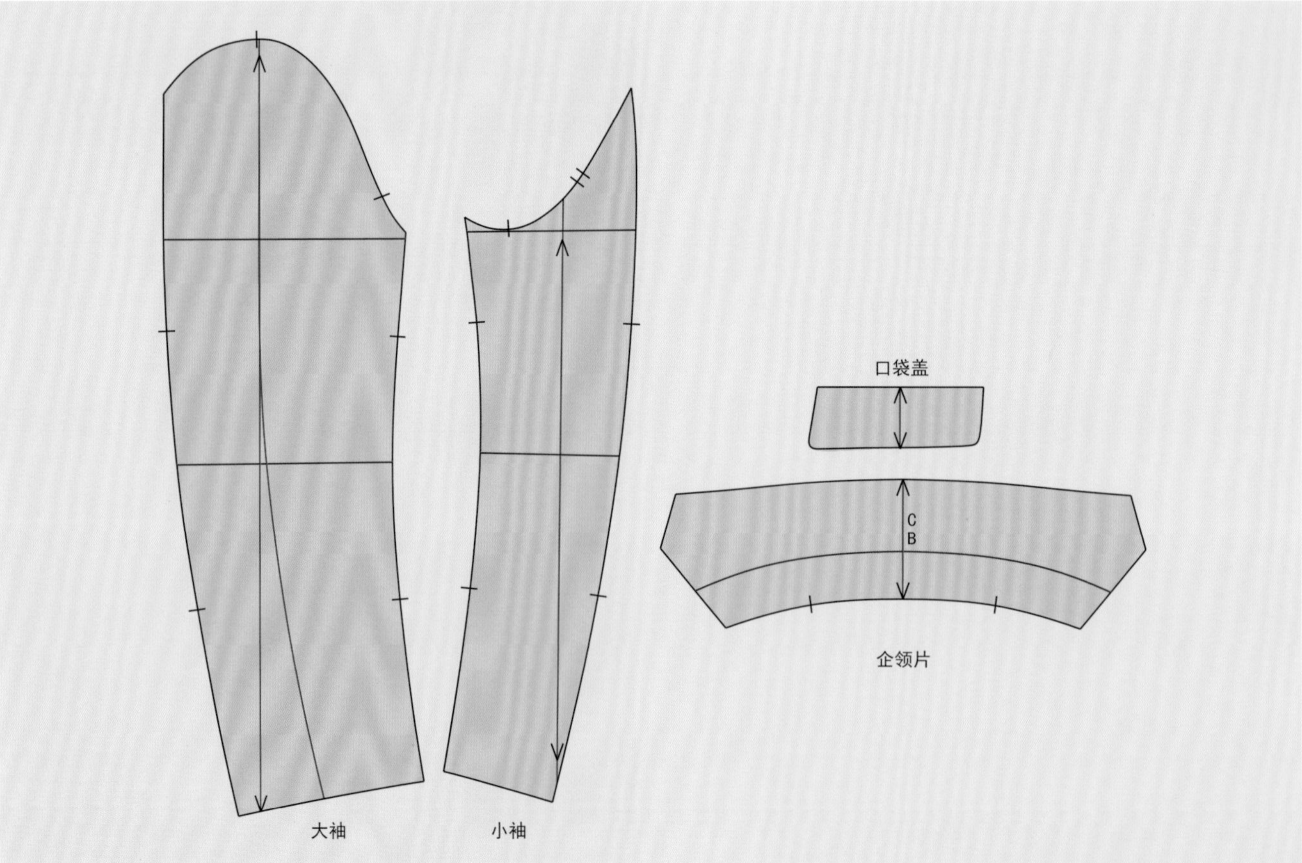

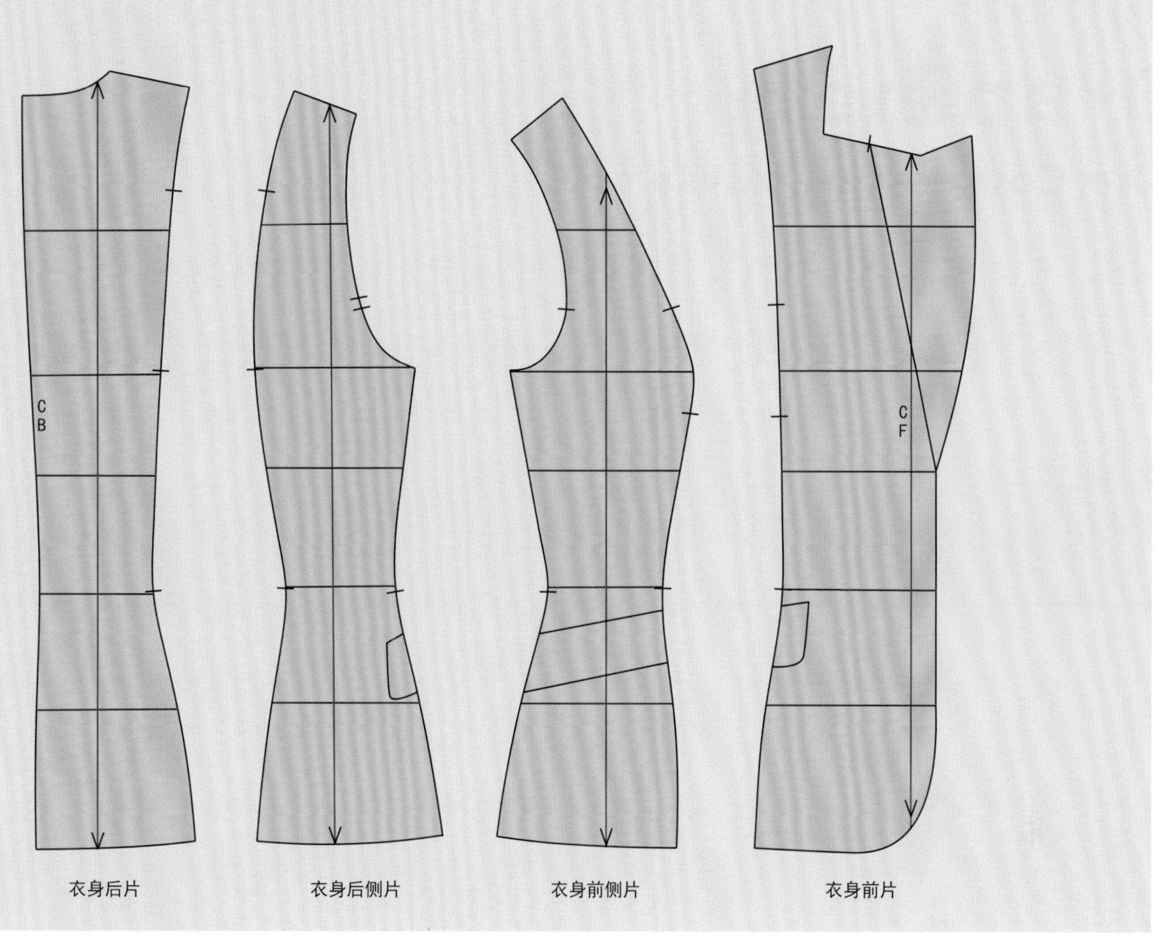
C
B
C
F
衣身后片
衣身后侧片
衣身前侧片
衣身前片

Draping

The Complete Course

夹克 三开身

款式描述

衣身为三开身（三面结构），分断省小刀，后中有断缝，合体松量，小X廓型；有领下弧线省的连领座西装领；圆装两片袖，袖借肩，袖山头收省。

练习重点

- 三开身侧缝加松量的方法。
- 小刀分断的立裁技巧。
- 塑造领下弧线形省的方法。
- 袖借肩，袖山头收省的立裁技巧。

材料准备

- 人台（不限定号型）。
- 宽0.3cm纯棉织带。
- 专业立裁针，剪刀，人台手臂，垫肩。
- 约110cm×170cm纯棉坯布。
- 马克笔（或4B铅笔）、三色圆珠笔。
- 推版尺、多功能尺、皮尺。
- 粘合衬嵌条。

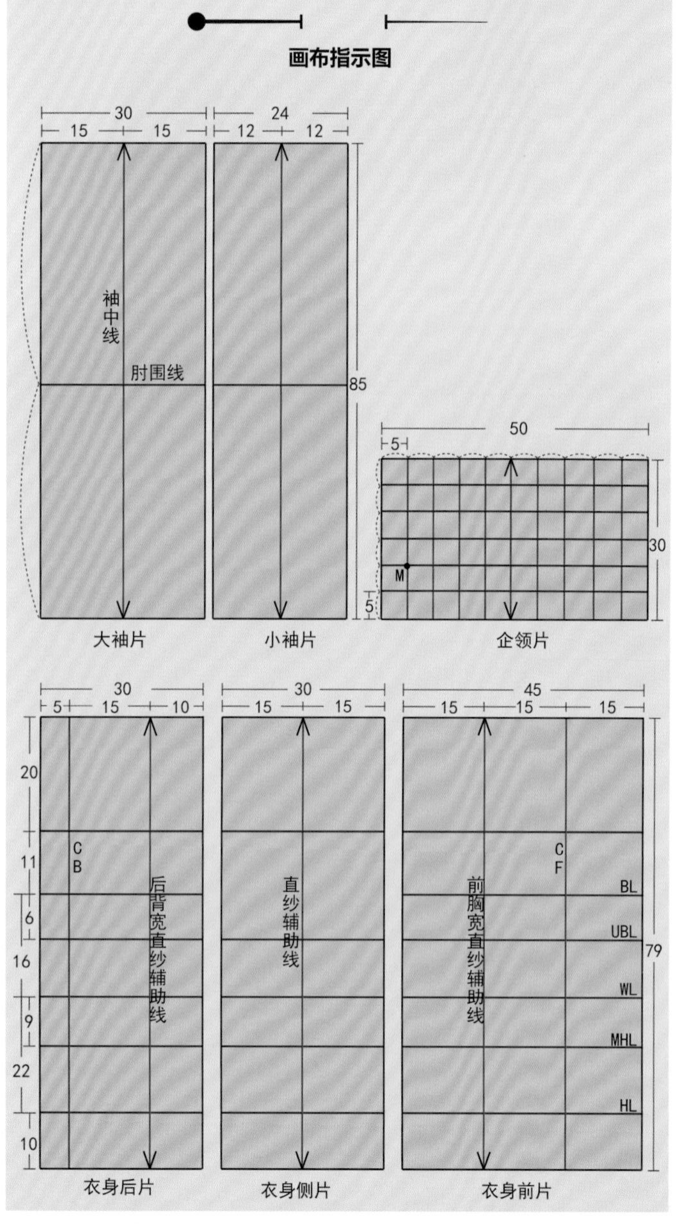

• 人台准备

此款式需要装配立裁用手臂与垫肩，需要提前标线的部位：前、后小刀缝线，翻驳领的领口线，翻领外口线，穿口线及驳口线，搭门和驳端点，内、外袖缝线与衣身袖窿线、肩袖缝线。

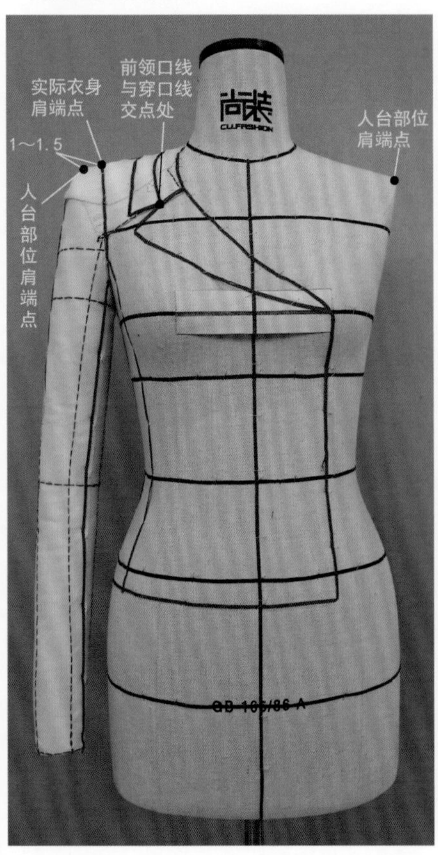

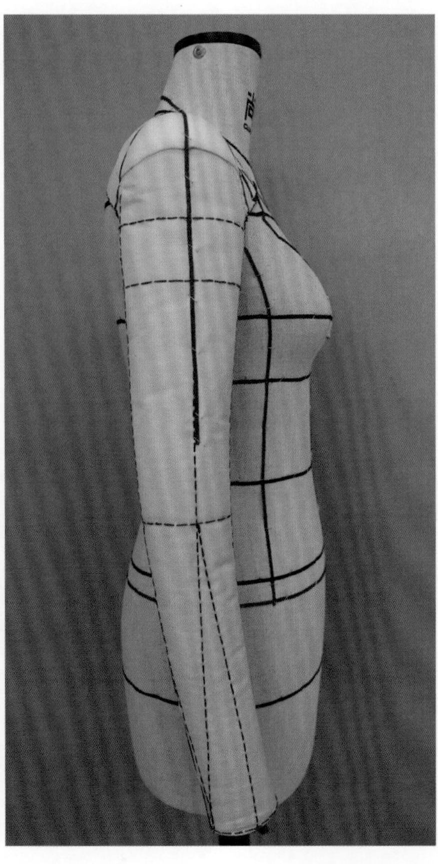

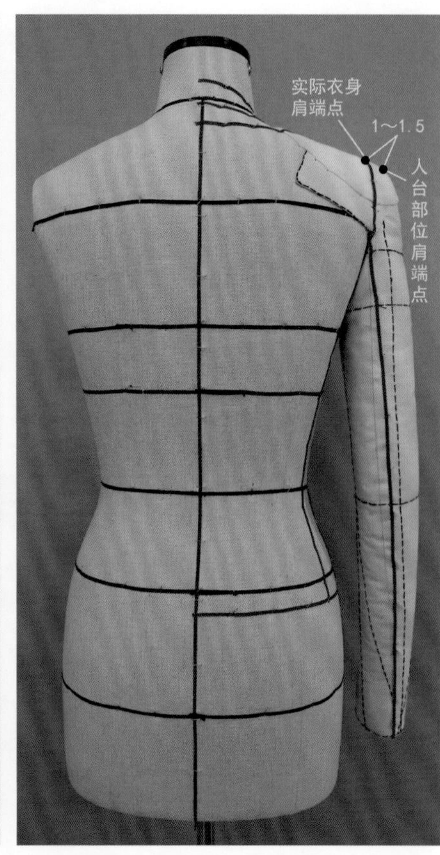

• 款式制作

1 前片制作：腰节线与前中线交点处下针固定前中丝道线，确保各辅助线的水平与垂直，并与人台标线相对应。

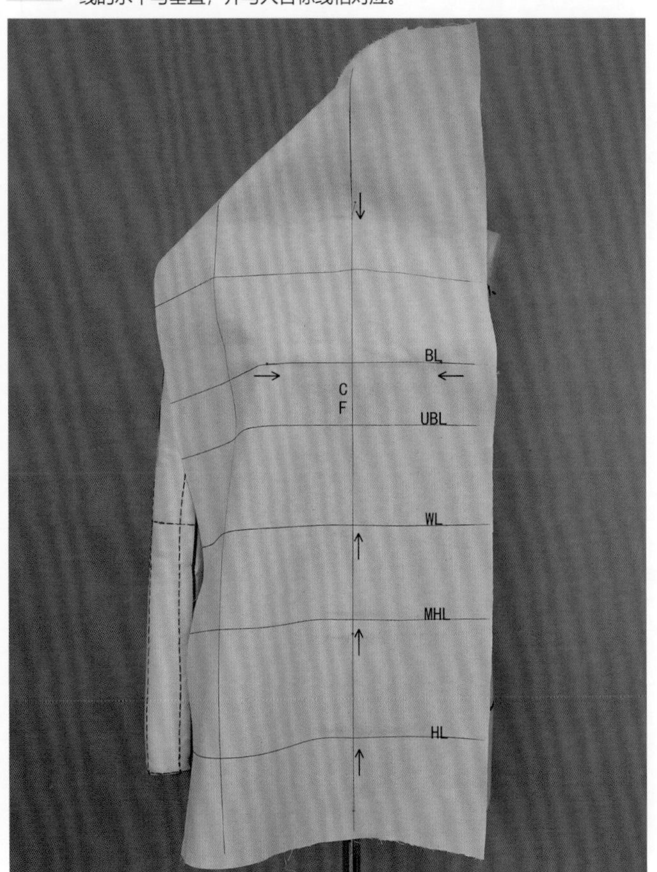

2 自前颈点往肩颈点方向沿颈根均匀打剪口，剪出前领口造型，在肩颈点及肩线处、前领口线与穿口线交点处用大头针将面料与人台固定；将余布绕至侧缝方向，保持侧面坯布上的前胸宽直纱辅助线垂直地面，并在刀缝线处用大头针固定（此时胸省量全部被推至前袖窿位置）。

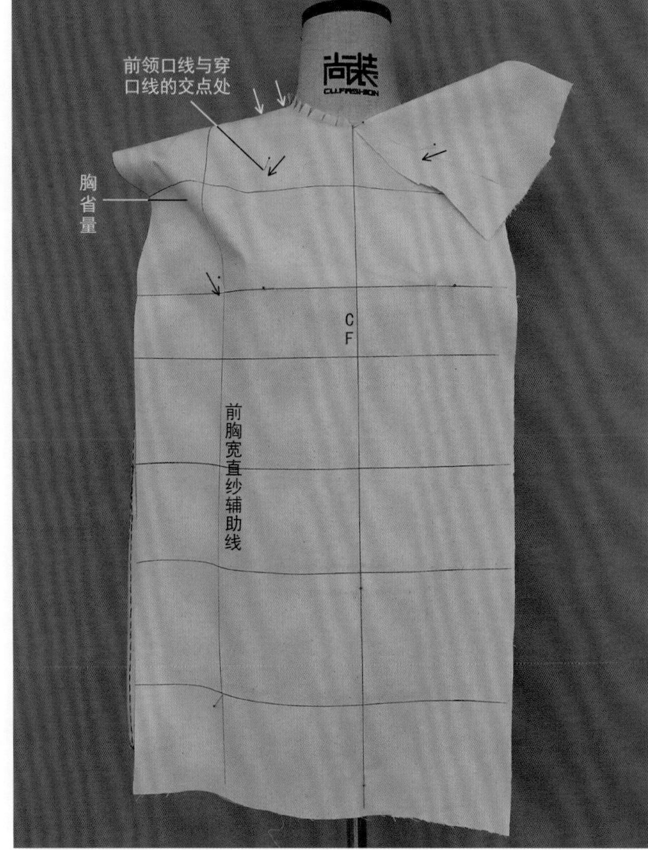

3 将大部分胸省推至前领口线上，并将胸省线调整为如下图所示的弧形省，用折叠针法将其固定。

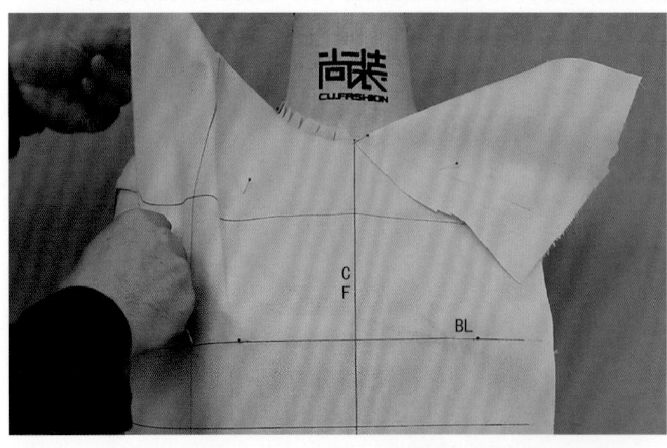

4 前袖窿拐点处打剪口，将下半部分余布填至腋下，此时躯干的两个转折面都可以做到面料平伏的造型。

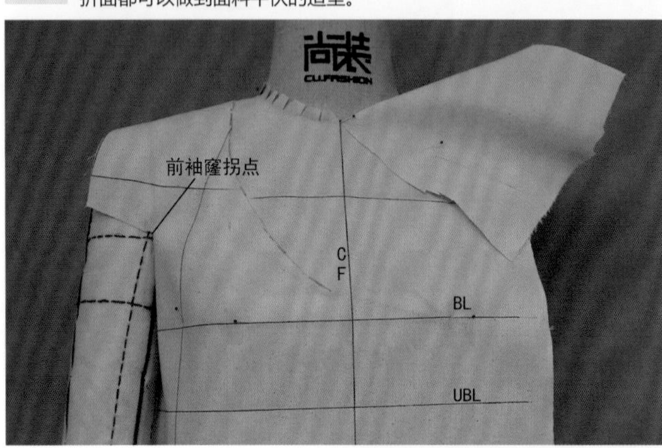

5 对剪口以上部位袖窿弧线、前小肩线进行描点。

6 在腰节处打剪口，轻轻拉动面料将收腰状态调至合适，如图所示清剪余布，在小刀缝线余布处用大头针将面料与人台固定（点针，全部扎入人台），确认造型无误后对前小刀缝进行描点。

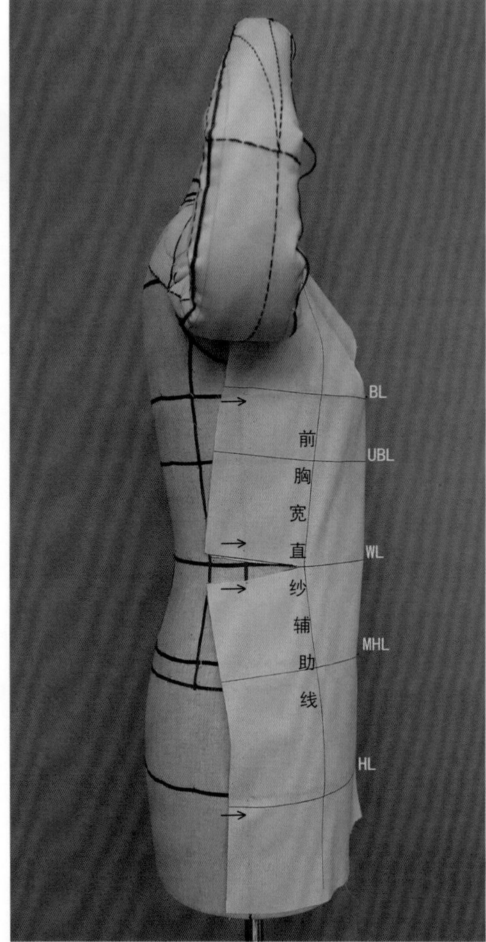

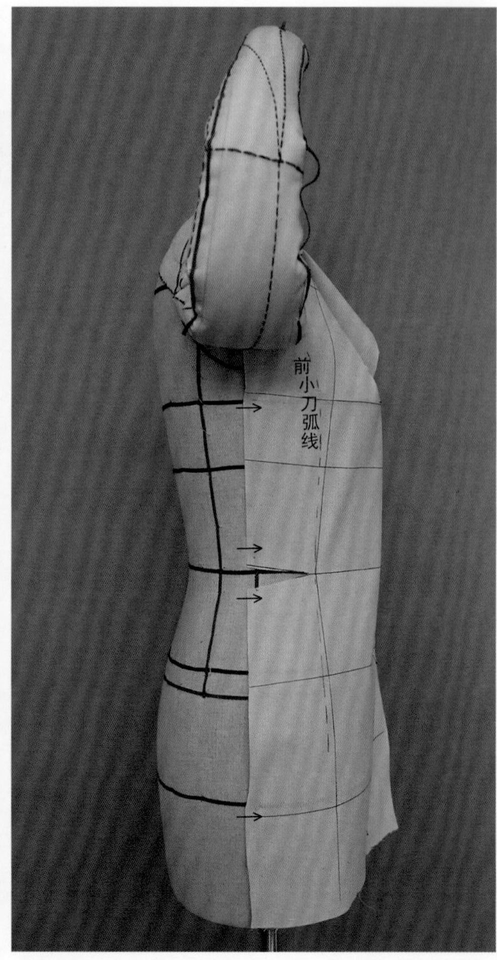

7 后片制作：腰围线与后中线交点处下针固定后中丝道线，确保各辅助线的水平与垂直，并与人台标线相对应，自后颈点往肩颈点方向沿颈根均匀打剪口，剪出后领口造型，在肩颈点处用大头针将面料与人台固定。

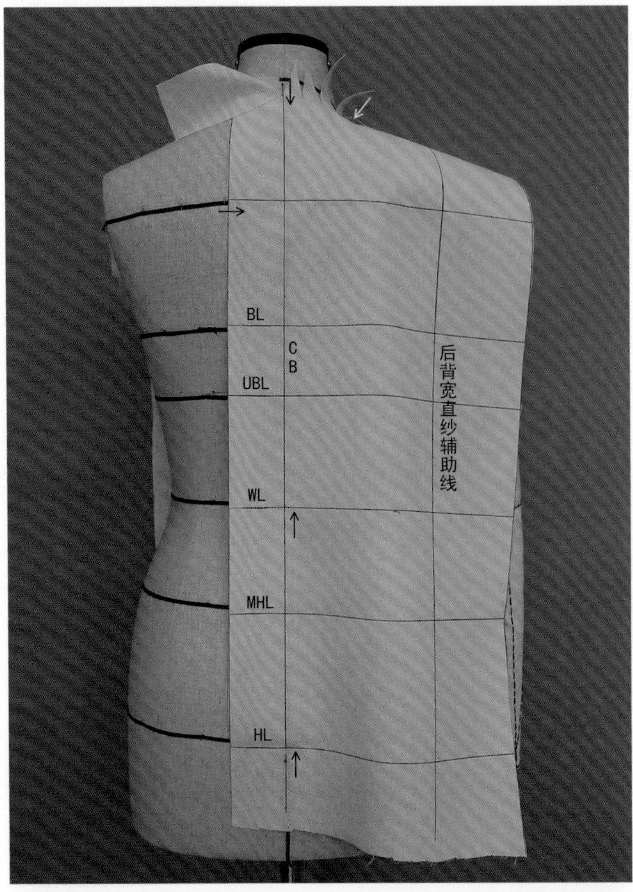

8 如图在小肩1/2处捏起0.5cm左右的量作为吃势保留，并用大头针固定吃势两边 。

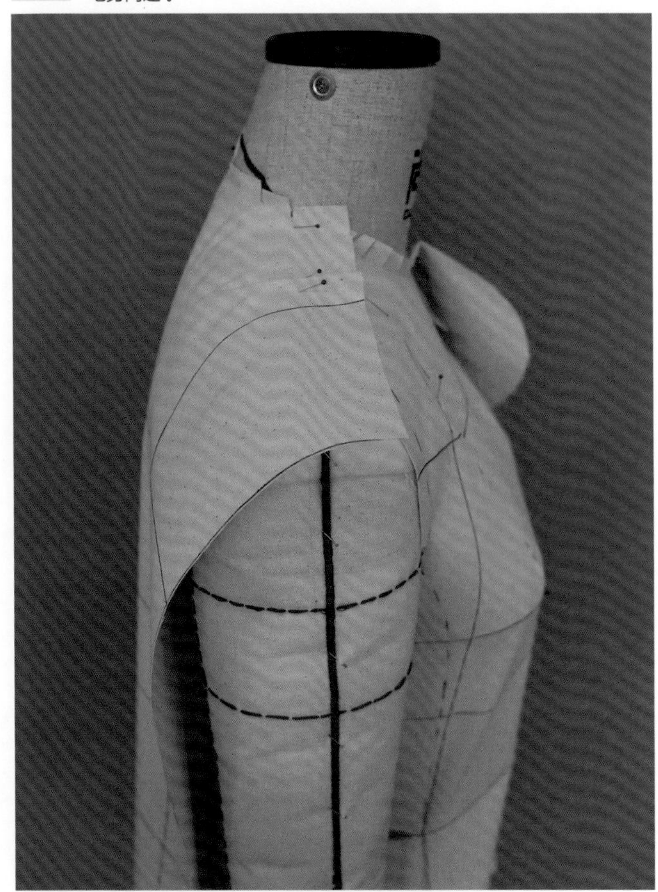

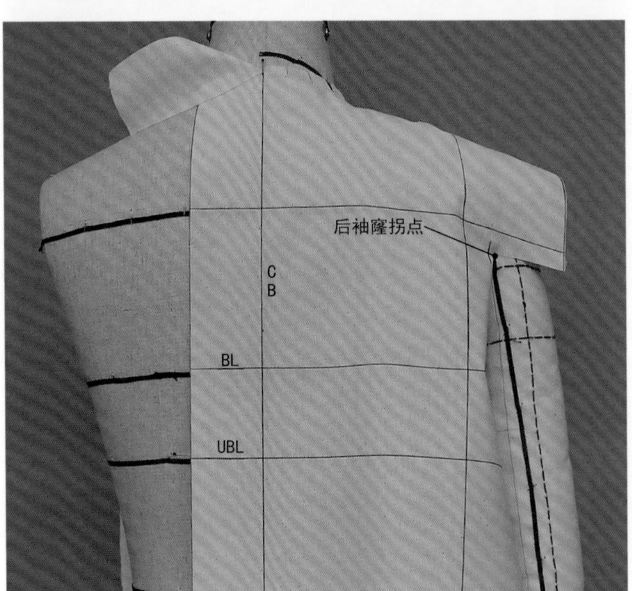

9 在后袖窿拐点处打剪口，将下半部分余布填至腋下，此时躯干的两个转折面都可以做到面料平伏的造型。

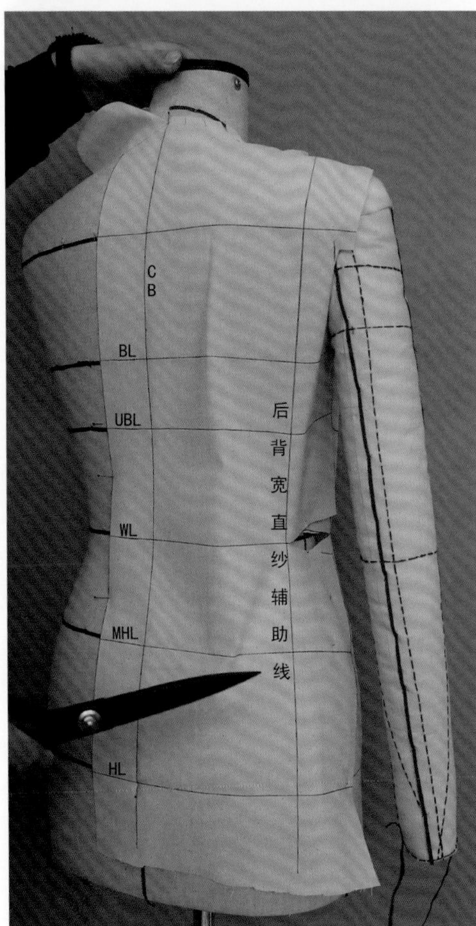

10 在侧缝线与腰围交点区域打剪口，轻轻拉动面料将收腰状态调至合适，在侧缝线处用大头针将面 料 与人台固定（点针，完全扎入人台）。

11

对后小刀缝线以及实际衣身肩端点处的袖窿线上段进行描点，并如图所示清剪余布。

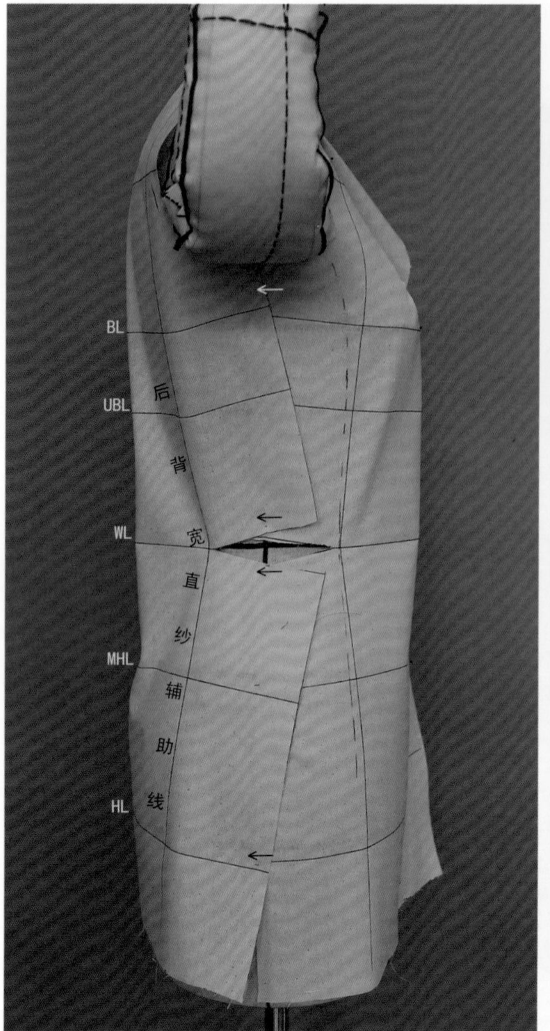

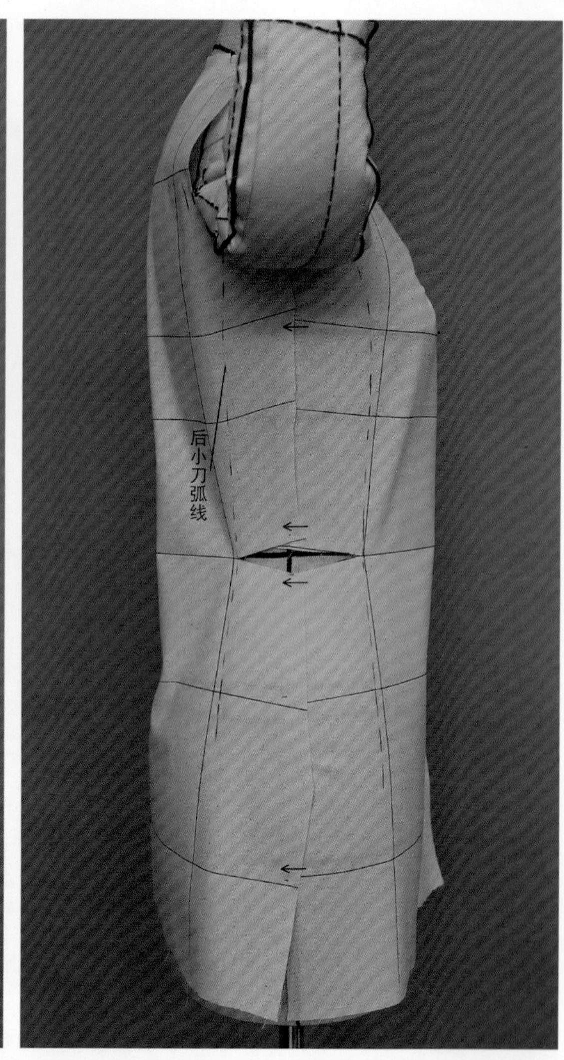

12

侧片制作：将准备好的衣身侧片基础布平铺在桌面上，在直纱辅助线两侧画平行线作为松量（大小自定），然后以“内工字褶”的形式将画好的松量内叠，并用大头针进行固定（折叠针）。

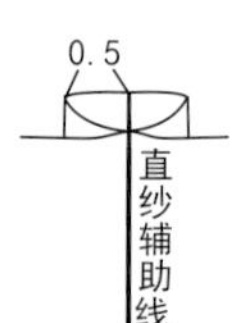

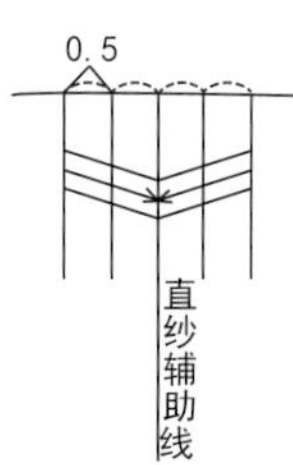

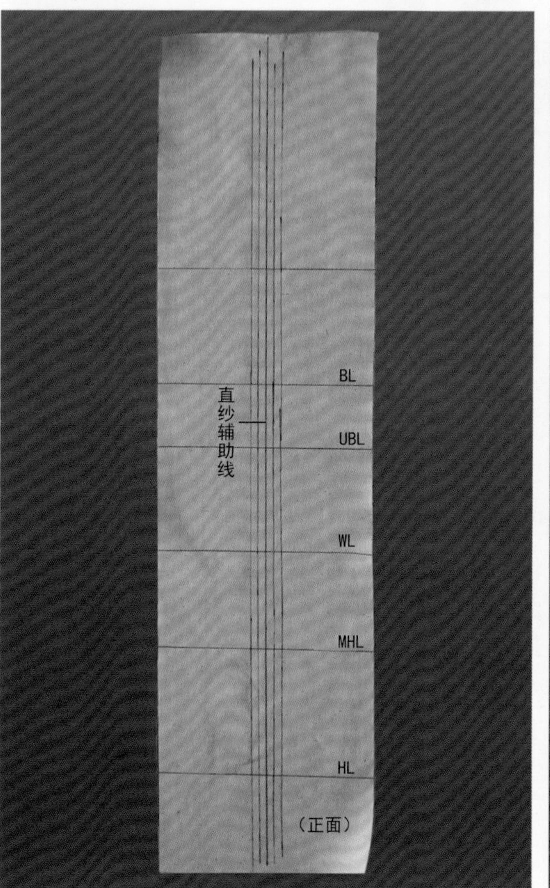

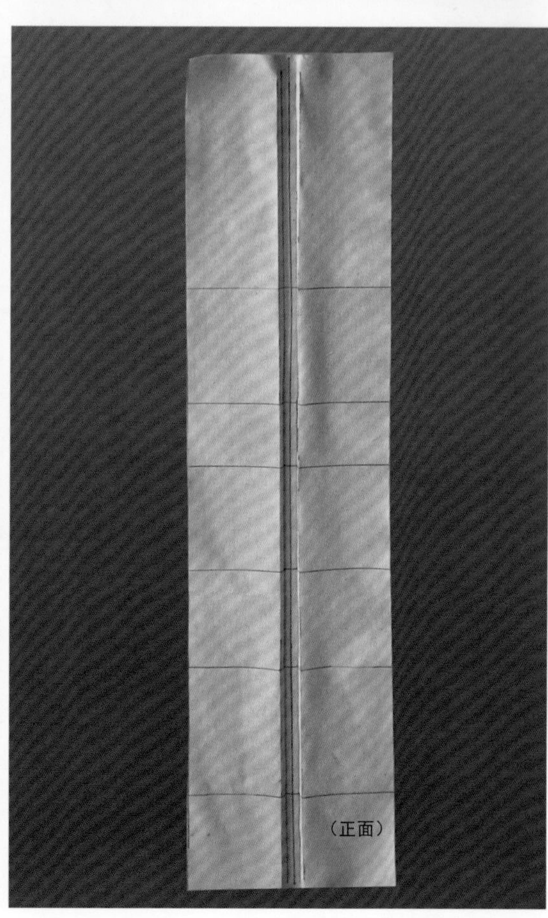

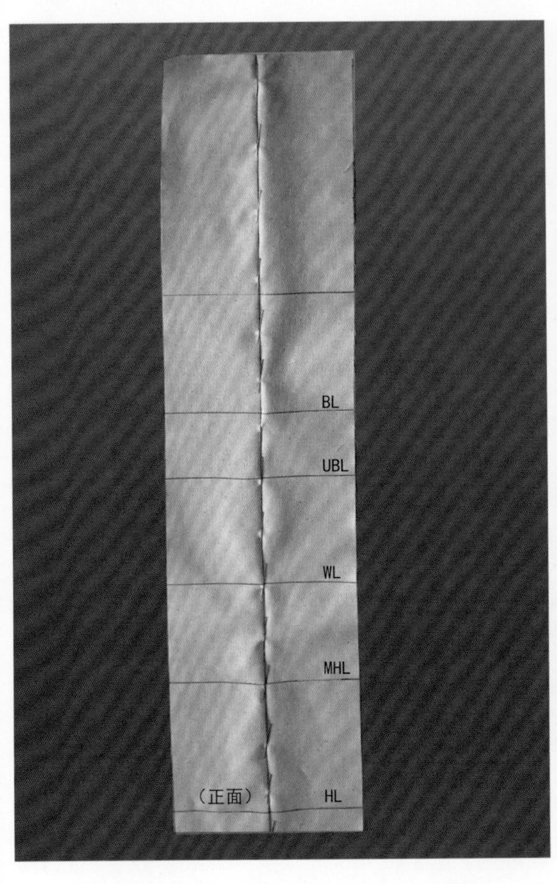

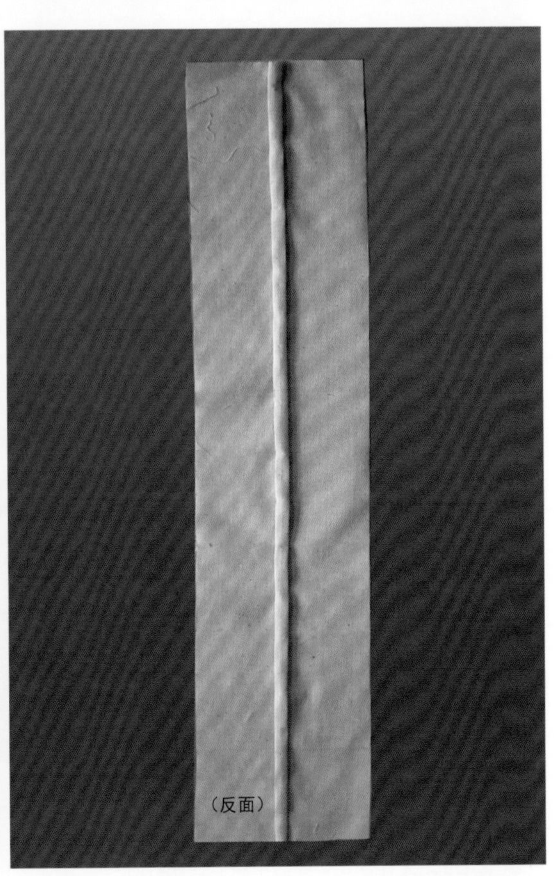

13 将固定好松量的衣身侧片基础布当作一块完整的布，在腰围线与直纱辅助线的交点处下针对准人台腰侧点固定，保证各辅助线的水平与垂直；将袖窿处多余面料剪掉，方便后续步骤的操作。

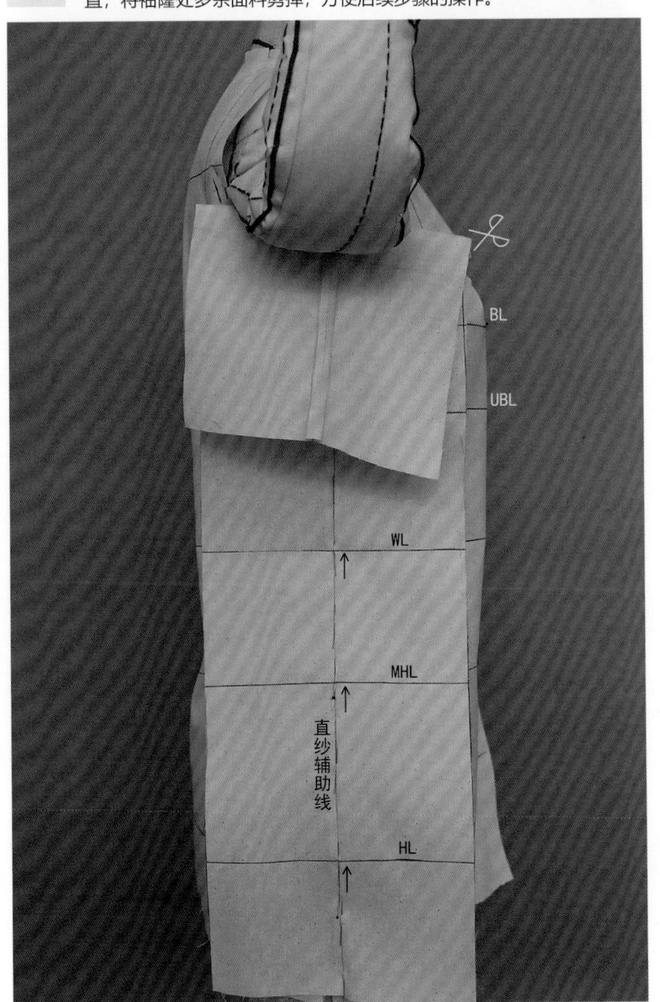

14 分别对前、后小刀缝线的缝份进行处理。

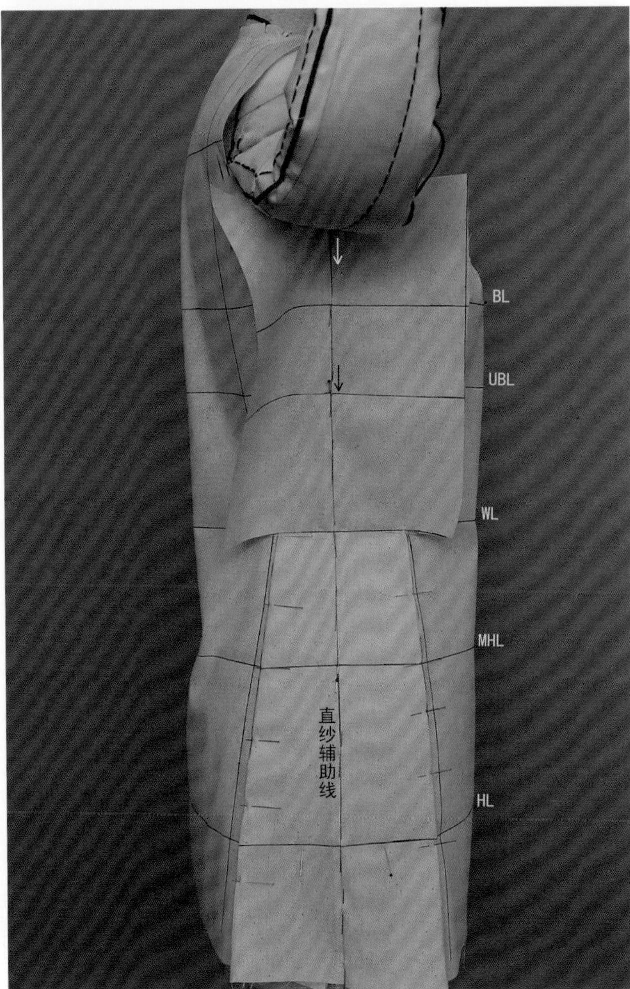

15

刀缝曲率较大处的用针方法为重叠针，并对其描点。

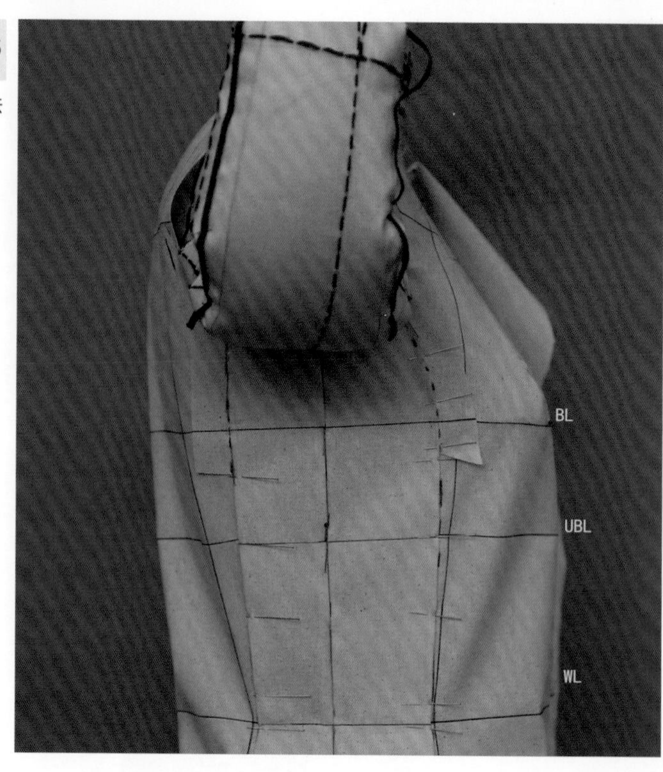

16

整体观察造型，若想进一步强化收腰的效果，可在后中加收后腰省：在后背宽线与后中线交点处用交叉针固定，在后中腰节线处斜向打剪口，准备做后中的收腰操作。

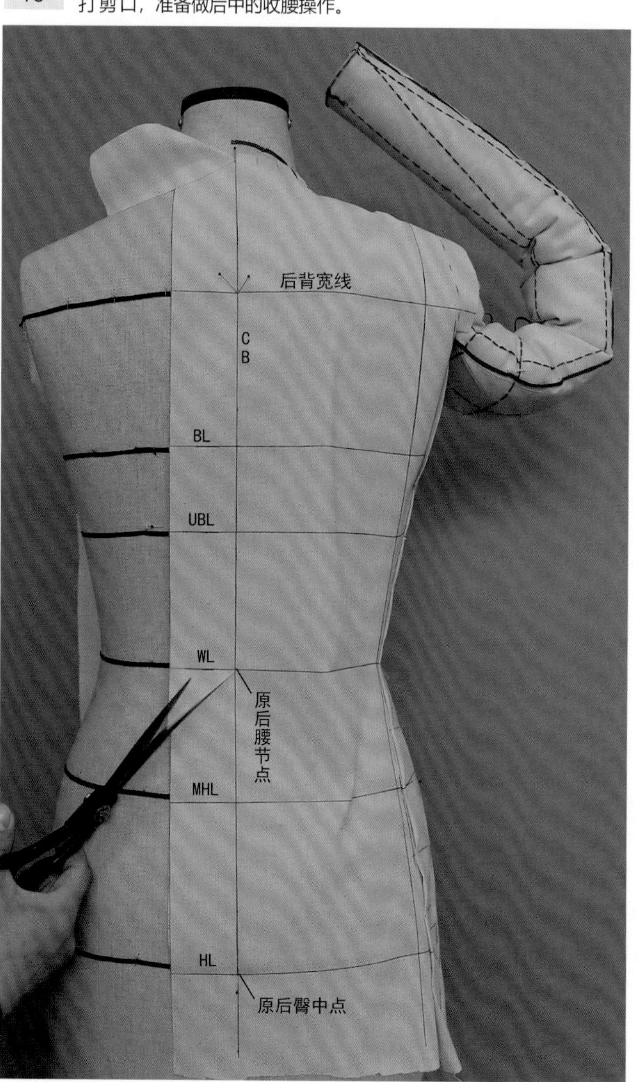

17

在后中腰围处将坯布往左侧轻轻拉动，使坯布上后腰节点位置向右偏移适当的量（0.5~1cm）。将后中臀围处坯布向右推，使实际后臀中点距坯布上的CB线0～0.5cm，用大头针将面料与人台固定，并对新的后中线进行描点。

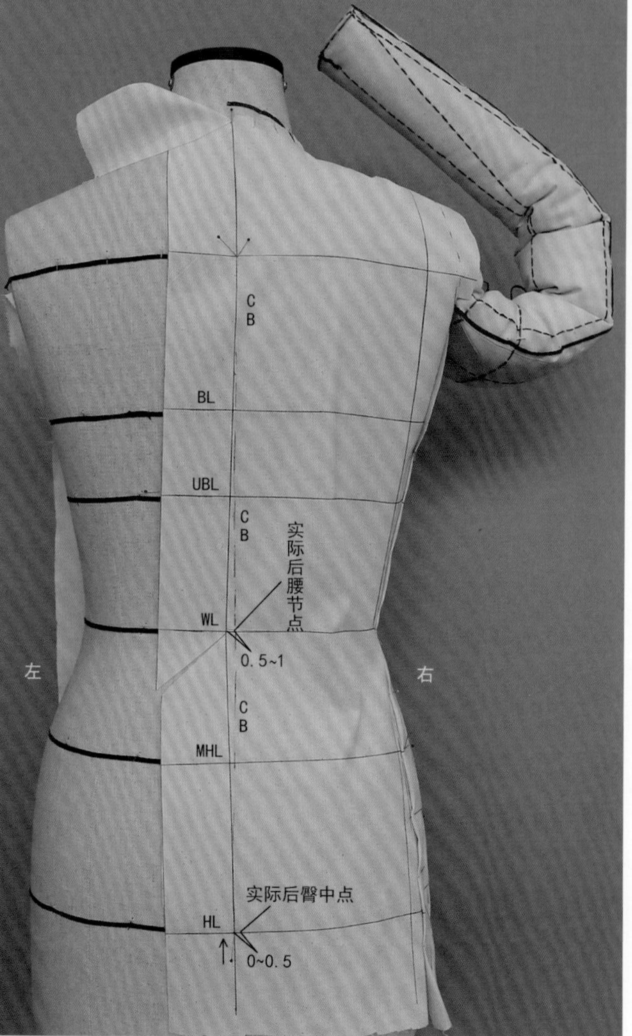

- **衣身裁片的描点、清剪整理与假缝**

18

画出新开领口（注意前领口线与领下胸省线相交，并明确前领口与穿口线交点），可参考人台上的前后领口标线描点。

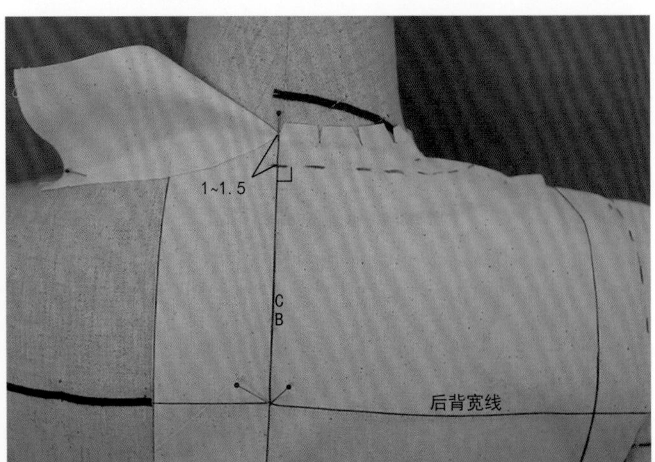

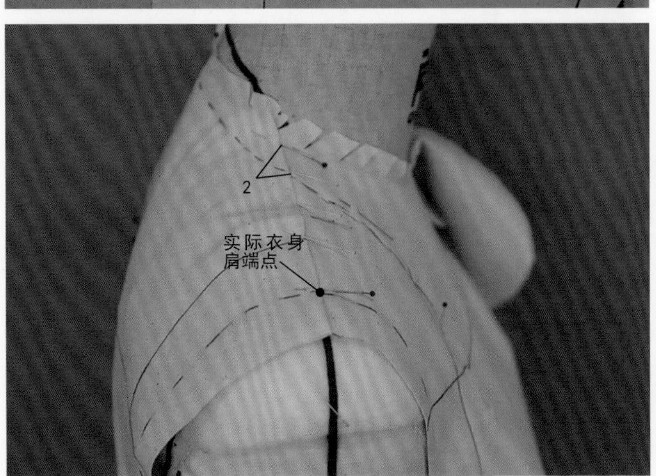

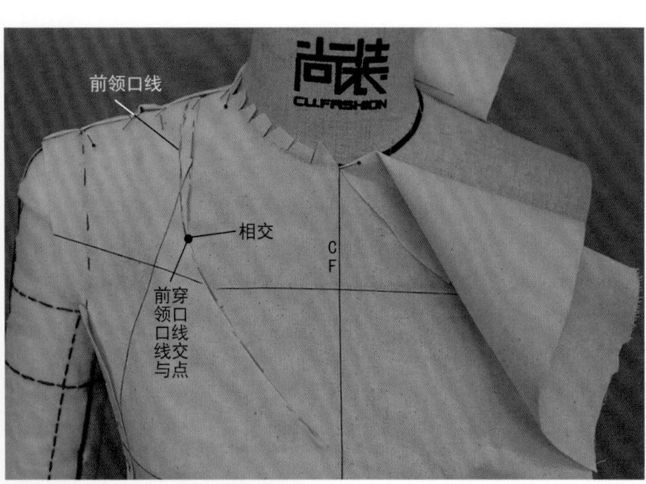

19

将裁片整体取下后铺在桌面上，将松量固定针取下。

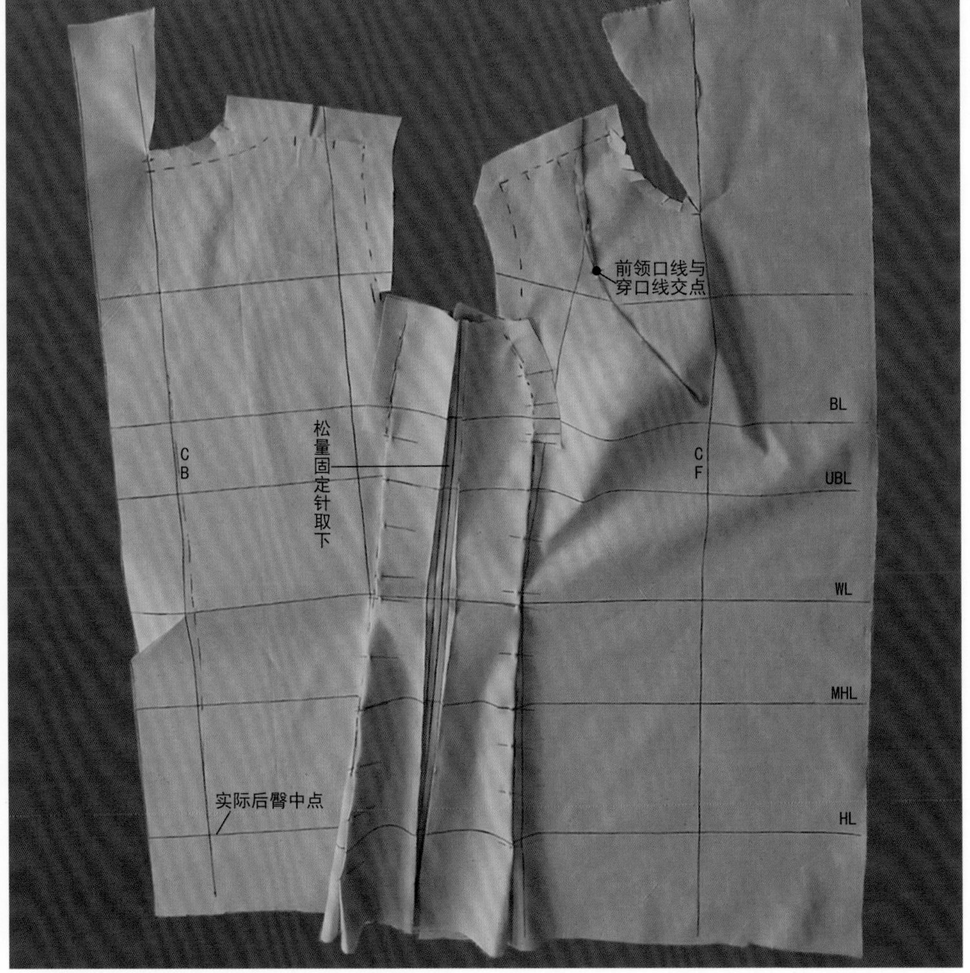

20

在已有的袖窿上段弧线的基础上设定袖窿弧长为44cm（净臂根围37cm+松量7～8cm），如图所示，先由"人台部位的肩端点"画出袖窿弧线，在此基础上再由"实际衣身肩端点"画出实际袖窿弧线。

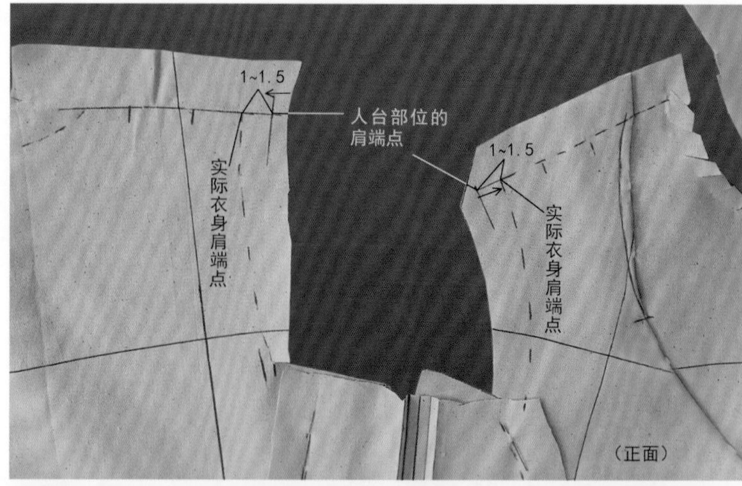

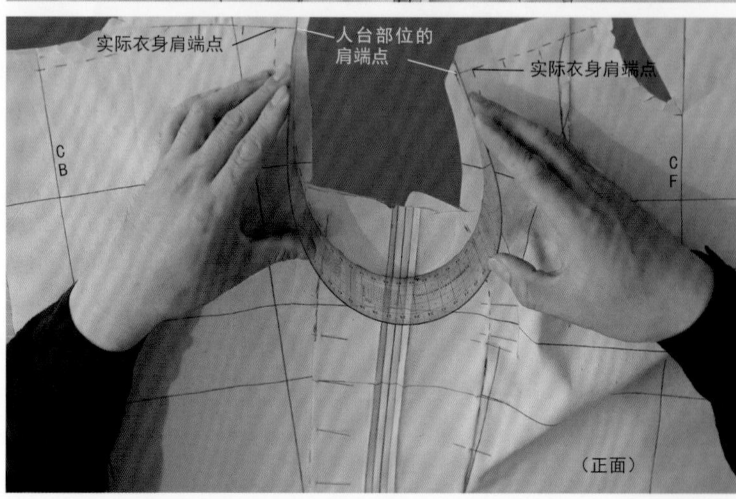

21

对衣身各裁片进行熨烫整理、清剪余布，并对各裁片进行假缝。

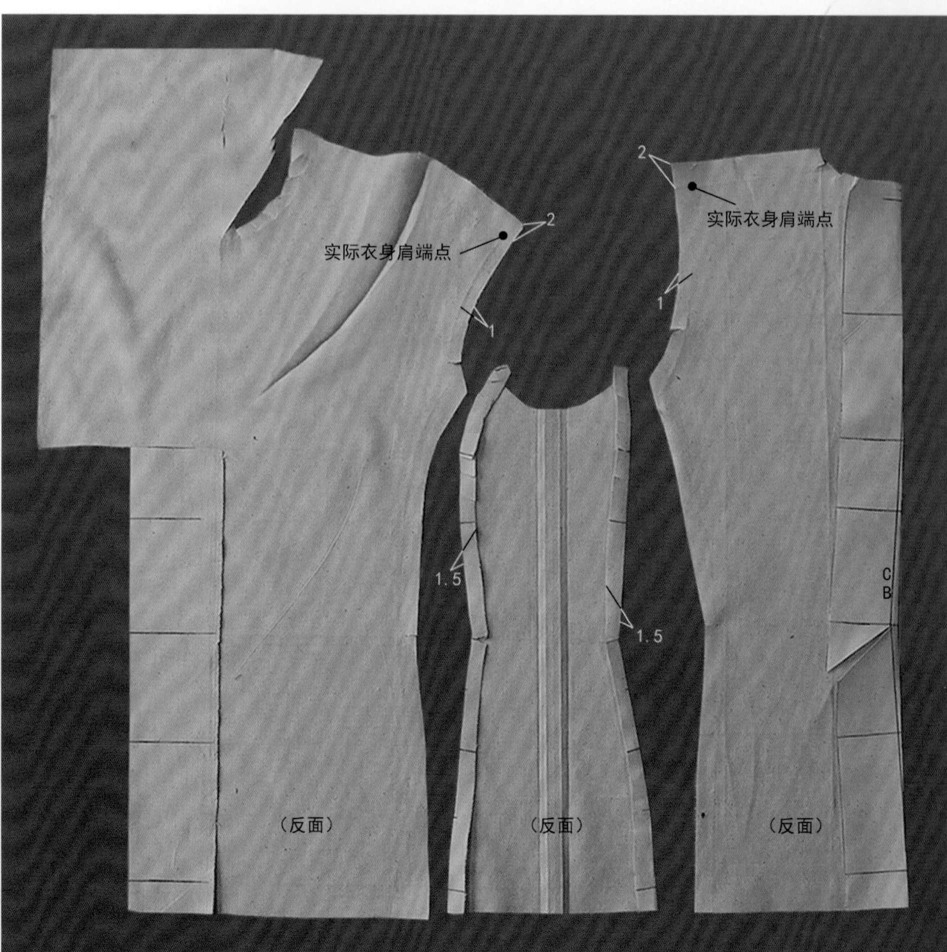

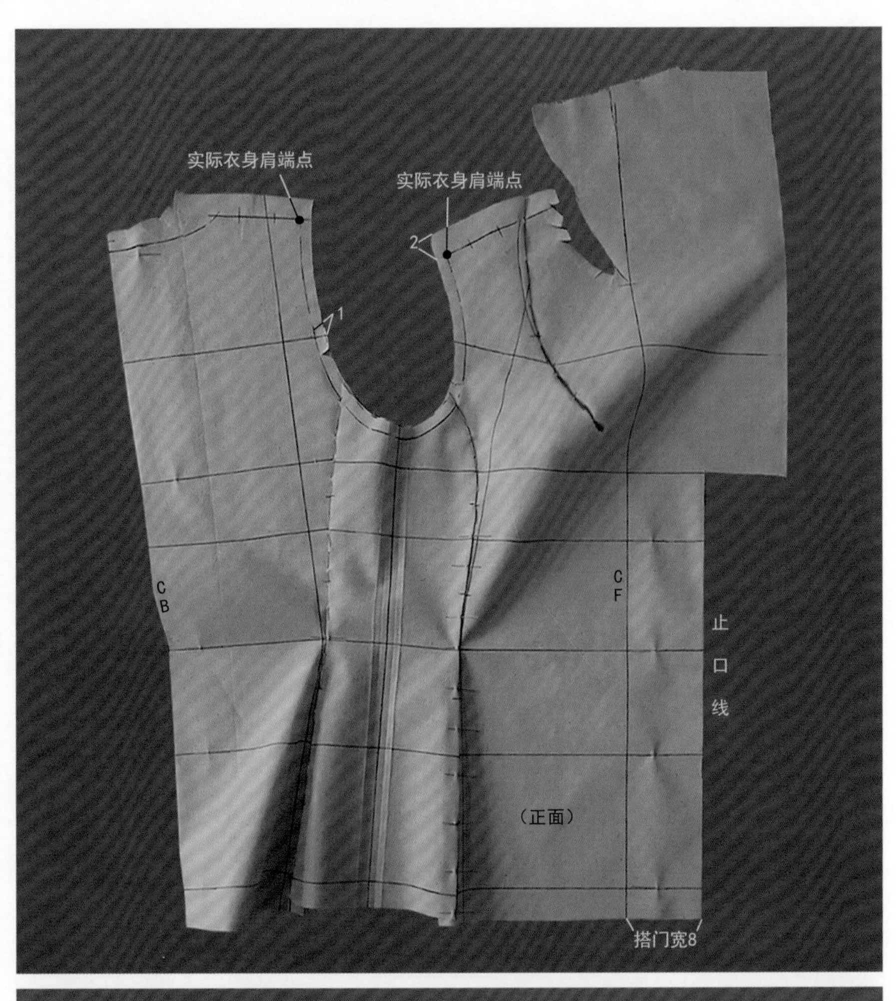
实际衣身肩端点
实际衣身肩端点
2
1
C
B
C
F
止
口
线
（正面）
搭门宽8

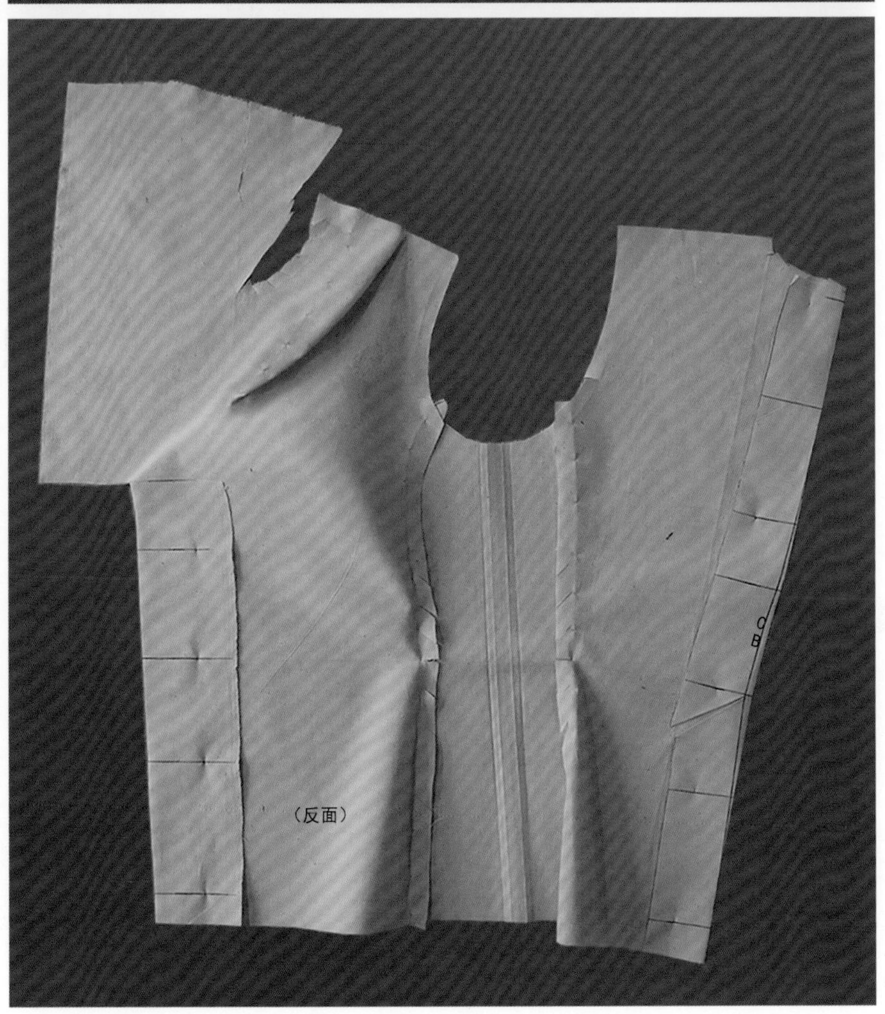
C
B
（反面）

22 衣身假缝完成后效果。

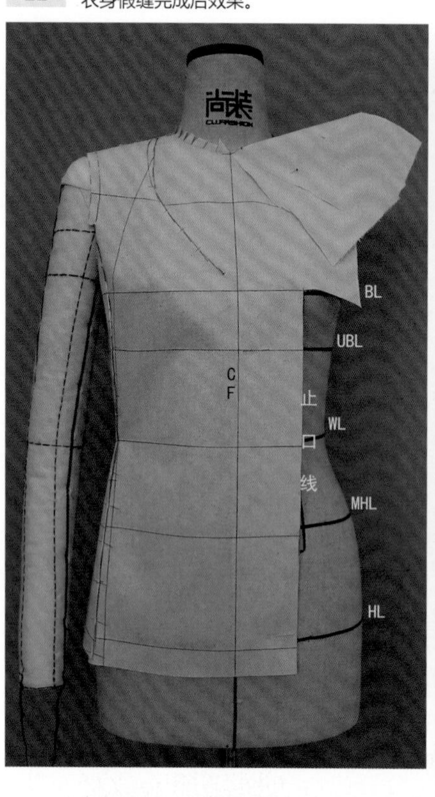

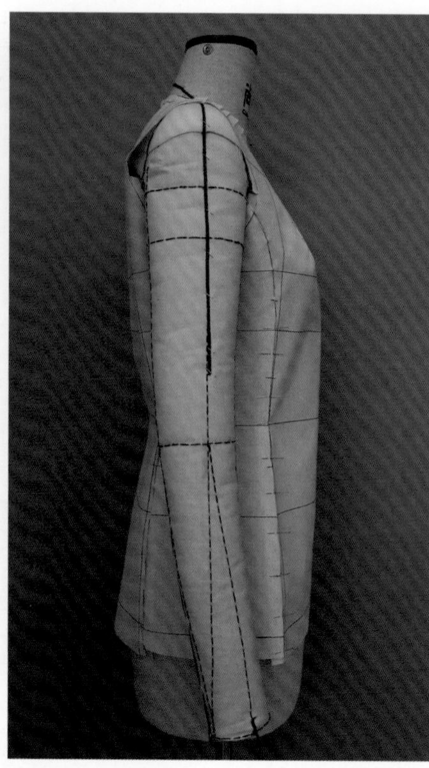

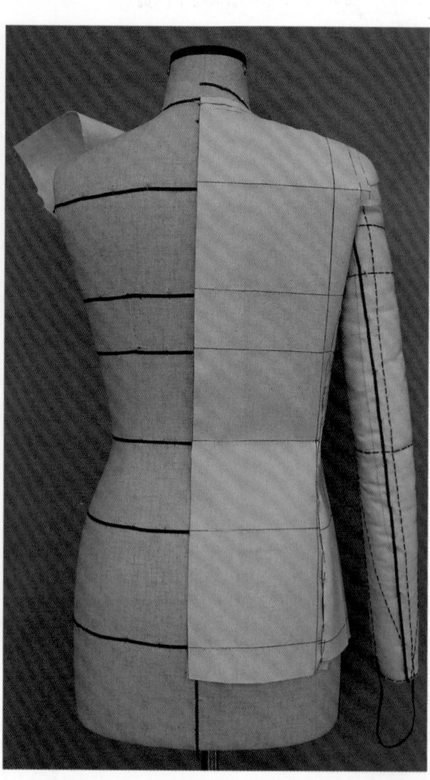

23 袖子制作：内袖小袖的立裁方法请参考本系列丛书《尚装服装讲堂•服装立体裁剪Ⅰ》中第193～196页 3 ～ 8 步骤。

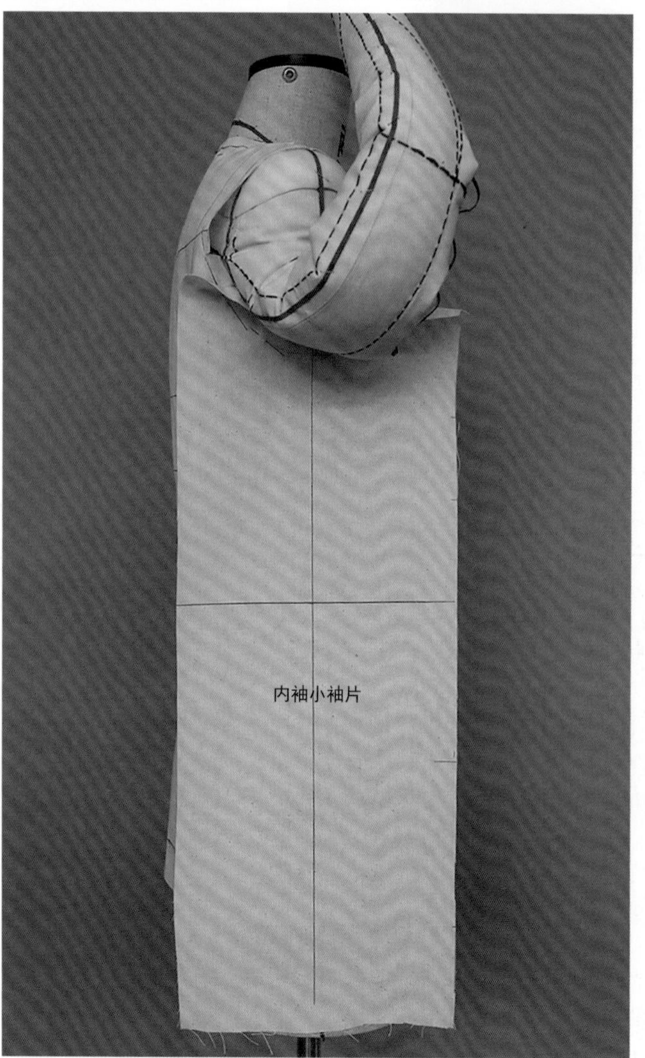

24 外袖大袖的立裁方法请参考本系列丛书《尚装服装讲堂•服装立体裁剪Ⅰ》中第196～200页的 9 ～ 14 步骤。

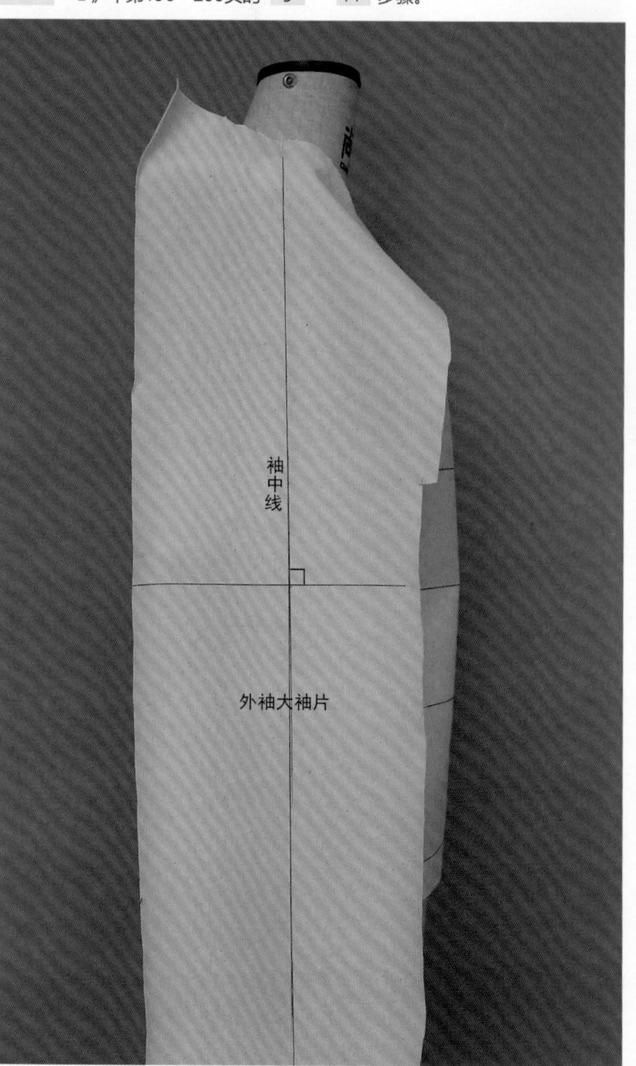

25 将外袖大袖袖山余布平伏在肩头部位，如图所示在肩端点处将余布捏出袖山省的造型，并用大头针固定。

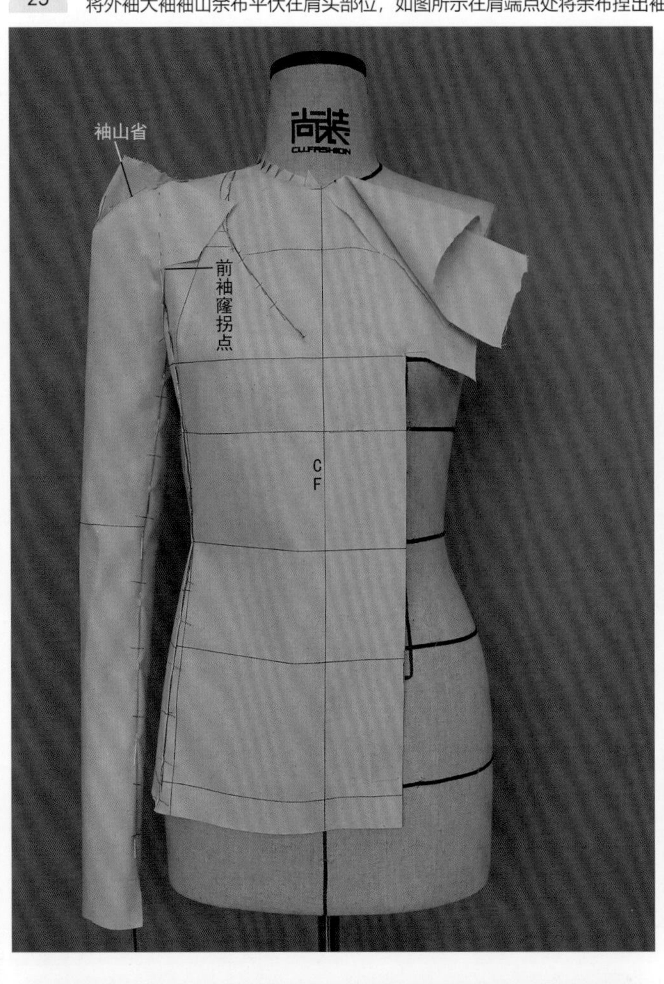

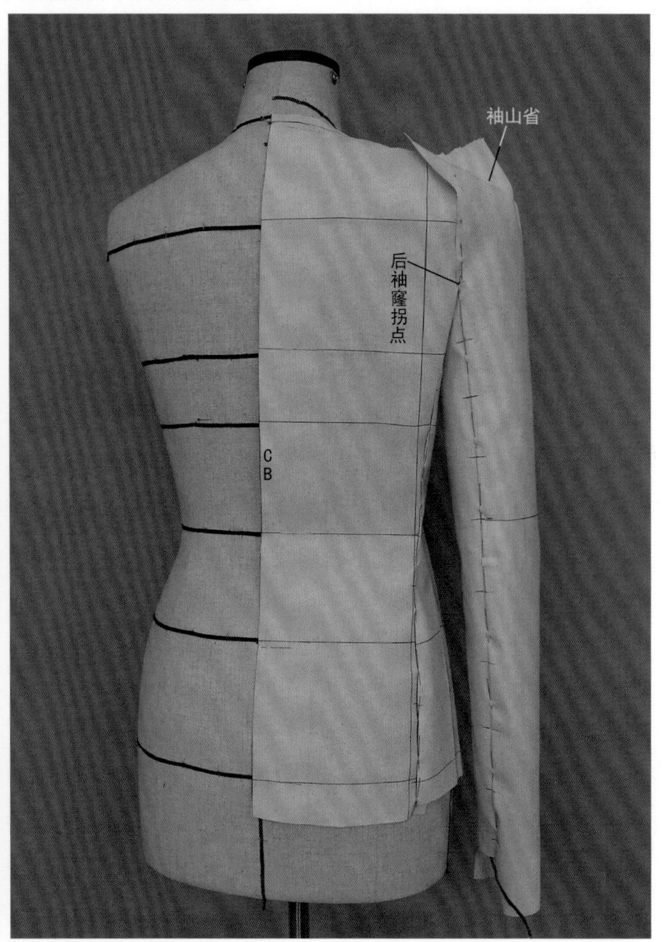

26

袖山部位描点细节。

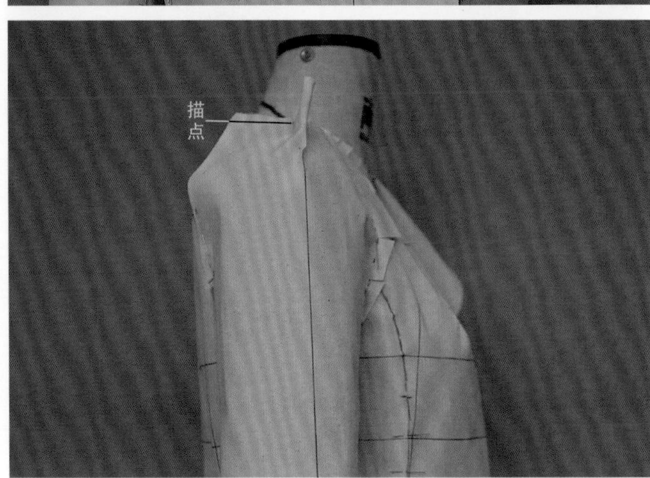

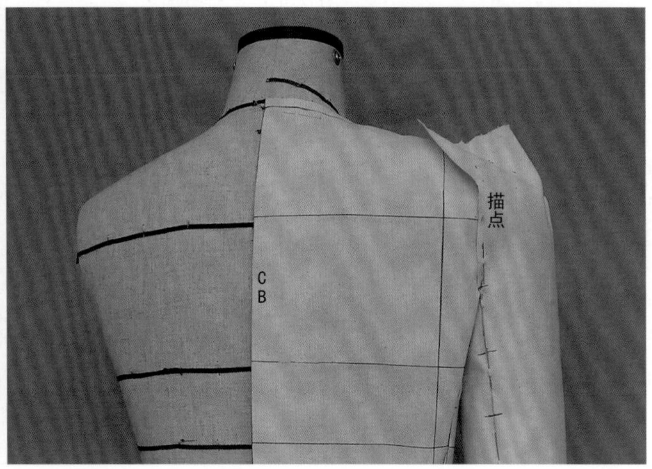

27 将袖子各裁片取下，并对各结构线进行修顺，清剪余布并熨烫平整。

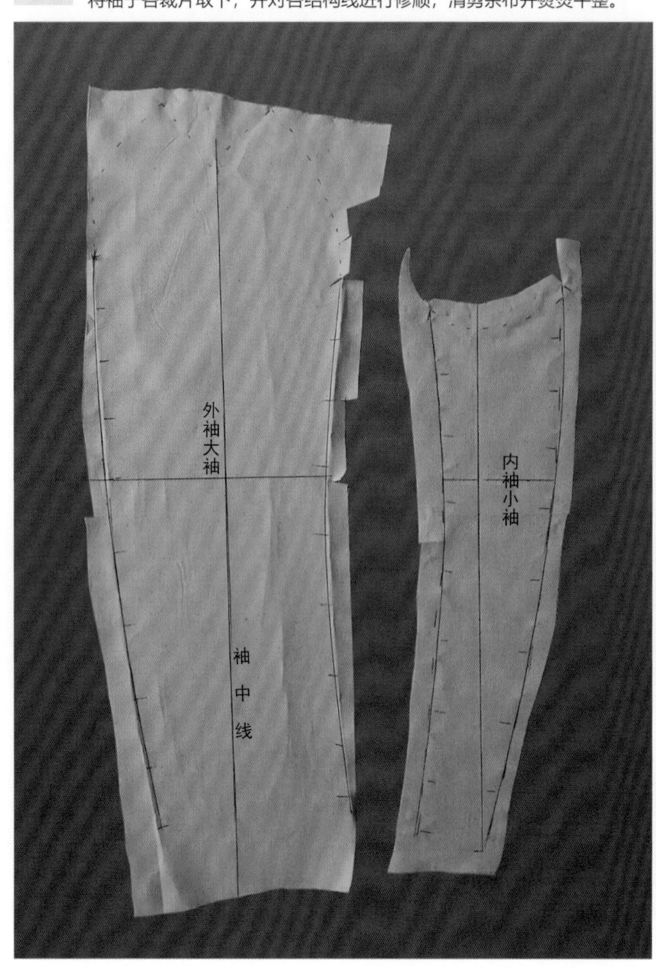

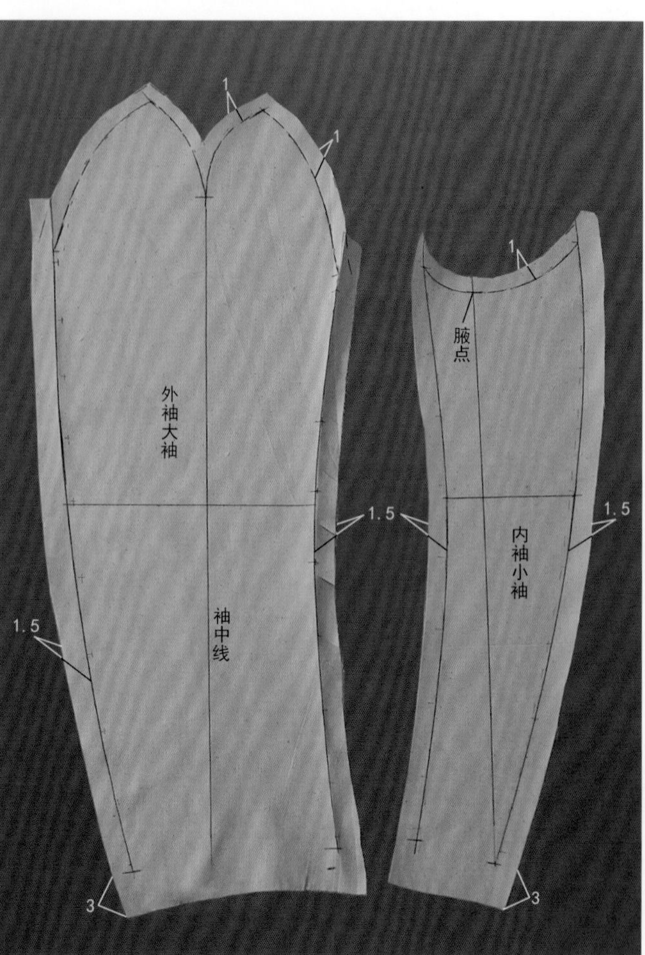

28

对袖子各裁片进行扣烫整理，完成后再次对袖子进行假缝，并依照上图顺序与衣身进行装配（装配方法与本套书上册中的圆装两片袖相同）。

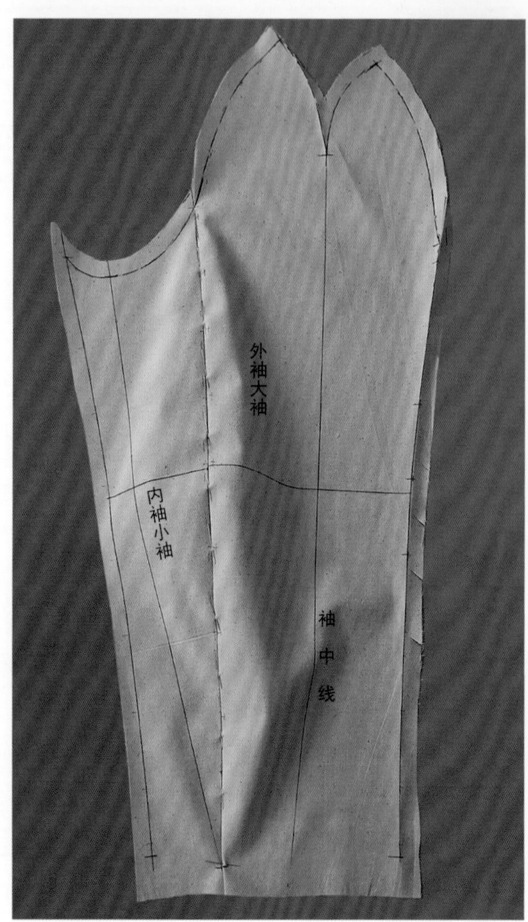

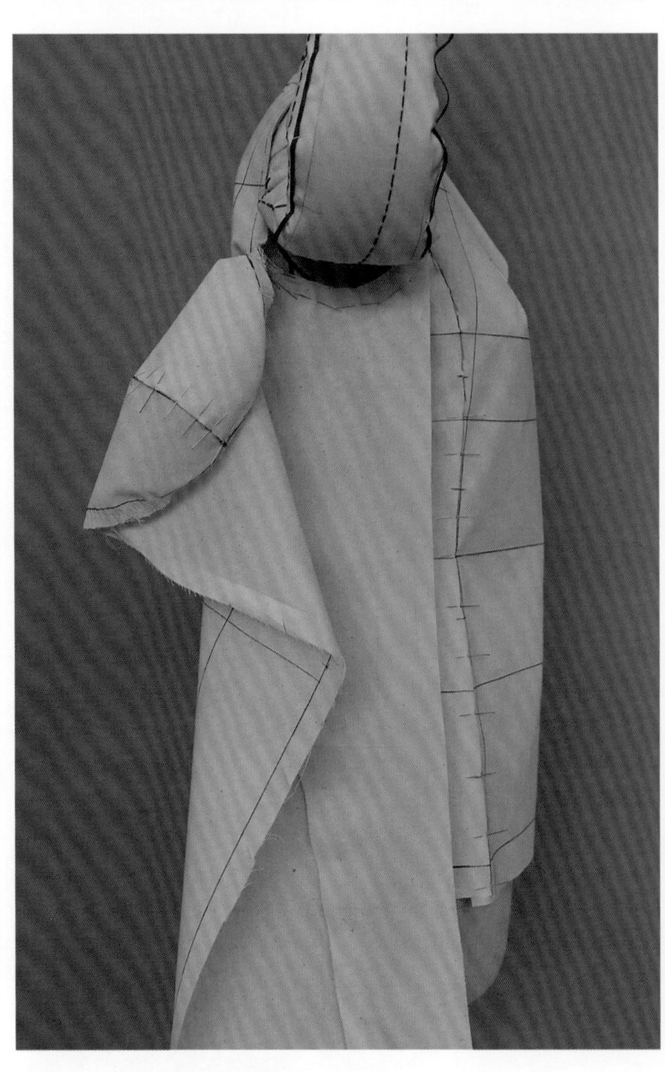

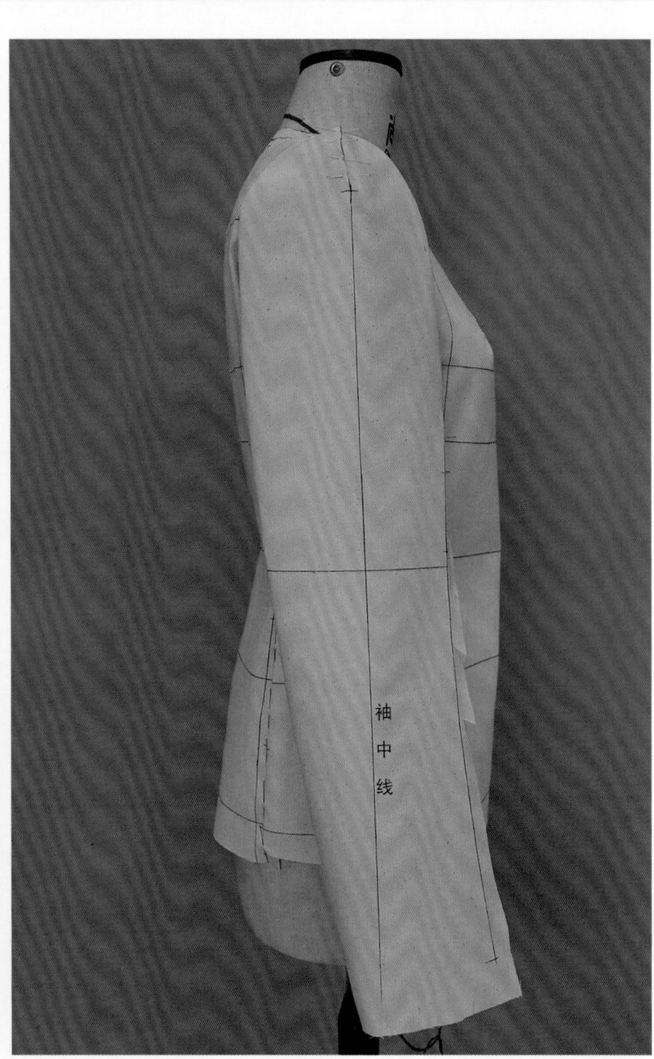

29 袖装配完成效果，如图所示画出穿口线。

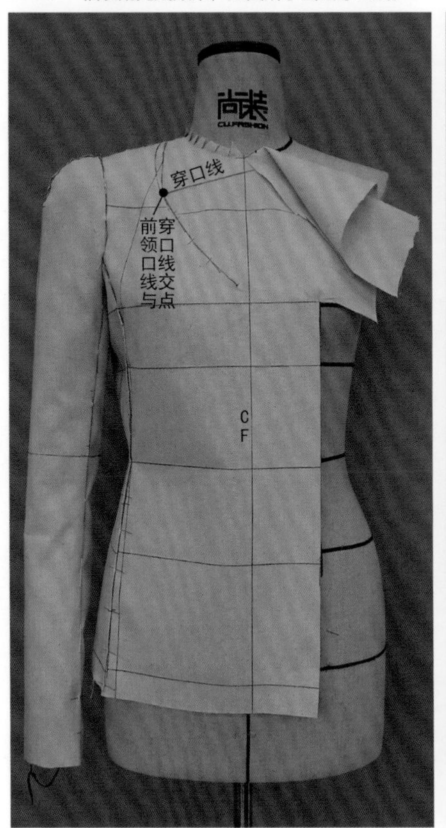

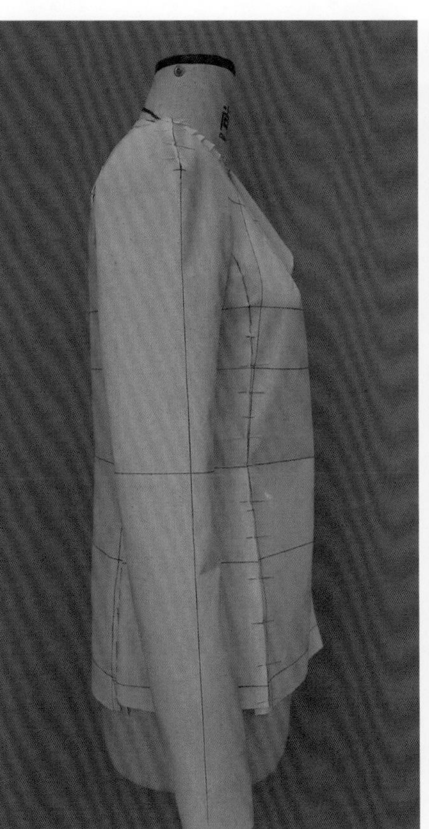

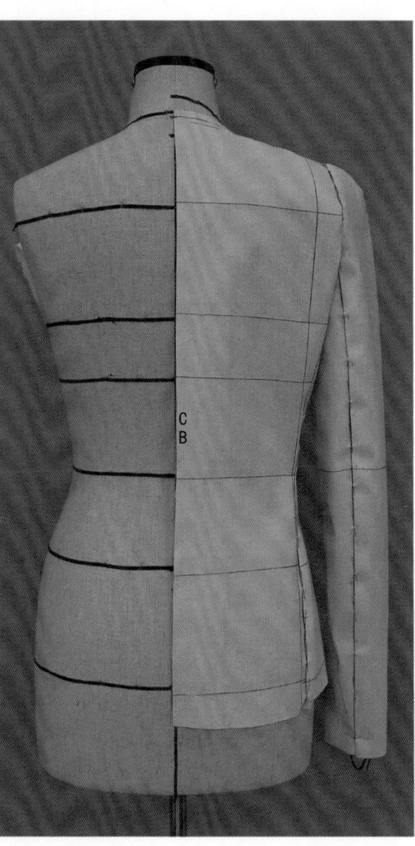

30 领子制作：领子的立裁方法请参考本系列丛书《尚装服装讲堂•服装立体裁剪Ⅰ》中第164～173页的 5 ～ 20 步骤。

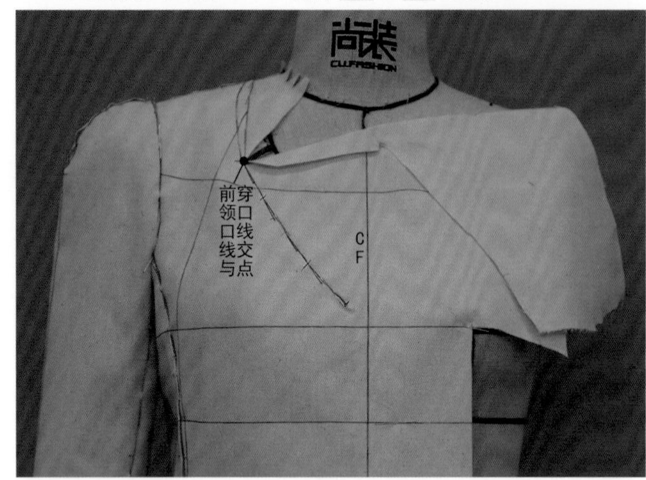

31 领子假缝完成效果。

32 下摆与袖口的描点及熨烫整理。

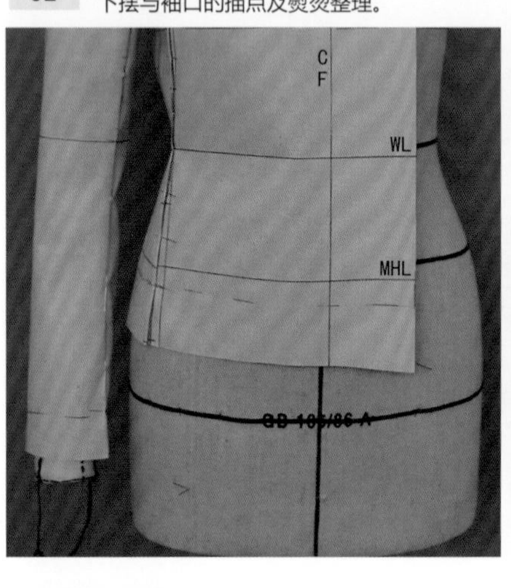

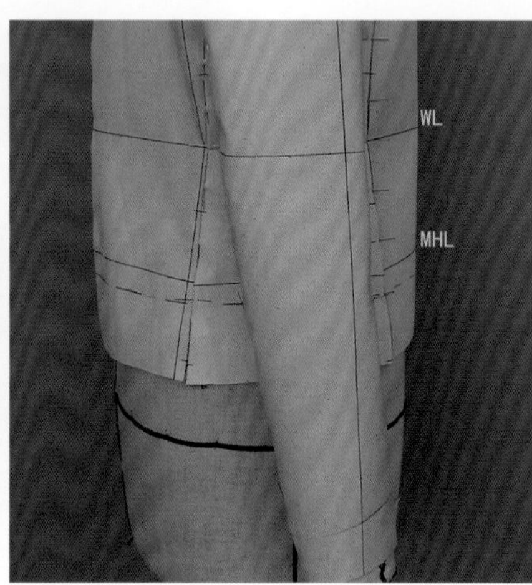

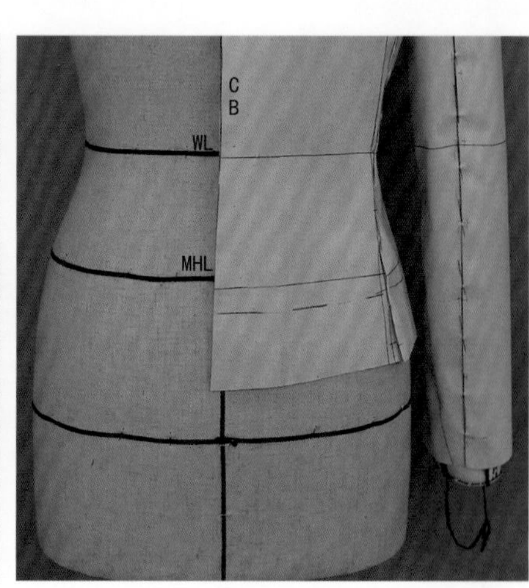

- **半身完成效果**

半身完成效果（为了让立裁更完整，可以做适当数目的扣子装配在衣身上）。

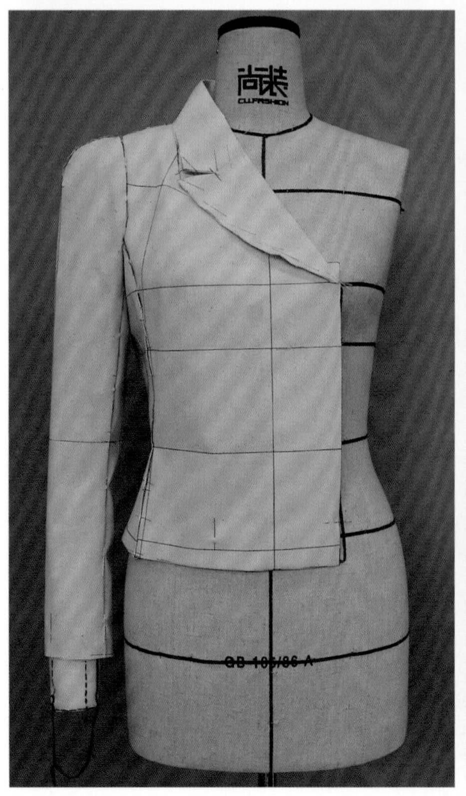

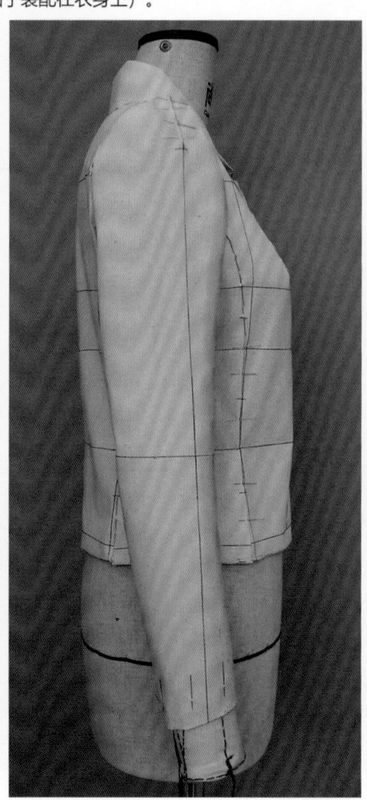

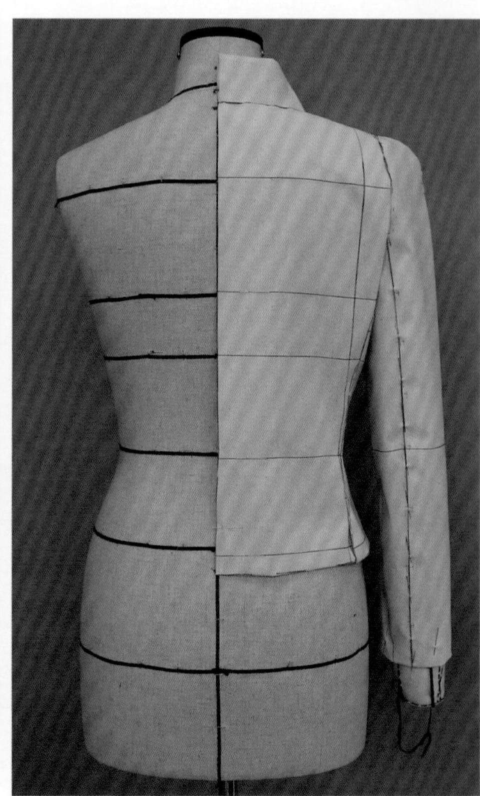

完成图

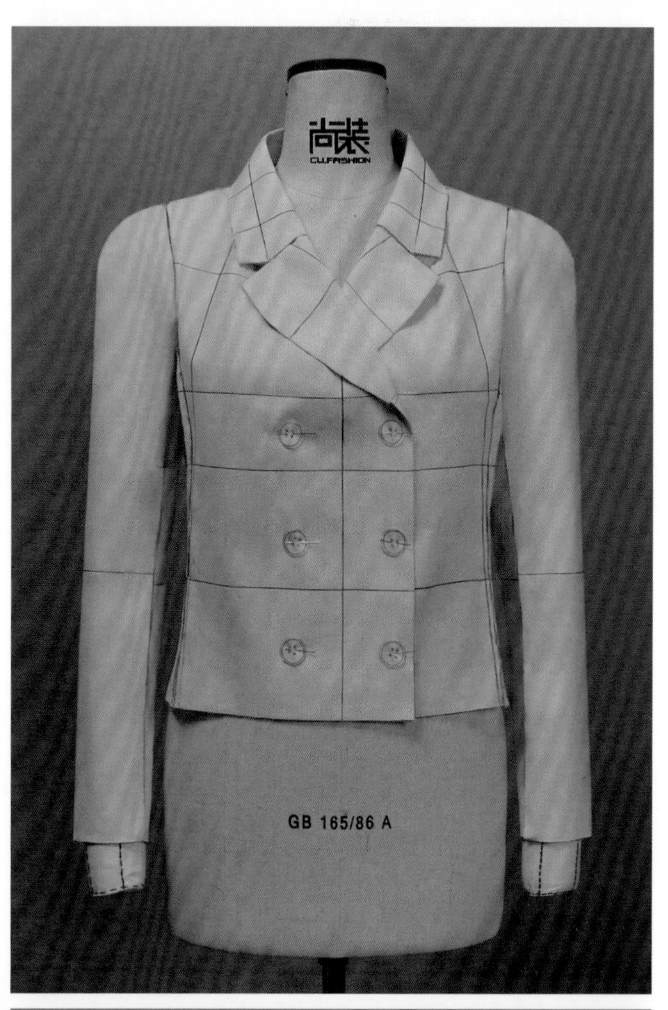

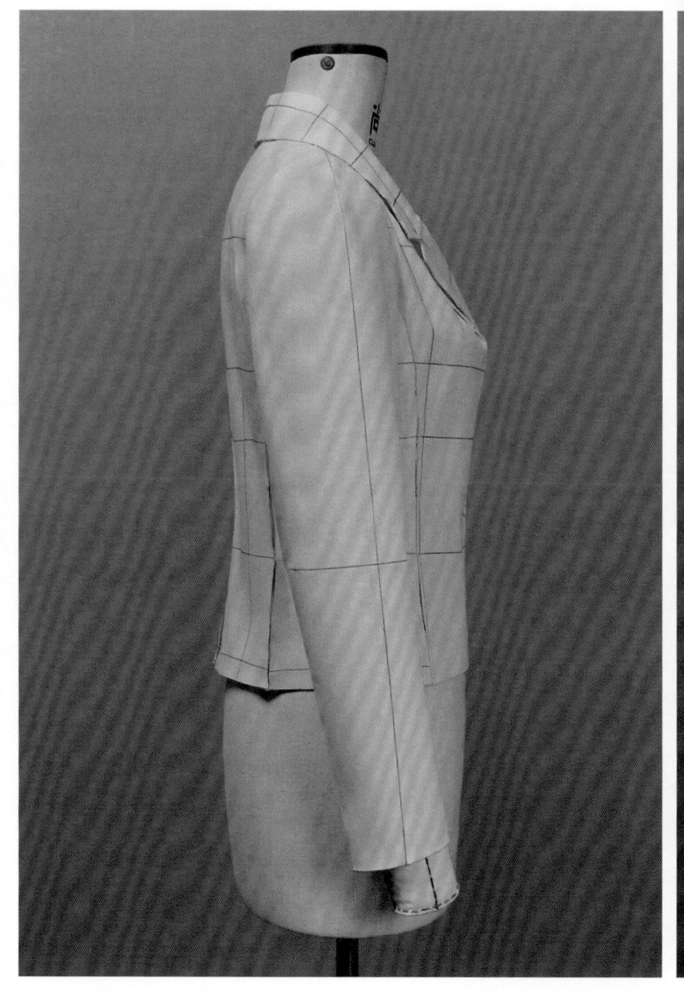

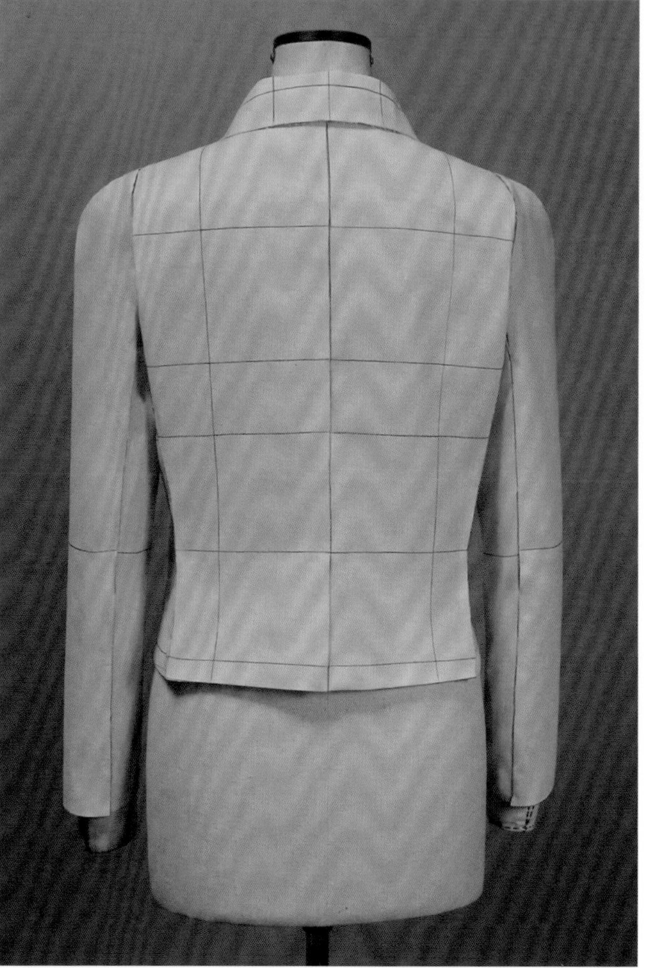

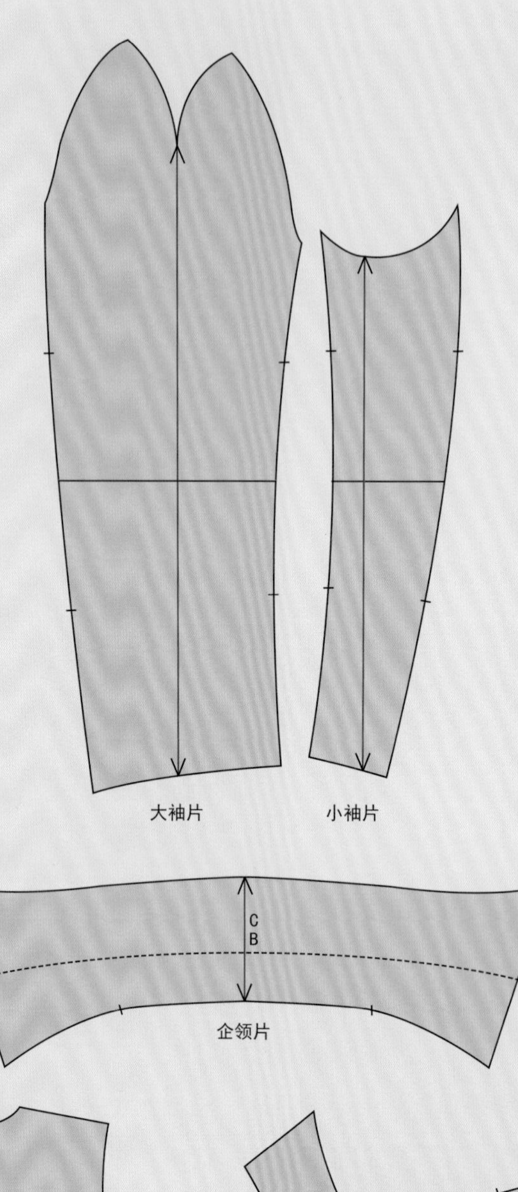
大袖片
小袖片

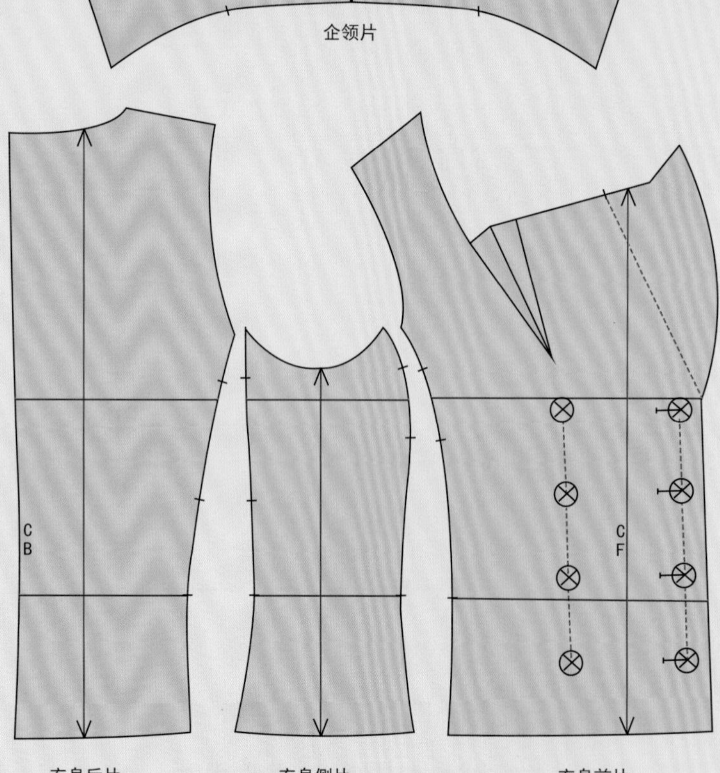
C
B
企领片
C
B
C
F
衣身后片
衣身侧片
衣身前片

插肩袖上衣

款式制作

衣身为三面结构小刀断缝，X廓型合体松量，腰部为内“工”字褶，腰间有分断；袖身为斜丝插肩袖，袖型流畅伏贴；领开较大的小连立领。

练习重点

- 前后腰部收内“工”字褶的技巧。
- 腰部分断的剪片制图与装配方法。
- 底摆拼条的剪裁与制图及与腰头假缝的方法，呈现出饱满的内“工”字褶造型。
- 袖身为斜丝，肩部袖片部分纱向与衣身纱向相同的插肩立裁技法。
- 连立领的立裁方法。

材料准备

- 人台（不限定号型）。
- 宽0.3cm纯棉织带。
- 专业立裁针、剪刀、人台手臂、垫肩。
- 200cm×200cm纯棉坯布。
- 马克笔（或4B铅笔）、三色圆珠笔。
- 推版尺、多功能尺、皮尺。
- 粘合衬嵌条。

画布指示图

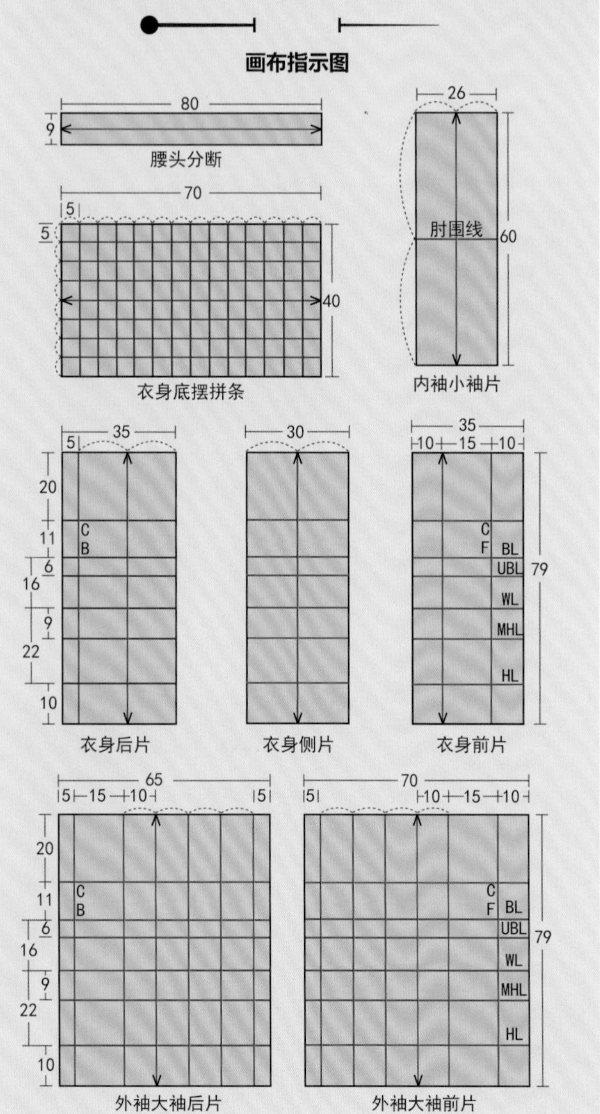

• 人台准备

将立裁用手臂组装在人台上，并选择肩部造型圆润的垫肩组装在装好手臂的人台上，然后在人台上进行结构标线。需要提前标线的部位：前、后活褶的褶位，前、后刀缝结构线，腰部分断拼条的宽度与位置，连立领的隐形领口，衣身前止口，衣长线，袖子的前、后袖缝，插肩袖窿的形状与插肩剖断线，肩袖缝线。

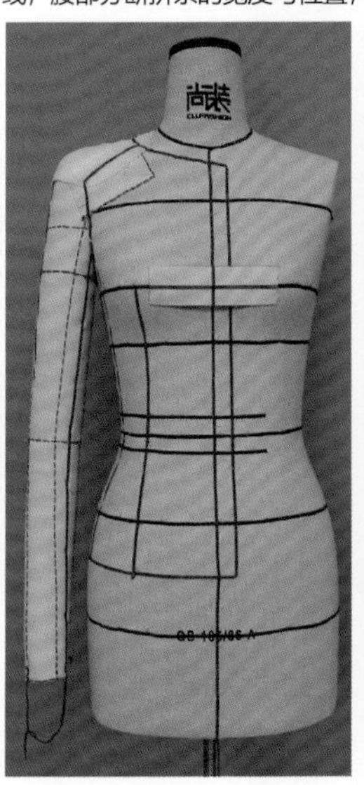
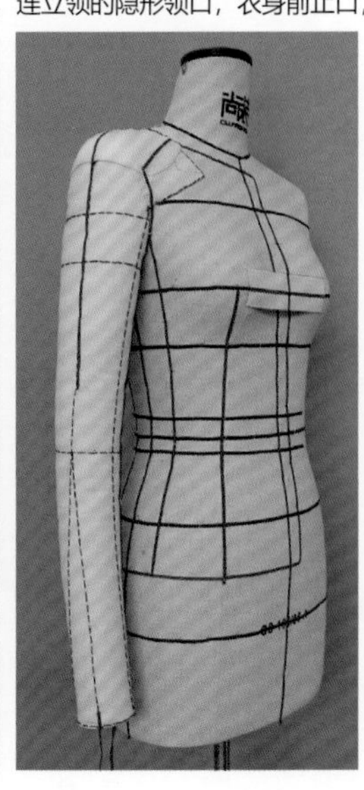
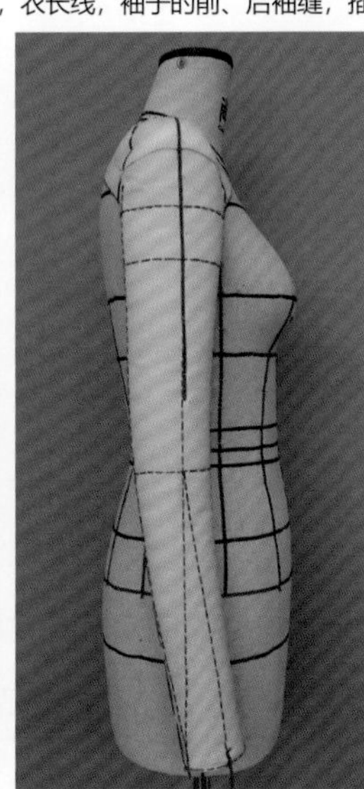
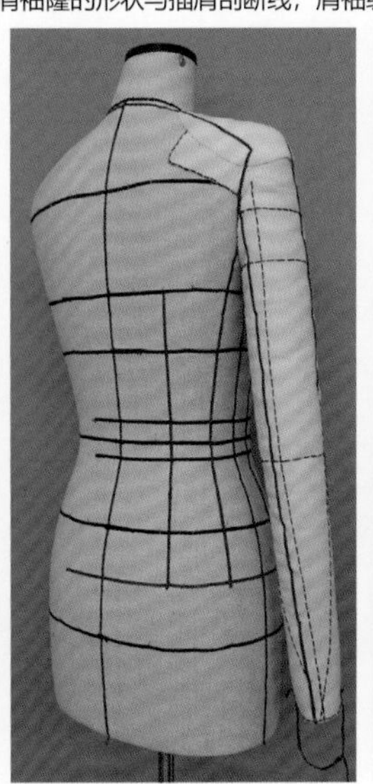
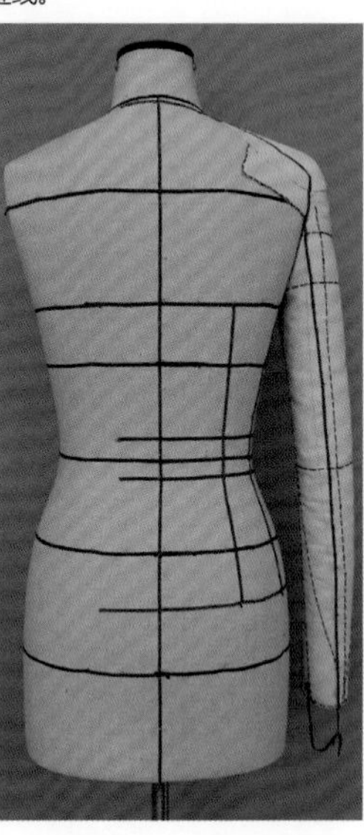

• 款式制作

1 腰节线与前中线交点处下针固定前中丝道线，确保各辅助线的水平与垂直，并与人台标线相对应。

2 自前颈点往肩颈点方向沿颈根均匀打剪口，剪出前领口造型，在肩颈点及肩端点处用大头针将坯布与人台固定。

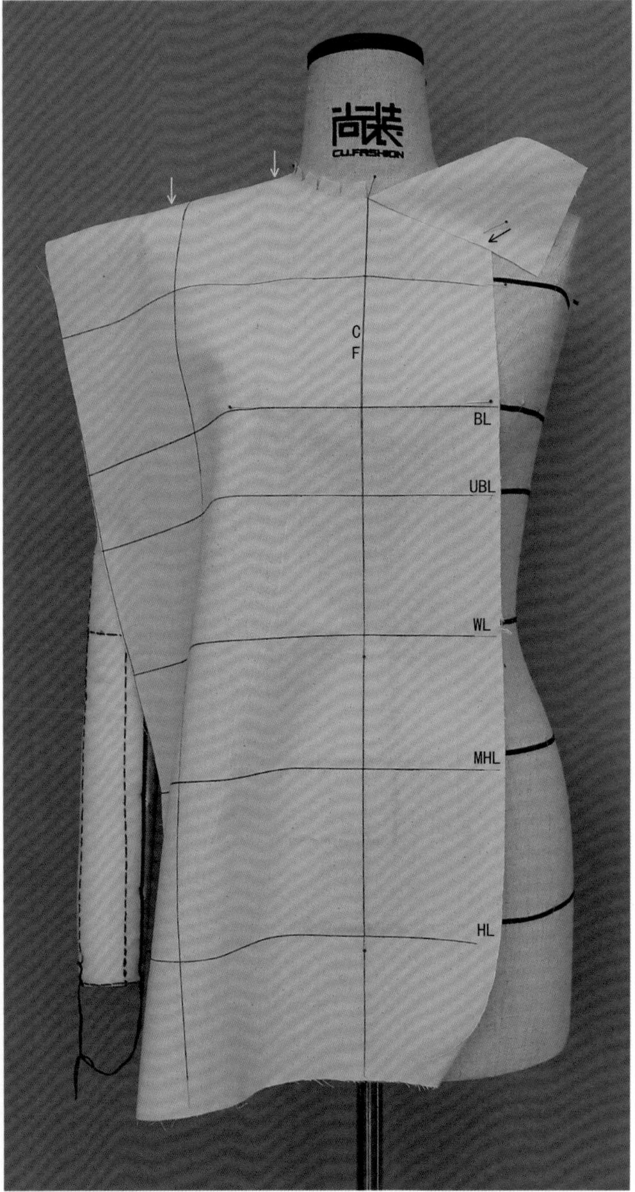

3 调整整个前胸的量感，然后在前胸宽与袖窿交点（前袖窿拐点）附近打剪口，使面料在两个面上都能平铺在人台上，并用大头针将面料与人台固定。前腰部位出现的余量为胸省与前腰省量（胸腰省量）。

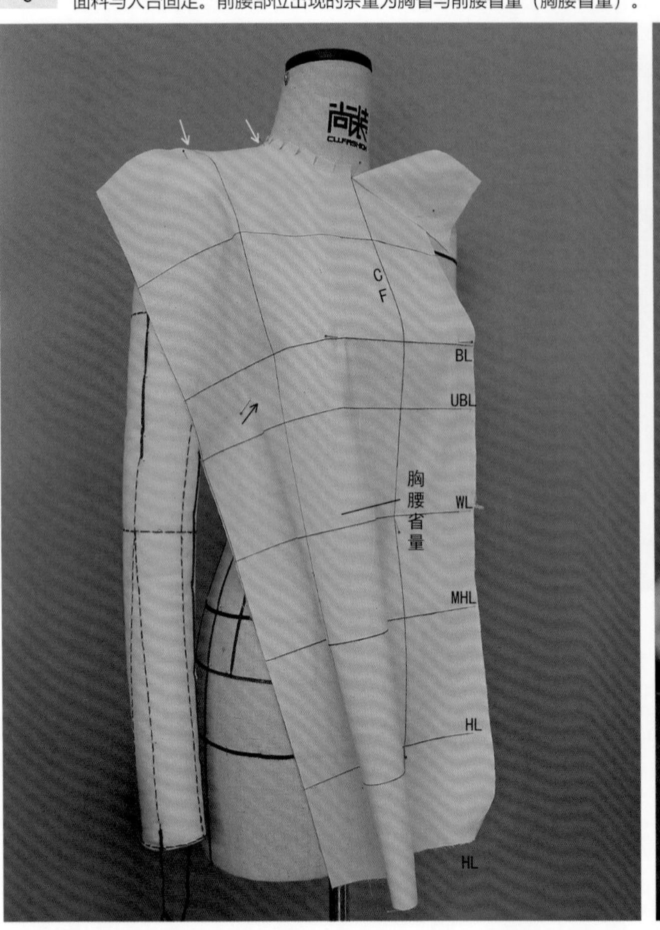

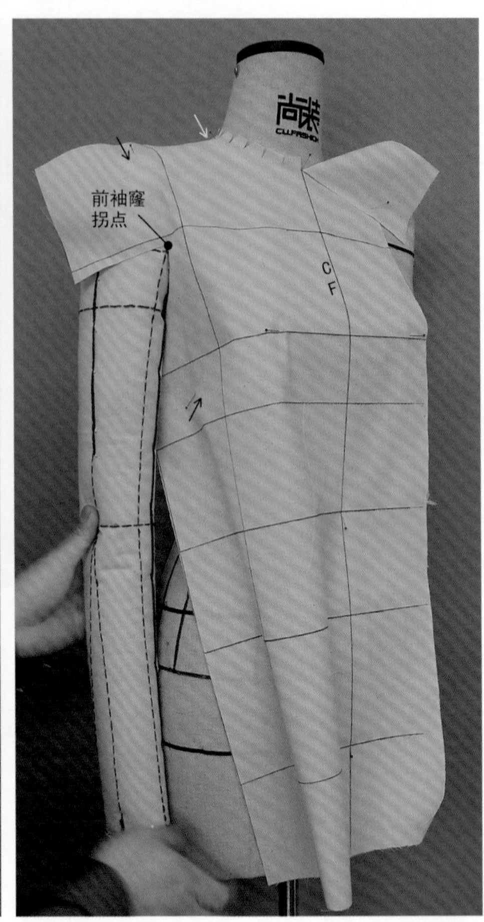

4 将所有余量（胸腰省量）以活褶形式呈现，将活褶位置定在标线预定位置上，用大头针固定（折叠针）；对插肩袖窿结构线、前小刀线及前腰上断线进行描点，描点完成后清剪缝份。

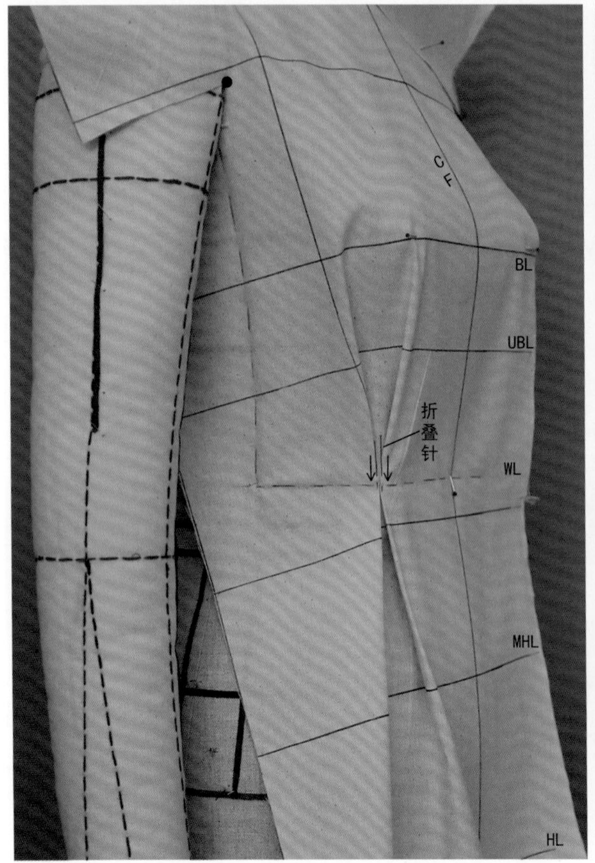

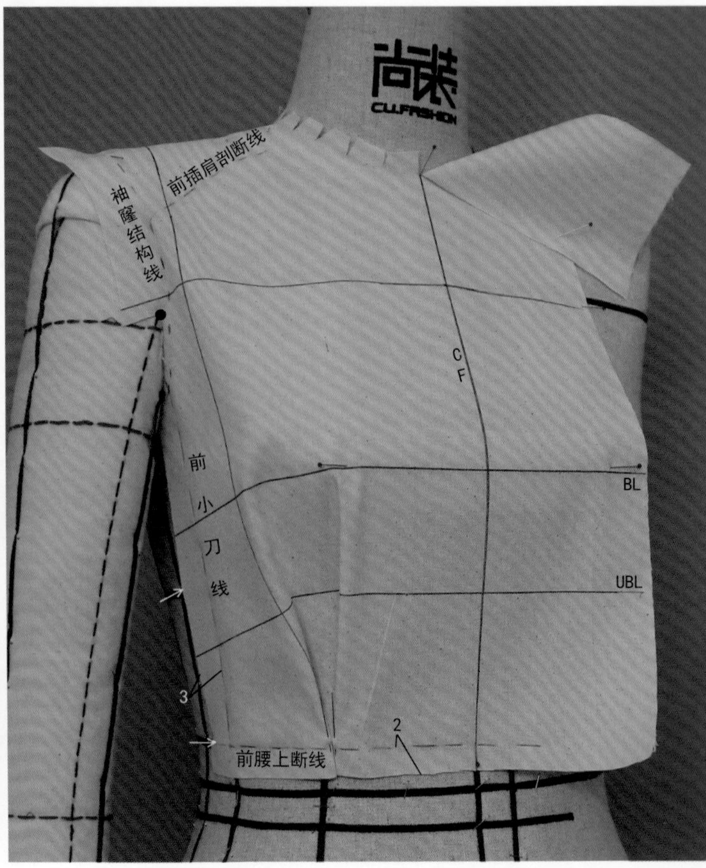

5 后片制作：腰节线与后中线交点处下针固定后中丝道线，确保各辅助线的水平与垂直，并与人台标线相对应。

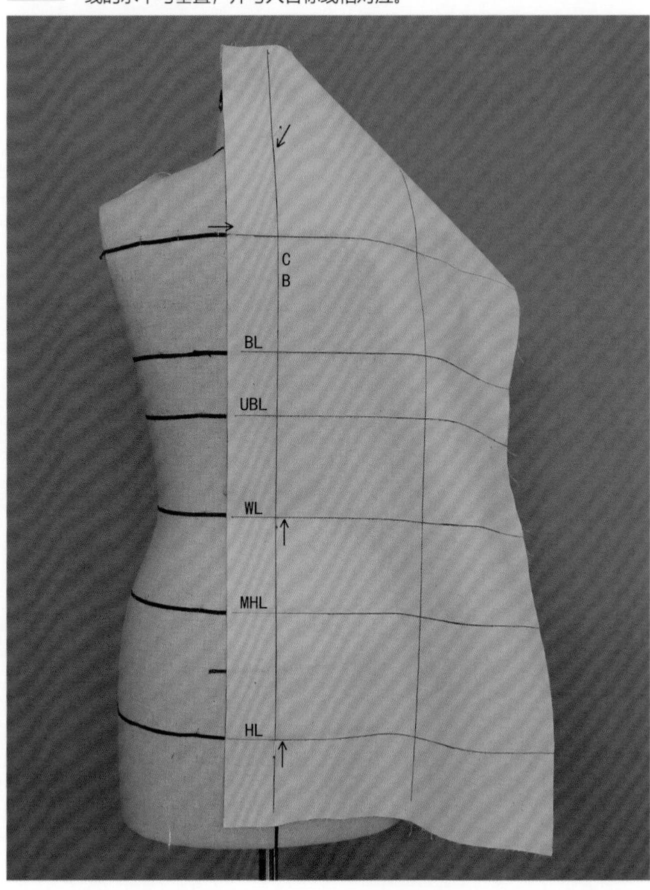

6 自后颈点往肩颈点方向沿颈根均匀打剪口，剪出后领口造型，在肩颈点及肩端点处用大头针将面料与人台固定。在预定的上身褶位处做出适当的“内工字褶”造型，用大头针固定（折叠针）。

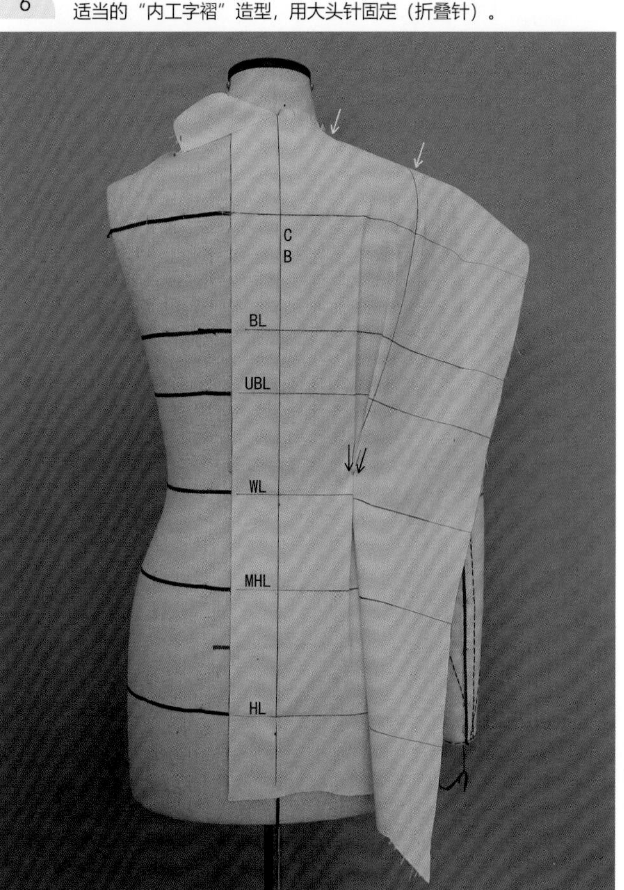

7 在后背宽与袖窿交点（后袖窿拐点）附近打剪口，将部分余布填至腋下，并调整整个后胸围的松量大小。调整时，参照前胸围量感对其进行定量，在后小刀断缝线处用大头针将造型固定。

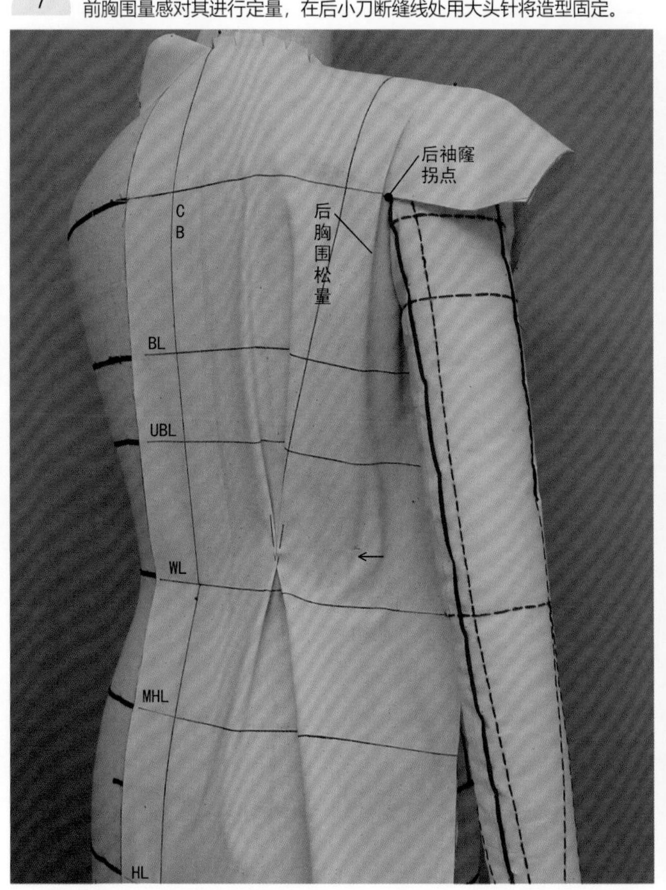

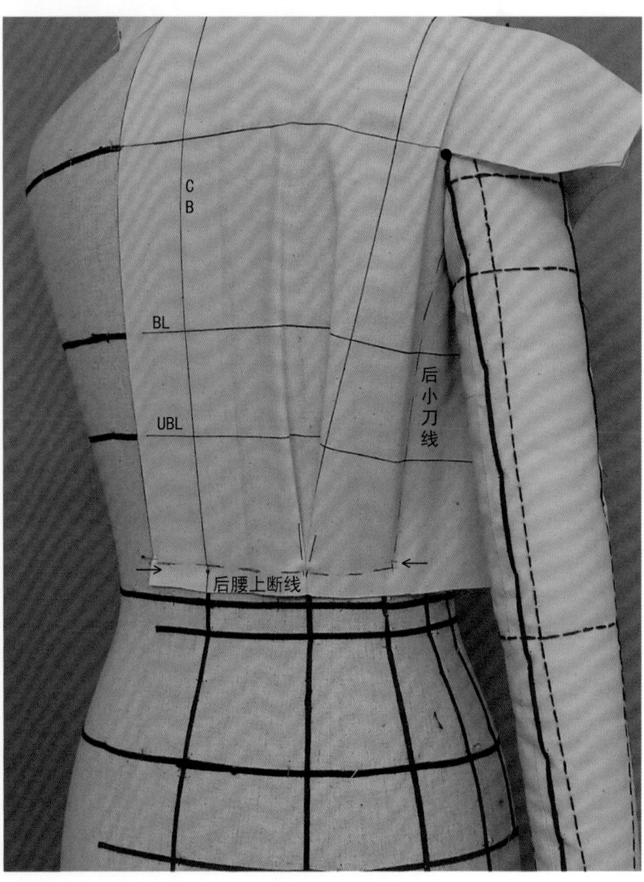

8 后插肩剖断线、后小刀缝、后袖窿线、后腰上断线进行描点，然后清剪缝份；对肩颈点、肩端点、后小肩线进行描点。

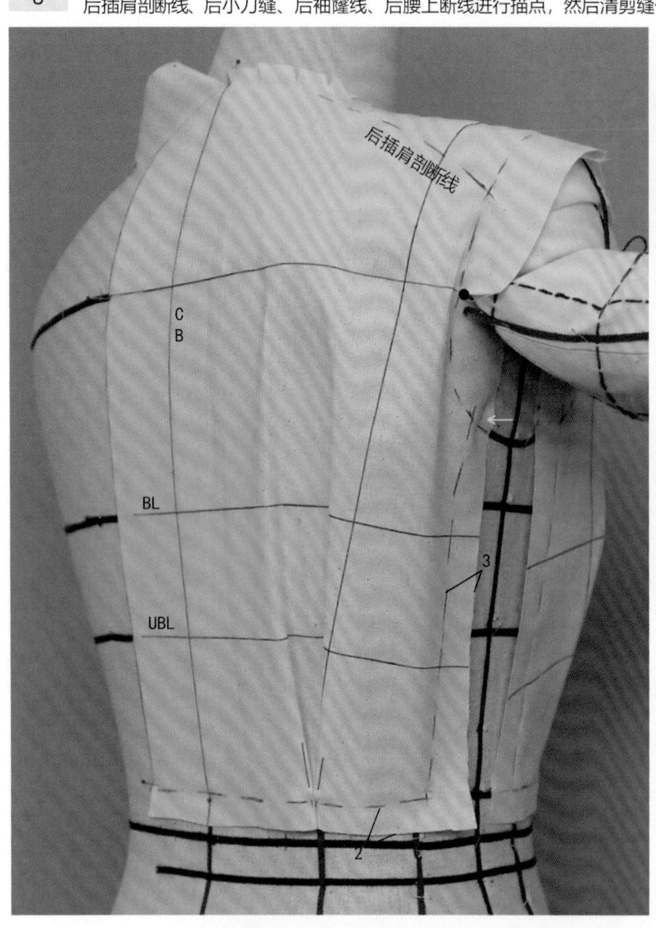

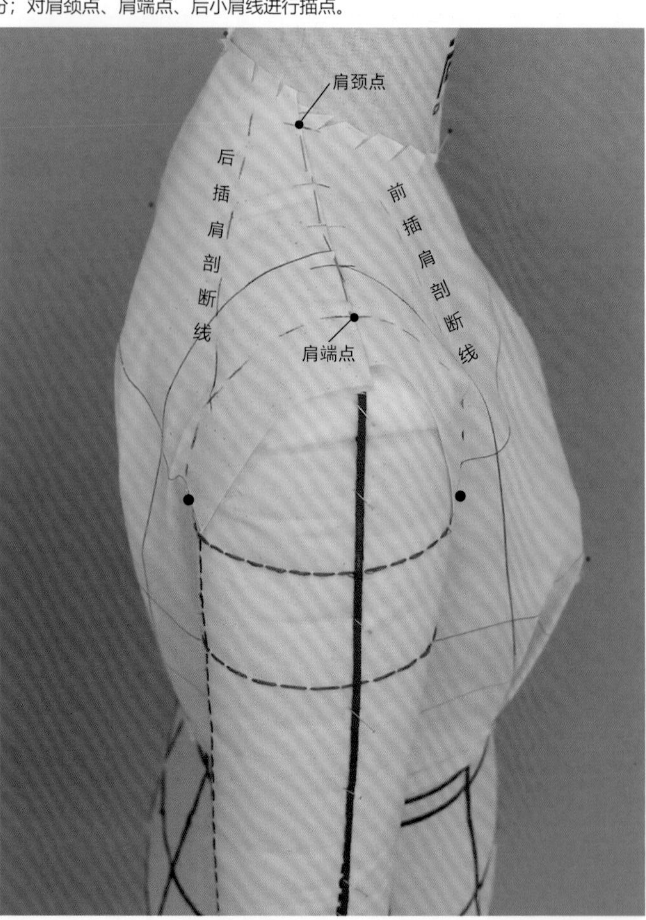

9

侧片制作：将准备好的侧片基础布平铺在桌面上，在直纱辅助线两侧画平行线作为松量（大小自定），然后以内“工字褶”的形式将画好的松量内叠，并用大头针将其固定（折叠针）。

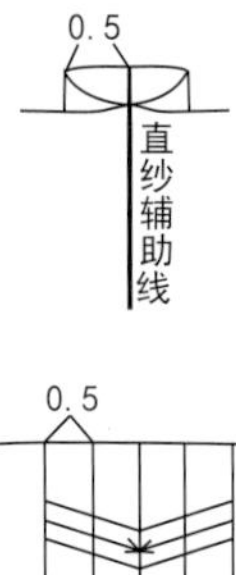

10 将固定好松量的侧片基础布当作一块完整的布，在腰围线与直纱辅助线的交点处下针固定，保证各辅助线的水平与垂直；将袖窿处多余坯布剪掉，方便后续步骤的操作。

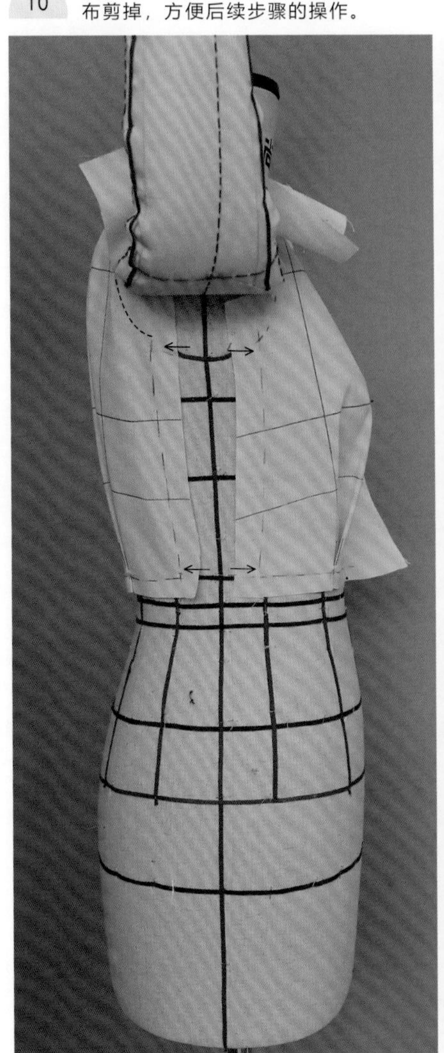

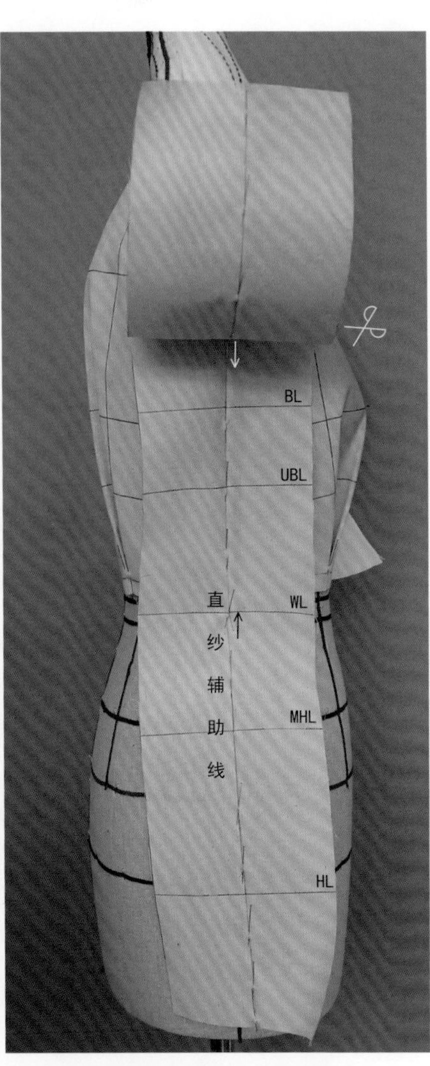

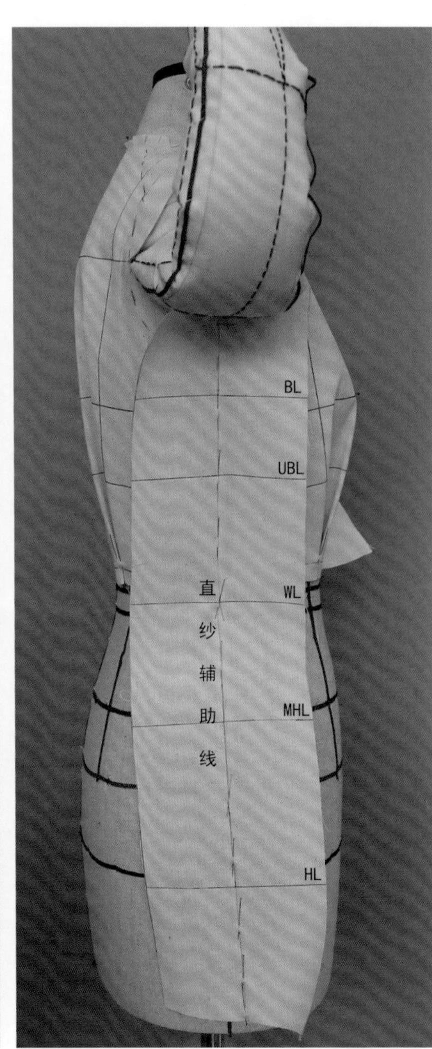

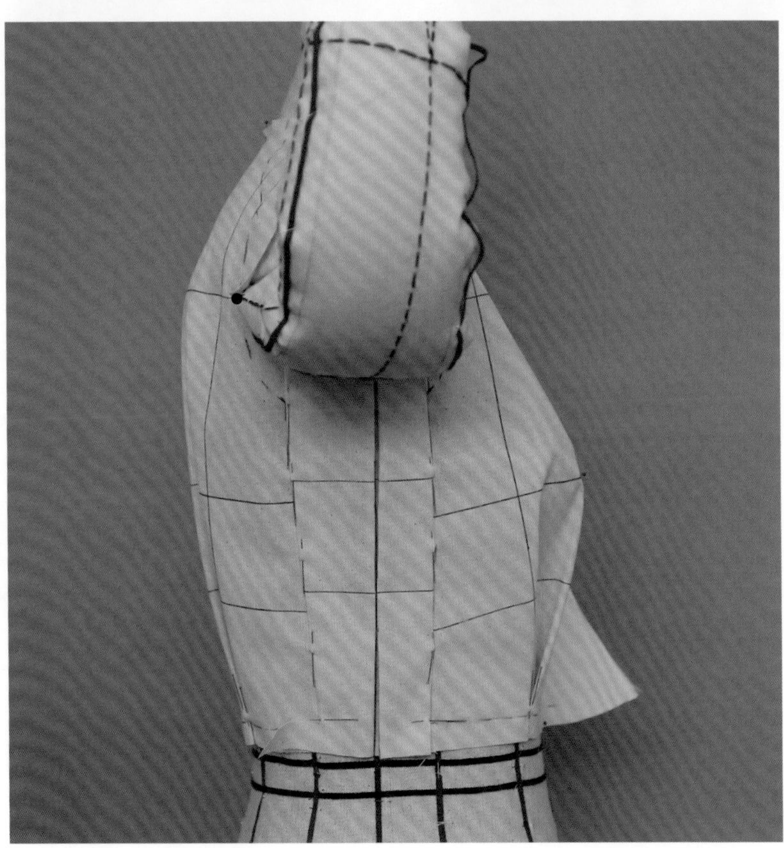

11

将丝道线固定好之后，对前、后刀缝进行反向刮折和内扣假缝的操作，操作完成后取下松量固定针并清剪腰部余布。注：侧片的立裁方法与本册书下册"三开身夹克"中第58~60页的 12 ~ 15 步骤相同。

• 衣身裁片的整理与假缝

12

将衣身裁片整体取下，在未拆开各裁片的前提下，依次修顺袖窿及腰断线，然后对造型进行必要的描点工作（注："内工字褶"的描点方法与本册书"光芒褶礼服"第152~153页中的20 ~ 22 步骤相同）（袖窿绘制方法为：先设定袖窿弧长为44cm,即净臂根围37+袖窿松量7=44cm；再在已有的袖窿上段弧线的基础上使用44cm袖窿弧线长度绘制袖窿弧线，弧线形状如图所示为"水滴形"）。

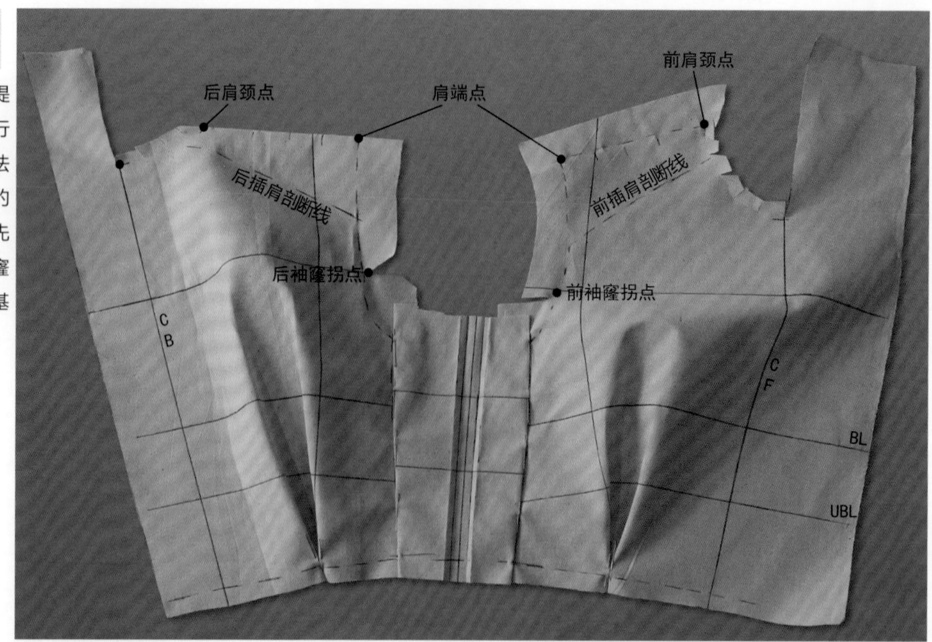

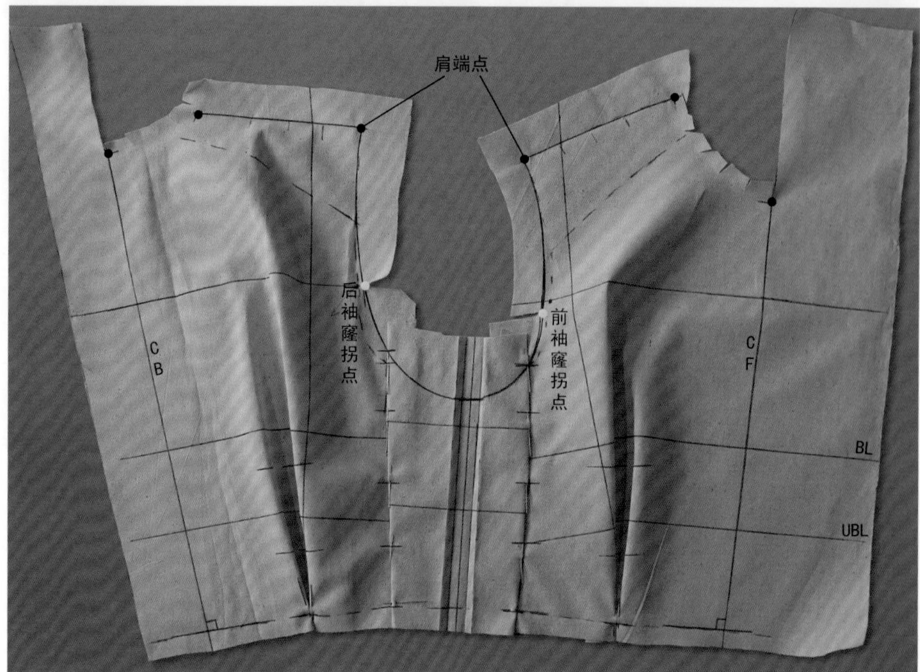

13

各裁片拆开之后铺平，根据描点及对位点标记，完成各结构线的绘制，并对裁片进行清剪、熨烫整理及假缝。

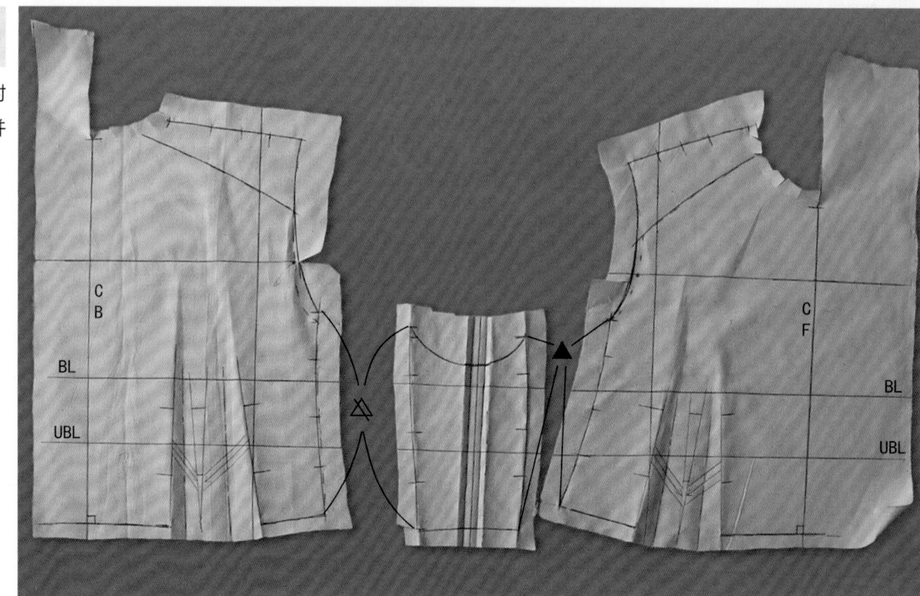

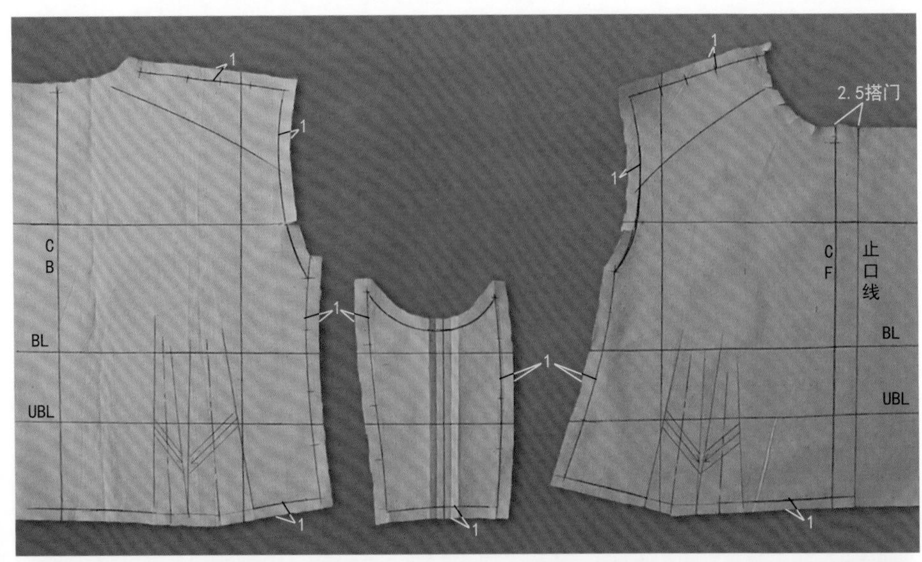

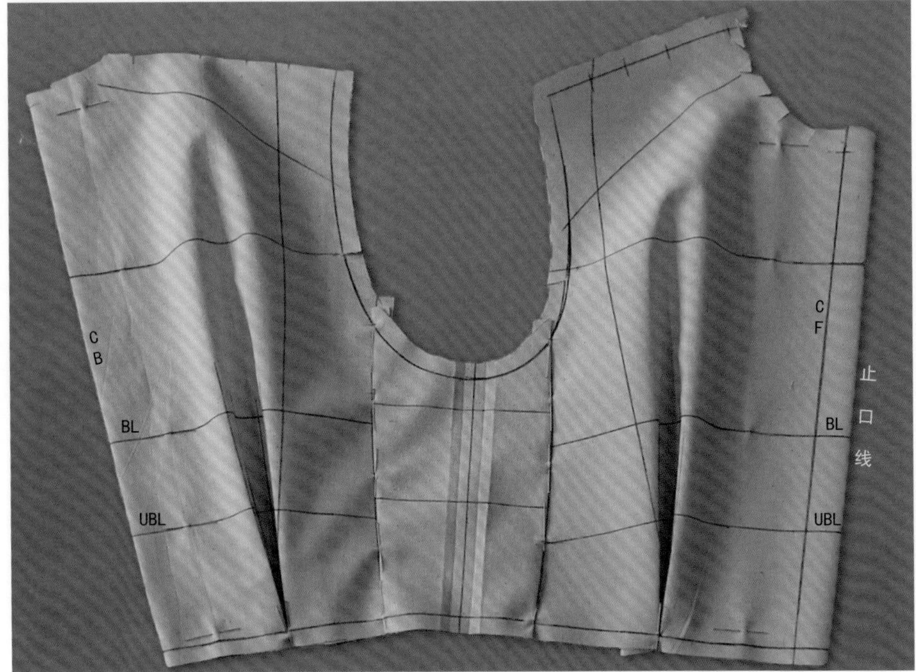

14 衣身部分裁片假缝完成效果。

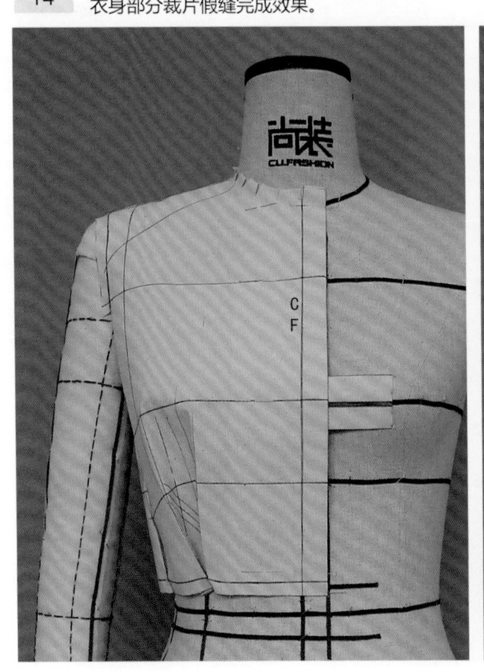

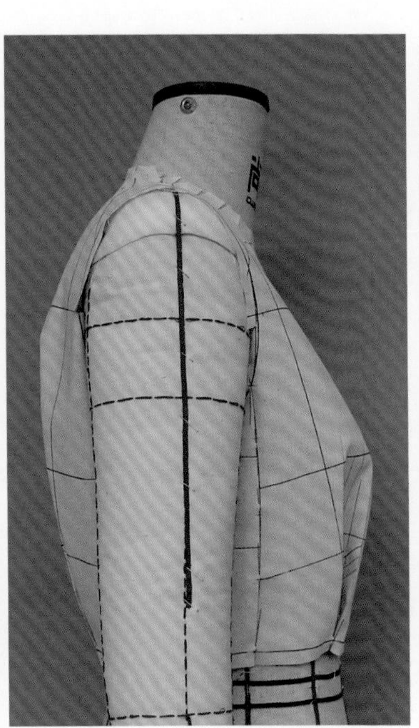

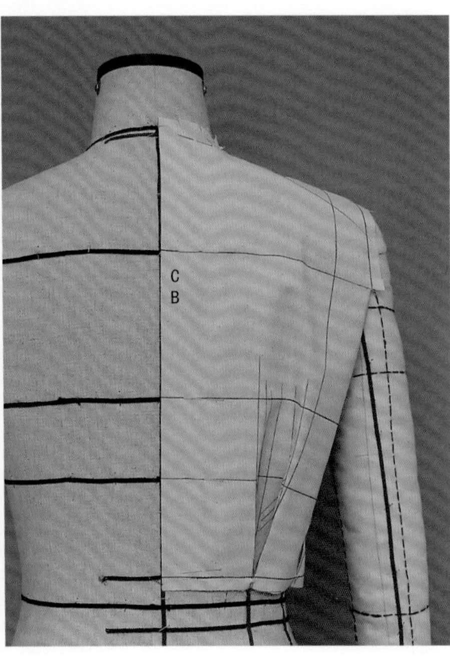

- **腰断及拼条制作**

15 使用腰头分断基础布，如图所示制作一根直条腰带，并对其进行熨烫整理。

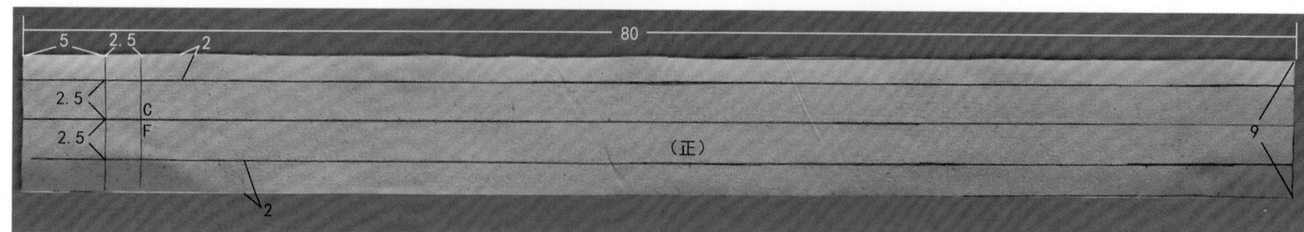

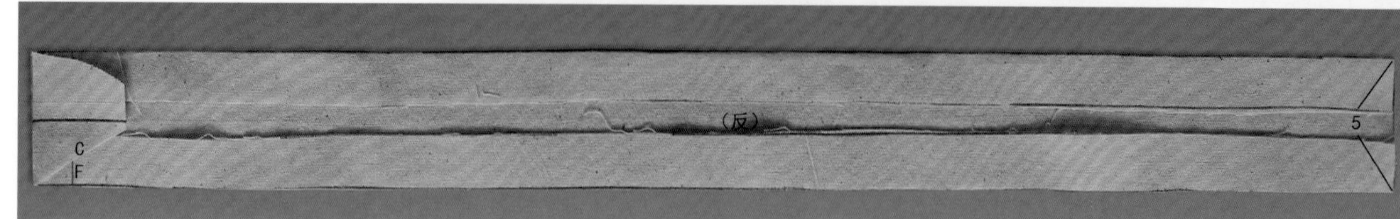

16 将腰带与衣身进行假缝，由前止口线、前CF线向后CB线逐步固定大头针，至CB线处终止并清剪余布、内扣缝边（折叠针或隐藏针）。

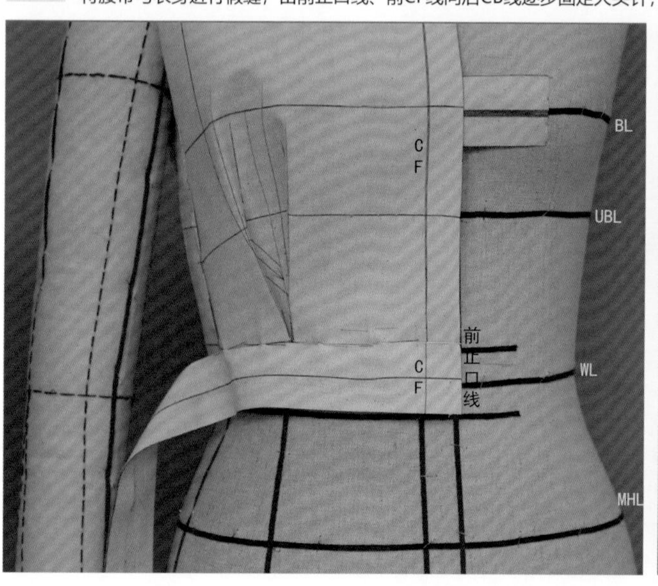

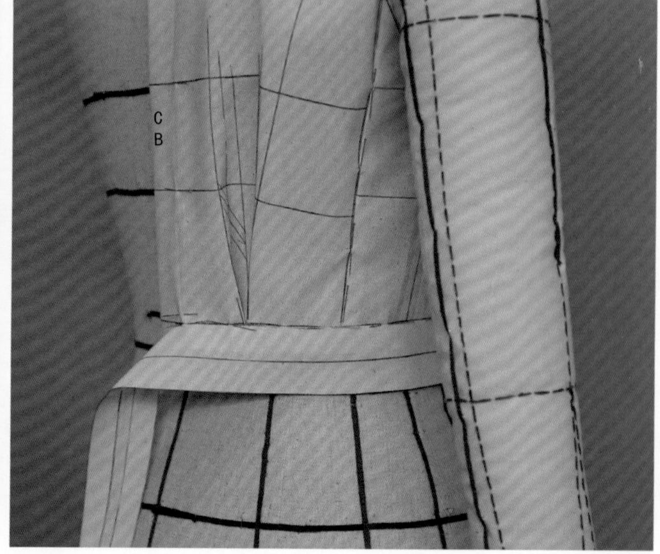

17 参照图示将底摆拼条布沿线对折后备用。

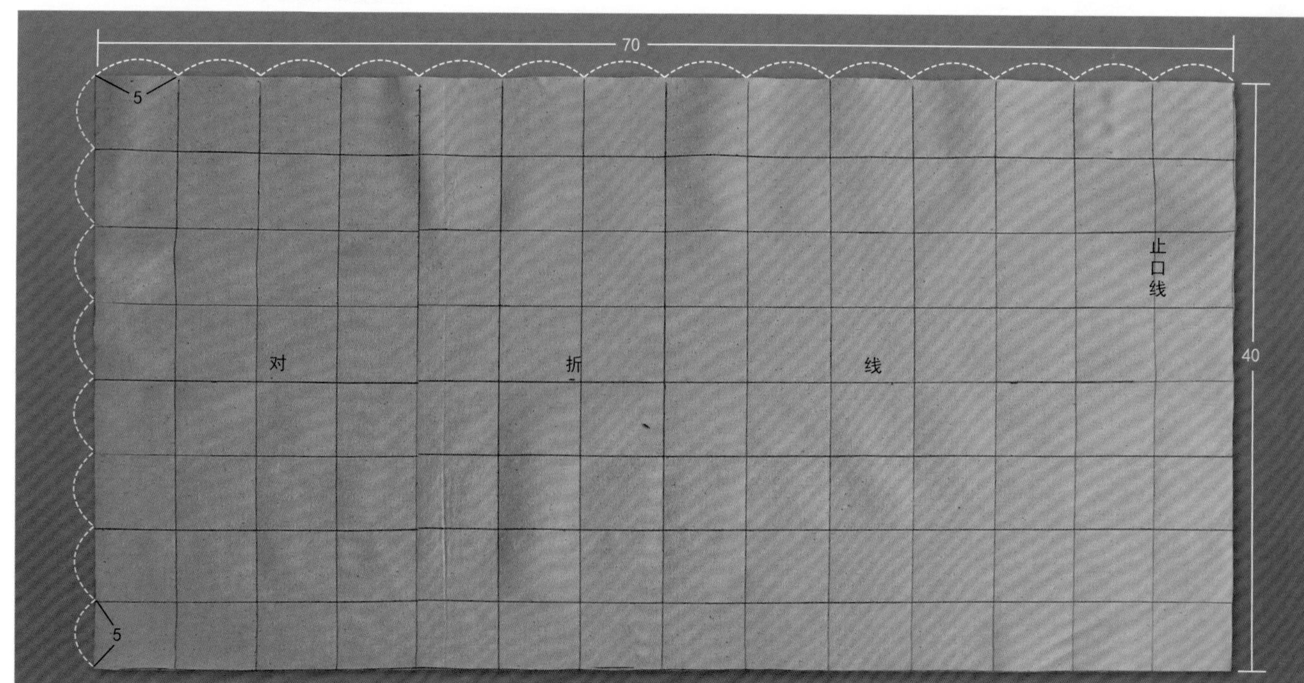

18 将腰带调整到合适状态后，将底摆拼条布由对折线折叠并用大头针固定（重叠针），如图所示：沿腰带下沿自前往后依次做出底摆的几个褶皱造型并用重叠针固定，（注意褶皱的位置对准前、后两个"内工字褶"与前、后两个小刀）。

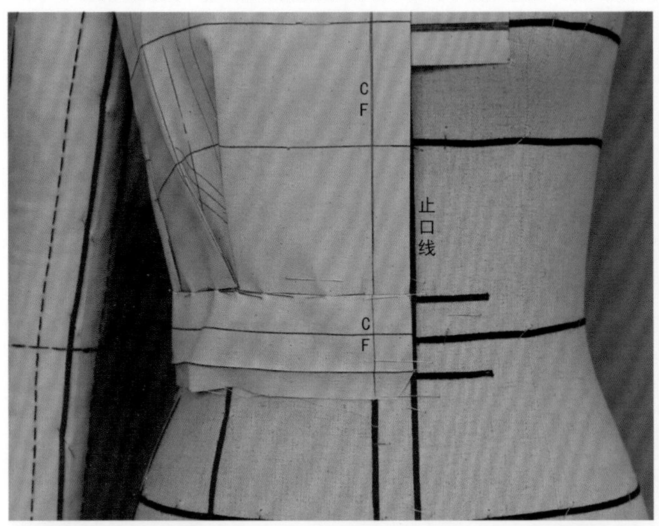

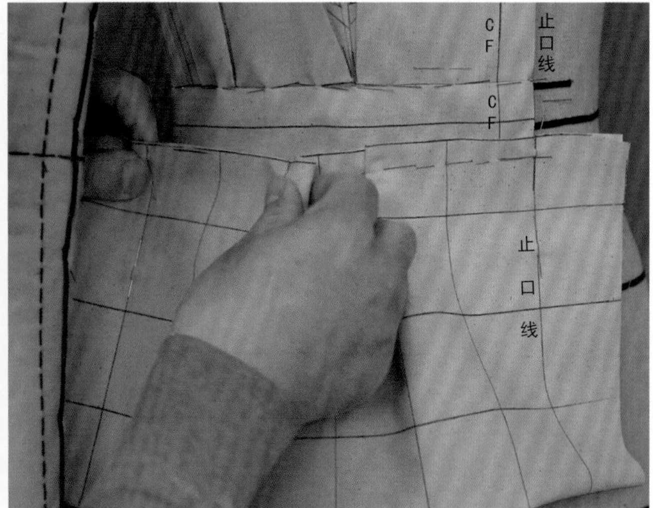

19 将底摆拼条造型调整至理想状态后，对底摆造型拼条进行描点，并对"内工字褶"进行刮折，留下折印。

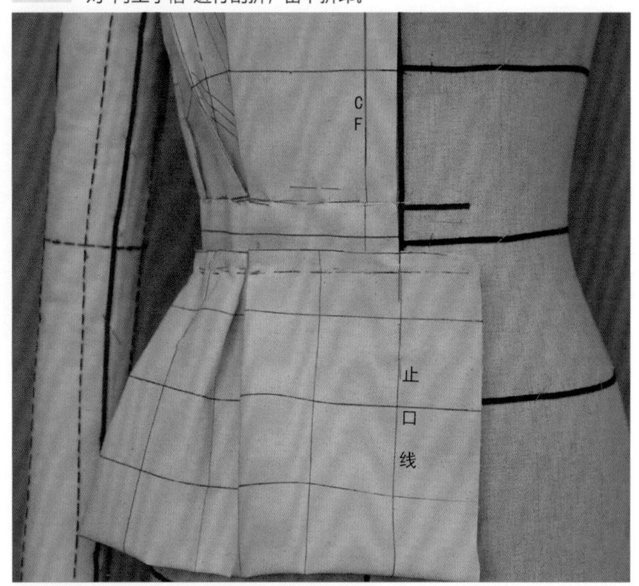

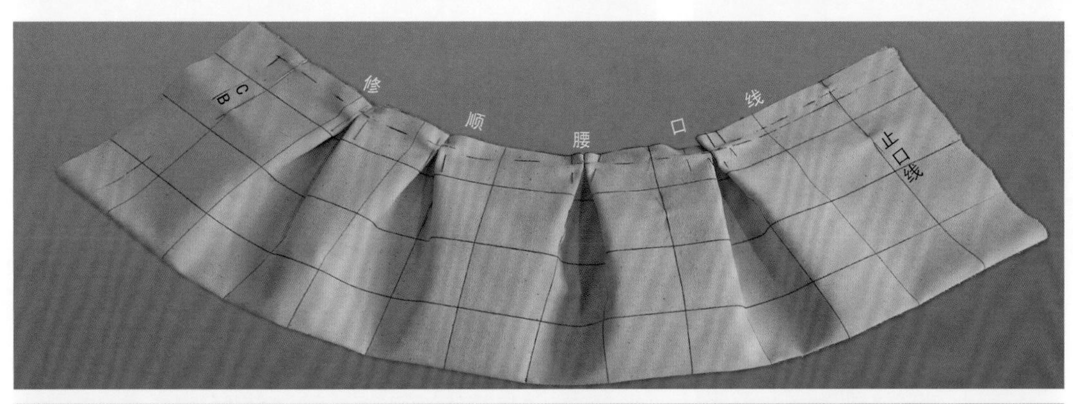

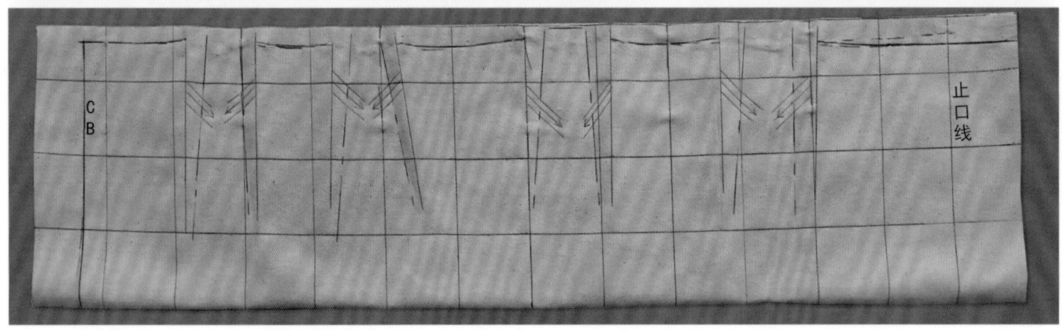

20 将底摆拼条取下后在未取下针之前先对腰口进行线条修顺，并对褶皱进行描点后将褶皱拆开，根据描点整体修顺褶皱结构线。

21

对底摆拼条造型进行熨烫整理后重新进行组装（注：组装针法为重叠针），并与衣身进行假缝（折叠线）。

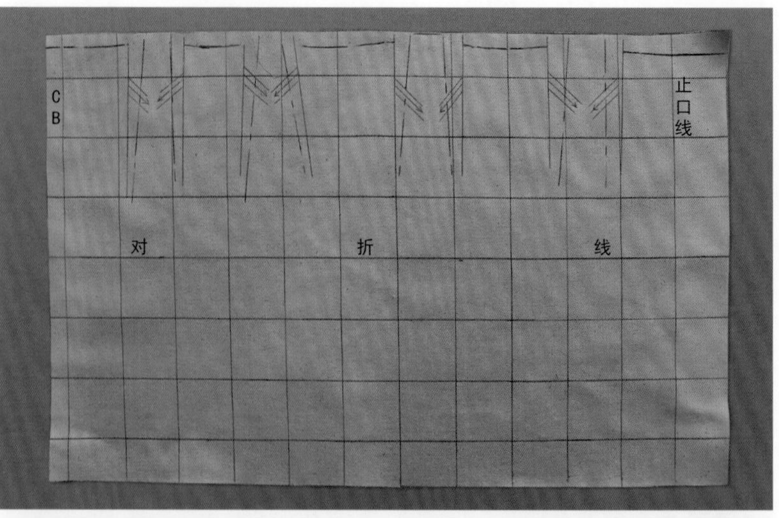

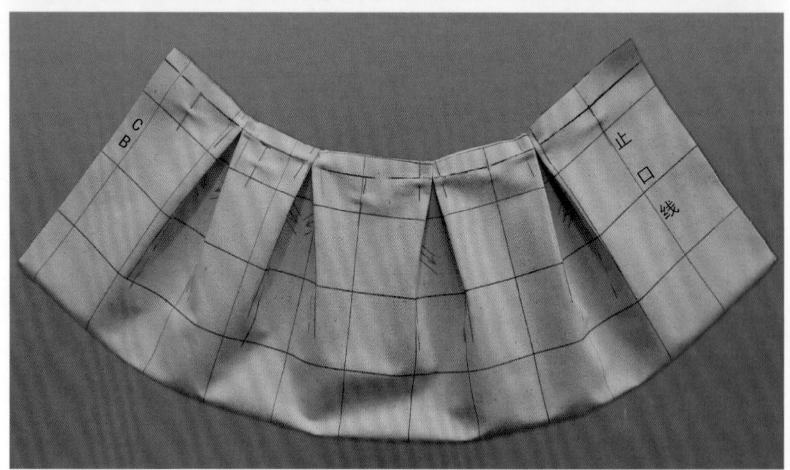

22 衣身侧面装配完成图。

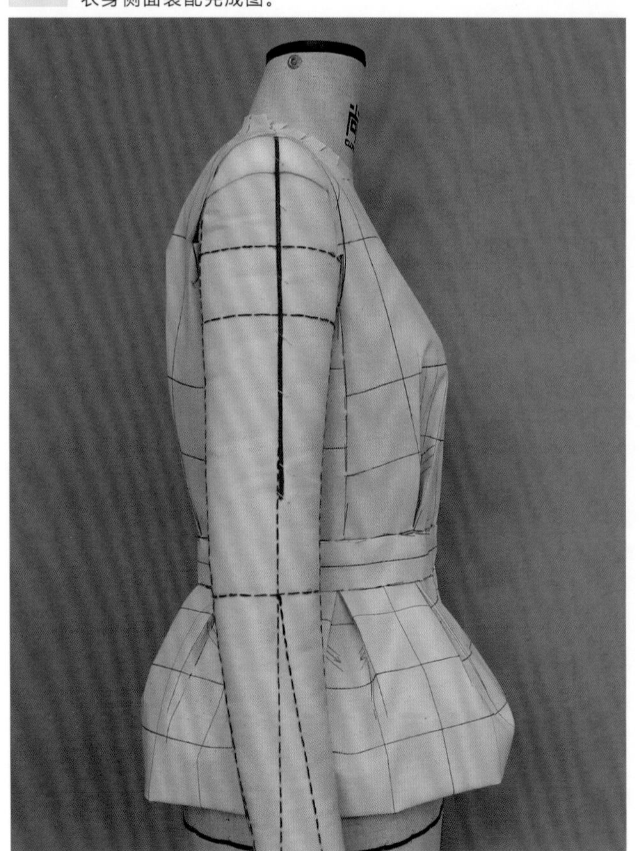

23 小袖制作：将手臂放下，手臂上内外袖缝的标线与袖窿的交点为前、后袖窿拐点（注：此款式的前、后袖窿拐点相比本套书“圆装两片袖”的前、后袖窿拐点位置，沿袖窿底弯线靠下一些）。

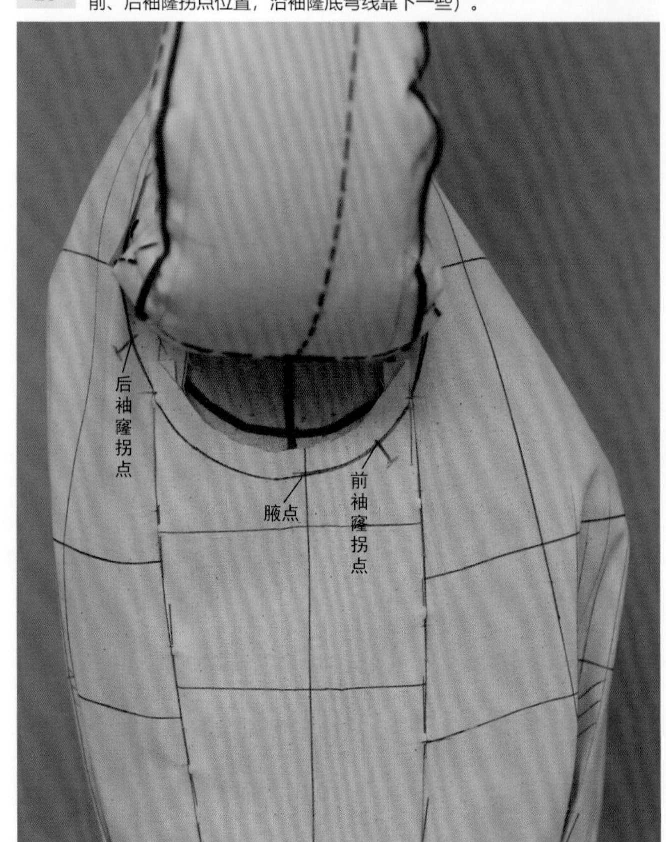

24 内袖小袖的立裁方法请参考本系列丛书《尚装服装讲堂•服装立体裁剪Ⅰ》中第193~196页“圆装两片袖”的4~8步骤。

25 内袖小袖完成后准备进行前、后外袖的立裁操作。

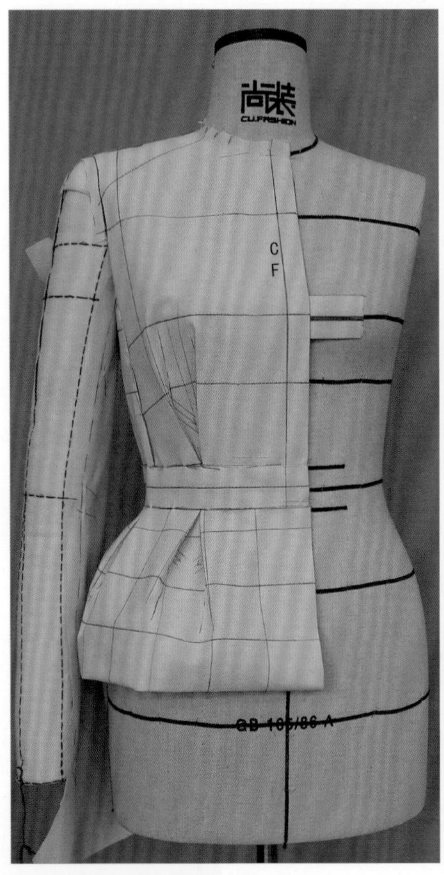

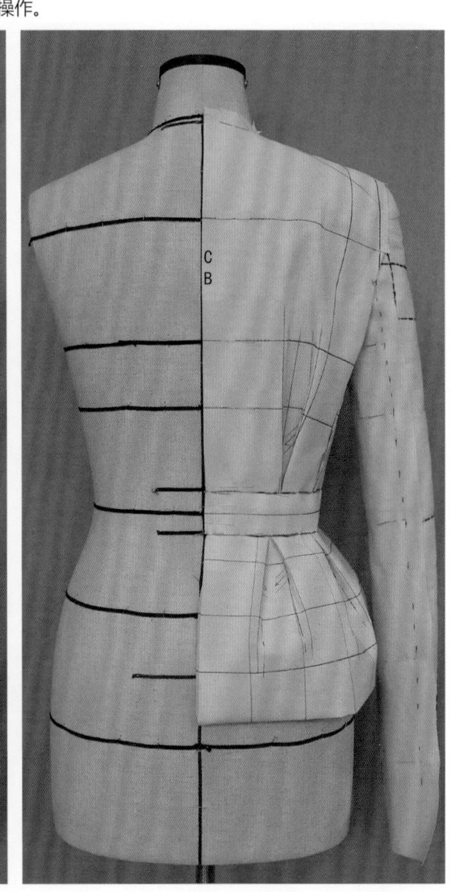

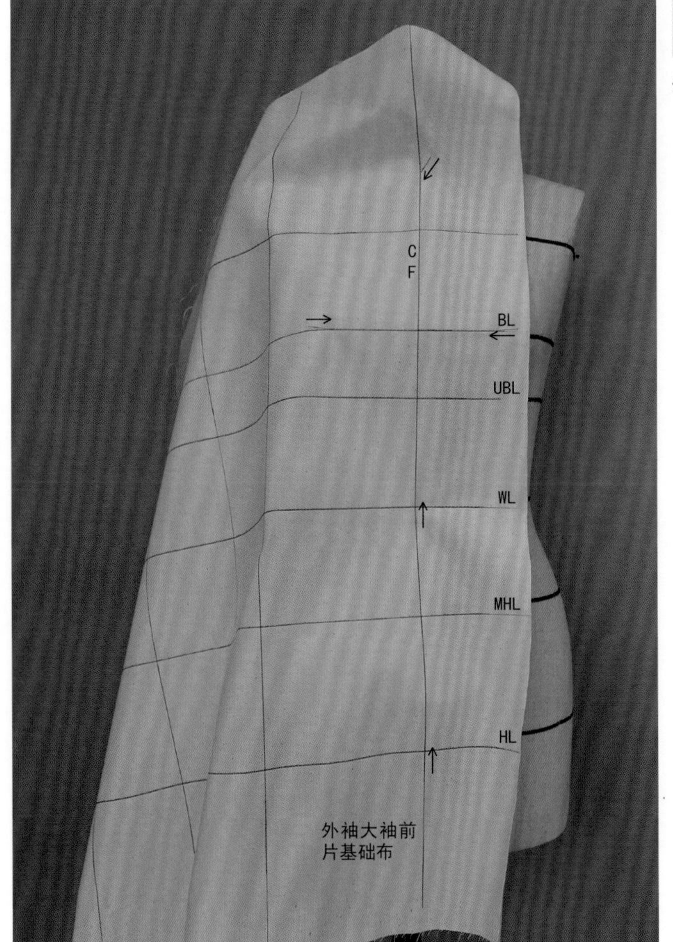

26

外袖大袖前片的制作参照衣身前片固定丝道方式，将基础布的丝道线与人台固定。

27 剪出前领口造型，将基础布前胸宽处的量感调整到与衣身部分完全一致，并用大头针固定（重叠针法将基础布与前衣身布固定），然后将面料沿胸宽线以下自前中往袖窿方向剪开，剪开至前袖窿拐点区域。如图所示将剩余的上部分面料用大头针固定（重叠针）基础布与前衣身布，清剪部分余布，并对袖窿弧线与插肩剖断线描点。

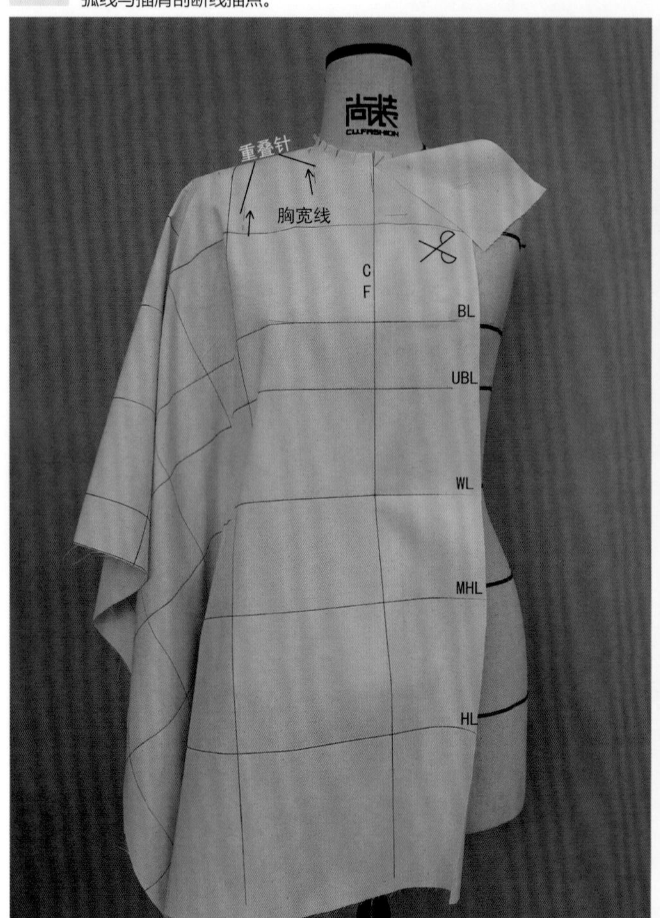

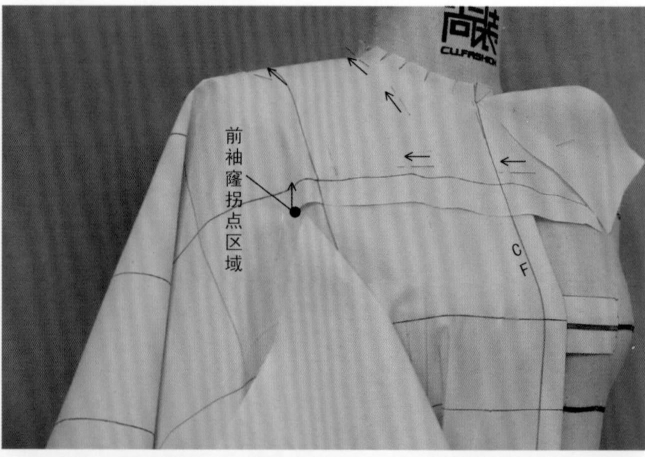

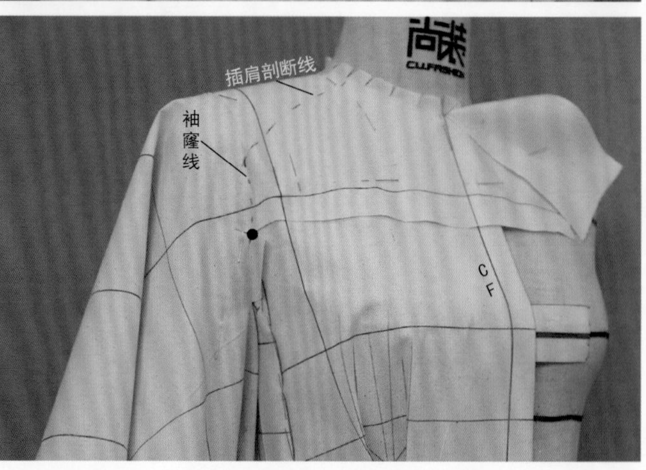

28 调整前袖造型到理想状态后，在肩袖中缝弯势线处用针将面料与手臂固定，并对齐描点与清剪余布。

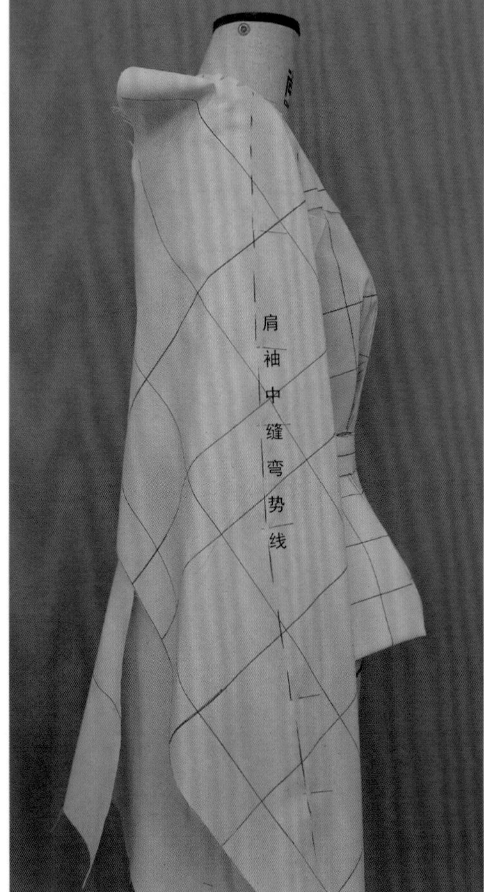

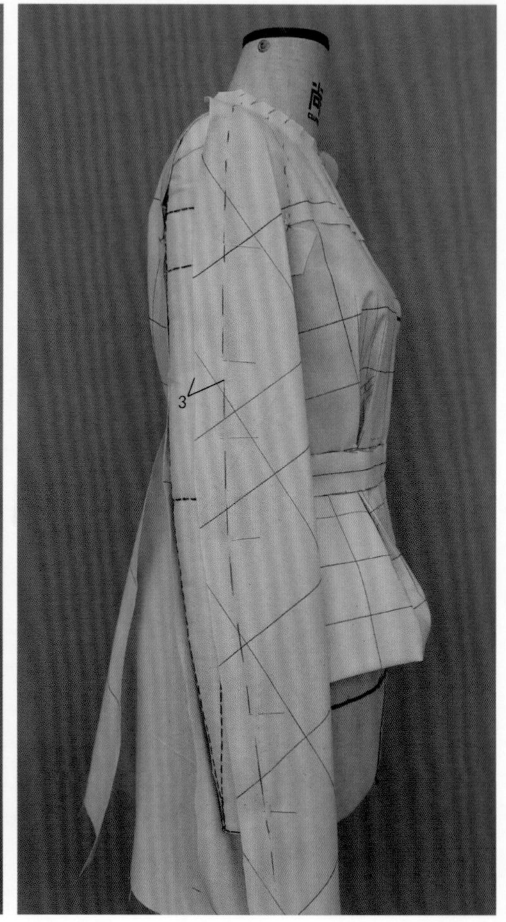

29 调整好前袖肥、袖肘、袖口处的松量后将前袖内缝刮折与假缝。

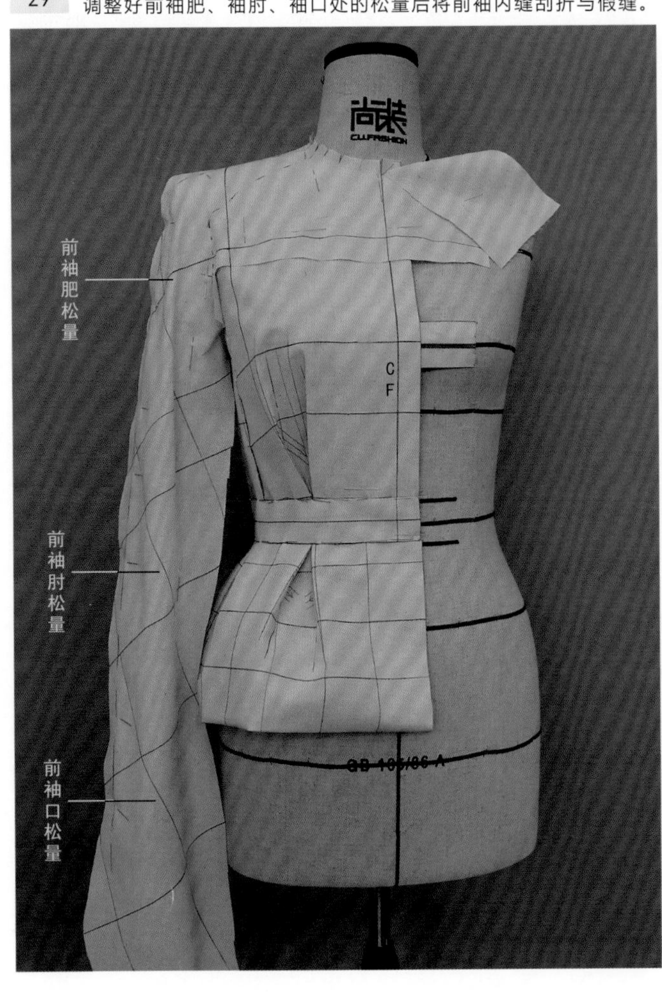

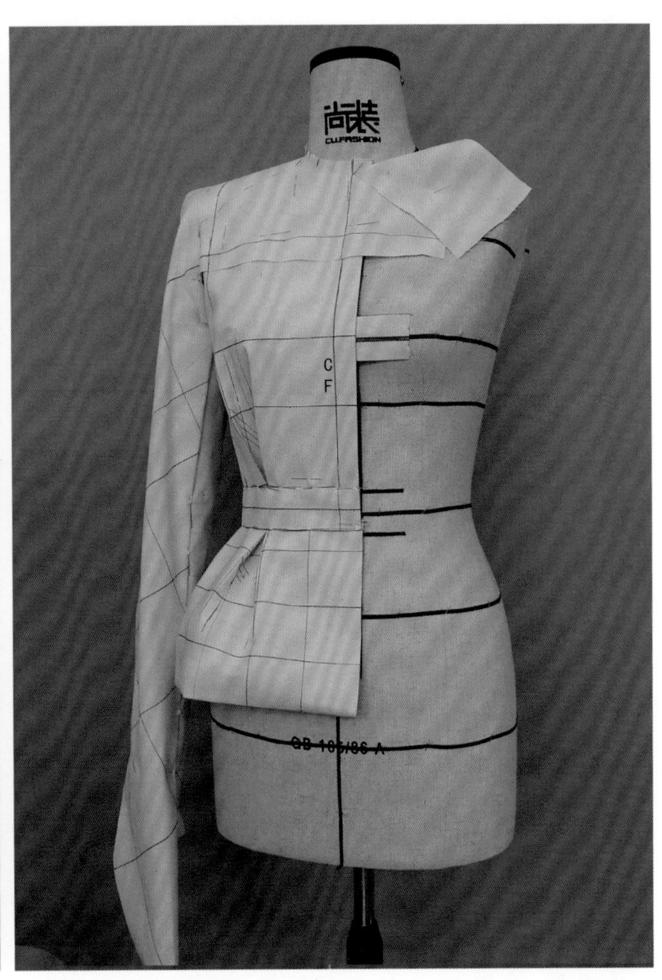

30 对完成的前袖窿弧线进行描点。

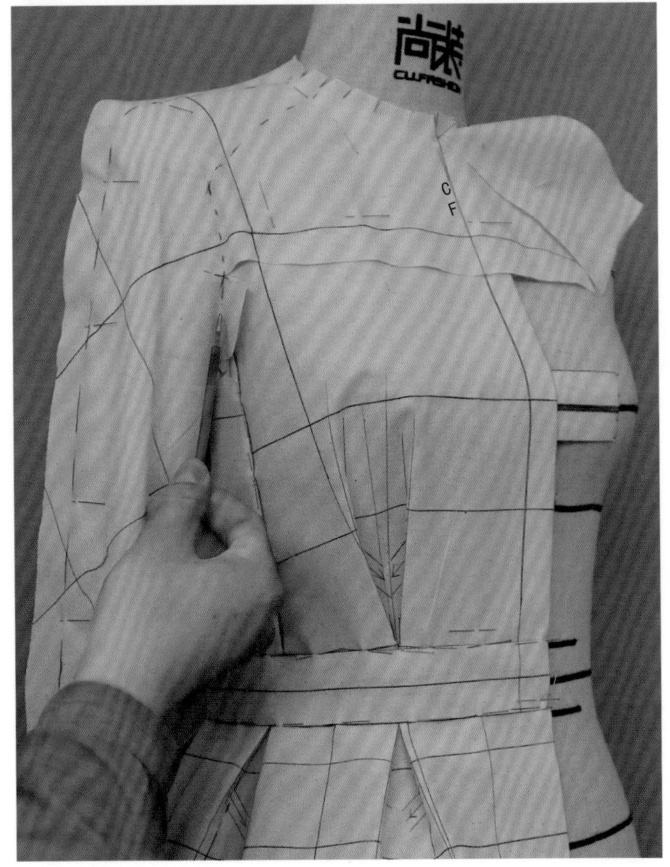

31 外袖大袖后片的制作：参照衣身后片固定丝道方式，将后袖片的丝道线与人台固定。

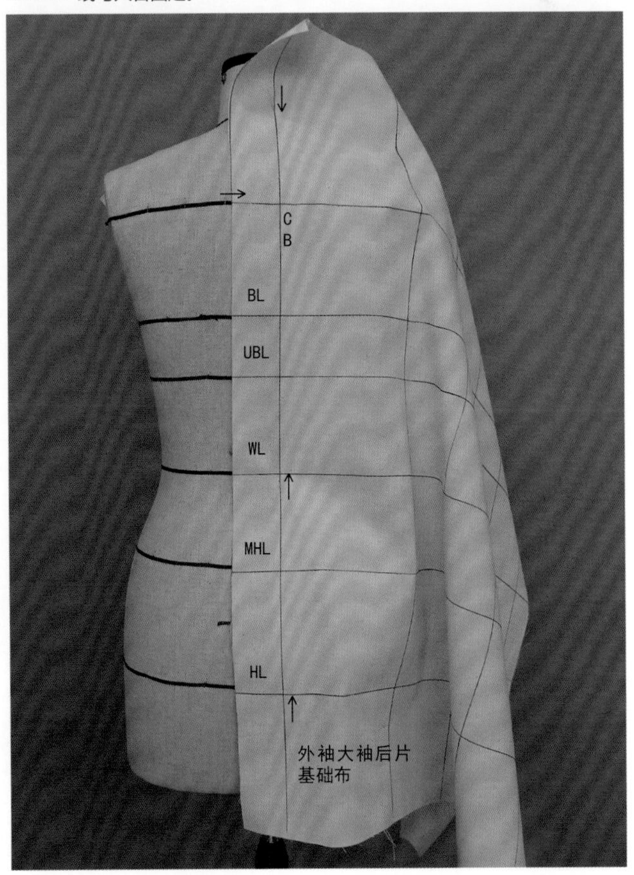

32 剪出后领口造型。

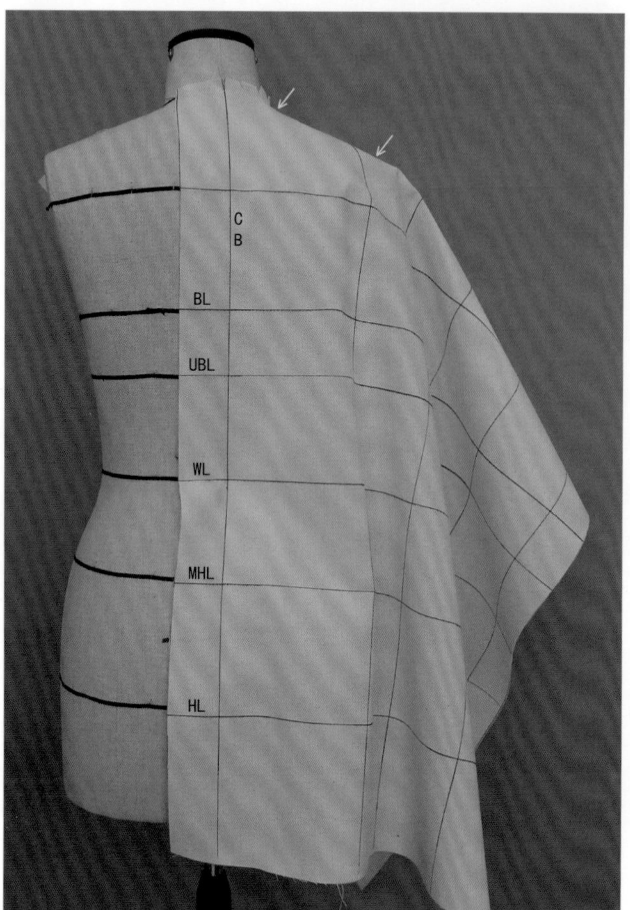

33 将后袖片后背宽处的量感调整到与衣身部分完全一致，并用大头针固定，然后将坯布自后中往袖窿方向剪开。

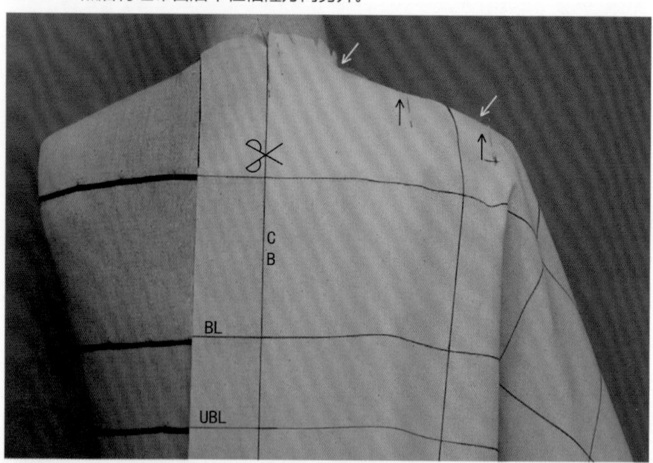

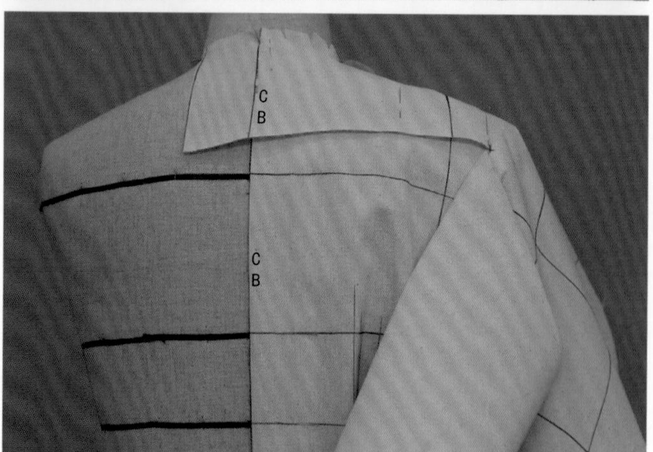

34 调整后袖造型，并在肩袖中缝弯势线处用大头针将造型固定（重叠针）。

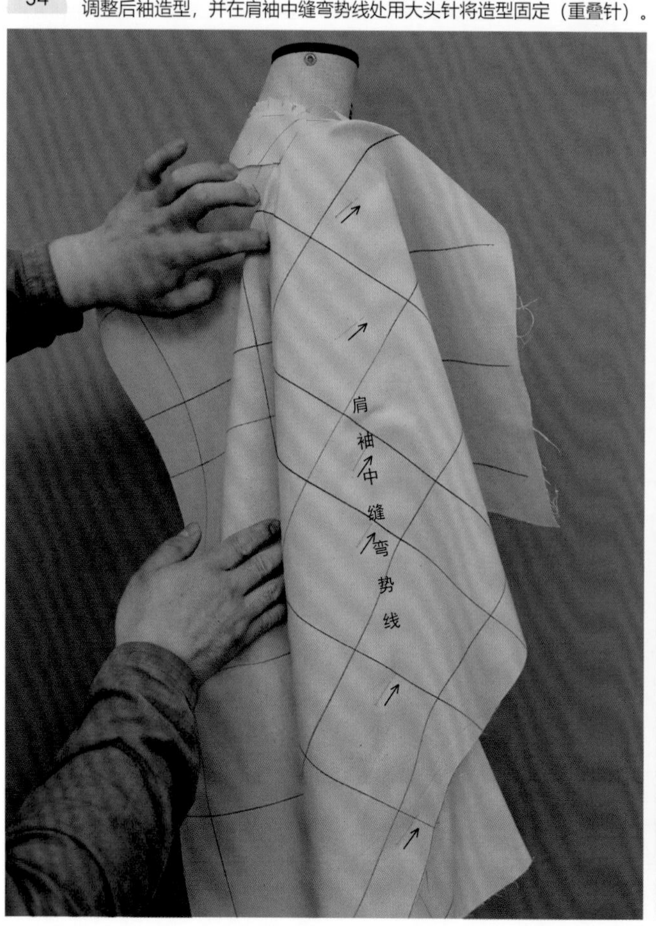

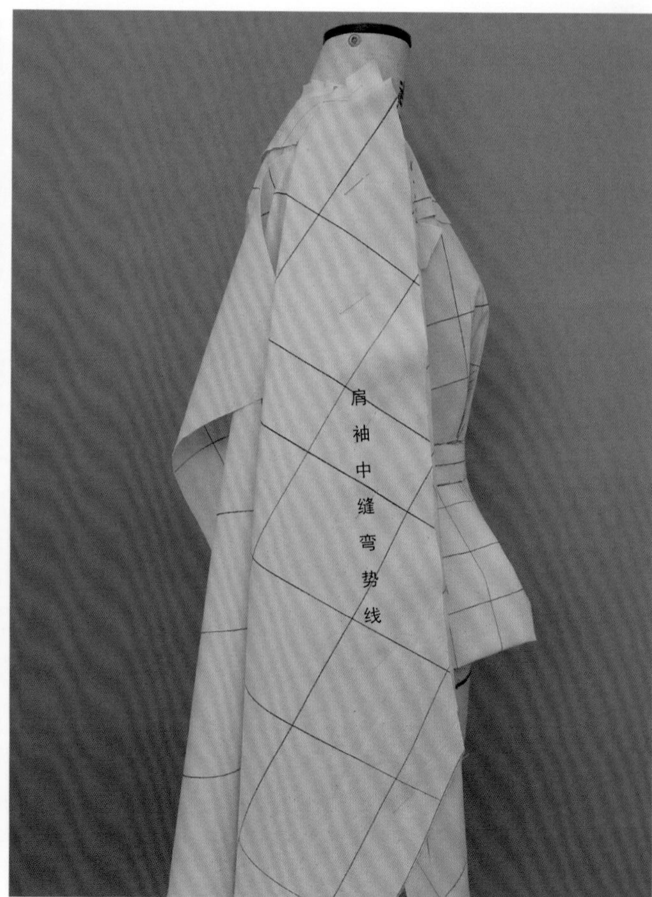

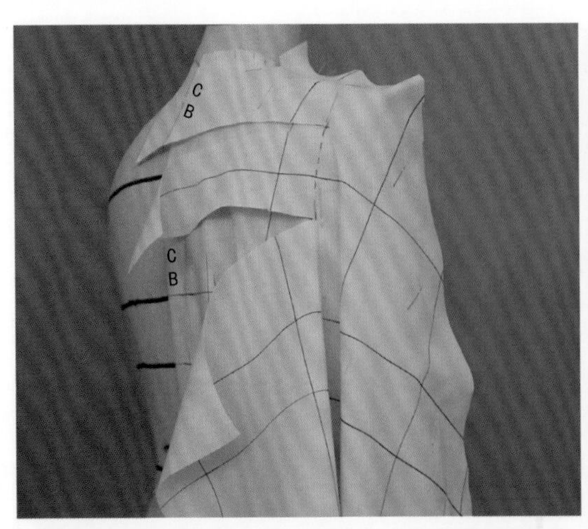

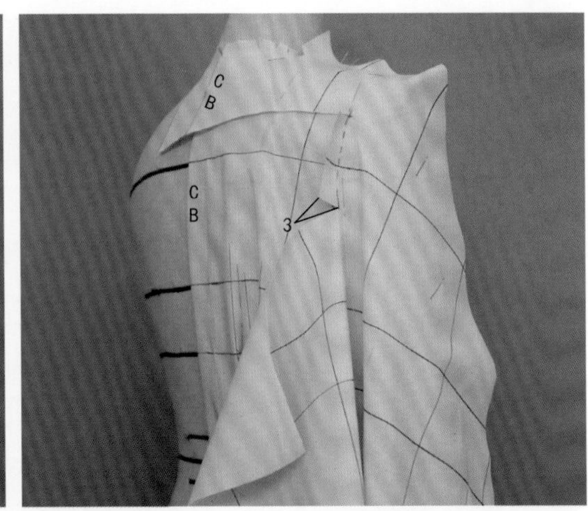

35

在剩余的一小段袖窿处用大头针将基础布与后衣身布固定在一起，清剪部分余布并对其进行描点。

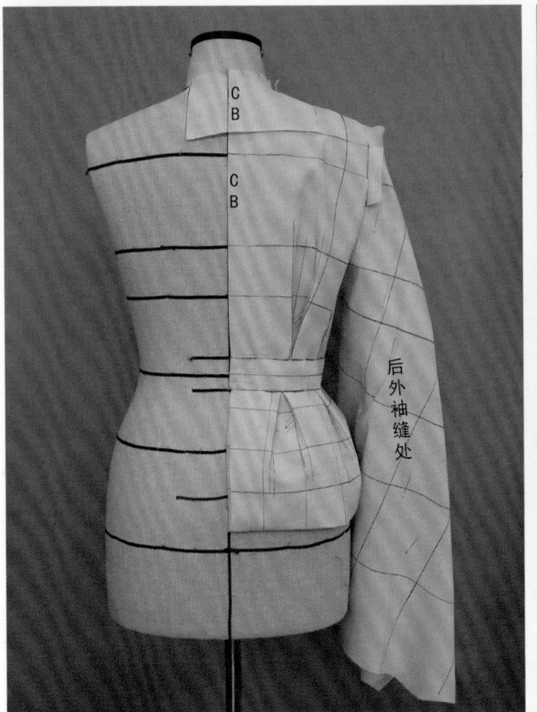

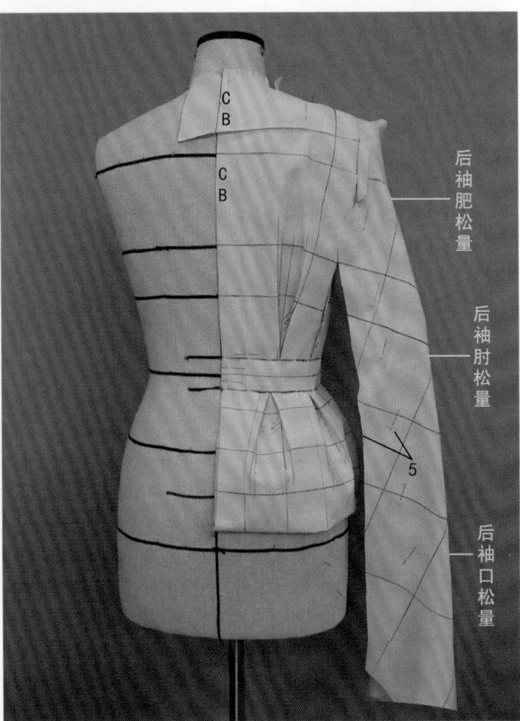

36

调整好后外袖缝处造型，预留后袖肥、后袖肘、后袖口处松量后用大头针固定，并清剪余布。

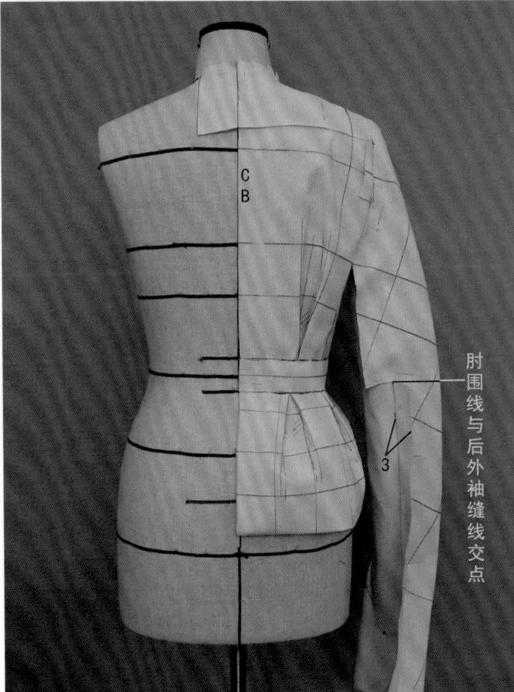

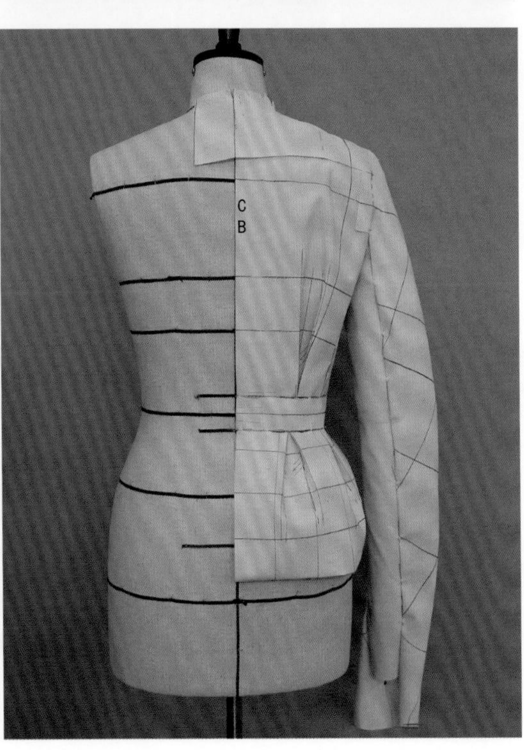

37

对后外袖缝进行刮折、假缝操作（折叠针）。

38

对肩袖中缝弯势线进行刮折、假缝操作（折叠针）。

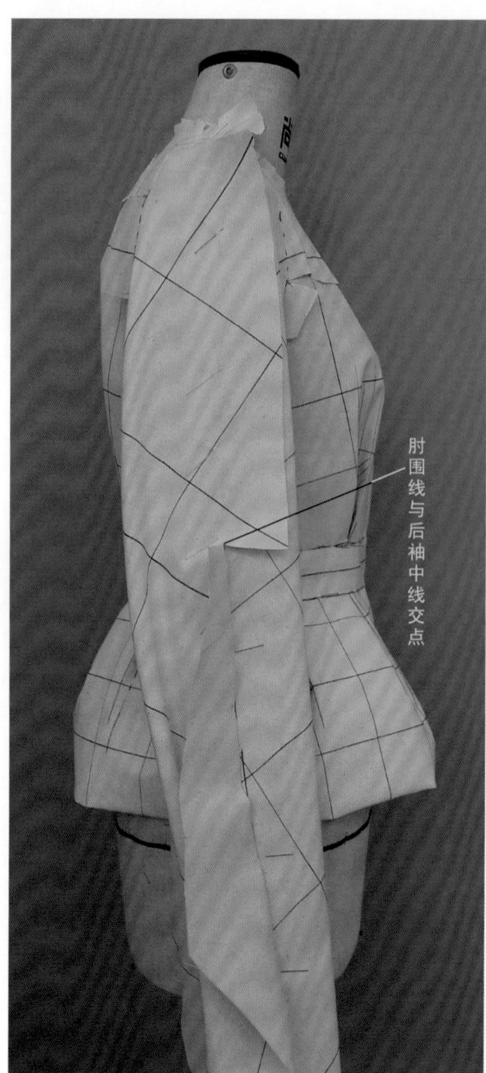

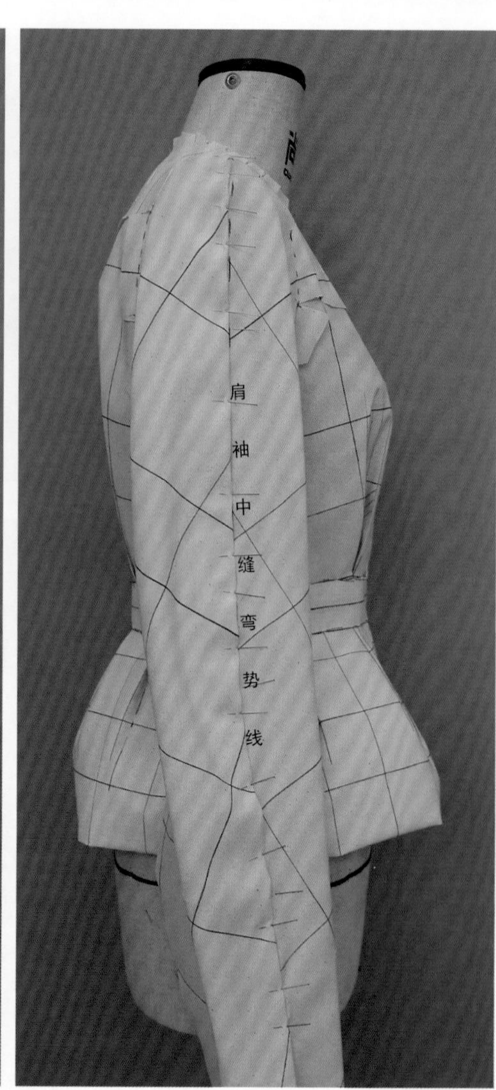

39 对后插肩剖断线进行余布清剪，并对其进行反向刮折和内扣假缝（折叠针）。

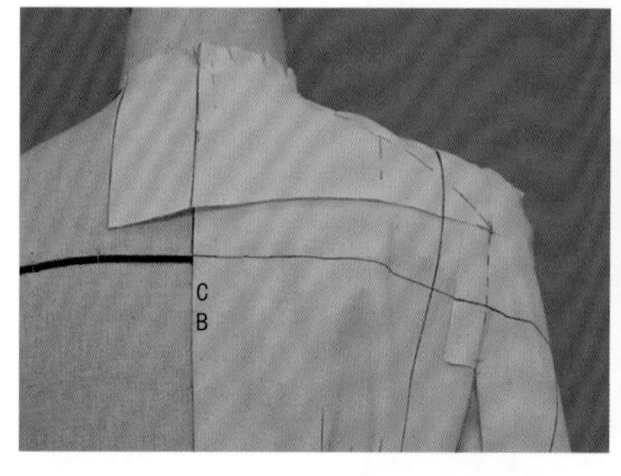

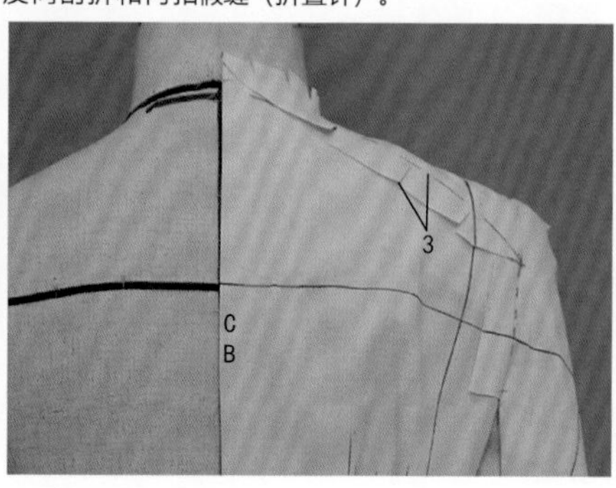

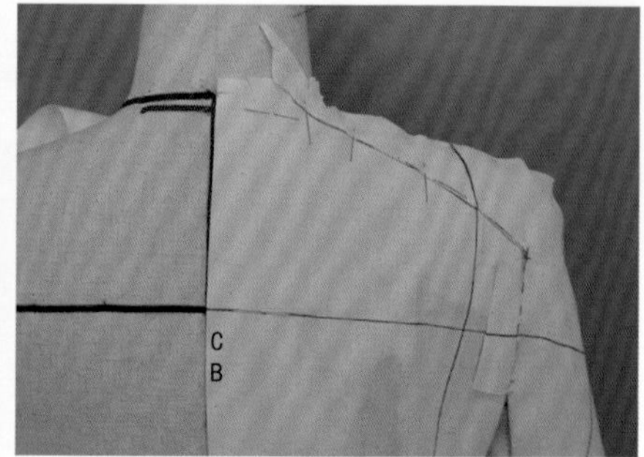

40 参照后插肩剖断线的处理方式，处理前插肩剖断线。

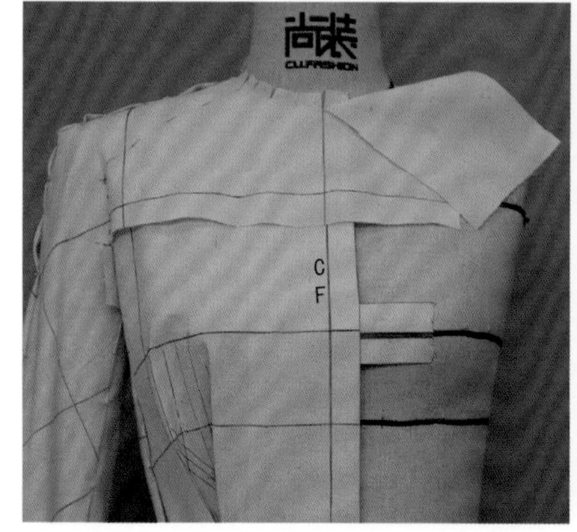

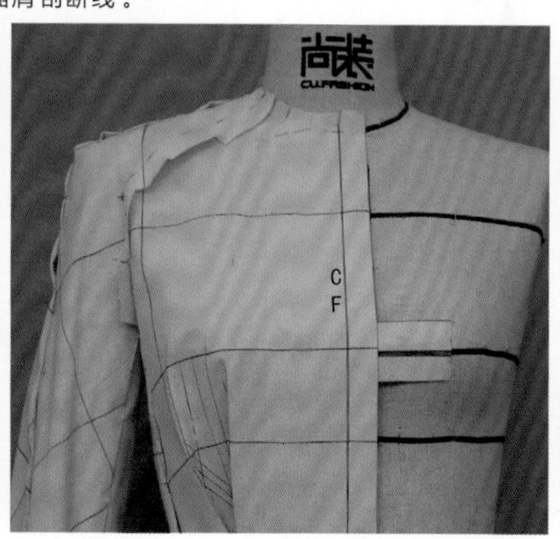

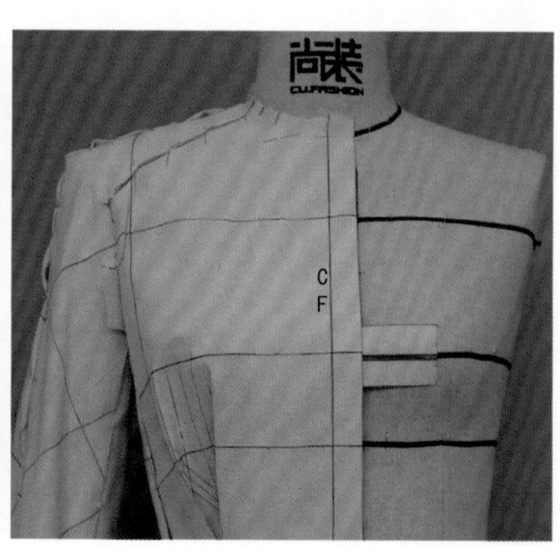

41 连立领制作：在坯布上画出人台标线的连立领隐形领口线，并在其与各断缝线的交点余布处打剪口。

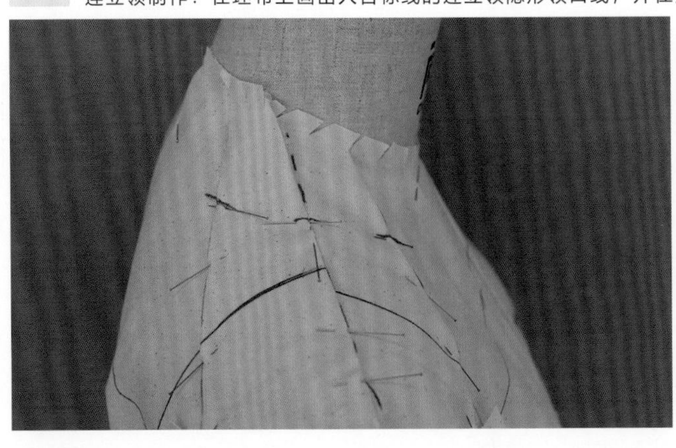

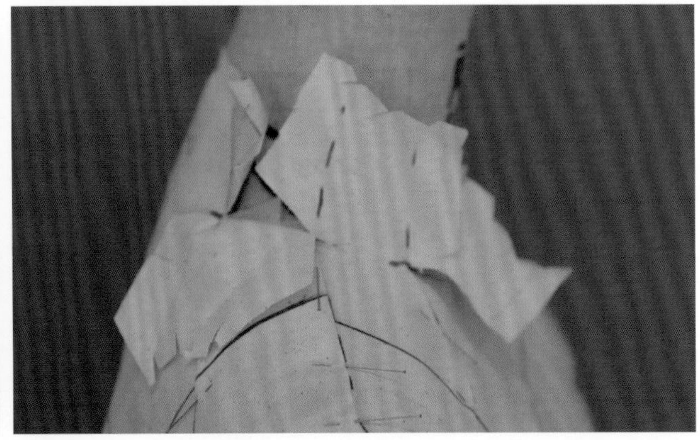

42 调整连立领的领子立起程度，并将各片用大头针固定。

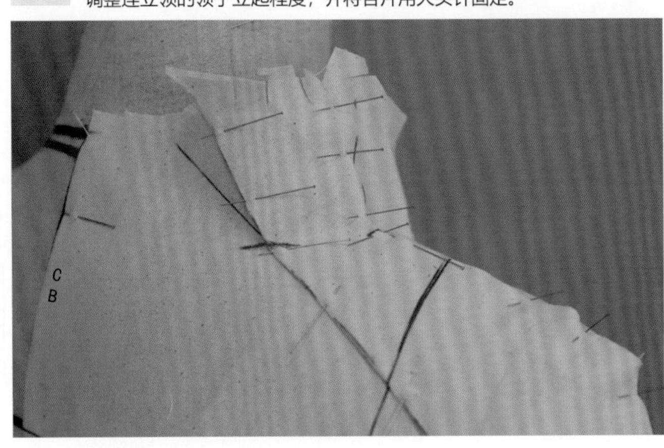

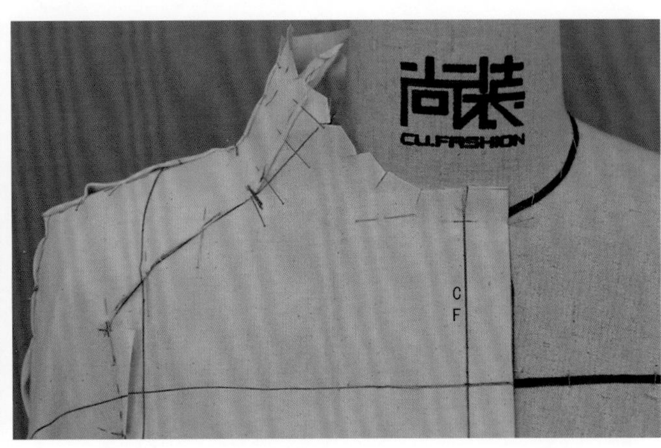

43 画出立领的上边缘造型线，并清剪余布。

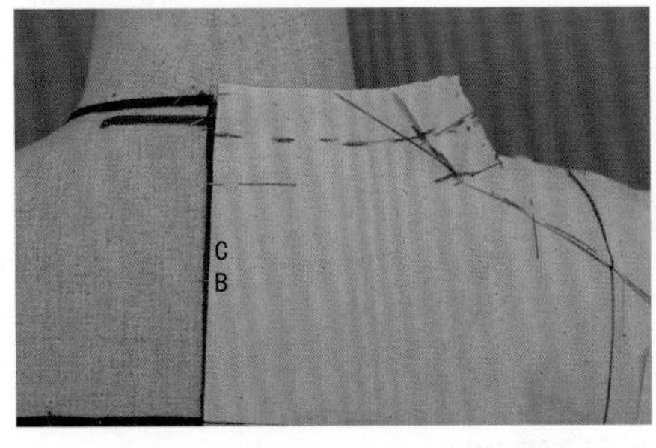

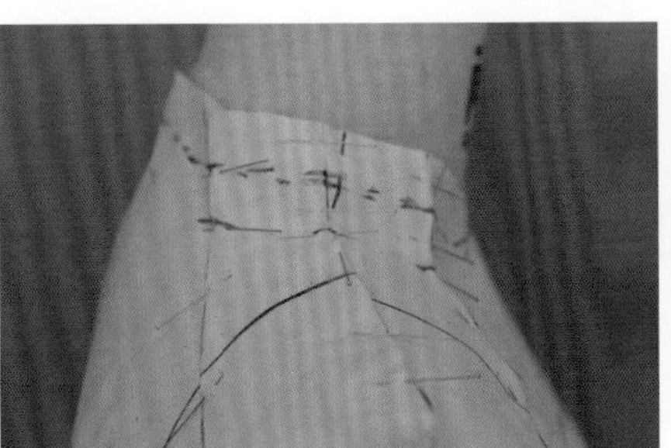

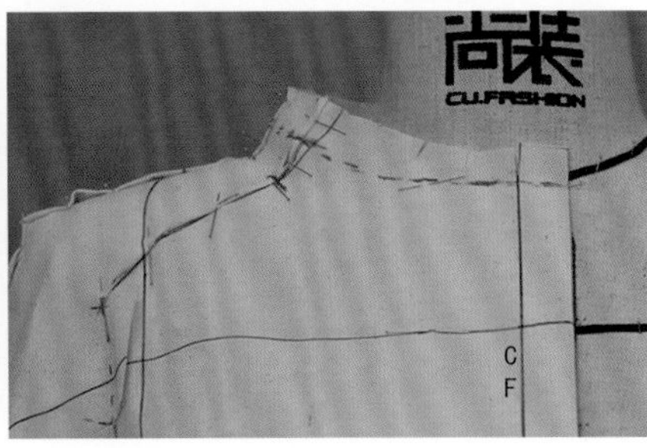

- **线条修顺、熨烫整理、清剪余布及假缝**

44 将衣身拆下。注意：将小袖片拆下之前，将袖窿底弯的前、后拐点对位点复制在小袖片上。

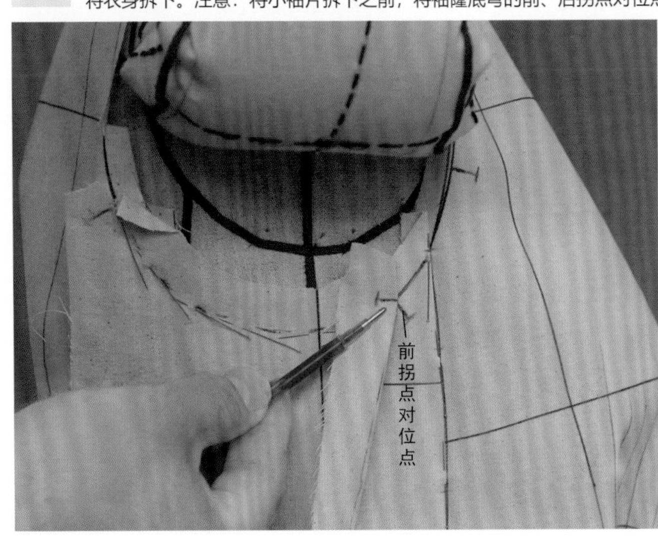

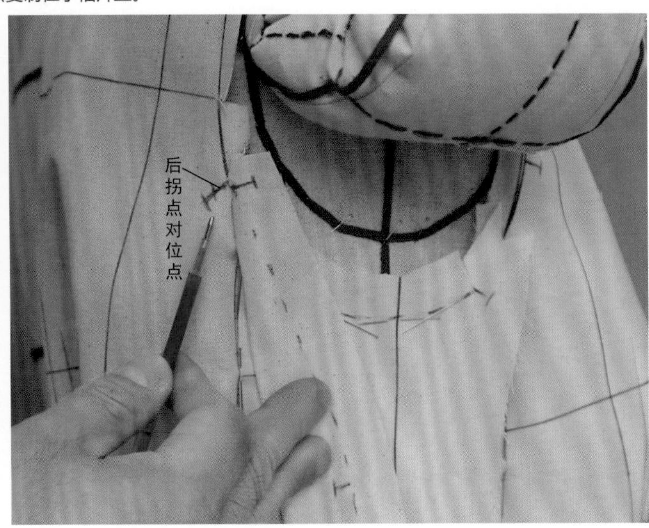

45 如图所示对齐如下部位，对插肩袖袖山底弯线、袖口线、领口线进行修顺。

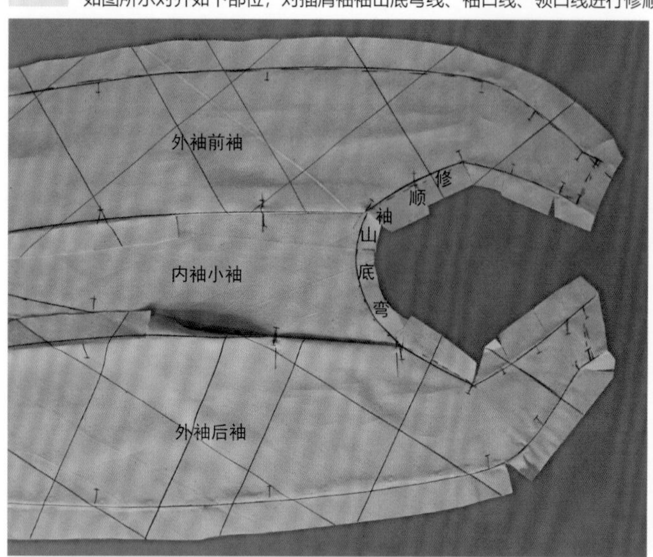

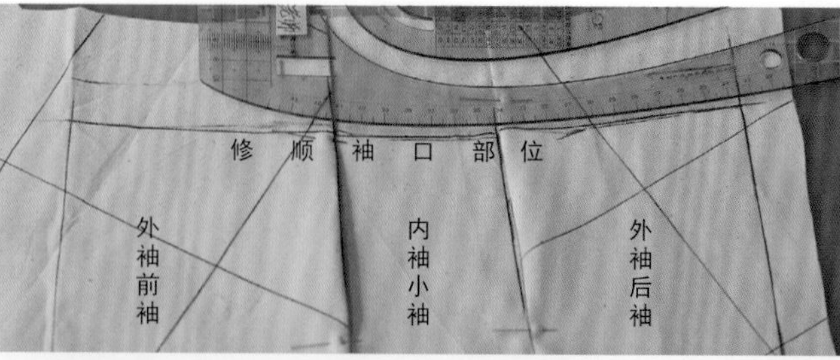

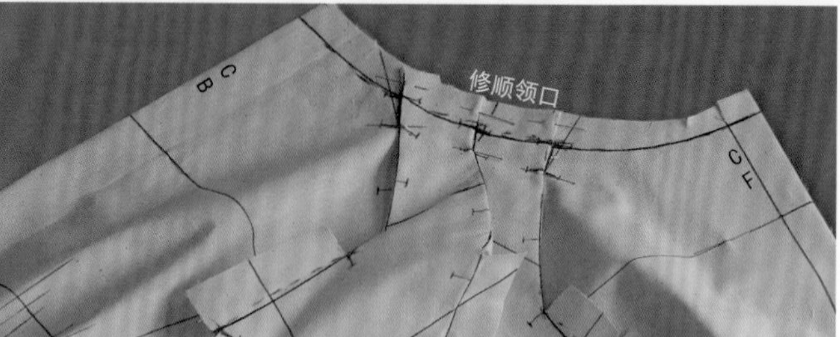

46 对各裁片进行熨烫整理及清剪余布后假缝。

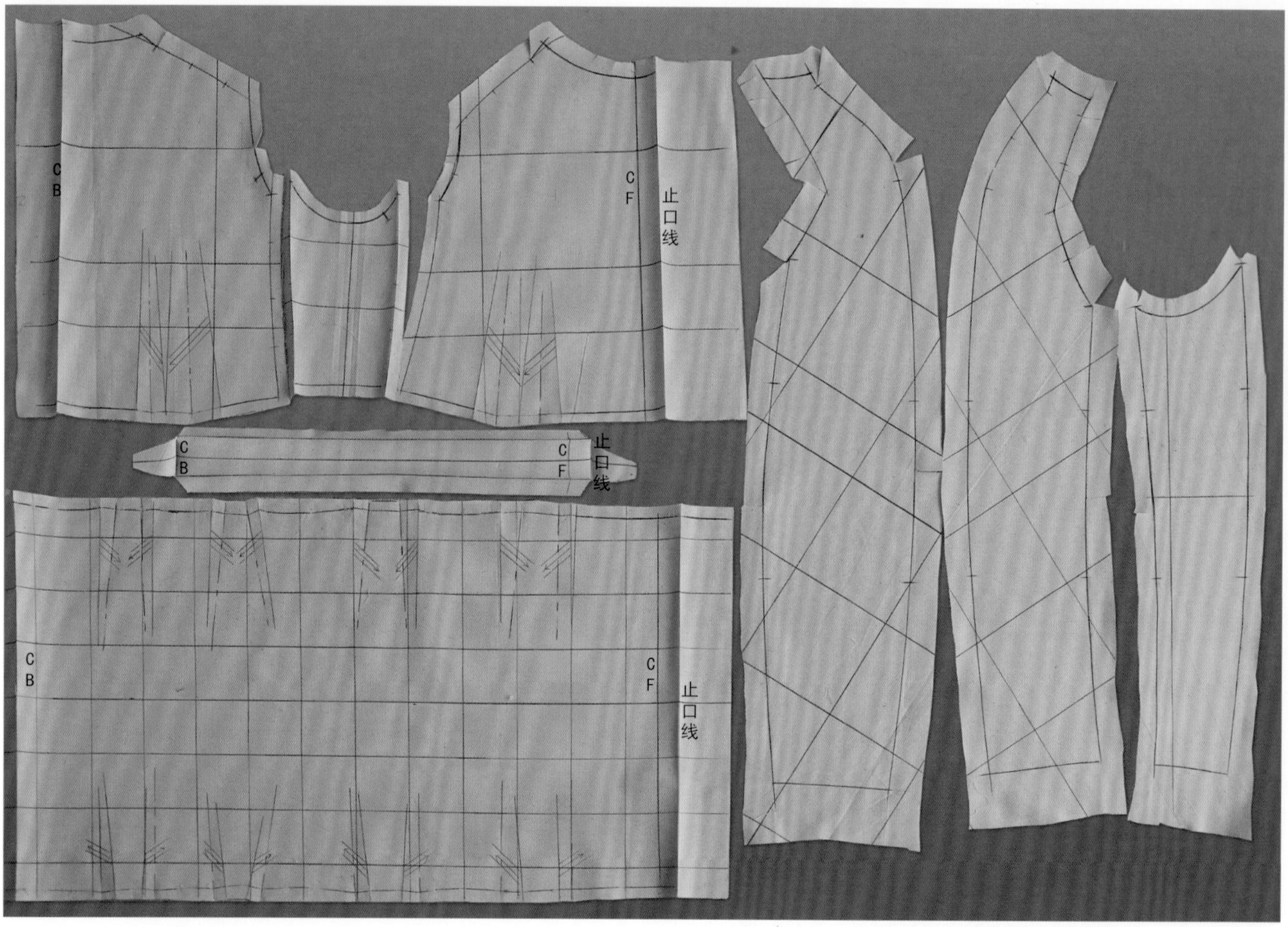

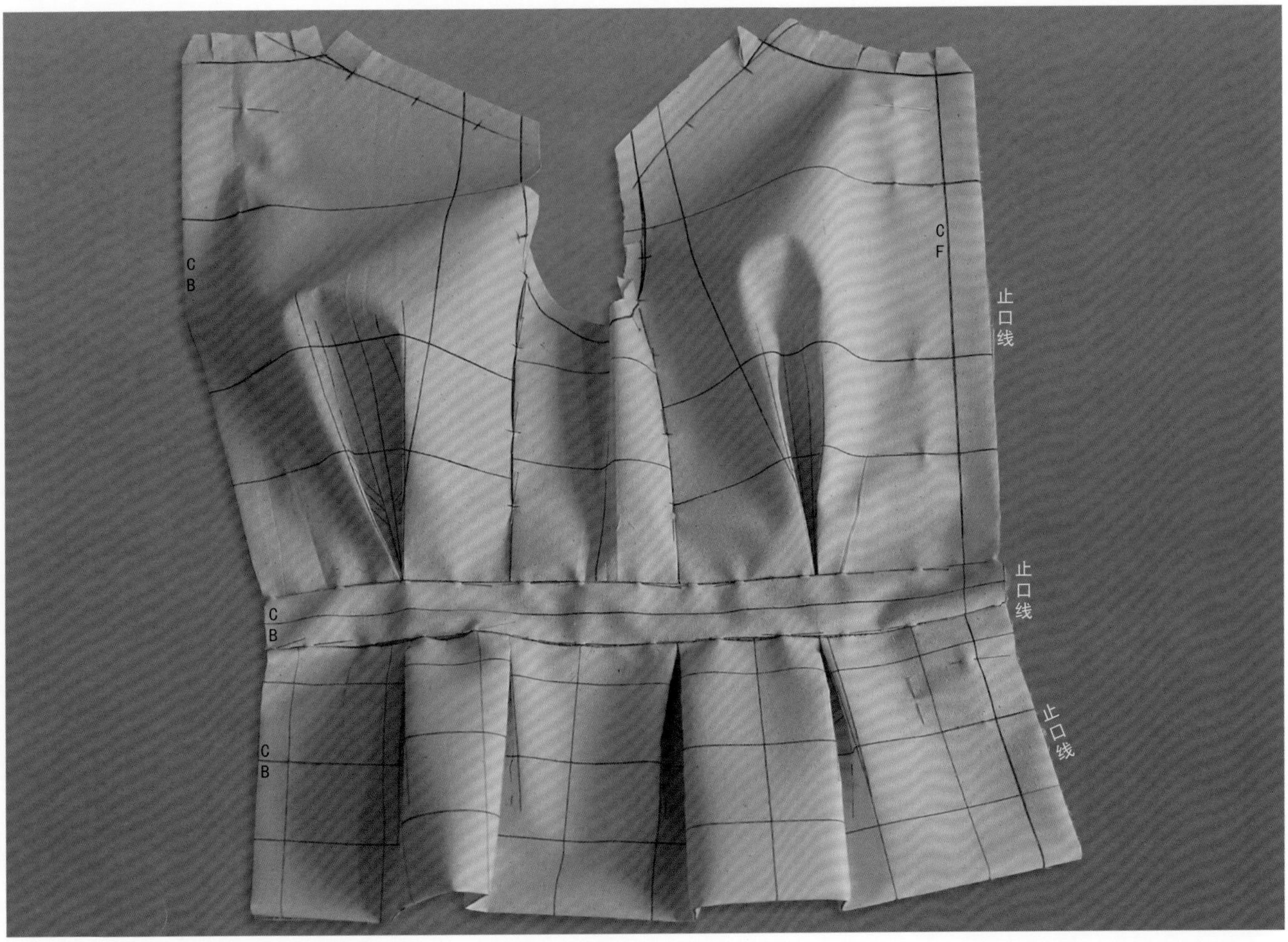

CB
CF
止口线
CB
止口线
CB
止口线

47 将衣身部分假缝，完成后先固定在人台上，在人台上将袖子造型按照结构线假缝。假缝流程：先将内、外袖假缝，然后将袖子的袖山底弯与衣身袖窿底弯假缝，再将衣身与袖子的前后插肩剖断线假缝，最后将前、后肩袖中线假缝。

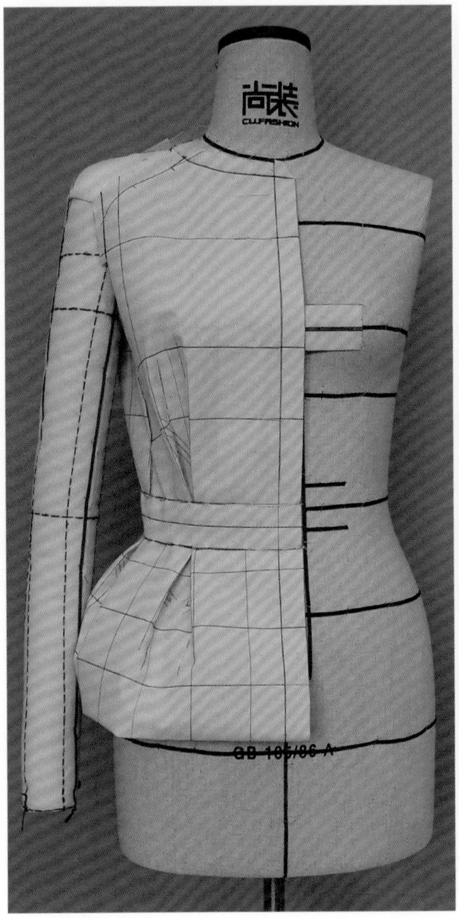

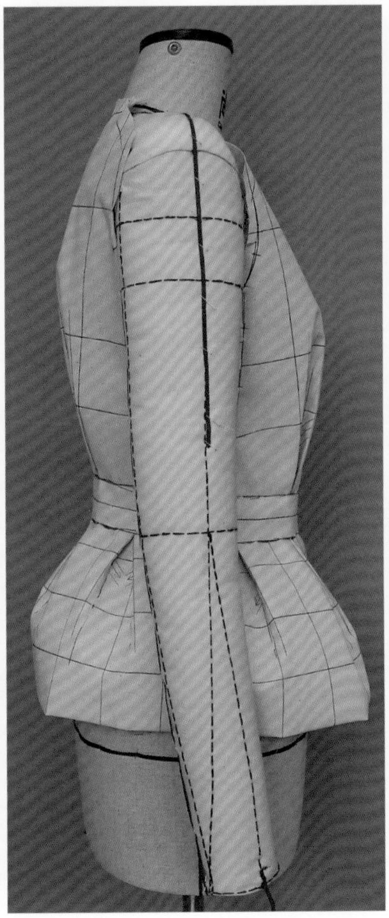

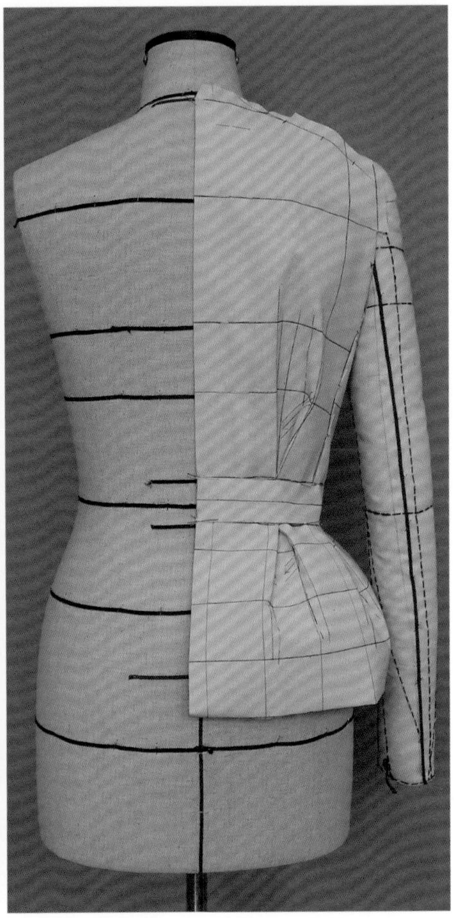

- **半身完成效果**

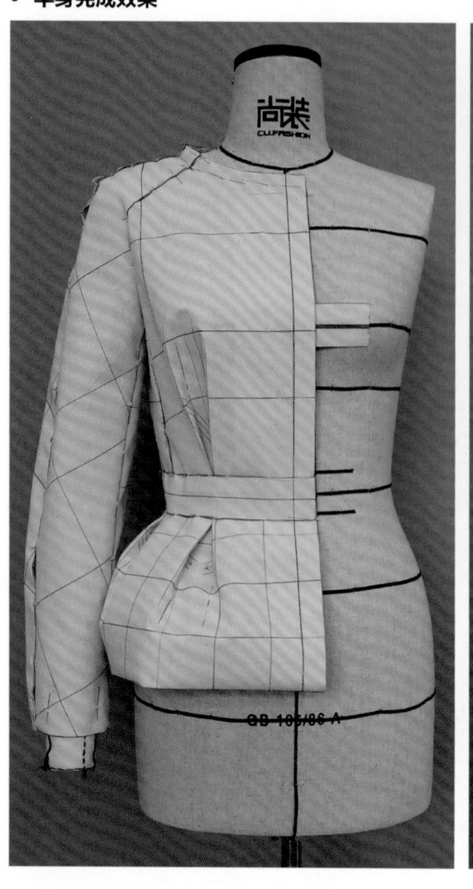

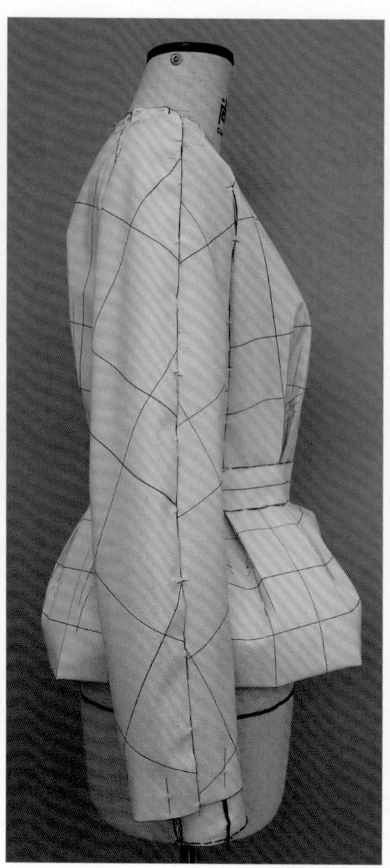

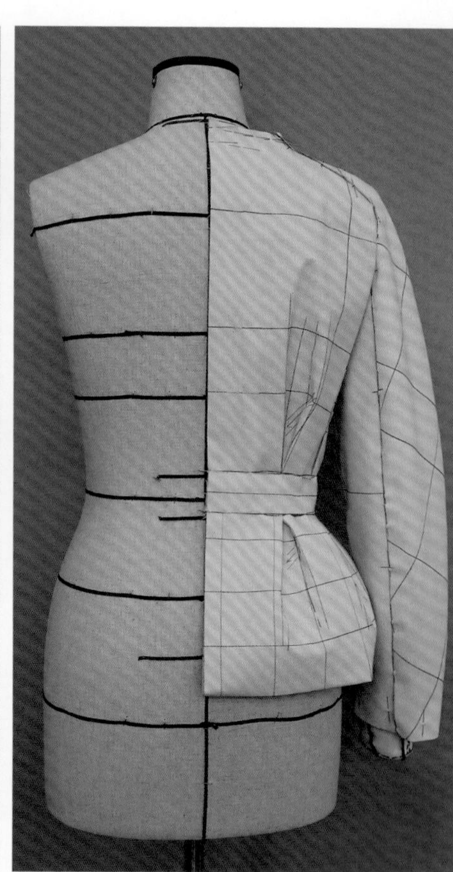

完成图

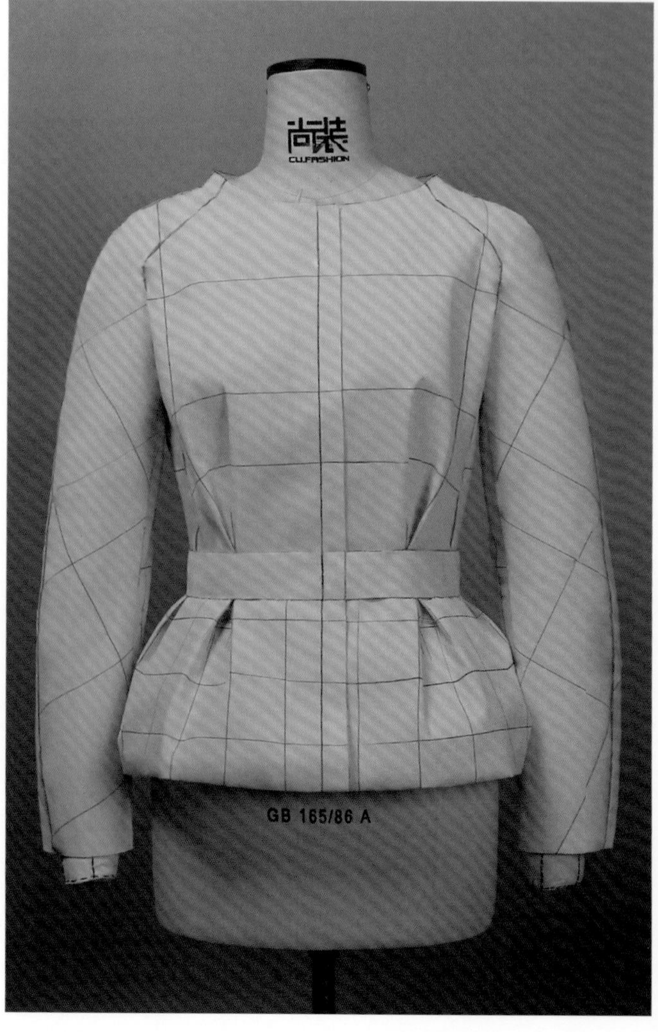

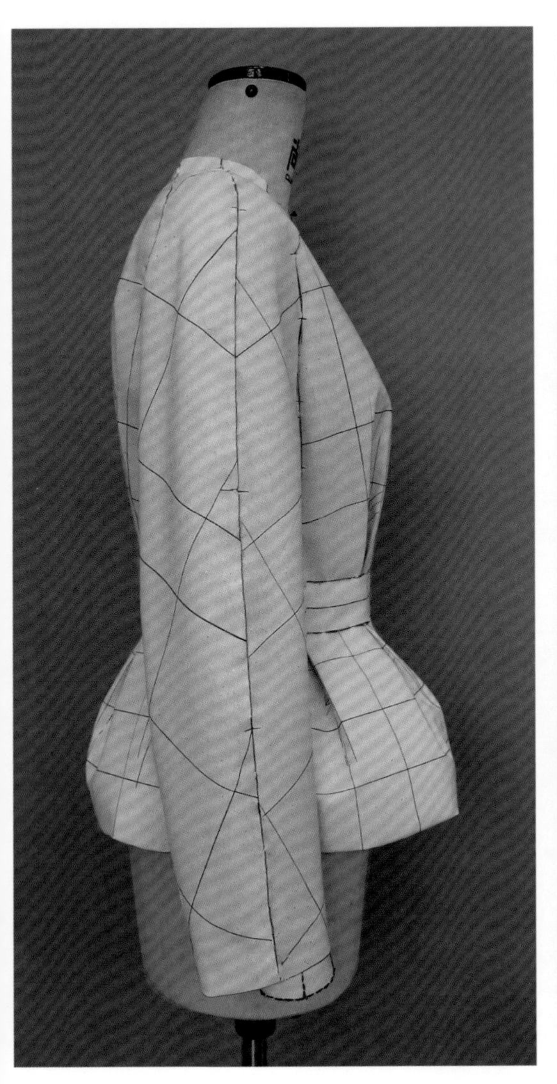

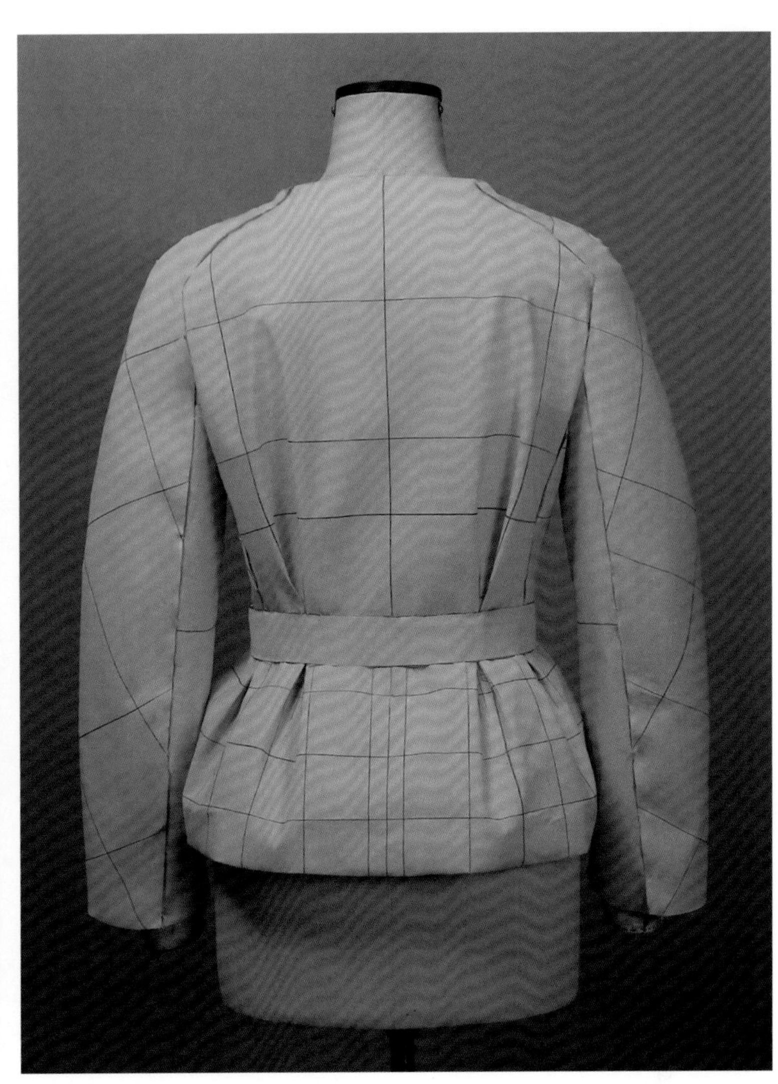

立裁样版图

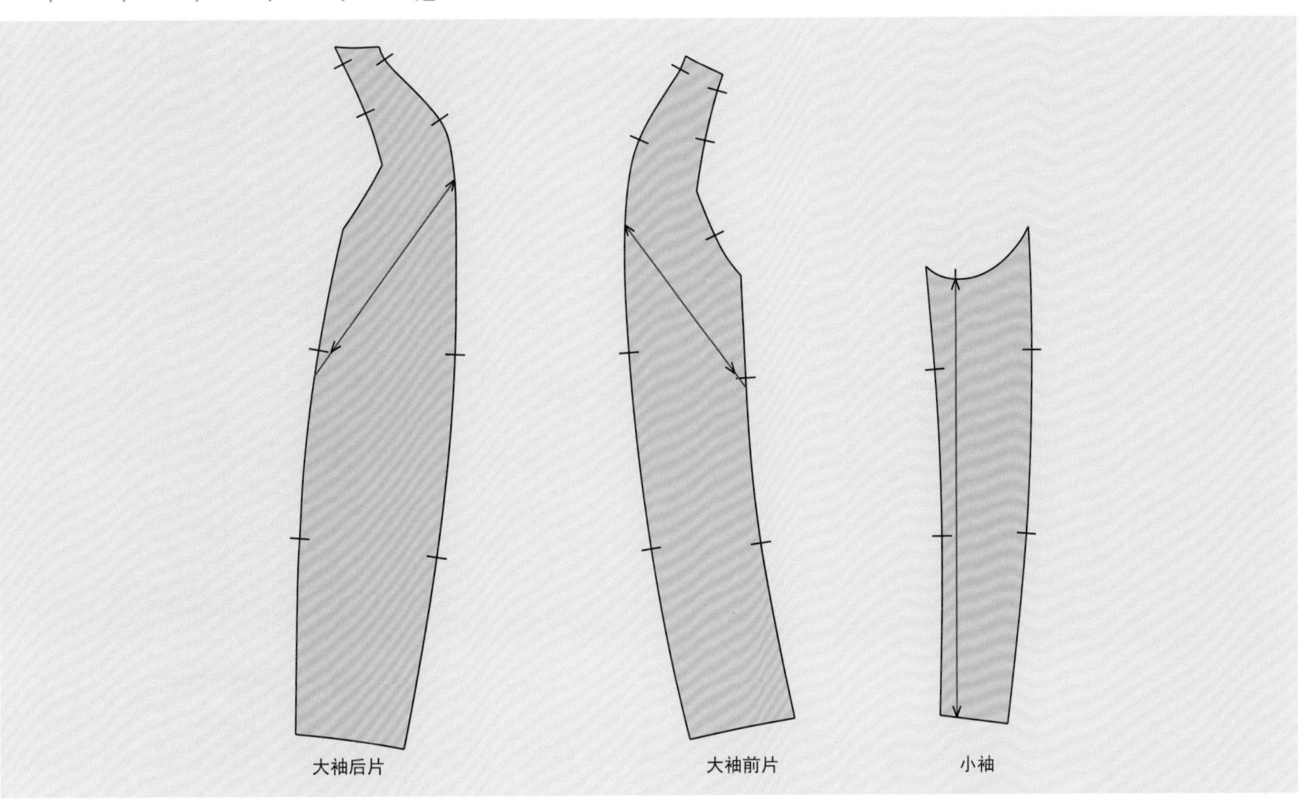

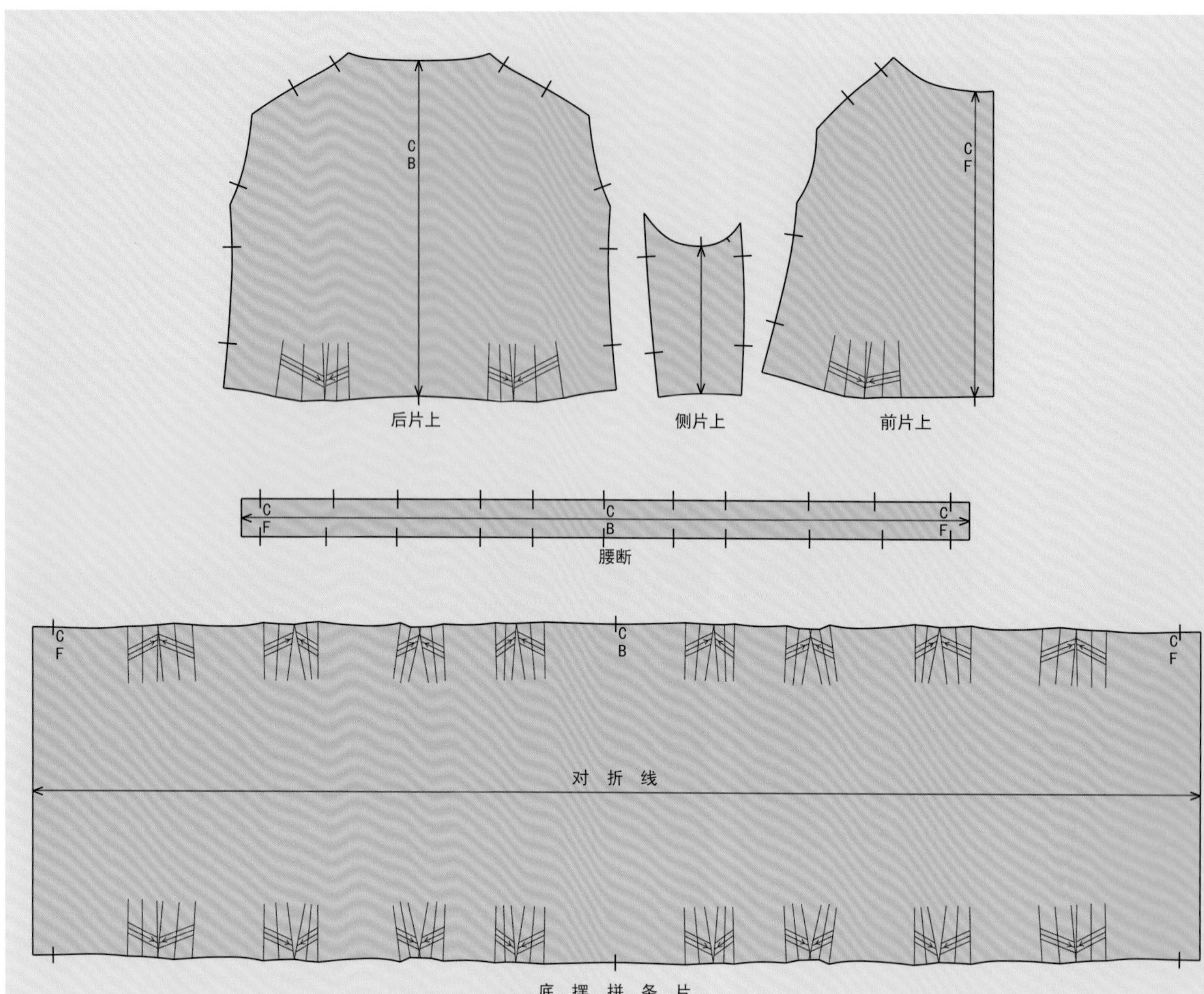
C
B
后片上
侧片上
C
F
前片上
C
F
C
B
C
F
腰断
C
F
C
B
C
F
对 折 线
底 摆 拼 条 片

两开身风衣

款式描述

衣身为两开身，微收腰小X型（偏H）廓型，半宽松松量；夹克式插肩袖，袖身为直纱，便于运动；拿破仑式风衣领（立裁方式同衬衫领）；双排扣宽搭门；肩章、袖襻、腰带、前后挡水等附件较丰富。

练习重点

- 半宽松小X型廓型的立裁方法。
- 化解胸省、塑造撇胸的技巧。
- 夹克式插肩袖、袖身为直纱的立裁方法。
- 各辅件的位置、大小、形状及比例关系的设置。

材料准备

- 人台（不限定号型）。
- 宽0.3cm纯棉织带。
- 专业立裁针、剪刀、人台手臂、垫肩。
- 110cm×230cm纯棉坯布。
- 马克笔（或4B铅笔）、三色圆珠笔。
- 推版尺、多功能尺、皮尺、1m长的直尺。
- 粘合衬嵌条。

画布指示图

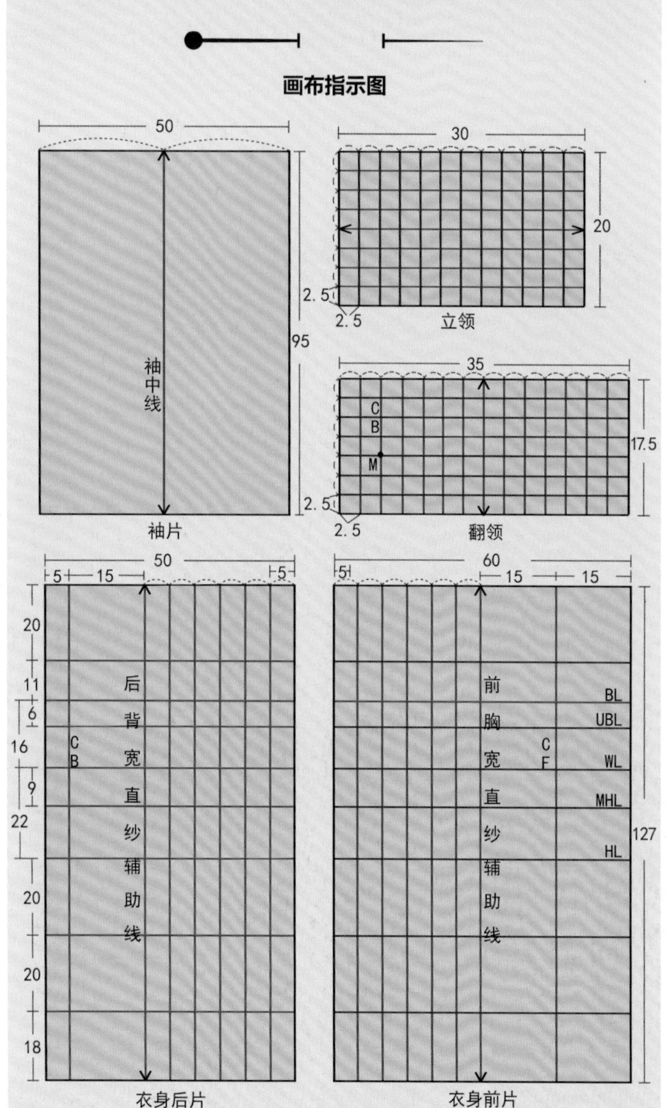

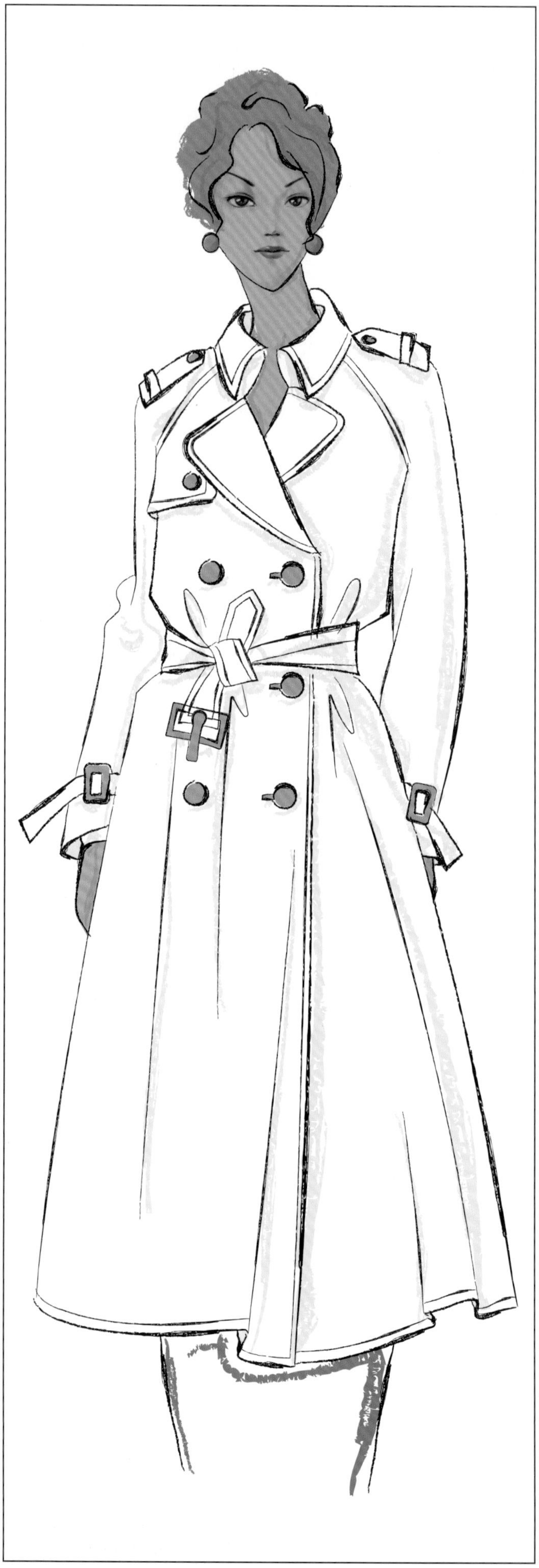

- **人台准备**

将立裁用手臂组装在人台上，并选择肩部造型圆润的垫肩组装在装好手臂的人台上，然后在人台上进行结构标线。需要提前标线的部位：领口线，前止口线，前、后插肩造型线（插肩袖剖断线），肩袖中弯势线，后外袖缝线。

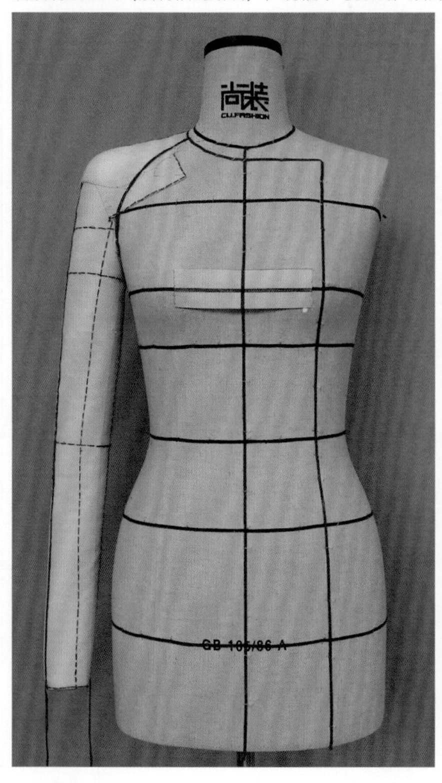

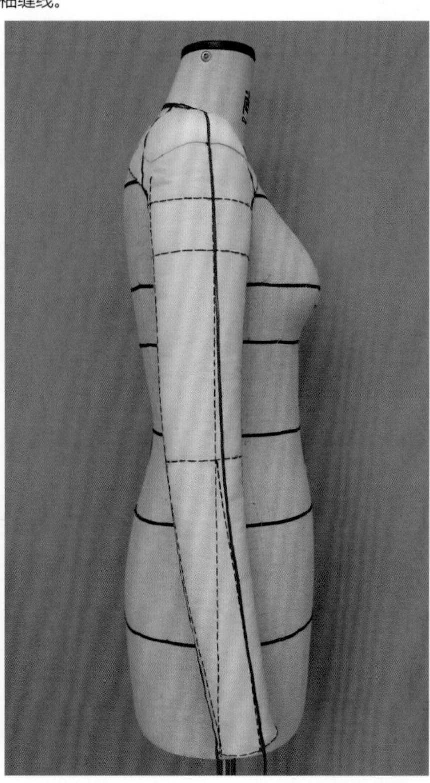

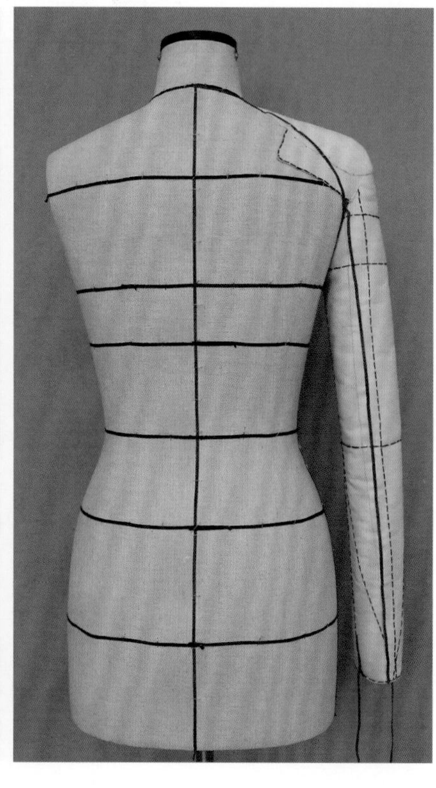

- **款式制作**

1 前片制作：臀围线与前中线交点处下针固定前中丝道线，确保各辅助线的水平与垂直，并与人台标线相对应。将两胸点之间面料拉直，并在两个胸点处各自用一根针将面料与人台固定，前颈点用大头针固定（点针）。

2 将余布绕至后背，保持各辅助线的水平与垂直状态，取下前颈点的固定针，将余布往前中左侧轻轻拉动，使面料上前中线与实际前中标线产生倾倒，并对新的前中线（CF）进行描点标记（倾倒量1.5cm，此量为“撇胸量”）。

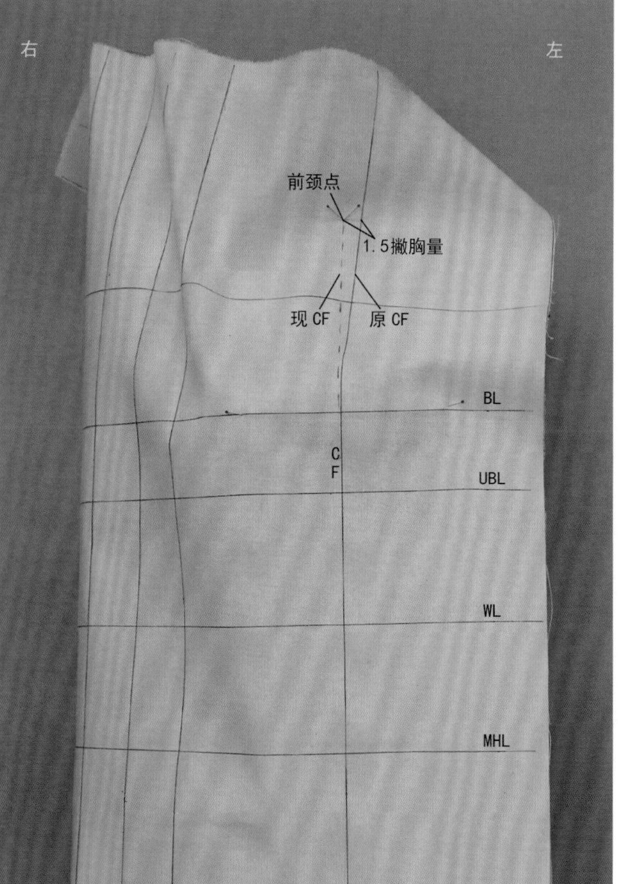

3 自前颈点往肩颈点方向沿颈根均匀打剪口，剪出前领口造型。在肩颈点用大头针将面料与人台固定，轻轻上提肩端点处的坯布，使袖窿处的胸省量消化一些后，在肩端点处自上向下固定大头针（点针），剩余胸省分化至袖窿与下摆处，并调整好前胸围松量。

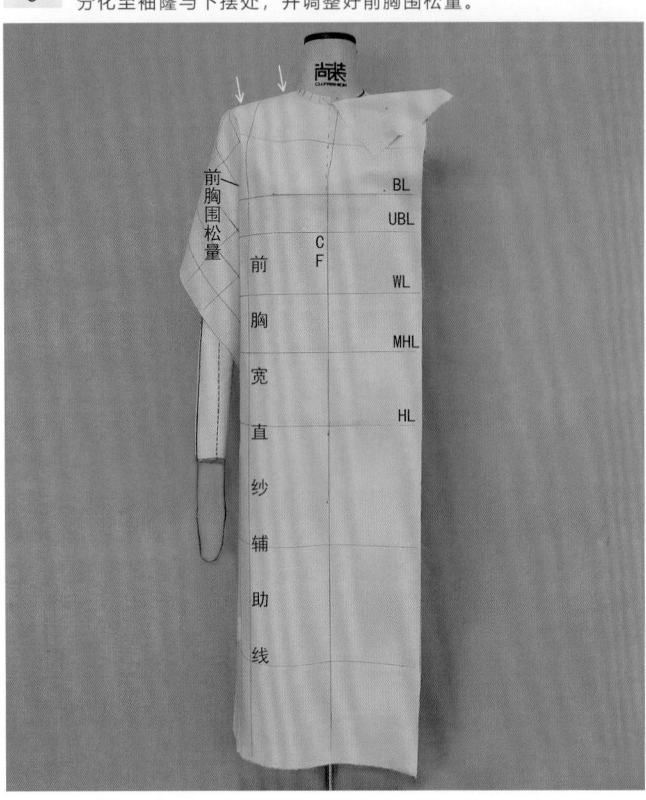

4 在前胸宽与袖窿交点附近确定一个点（前袖窿拐点），用笔作好标记。以该点为顶点将余布在该部位剪下一块类似三角形的布，方便后续操作。

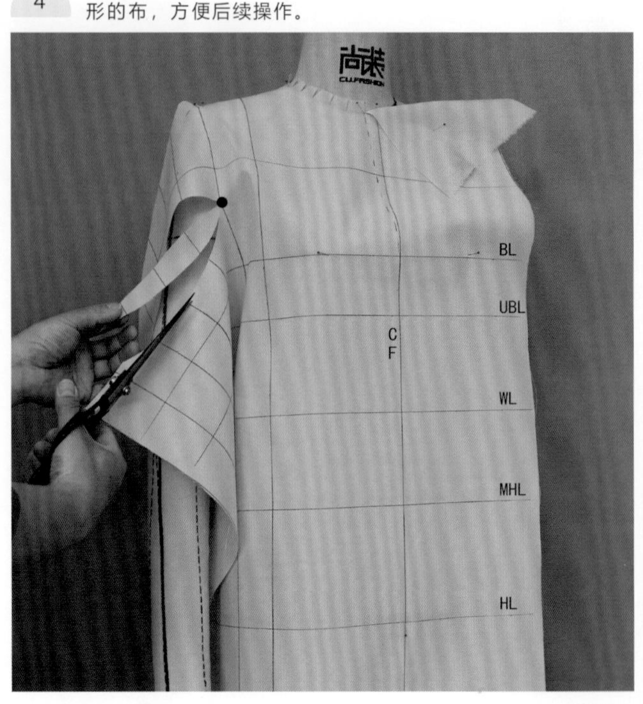

5 将下半部分余布填至腋下，观察前胸宽直纱辅助线与侧面的其他几根直纱线，适度向外斜一些（小A型）后用大头针对侧缝进行固定，确认造型无误之后对余布进行清剪。

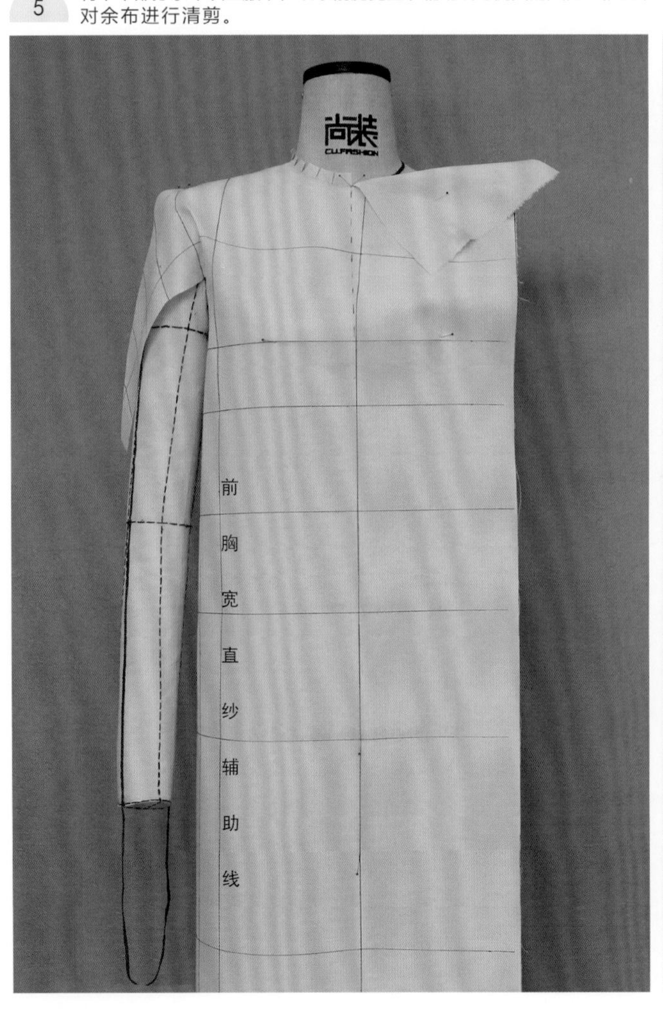

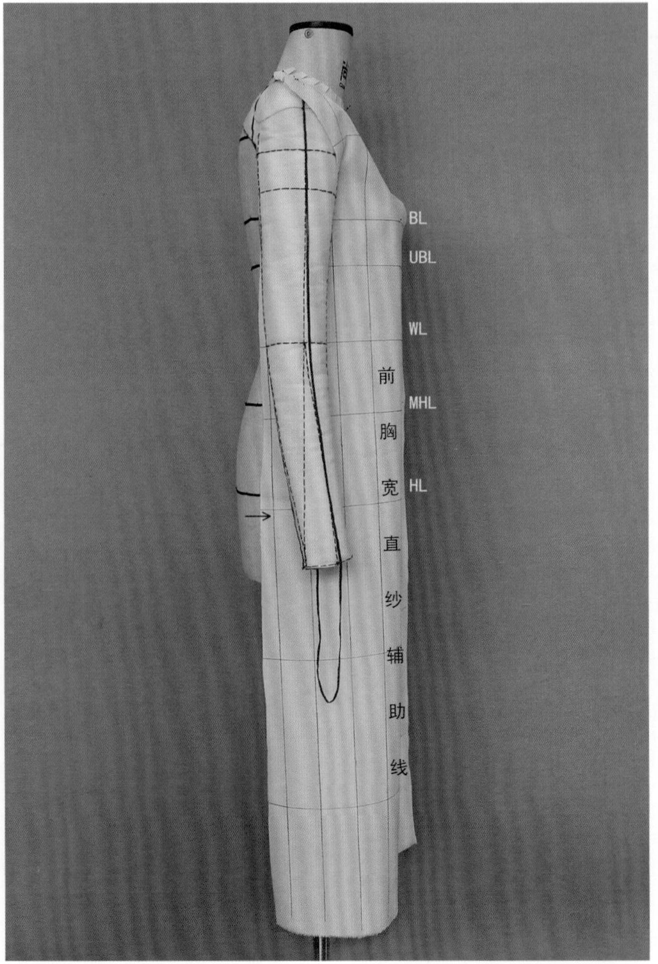

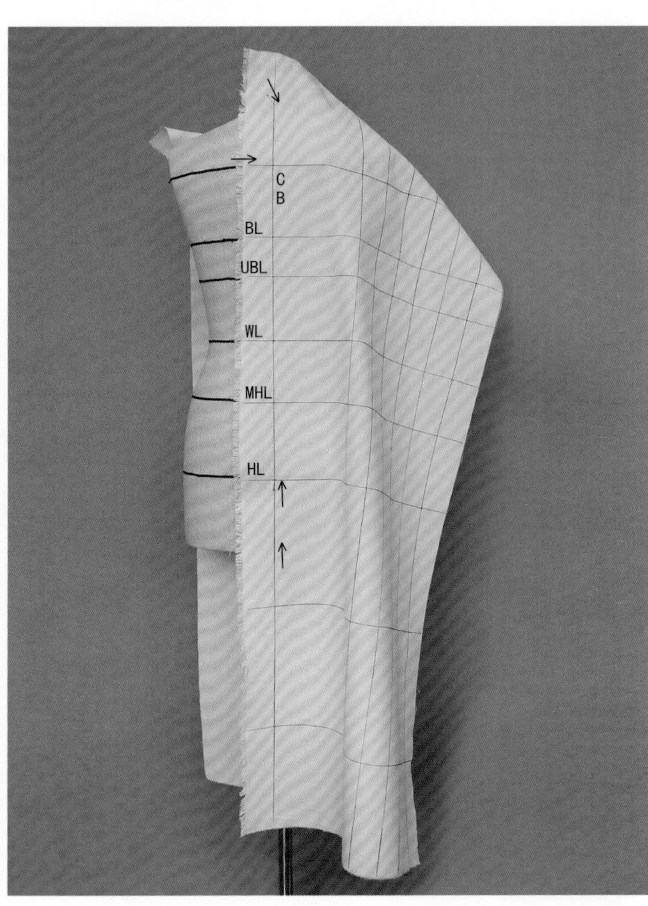

6

后片制作：臀围线与后中线交点处下针固定后中丝道线，确保各辅助线的水平与垂直，并与人台标线相对应。

7 自后颈点往肩颈点方向沿颈根均匀打剪口，剪出后领口造型。在肩颈点与肩端点处用大头针将面料与人台固定，调整好后胸围松量。在后背宽与袖窿交点(后袖窿拐点)附近确定一个点用笔作好标记。以该点为顶点，将余布在该部位剪下一块类似三角形的布，方便后续操作（此方法与衣身前片相同）。

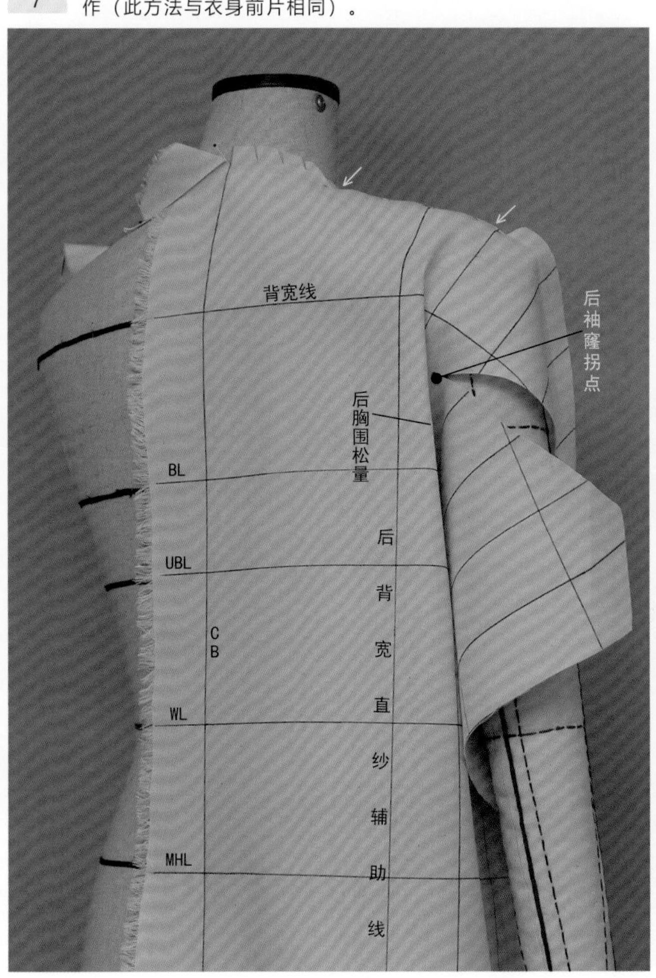

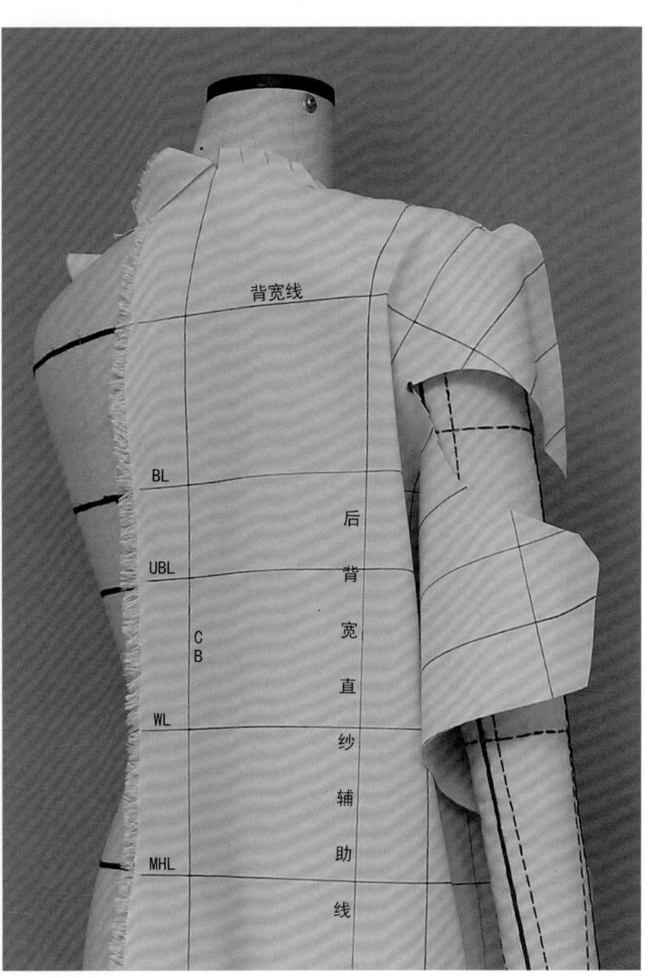

8

将下半部分余布填至腋下，并用大头针对侧缝进行固定，对侧缝余布进行清剪，并对其进行刮折、假缝。对后颈点，前颈点，前、后小肩线，前、后肩端点，前、后袖窿拐点，前、后侧缝进行描点。

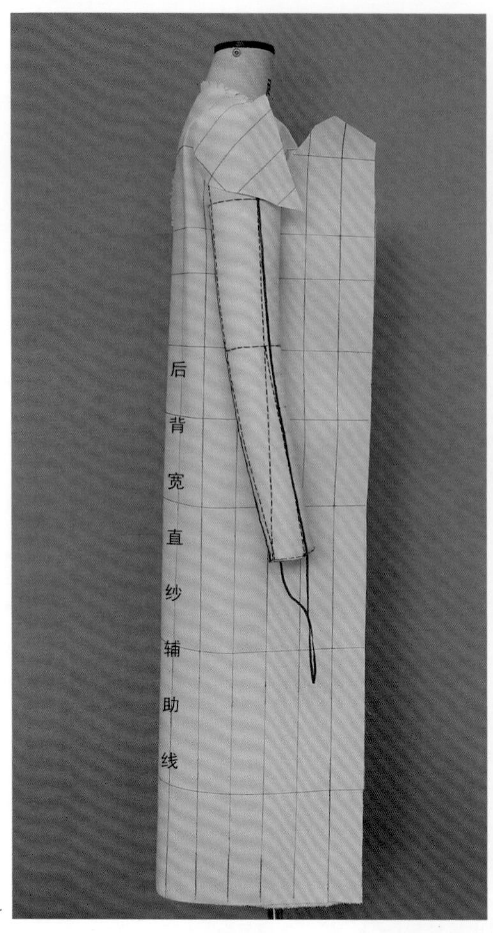

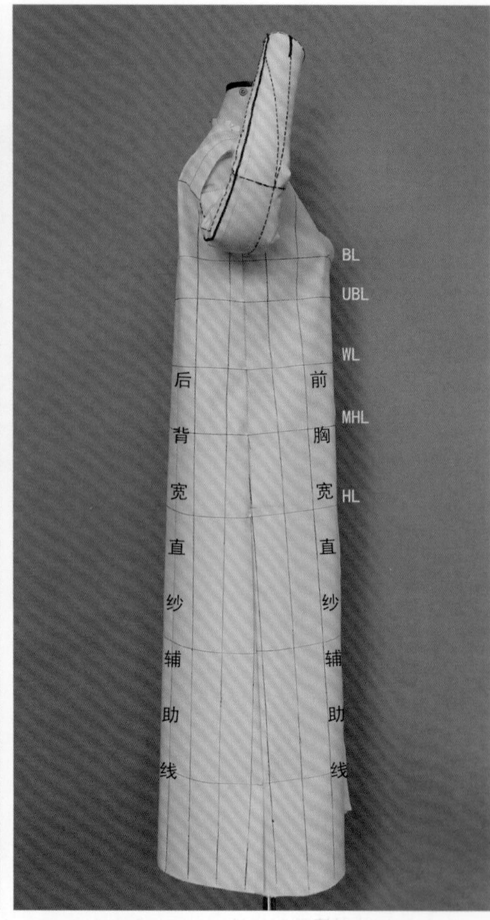

- **衣身裁片整理与假缝**

9

将裁片整体取下，使袖窿局部平铺。绘制袖窿弧线前，应先确定袖窿弧长。袖窿弧长的确定方法：一、测量净臂根围，在此基础上加袖窿弧长的松量，即实际成衣的袖窿弧长；二、先确定袖肥，如确定袖肥36cm，用袖肥36除以0.75等于48cm（为袖窿弧长）。此款袖窿弧长的确定使用第二种方法，长度使用48cm，在此基础上参考描点圆顺袖窿弧线，袖窿弧线与侧缝线的交点为腋点。

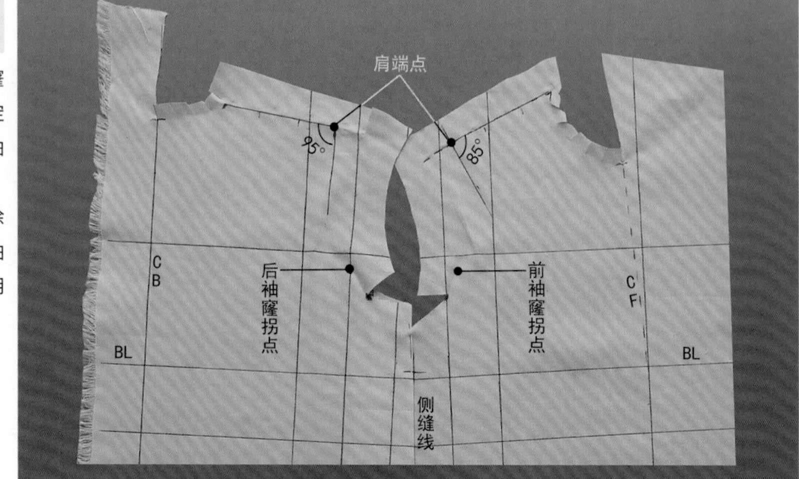

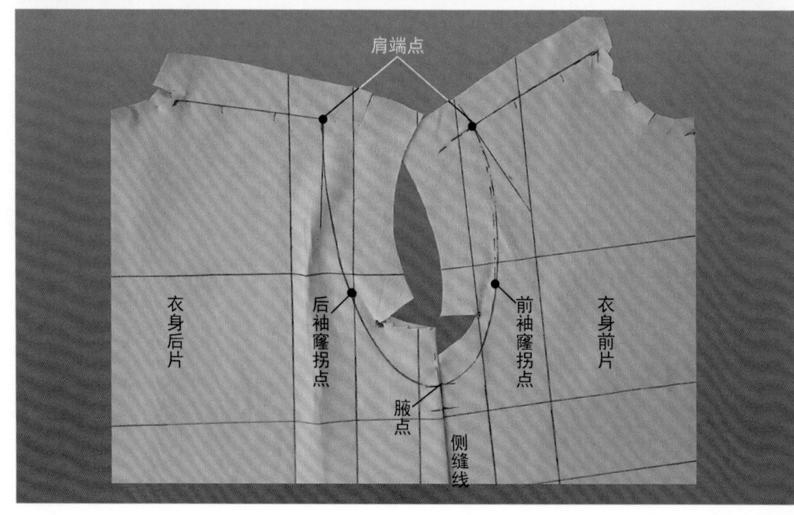

10 修顺样版的其他结构线，对各裁片熨烫整理后进行假缝。

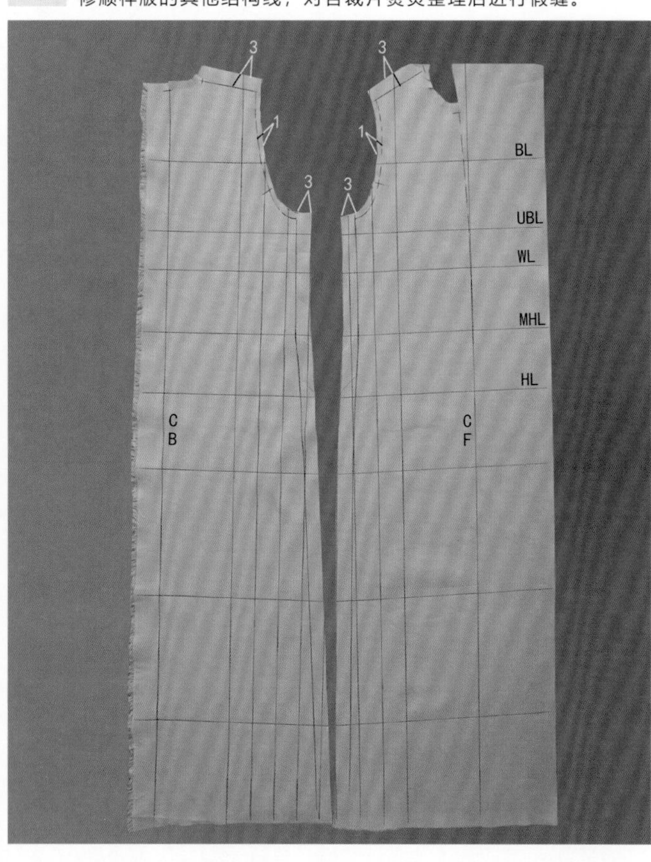

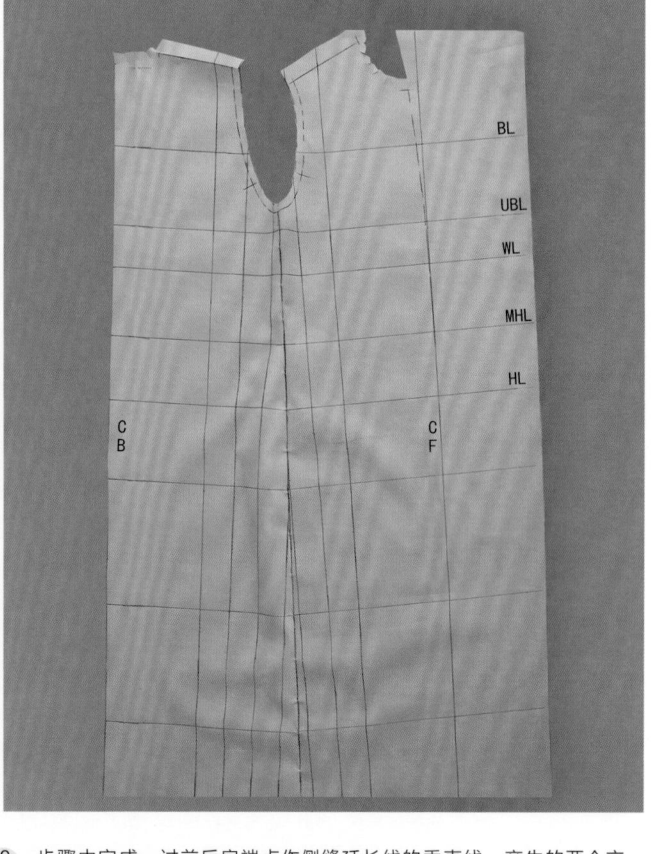

11 再次将袖窿局部平铺，画出插肩剖断结构线（此步骤可以在第 9 步骤中完成。过前后肩端点作侧缝延长线的垂直线，产生的两个交点之间的距离确定1/2点；由此点到腋点的距离为d，取4d/5为立体袖窿深；如图所示“袖山高SH＝4d/5”）。

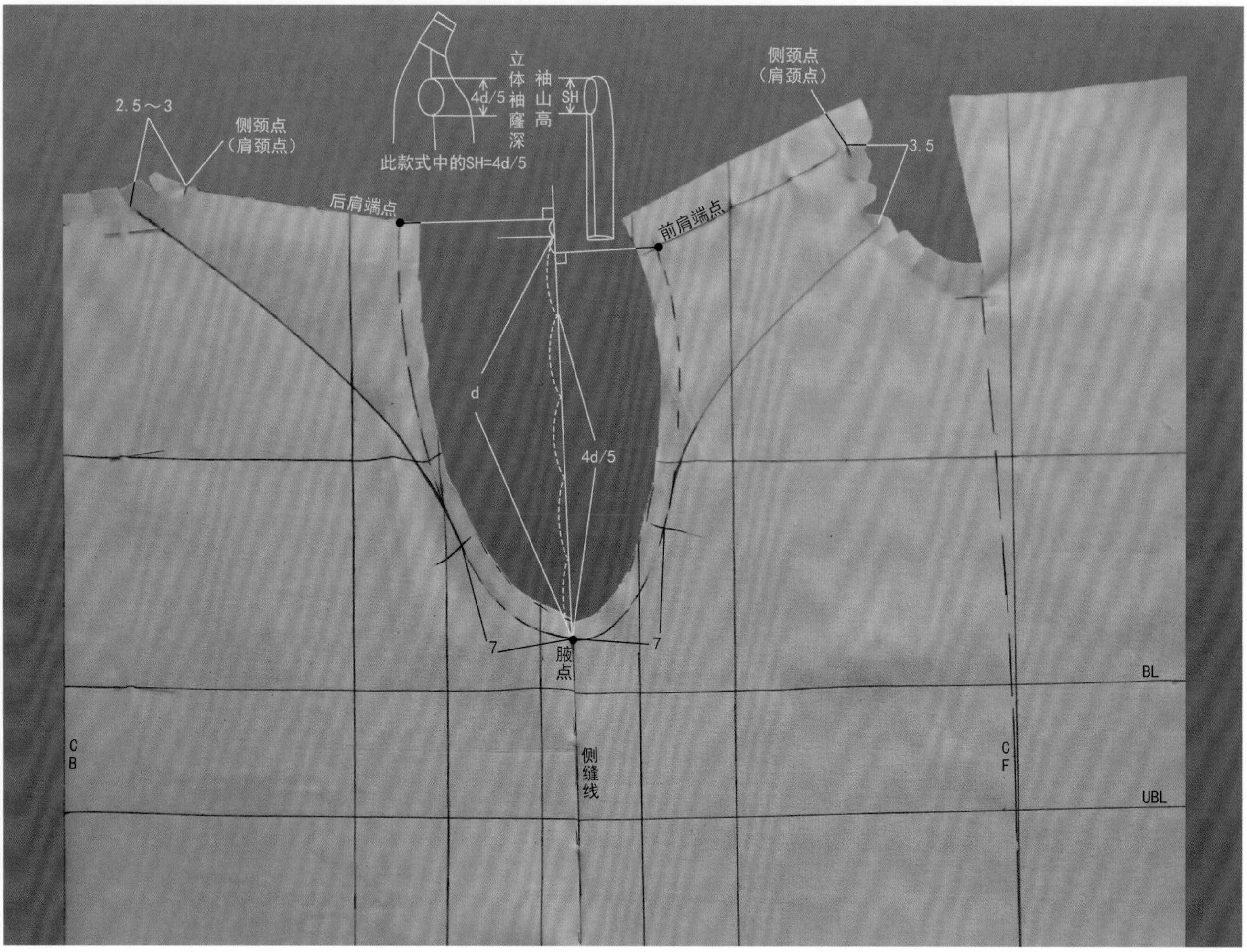

12

袖子制图：按照图示绘制出袖子样版，并根据衣身袖窿对位点作出袖山上对应位置的袖山对位点。

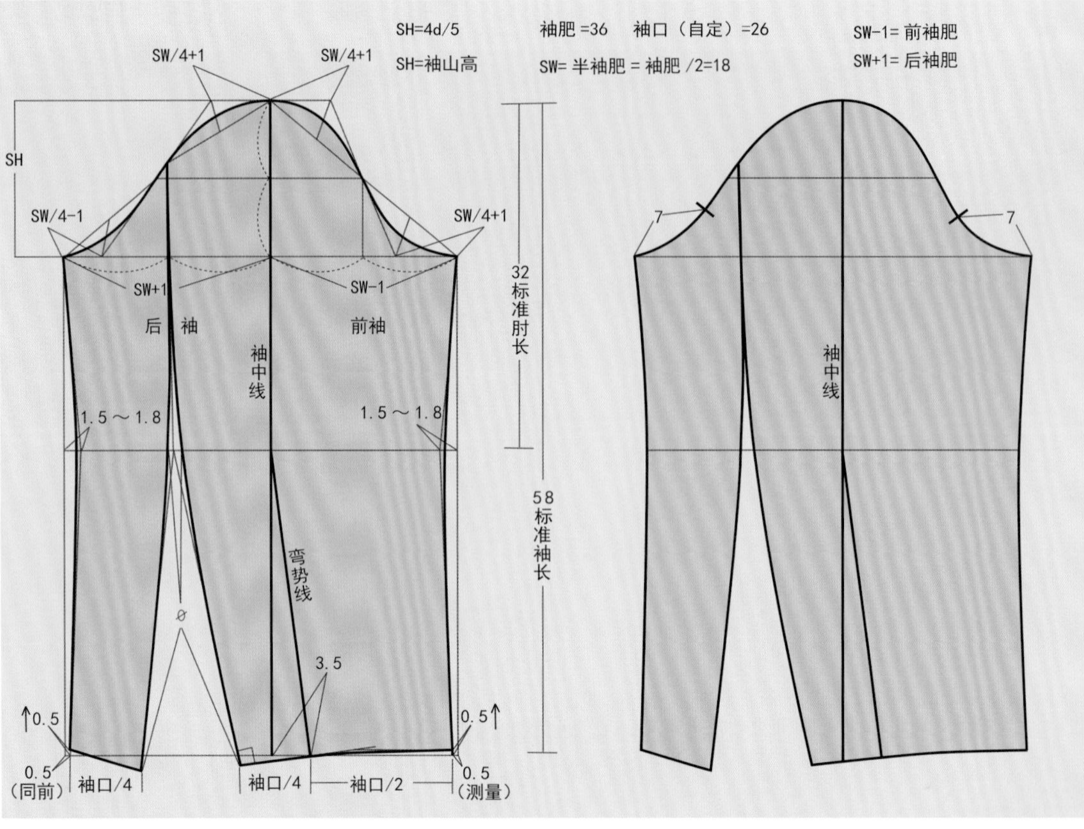

13　根据平面绘制的袖身样版，用白坯布进行拓印，留好缝份并对缝份进行清剪。

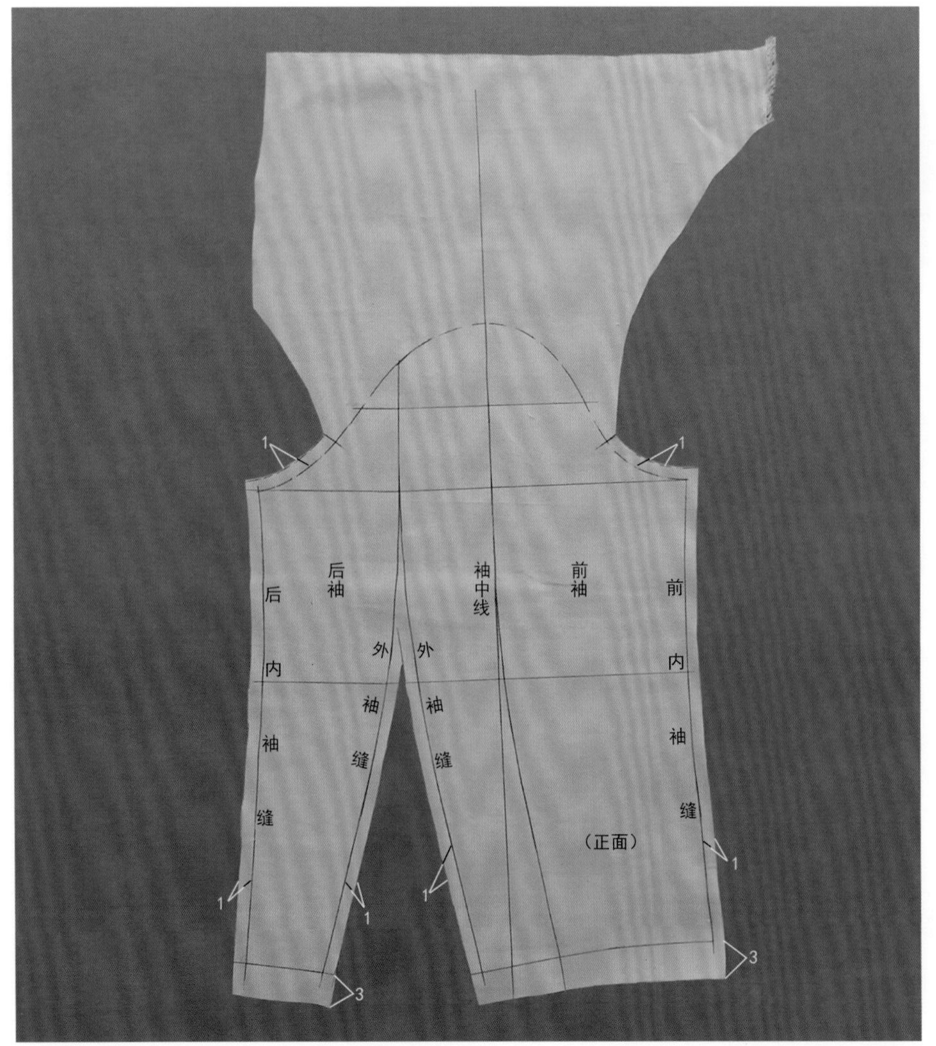

14　将袖子裁片熨烫整理后进行假缝。

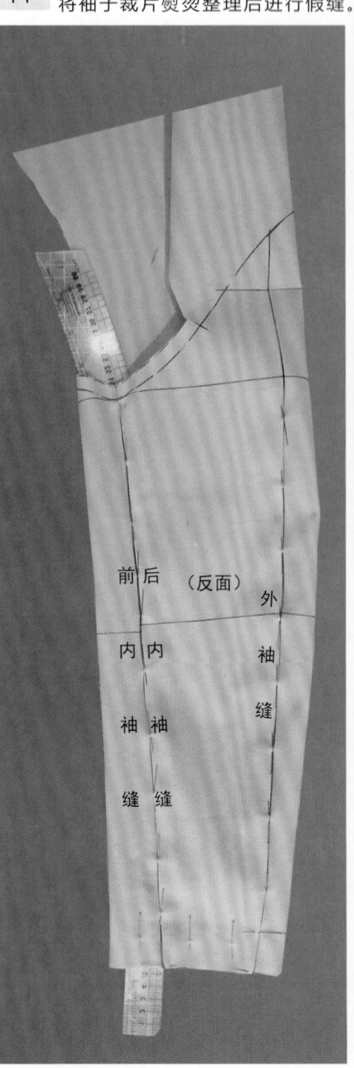

15 如图所示将袖子与衣身进行组装，袖山底弯的对位点与袖窿底弯的对位点对齐并用大头针（重叠针）固定；调整袖山上部分余布，使余布自然覆盖在衣身肩部与衣身肩部松度量感一致后，在前、后插肩剖断线上，用大头针（重叠针）将袖山余布与前、后衣身肩部固定。

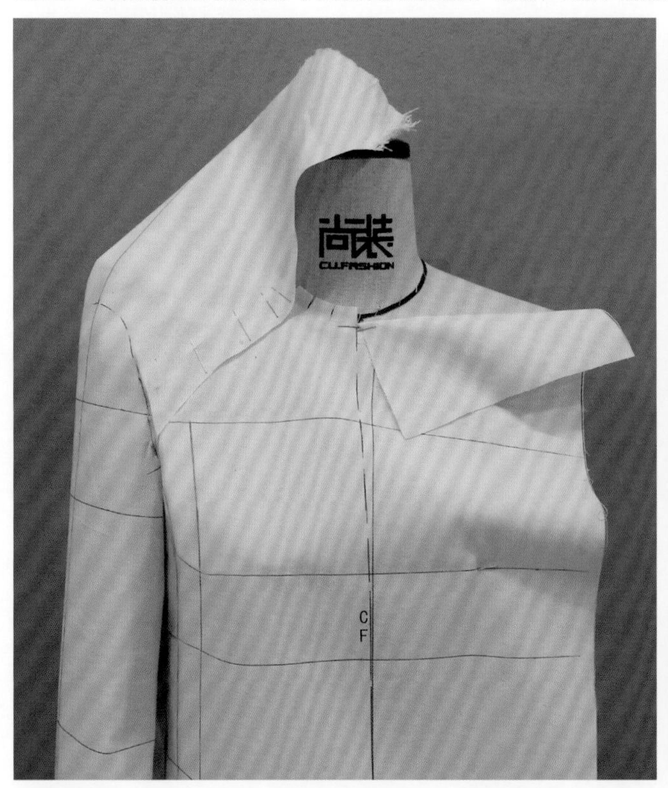

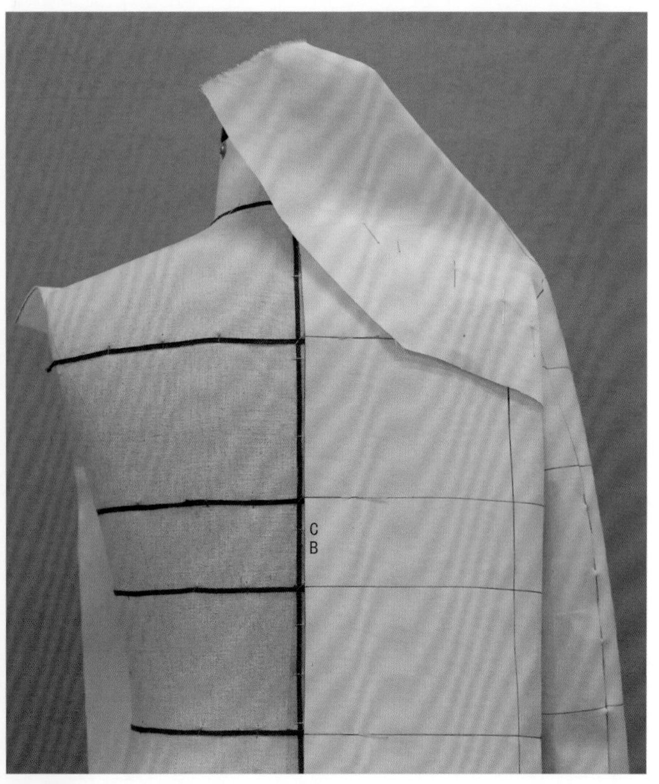

16 将肩线部位造型调整好并用大头针固定（重叠针）,对完成部位进行描点，描点部位：前、后插肩剖断结构线，肩部造型线。

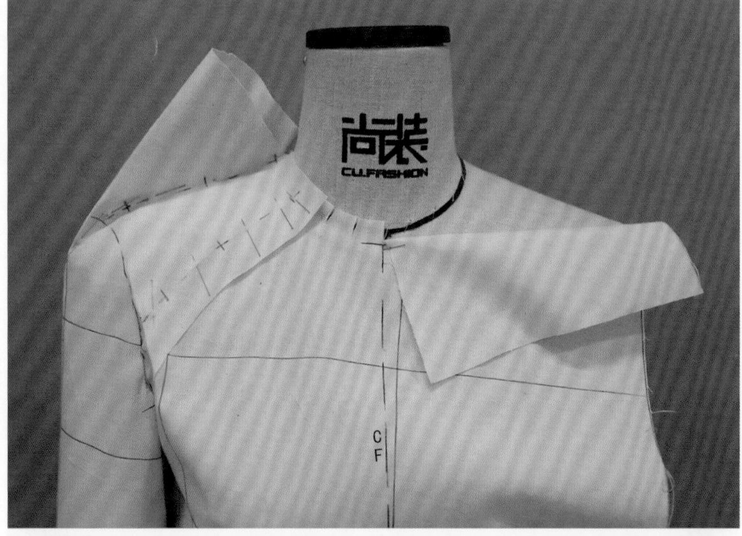

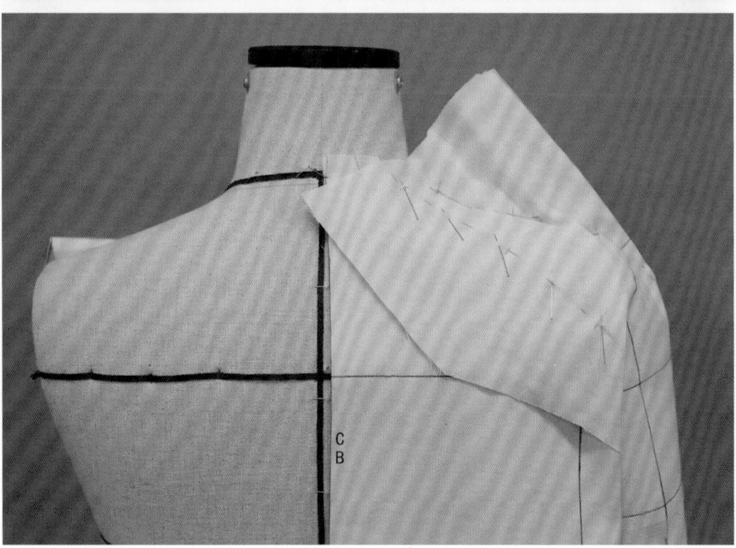

17 沿袖中弯势线将袖子裁开。

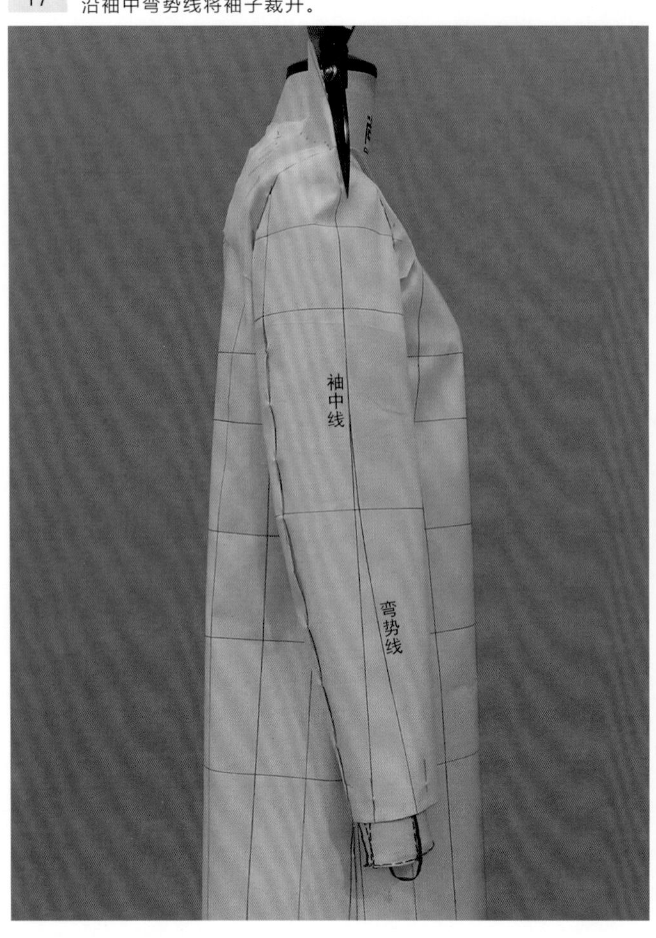

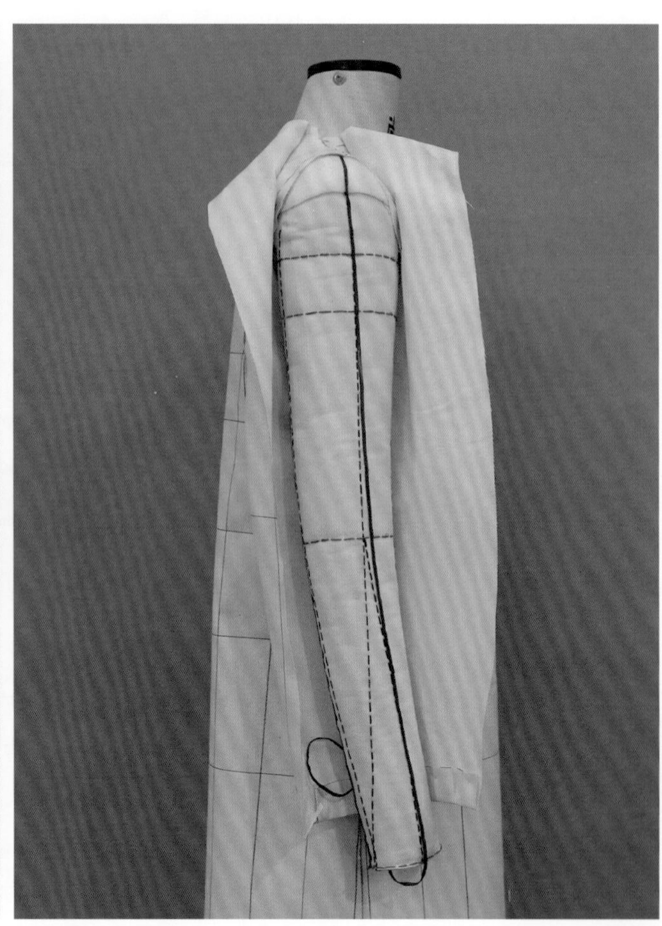

18 将袖子裁片取下铺平，修顺袖子的整体线条。

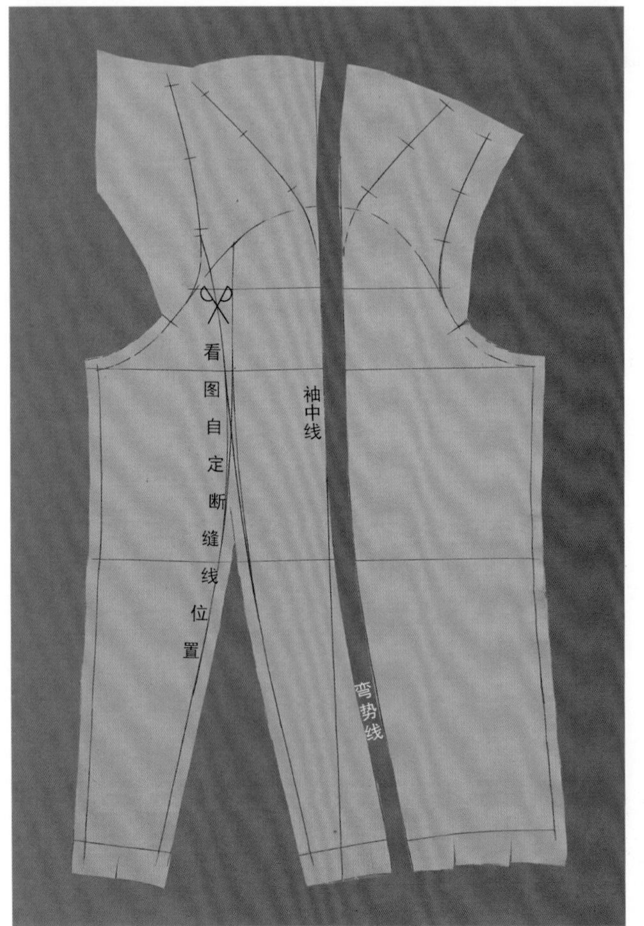

19 将袖子用白坯布拓成三个裁片，分别放缝份并对缝份进行清剪。

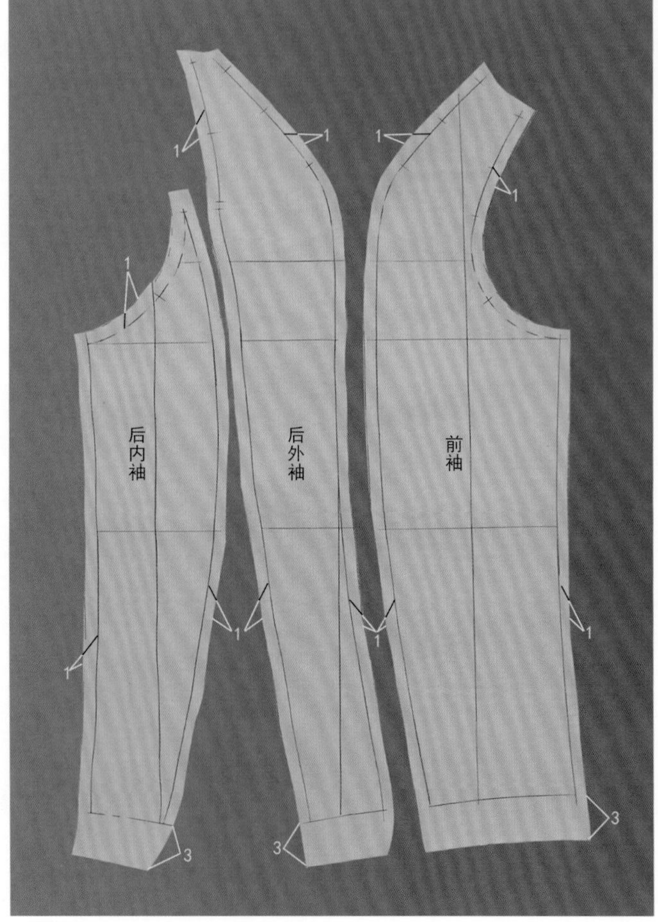

20 在衣身裁片上画出前、后挡水的样版形状，并拓成裁片假缝。

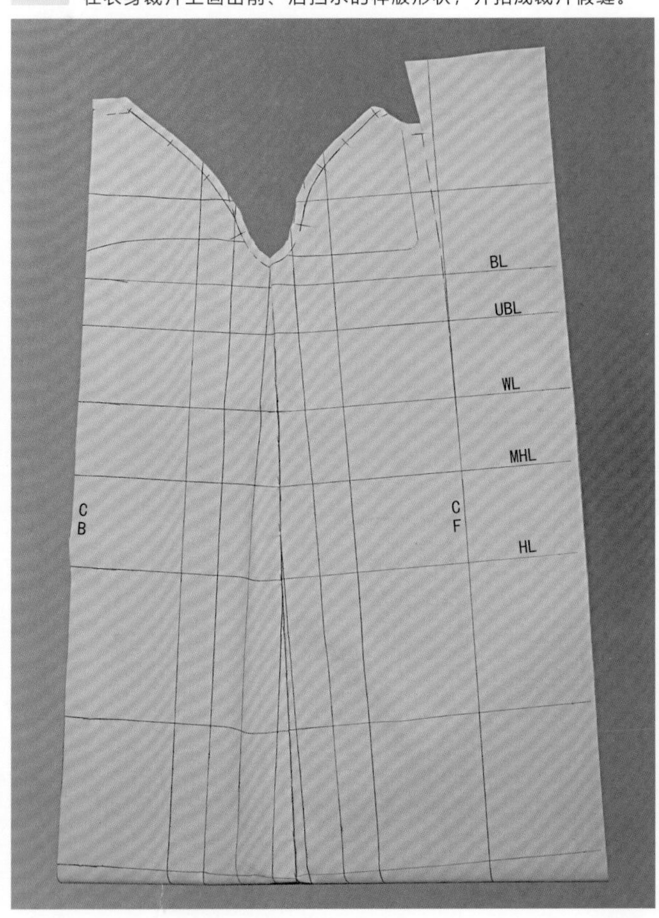

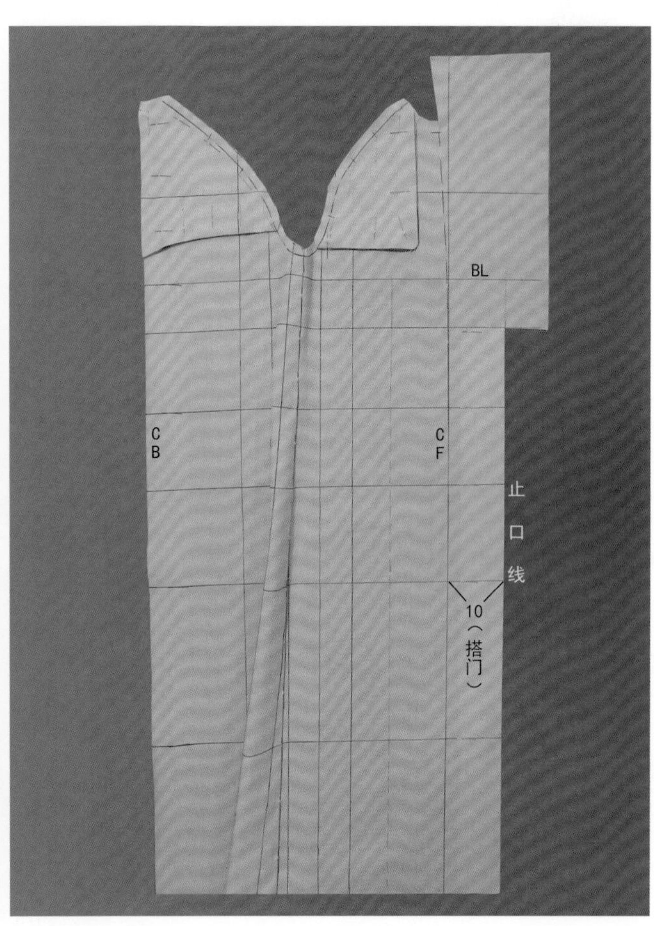

21 在人台上对插肩袖与衣身进行假缝装配。

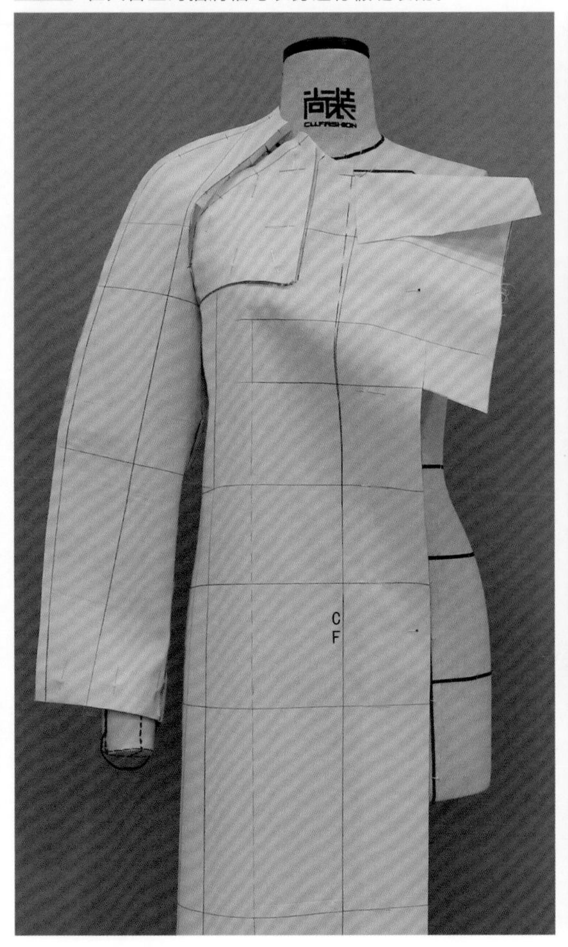

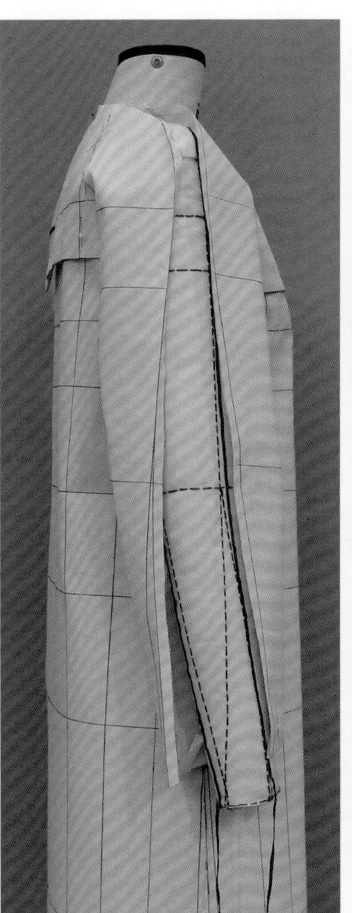

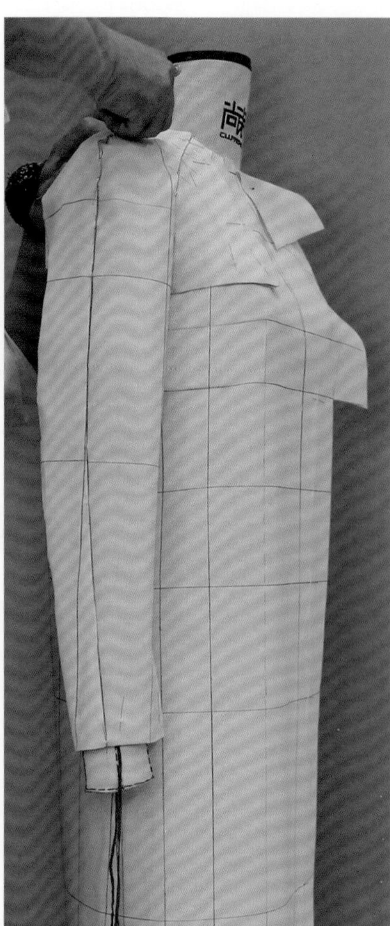

• 立领与翻领制作

22

立领与翻领制作：请参考本系列丛书《尚装服装讲堂•服装立体裁剪Ⅰ》第133~140页中的 3 ~ 21 步骤。注意：本款立领前端到CF线为止口，无立领前端的搭门。

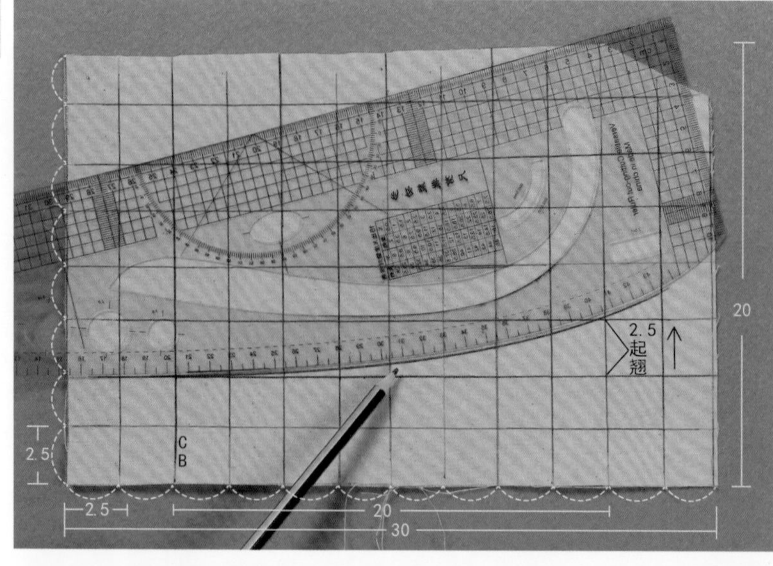

23

翻领与立领以大头针假缝后的效果。

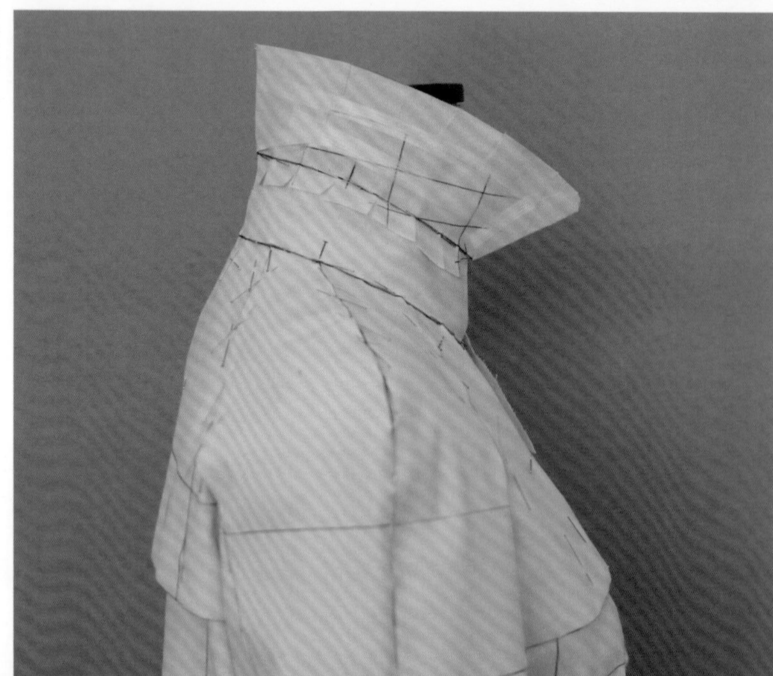

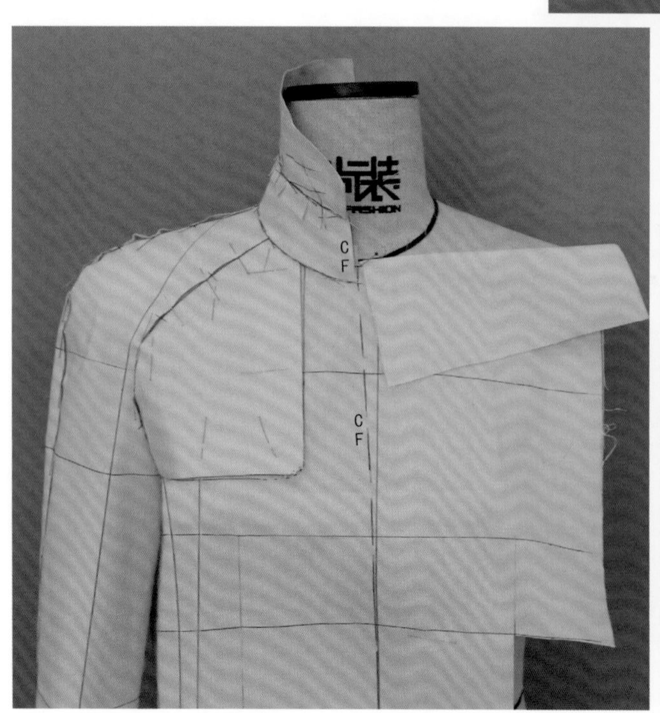

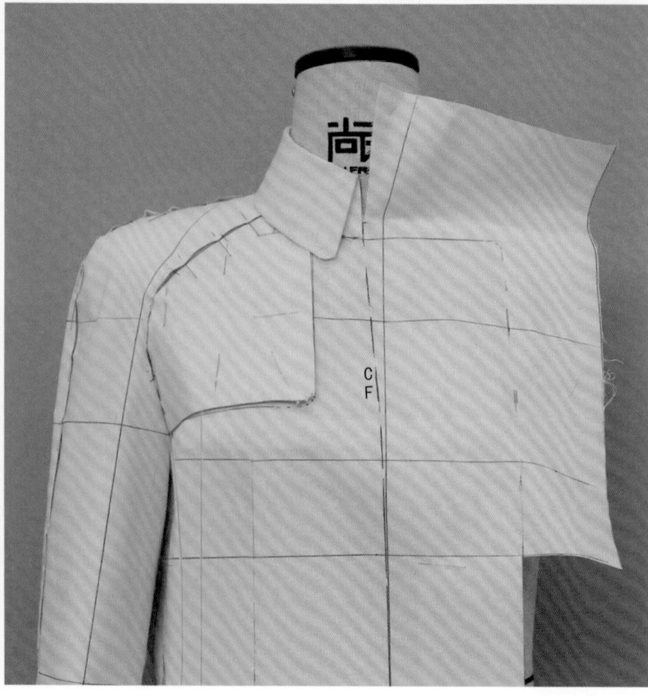

24 将裁片整体取下，画顺前衣身翻领与前止口造型，留好缝份，清剪余布，并对其进行熨烫整理。

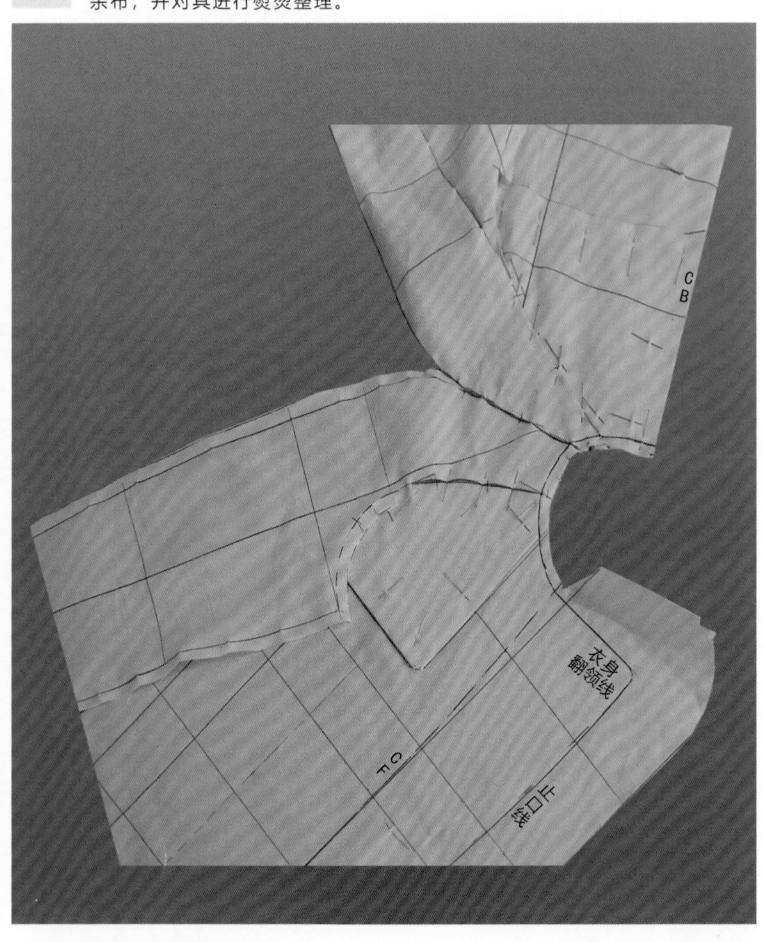

• 造型的后续完善与整理

25 根据风衣的款式特点，将各个部位的零部件配齐。

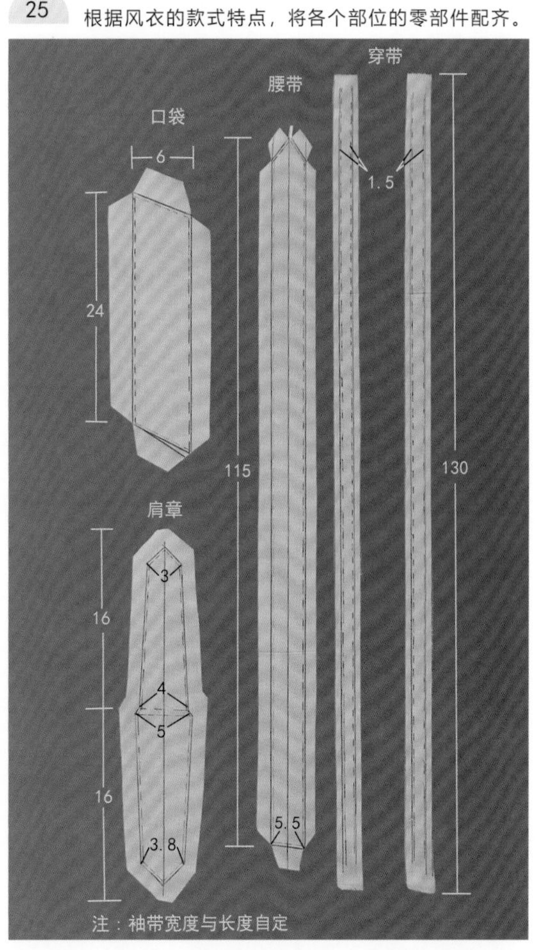

• 半身假缝完成效果

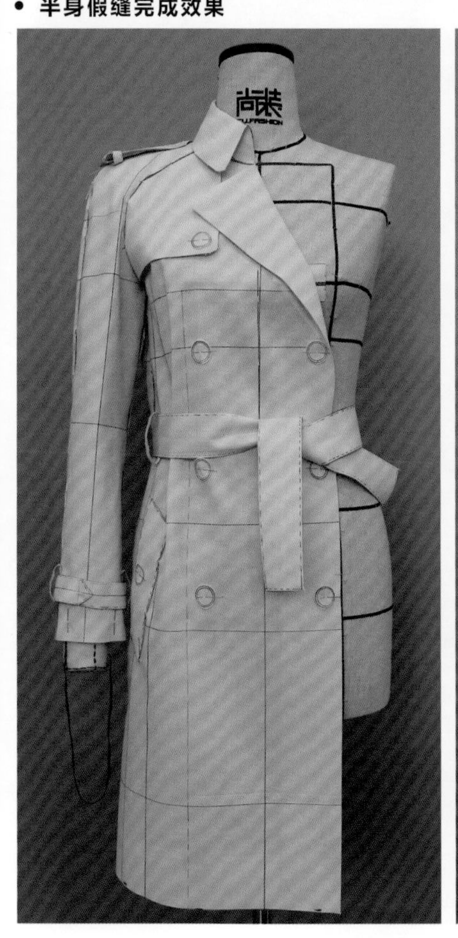

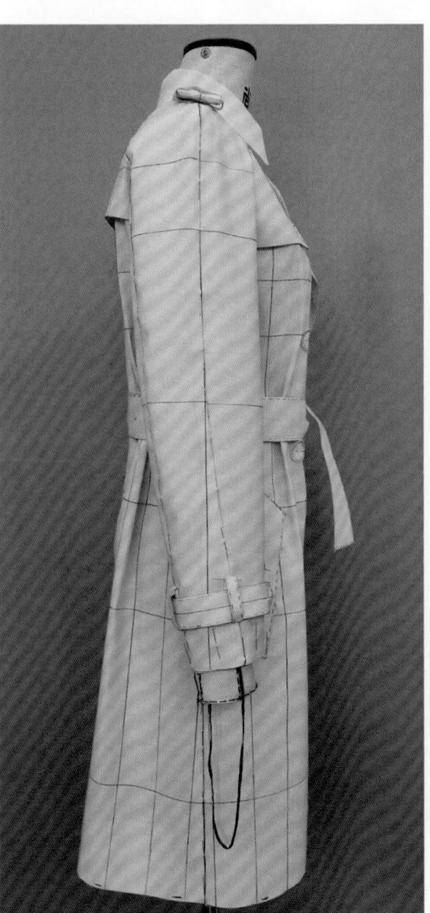

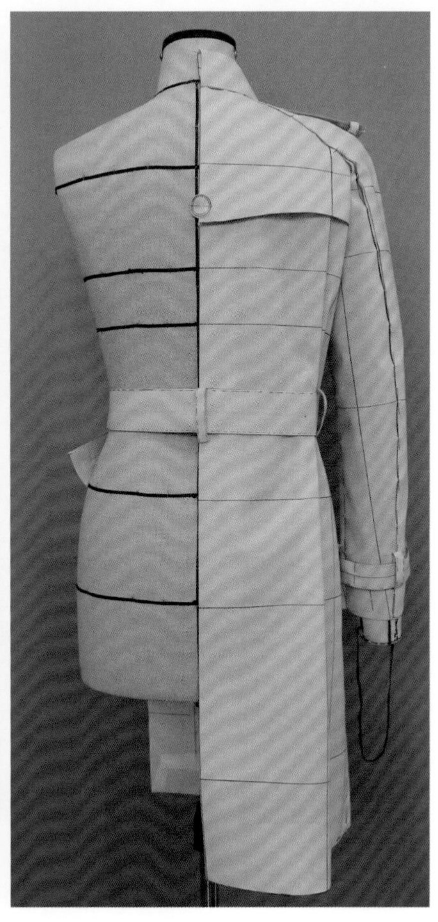

完 成 图

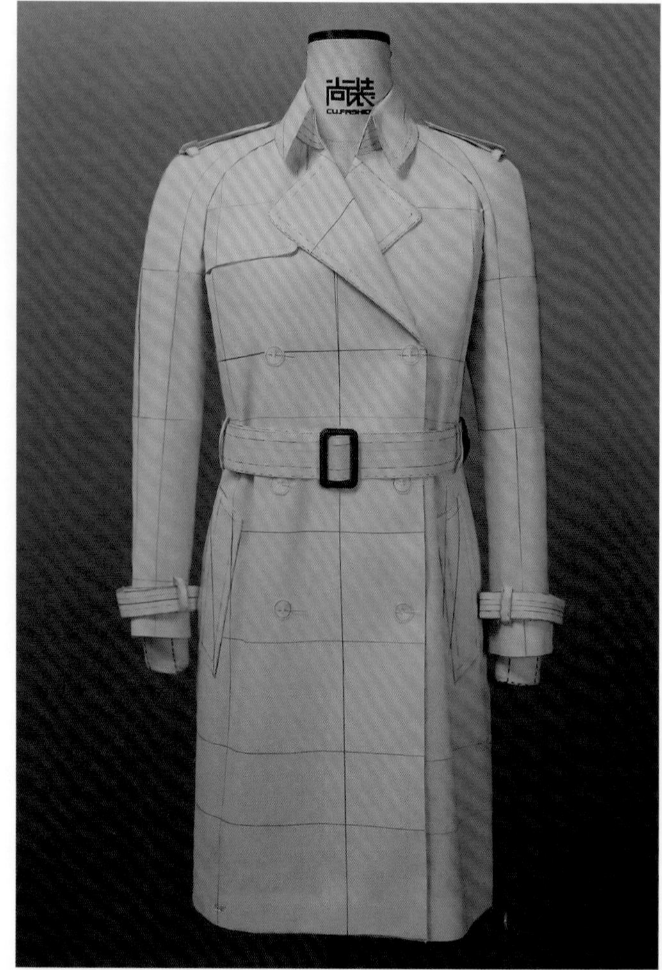

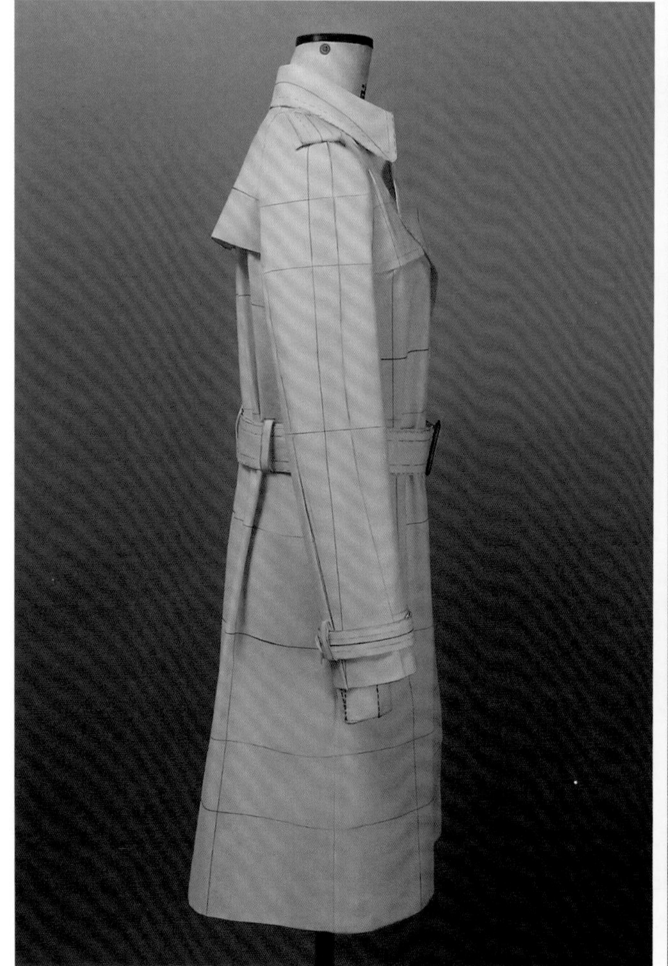

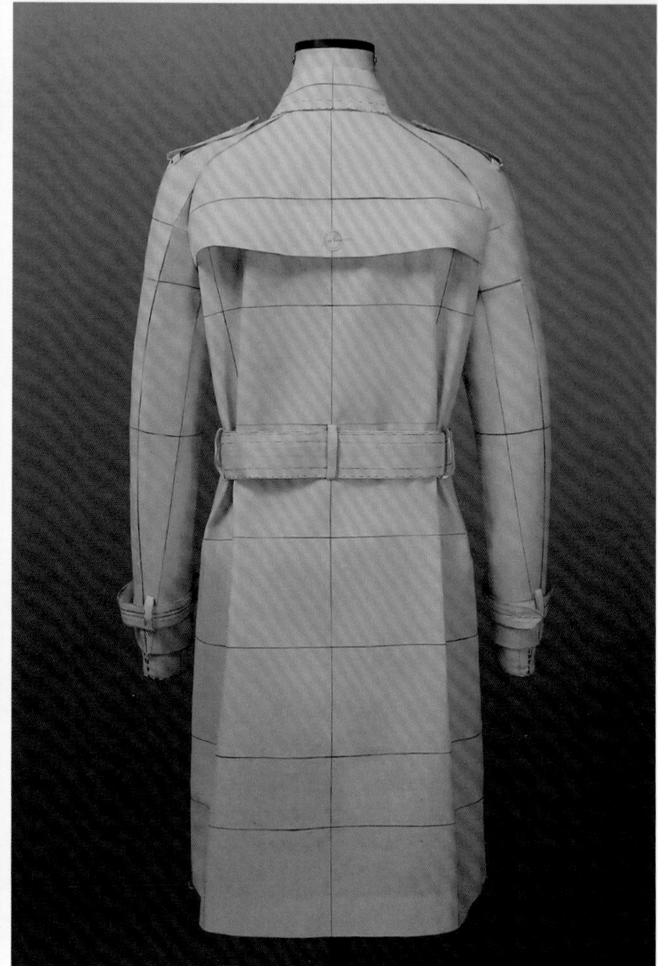

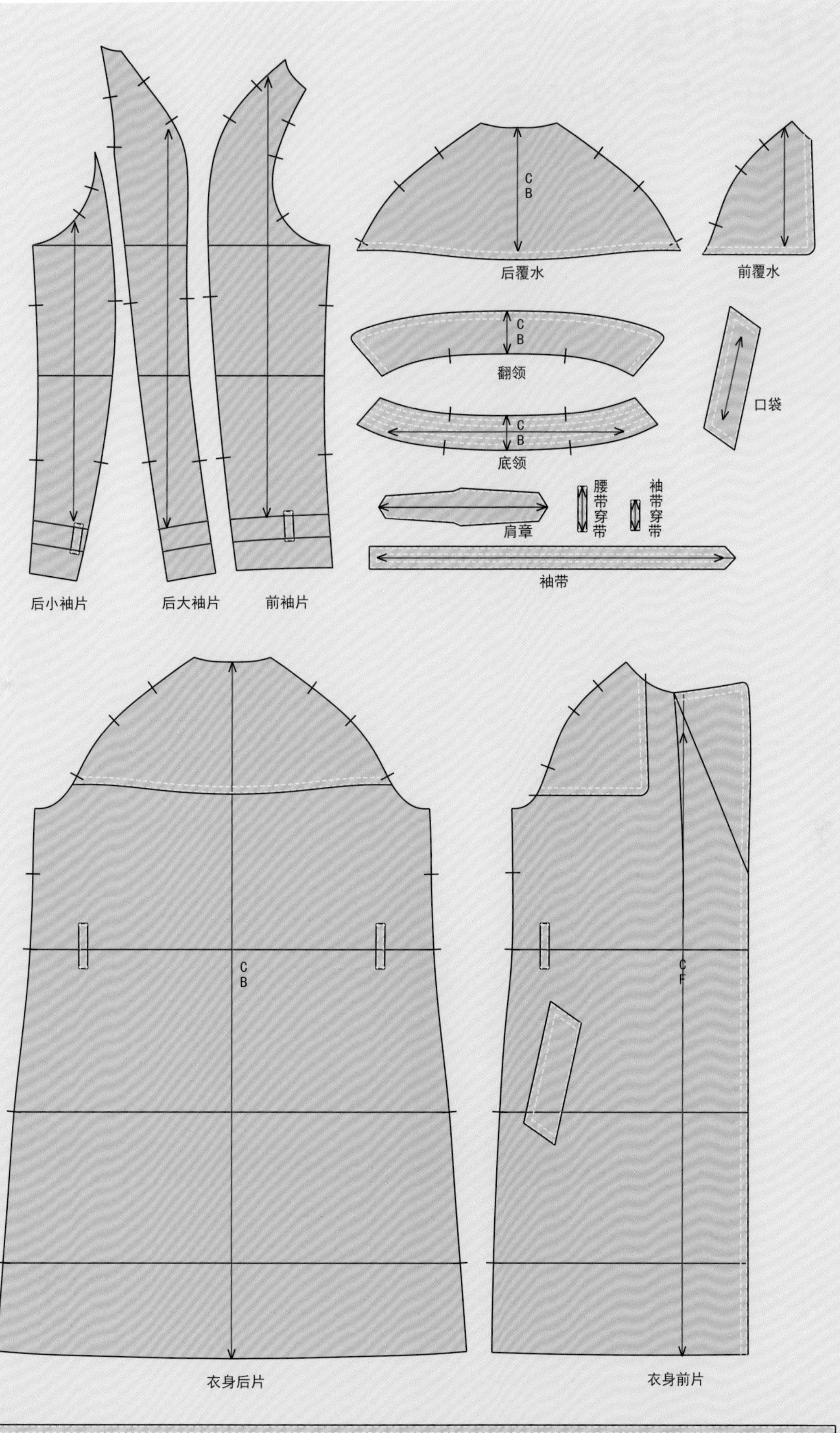

CB
后覆水
前覆水
CB
翻领
口袋
CB
底领
肩章
腰带穿带
袖带穿带
袖带
后小袖片
后大袖片
前袖片
CB
CF
衣身后片
衣身前片
腰带

宽松落肩袖大衣

款式描述

衣身为茧型（O型），两开身宽松风格；落肩袖；有剖断线式装领座翻驳领；明贴袋。

练习重点

- 在A廓型的基础上塑造O型的立裁技巧。
- 落肩袖袖窿的塑造方法及袖肥的设定。
- 落肩袖袖山高，前、后袖山弧线，前、后袖肥，前、后袖内缝，后袖外缝及袖口的平面制图方法。
- 立领上口线与翻领下口线（翻领领底线）的装配关系的理解与立裁技巧的掌握。

材料准备

- 人台（不限定号型）。
- 宽0.3cm纯棉织带。
- 专业立裁针、剪刀、人台手臂。
- 120cm×170cm纯棉坯布。
- 马克笔（或4B铅笔）、三色圆珠笔、可烫笔。
- 推版尺、多功能尺、皮尺。
- 粘合衬嵌条。

画布指示图

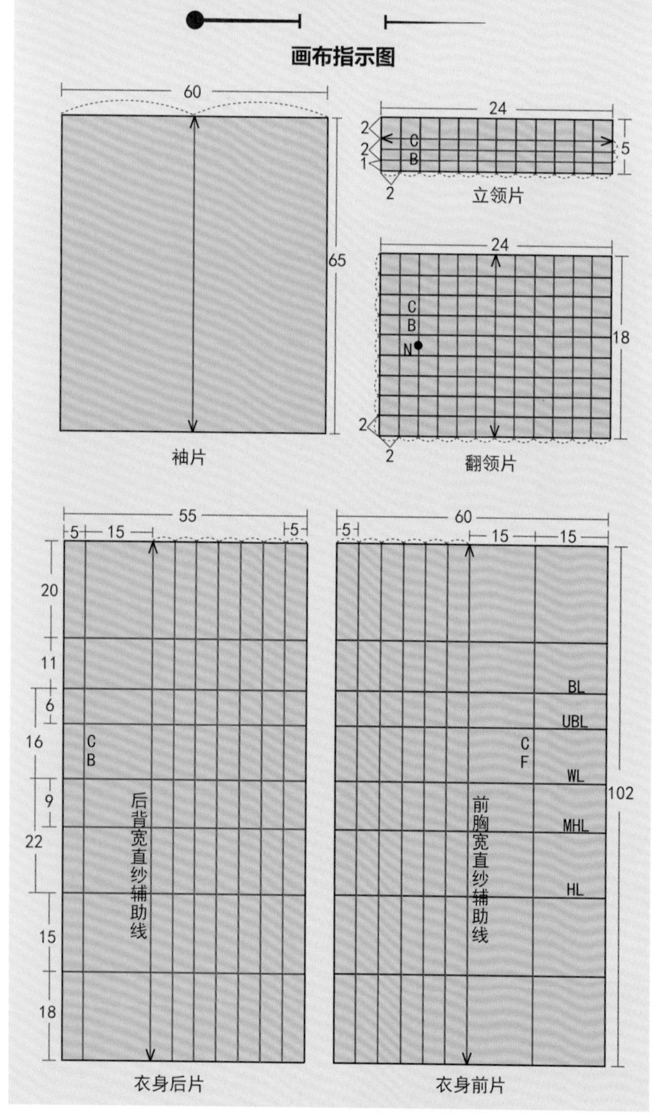

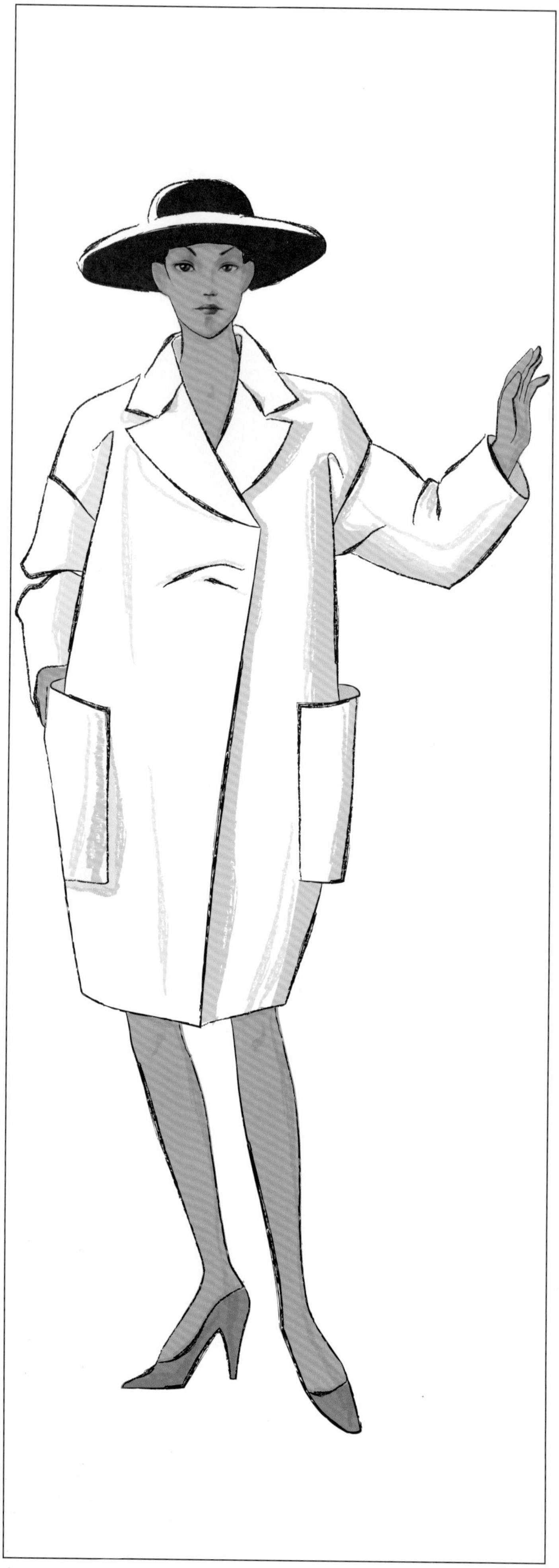

- **人台准备**

将立裁用手臂装到人台上，并将肩袖中弯势线标线。

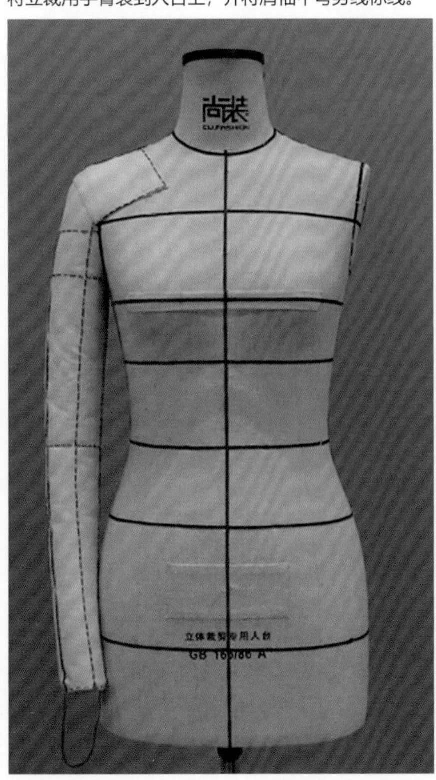

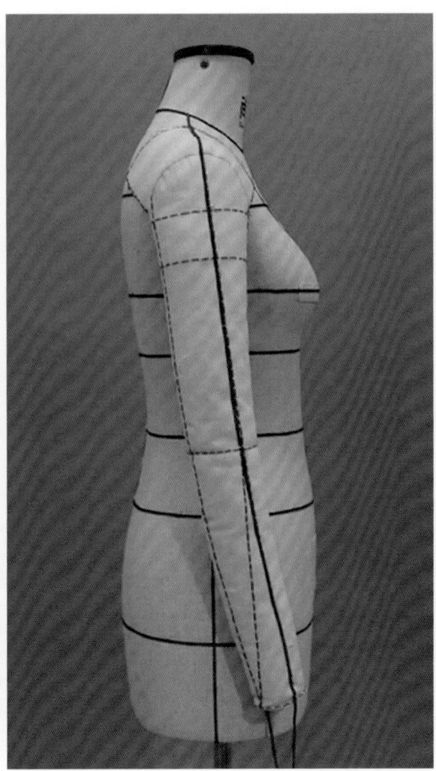

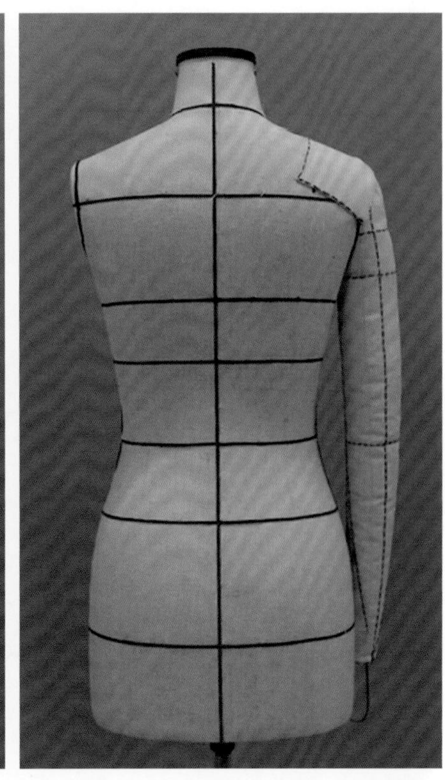

- **款式制作**

1 前片制作：臀围线与前中线交点下针固定前中丝道线，确保各辅助线的水平与垂直，并与人台标线相对应；将两侧BP点用大头针固定，准备转撇胸。

2 将前颈点固定丝道针取下，如图所示进行转撇胸操作。转完撇胸后重新固定前中，打剪口剪出前领口，并对新的前中进行描点。轻提前肩端点区域坯布，使肩部坯布有紧绷感，此方法有化解胸省和防止搅口的作用。调整胸围松量（风琴量）。注意：搅口是指当人穿着宽松上衣时出现前中止口相互交叉又搅拌在一起的状态。

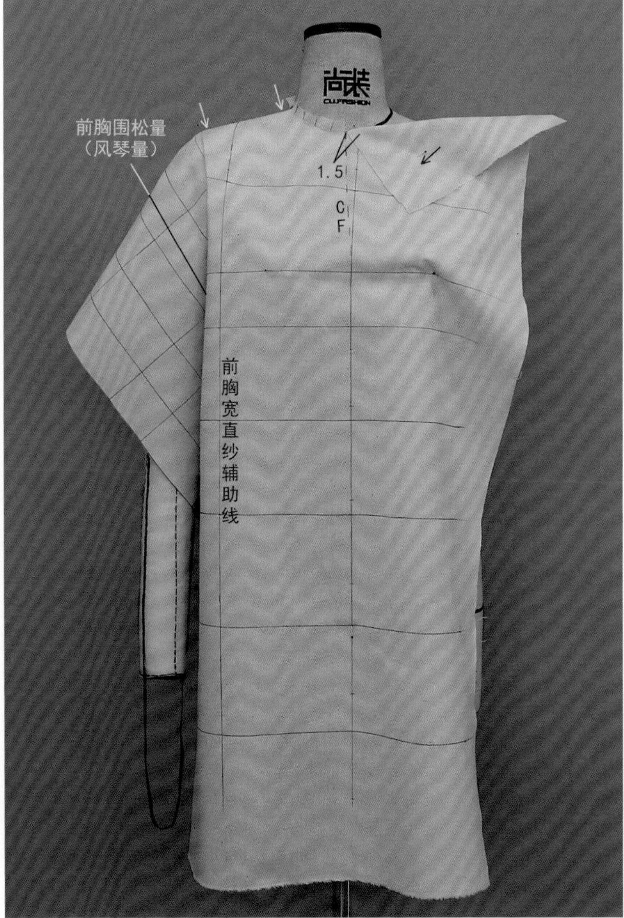

3 在调整袖肥松量的同时，注意袖肥与衣身量感的平衡，确认无误后在肩袖缝线上用针将布与人台手臂固定（重叠针），并在后臂侧部位将余布用大头针固定。

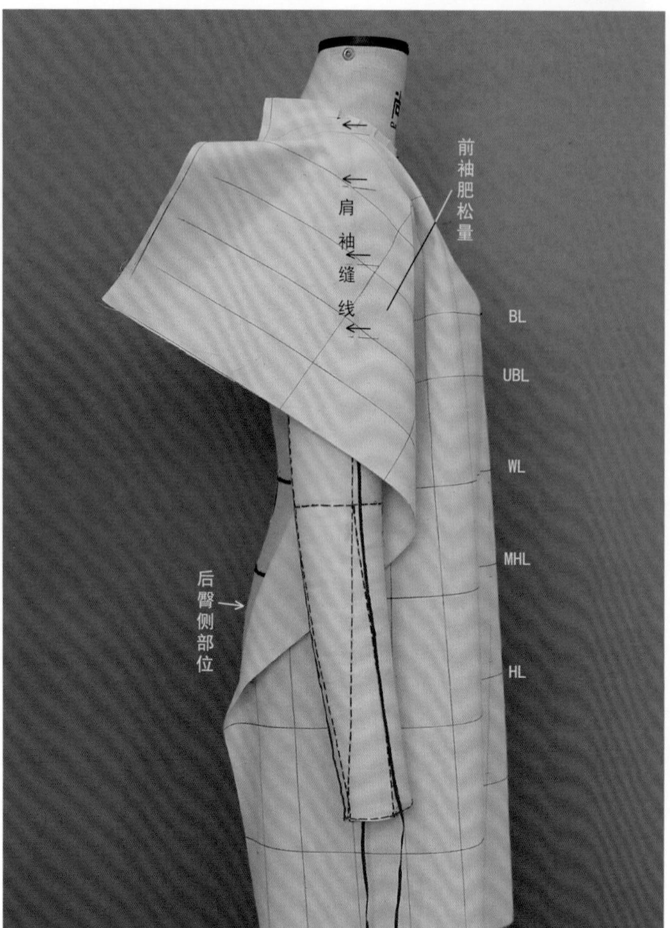

4 剪掉肩袖缝线外侧多余的坯布，对肩袖缝线进行描点，并标记好落肩的位置。

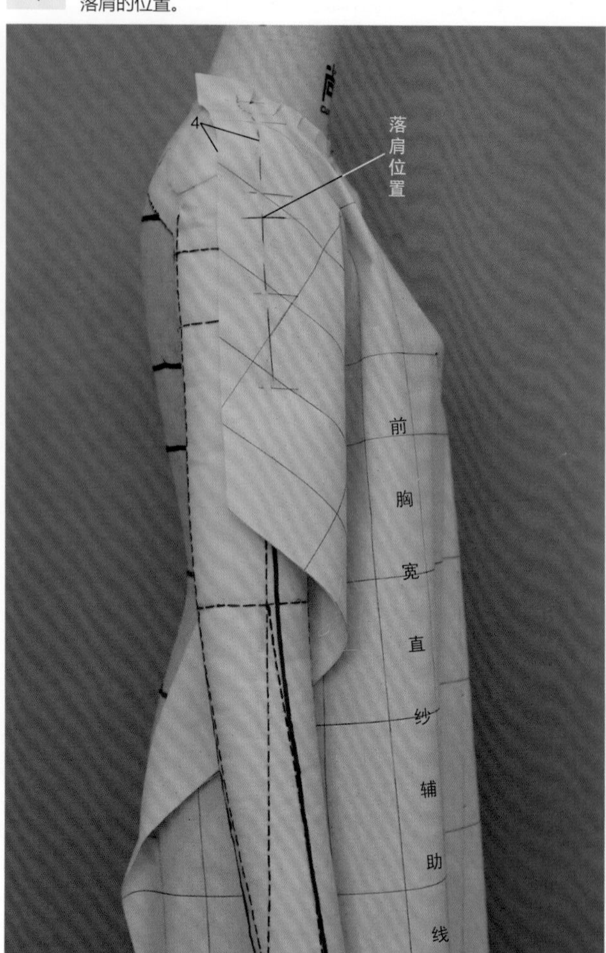

5 确定并标记前腋点位置。一般以布料在后身上的折叠线与侧缝标线的交点为参照来确定腋点的位置（通常衣身松量越大，前腋点越低）。沿着坯布的折叠线打剪口，一直剪到标记的腋点位置。

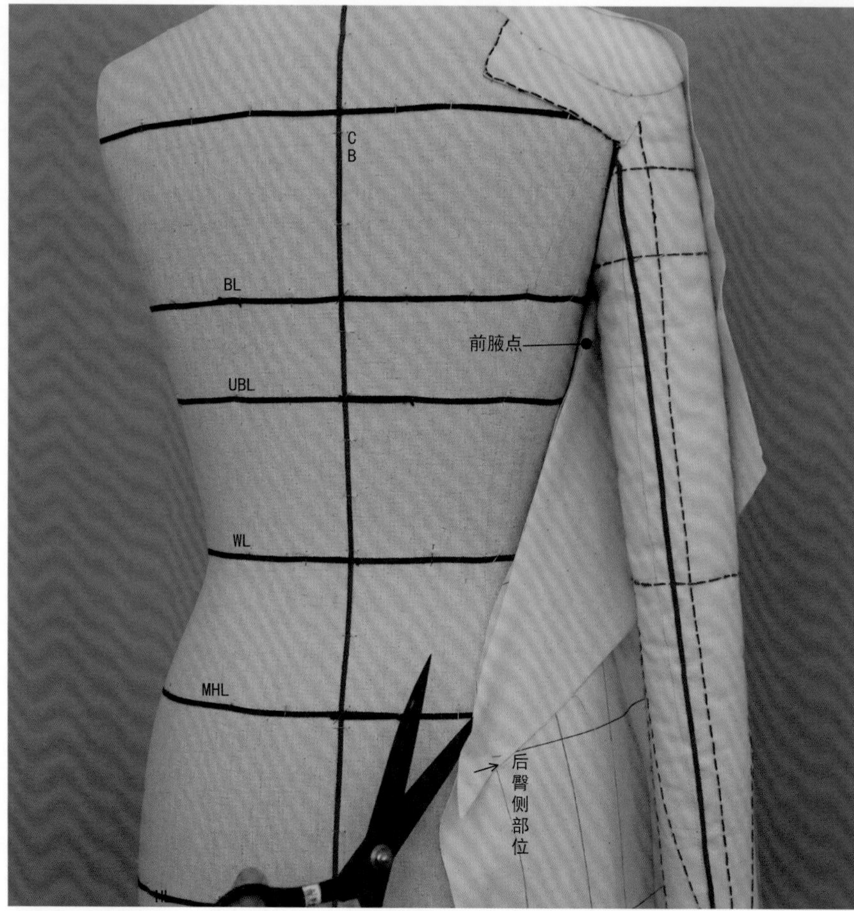

6 将落肩点至腋点多余的布剪掉，调整好衣身状态后在侧缝臀围线处用针固定，剪掉多余的布并在臀围与侧缝线交点（臀侧点）位置作好十字标记。

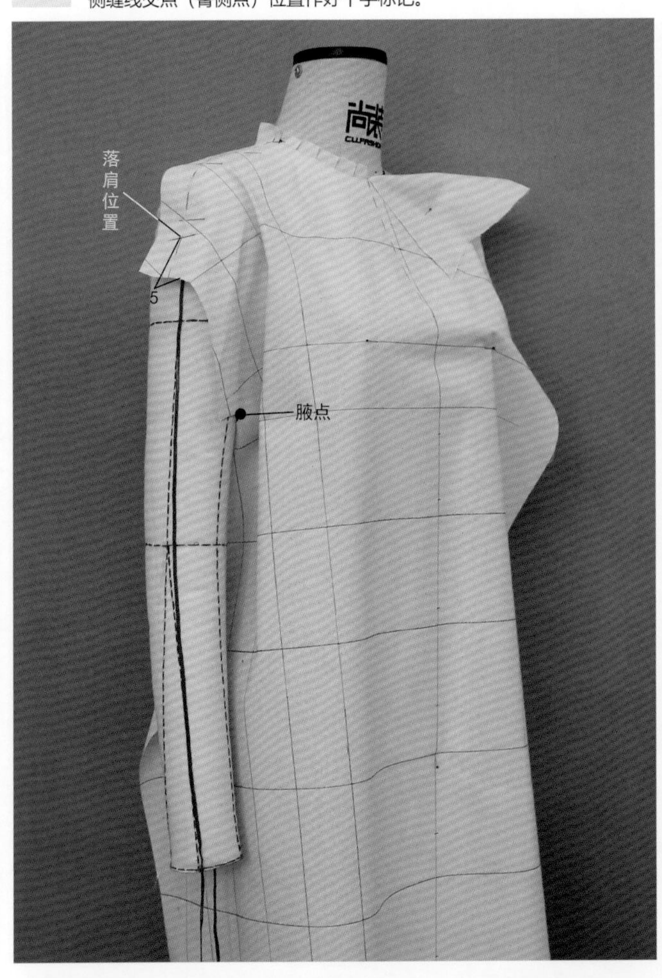

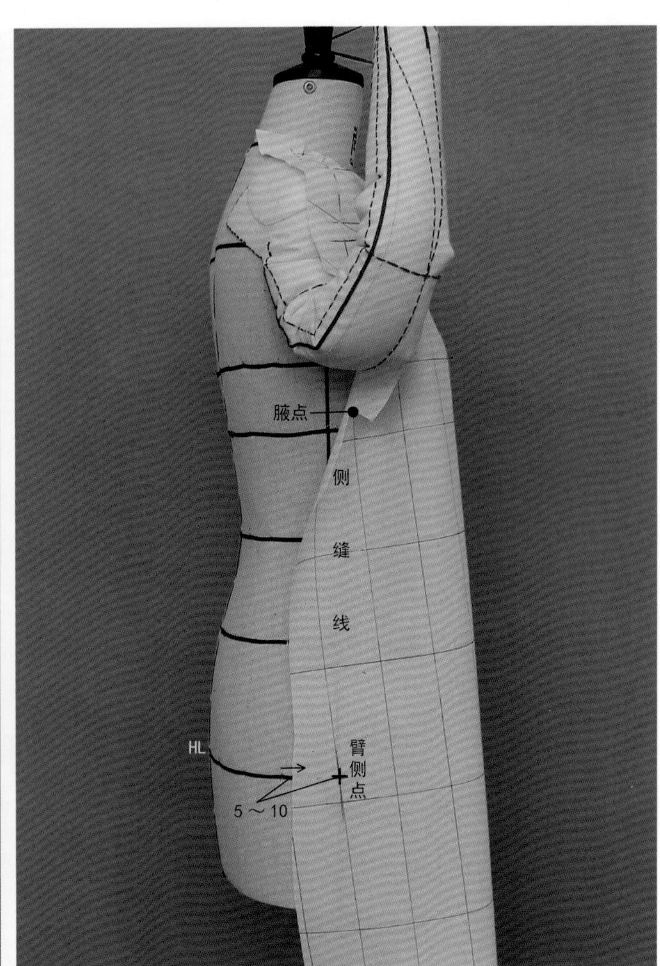

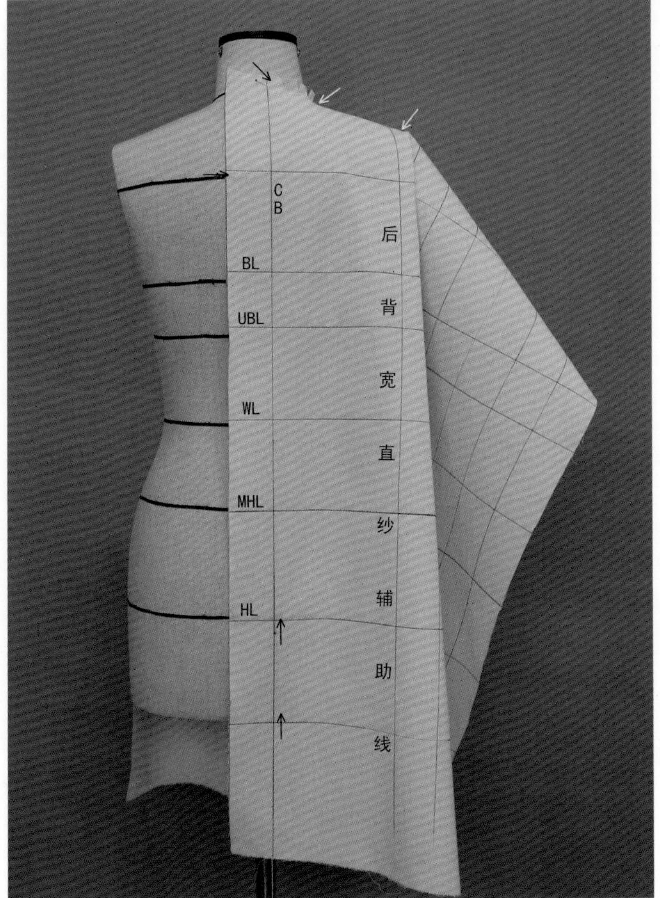

7

后片制作：与前片相同，臀围线与后中线交点处下针固定丝道线，确保各辅助线的水平与垂直，并与人台标线相对应，剪出后领口，按照做前片风琴的方法做出衣身后片的风琴。注意：控制后片风琴的量感比前片的风琴略大，后肩端点区域的坯布可以不上提。

8 参考前片找腋点及打剪口的方式，对后片做同样操作，肩袖缝反向刮折多余的布，并对余布进行清剪（后袖肥松量与后胸围松量通常分别大于前胸围松量与前袖肥松量）。

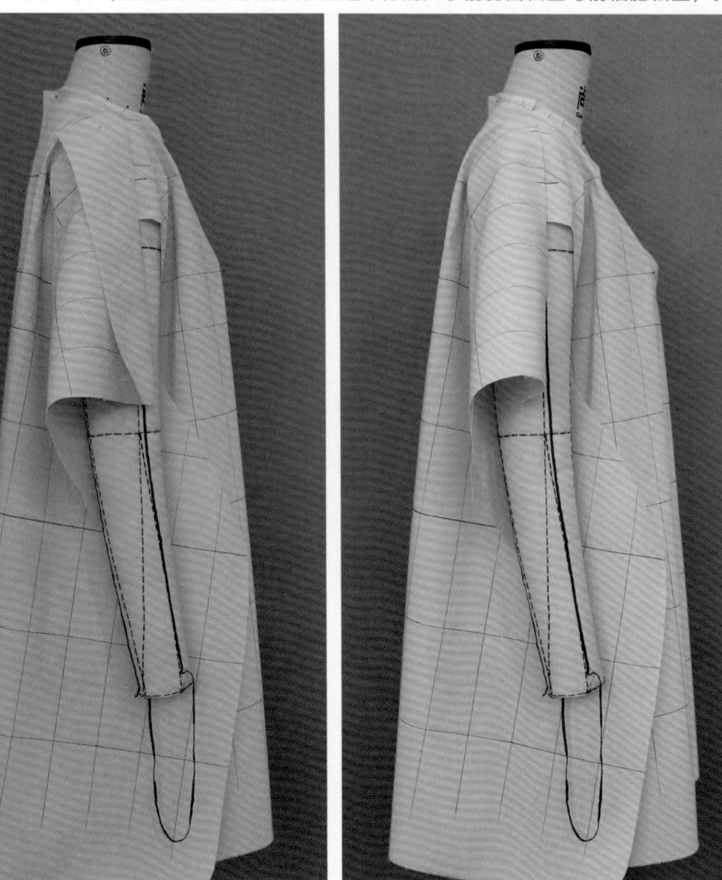

9 同样参照前片固定侧缝处臀围位置，并作好十字标记。

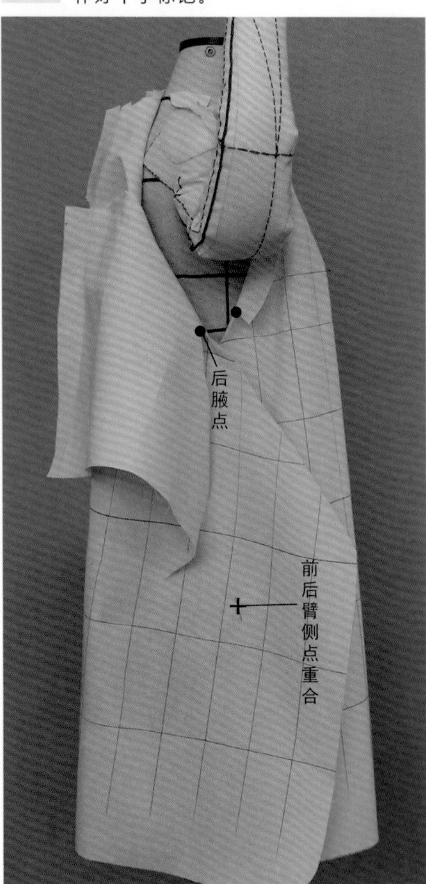

10-1

确认各部位（前、后颈点，前、后肩颈点，肩袖缝，原肩点，落肩点，前、后腋点，前、后臀侧点）等对位点及描点均已完成，可将衣身裁片取下铺平，准备画袖窿线。

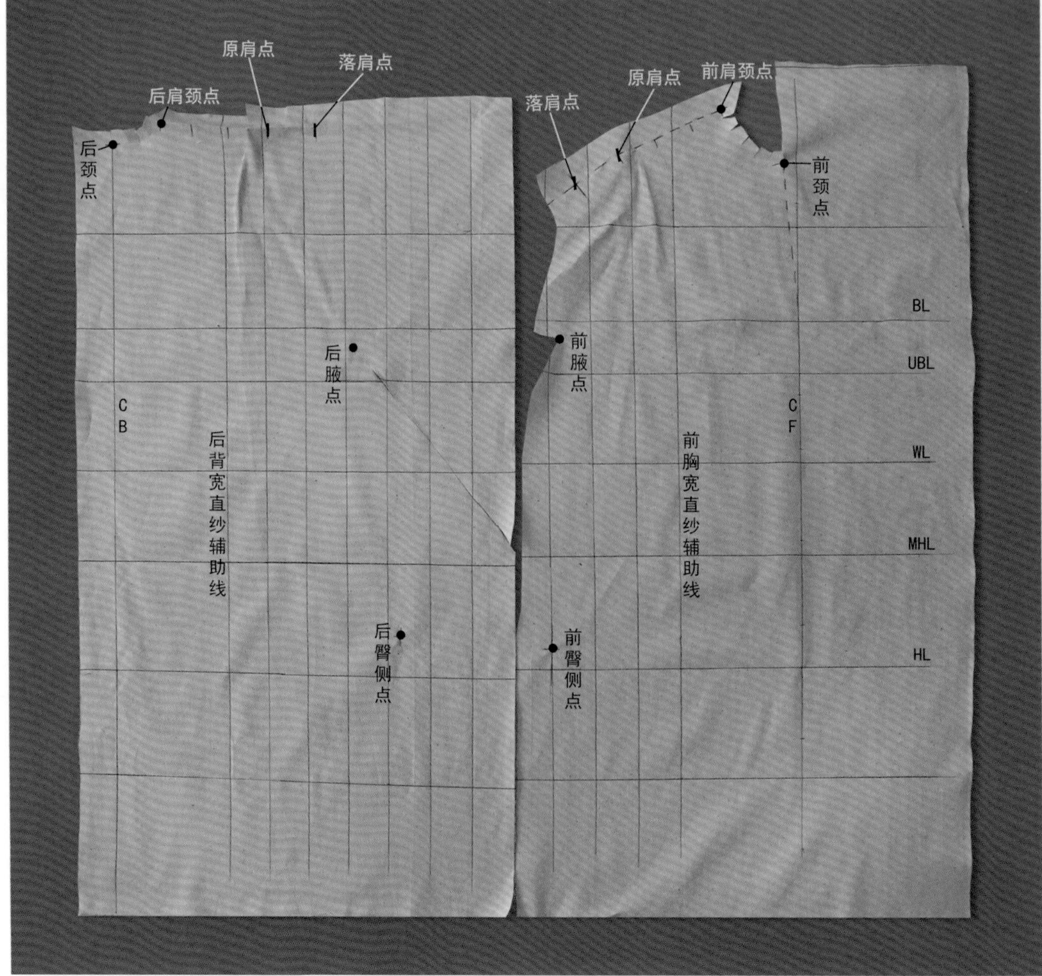

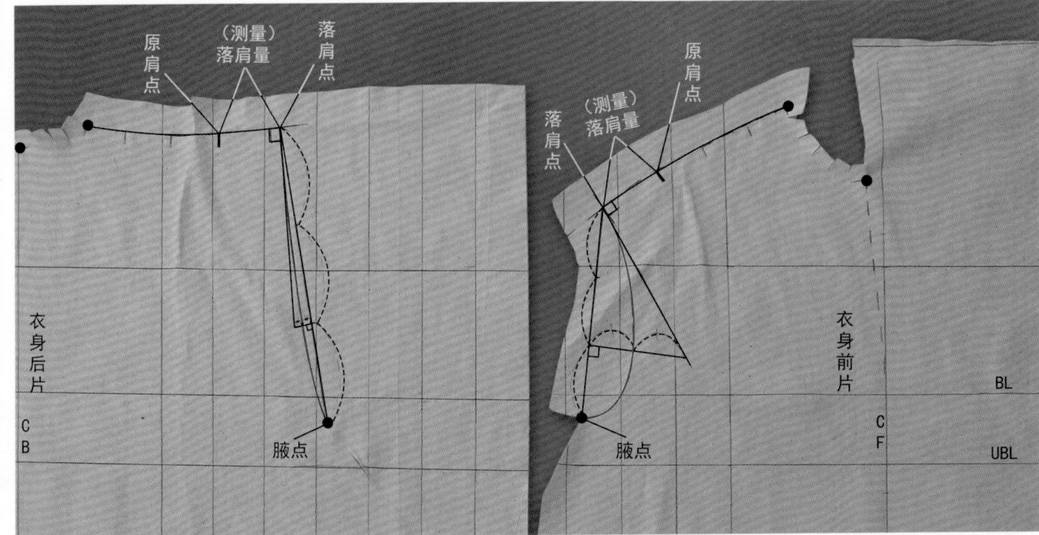

10-2

如图所示将落肩袖窿画出（过程线用可烫笔画，完成线用油笔画），红色线为实际的前、后袖窿线（完成线）；测量原肩点至落肩点之间的距离（落肩量）。

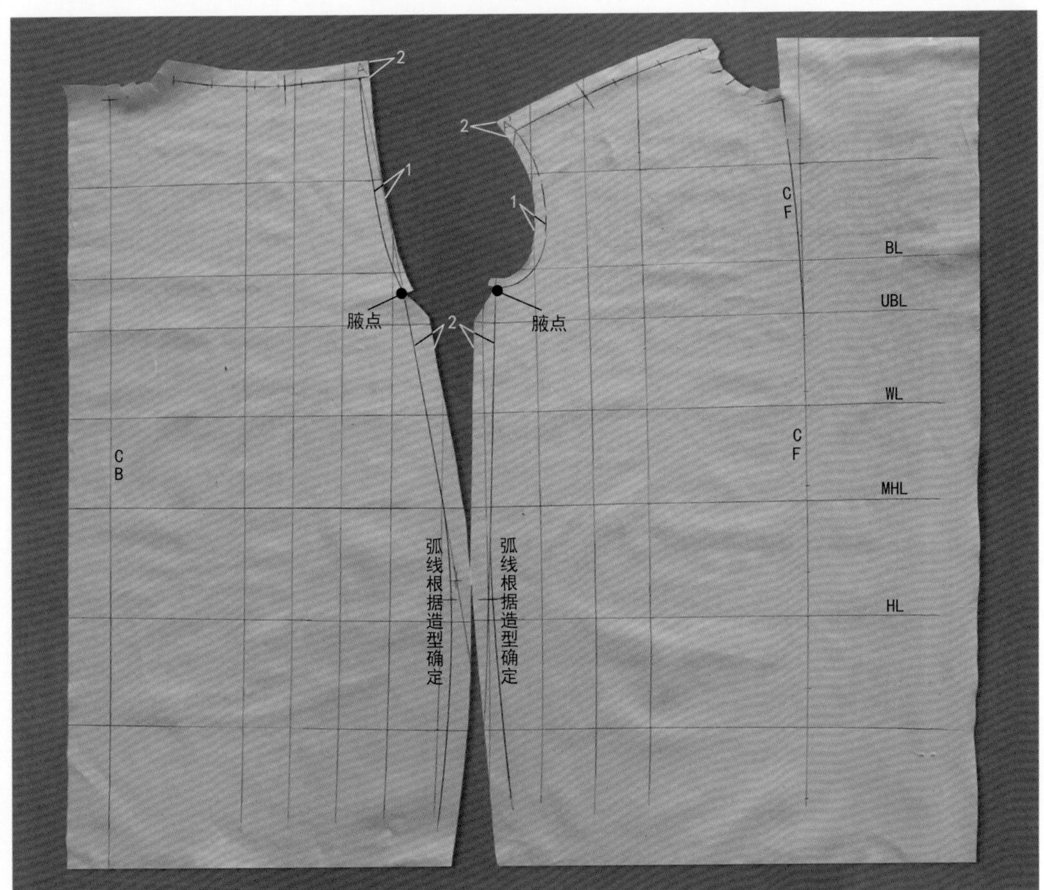

11

如图所示画出侧缝线及转过撇胸后的新的前中线，在确定完成线外侧留好缝份，并将多余的布进行清剪。测量前、后袖窿弧长的总和，准备画袖子。

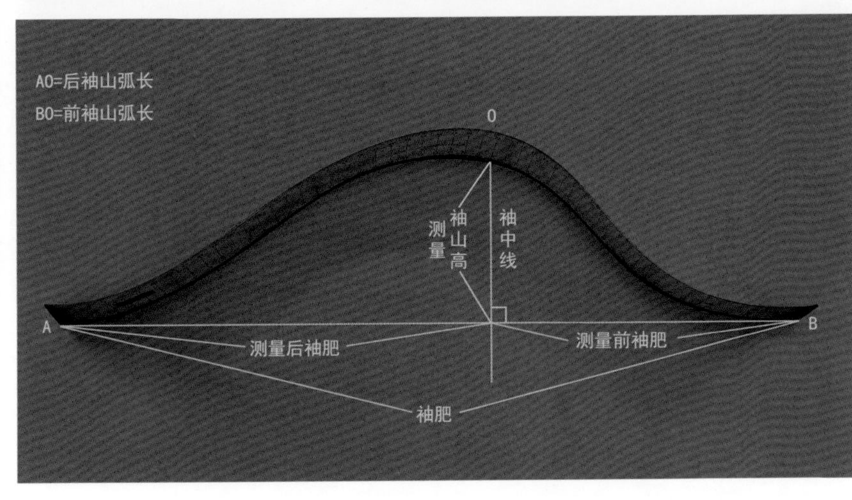

12-1

袖子的制作——宽松落肩袖确定袖肥的方法：袖窿弧长减0~6cm（常用量），即图中AB的直线距离。

确定袖山弧长的方法：袖窿弧长减0.5~1cm，即图中$\widehat{AB}$的长度；其中前袖山弧长为：前袖窿弧长减（0.5~1cm）×0.4，即图中$\widehat{OB}$的长度；其中后袖山弧长为：后袖窿弧长减（0.5~1cm）×0.6，即图中$\widehat{AO}$的长度。

作一条长度为袖肥的横向直线AB，使用有韧性的推版尺设定长度为袖山弧长尺寸后定住两个袖肥端点（即A点与B点），模拟袖山弯势，如图所示找到袖山高点（即O点区域）向下作垂直线，此线为袖中线，并如图所示测量袖山高、测量后袖肥与前袖肥。

12-2

参照图中方法画出袖身样版。

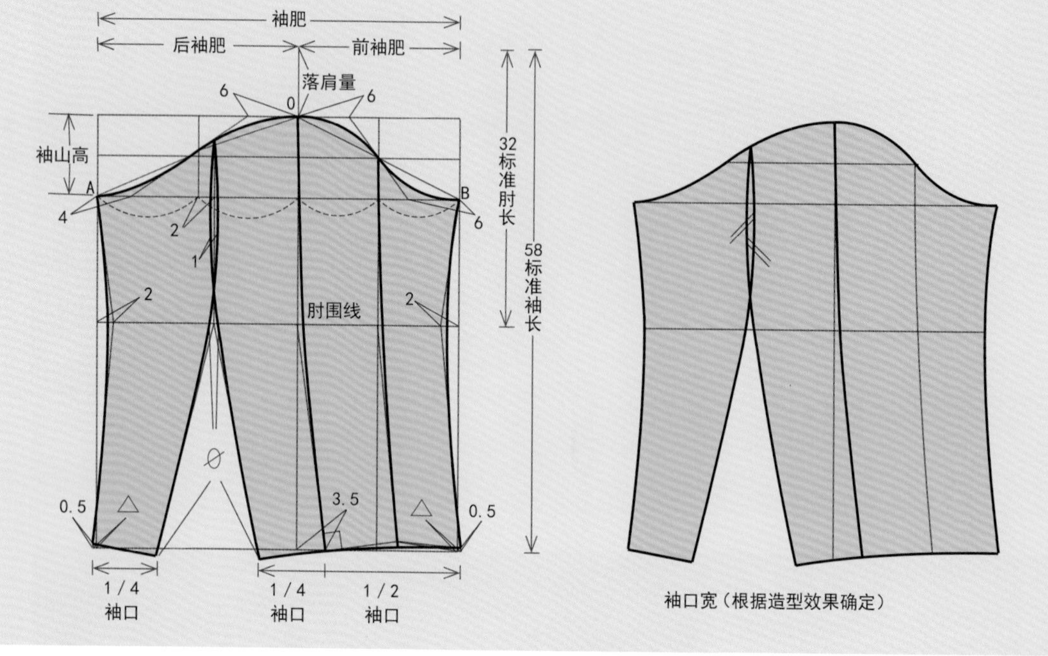

12-3

根据图中指示对袖山进行特殊处理。

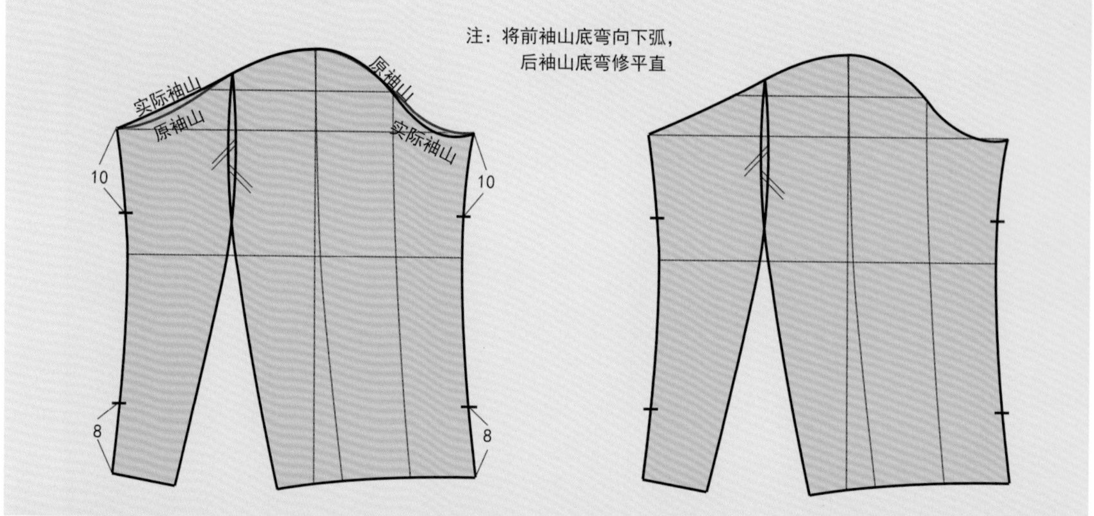

12-4

拓净样片后留好缝份，将余布清剪。

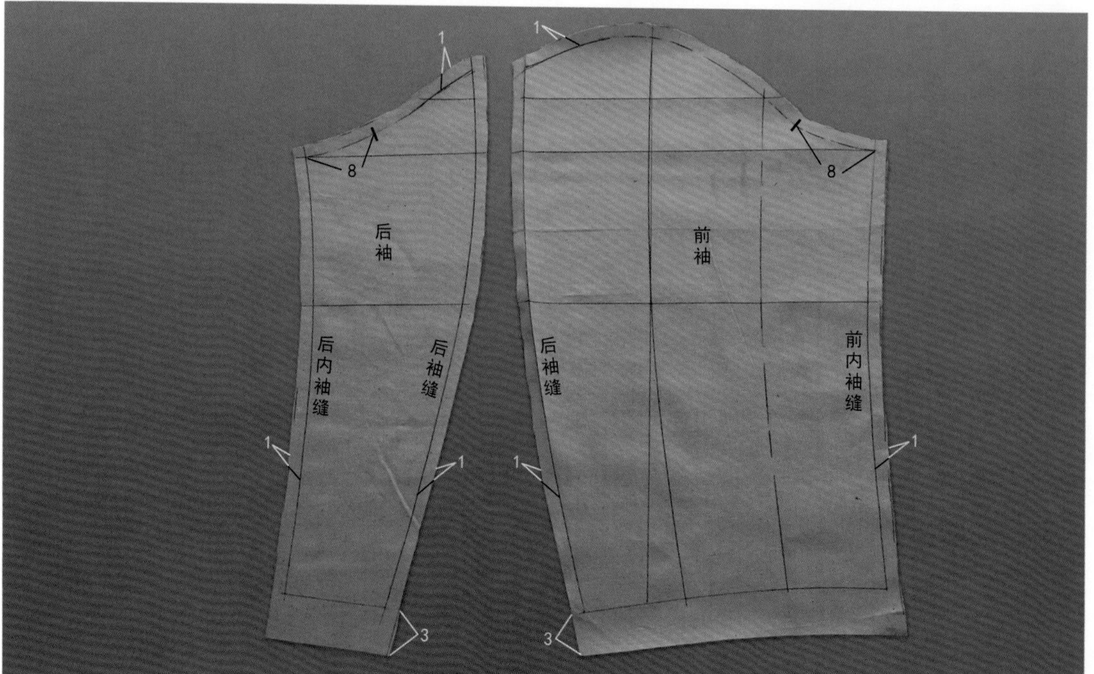

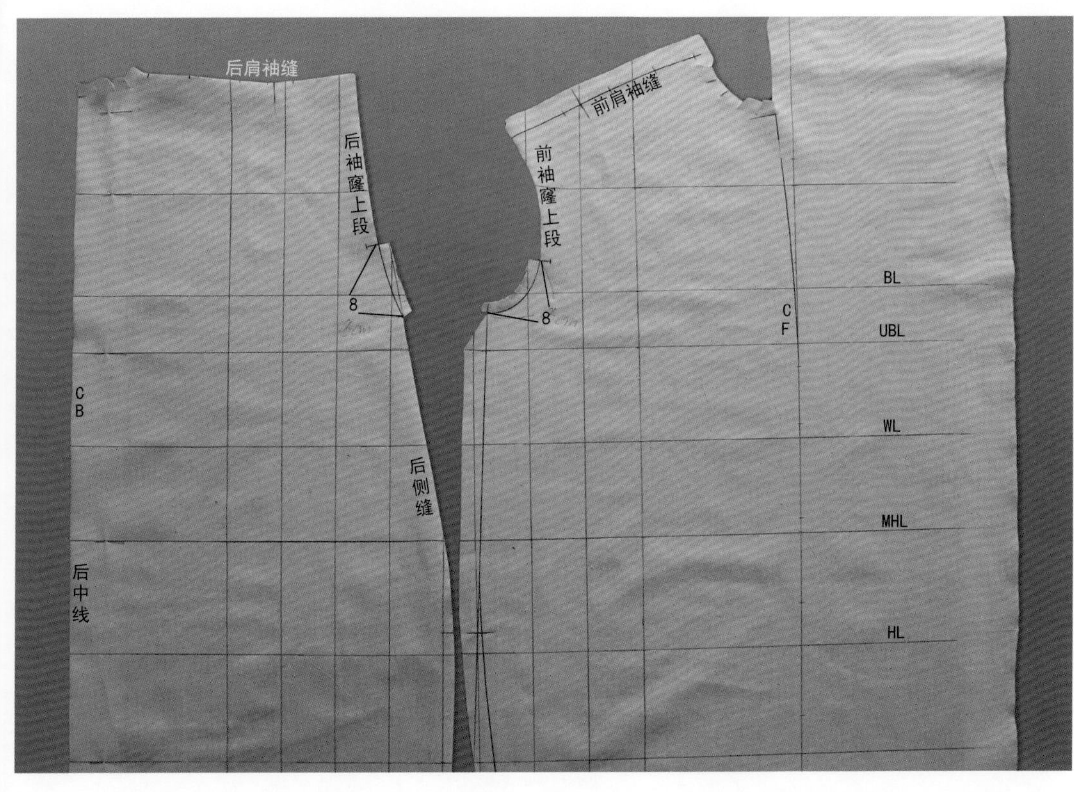

13

如图所示将衣身片进行缝边的扣烫整理，扣烫缝边部位：后肩袖缝，前、后袖窿上段，后侧缝，后中线。

14 假缝顺序是先缝合衣身肩袖缝及夹克袖的后袖缝，然后将袖山部分铺平，组装袖山与袖窿，装完袖山后组装衣身侧缝，最后假缝前后袖子内缝。

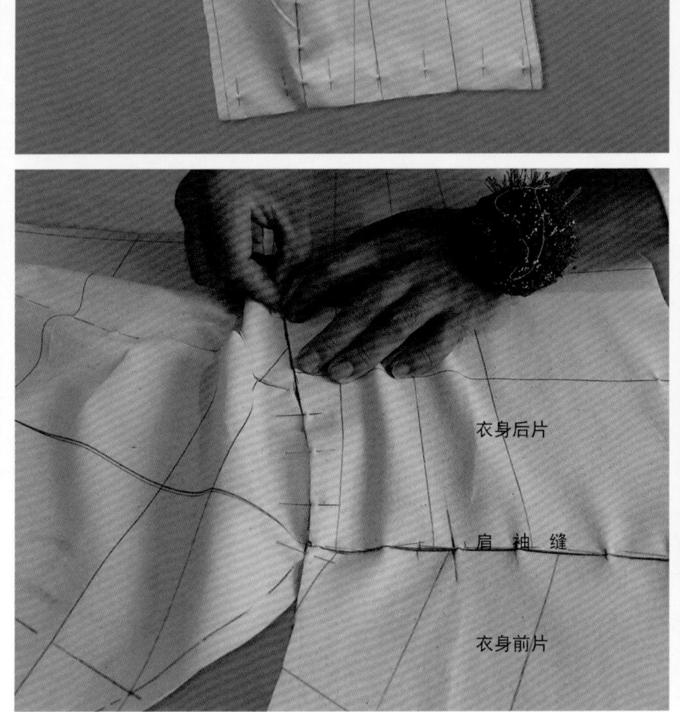

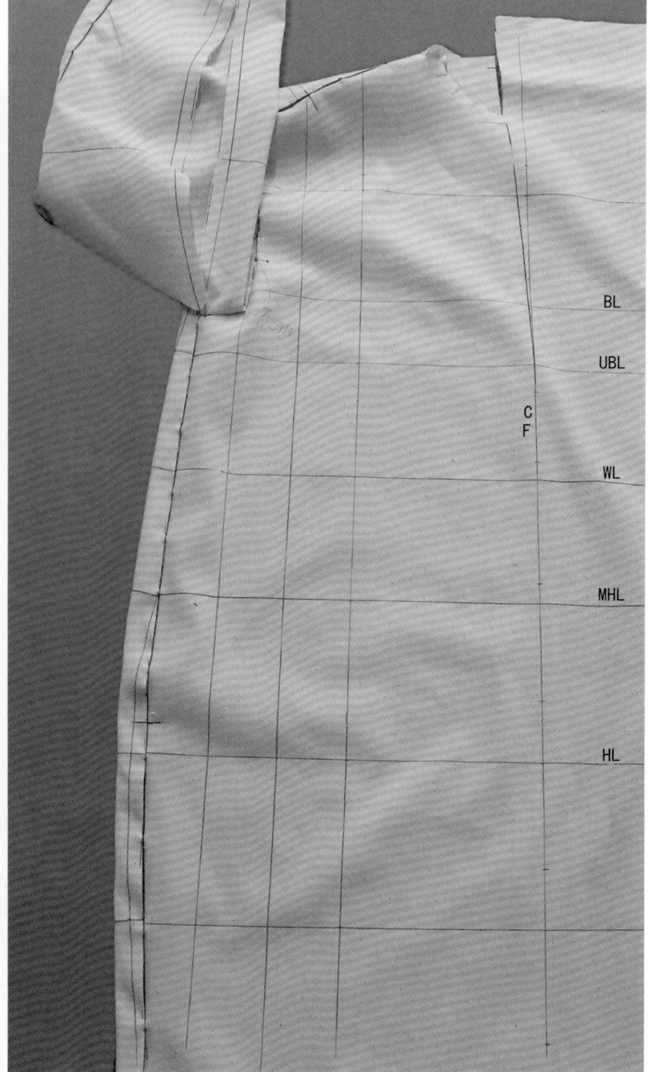

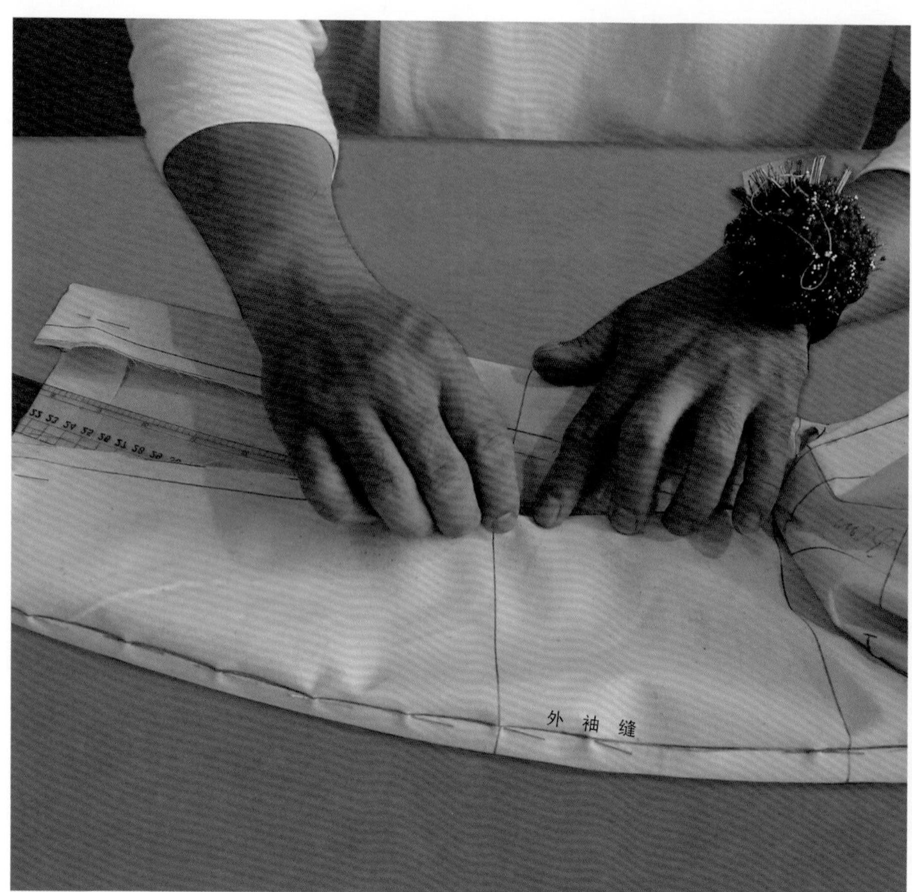

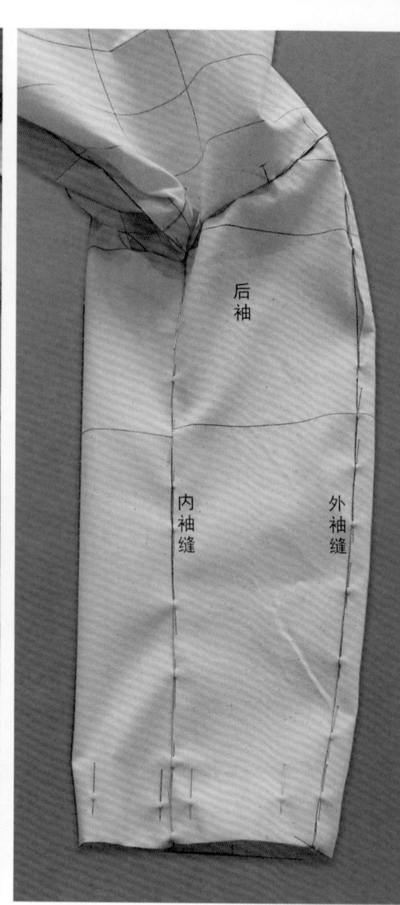

15 将假缝后的衣身穿到人台上，对衣身状态进行调整，准备做领子。

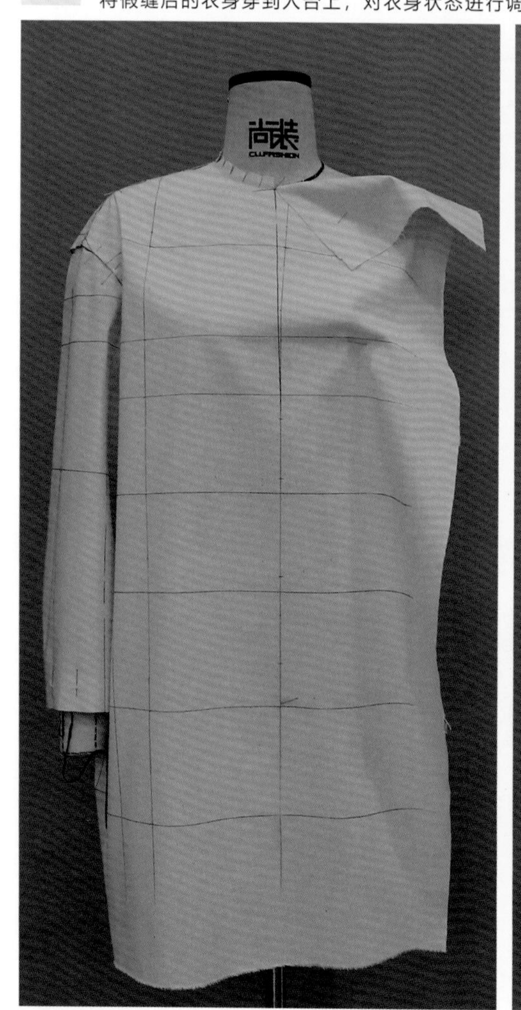

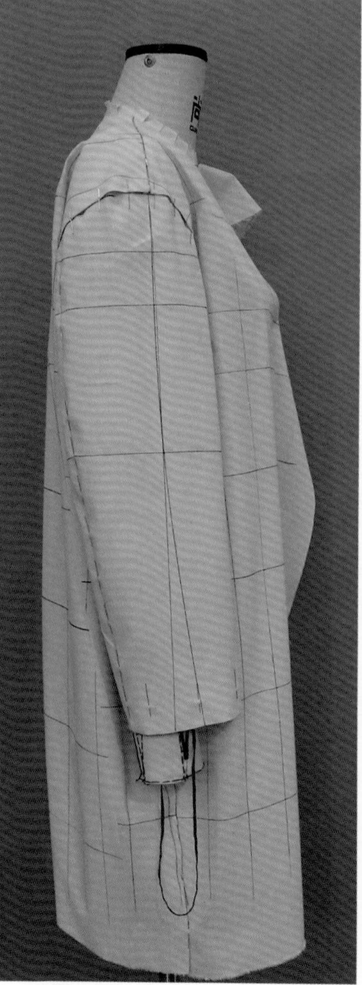

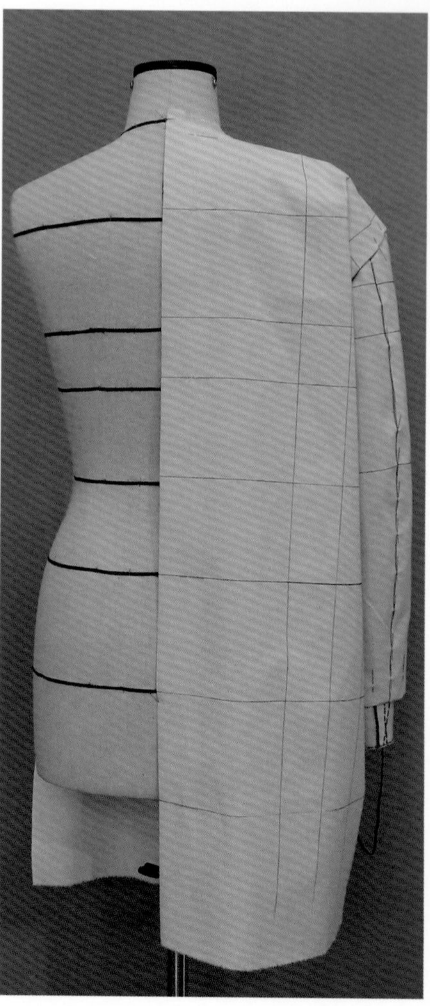

16 领子制作：装领座翻驳领，装领座做法；提前画出衣身部分的领口线和穿口线。

17 对小领（立领或领座）用布进行提前扣烫整理（将1cm边缘翻折扣净）。

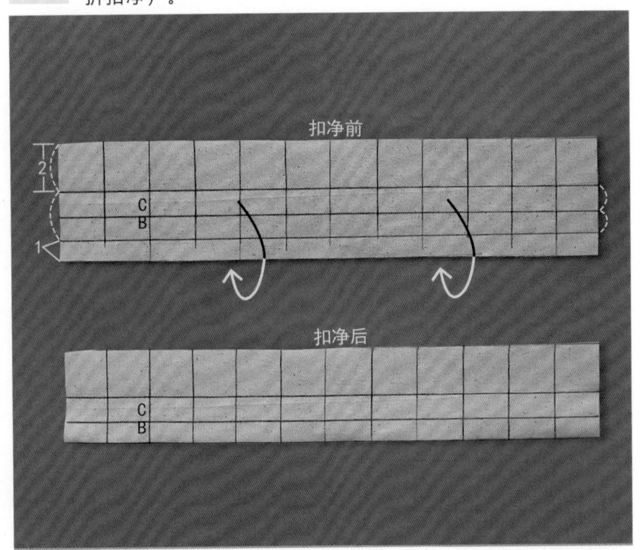

18 将小领（立领或领座）基础布上的CB线对齐衣身CB线并沿实际领口用大头针固定（折叠针）。

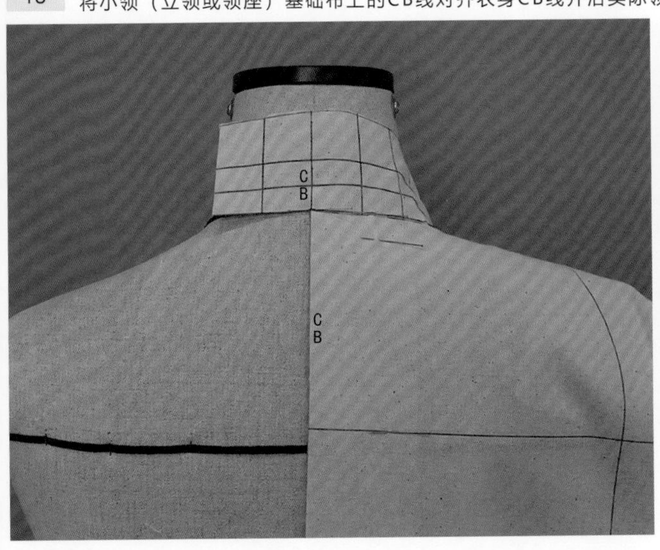

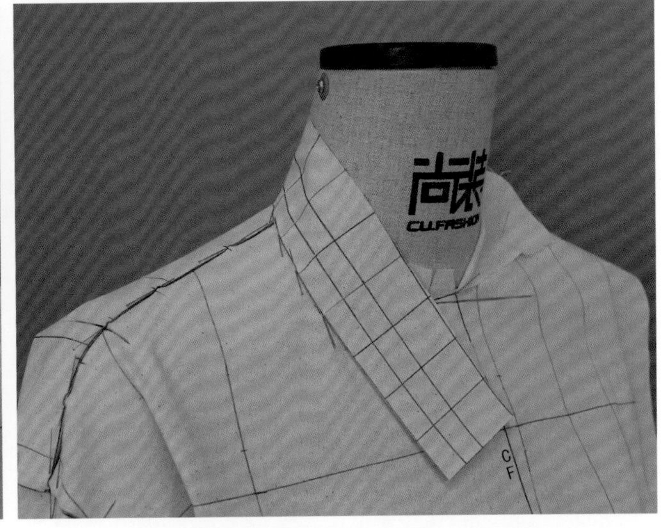

19 画出小领（立领或领座）上口造型。

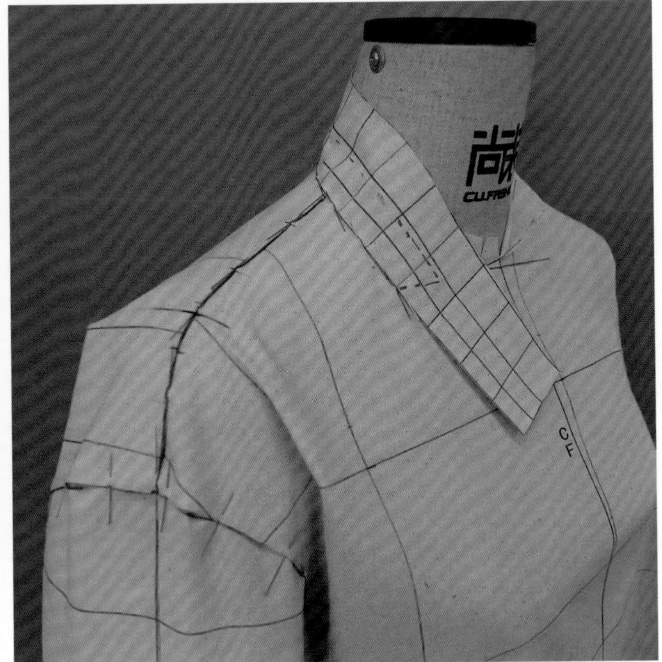

20 将小领（立领或领座）取下，弧顺线条并对缝份进行清剪。所有操作完成后对缝份进行扣烫处理。

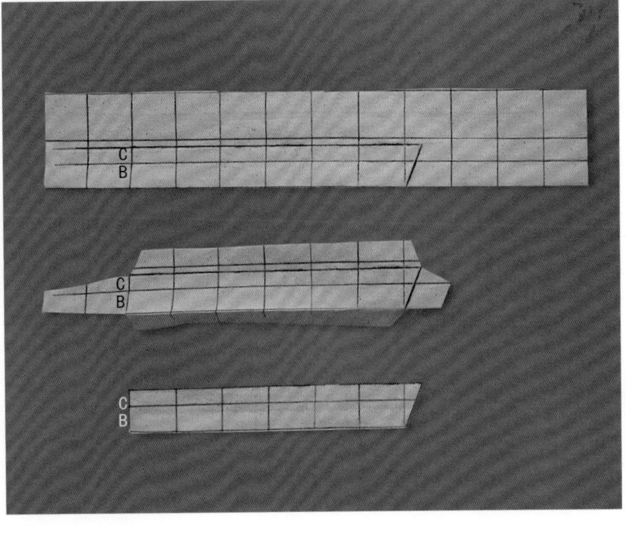

21 再次组装小领（立领或领座），准备做翻领，小领上口线与CB线的交点处为N点。

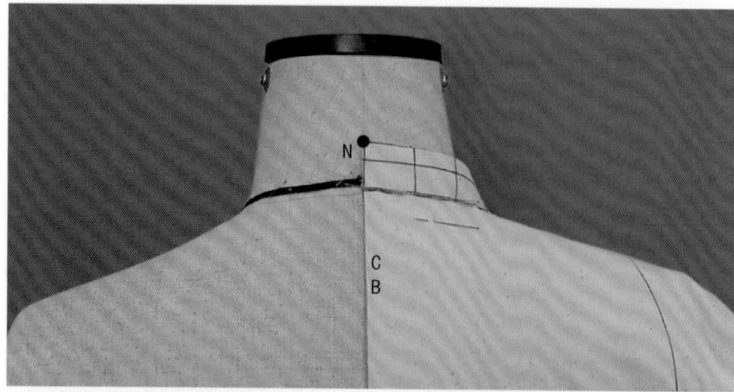

22 翻领制作：将翻领基础布上的N点对准立领上口的N点大头针固定，后面的操作方法与连领座西装领相同（如：通天省西装领）。注意：翻领与小领上口线以大头针固定，后续步骤在此不作表述。

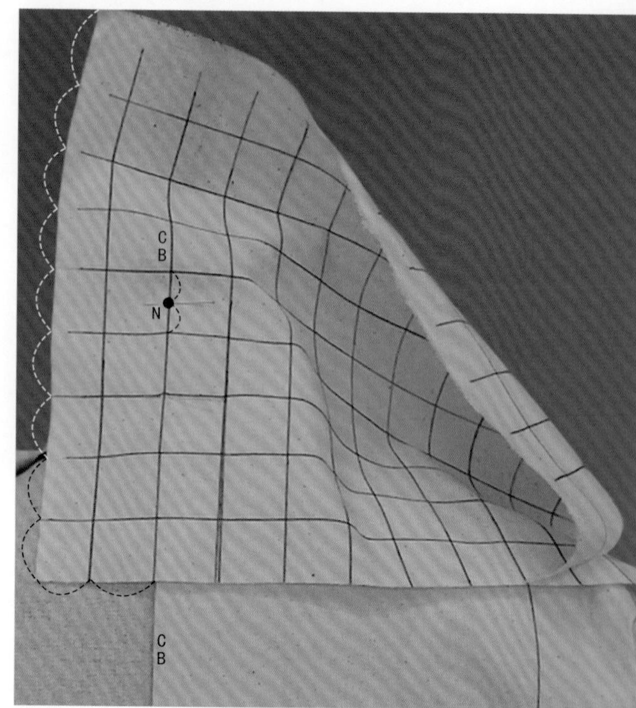

23 将翻领与立领取下，修顺线条，清剪余布，扣烫粘合衬，用大头针假缝小领（立领或领座）上口线与翻领底口线。

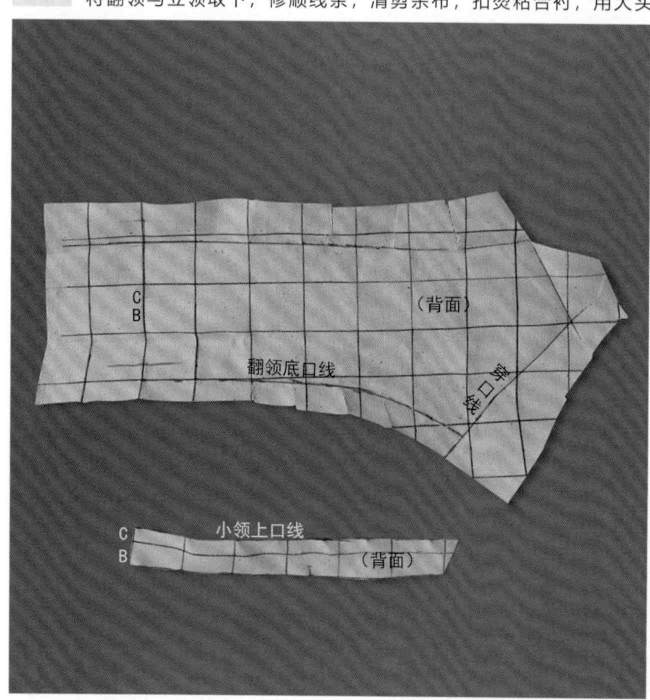

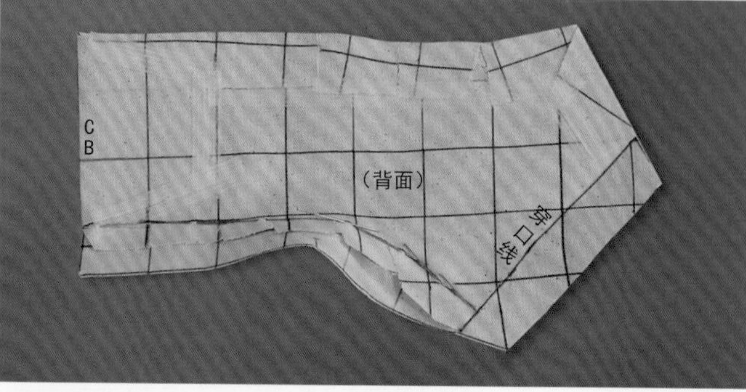

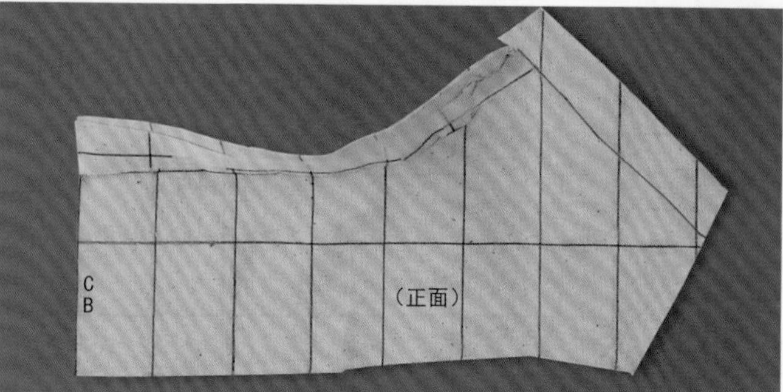

24 衣身领口与穿口线及衣身翻领的造型效果。

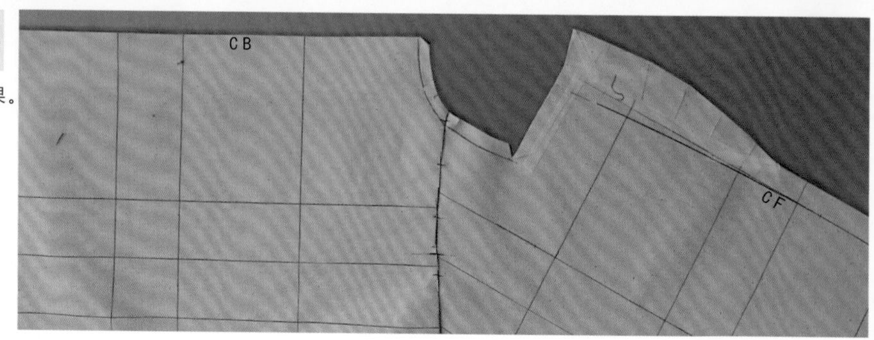

25 衣身部分组装好之后，将衣身穿到人台上，进行领子部分的假缝组装（假缝组装方法与连领座西装领相同）。

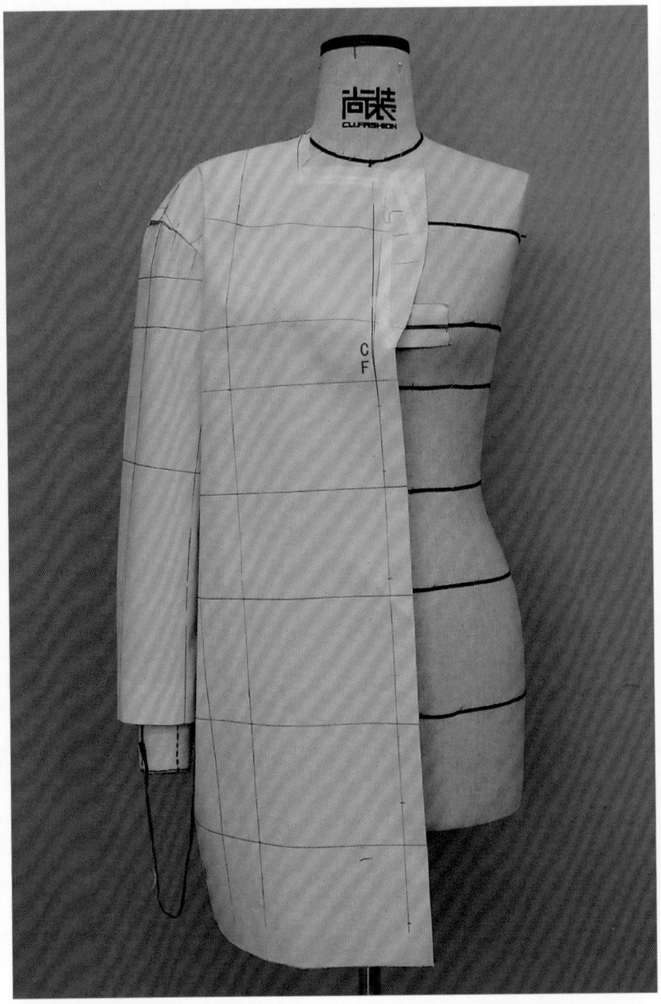

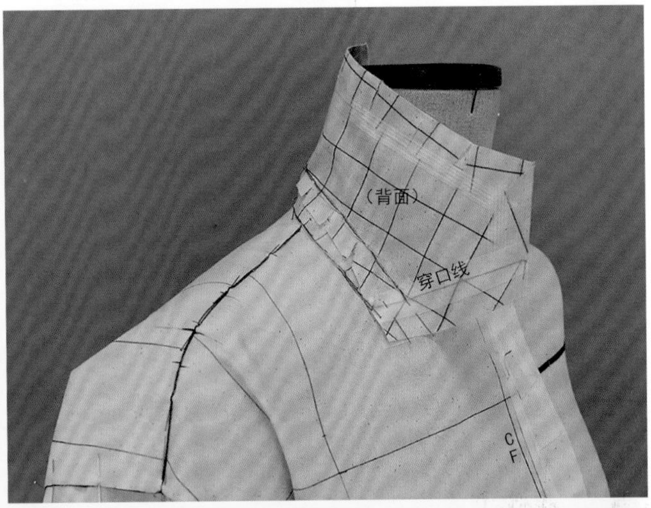

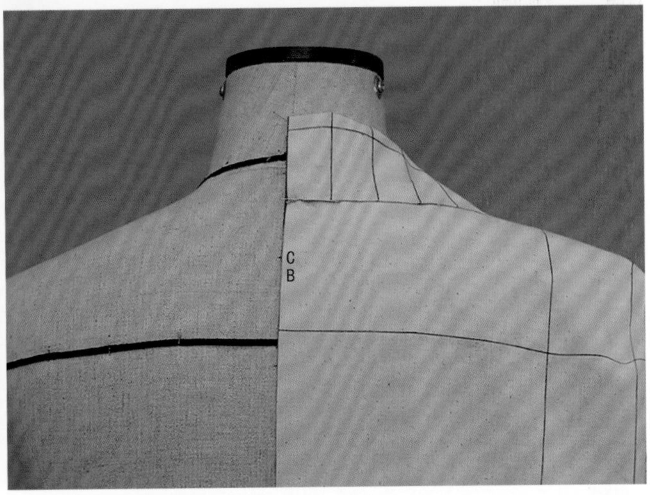

• **半身完成效果**

（根据造型效果设定口袋规格，将口袋四个边缘扣净，用折叠针法与衣身假缝）。

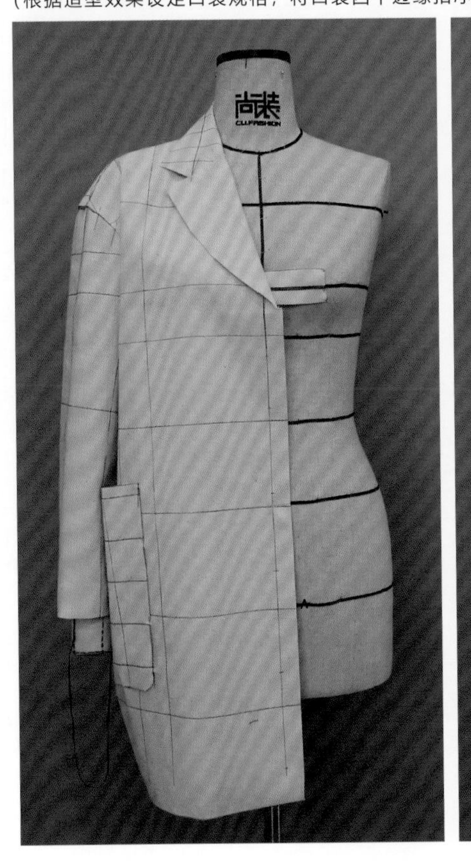

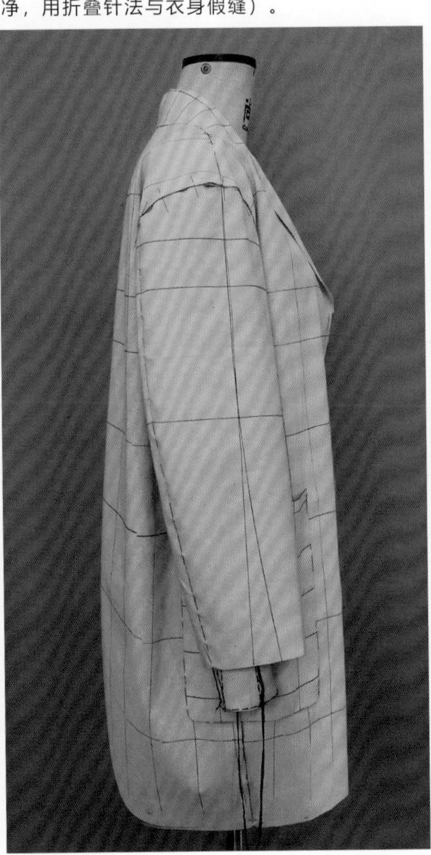

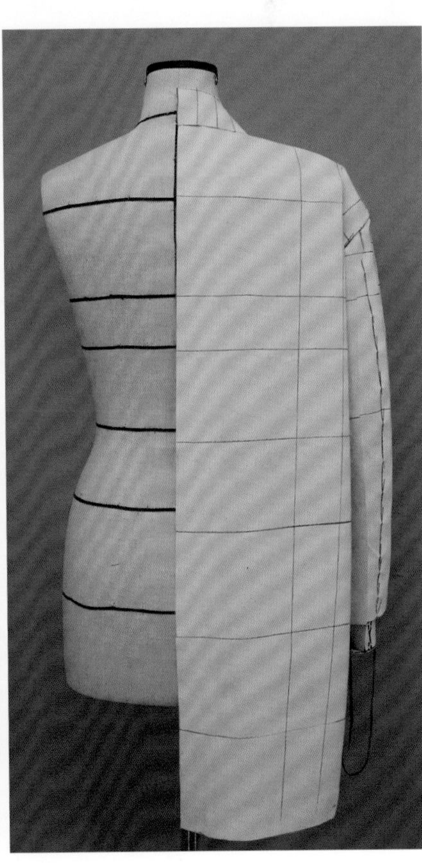

完成图

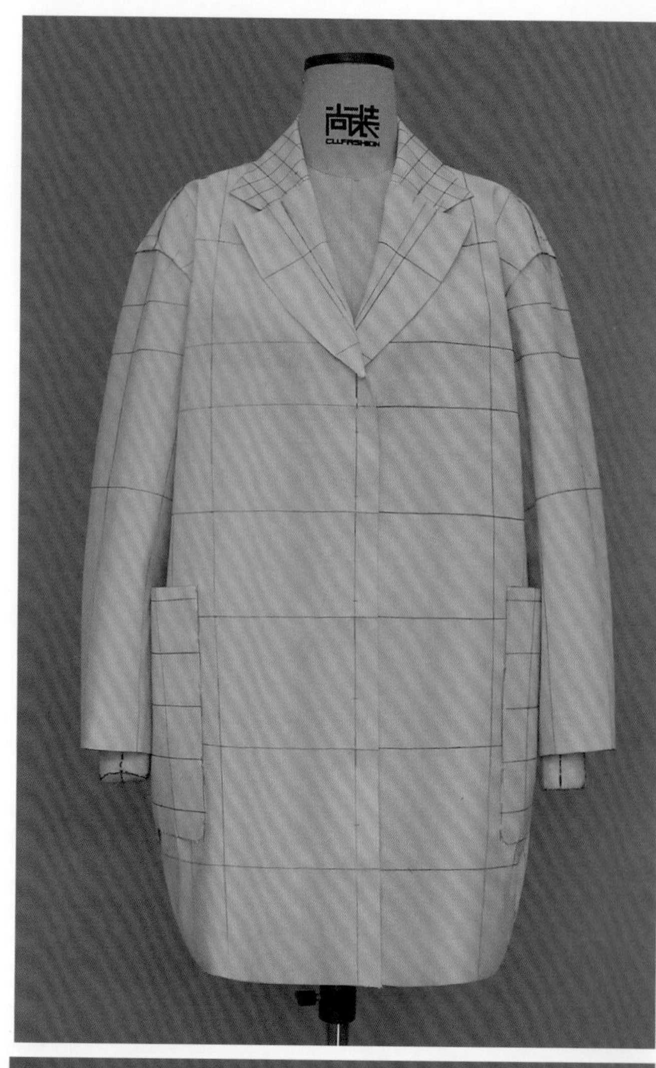

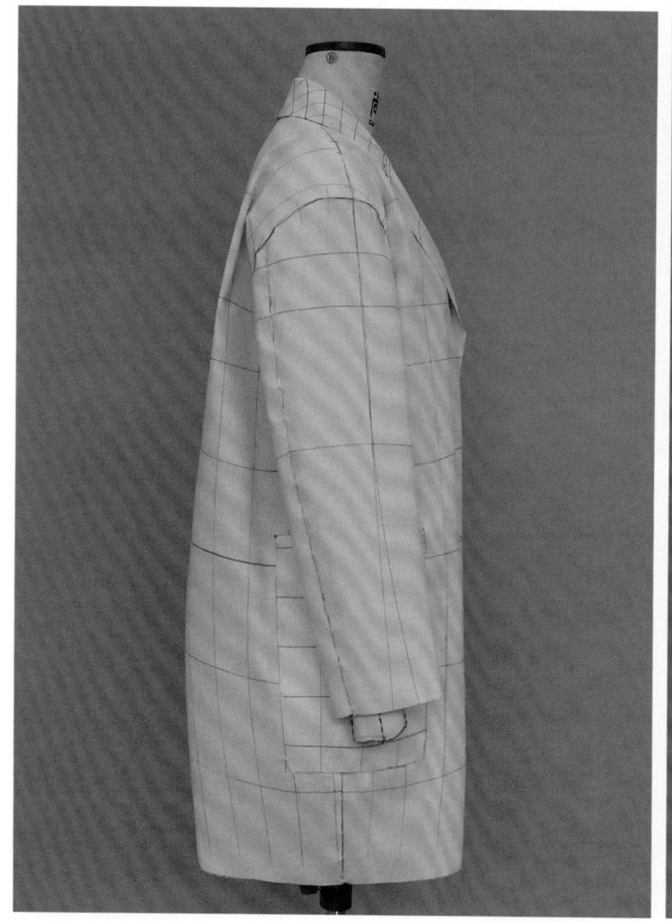

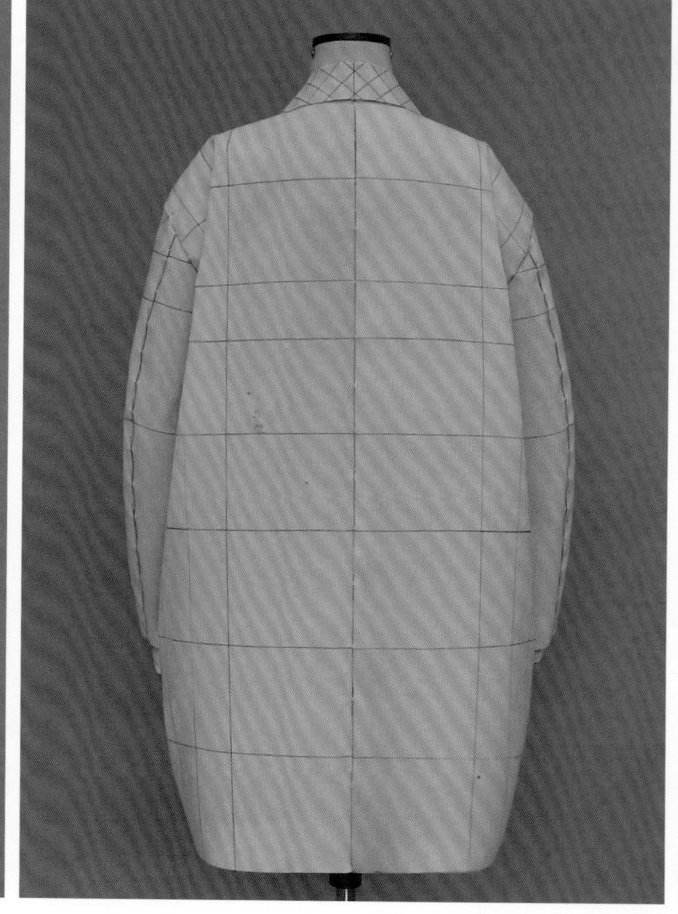

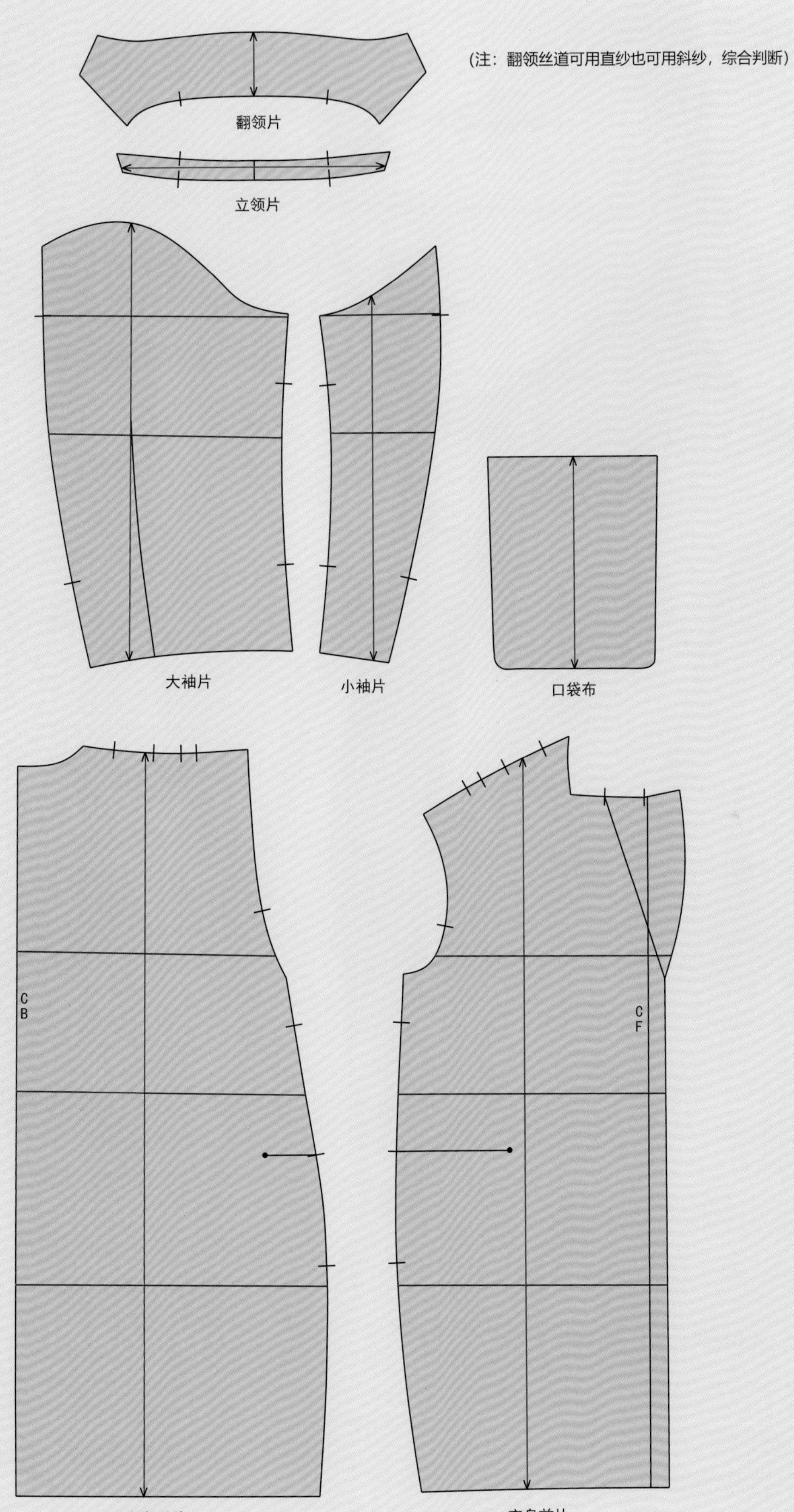
（注：翻领丝道可用直纱也可用斜纱，综合判断）
翻领片
立领片
大袖片
小袖片
口袋布
CB
CF
衣身后片
衣身前片

Draping

The Complete Course

连肩插角大衣

款式描述

衣身为前H型，后T型（茧型），宽松松量；连肩插角袖结构，帽子体量较大。

练习重点

- 前H型，后T型的松量、量感的把握。
- 了解前后担干的状态及与插角之间的结构关系。
- 量感较大的帽子的立裁及绘制方法。

材料准备

- 人台（不限定号型）。
- 宽0.3cm纯棉织带。
- 180cm×180cm纯棉坯布。
- 马克笔（或4B铅笔）、三色圆珠笔。
- 推版尺、多功能尺、皮尺。
- 粘合衬嵌条。
- 专业立裁针、剪刀、人台手臂。

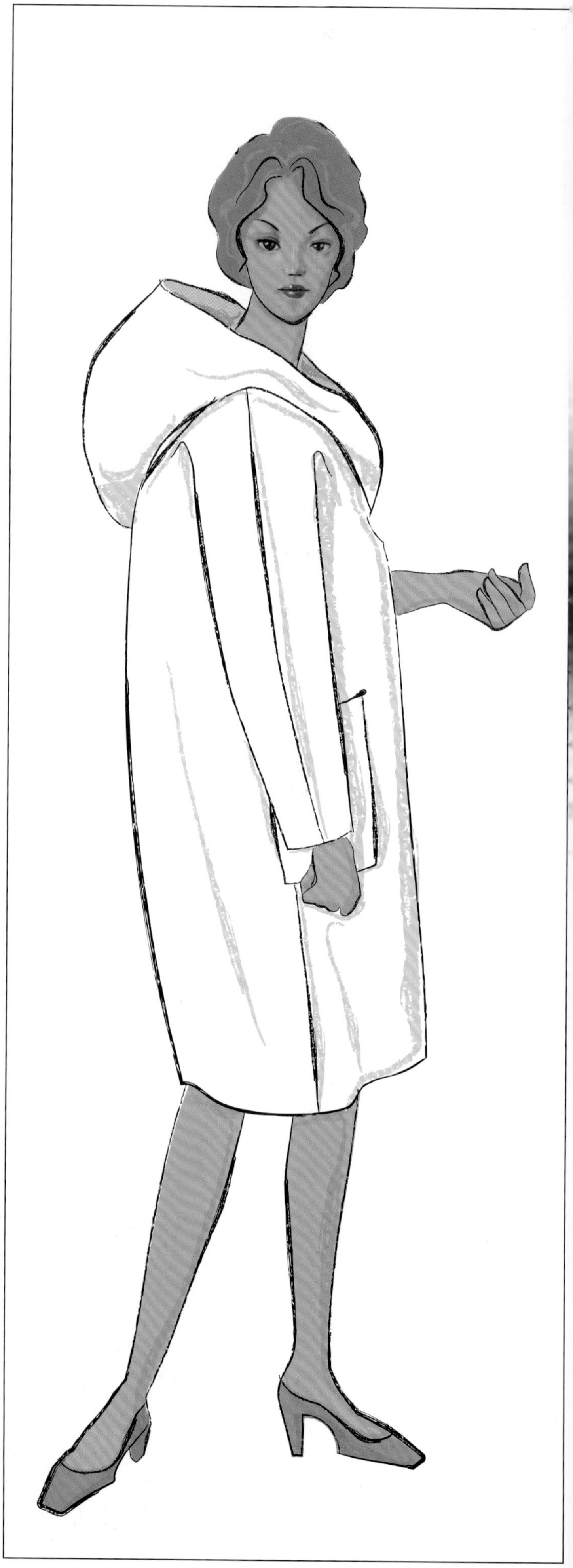

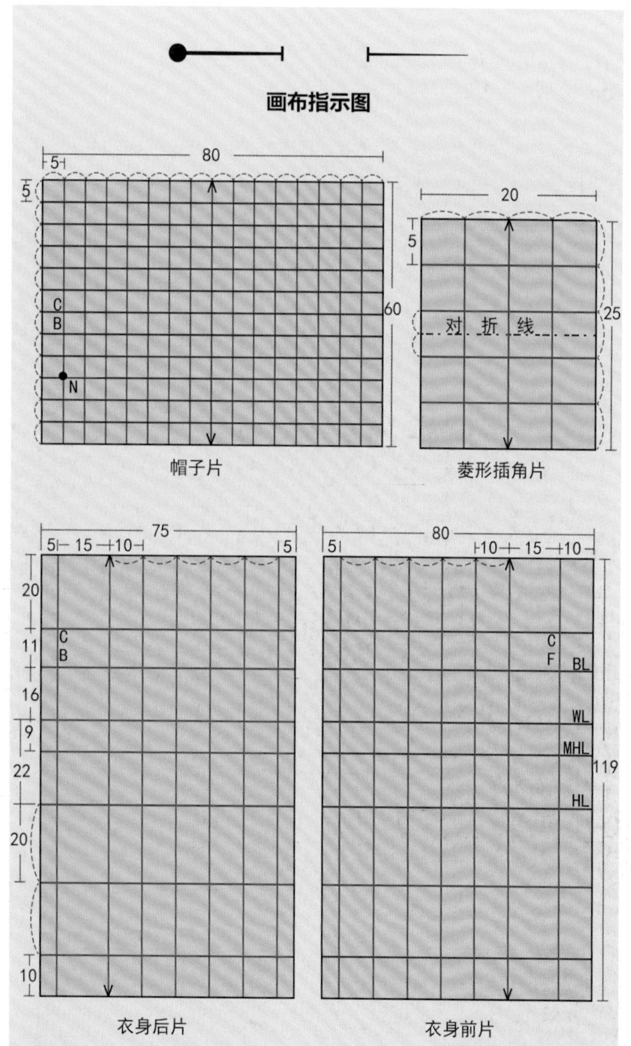

- **人台准备**

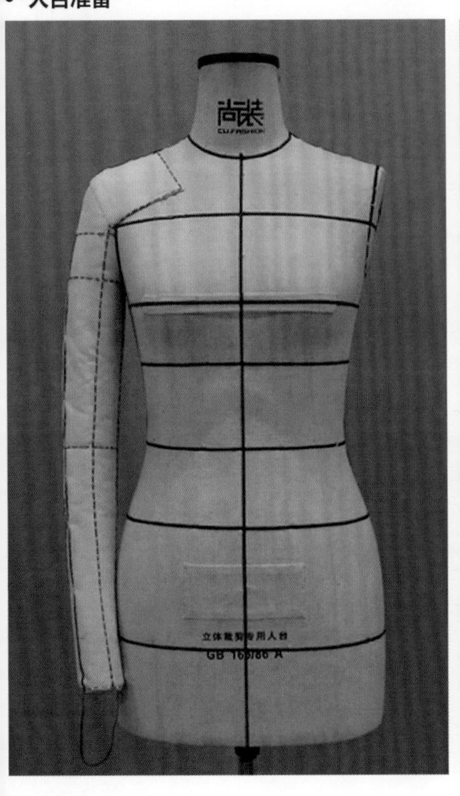

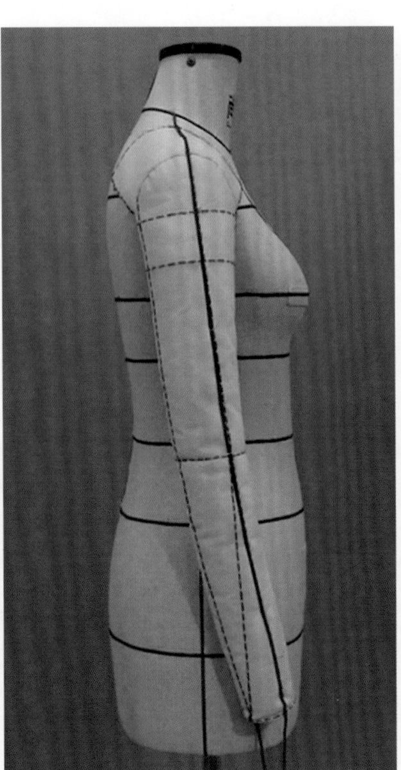

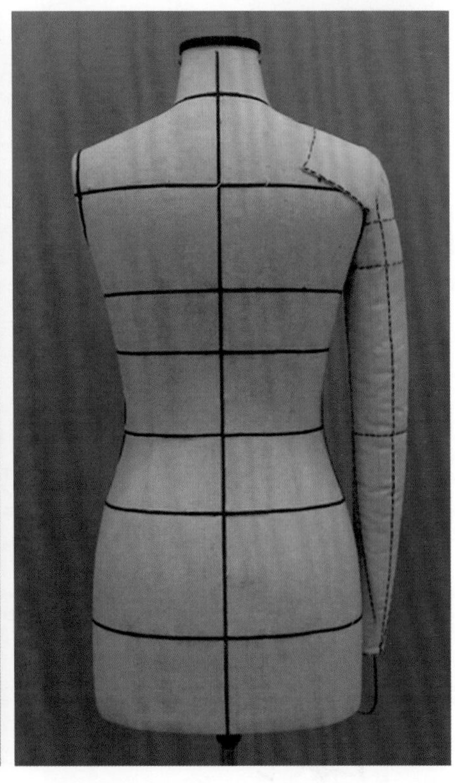

- **款式制作**

1 前片制作：在前片臀围线与前中线交点处下针，固定前中丝道线；确保各辅助线的水平与垂直，并与人台标线相对应；将两侧BP点用大头针固定，准备转移撇胸。

2 取下前颈点大头针，将坯布向左拉动，使CF线移动（前颈点处）1.5cm后用大头针固定前颈点（撇胸量），对实际CF线进行描点。自前颈点向肩颈点方向均匀打剪口，并清剪余布，在前领口处余留0.3cm松量（消化部分胸省）并用大头针固定。

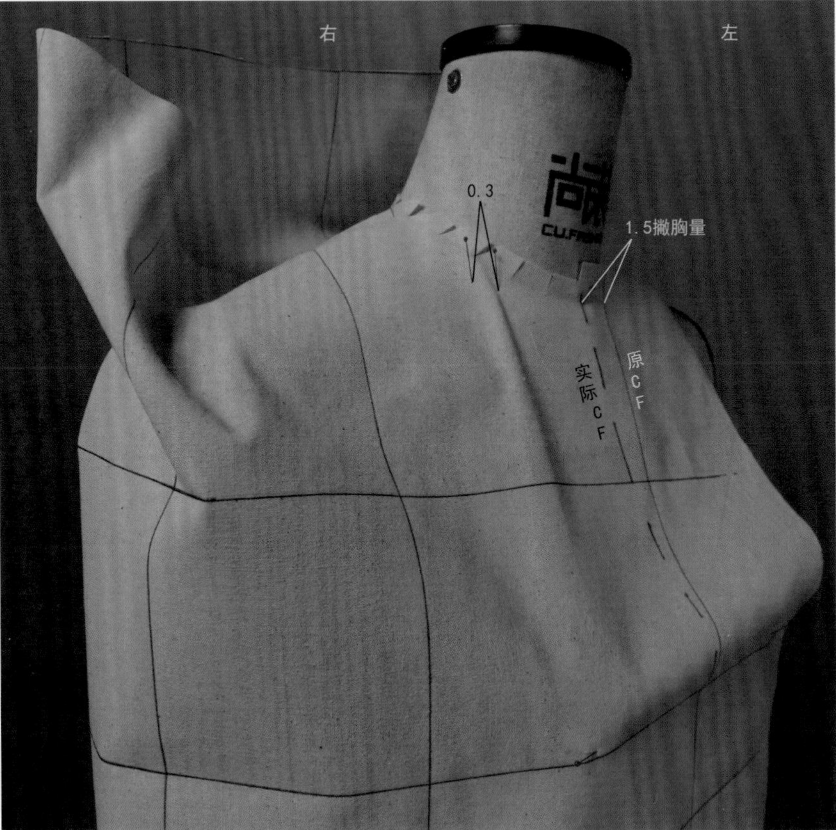

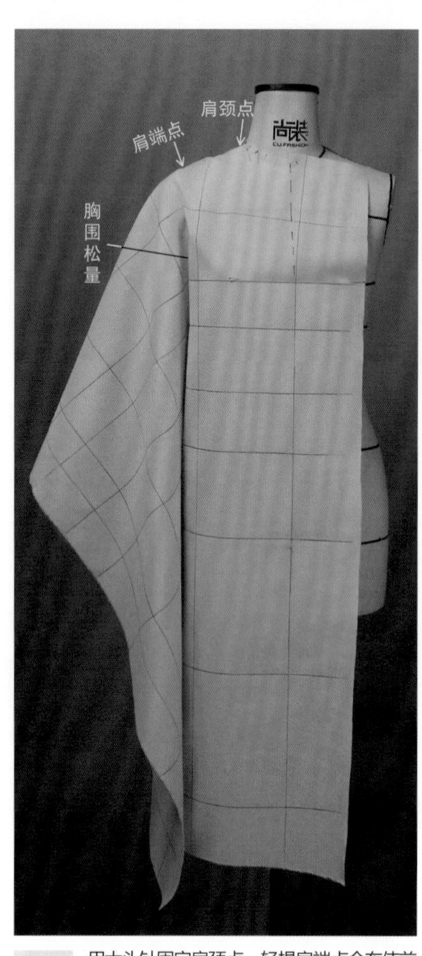

3 用大头针固定肩颈点，轻提肩端点余布使前胸宽处坯布有紧绷感，然后在肩端点固定大头针（点针），调整胸围与袖肥松量。

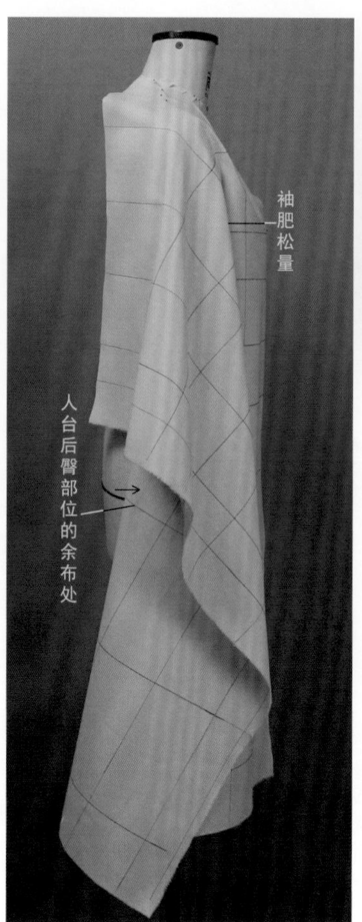

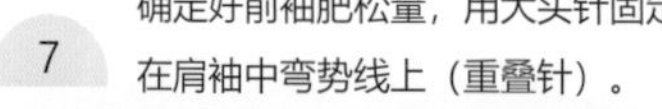
4-1 调整好胸围与袖肥松量后的效果，如图所示在人台后臀部位的余布处用大头针固定（点针）。

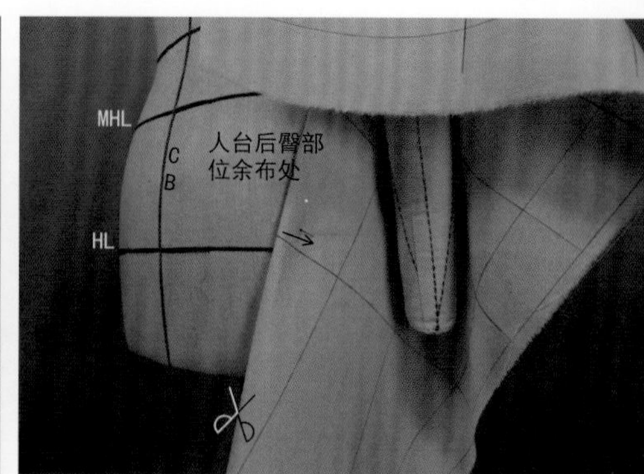

4-2 针法示意图（点针），准备将折叠线剪开。

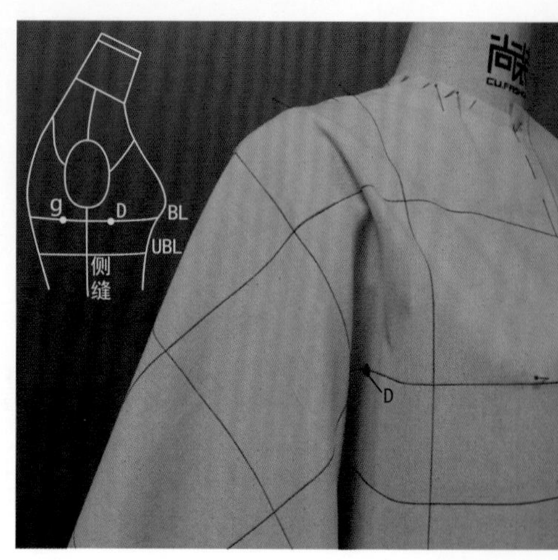

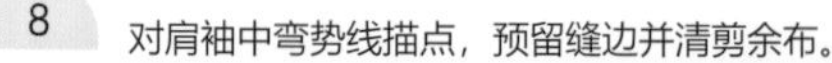
5 如图在胸宽袖窿拐点区域描点（此点为前担干点）D点。

6 由后身臀围处余布折叠线向上剪开至D点。

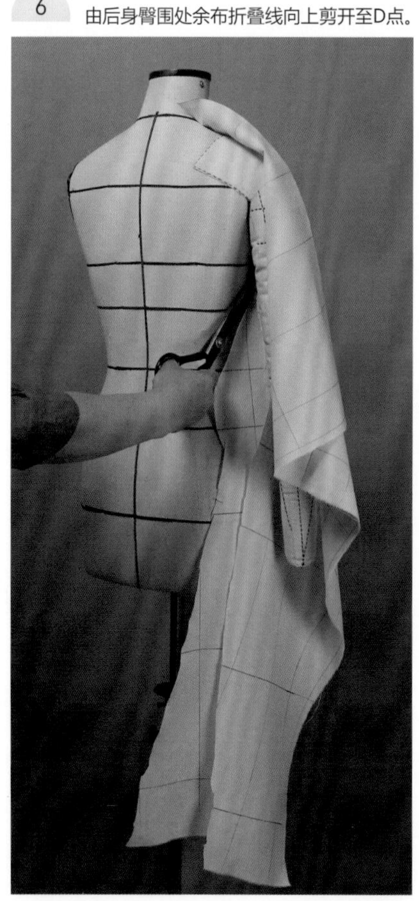

7 确定好前袖肥松量，用大头针固定在肩袖中弯势线上（重叠针）。

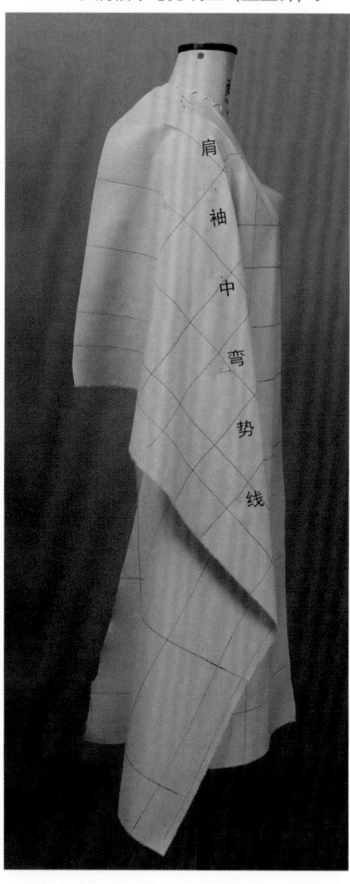

8 对肩袖中弯势线描点，预留缝边并清剪余布。

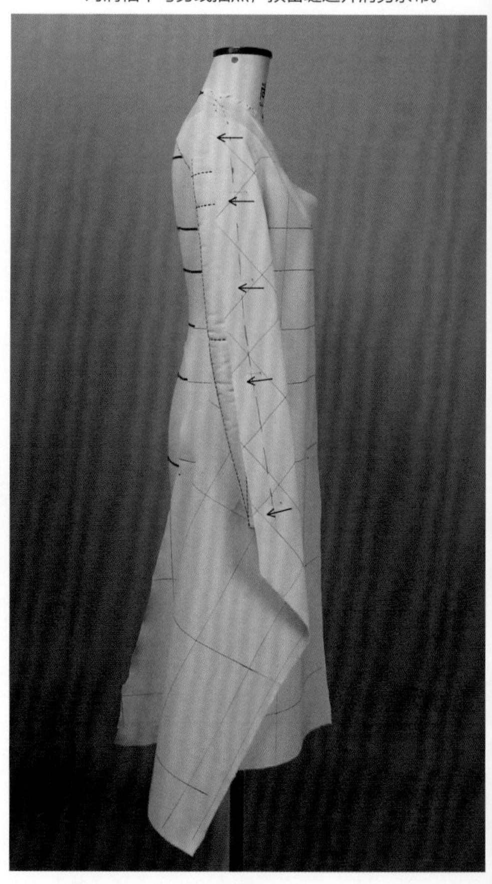

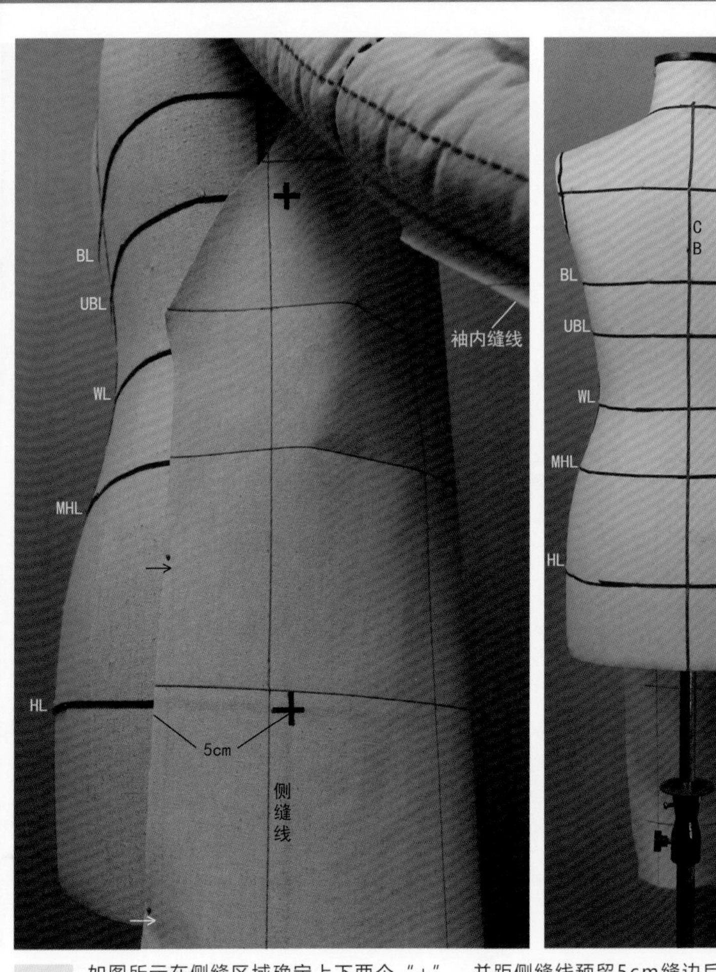

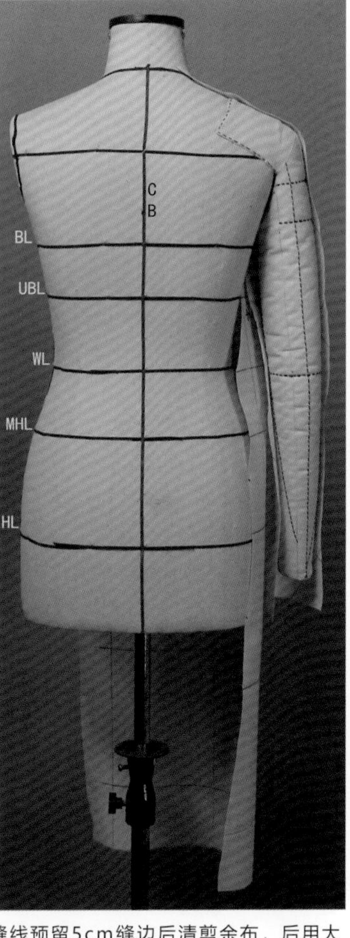

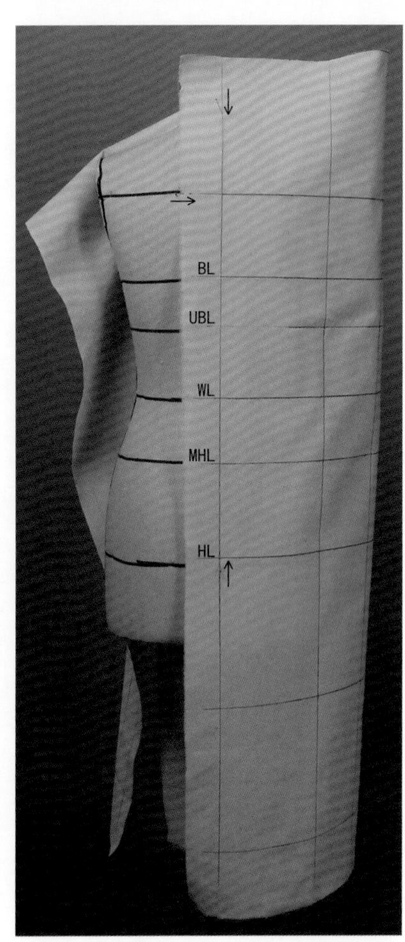

9　如图所示在侧缝区域确定上下两个“+”，并距侧缝线预留5cm缝边后清剪余布，后用大头针固定布边缘（点针，完全扎入人台）。将袖内缝线处的坯布用大头针与手臂固定（重叠针），预留3cm缝边后清剪余布。

10　后片制作：在臀围线与后中线交点处下针固定，确保各辅助线的水平与垂直，并与人台标线相对应。

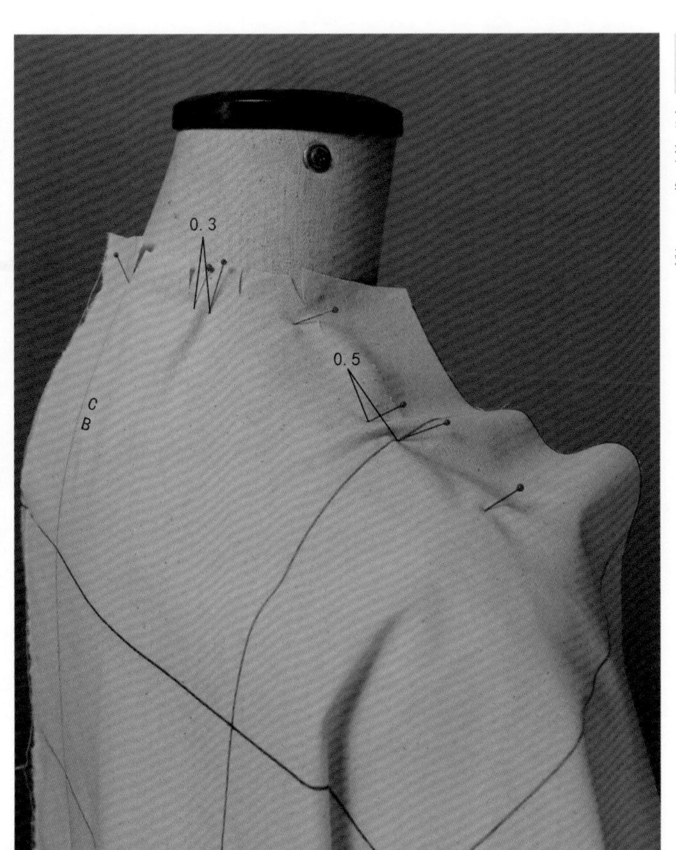

11

剪出后领口造型后，在后领口处预留0.3cm松量（吃势）并用大头针固定。在后小肩上留0.5cm松量（吃势），用大头针固定，在肩颈点与肩端点处用大头针固定。

12

如图所示调整好后胸围、后臀围与后袖肥松量后，将余布以折叠的形式放在前腹部处，并用大头针固定（点针），准备在折叠处剪开。

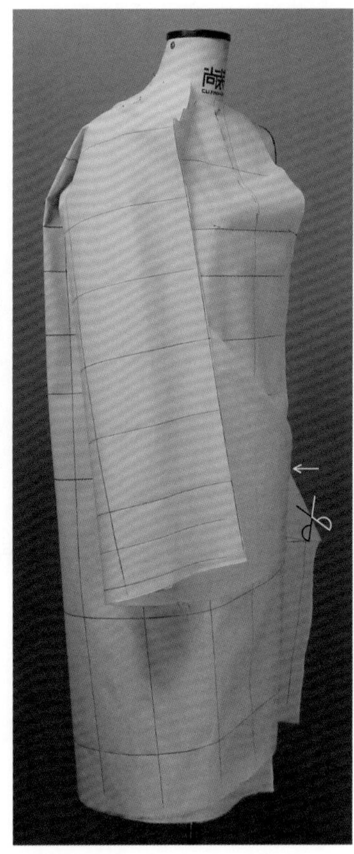

13 确定后担干点g点。

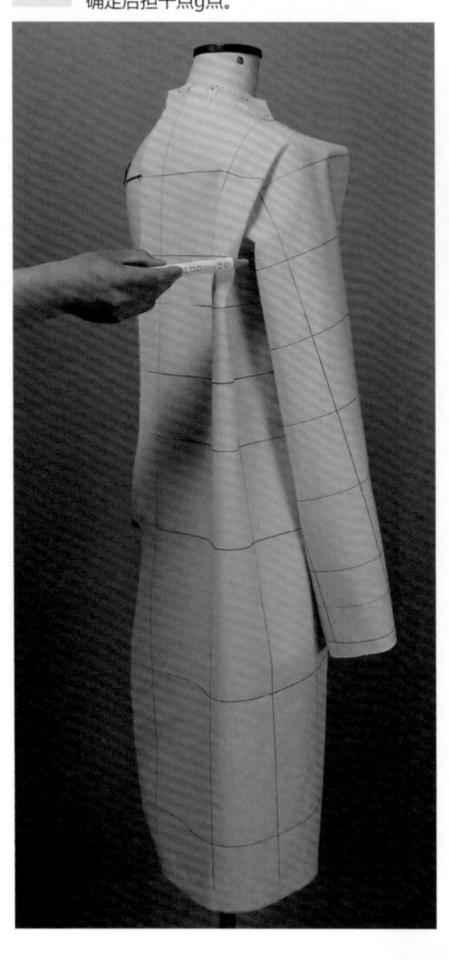

14 将手臂与人台夹角处的后片余布折叠线剪开至g点。清剪后袖、后身余布。

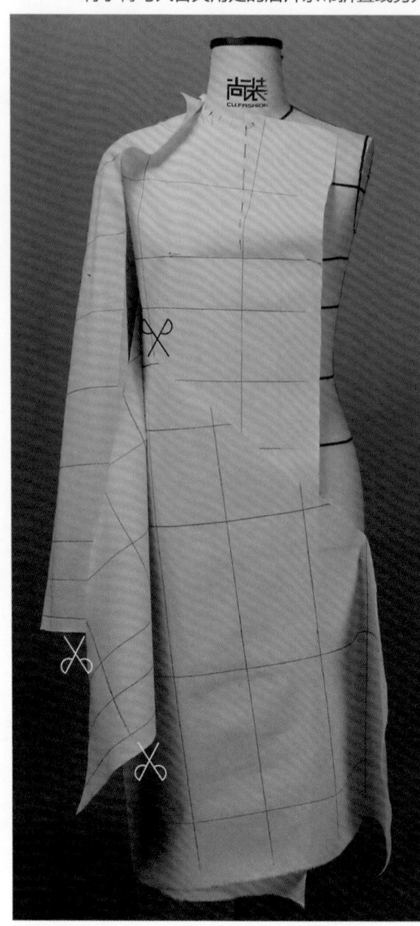

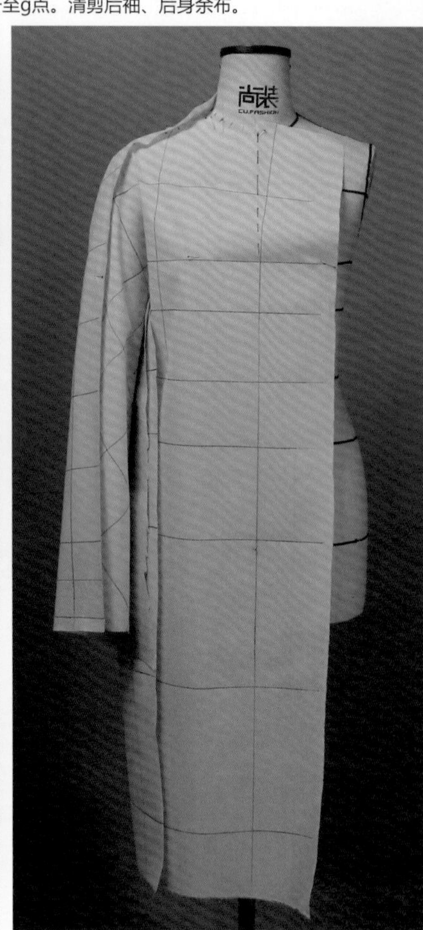

15

以刮折的方式扣净，假缝后衣身侧缝与后袖内缝（折叠针）。

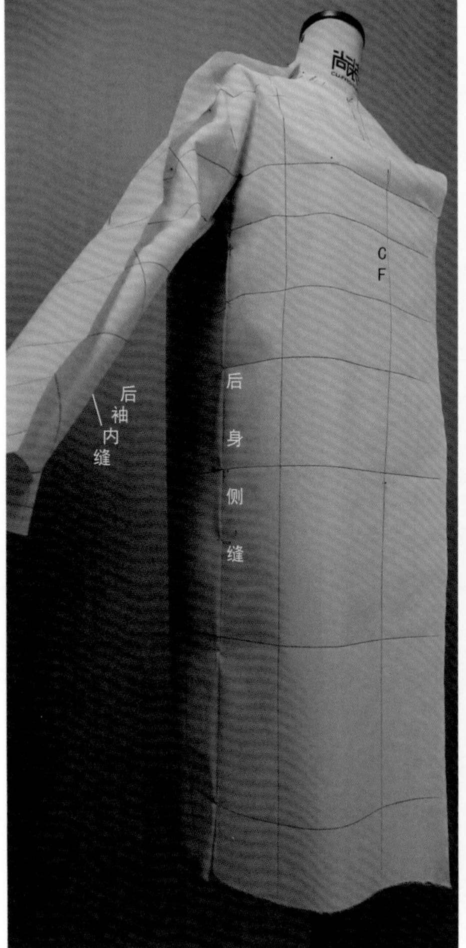

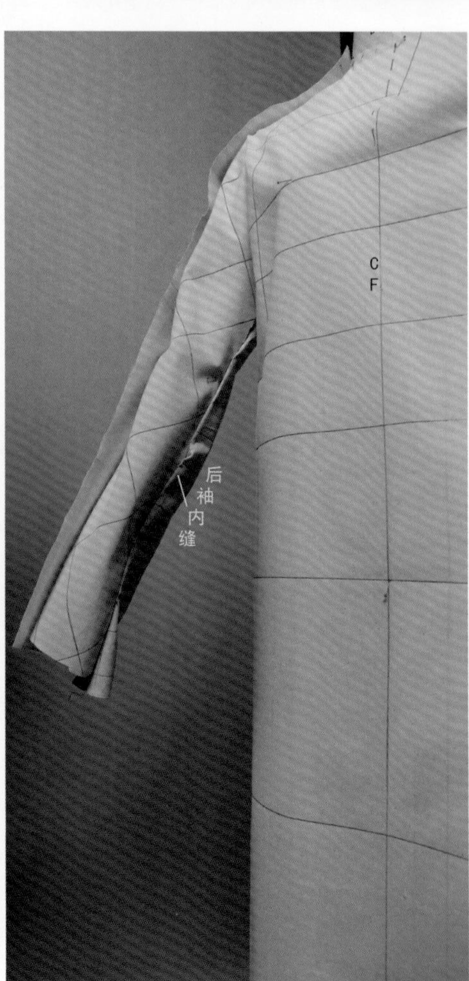

16 在肩端点、肘围处打剪口，以刮折扣净的方式，用大头针假缝肩袖缝，并对肩袖缝及袖口描点，在衣身内侧对袖内缝、衣身侧缝进行描点。

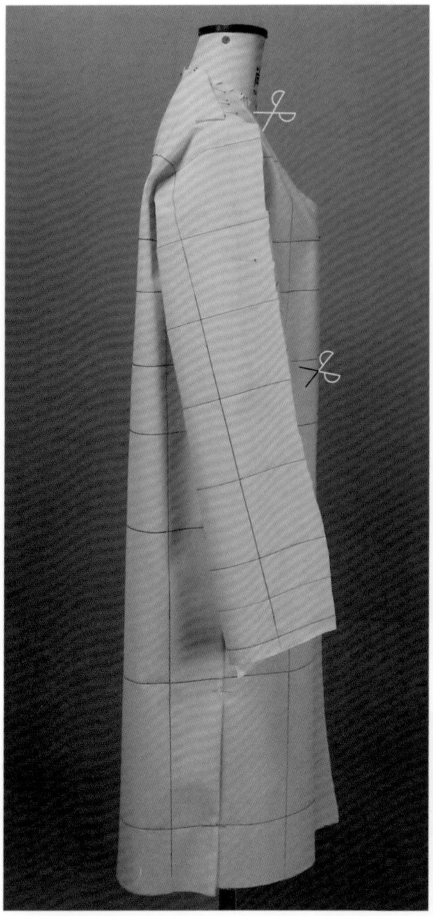

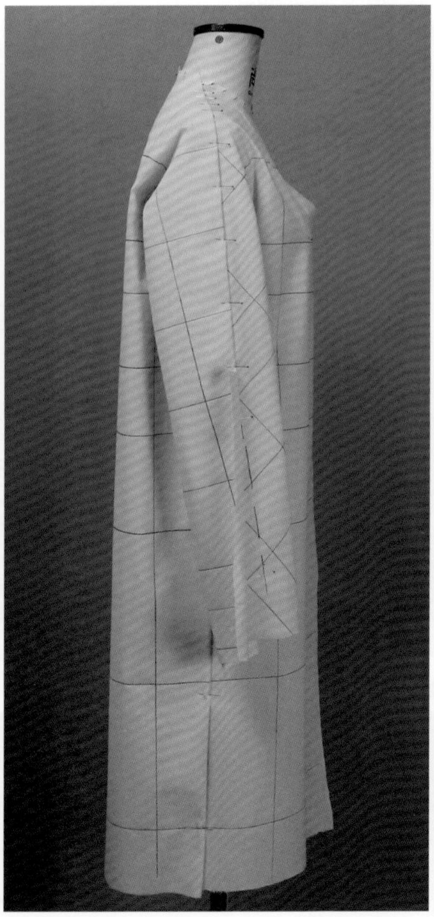

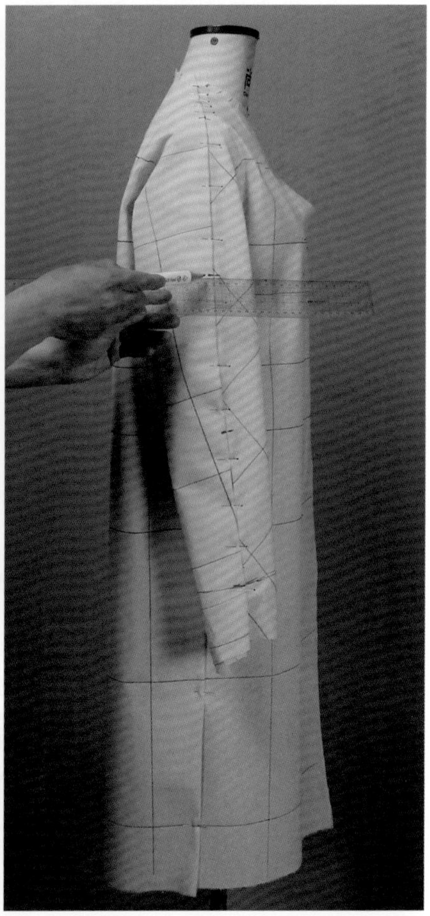

17 取下布片，对前后衣身进行整烫处理。

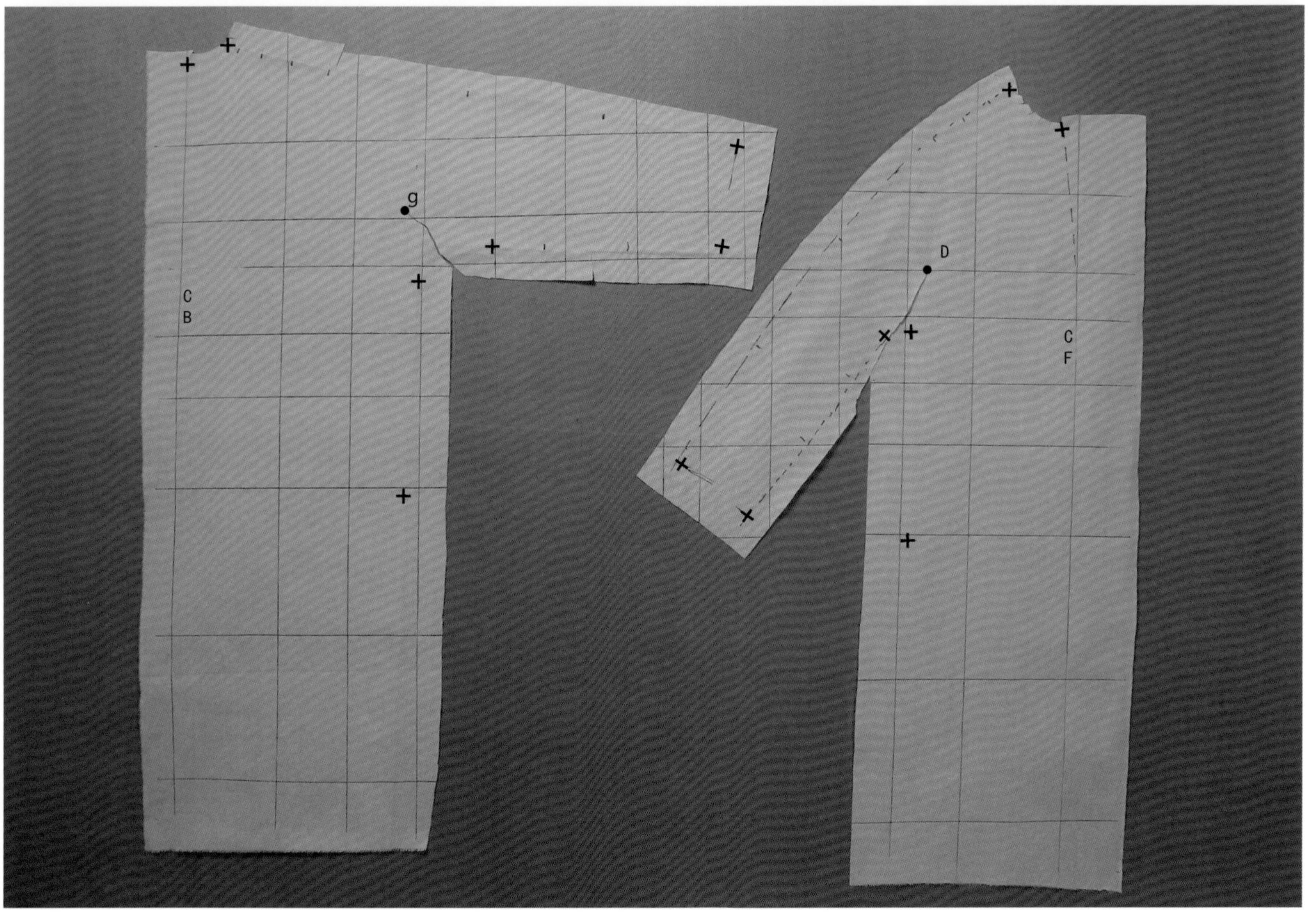

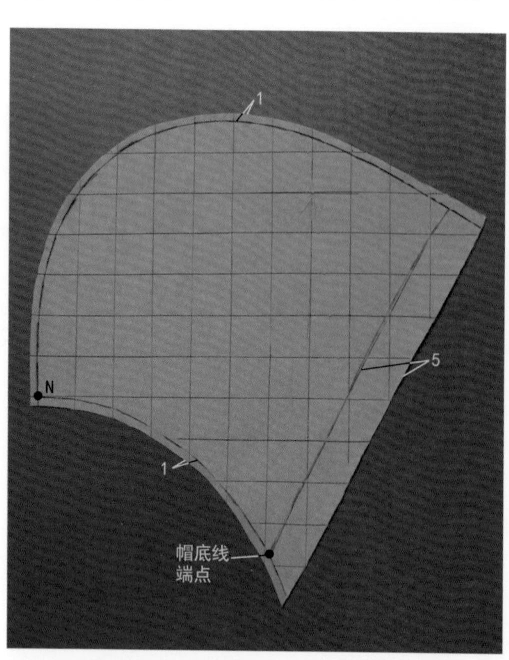

29 将帽子取下，对帽子进行线条的归纳整理，并清剪多余缝边。由于帽子的原因，假缝半身效果不利于观察造型，应进行全身假缝。

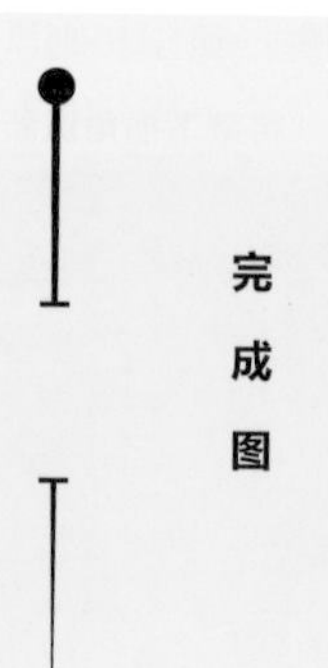

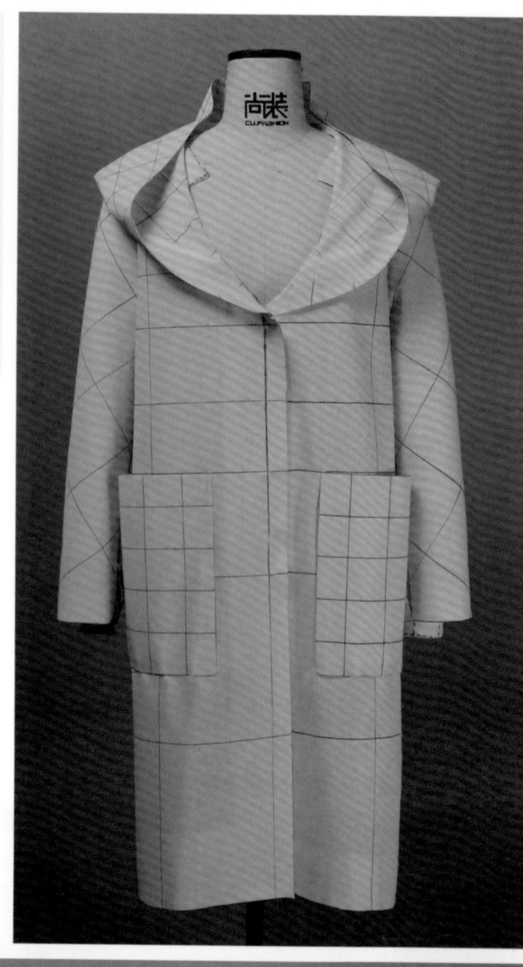

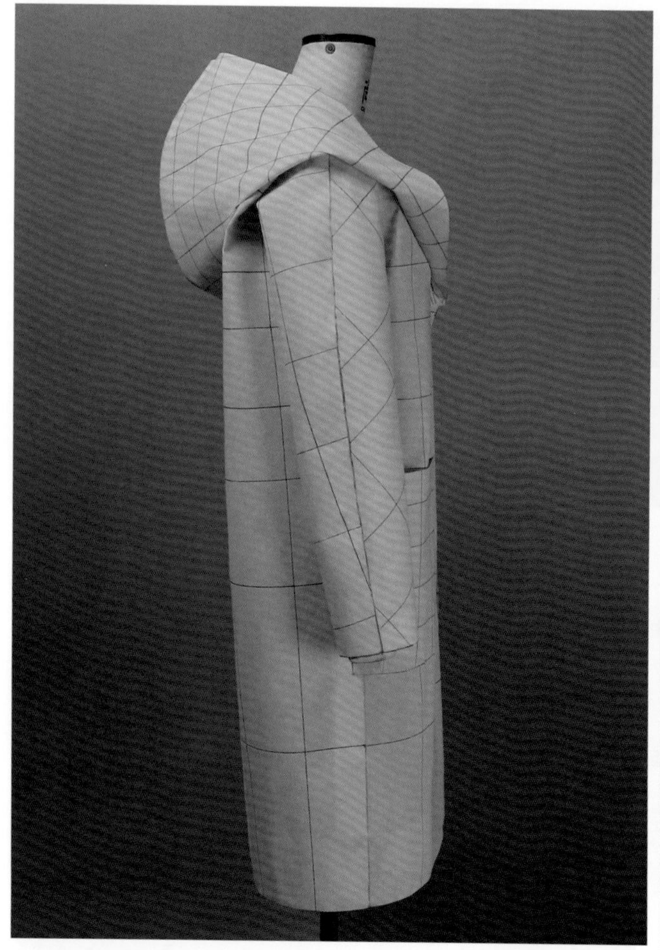

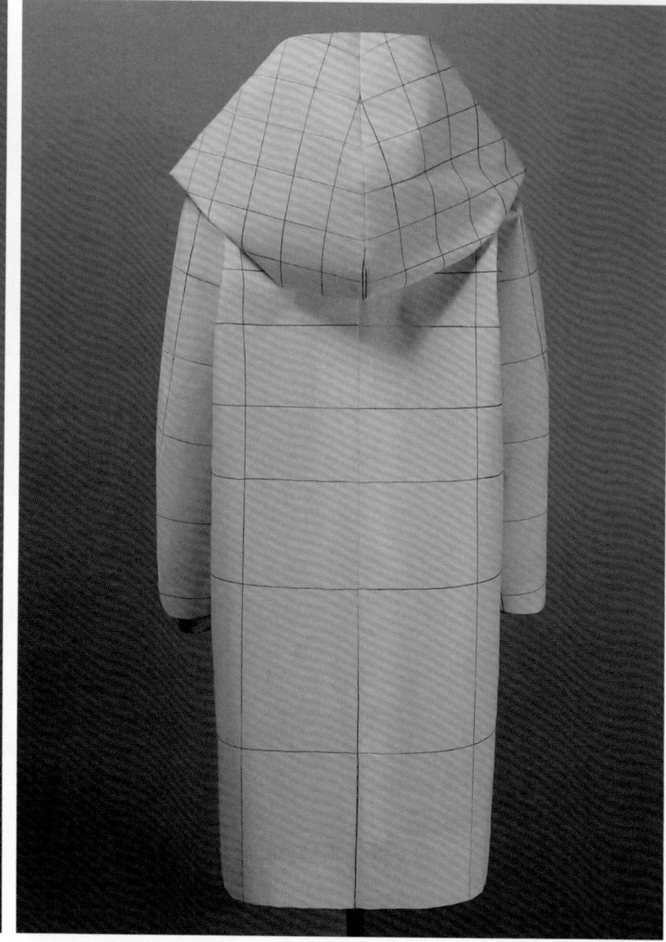

16 在肩端点、肘围处打剪口，以刮折扣净的方式，用大头针假缝肩袖缝，并对肩袖缝及袖口描点，在衣身内侧对袖内缝、衣身侧缝进行描点。

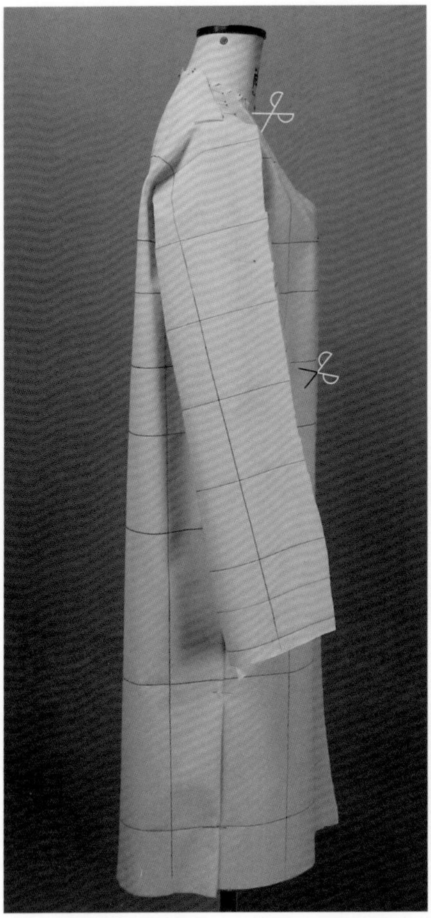

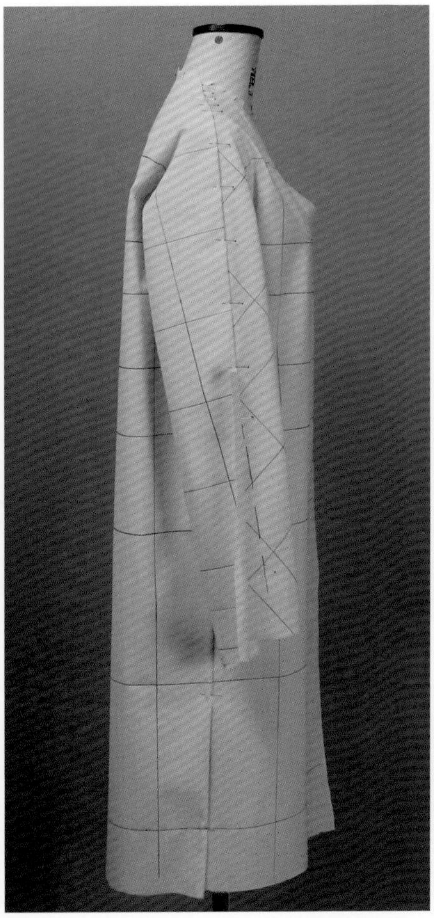

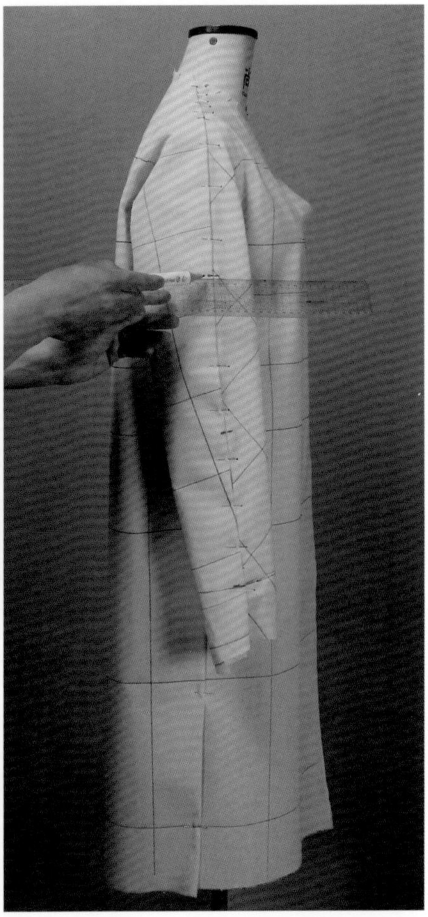

17 取下布片，对前后衣身进行整烫处理。

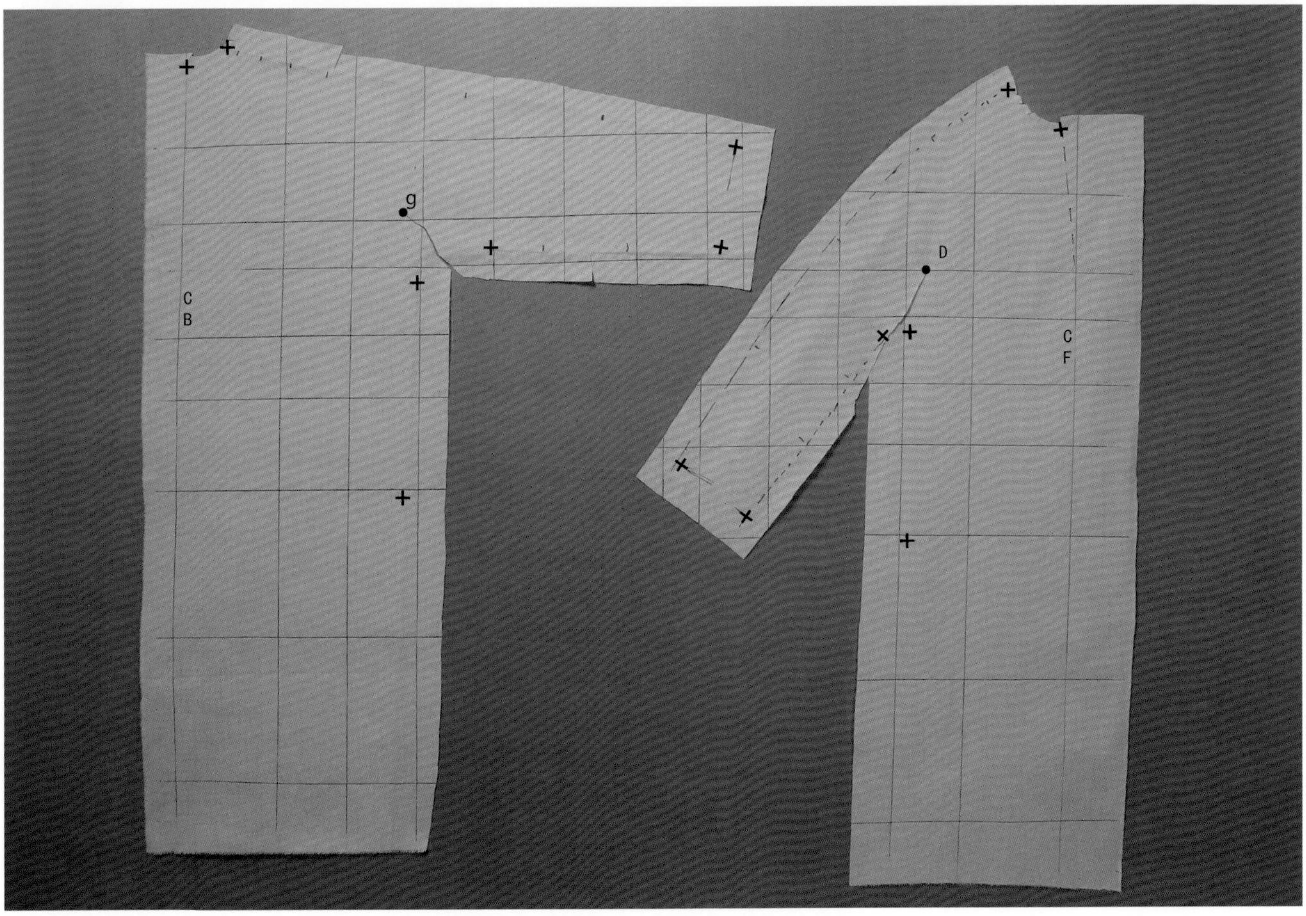

18 对前后衣片进行线条弧顺整理，部位：前、后肩袖中缝，前、后袖内缝，前、后侧缝，前、后插角断缝，前、后袖口，在CF线向外加2.5cm搭门画出止口线。

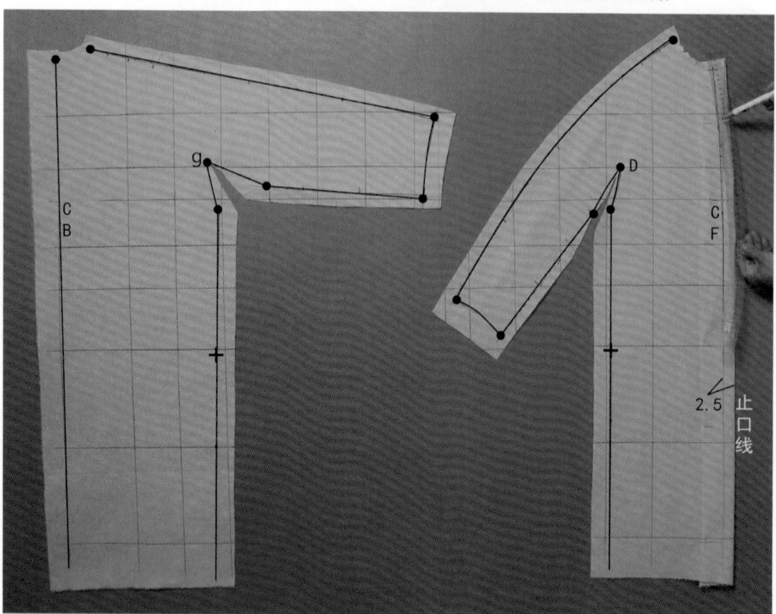

19 将侧缝与袖内缝按对位剪口进行假缝，对前、后中做扣净处理。

20 将假缝好的衣片放置于人台上，假缝肩袖中缝。

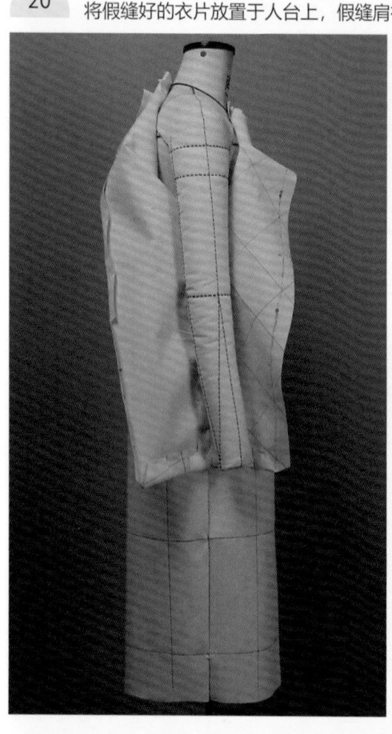
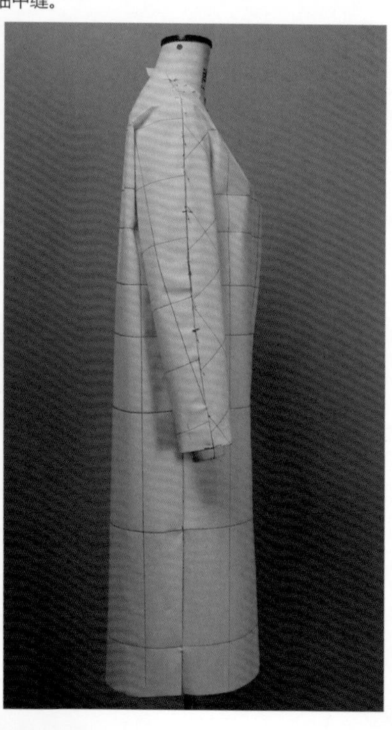

21 腋下插角制作：将基础布对折，折叠线在前后担干点（即D点与g点）处卡住，并用大头针固定。

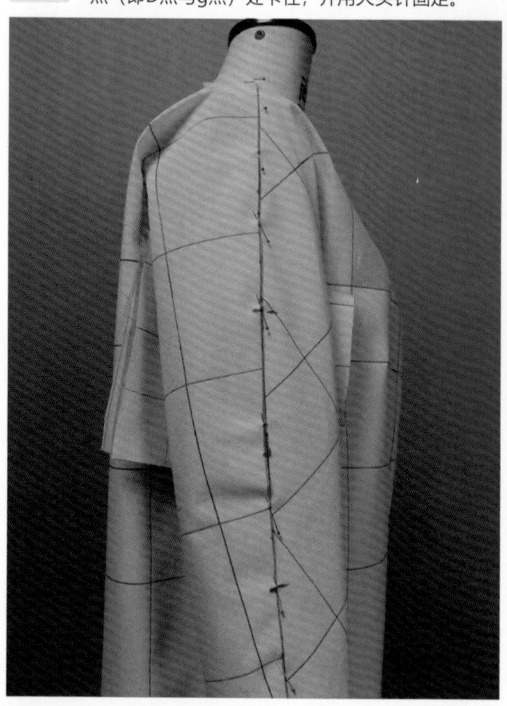

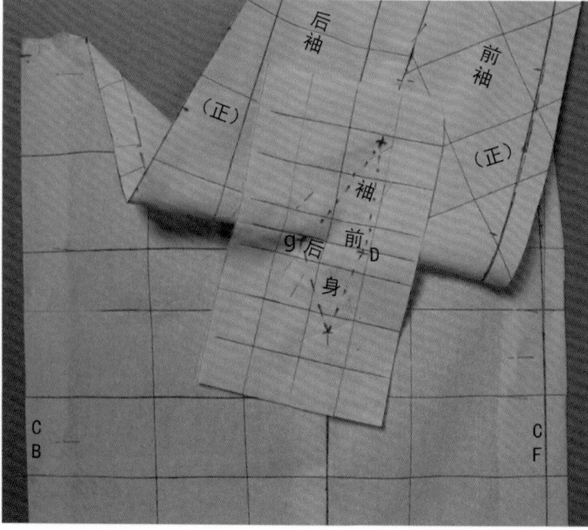

22 如图所示，拆下肩袖中缝的针。

23 将布料铺平并抬起袖布，对插角进行描点。

24 如图所示，清剪腋下插角多余缝边，四周边缘留1cm缝边扣净。

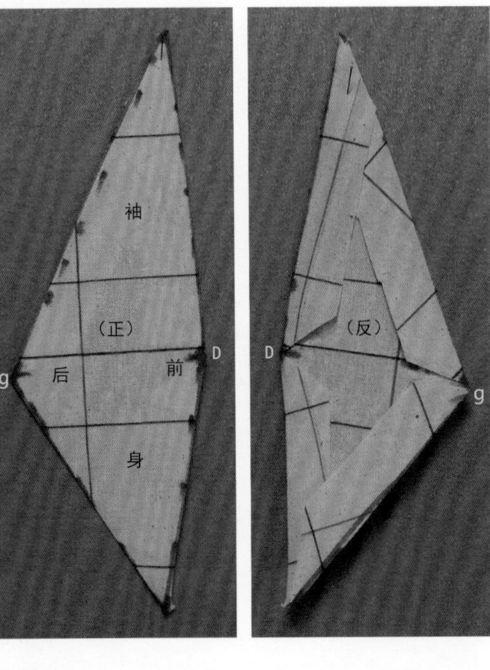

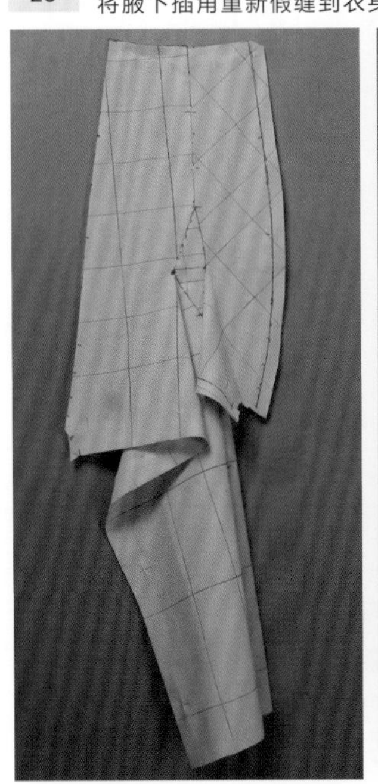

25 将腋下插角重新假缝到衣身上，并将衣身穿在人台上。

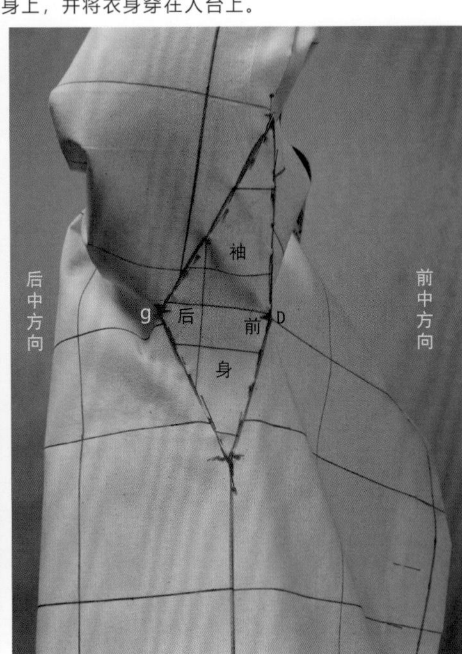

26 帽子制作：如图所示，提前将前后领口造型描点。

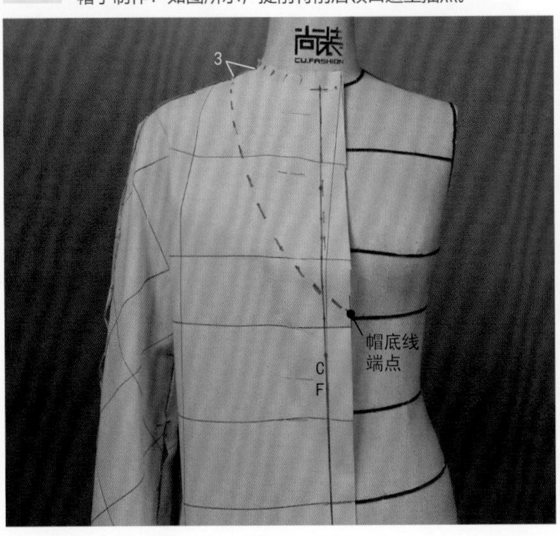

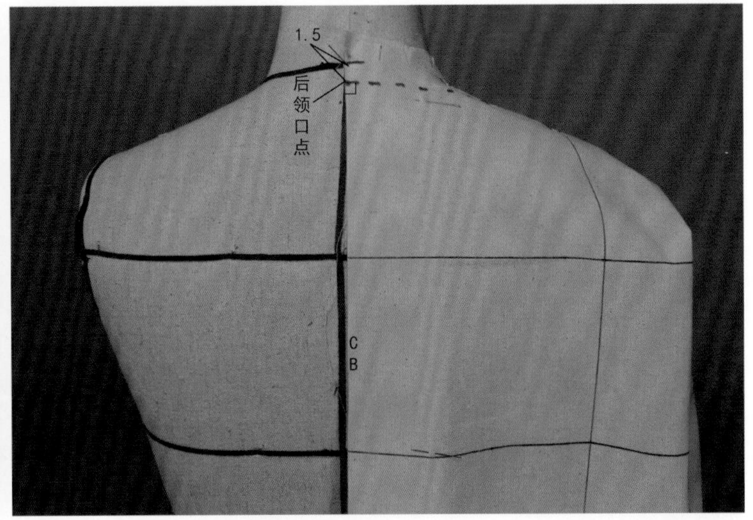

27 将帽子基础布的N点对准后领口点，用大头针固定，基础布的CB线垂直。

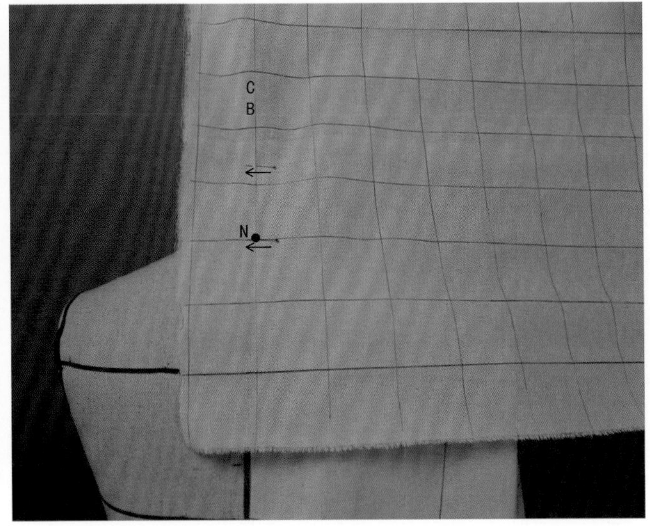

28 沿新开的领口，用大头针依次向前固定，边固定边打剪口，边轻提帽子基础布；逐步固定到前领口端点处，清剪余布。将领布立起，如图所示，画出帽子轮廓线。

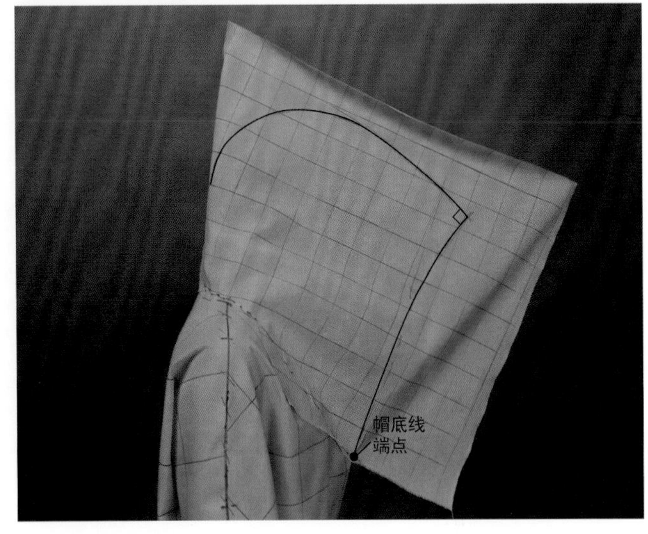

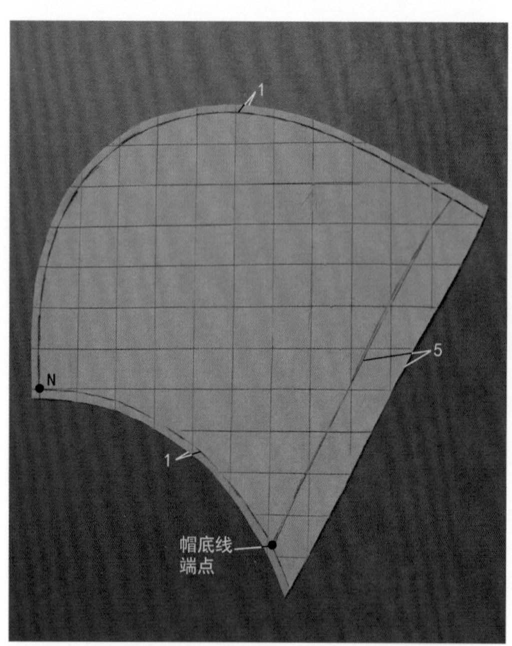

29 将帽子取下，对帽子进行线条的归纳整理，并清剪多余缝边。由于帽子的原因，假缝半身效果不利于观察造型，应进行全身假缝。

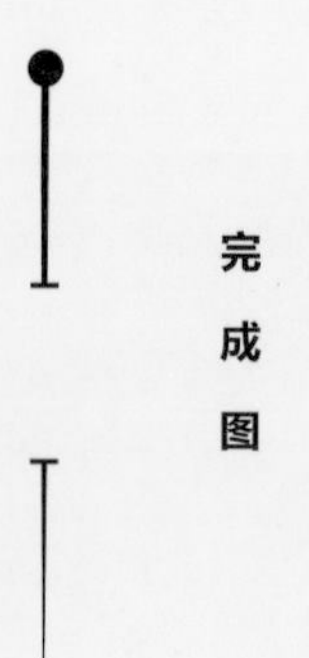

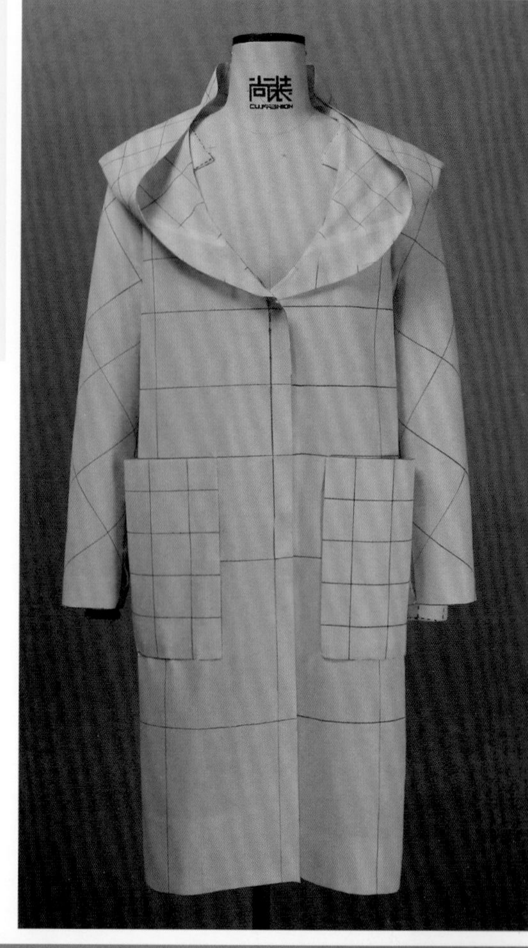

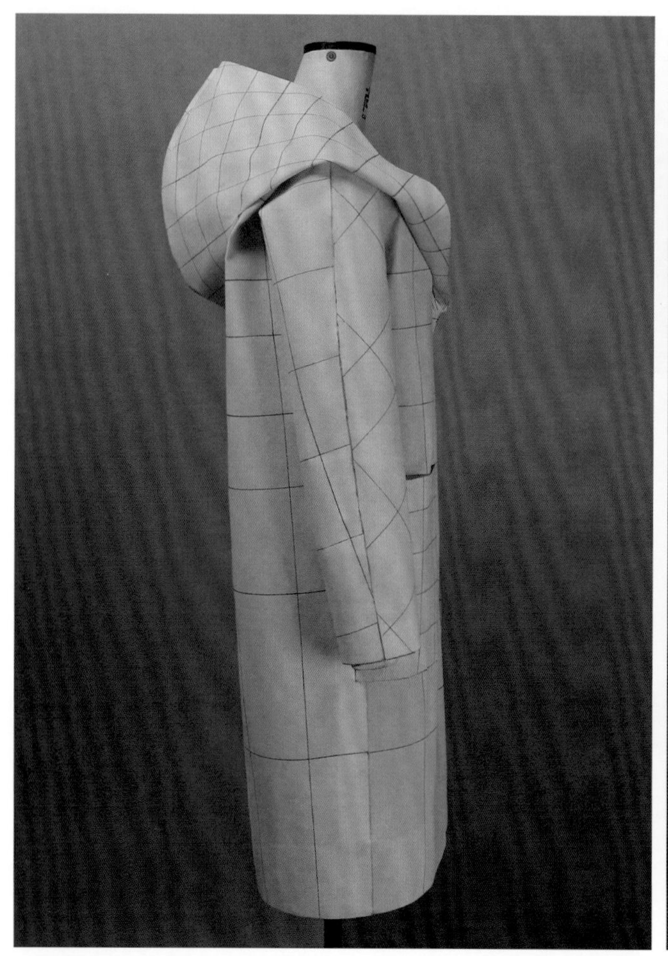

立裁样版图

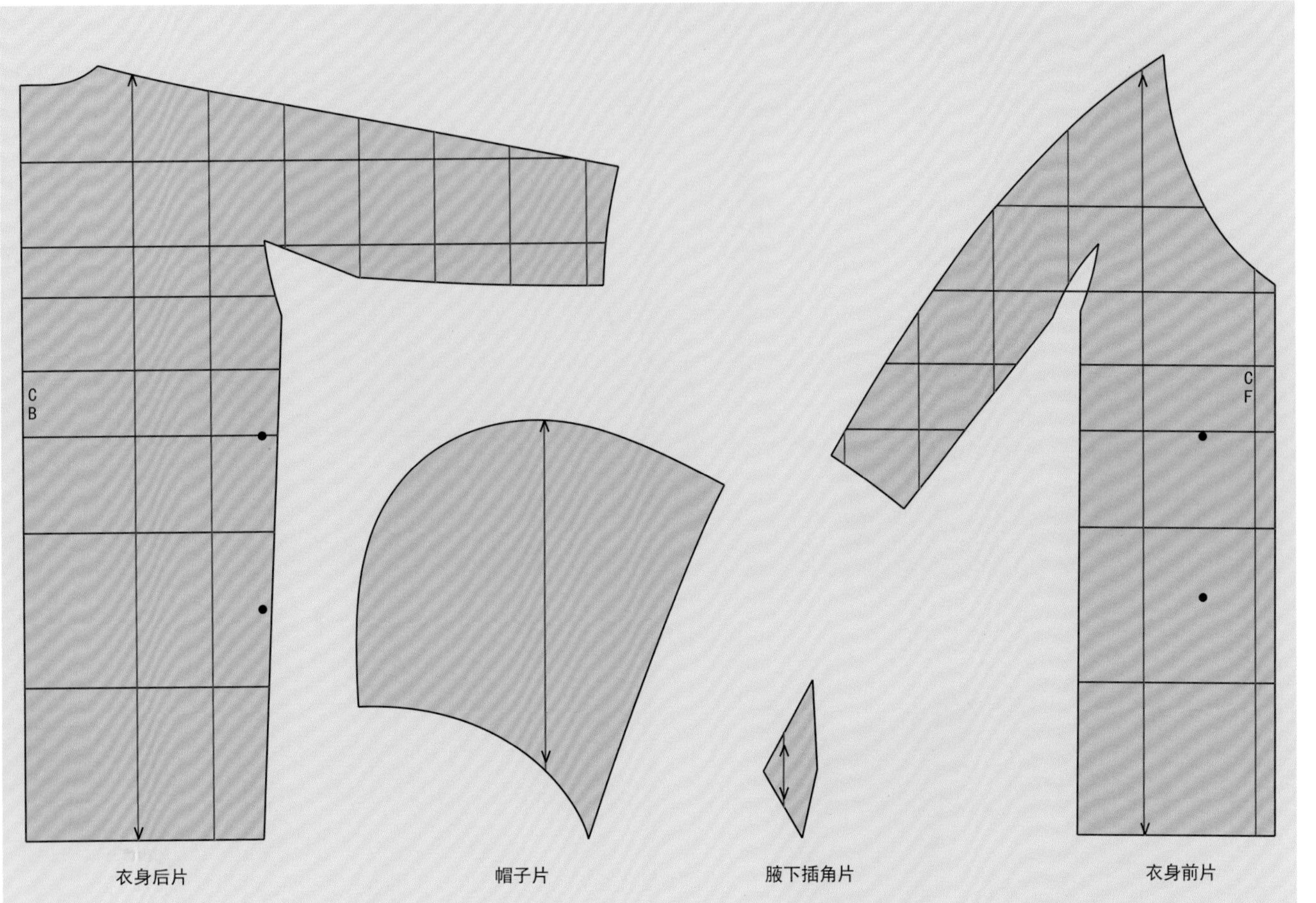

Draping

The Complete Course

光芒褶礼服

款式描述

衣身前身为左右不对称结构，呈发射状排列的褶皱造型，后身左右对称，无袖，袖窿紧贴身体，松量状态为合体偏紧身。

练习重点

- 掌握左右不对称款式人台标线的方法。
- 练习不对称立裁的平衡控制。
- 发射褶立裁手法与描点拓版技巧。

材料准备

- 人台（不限定号型）。
- 宽0.3cm纯棉织带。
- 专业立裁针、剪刀。
- 210cm×120cm纯棉坯布。
- 马克笔（或4B铅笔）、三色圆珠笔。
- 推版尺、多功能尺、皮尺。

画布指示图

衣身后片

衣身前右片　　衣身前左片

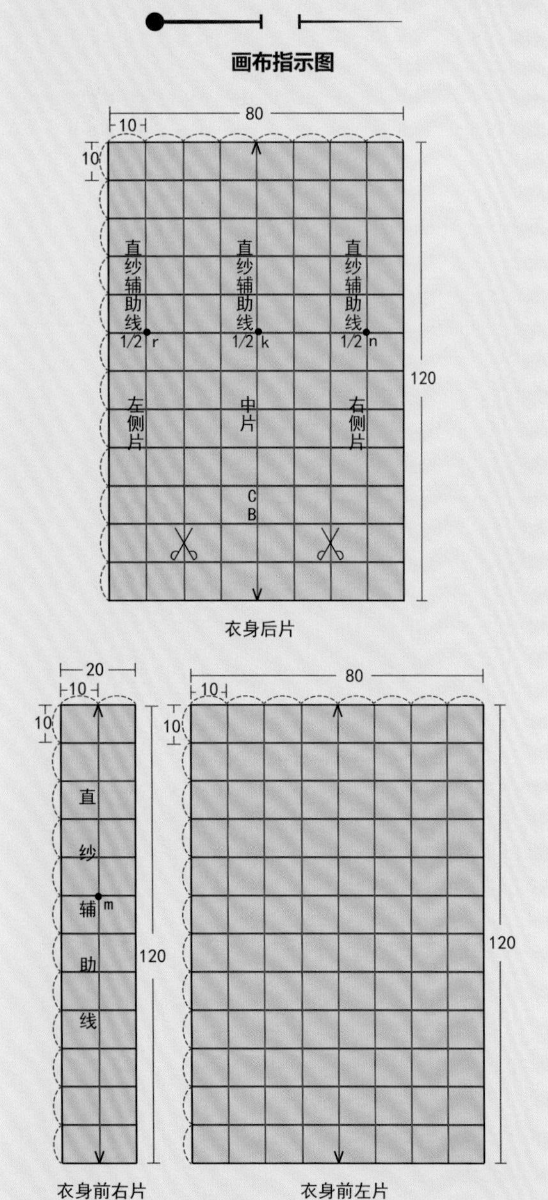

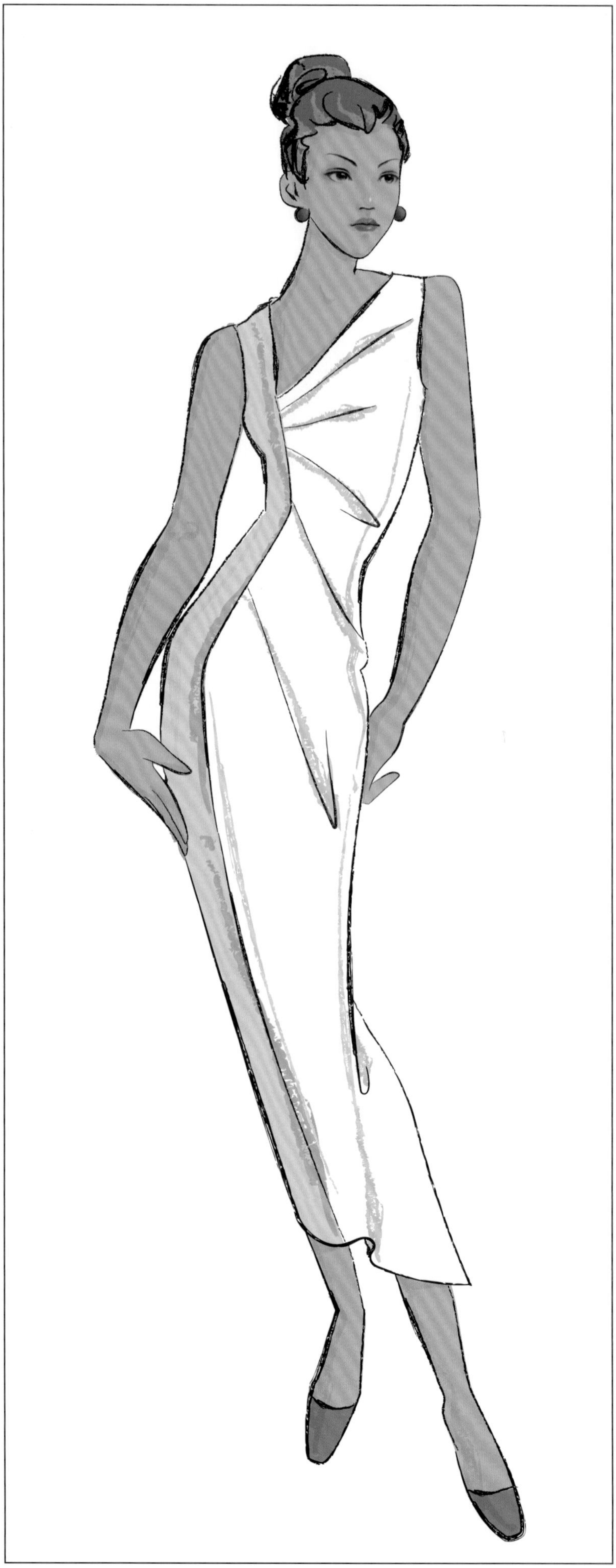

- **人台准备**

需要提前标线的部位：左、右侧的袖窿造型，侧缝线，前身右侧分断（通天省）结构线，后身左、右两侧的分断（通天省）结构线。

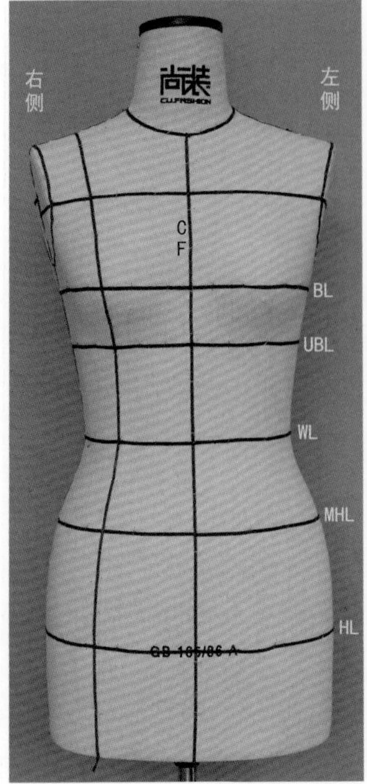

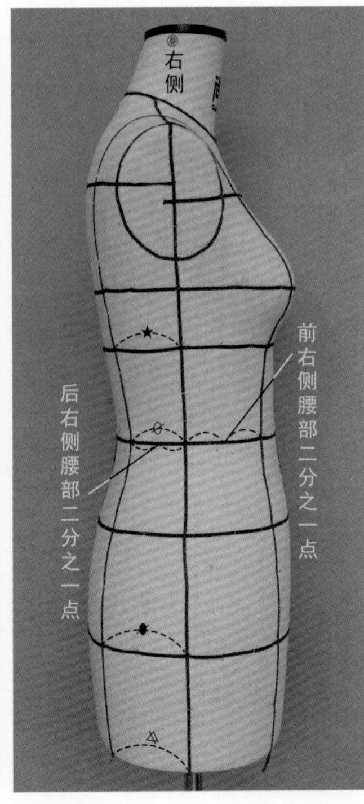

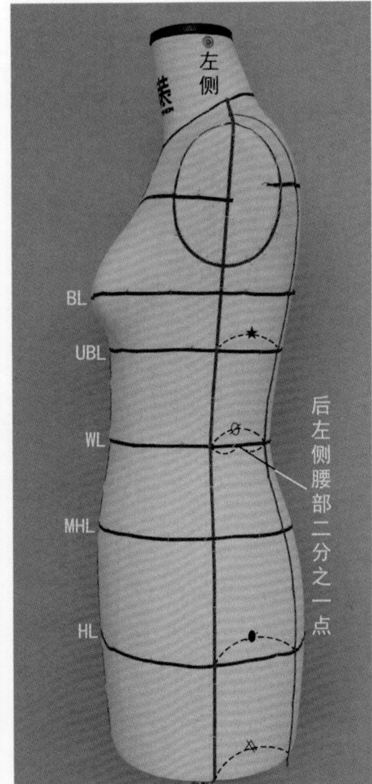

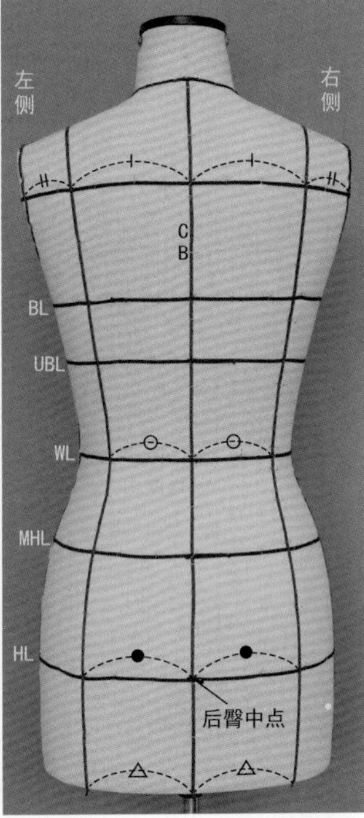

保持袖窿和侧缝的左、右对称。

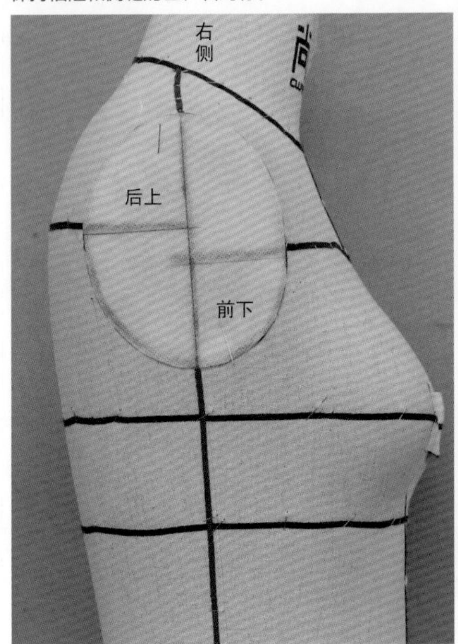

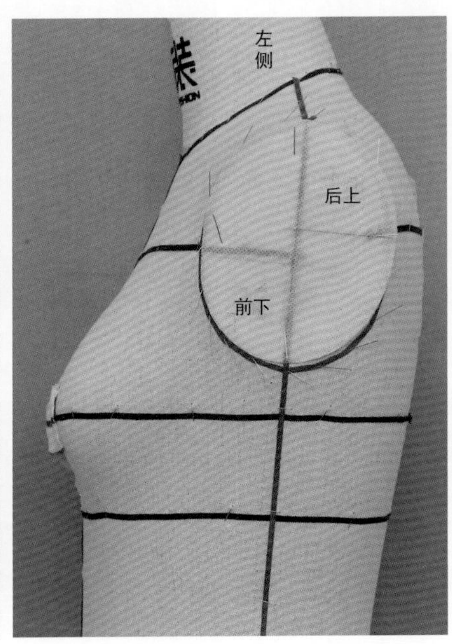

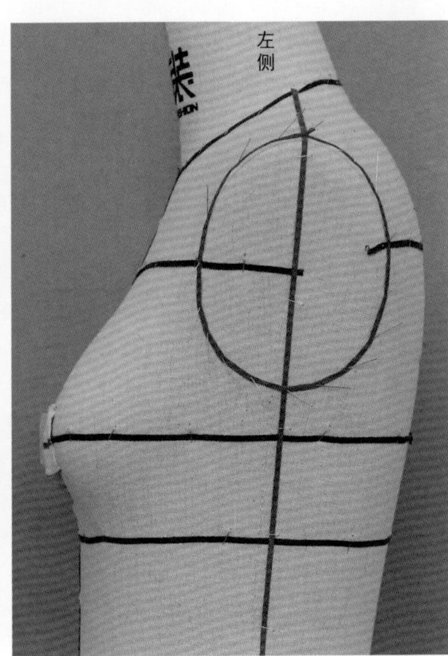

1 前左片制作：前左片用布准备，将布平铺，如图所示，剪掉一个角（45°斜角），然后将缝份（5cm）内扣。

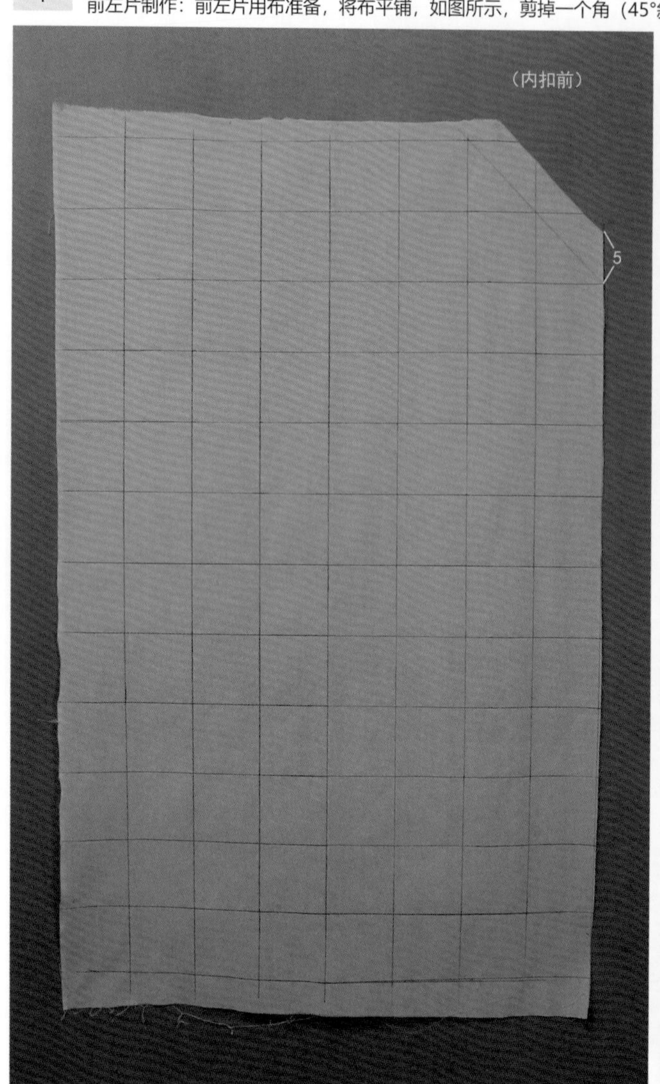

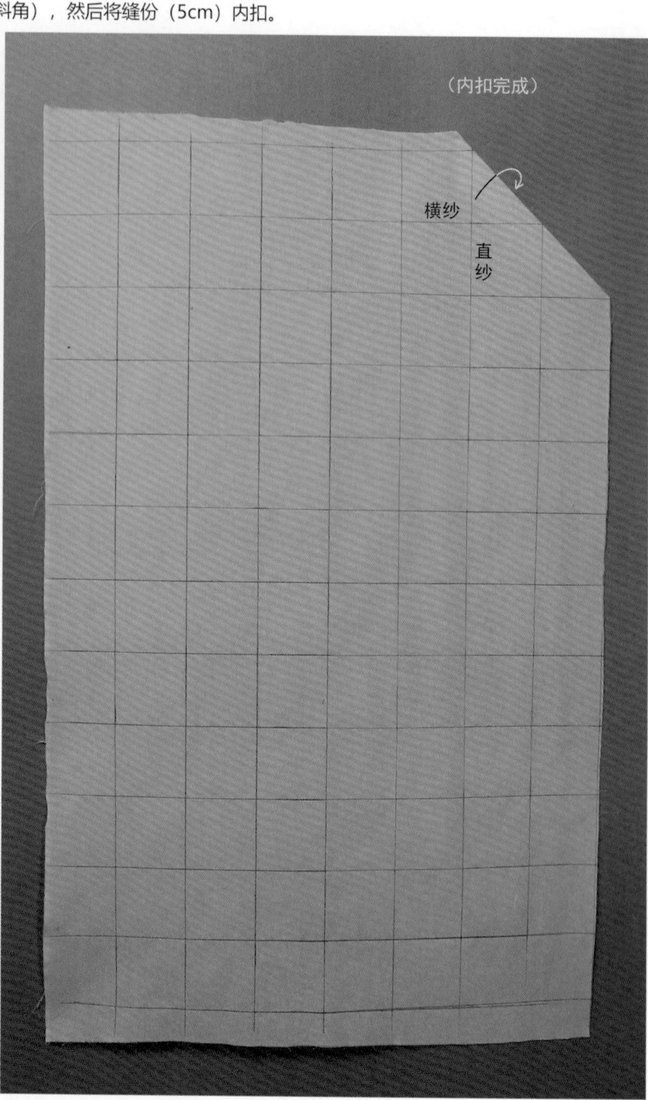

2 将内扣缝份的斜角边如图所示，在人台上找一个合适的角度之后，用大头针将其与人台固定（注意：红色直纱与蓝色横纱的方向位置）。

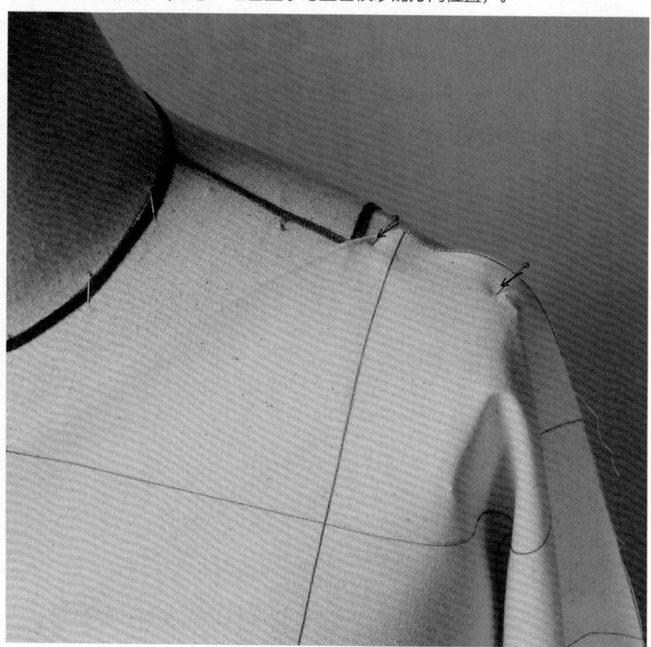

3 在第一个定向褶皱的端点处，用大头针（点针）固定，并打剪口。

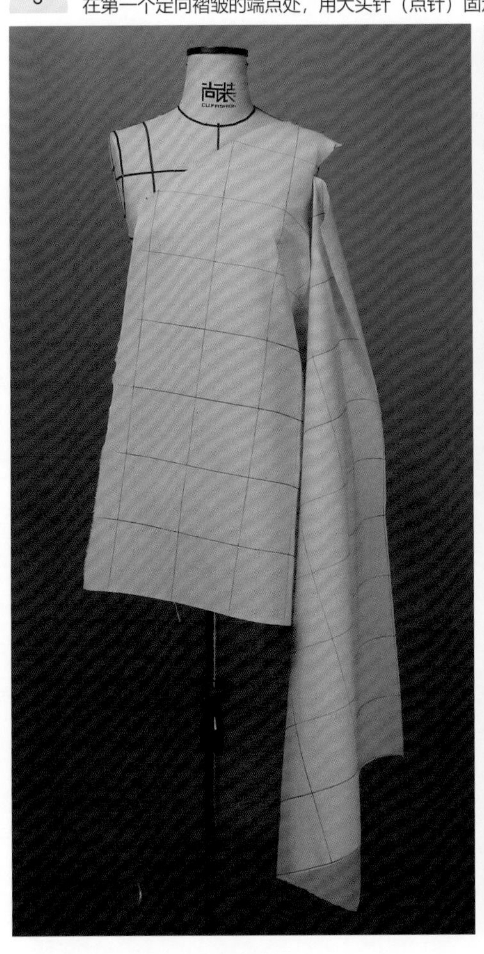

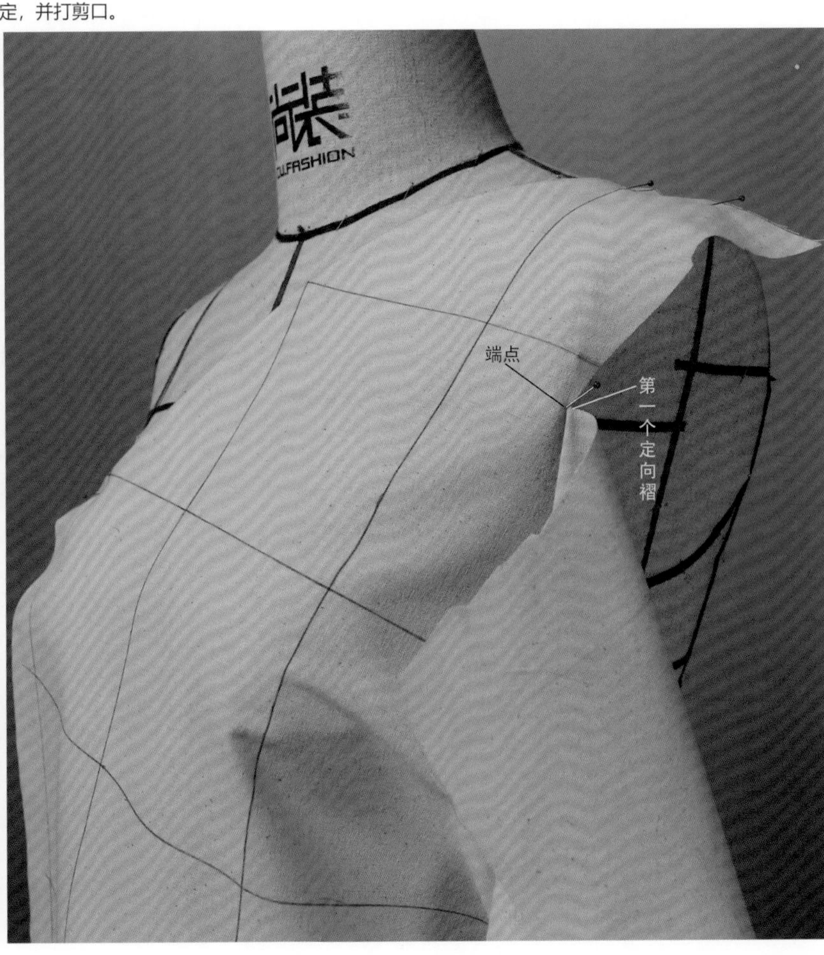

4 做出第一个定向褶皱造型，用大头针将褶皱造型固定（点针）。

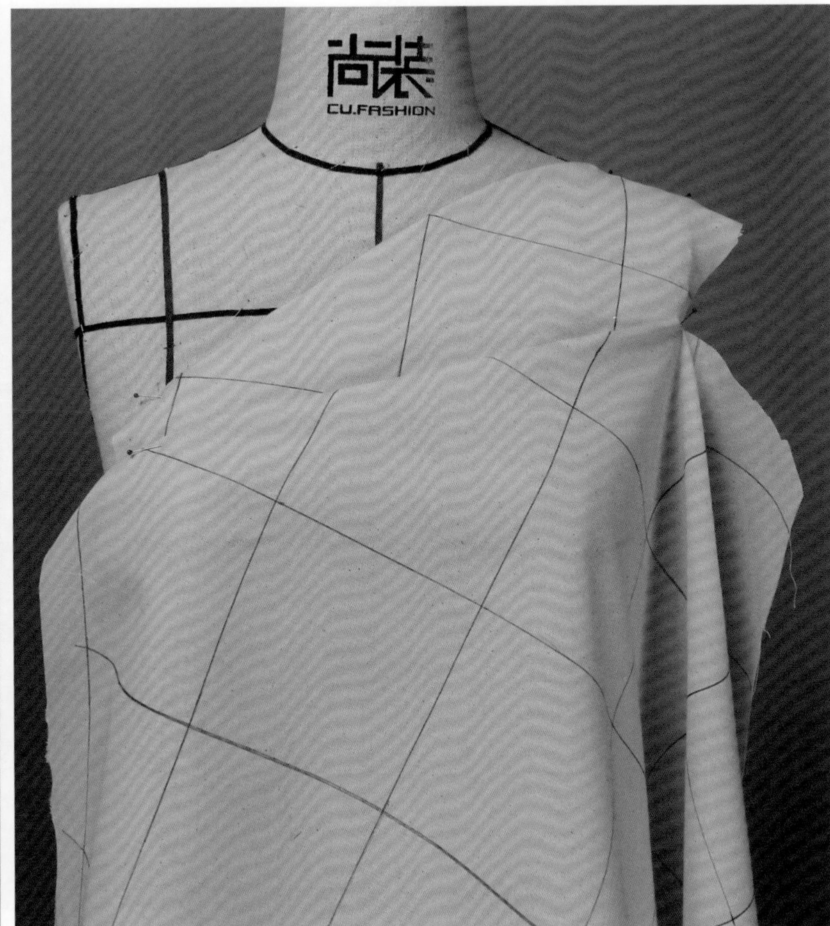

5 将余布在侧缝保持平伏状态，如图所示用大头针固定至腋下点、胸下侧点、腰节点，并自上而下斜向打剪口至大头针固定处。

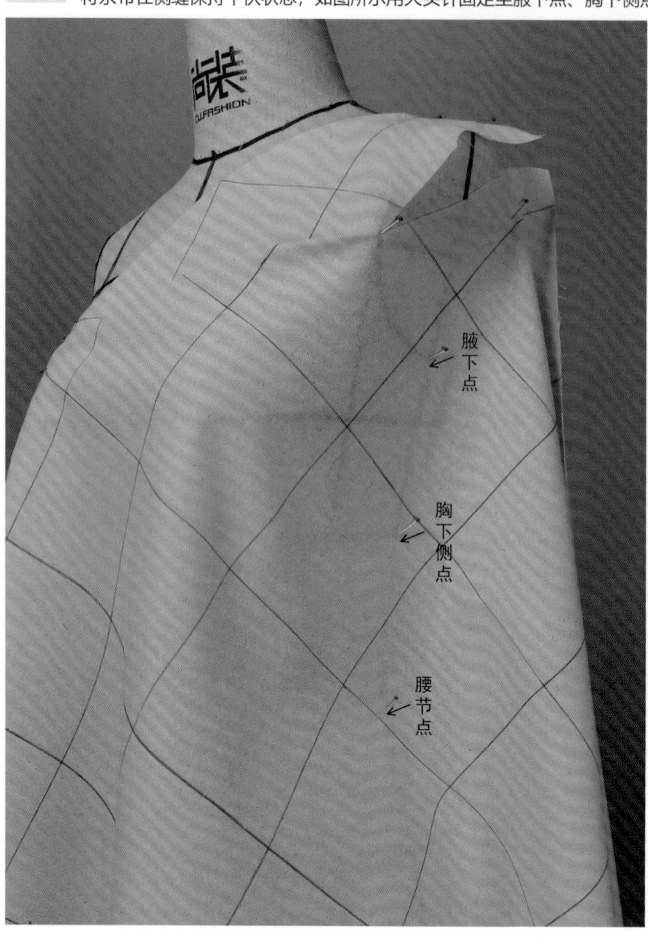

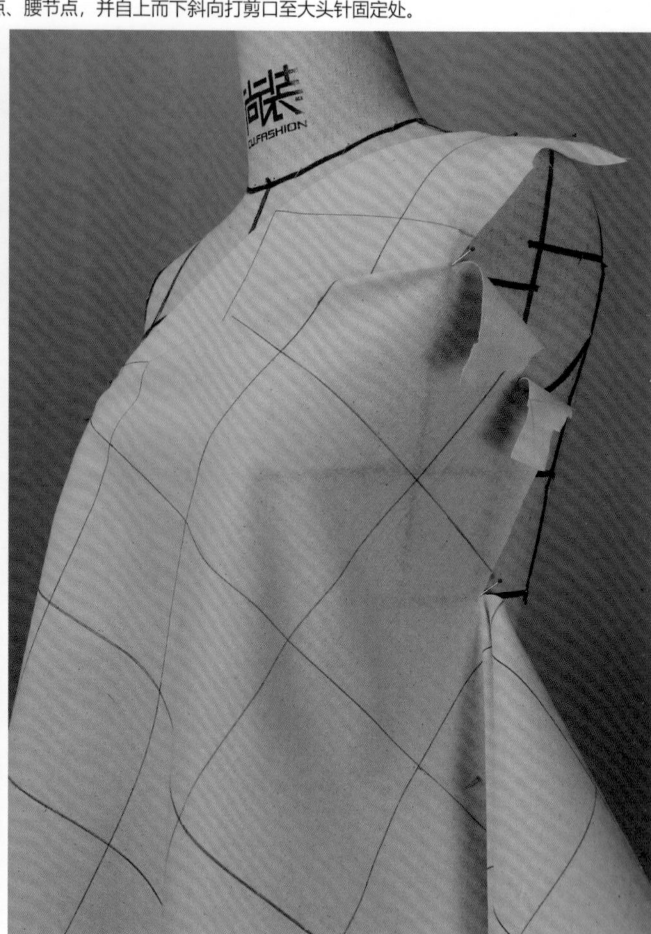

6 在人台左胸点加一根针（点针），做出第二个定向褶皱造型，并用大头针（点针）固定。该定向褶的消失点为左侧胸点。

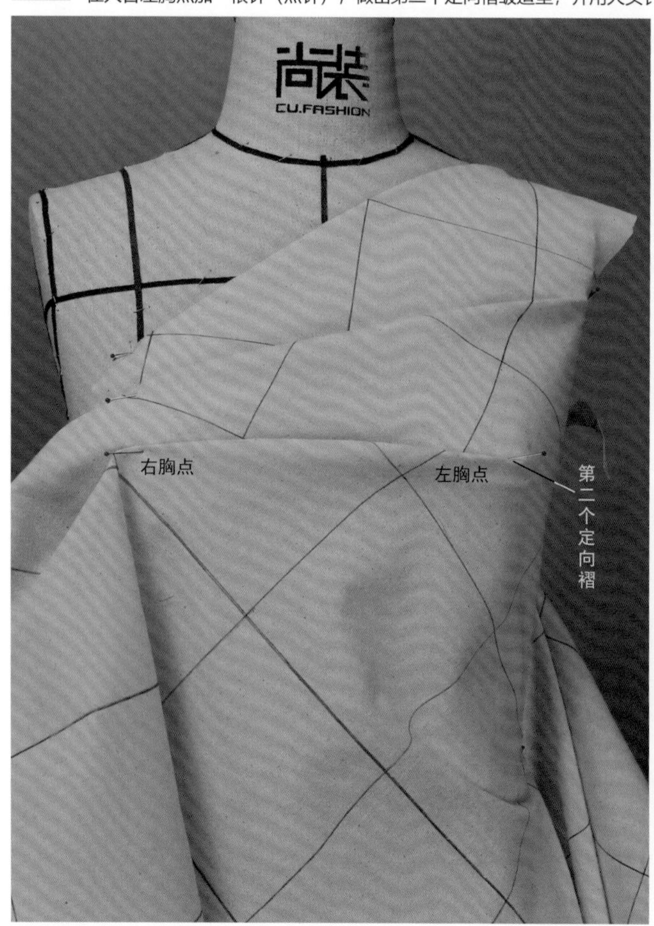

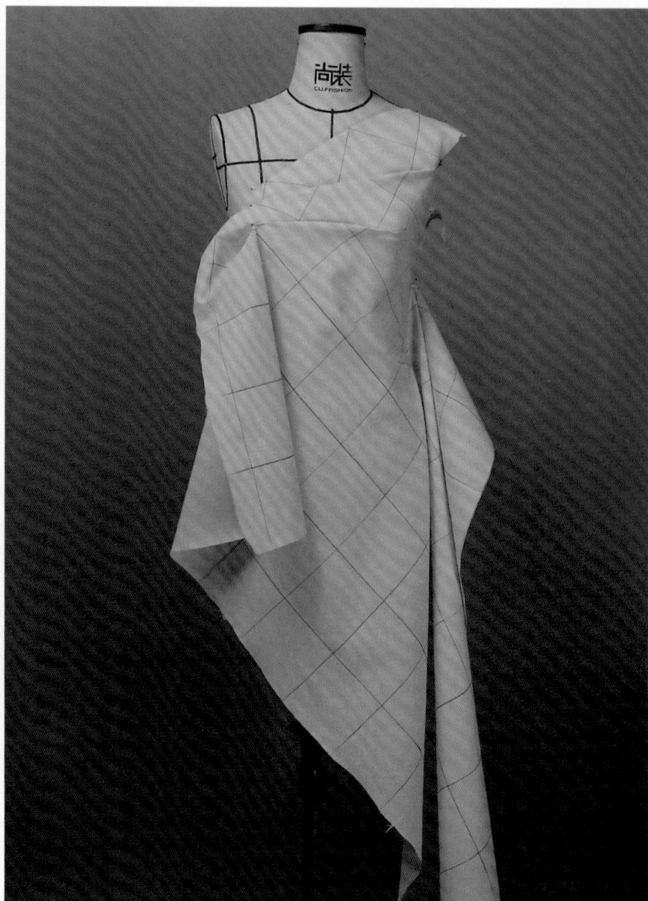

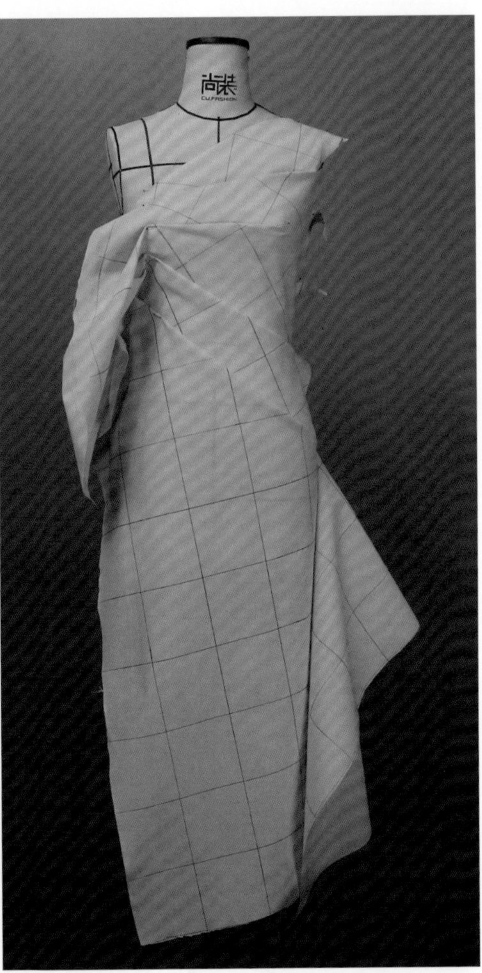

7

在第三个定向褶的消失点（腰节点）处，用点针大头针固定并打剪口，并将第三个定向褶的造型调整好后用大头针固定褶的另一端。

在第四个定向褶的消失点处，用点针大头针固定再打剪口，并将第四个定向褶的造型调整好后用大头针固定（注意：发射褶的立裁应先在褶的消失点固定大头针，再在大头针处打剪口，然后调整褶的造型，并在另一端固定大头针使造型确定）。

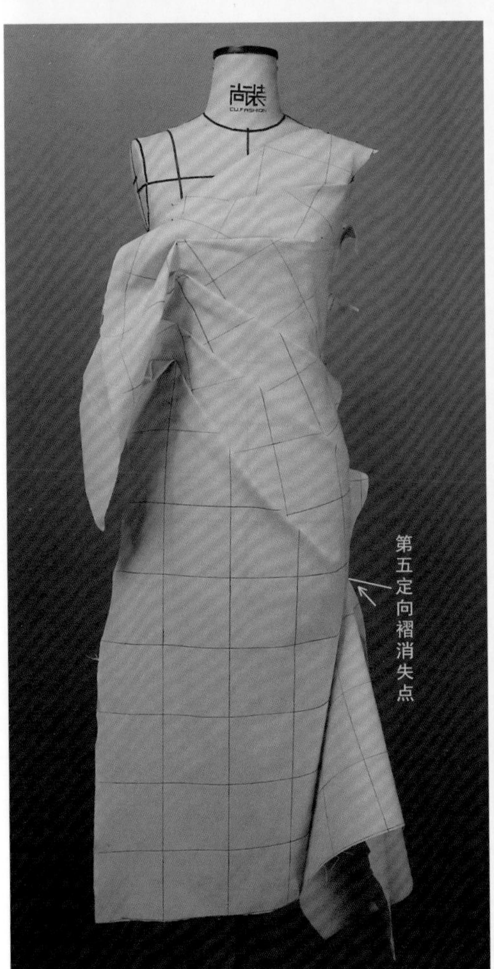

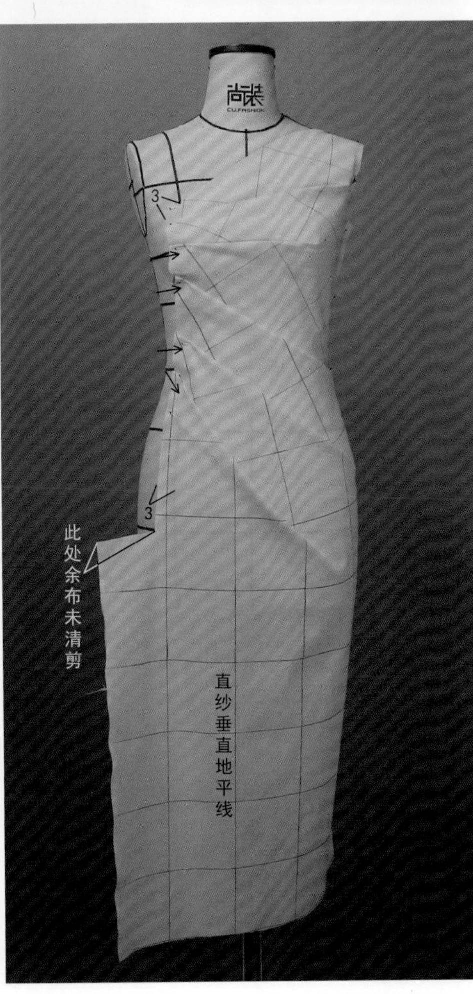

8

继续做出第五个定向褶皱造型，并用大头针固定。调整下摆的内收程度，使裙下部面料直纱垂直地平线，用大头针固定后对余布进行清剪（注意：HL以下的余布未清剪）。

9 将前片两侧用大头针刮丝道至布边，用点针完全扎入余布边缘固定坯布与人台，并对前通天省描点。

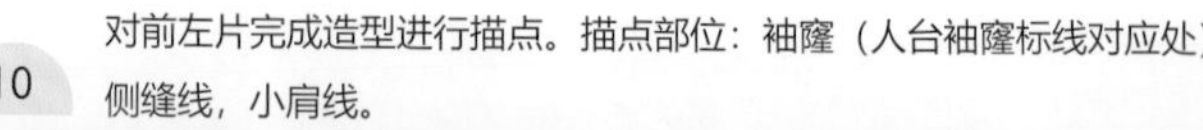

10 对前左片完成造型进行描点。描点部位：袖窿（人台袖窿标线对应处），侧缝线，小肩线。

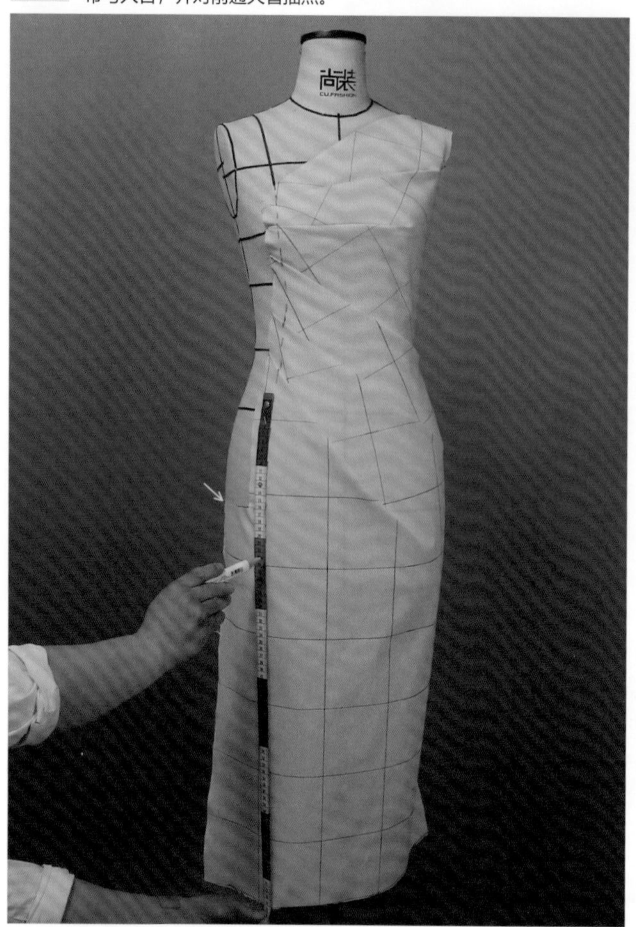

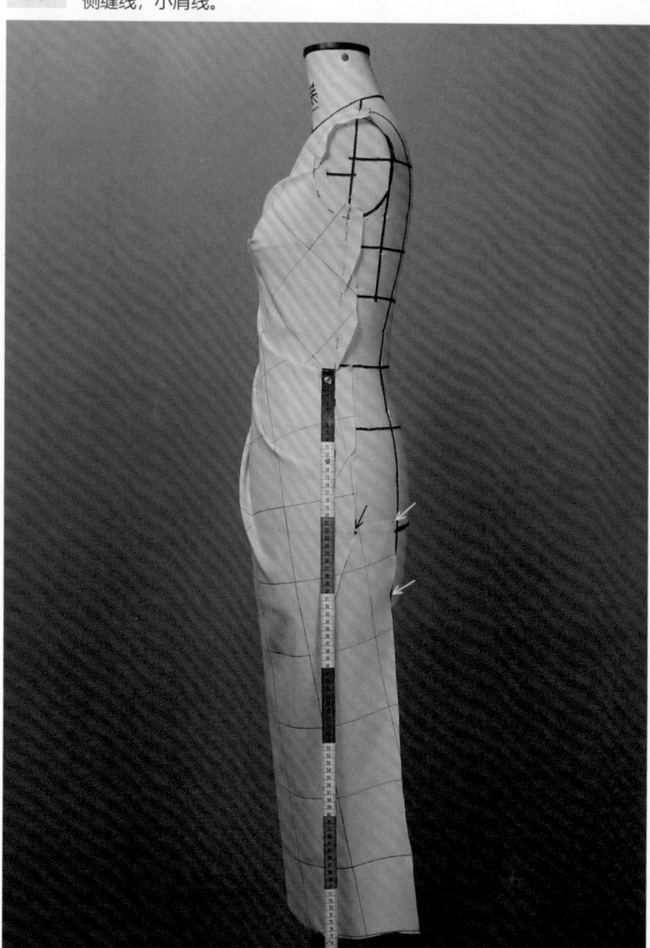

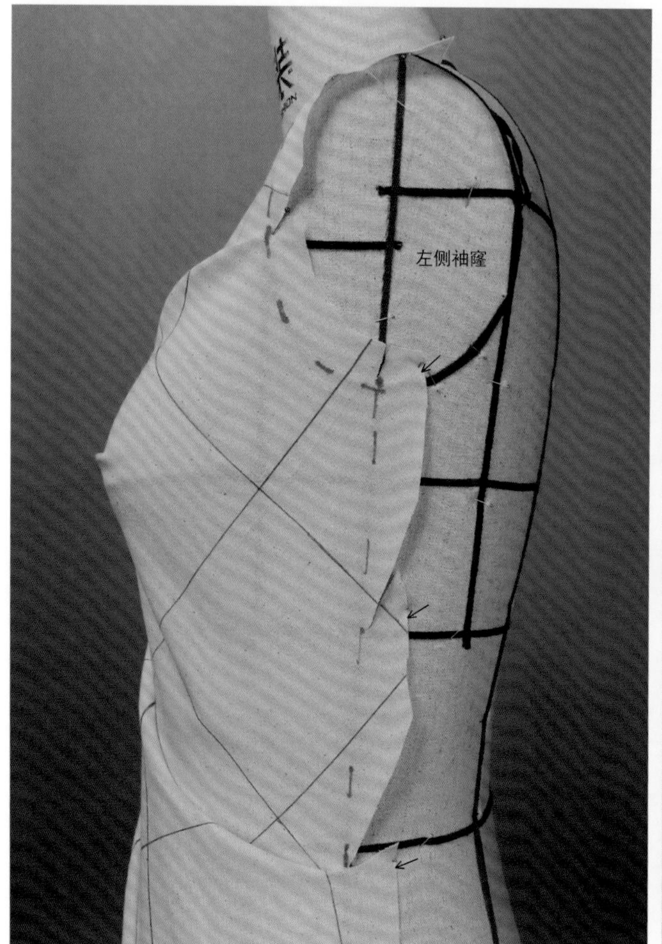

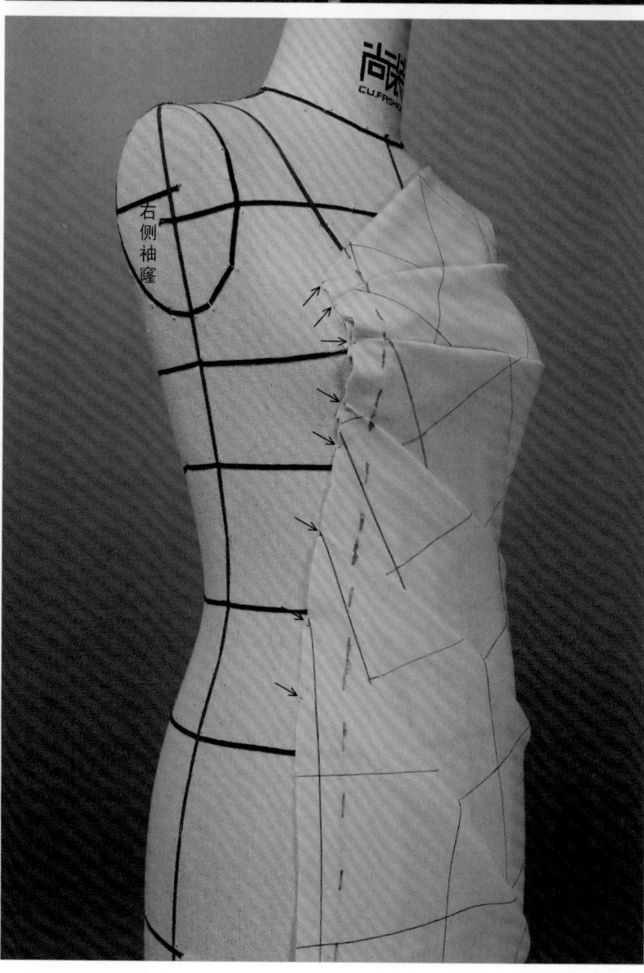

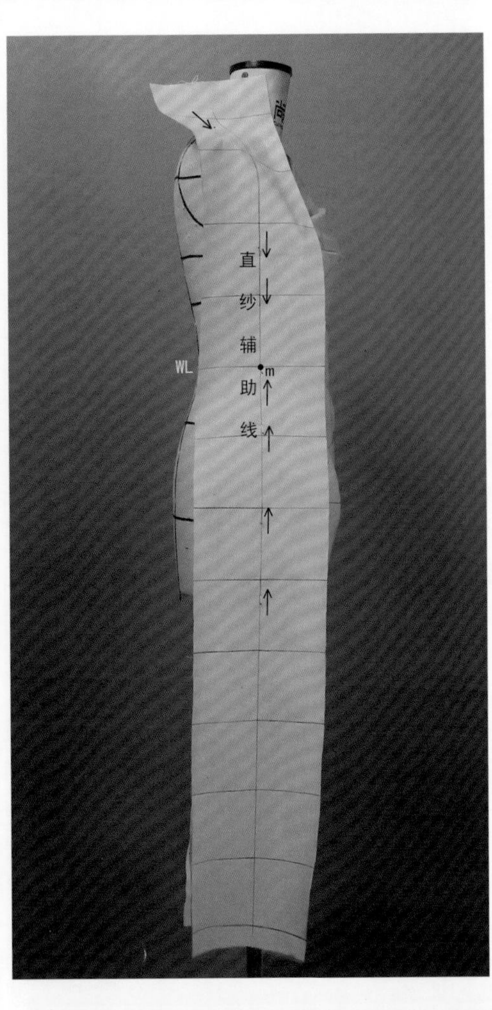

11

前右侧片制作：将衣身前右侧片基础布的m点对准人台前右侧腰部1/2点，针尖向上，固定基础布，确保各辅助线水平与垂直后，在直纱辅助线上用大头针固定整体基础布。

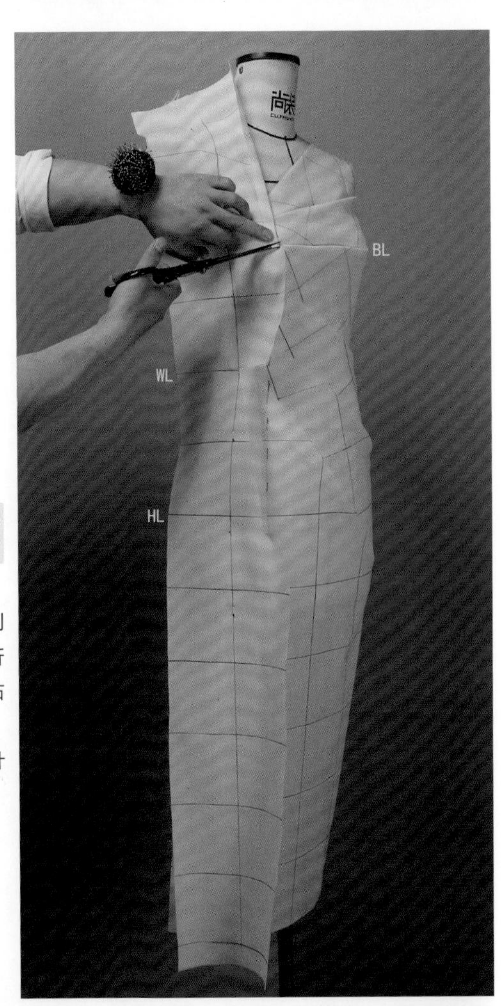

12

在前通天省线与腰围、臀围、胸围相交处分别打剪口；采用分段刮折假缝的方法，处理前右侧片的通天省断缝线。注意HL以上用折叠针法，HL以下为重叠针法。

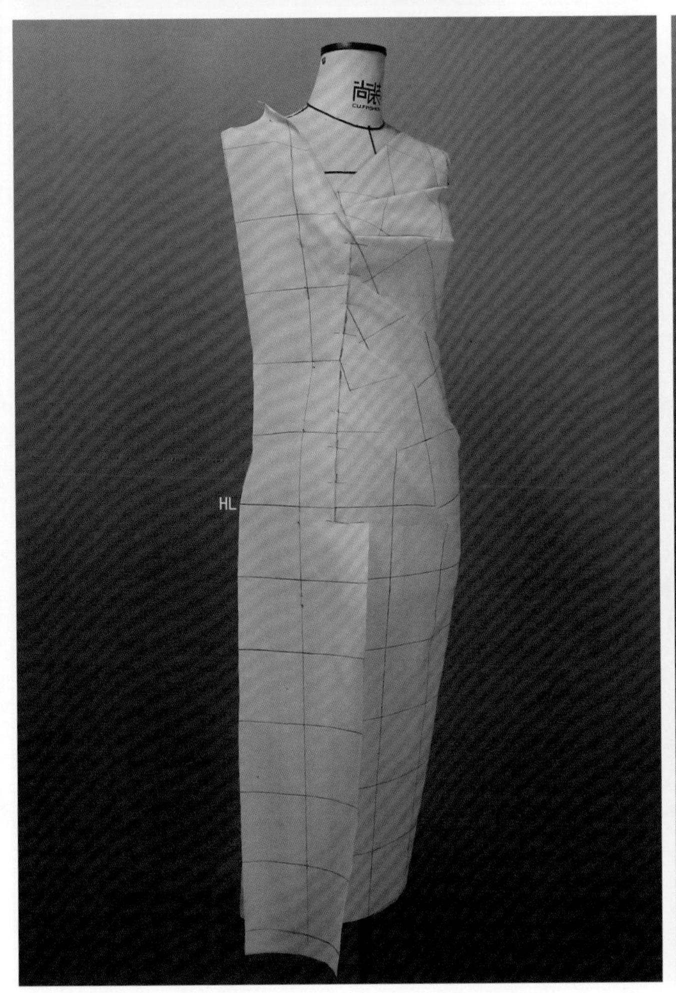

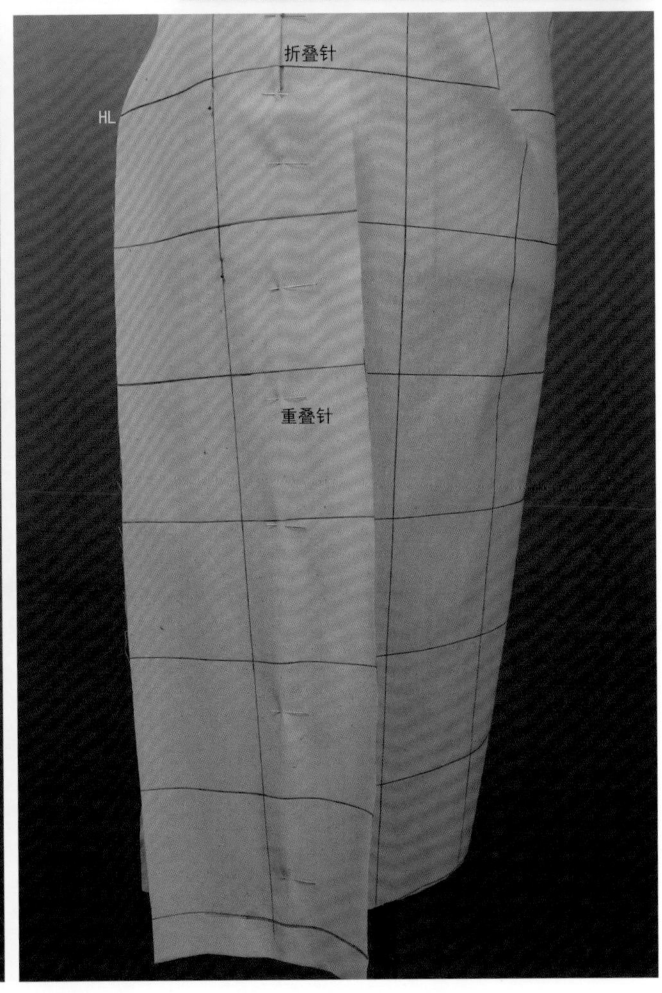

13 在侧缝与腰节交点处打剪口，剪掉部分余布，在腰节处用大头针以刮丝道的形式在布边完全扎入固定；然后分段固定好前右片侧缝造型，造型要求平伏、无松量，对小肩线、袖窿线、侧缝线进行描点。

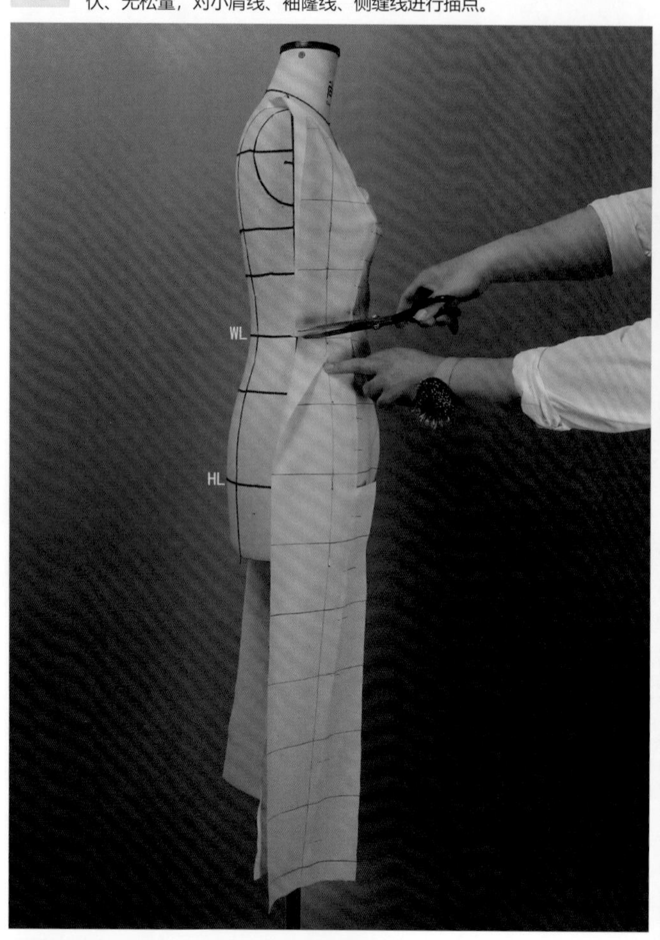

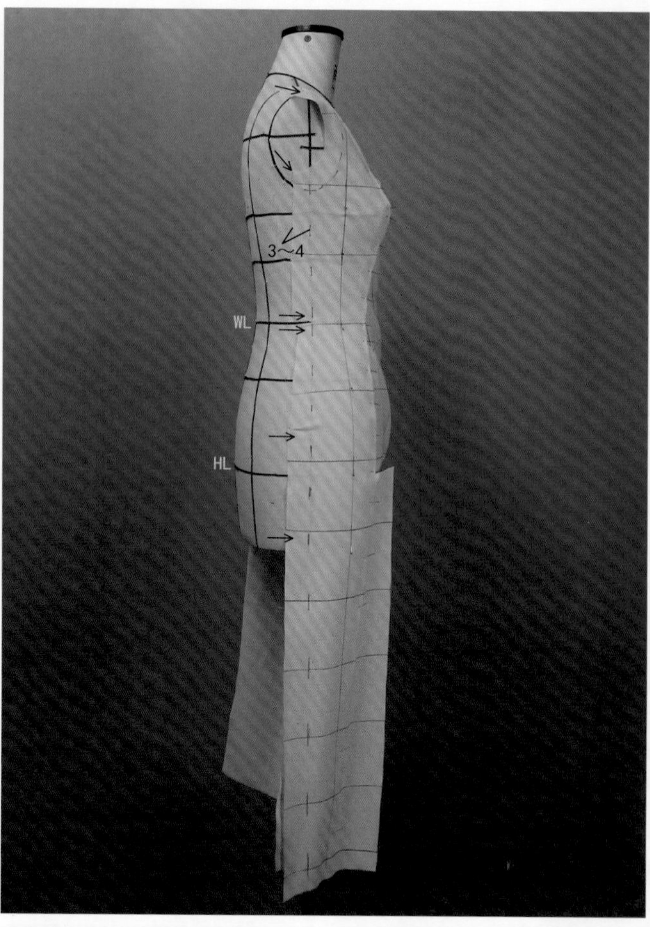

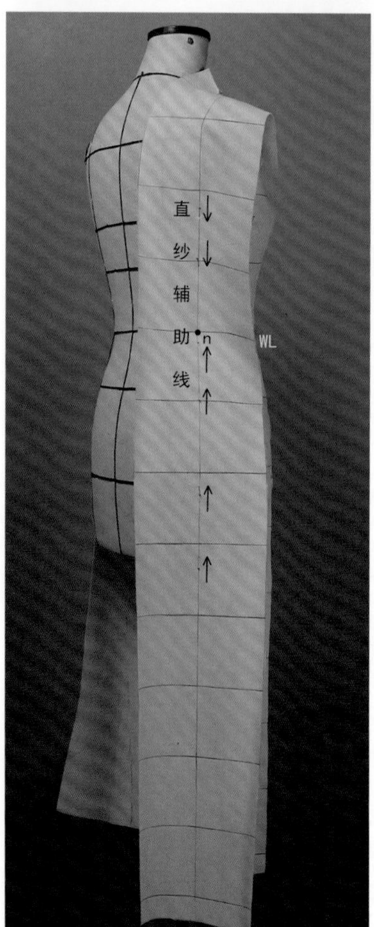

14

后右侧片制作：将衣身后右侧片基础布上的n点对准人台的后右侧腰部1/2点，针尖向上，固定基础布，确保各辅助线水平与垂直后，在直纱辅助线上用大头针固定整体基础布。

15

分别在侧缝线与腰节、臀围及胸围交点处打剪口，采用分段刮折、假缝的方法处理侧缝断缝线（注意：立裁方法与前右片相同）。

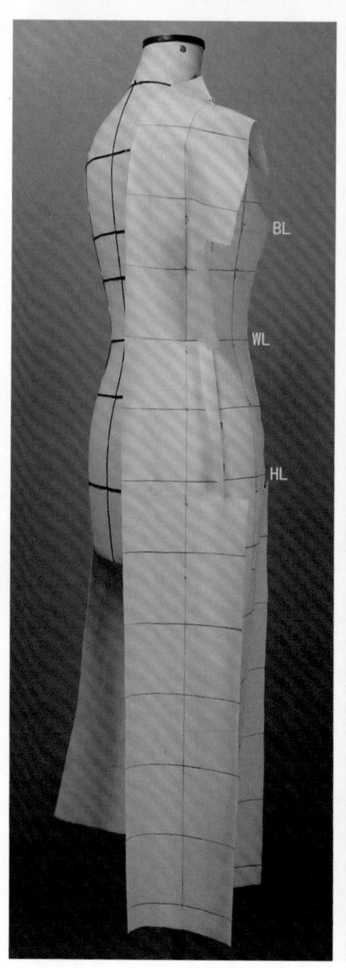

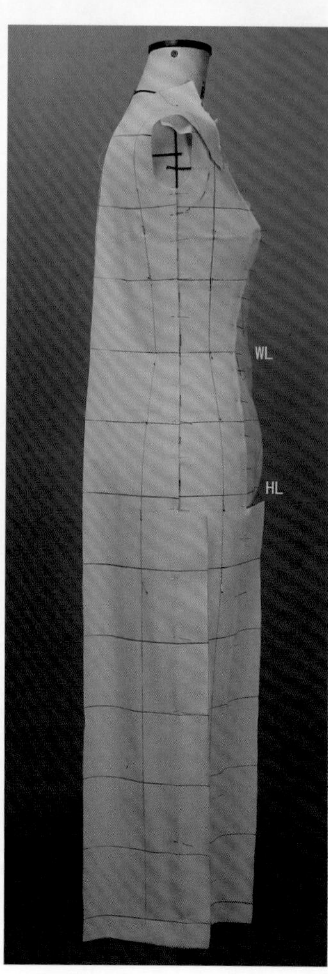

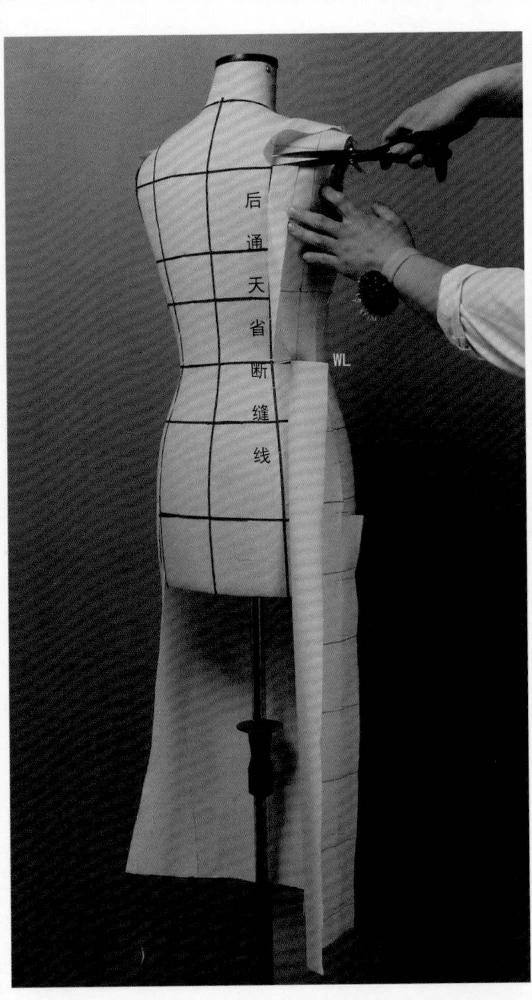

16

后右侧片通天省断缝处的塑造、余布边缘的处理、清剪及大头针的固定等，与前右侧片相同。

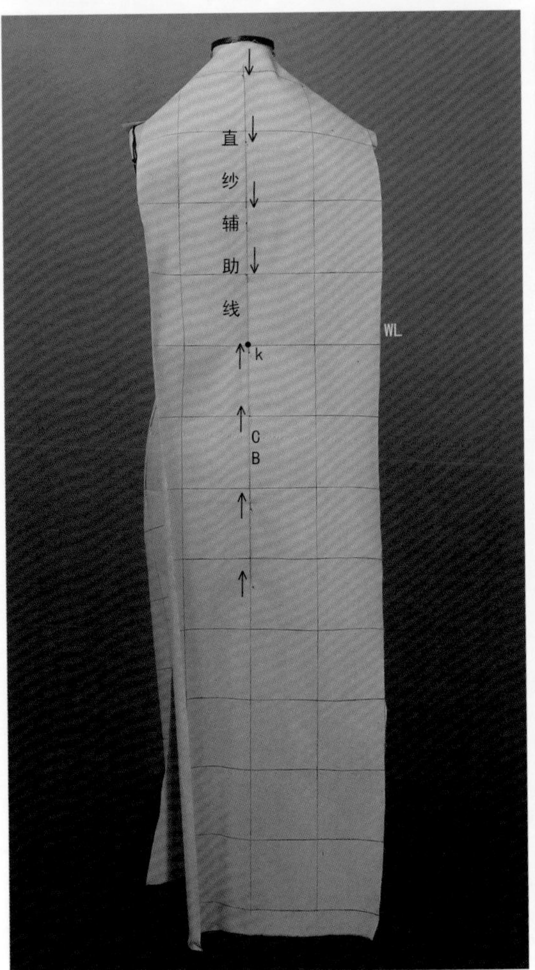

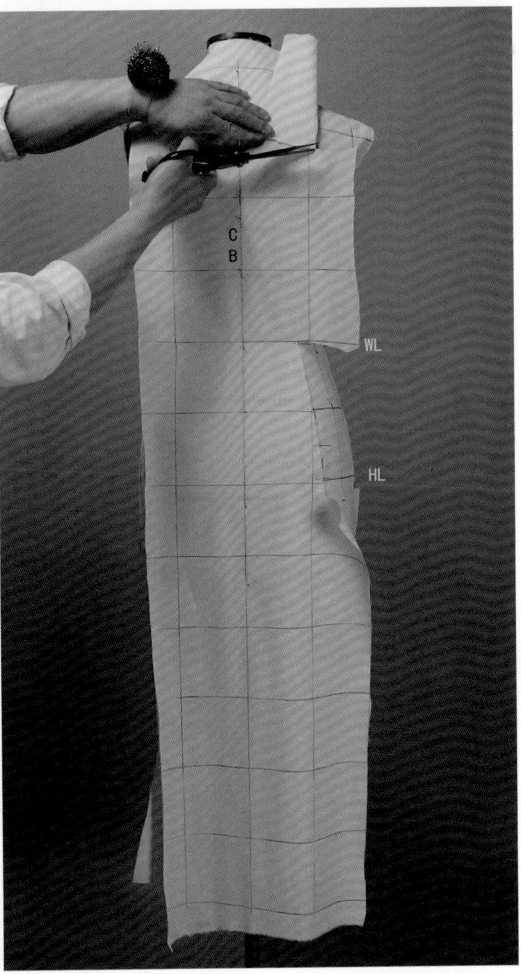

17

后中片制作：将衣身后中片k点对准后腰中点，针尖向上，固定基础布。如图所示，立裁方法与前右侧片、后右侧片相同。

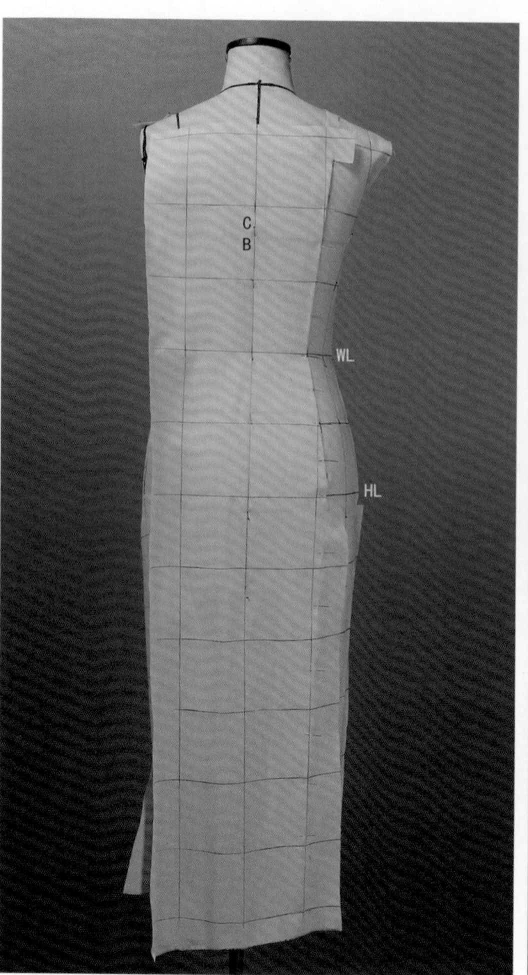

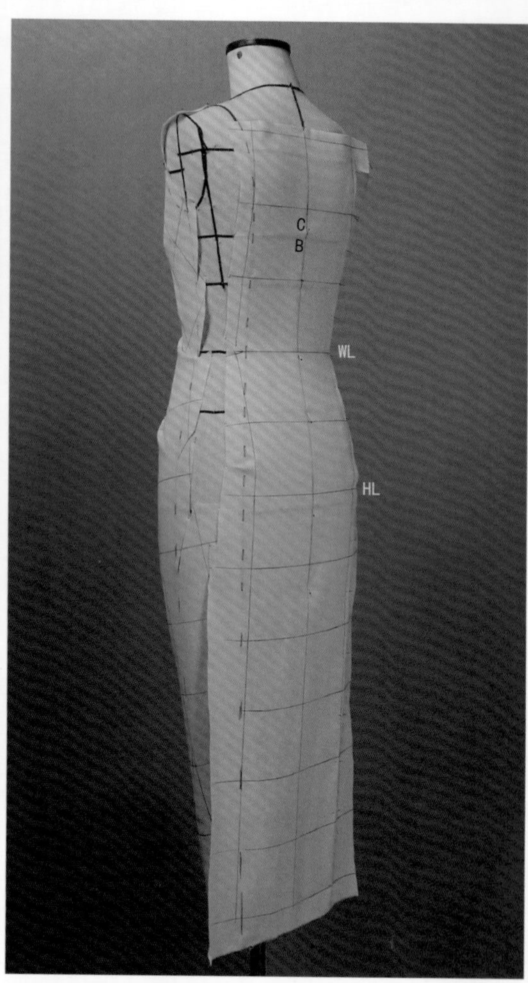

18

后左片制作：将衣身后左侧片r点对准后左侧腰部1/2点，针尖向上，固定基础布。如图所示，立裁方法与衣身后右侧片相同。

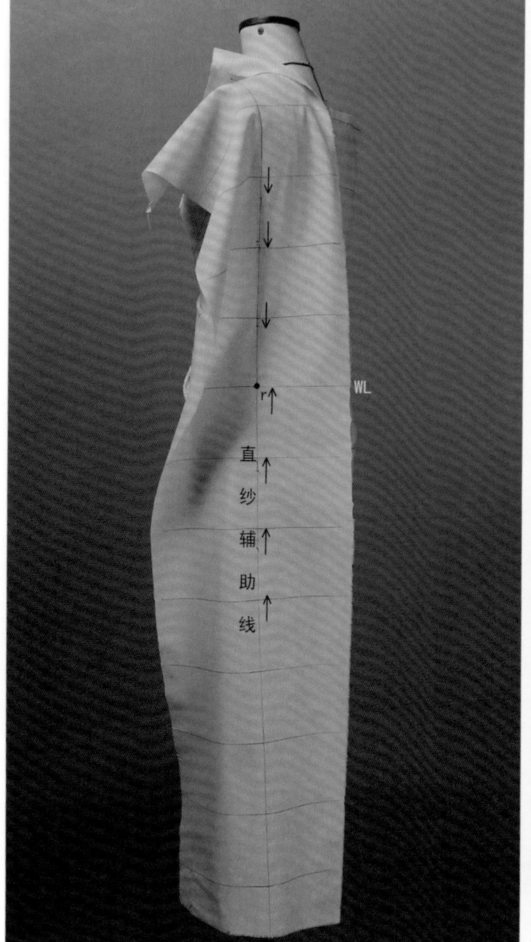

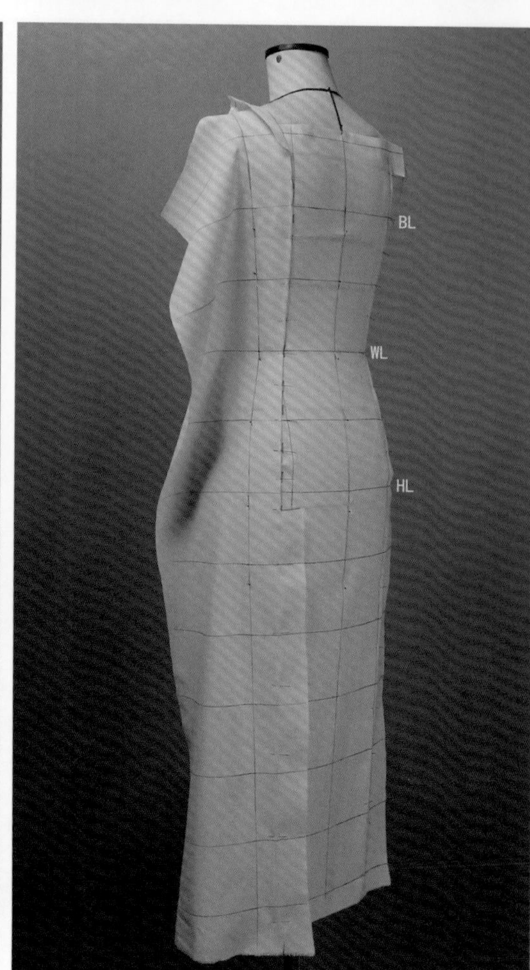

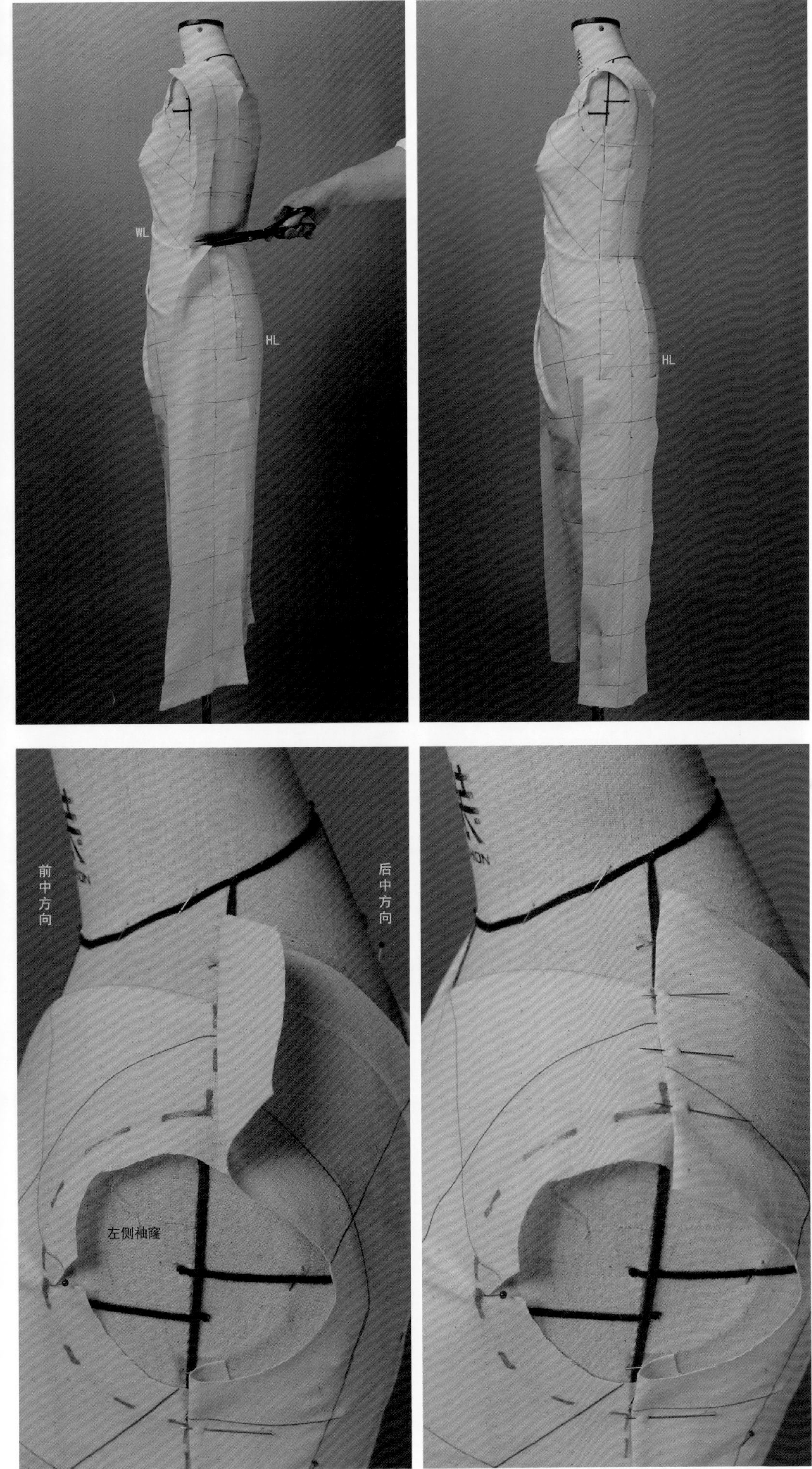

19

对小肩进行假缝。

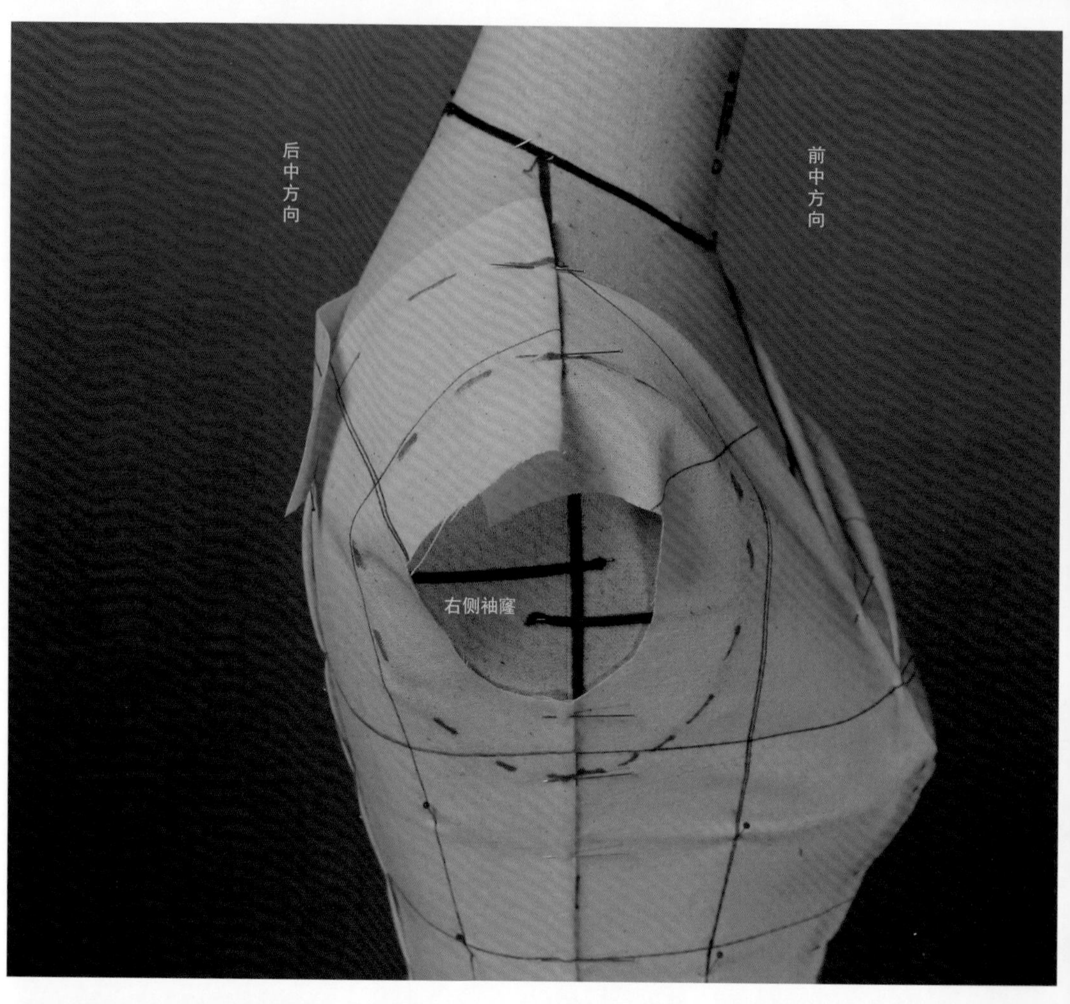

20

对剩余部位进行描点。描点部位：前、后通天省线，侧缝线，袖窿线，小肩线，发射褶线，裙长底摆线（底摆线与地平线水平），后中片上沿线。

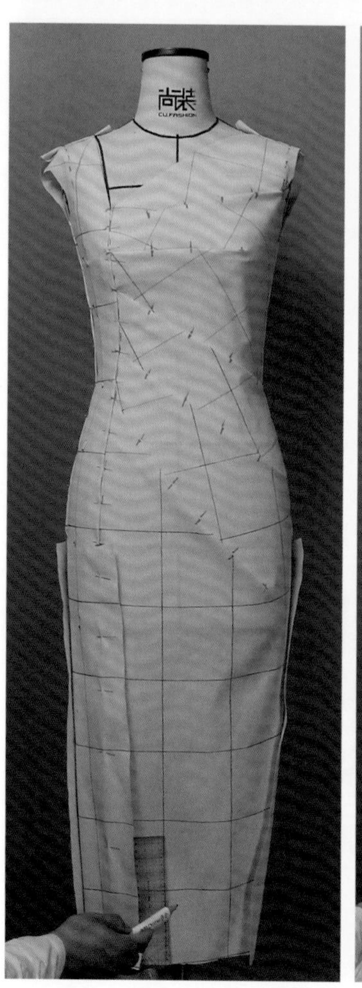

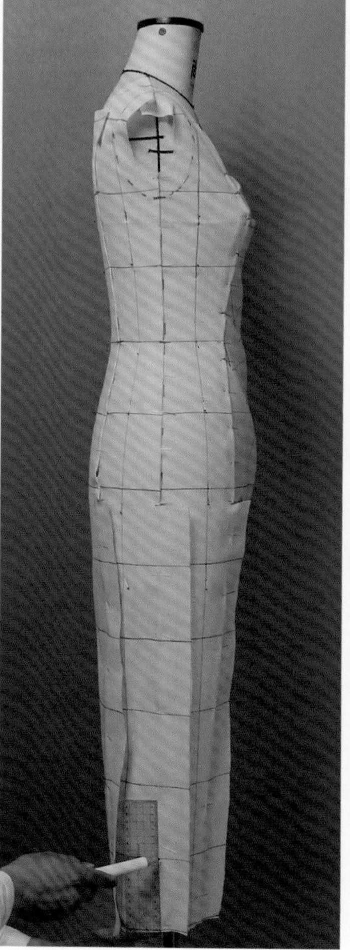

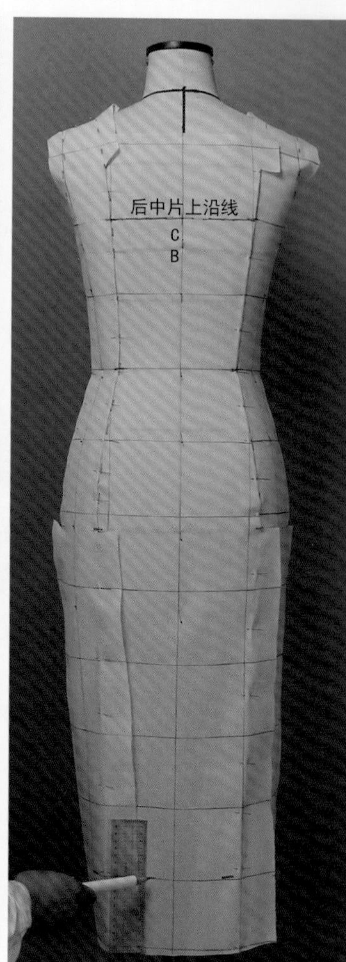

• **线条修顺清剪熨烫整理**

21

将立裁得到的各裁片从人台上取下，如图所示，在描点的基础上对各线条进行整理修顺，画出发射褶的省道线及省道的倒向符号（箭头符号“⇉”，箭头所指方向为倒向），并如图所示留1cm缝边，清剪余布。

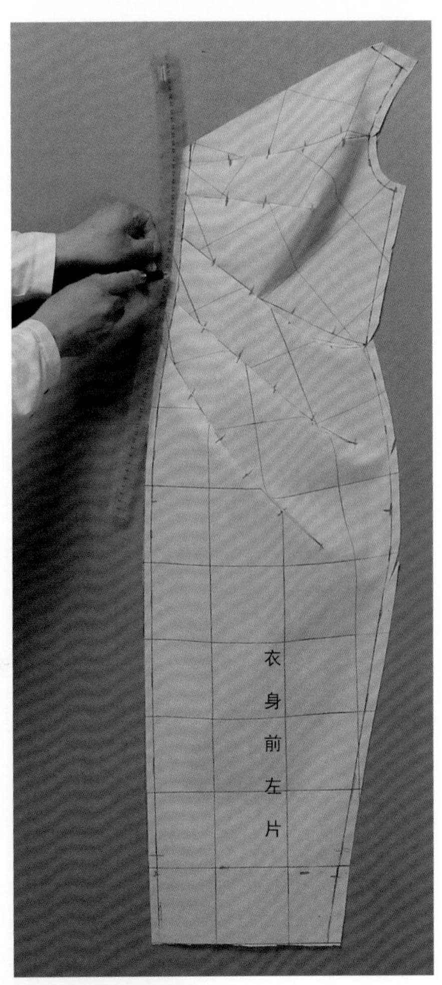

22

将发射褶的省道线用大头针假缝后修顺前通天省断缝线修好后打开前通天省线为实际轮廓线；修顺衣身左前片袖窿弧线。

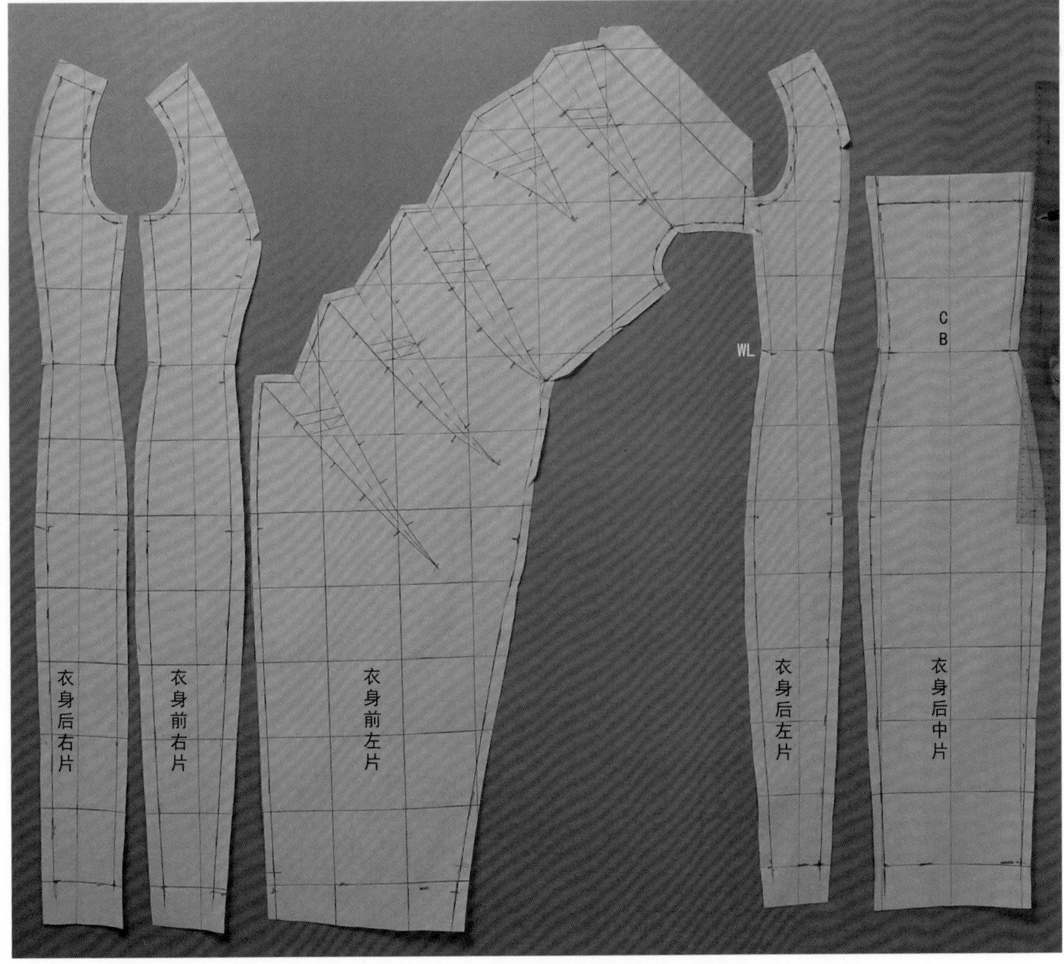

23

将其他裁片，各结构线进行修顺。

24

如图所示，分别对接侧缝及肩缝，修顺袖窿弧线。

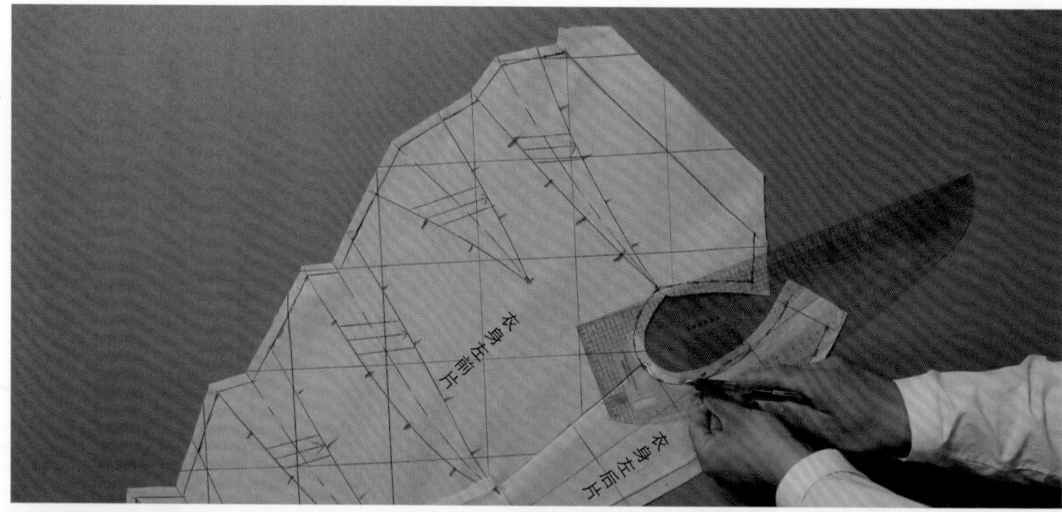

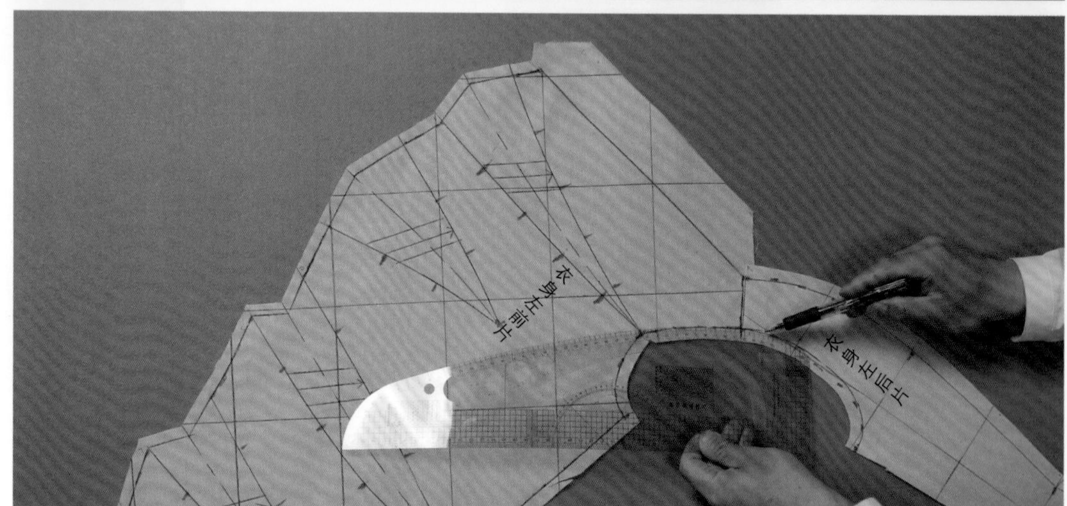

25

对接各裁片底摆，修顺底摆。

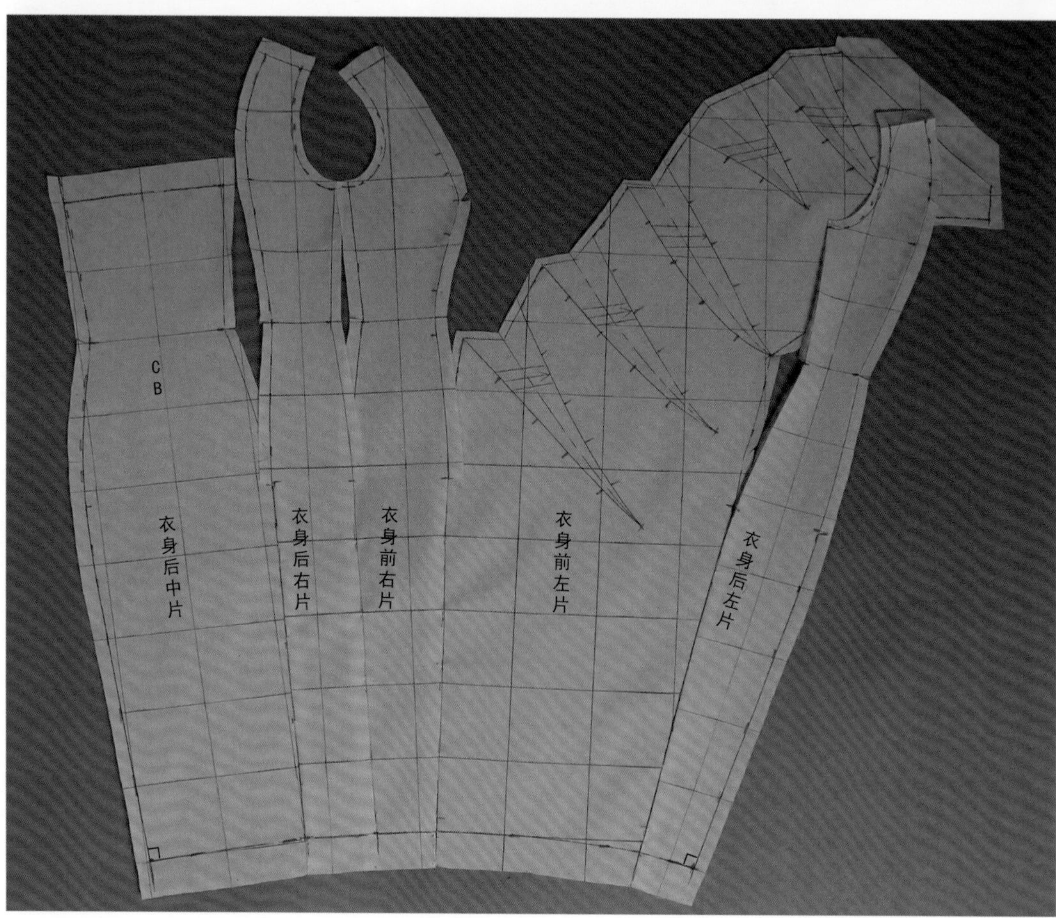

完成图

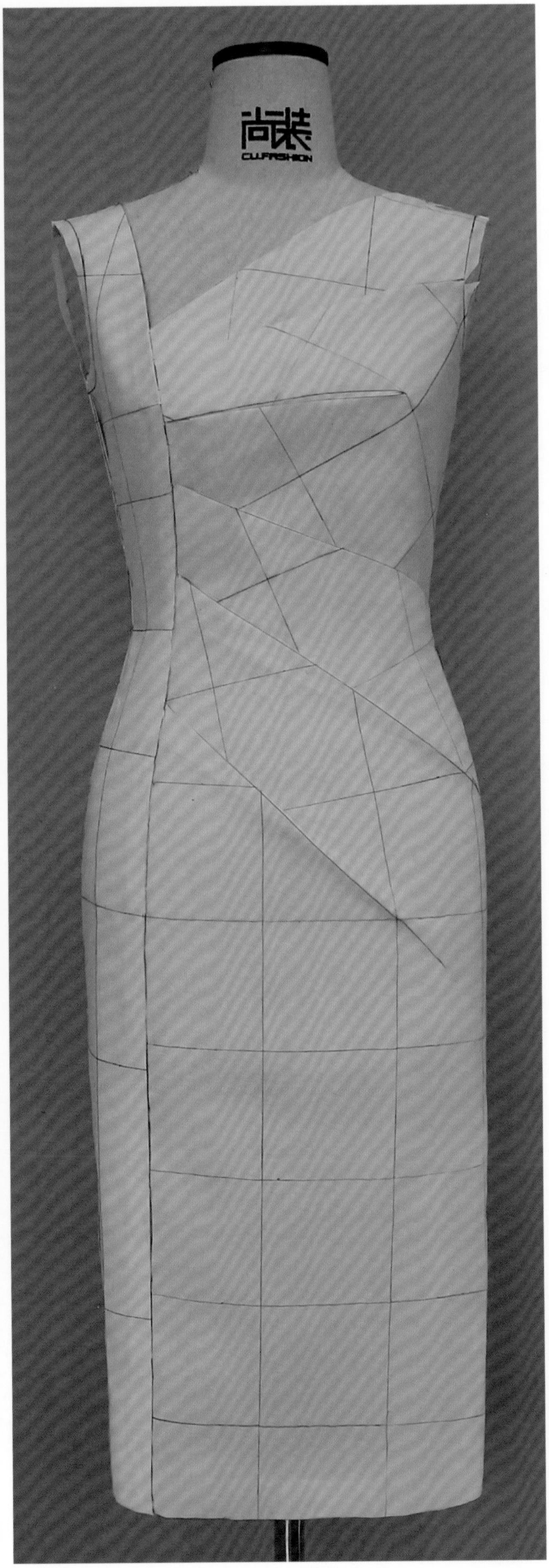

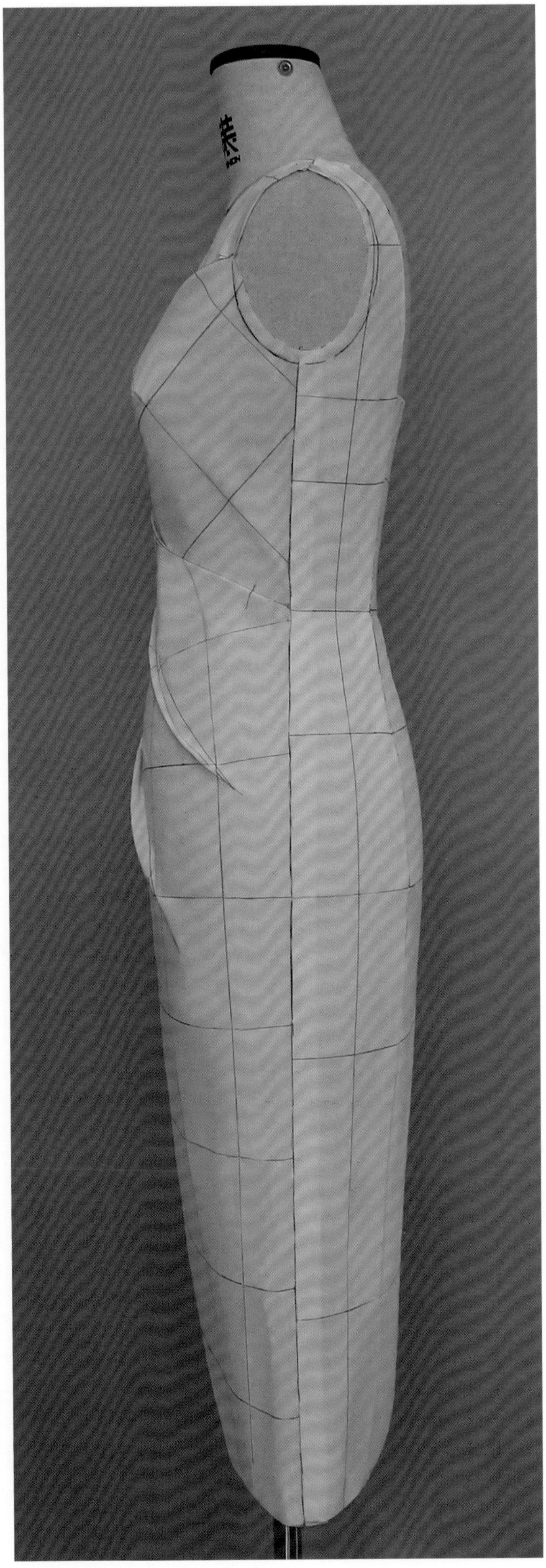

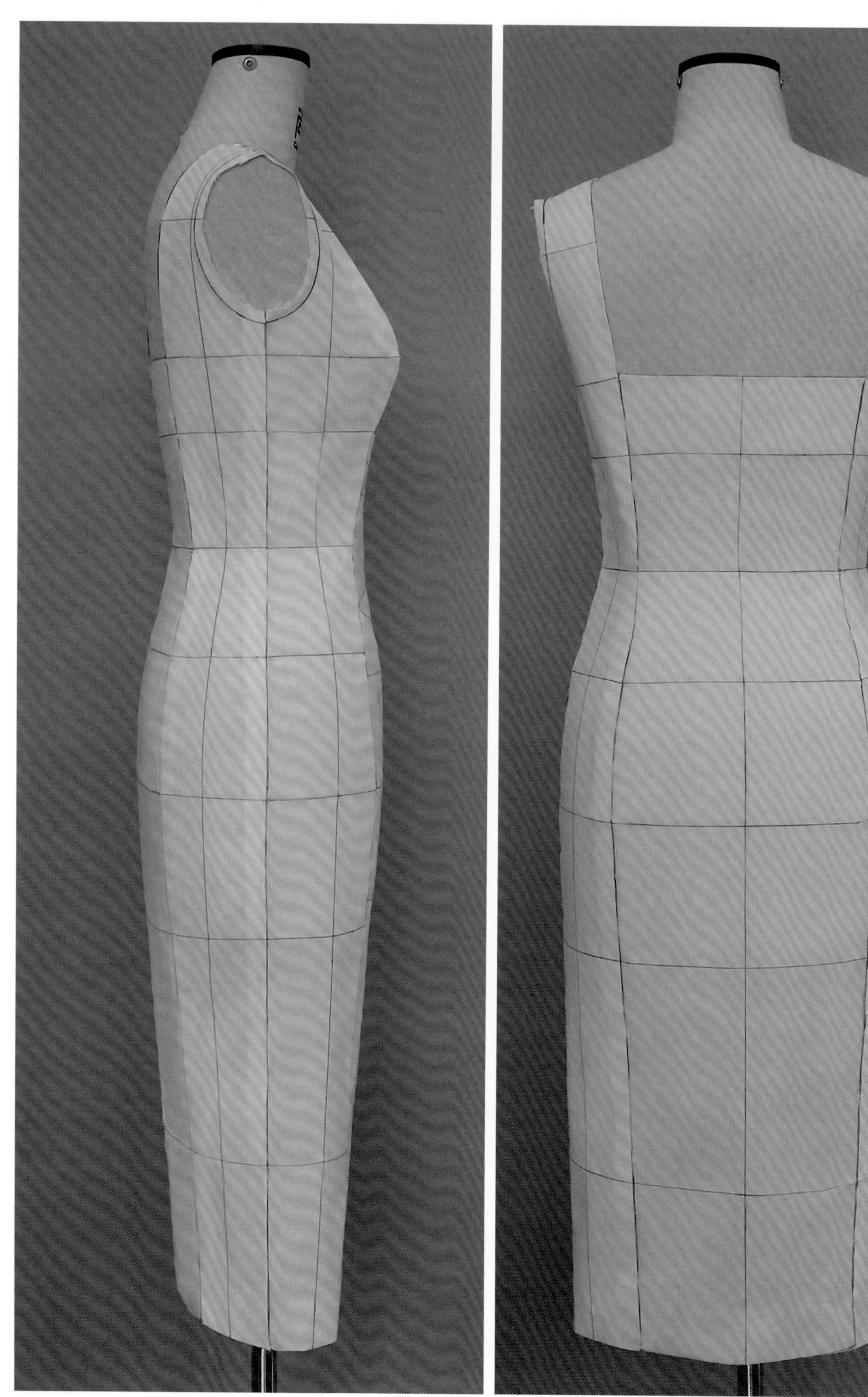

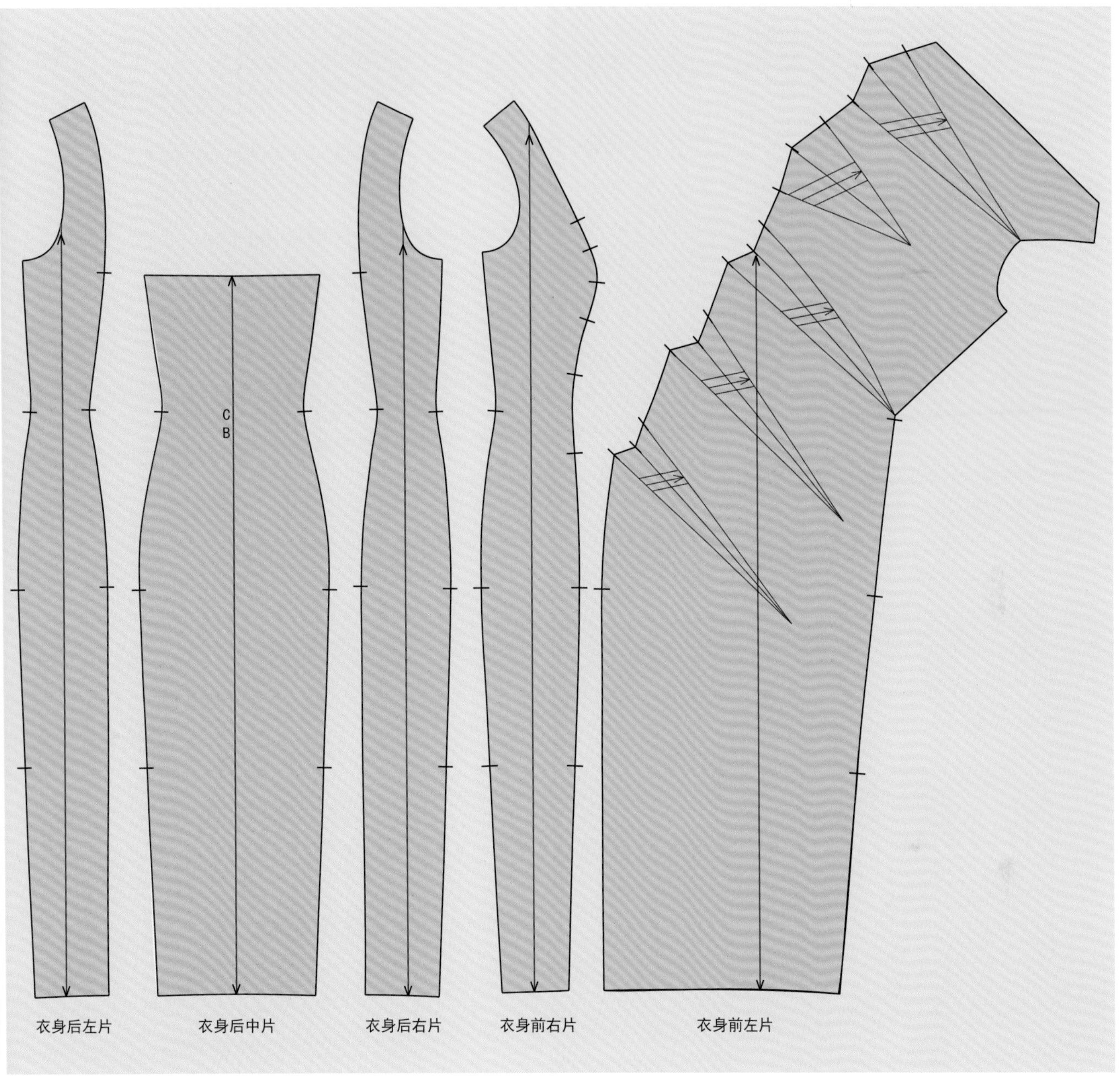
C
B
衣身后左片
衣身后中片
衣身后右片
衣身前右片
衣身前左片

7 提高篇

- 花苞袖短夹克
- 落肩花苞袖大衣
- Dior褶裥造型衬衫裙
- 穿花连锦大礼服
- 螺旋裙大礼服
- 缠花网衬礼服
- 解构风格之风衣

花苞袖短夹克

款式描述

衣身为小A型，前后各一片，松量合体偏半宽松；船员式领口；花苞式O型袖带褶皱；短款夹克，外穿。

练习重点

- 花苞袖的平面裁剪与立体调整的技巧。

材料准备

- 人台（不限定号型）。
- 宽0.3cm纯棉织带。
- 专业立裁针，剪刀，人台手臂。
- 160cm×160cm纯棉坯布。
- 马克笔（或4B铅笔）、三色圆珠笔。
- 推版尺、多功能尺、皮尺。
- 粘合衬嵌条。

画布指示图

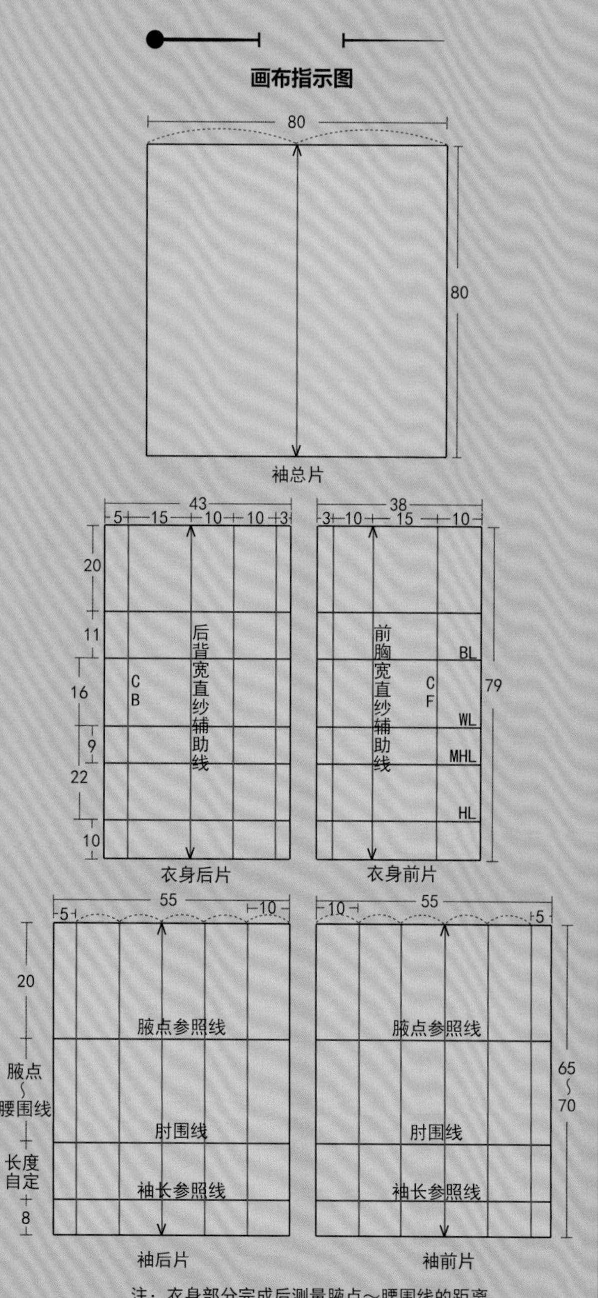

注：衣身部分完成后测量腋点～腰围线的距离。

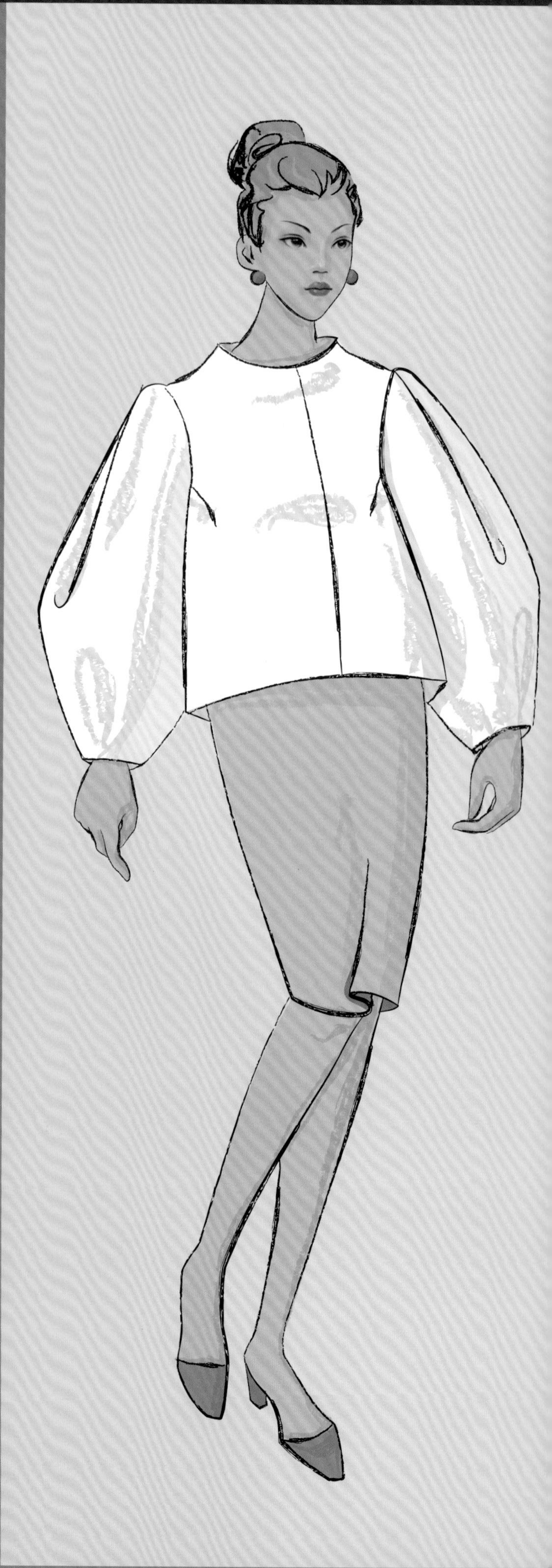

- **人台准备**

此款式需要装配立裁用手臂。

标线的部位：领口线、袖窿线。注意此款袖子造型易显肩宽，袖窿可作借肩处理。

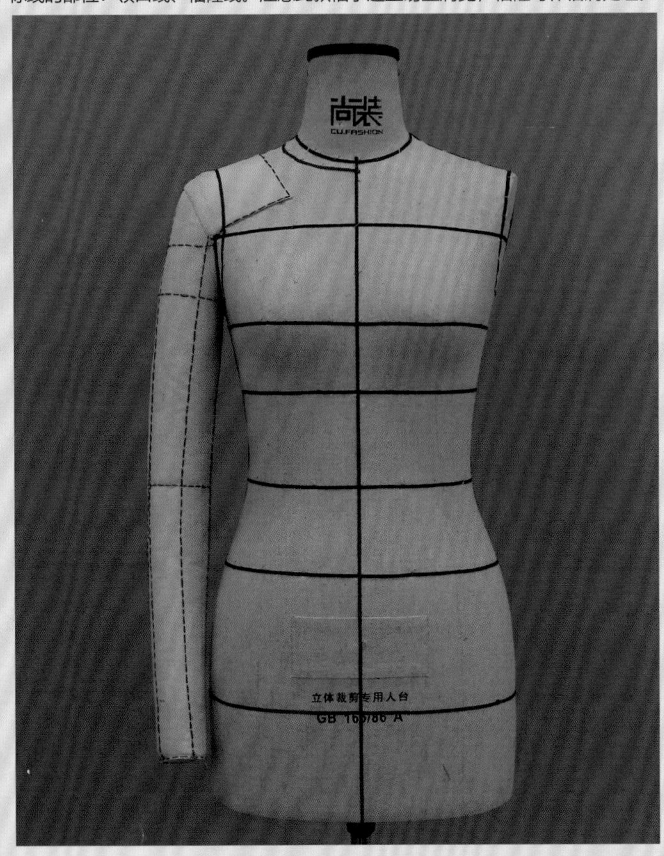

- **款式制作**

1 前片制作：腹围线（MHL）下针固定前中丝道线，确保各辅助线的水平与垂直，并与人台标线相对应。

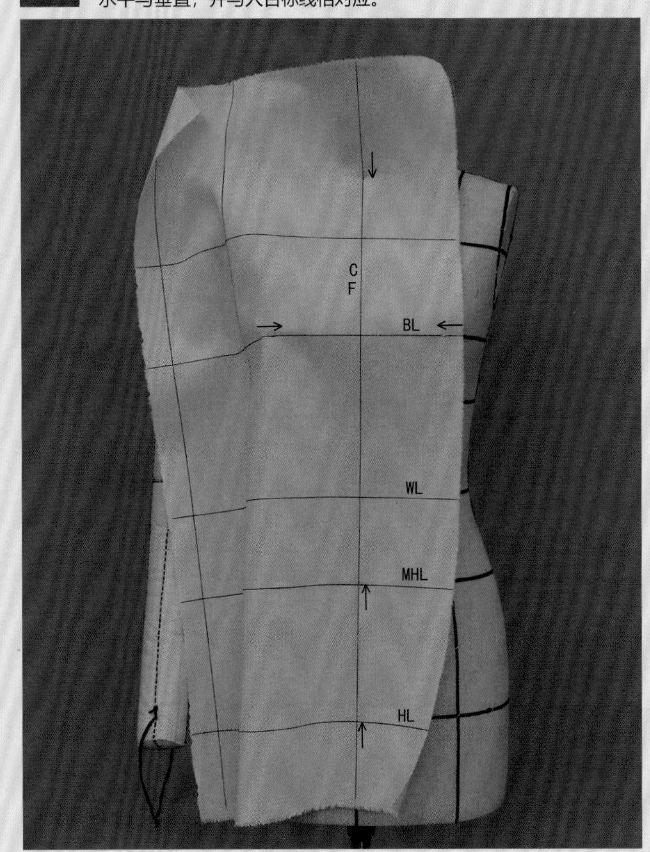

2 自前颈点向肩颈点方向均匀打剪口，剪出前领口，固定肩颈点与肩端点，在捏袖窿胸省之前先确定衣身轮廓造型，可在箱型和A型之间进行选择，同时根据廓型及造型感觉调整前胸围的松量（衣身廓型为A型或者H型的，以前胸宽直纱辅助线为参考）。此步骤完成后可在不破坏前胸围松量的前提下捏出袖窿胸省，并剪掉多余的布料。

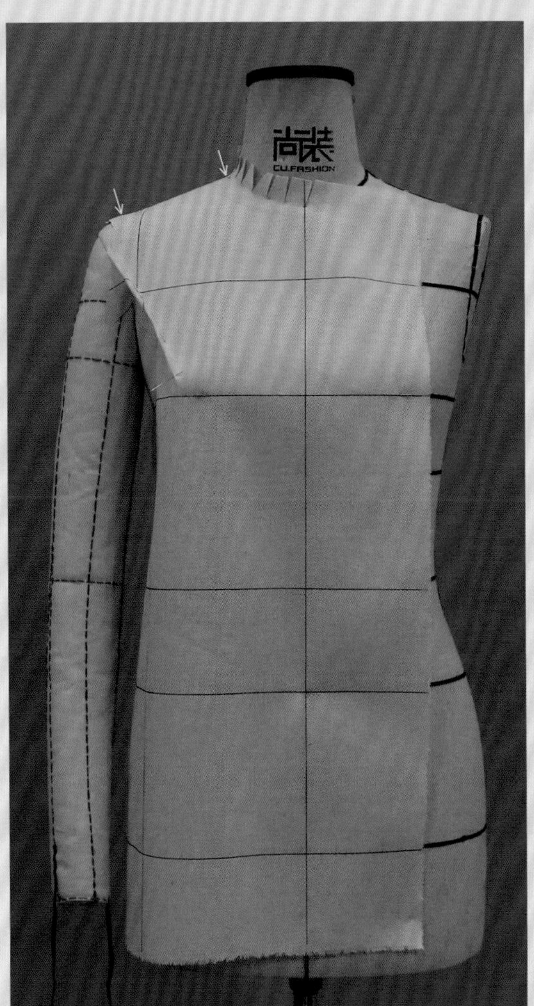

3 对前片造型进行描点，描点部位包括领口、小肩、部分袖窿和侧缝线。至此前片工作完成，将手臂摆置正常状态后开始做后片。

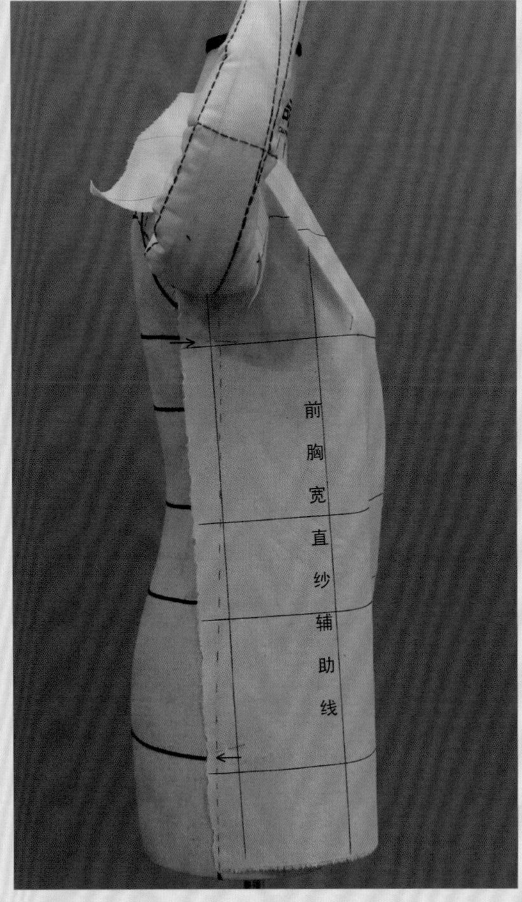

4 后片制作：后片同样是腹围线（MHL）下针固定丝道线，确保各辅助线的水平与垂直，并与人台标线相对应。

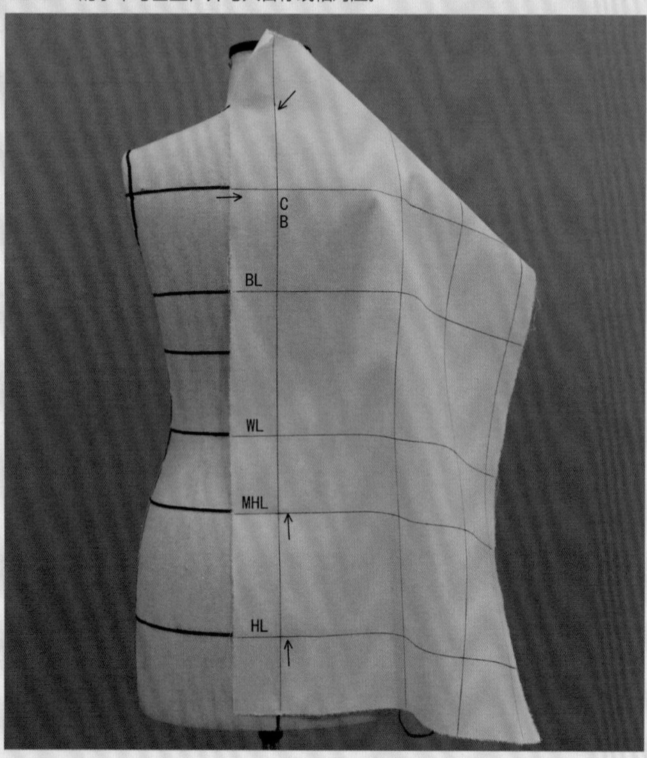

5 自后颈点向肩颈点方向均匀打剪口，剪出后领口，固定肩颈点，在小肩中间位置捏出肩胛骨省，同时根据后片造型与松量调整肩胛骨省的大小，确定后片衣身造型与松量大小，将造型与松量固定之后剪掉多余的布料。

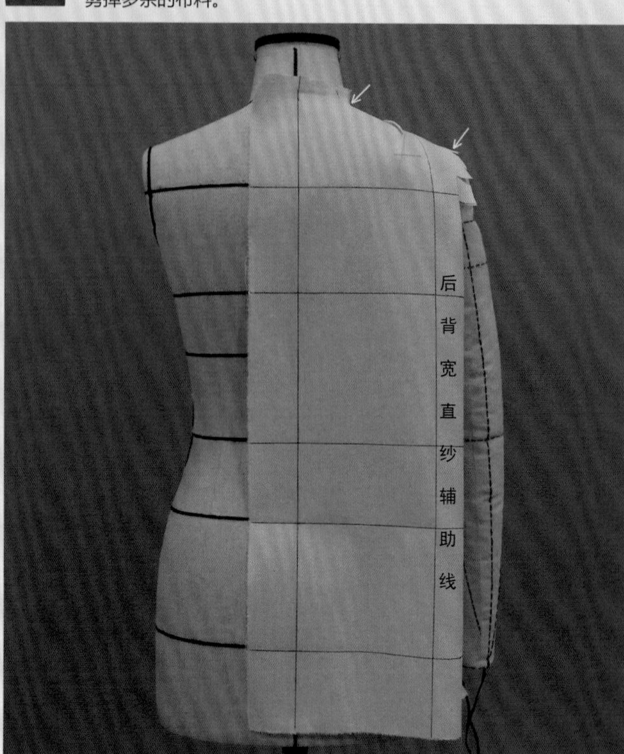

6 将各部位规范别好，确定衣长并对后片进行描点。

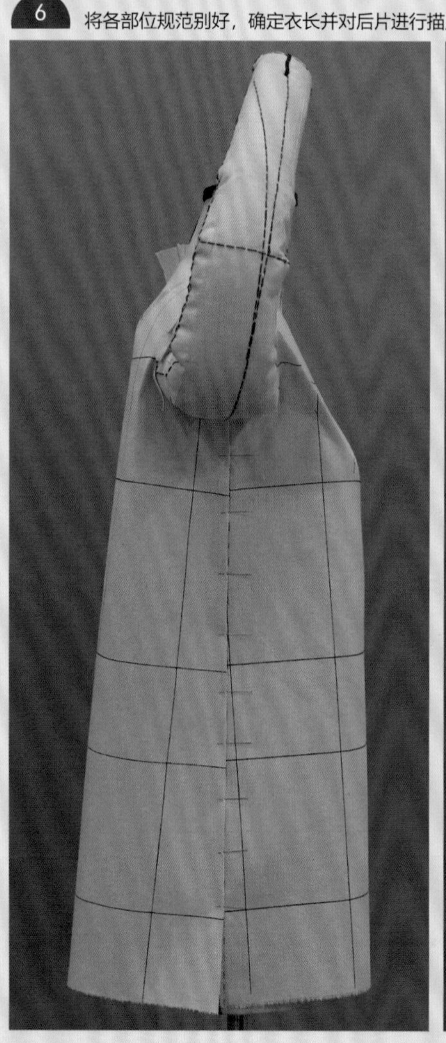

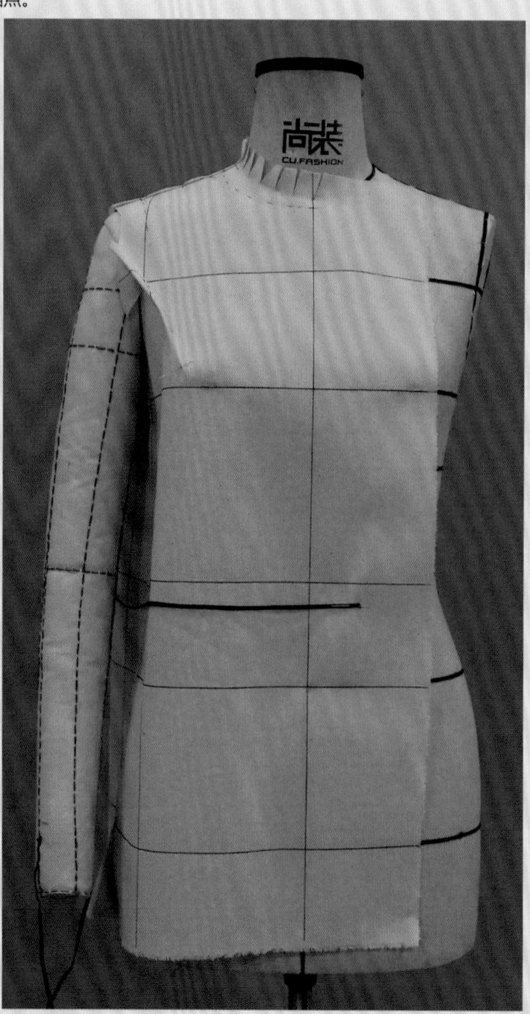

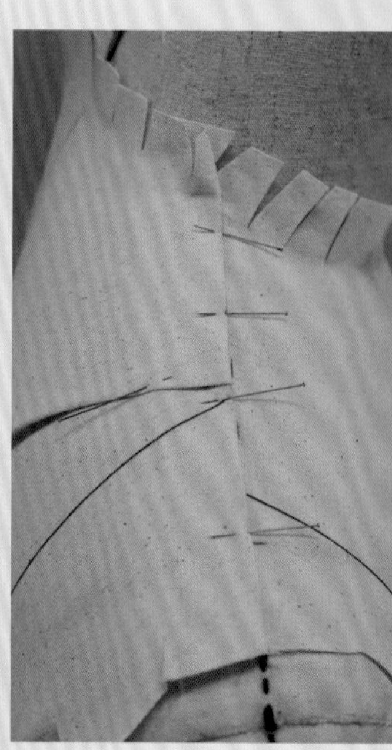

7 将衣身进行描点拓片，重新熨烫并用大头针进行假缝，准备开始做袖子。

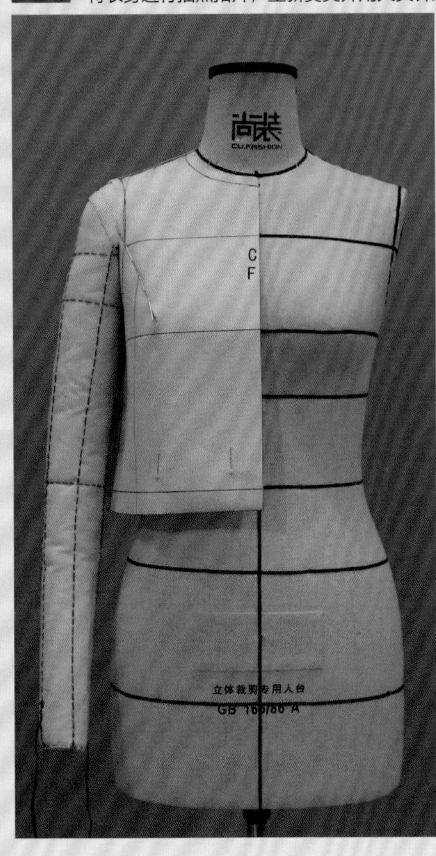

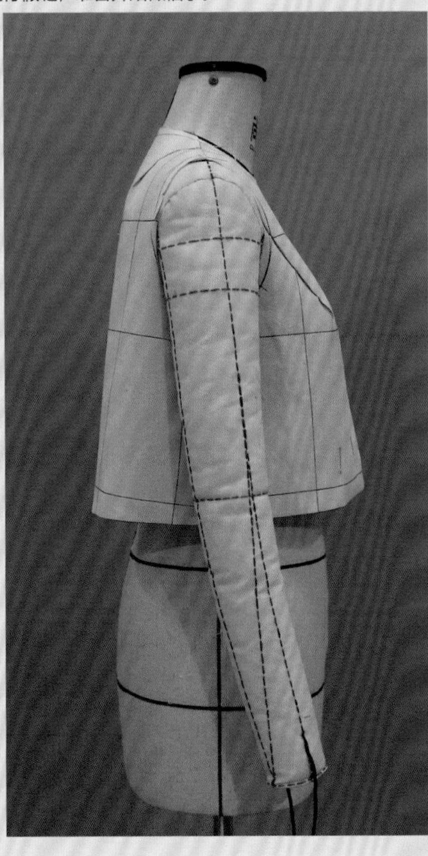

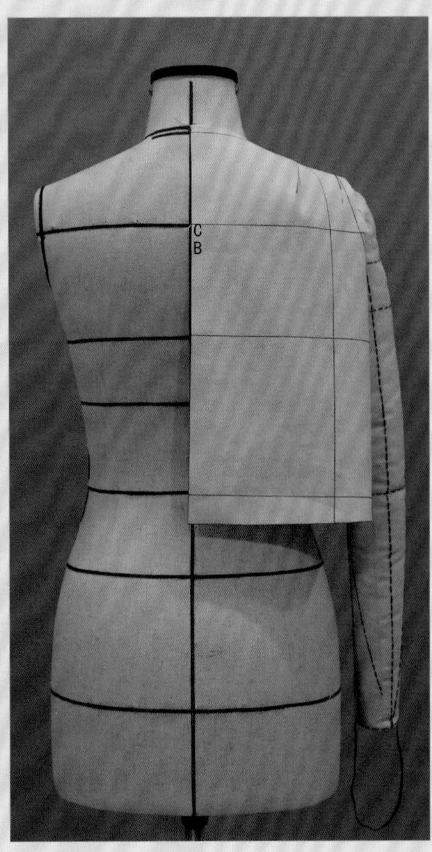

8 根据造型画出袖子内缝造型（袖子长度以肘围线为参考），拓出部分袖窿底弯，袖内缝与底弯画完后留出缝份剪掉多余的布。

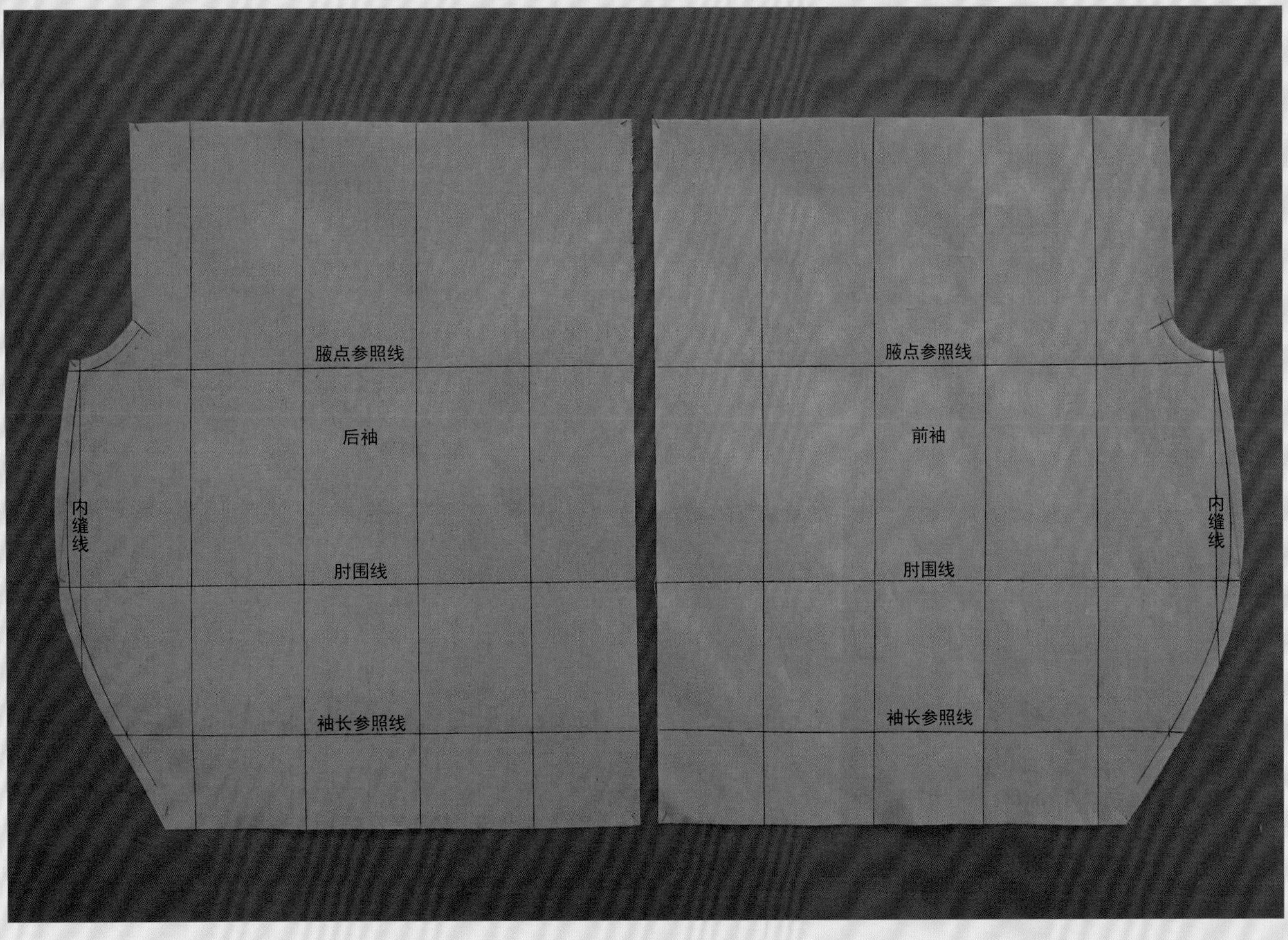

腋点参照线
后袖
内缝线
肘围线
袖长参照线

腋点参照线
前袖
内缝线
肘围线
袖长参照线

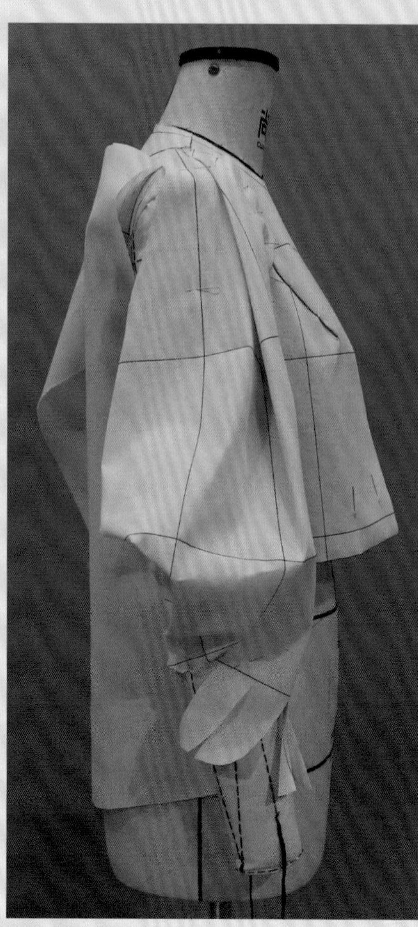

9 将留好缝份的袖子内缝用大头针假缝，完成后将画好的底弯与袖窿底弯固定，注意袖子内缝与手臂内侧前甩辅助线（袖弯势线）相对应。

10 别出前袖造型，根据需要调整褶皱的大小、袖子的肥度、袖身的轮廓与袖口的大小。固定造型后剪掉多余布料，对前袖山头进行描点。

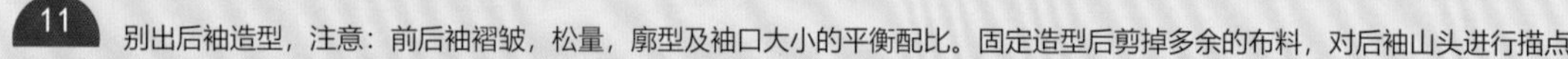

11 别出后袖造型，注意：前后袖褶皱，松量，廓型及袖口大小的平衡配比。固定造型后剪掉多余的布料，对后袖山头进行描点。

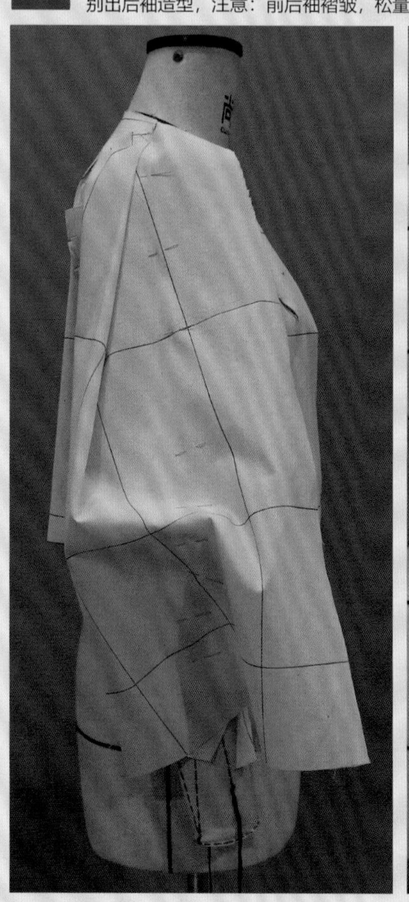

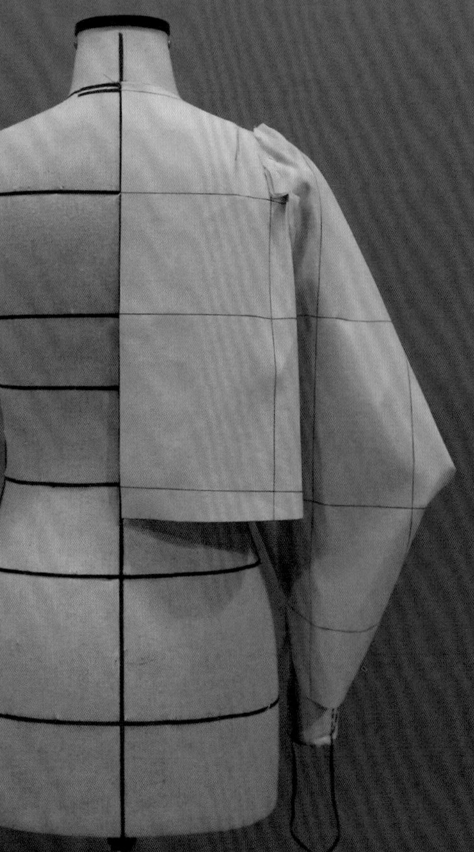

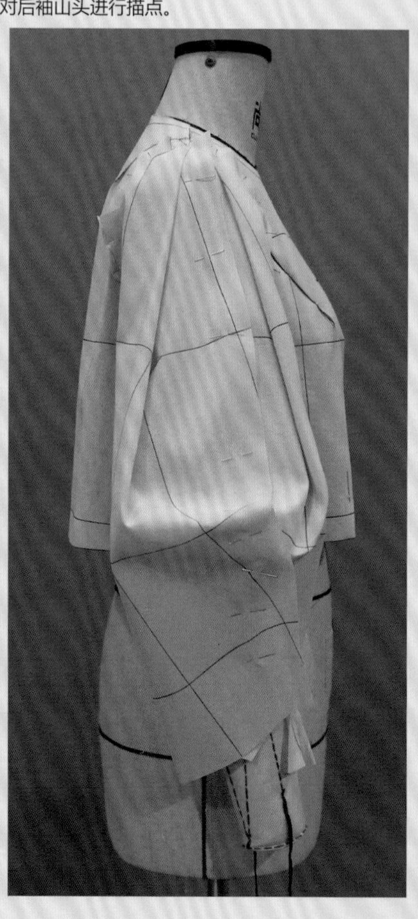

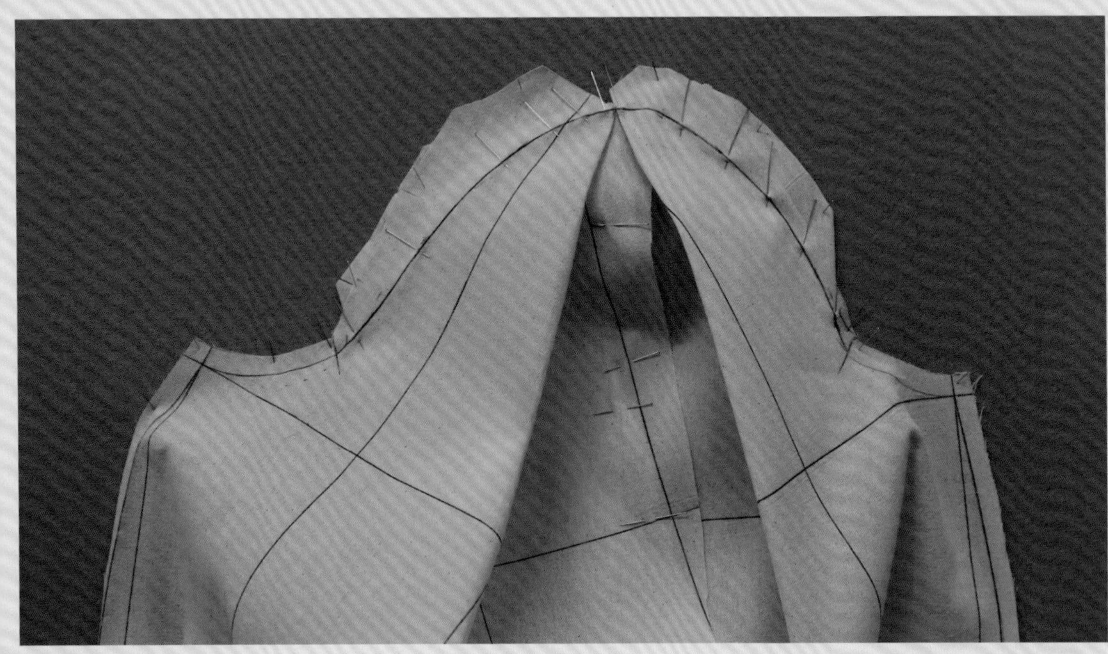

12

将袖子自衣身上拆下，并拆解袖内缝线，局部铺平袖山，对袖山进行整体圆顺。

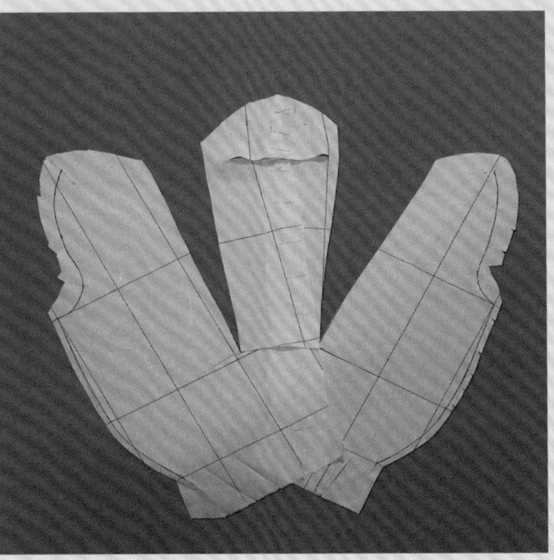

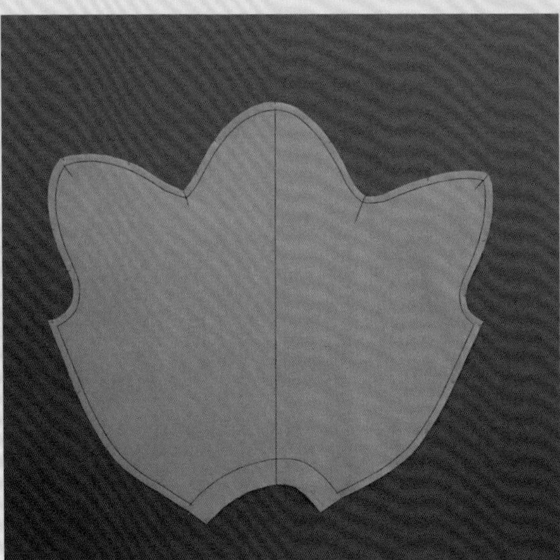

13

将袖片剪开并铺平，用整块的布料描拓轮廓，将袖内缝与部分袖山留好缝份，剪掉多余布料，重新与衣身装配后确定最终褶皱造型，描点后得到最终的袖山形状。将线条进行归纳总结，修顺后整体留好缝份，准备最终袖子装配。

14

将整片的袖子内缝假缝，袖山头褶皱造型固定后对整体袖山进行手针抽褶，让袖山头造型圆润饱满。

• 半身完成效果

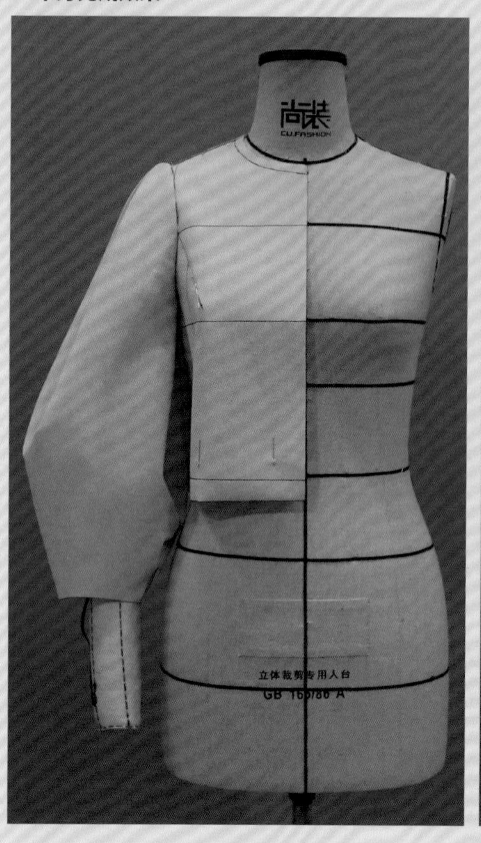
尚装
CLLFASHION
立体裁剪专用人台
GB 165/86 A

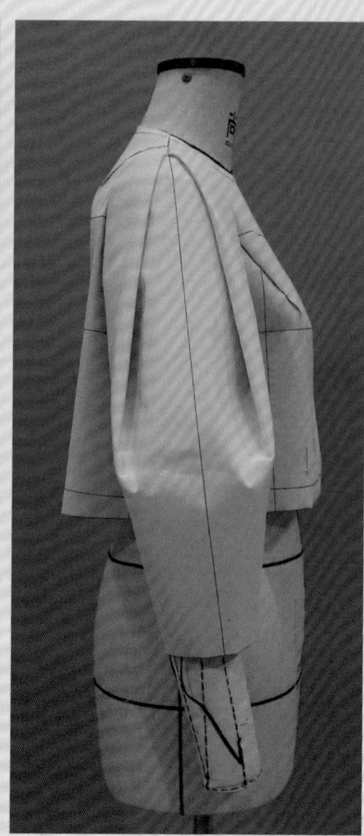

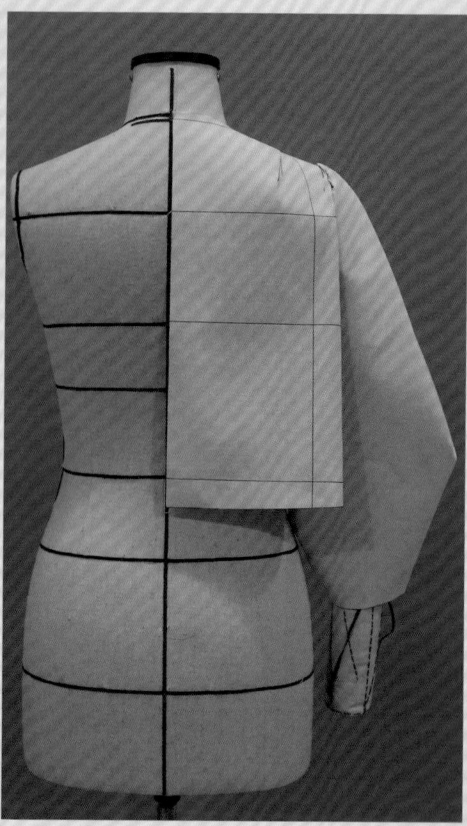

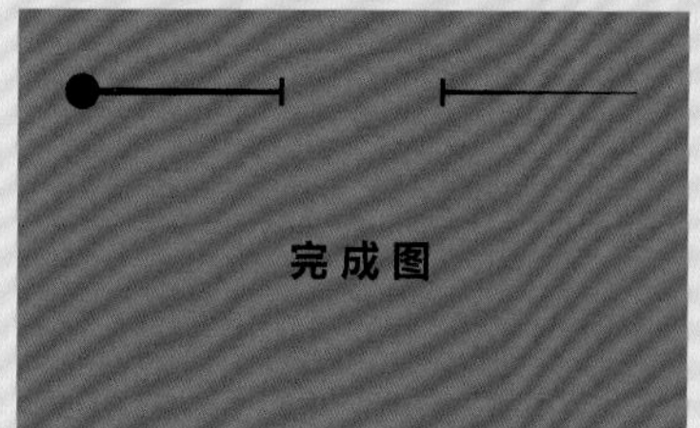
完成图

尚装
CLLFASHION
GB 165/86 A

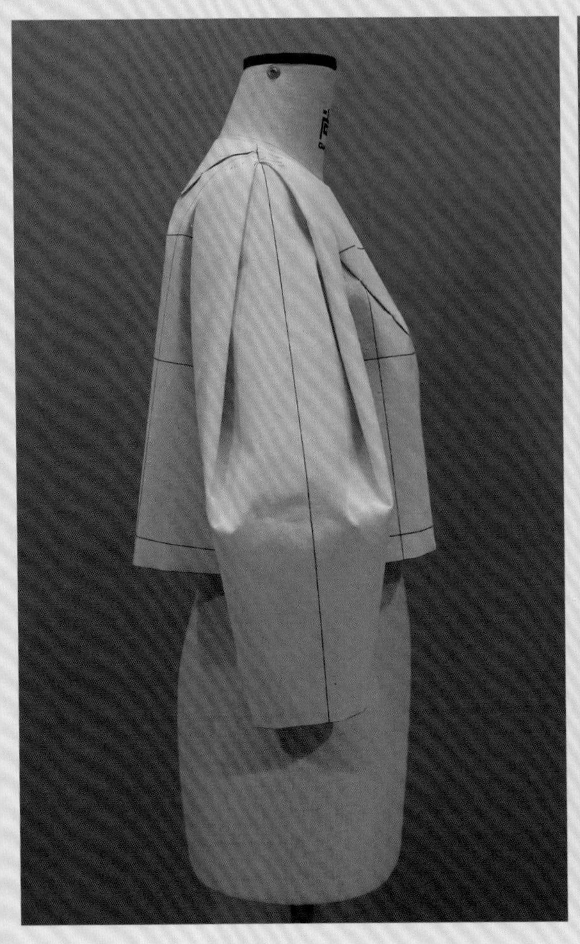

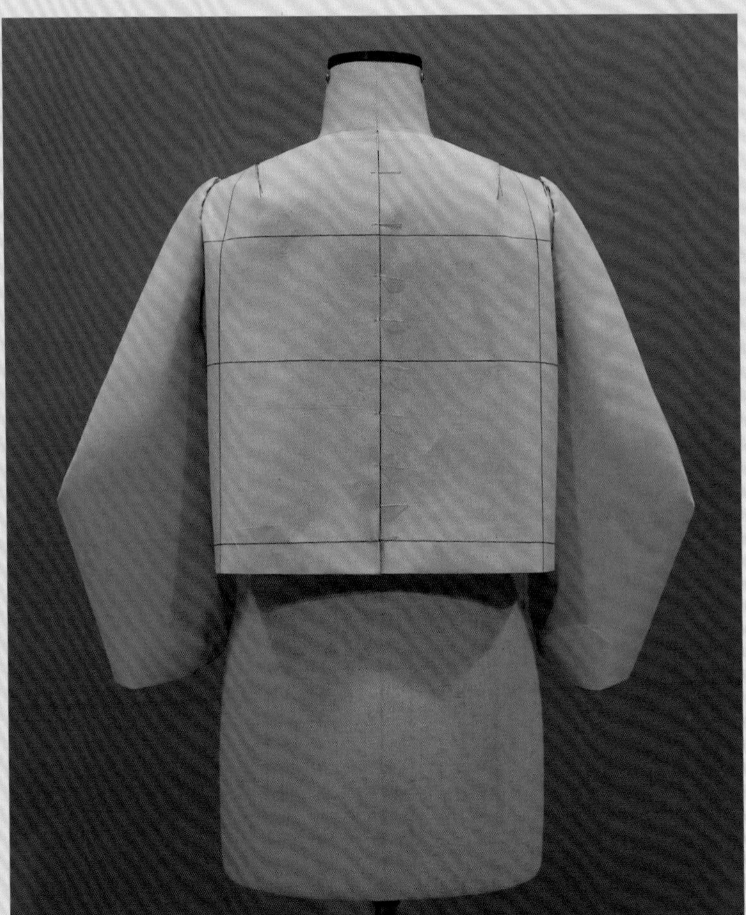

立裁样版图

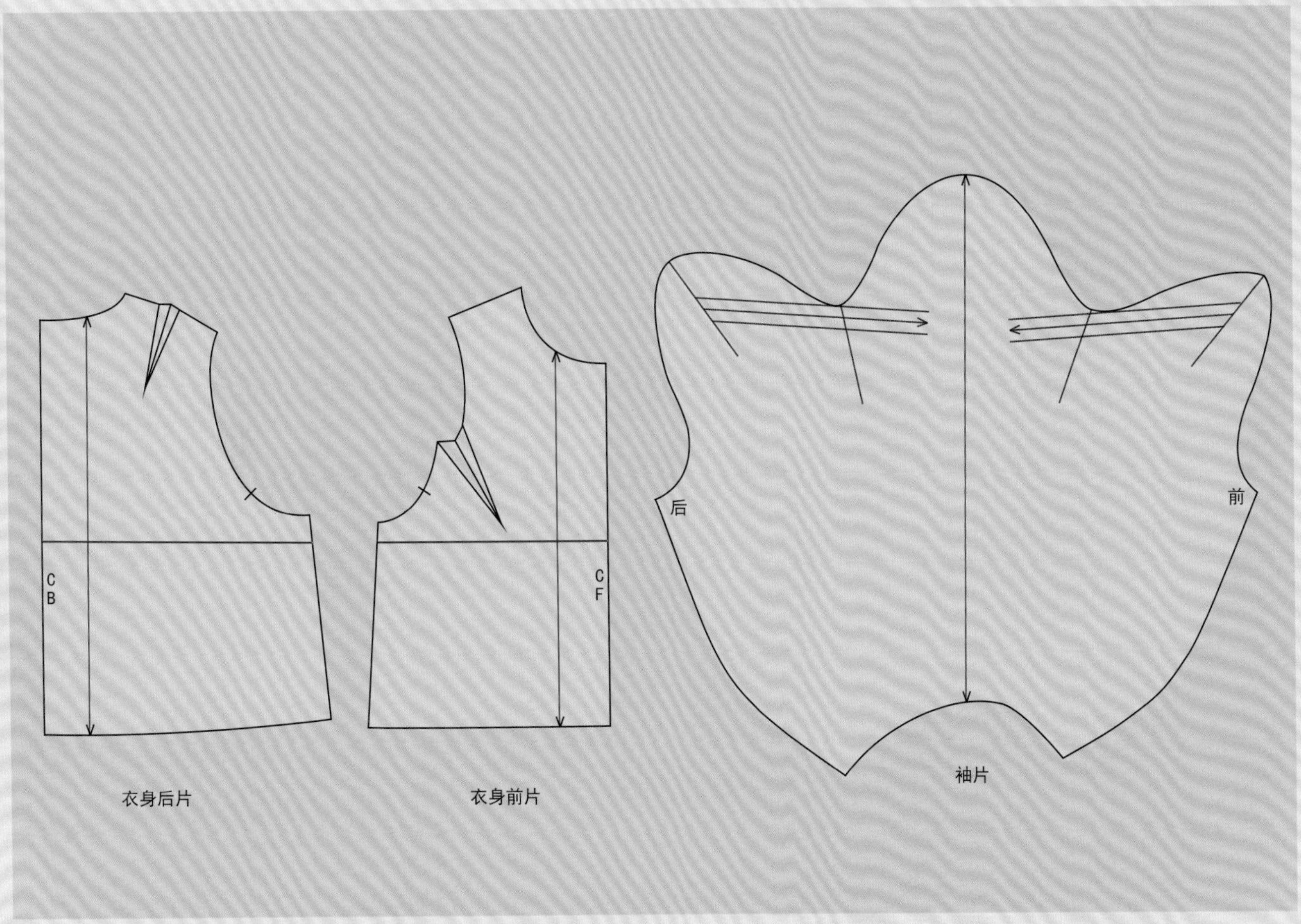

CB

衣身后片

CF

衣身前片

后

前

袖片

Draping
The Complete Course

落肩花苞袖大衣

款式描述

衣身为O型，三面结构，松量为宽松形；落肩+建筑感花苞袖；V型领口，带领下省连立领，中长款大衣，外穿。

练习重点

- 后背饱满的O型衣身立裁方法。
- 有领下省的连立领立裁方法。
- 落肩+建筑感的花苞袖操作技巧。

材料准备

- 人台（不限定号型）。
- 宽0.3cm纯棉织带。
- 专业立裁针，剪刀，人台手臂。
- 130cm×210cm无纺布。
- 马克笔（或4B铅笔）、三色圆珠笔。
- 推版尺、多功能尺。

注意：使用无纺布的优点为简便，透明度好，便于观察内在结构；能够提高立裁操作的效率。

画布指示图

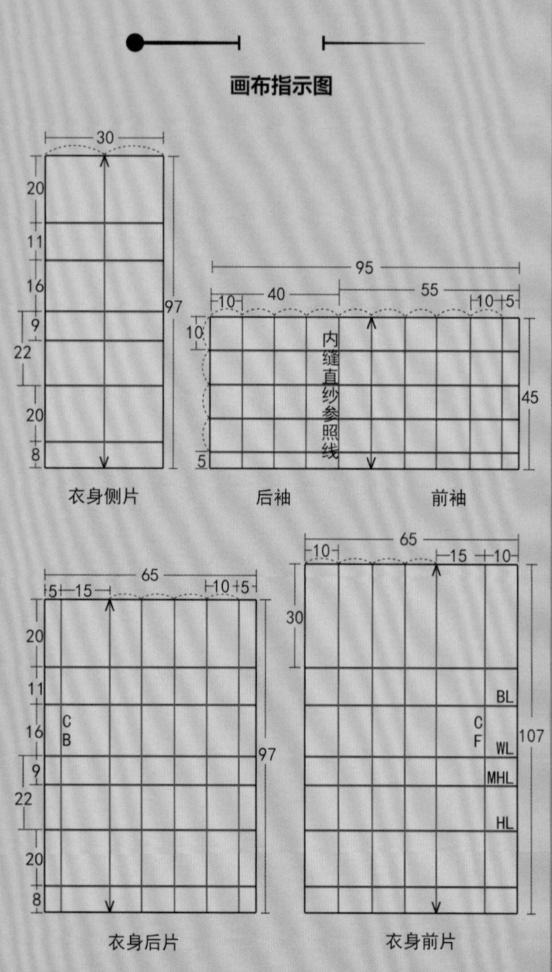

- **人台准备**

此款需装配立裁用手臂。

标线的部位：领底线及袖中缝弯势线。衣长及袖长可在立裁过程中确定，也可提前用标线标记好。

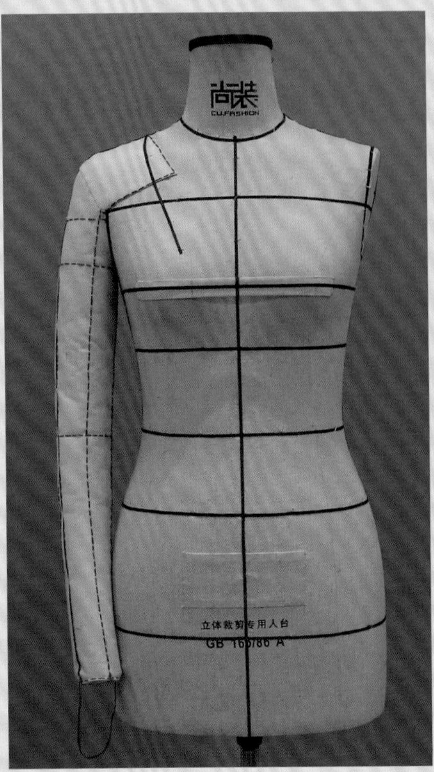

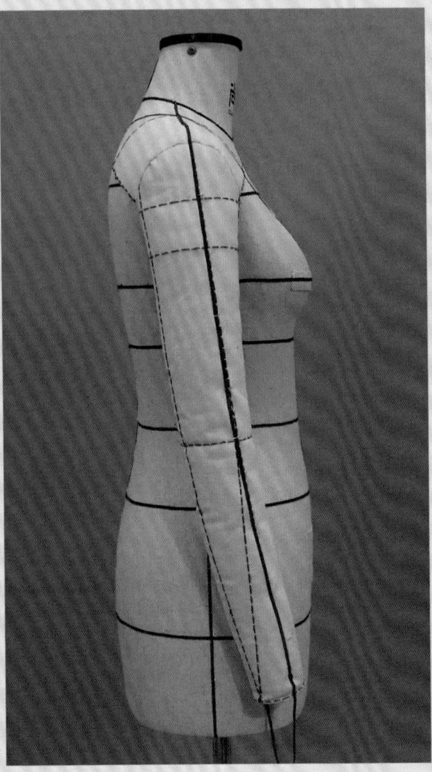

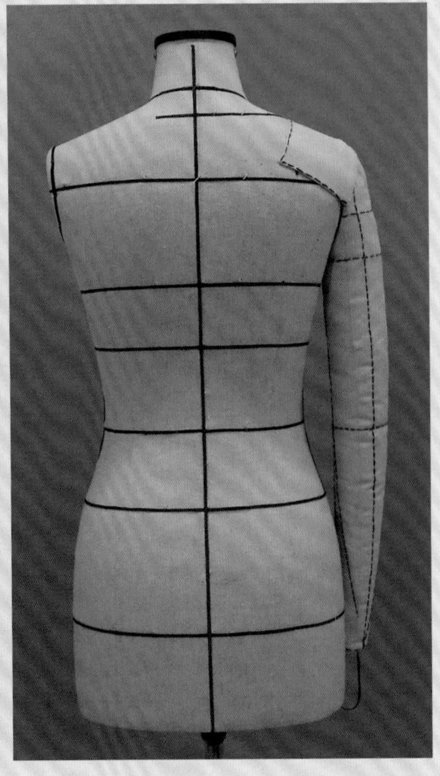

- **款式制作**

前片制作：衣身前片基础布的臂围线与前中线交点处下针固定人台的相对应部位，将前颈点与两侧BP点用点针固定，准备转撇胸。

2 将前颈点固定丝道针取下，进行转撇胸操作，转完撇胸后用标线标记搭门宽度，为领子的初步制作作准备。

3 因为此款式涉及连身立领，需要预留出做领子的空间，所以领口位置尽量少地进行裁剪。确定领子在止口上的端点位置并打剪口，这样领口部位才能平伏，后续做立领时也比较好操作。打完止口位置（领端点处）剪口后，尽量将领口部位调整平伏，并在领底线标线处下针固定。

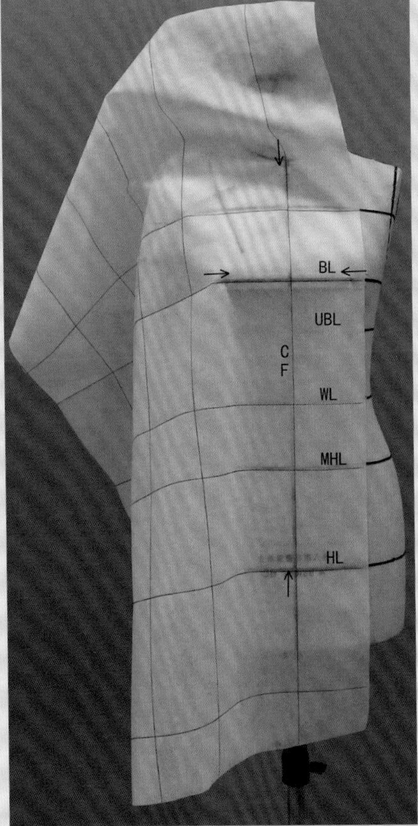

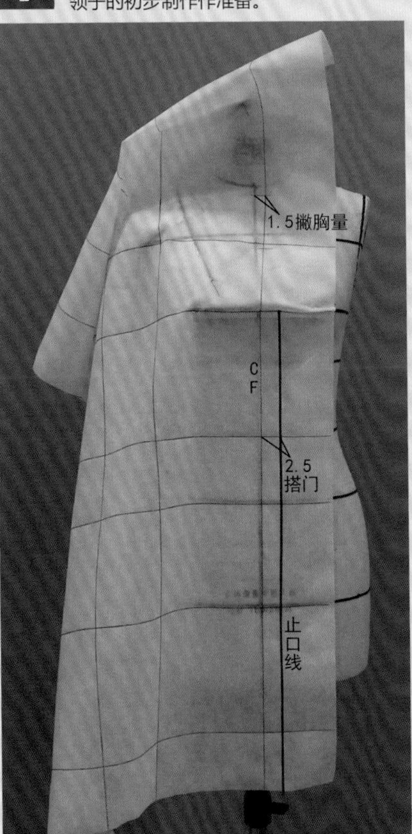

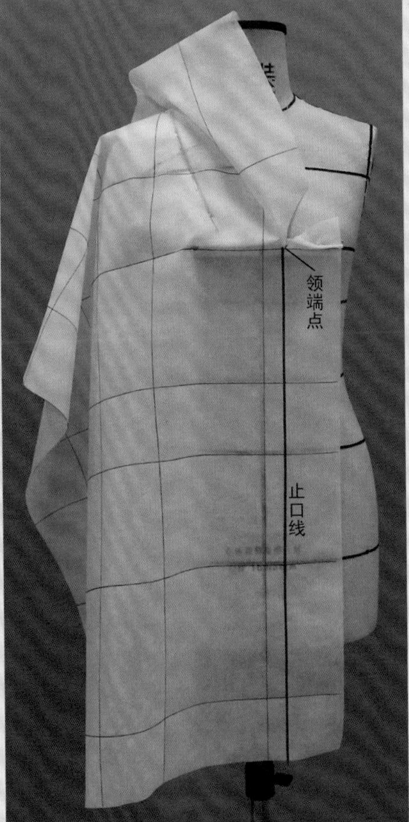

4 调整衣身大概的松量及廓型后，将多余的胸省量推至小肩。重新调整领底线固定的大头针，将推至小肩的胸省量推到领底线左侧。

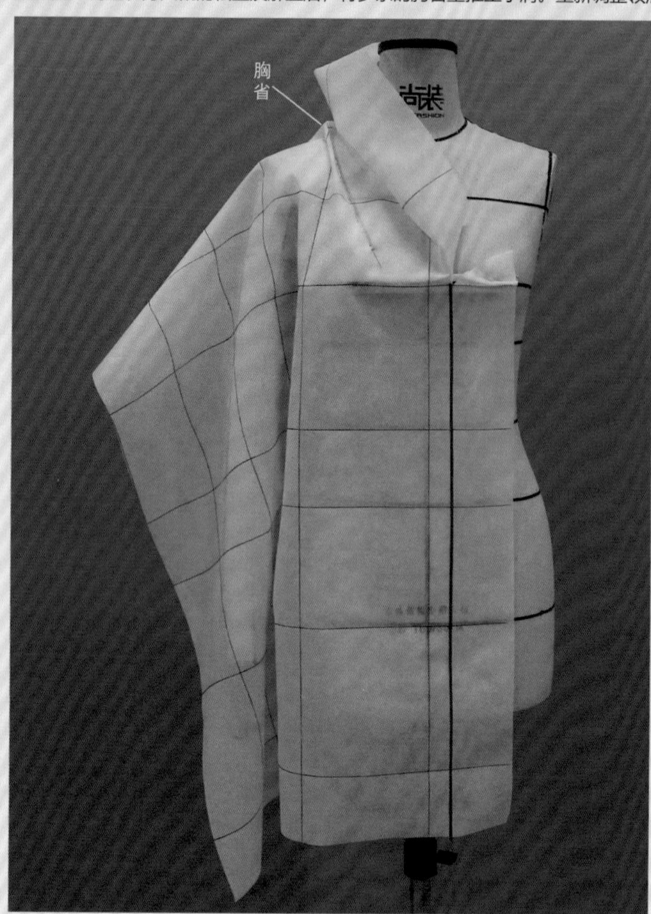

5 重新固定领底线，由肩颈点向内打剪口至领底线与小肩的交点。确定落肩袖在前片的转折点，自后向前，自下往上，斜向打剪口至确定好的转折点。

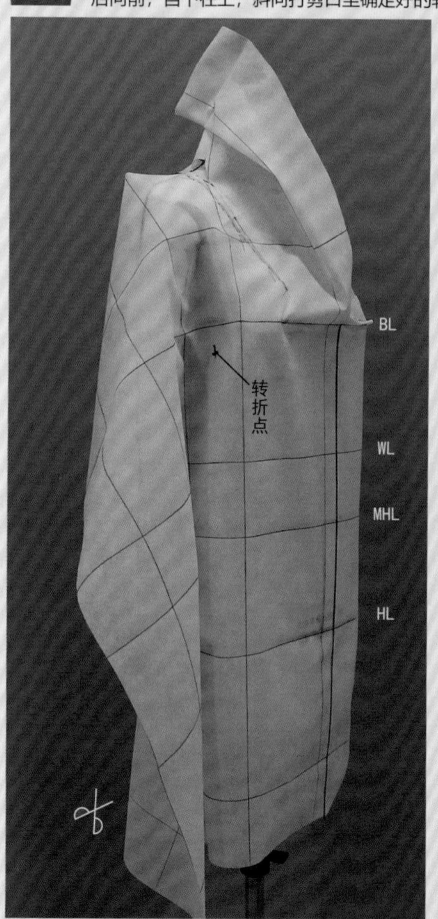

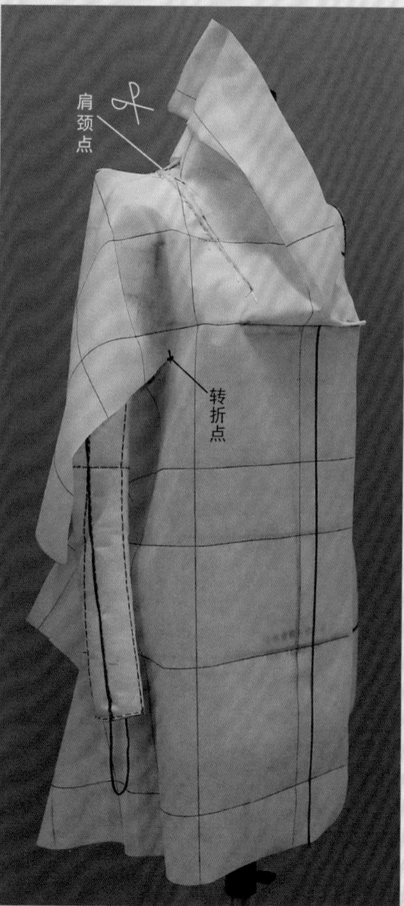

6-1 确定前片落肩造型及松量，下针固定。

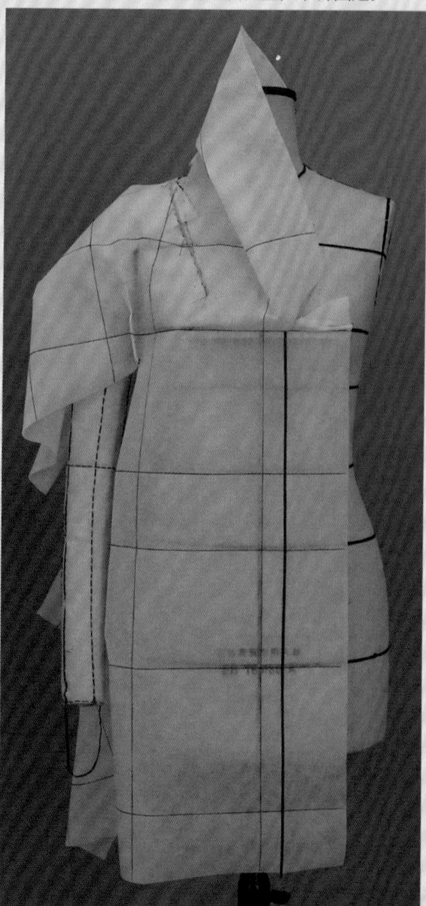

6-2 定好肩袖缝造型线、前片衣身断缝线，并将多余的布料剪掉。

6-3 再次观察造型，确定无误后准备做后片。

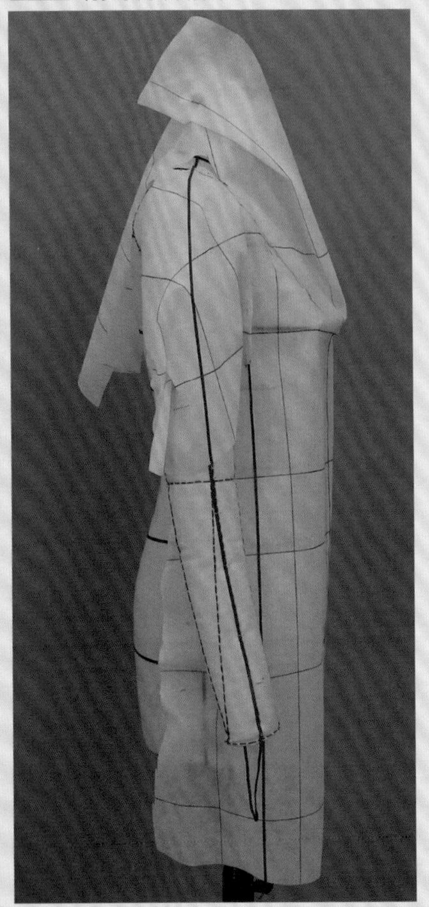

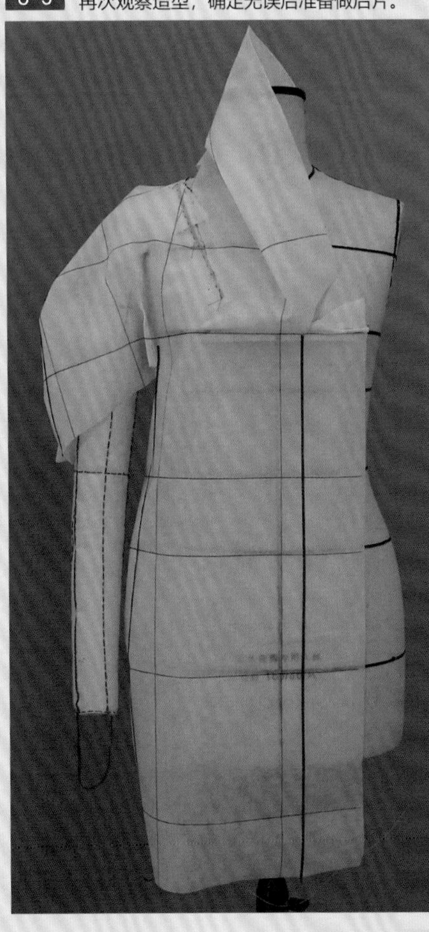

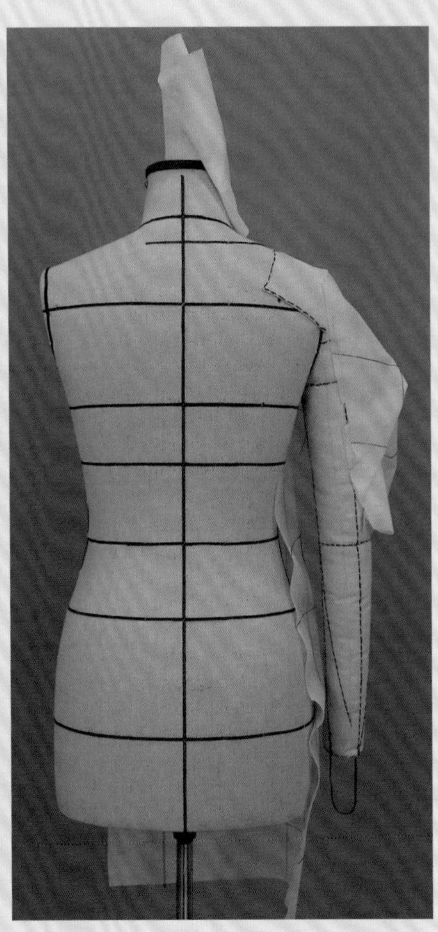

7 后片制作：后片同样是臀围线与后中线交点处下针固定丝道线，确保各辅助线的水平与垂直，并与人台标线相对应。

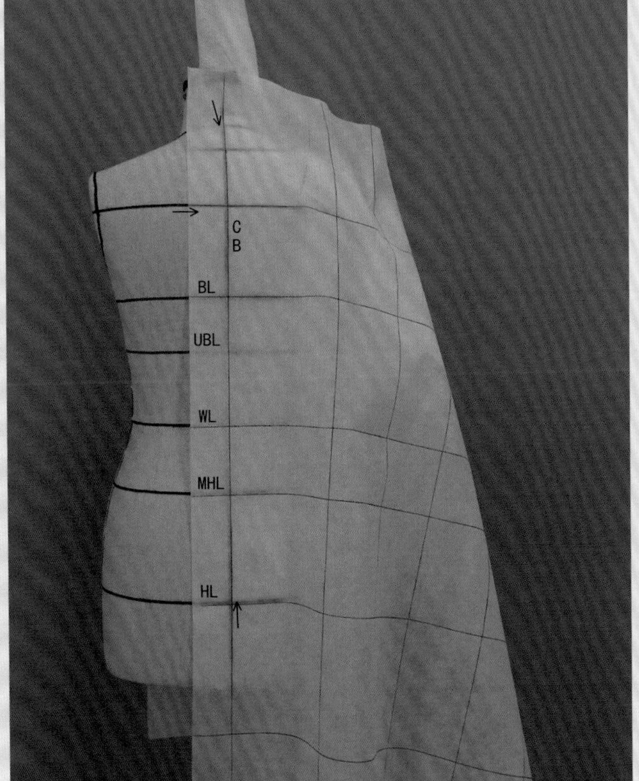

8-1 在实际的领口线上，自后领口点向侧领口点（肩颈点）方向均匀打剪口，剪出后领口，固定侧领口点（肩颈点）。

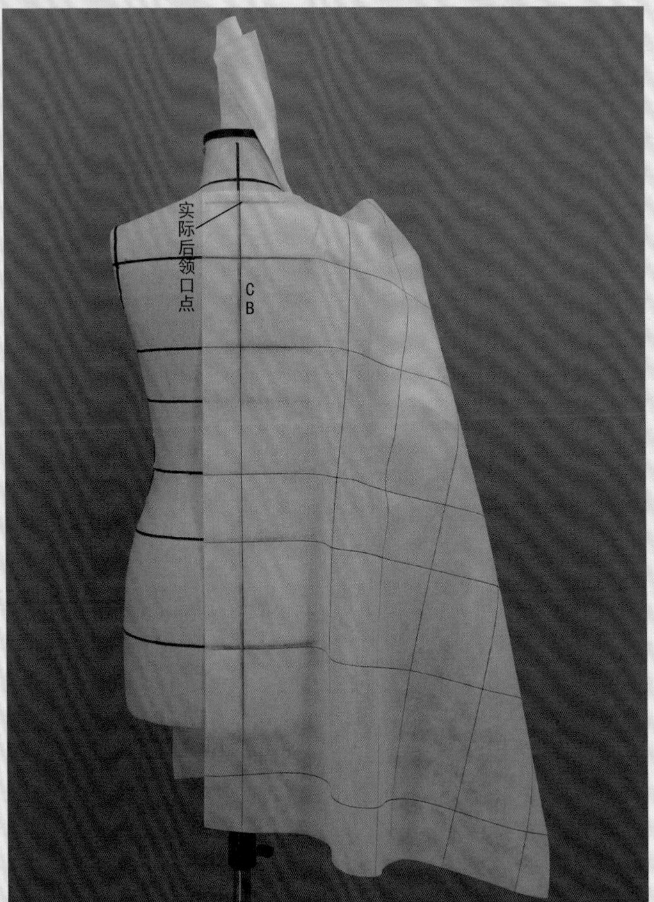

8-2 将部分肩胛骨省推至小肩，在臀围线下1～2cm处作标记，并将标记位置提至人台臀围标线位置。上提量最终都推至袖窿中。上提量的多少取决于造型，也就是纵向后身对前身的包裹程度。

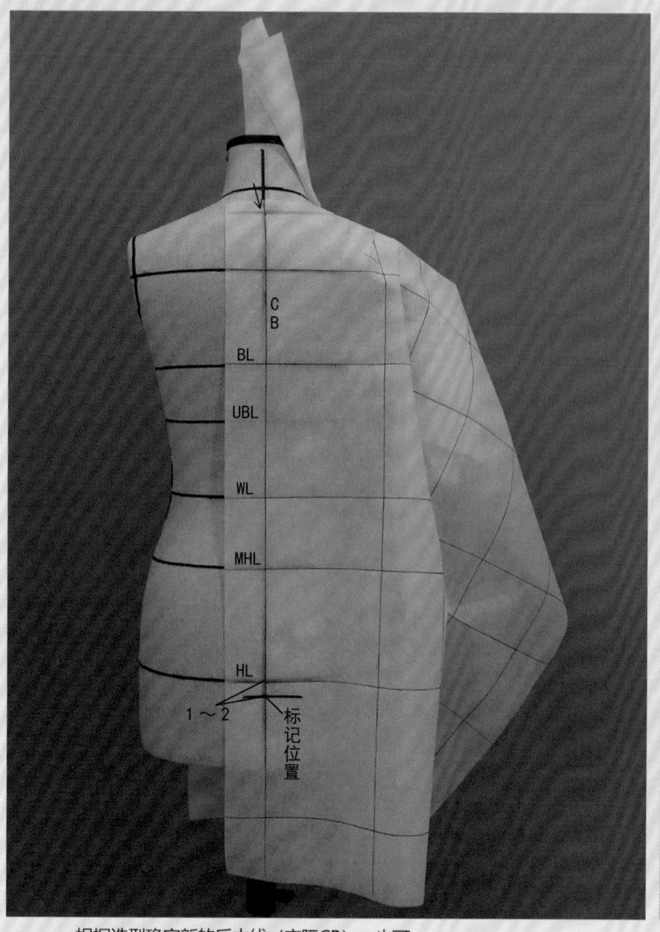

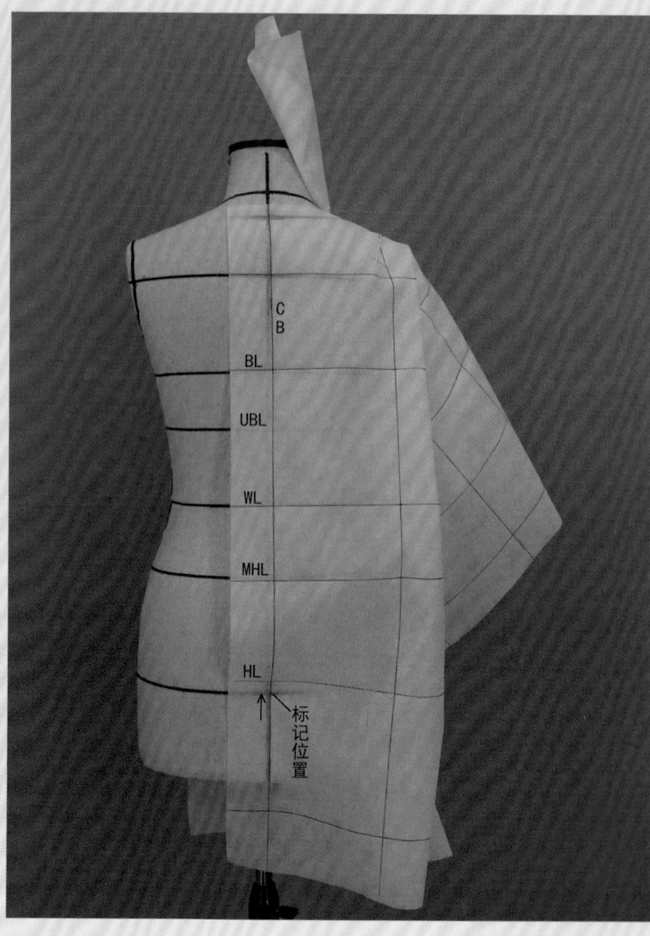

8-3 根据造型确定新的后中线（实际CB），也可使用原后中线（原CB）。使用原后中线，整个后背偏平；使用向外弯曲的后中线（实际CB），整个后背偏饱满。

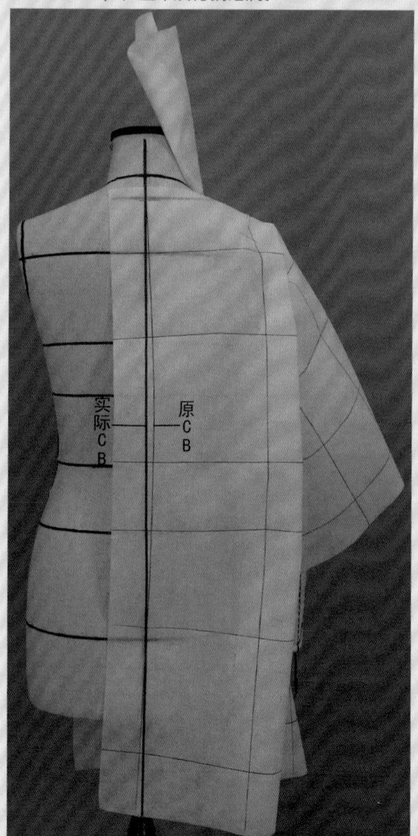

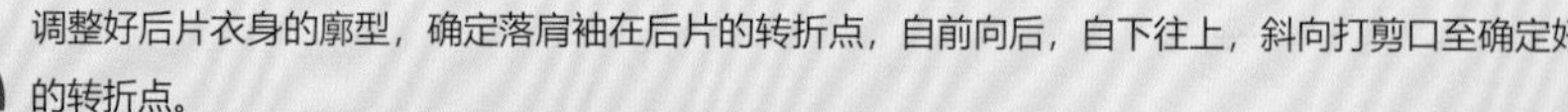

9 调整好后片衣身的廓型，确定落肩袖在后片的转折点，自前向后，自下往上，斜向打剪口至确定好的转折点。

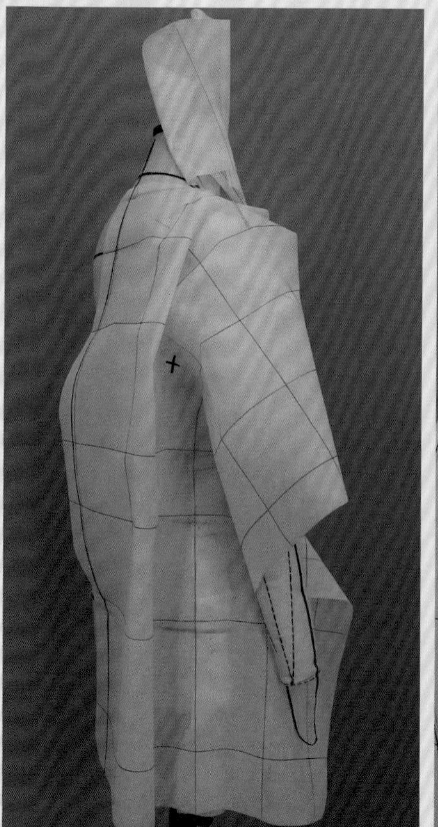

10-1 确定后片落肩造型及松量，下针固定。

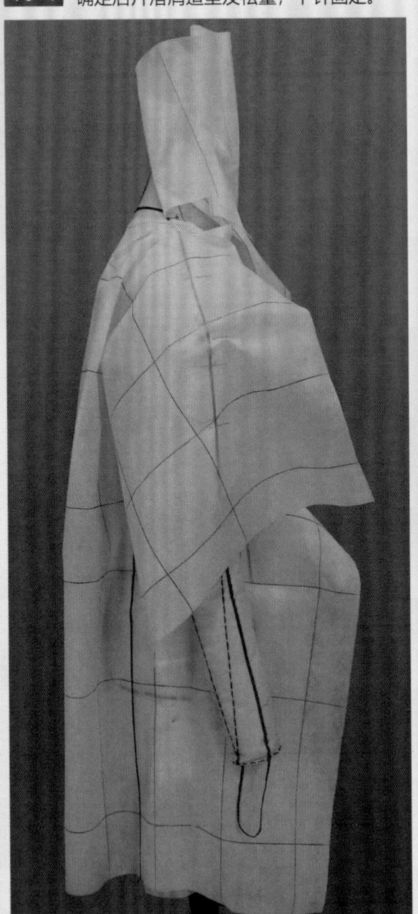

10-2 定好肩袖缝造型线、后片衣身断缝线，并将多余的布料剪掉。

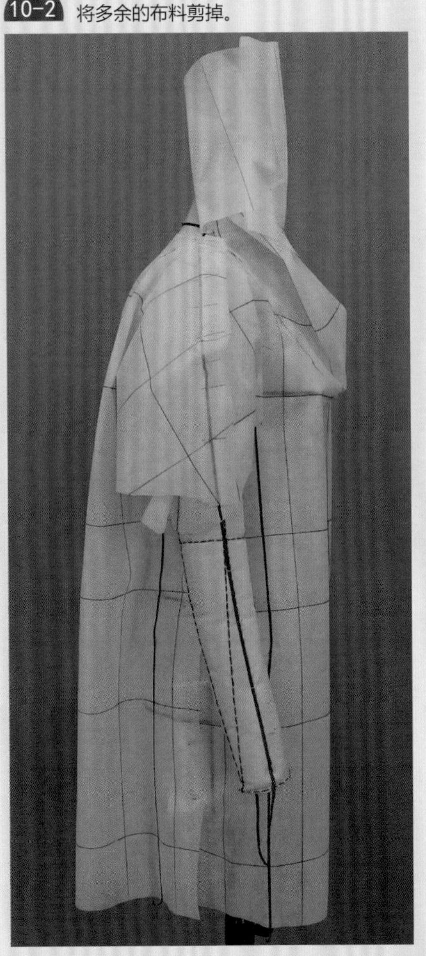

10-3 处理好肩袖缝线，定好落肩袖袖窿线造型。

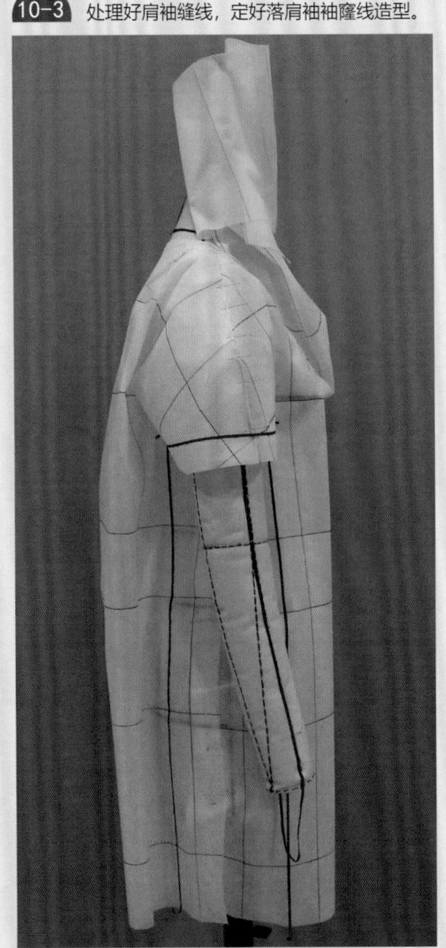

10-4 再次观察造型，确定无误后准备做侧片。

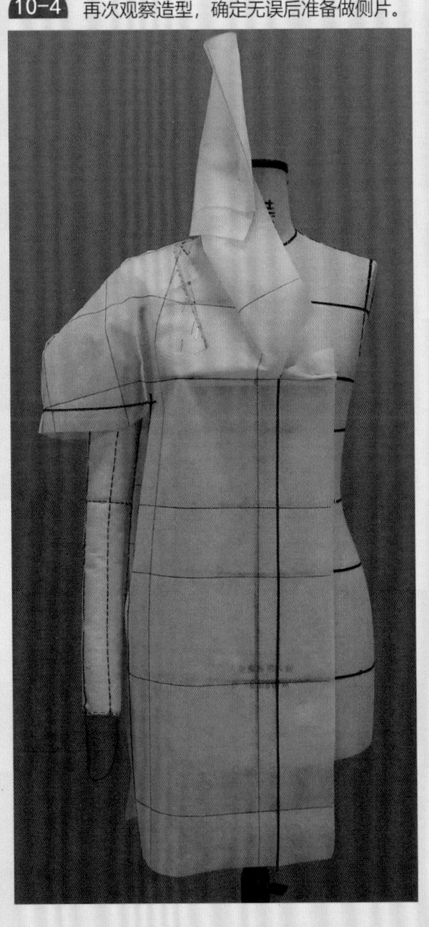

11-1 将袖窿余布扣净假缝；侧片同样是臂围线下针固定丝道线，确保各辅助线的水平与垂直，并与人台标线相对应。

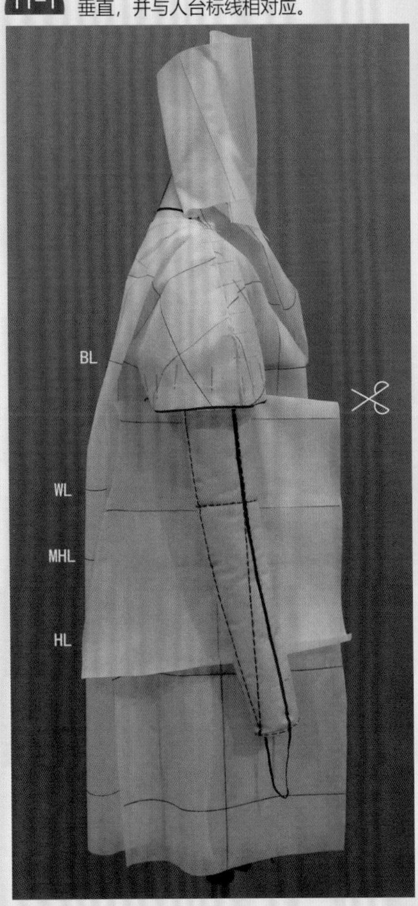

11-2 将上半部分多余的面料剪掉。

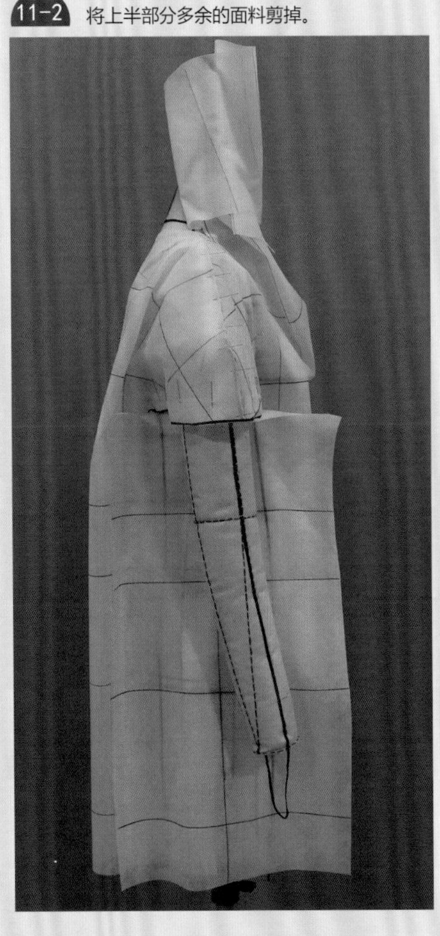

11-3 将侧片两条断缝线反向刮折后进行假缝。

完成后观察造型，确定无误后准备做连身立领。

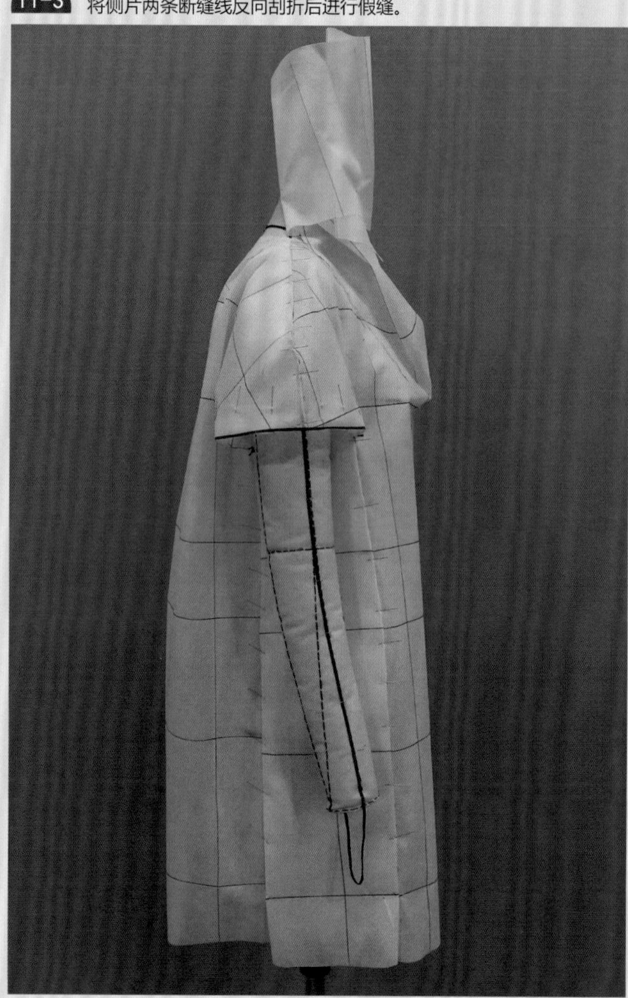

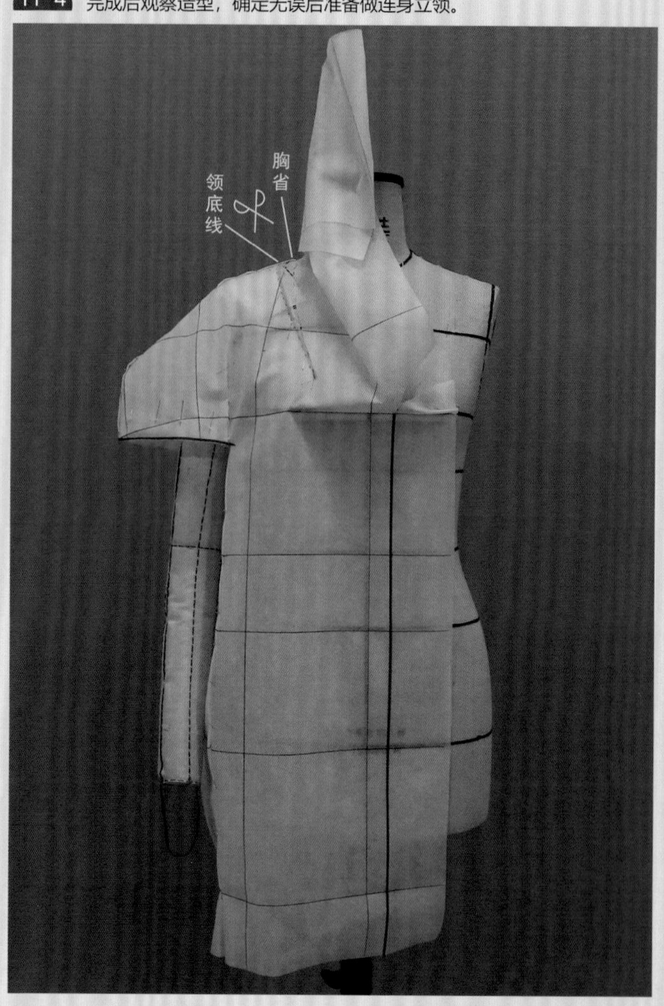

连身立领制作：将衣身前片前领口区域的胸省剪开，向前领口线方向拉动前领布，先将胸省量收进前领口，后观察前领立起的程度是否理想。领布向前领口方向拉动越多，前立领越起立。当前领立起的程度理想时，在领底线处边固定大头针边打剪口，一直做至后中。

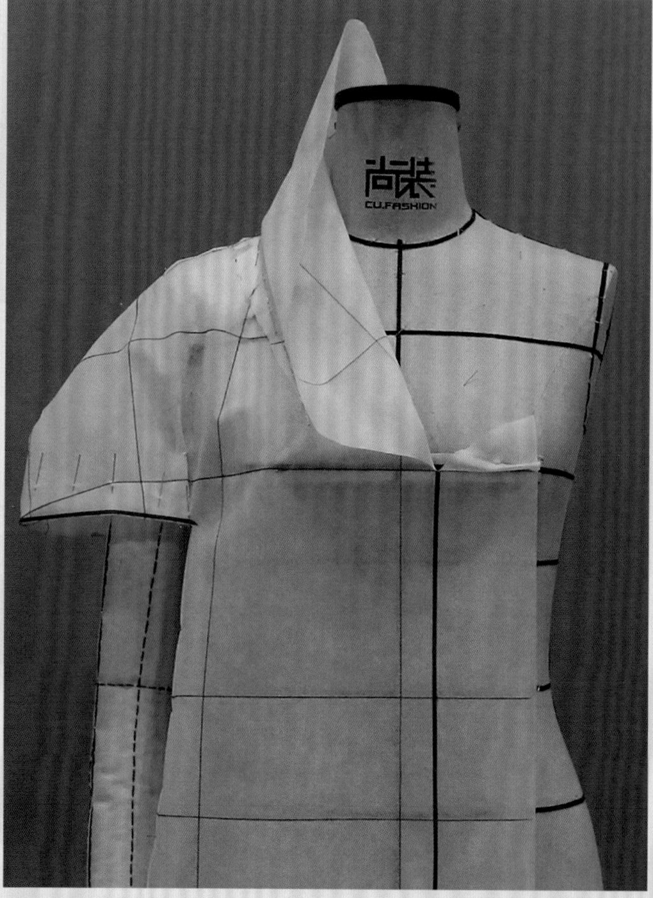

12-2 确定前、后立领高度，将余布翻折与清剪。

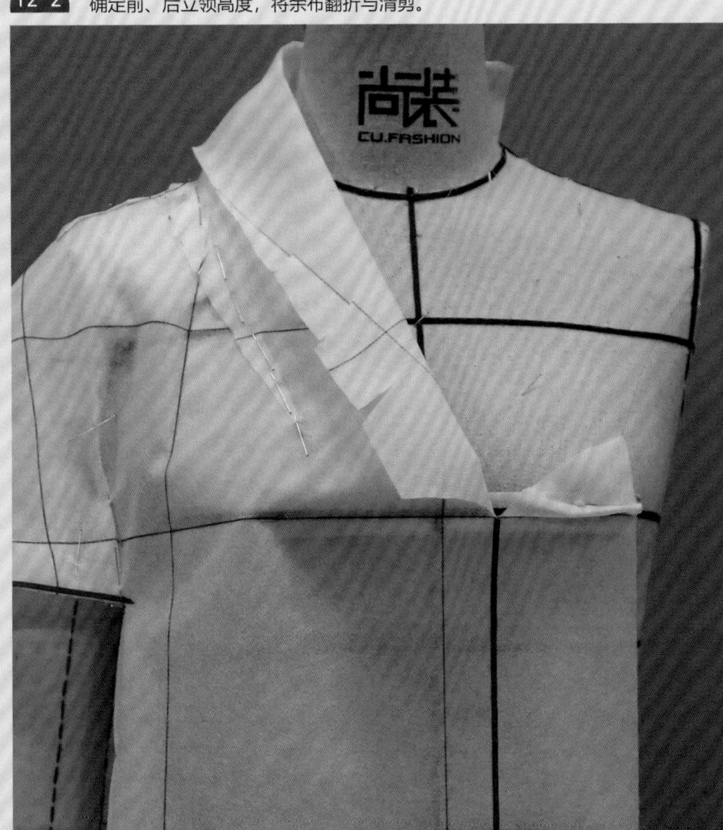

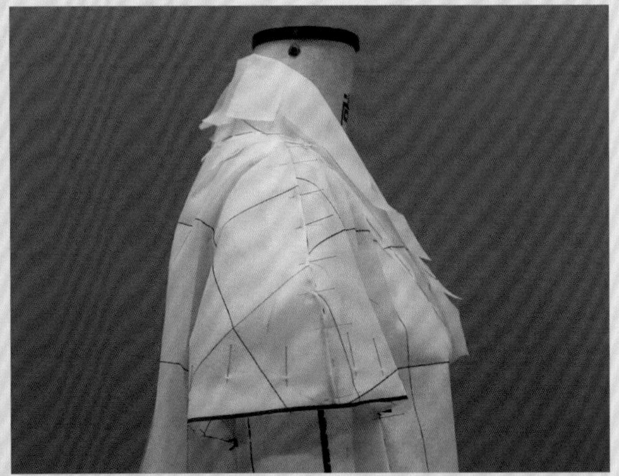

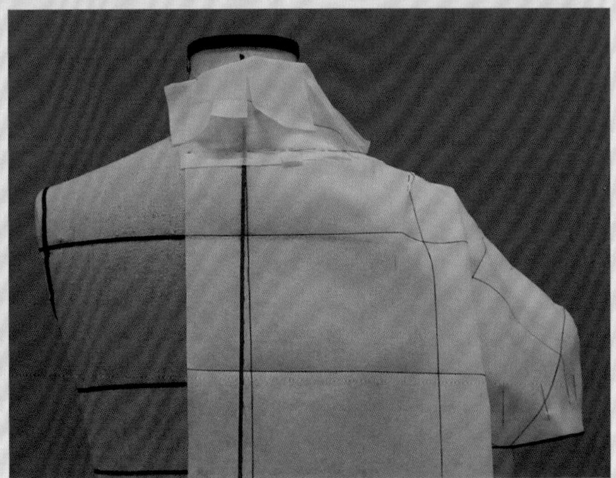

13

观察做好的领子造型，确定无误后用标线标记外领口线与前后领口线。

14 对整个衣身进行描点画线之后将衣身取下，对线条进行归纳总结后将衣身假缝，准备做袖子。一般左右对称的款式，此步骤假缝半片衣身即可。由于此款为茧型（O型），为了更好地观察造型，故假缝时进行了全身假缝。

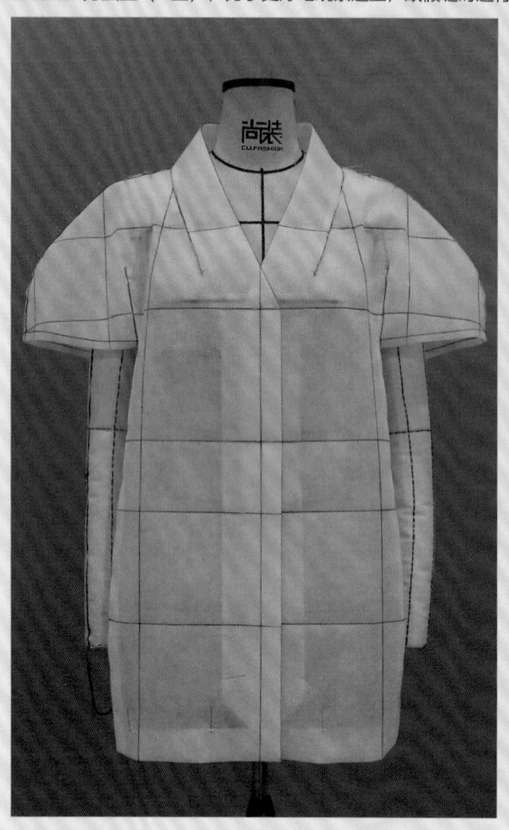

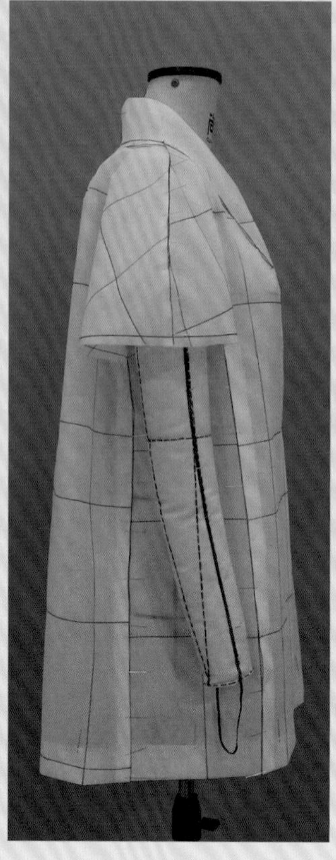

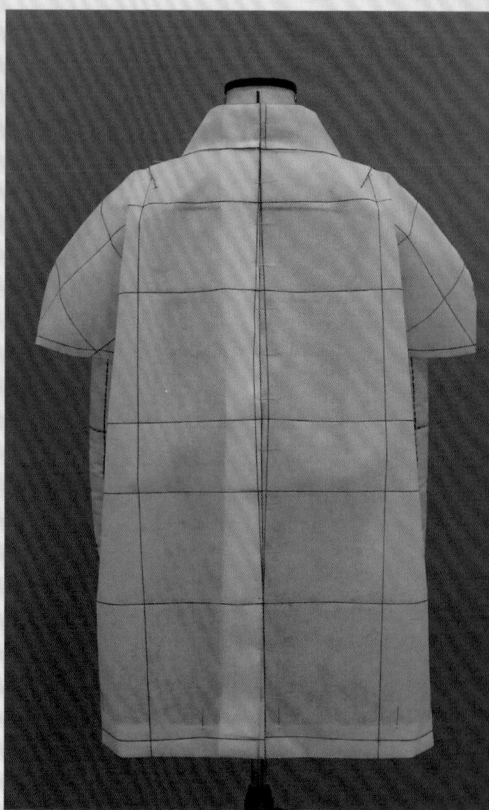

15-1 袖子制作:袖片的丝道在确定时参考的不是水平垂直，而是将丝道参考线对准手臂内侧的袖弯势线。

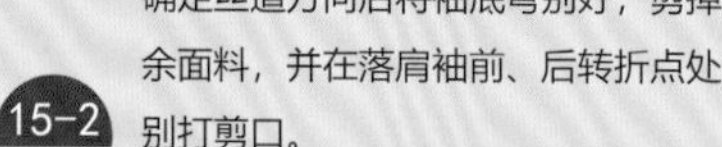

15-2 确定丝道方向后将袖底弯别好，剪掉多余面料，并在落肩袖前、后转折点处分别打剪口。

15-3 打完剪口后将布料翻至外面，做前袖造型，并用标记线标记花苞造型线。

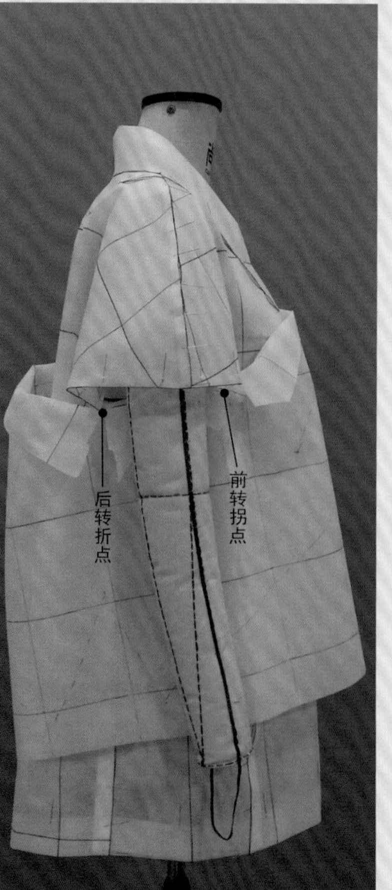

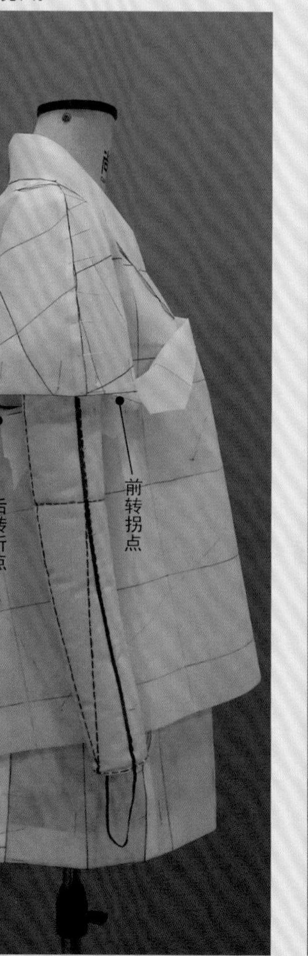

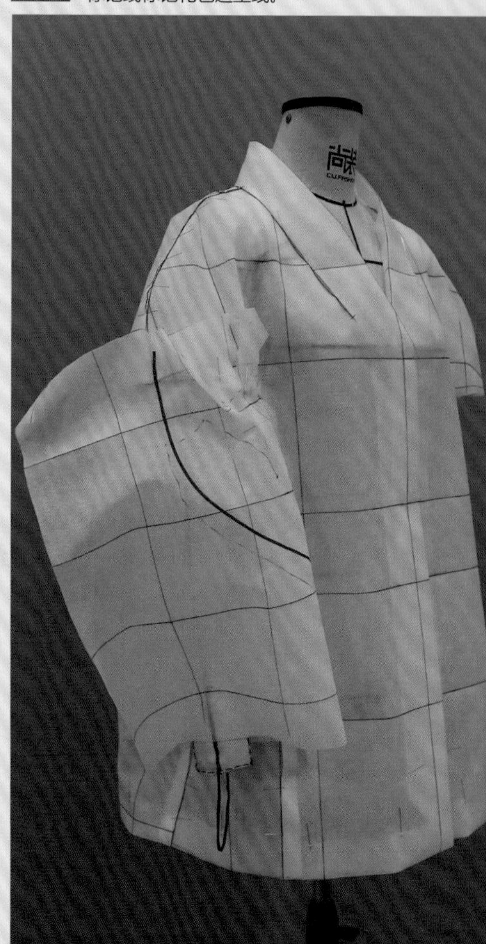

15-4 确定造型达到理想状态后用针固定造型，剪掉多余的布料。

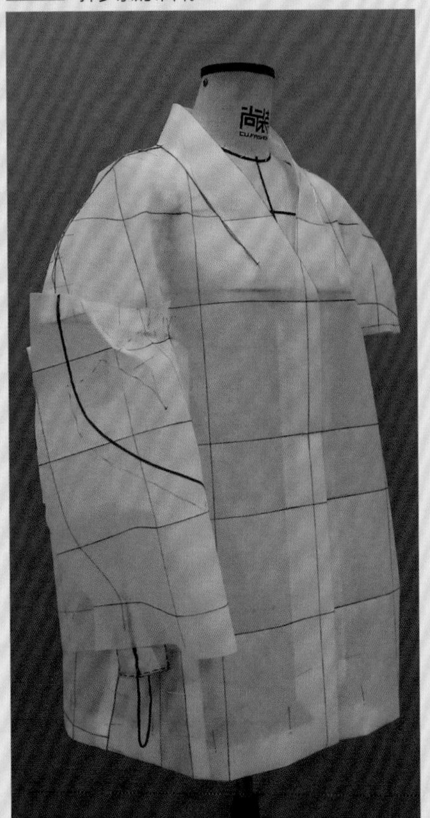

15-5 做后片造型，确定造型无误后用针固定造型，并剪掉多余布料。

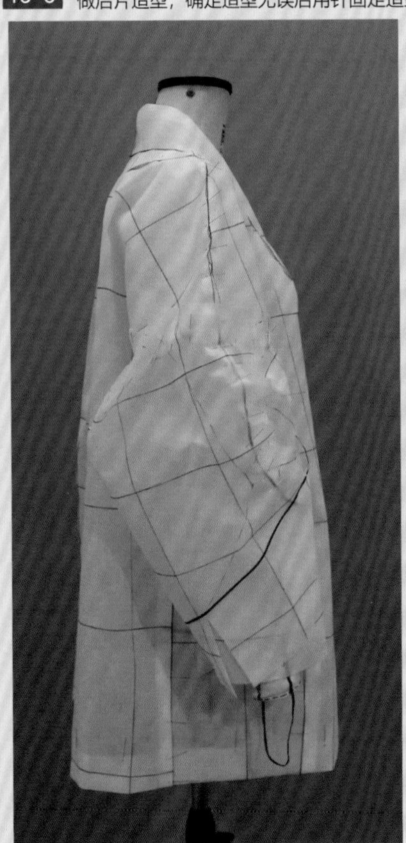

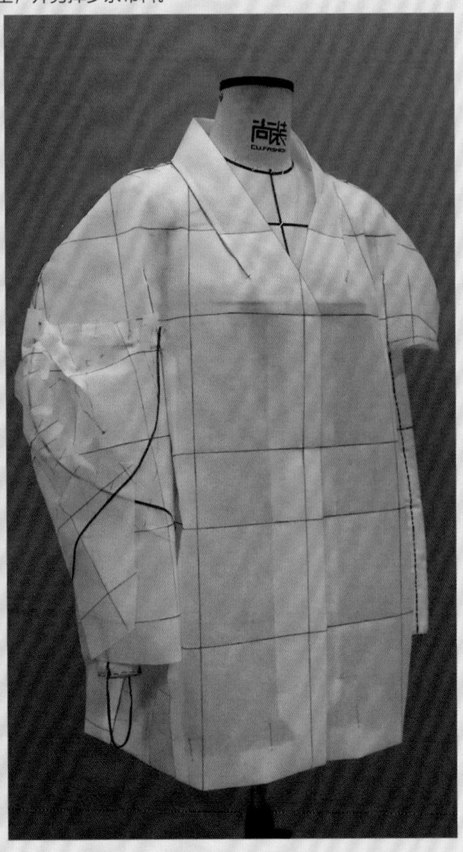

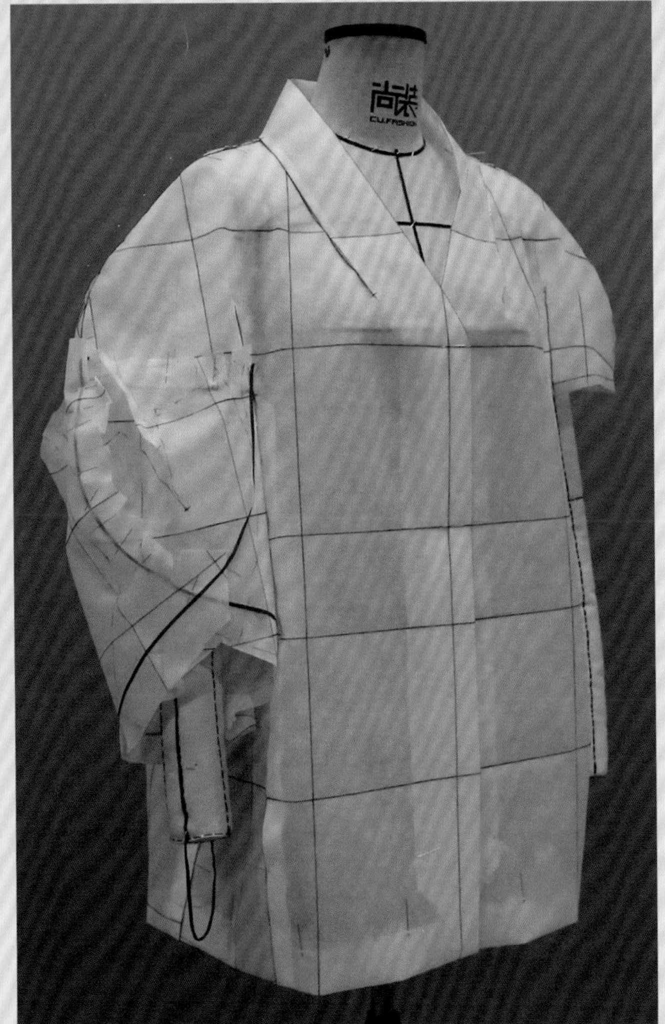

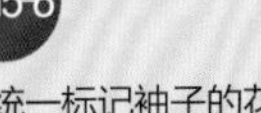

15-6 统一标记袖子的花苞造型，并剪掉袖口多余的面料。

16 将袖子进行描点画线后取下归纳整理线条，并进行假缝与装配。

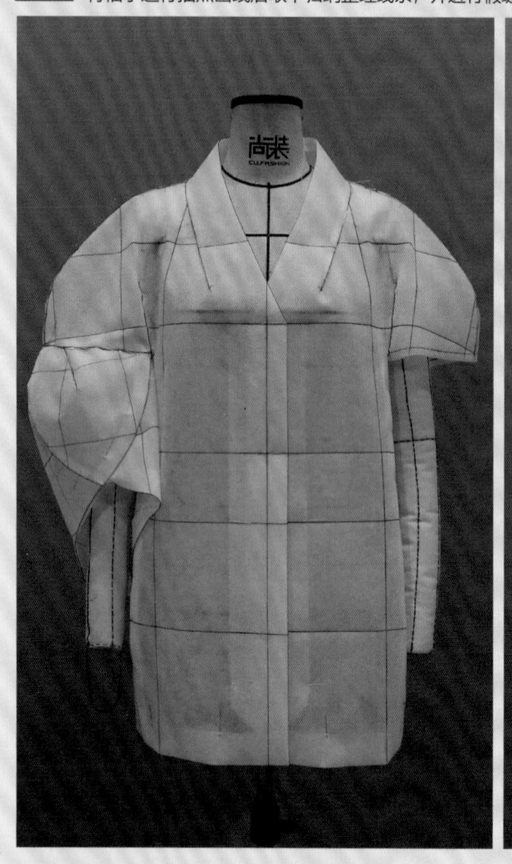

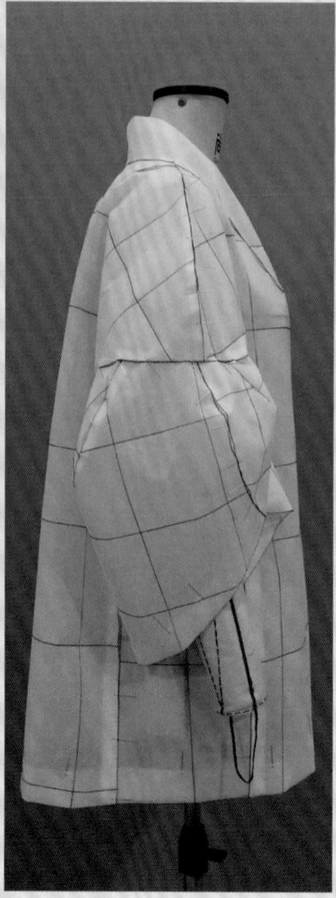

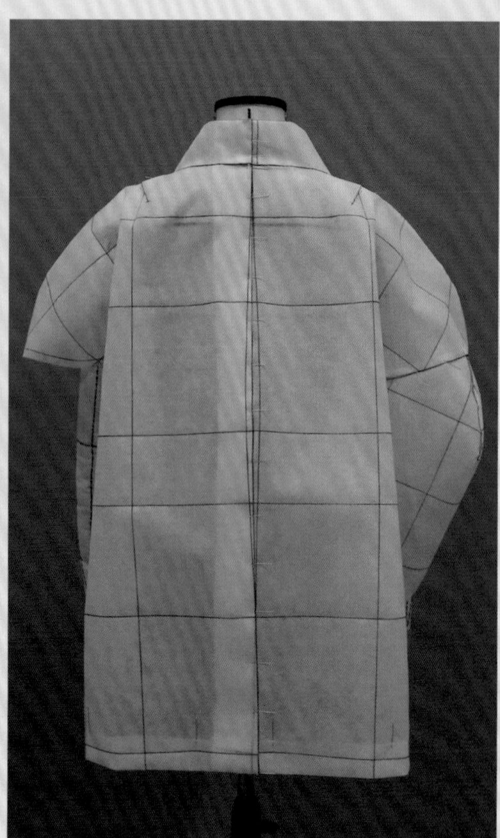

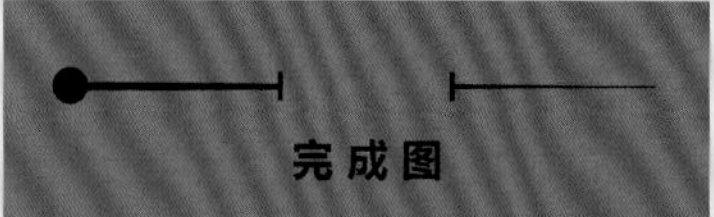

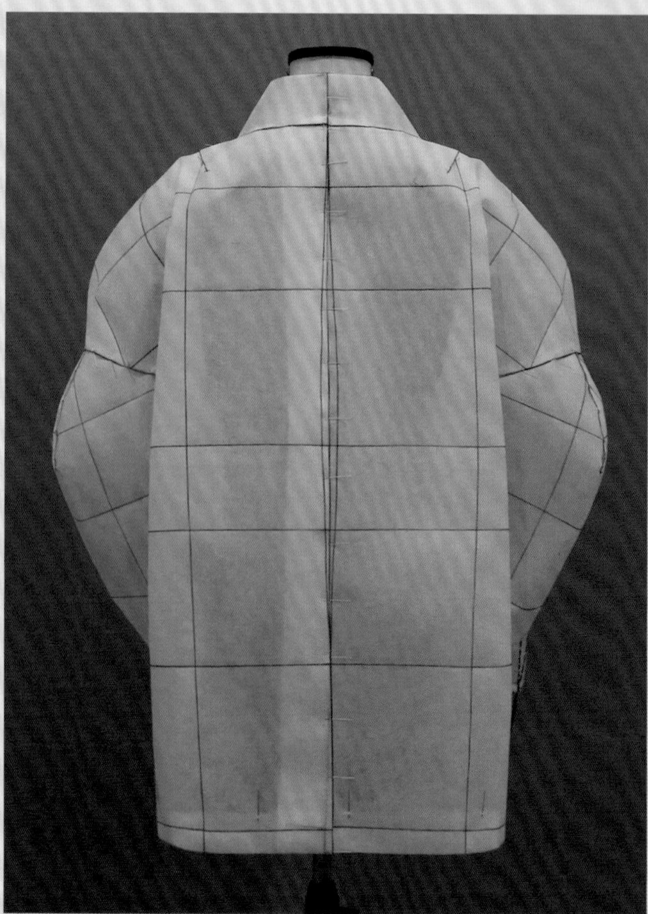

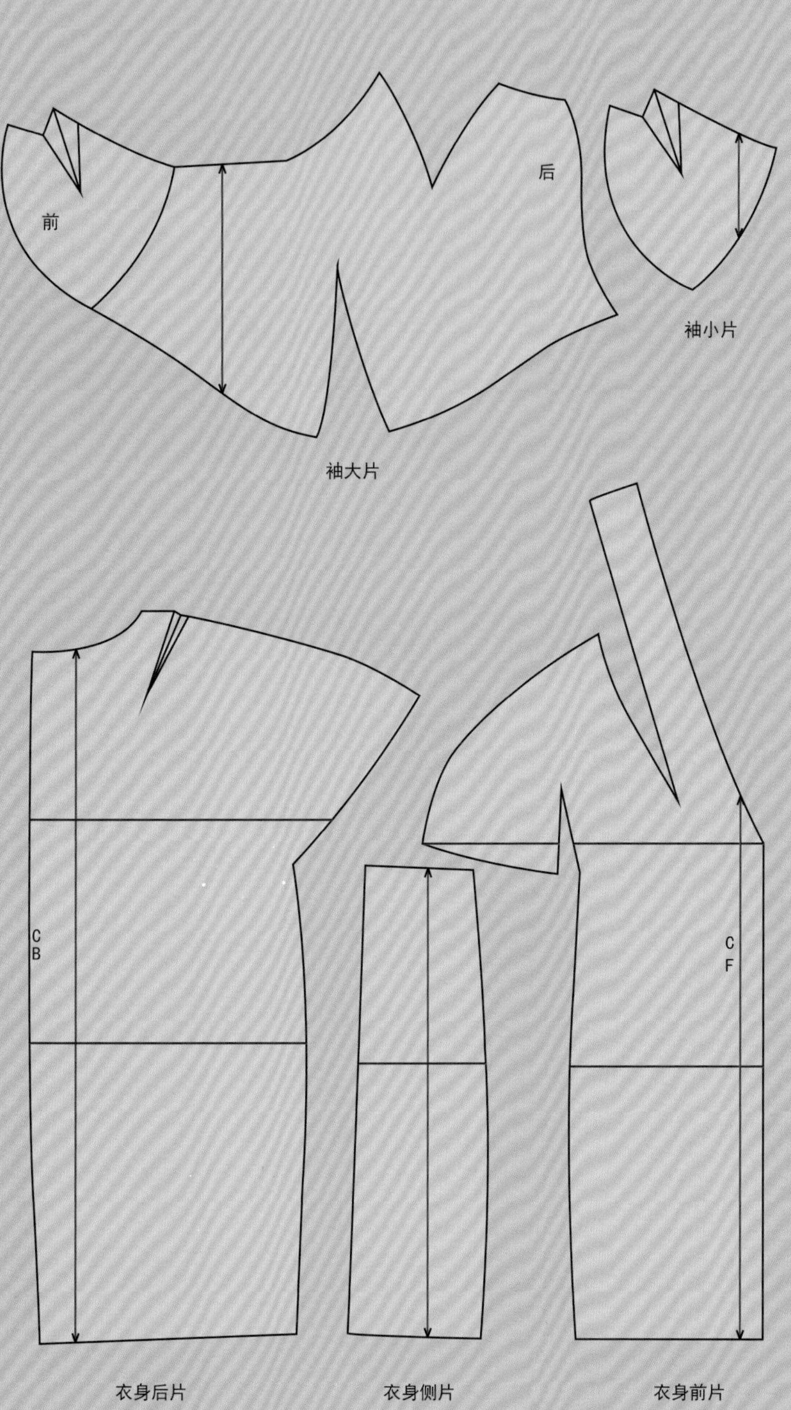
前
后
袖小片
袖大片
C
B
C
F
衣身后片
衣身侧片
衣身前片

Draping

The Complete Course

Dior褶裥造型衬衫裙

款式描述

衣身为收腰结构，腰部有分断，上半身为半褶裥造型，下半身为百褶造型；特殊褶皱造型衬衫袖，连领座衬衫领，长款衬衫裙，贴身穿着。

练习重点

- 衣身上部花苞褶裥的塑造
- 衣身下部百褶裙的塑造

材料准备

- 人台（不限定号型）。
- 宽0.3cm纯棉织带。
- 专业立裁针、剪刀、人台手臂。
- 120cm×170cm纯棉坯布（不包括下半身百褶裙布片的用布量）。
- 马克笔（或4B铅笔）、三色圆珠笔。
- 推版尺、多功能尺。

画布指示图

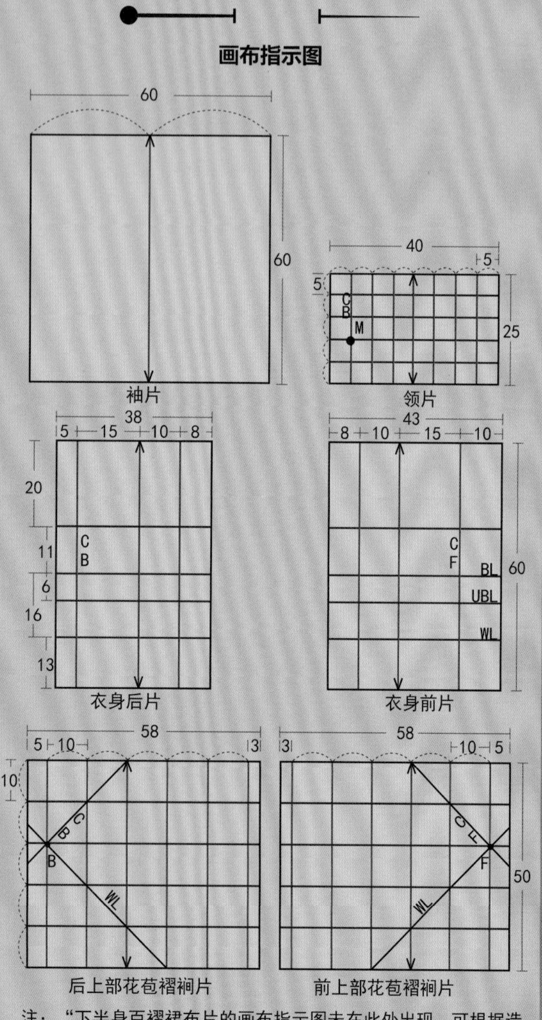

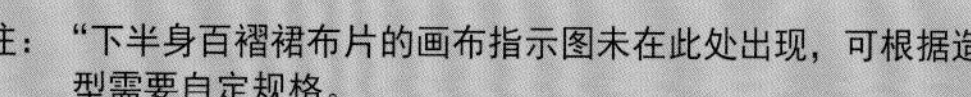

注："下半身百褶裙布片的画布指示图未在此处出现，可根据造型需要自定规格。

• 人台准备

此款式需要装配立裁用手臂。需要标线的部位：门襟、过肩线、肩袖中线、褶裥的间距及数量与上半身褶裥造型上端的高度。

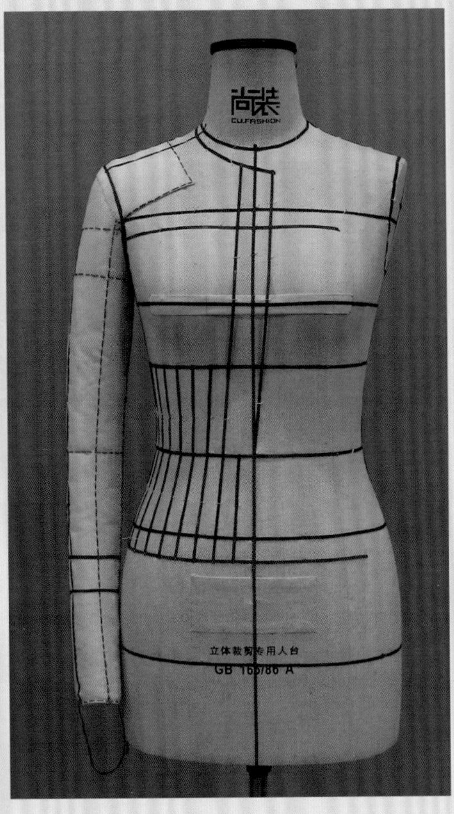

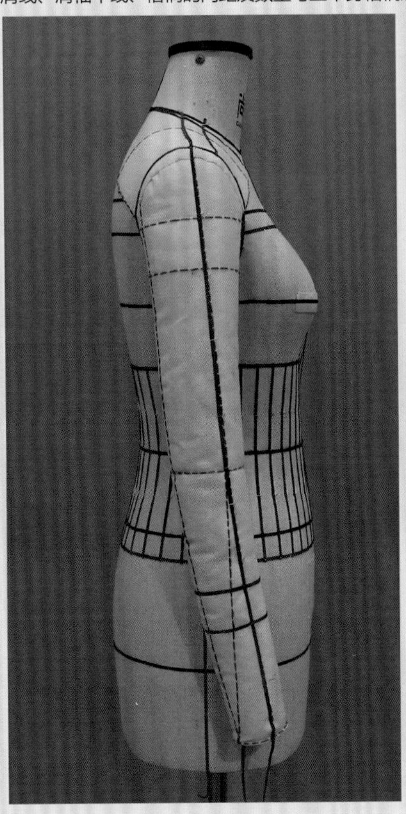

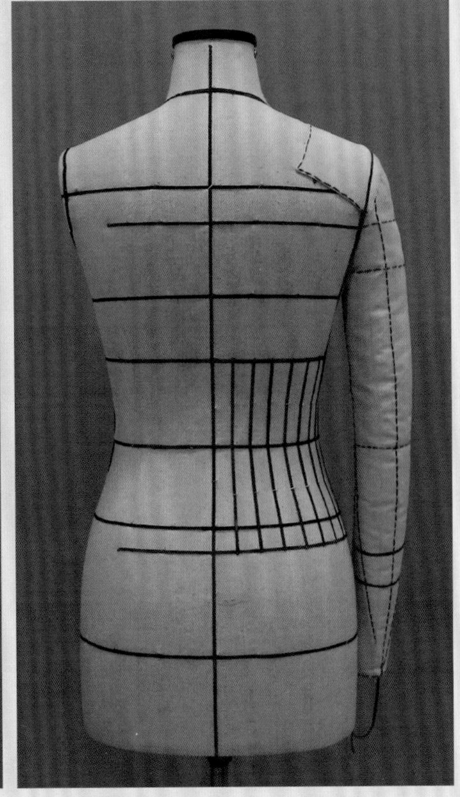

• 款式制作

1 前片制作：腰围线与前中线交点处下针固定前中丝道线，确保各辅助线的水平与垂直，并与人台标线相对应。

2 均匀打剪口，剪出前领口造型，确定前胸围松量，并在前胸宽与袖窿交界区域确定前拐点，由布边缘向此点打剪口。

3 将小肩及袖窿多余布料剪掉并在胸围线高度上固定侧缝。将余下的胸省及腰省量转化成腰部褶皱造型。

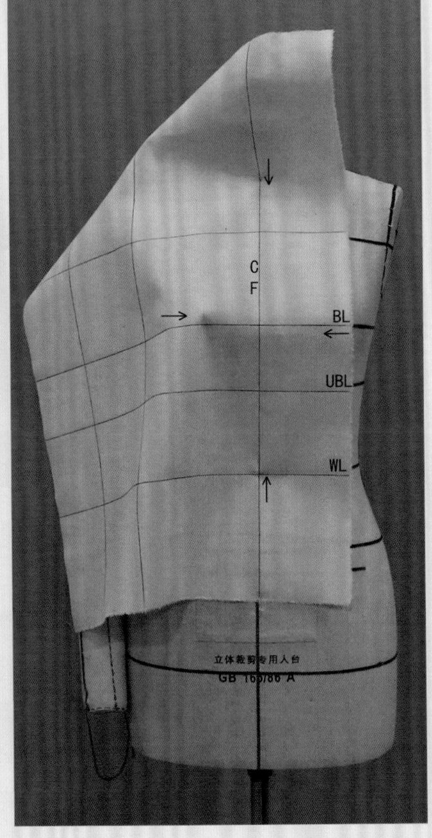

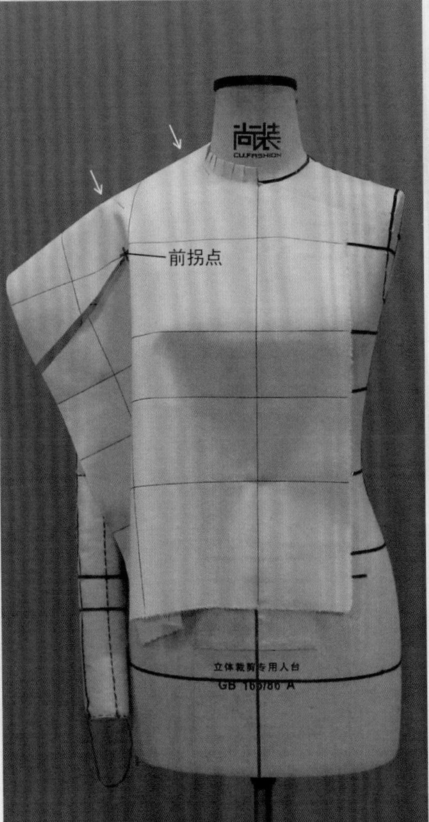

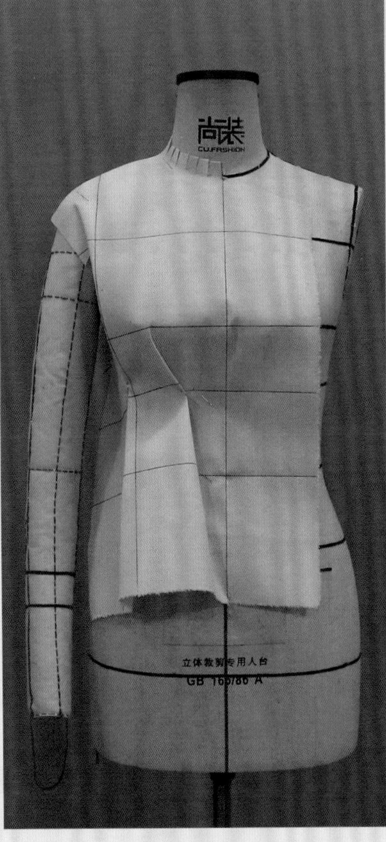

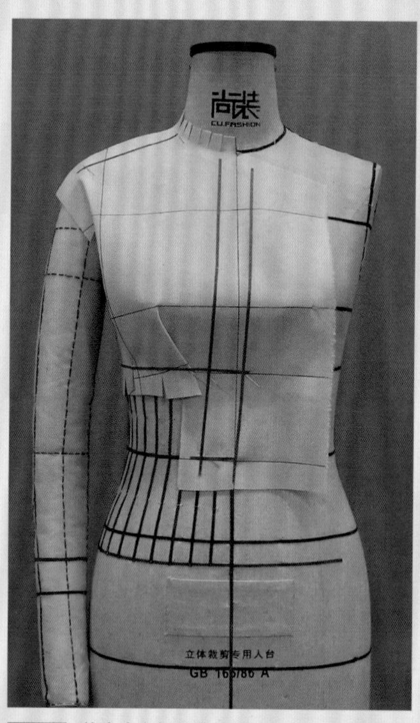

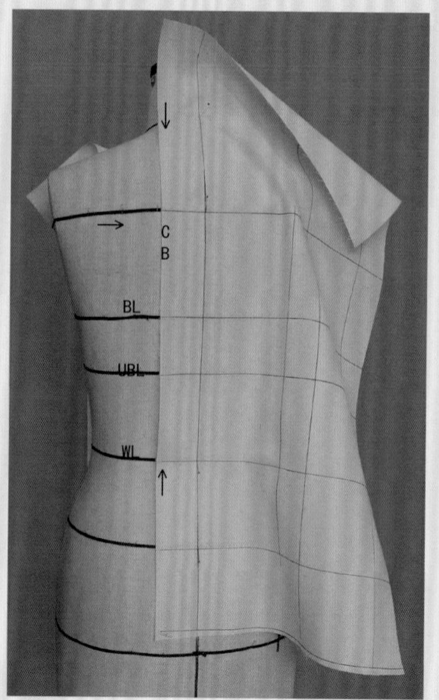

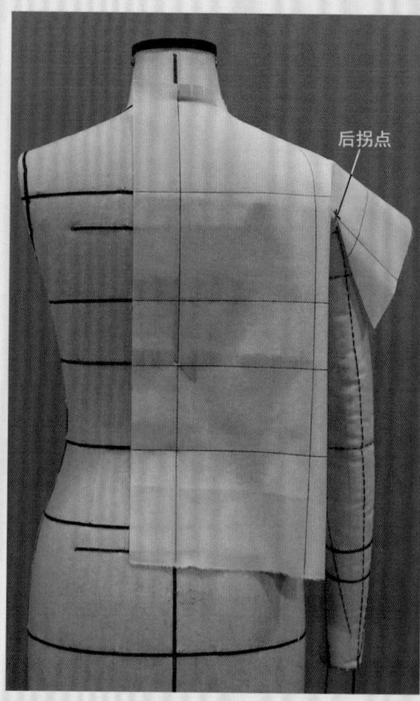

4 将多余布料剪掉并对完成部分结构线进行描点。

5 后片制作：腰围线与后中线交点处下针固定后中丝道线，确保各辅助线的水平与垂直，并与人台标线相对应。

6 剪出后领口造型并顺势固定肩颈点，确定后胸围松量；如图所示在后背宽与袖窿交界区域确定后拐点，然后斜向打剪口至此点。

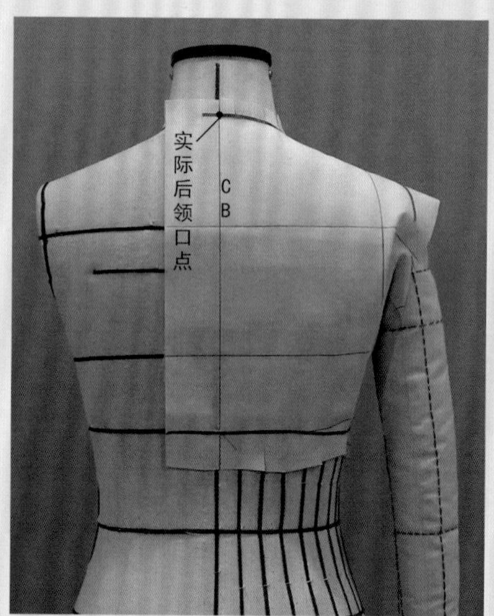

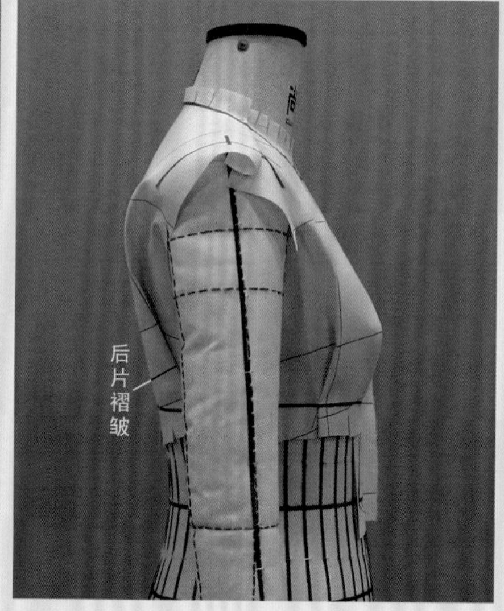

7 在后背转折面区域捏出后片褶皱造型，并固定前、后侧缝，将多余面布料剪掉。刮折并假缝过肩线，并对做好的部分进行整体描点（描点部位：领口、肩点、袖窿深、胸下围分断线、腰围线）。

8 领子制作：将领基础布上的圆点M对准实际后领口点，使后中线（CB）垂直，用大头针固定。

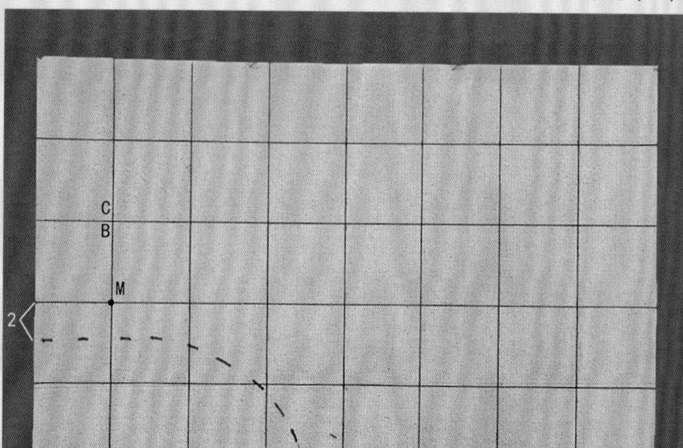

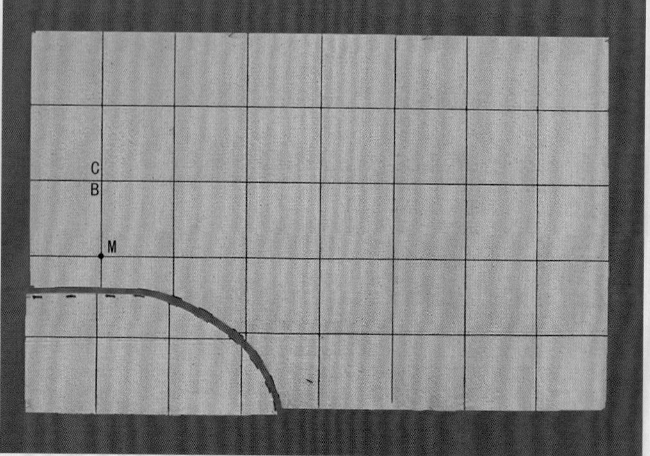

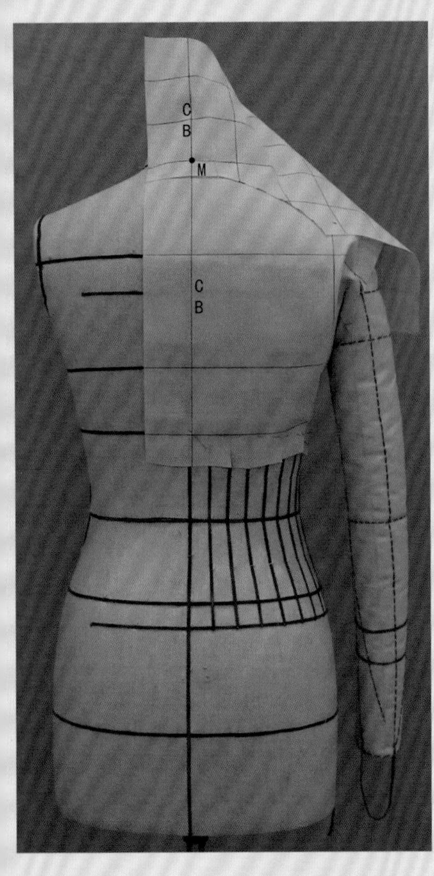

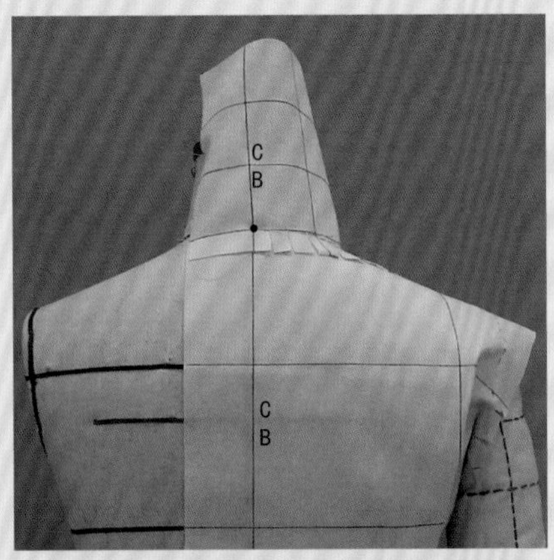

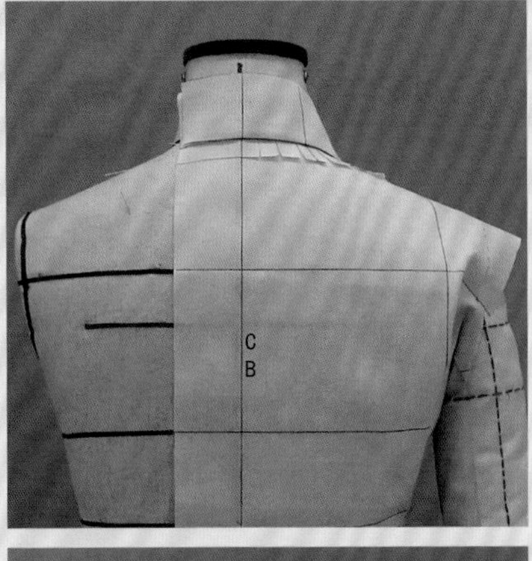

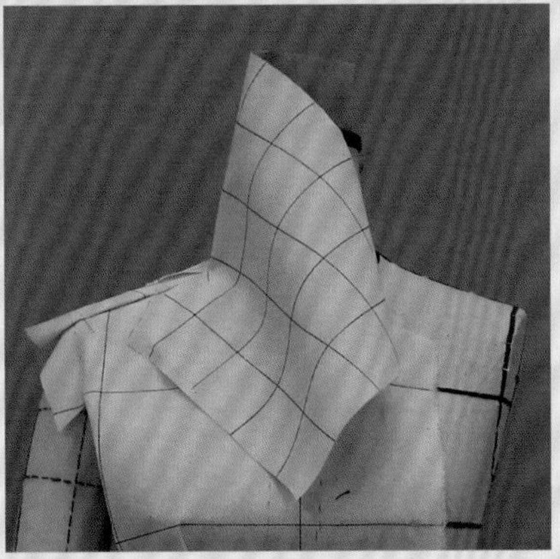

9 边打剪口边往前做领子，效果做到立起并外斜的状态，剪口一直打到过肩断缝处。

10 将立起布料翻下，观察外口线松紧度是否合适。

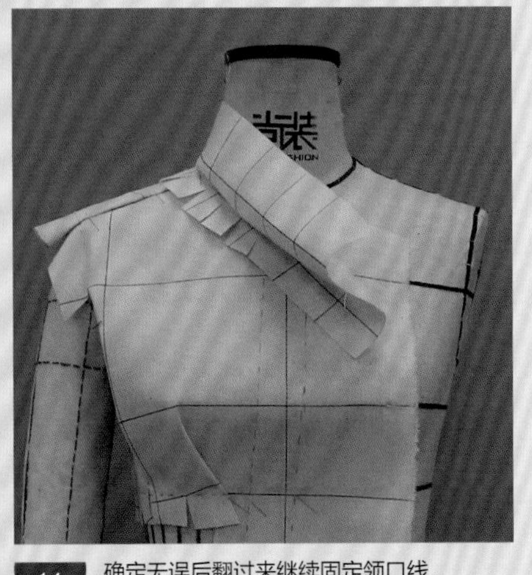

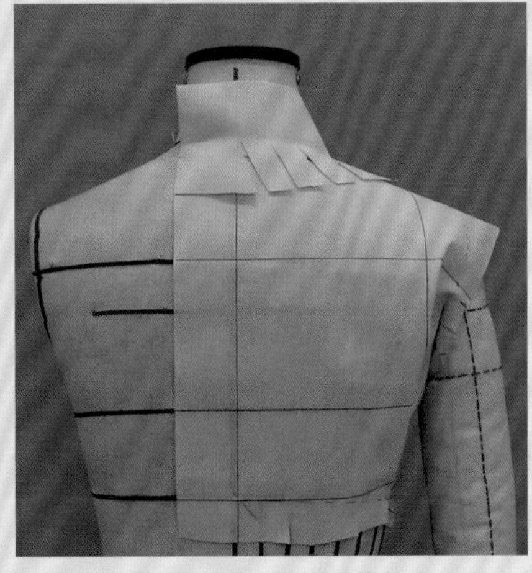

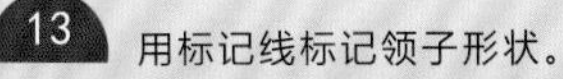

11 确定无误后翻过来继续固定领口线。

12 固定完所有领口线之后，将领子再次翻下，并在边缘处打剪口，使领子处于平铺状态。

13 用标记线标记领子形状。

14 将预留的缝份内扣，更直观地观察领子造型。

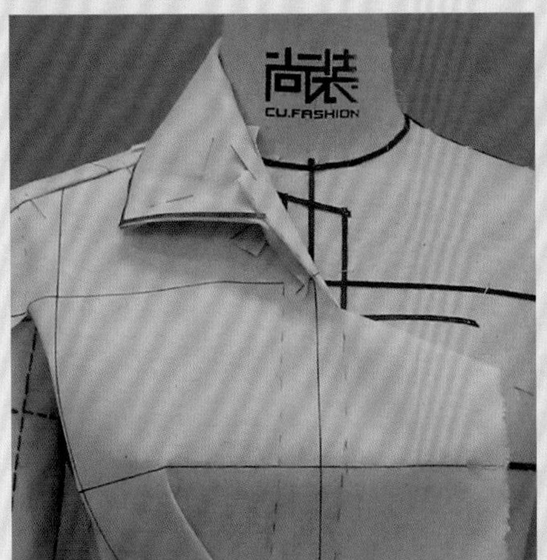

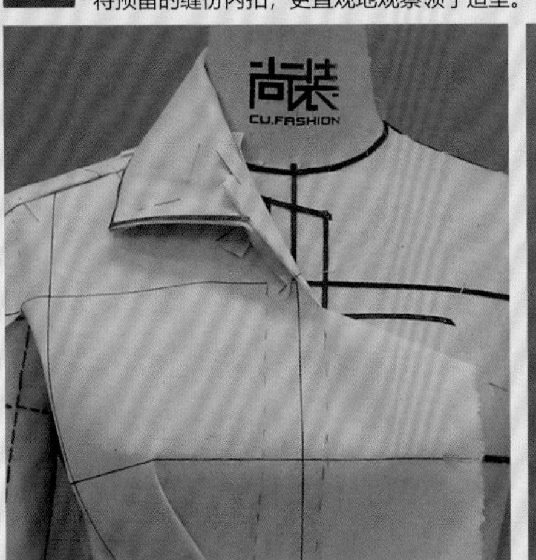

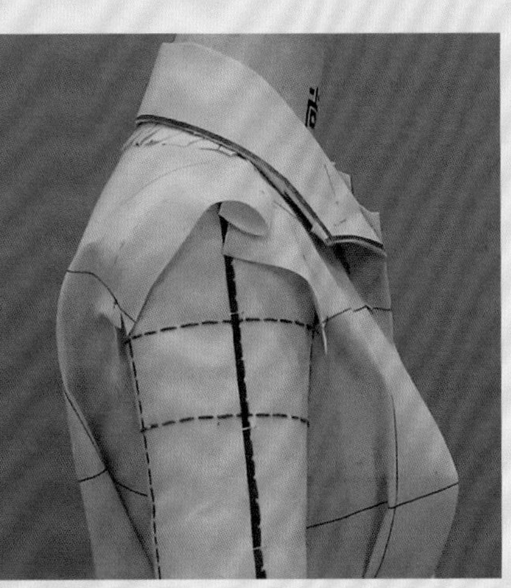

15 将领子翻上去，对领底线进行描点。

16 将所有完成部分取下，并修顺各部位线条。顺序依次为领口、胸下围分断线、领子、袖窿、前门襟线等

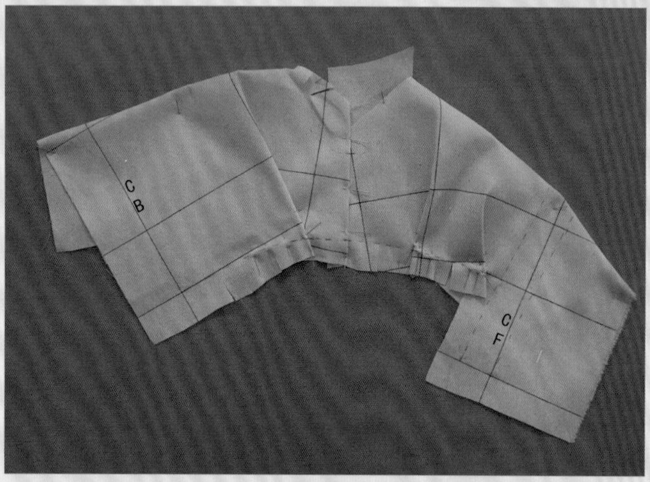

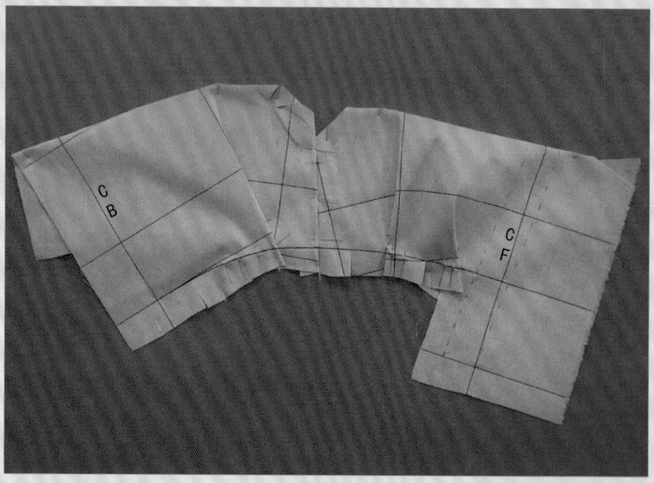

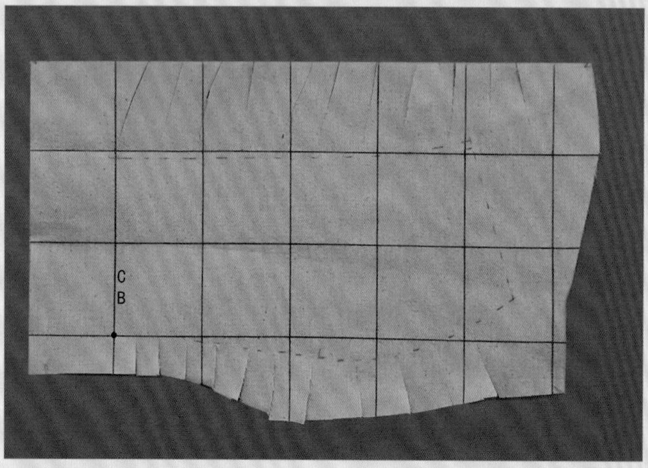

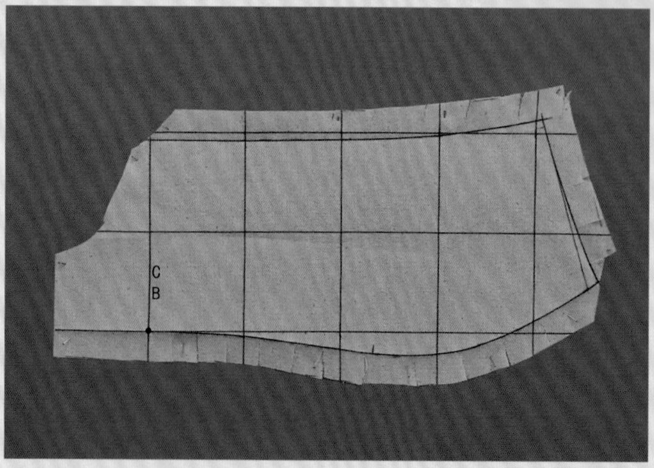

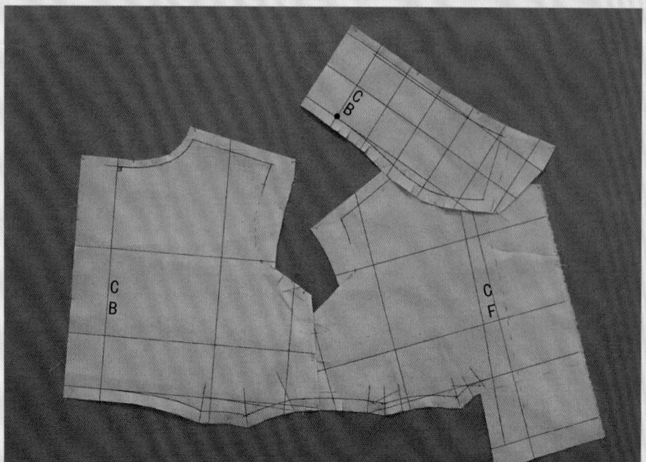

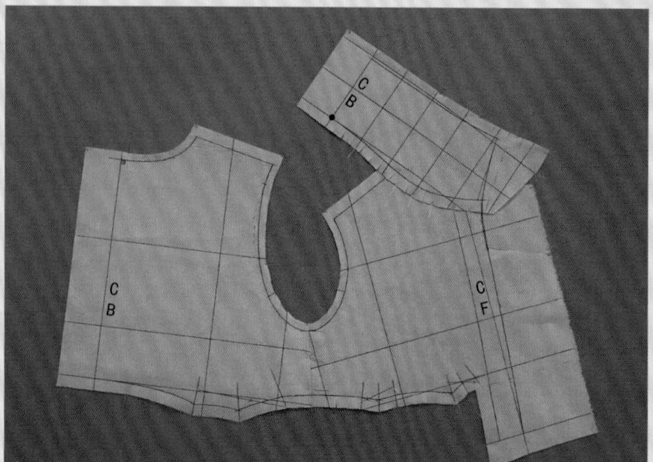

17 将各个修顺好的裁片进行熨烫整理后用大头针进行假缝，按照正确的状态穿着在人台上。为方便做上半身的褶裥造型，需要在这一步重新把标线标记完整。

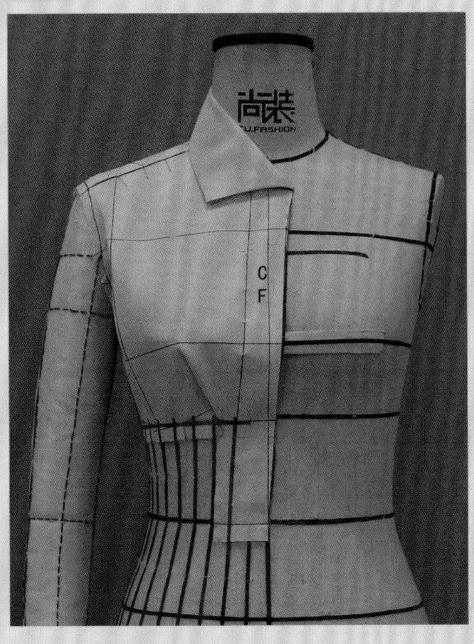

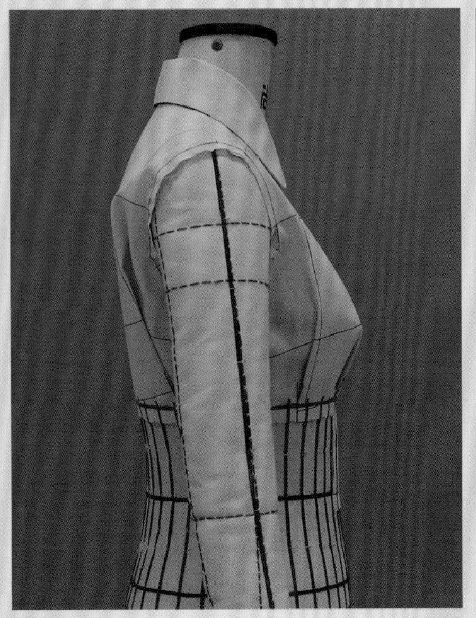

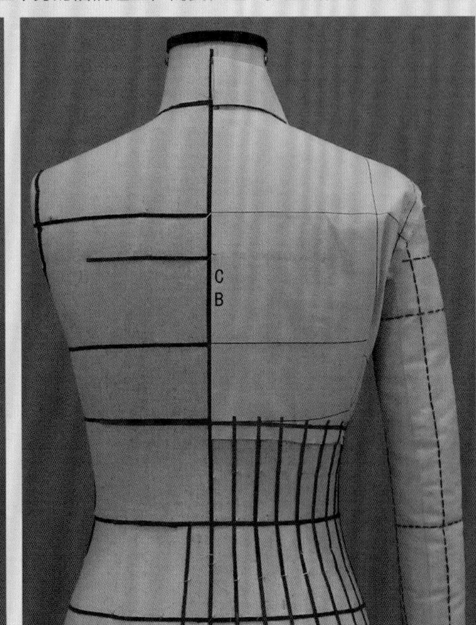

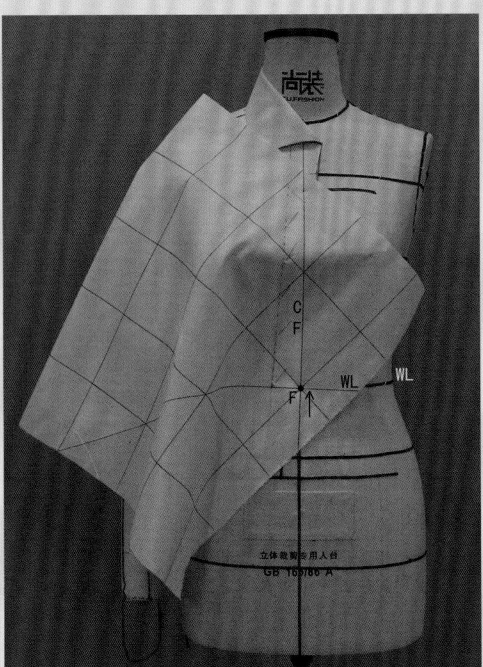

18

前上部花苞褶裥制作：将此基础布的CF线与衣身CF线重合，此基础布的两条斜线交点即F点与衣身前腰中点对齐用大头针固定。在前门襟分断处用大头针固定（重叠针），并对衣身上的前门襟分断线描点；准备开始做褶裥造型。

19

自前中往侧缝方向捏出排列褶裥造型，注意胸型的塑造。

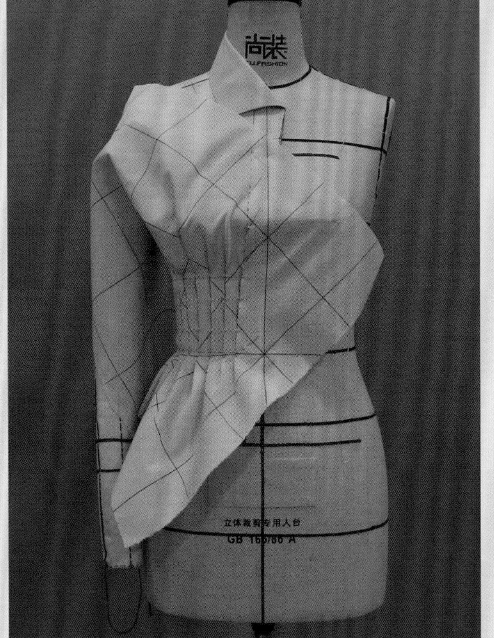

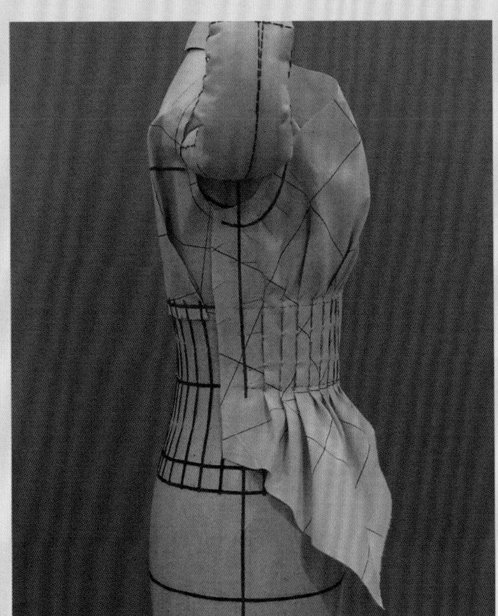

20

褶裥造型完成后，将侧缝及部分袖窿固定，剪掉多余的布料，对侧缝及部分袖窿进行描点。

21

确定上口高度并反向刮折结构线，剪掉多余布料后将缝份内扣。腰围线前门襟的处理方式与侧缝相同，剪掉多余的布料并描点。

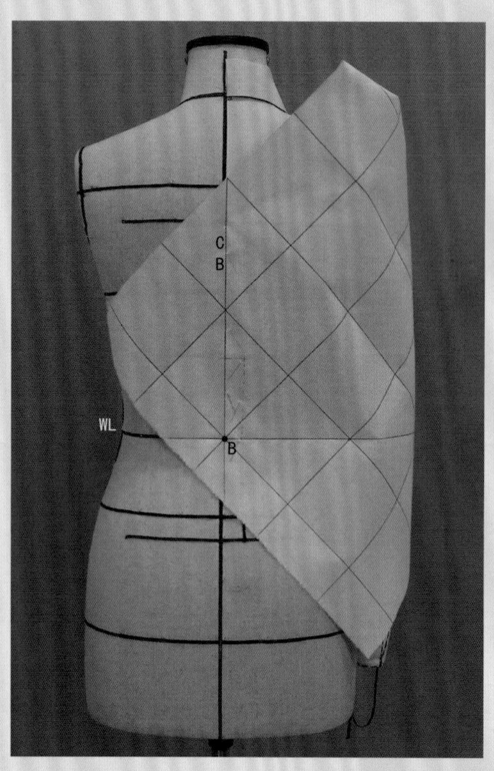

22

后上部花苞褶裥制作：将此基础布的CB线与衣身CB线重合，此基础布的两条斜线交点即B点与衣身后腰中点对齐，用大头针固定。参考前上部花苞褶裥布固定丝道的方法进行操作。

23

依次将褶裥造型捏出，固定侧缝及部分袖窿并做适当处理。

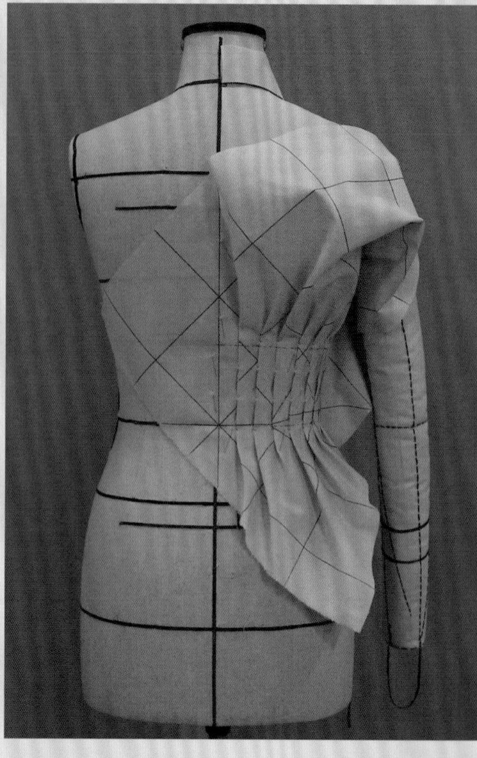

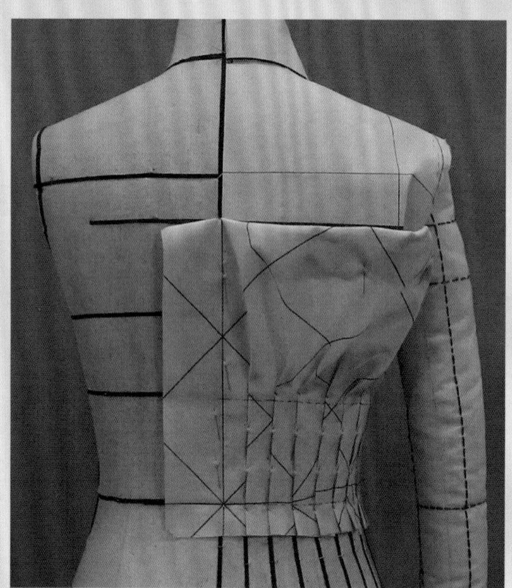

24

参照前片整理上口及腰围线。

25

对下摆及袖窿做描点处理，侧缝线需要刮折结构线并内扣假缝。

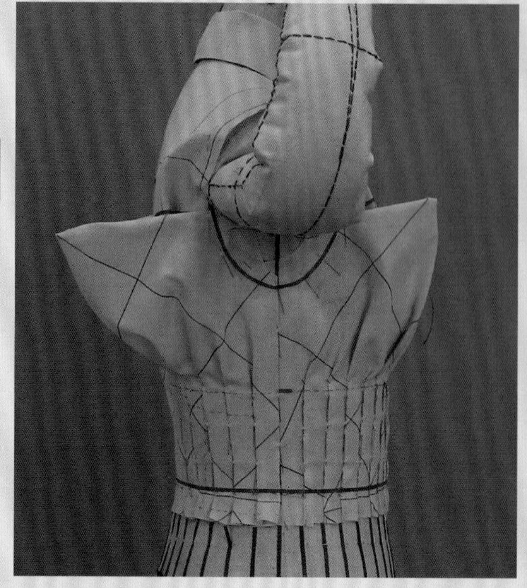

26 完成效果

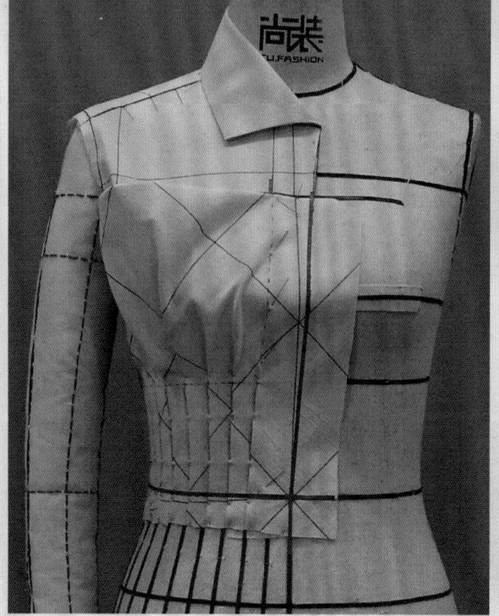

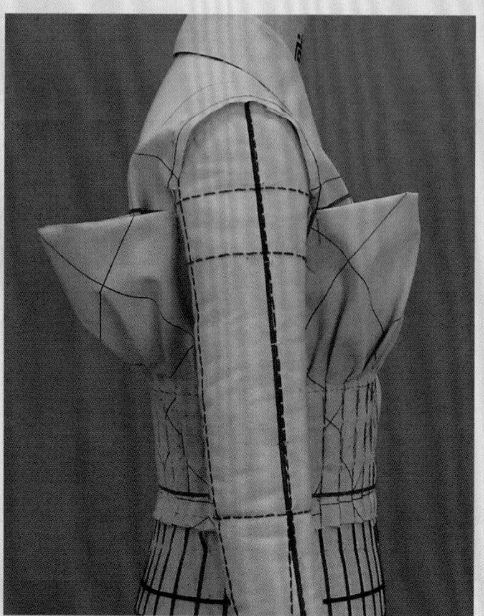

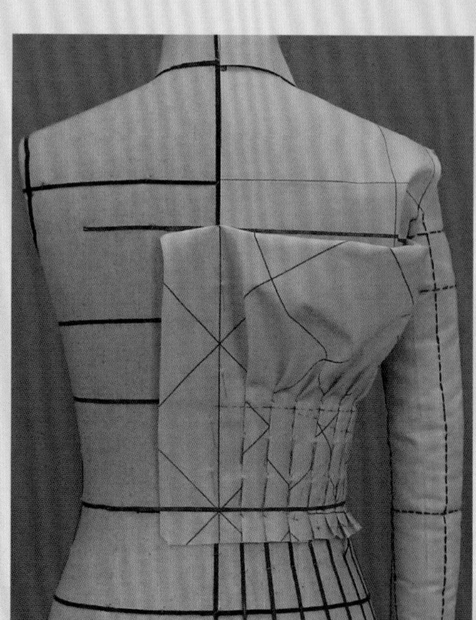

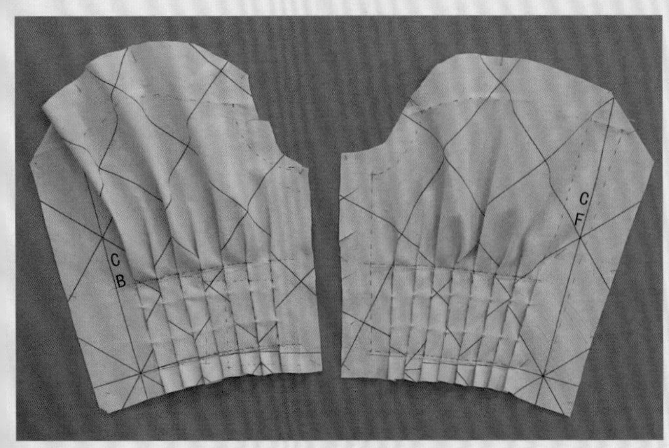

27 将前、后上部花苞褶裥取下，准备修顺线条。

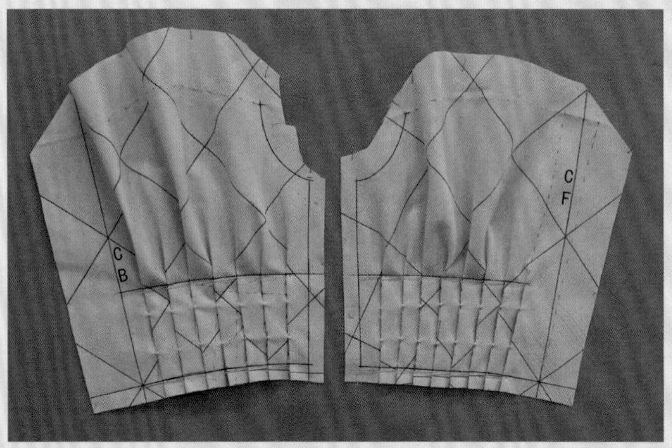

28 如图所示，在未拆开褶裥的情况下，整体圆顺褶裥部分的上端与下端造型线，并且将袖窿及侧缝线修顺。

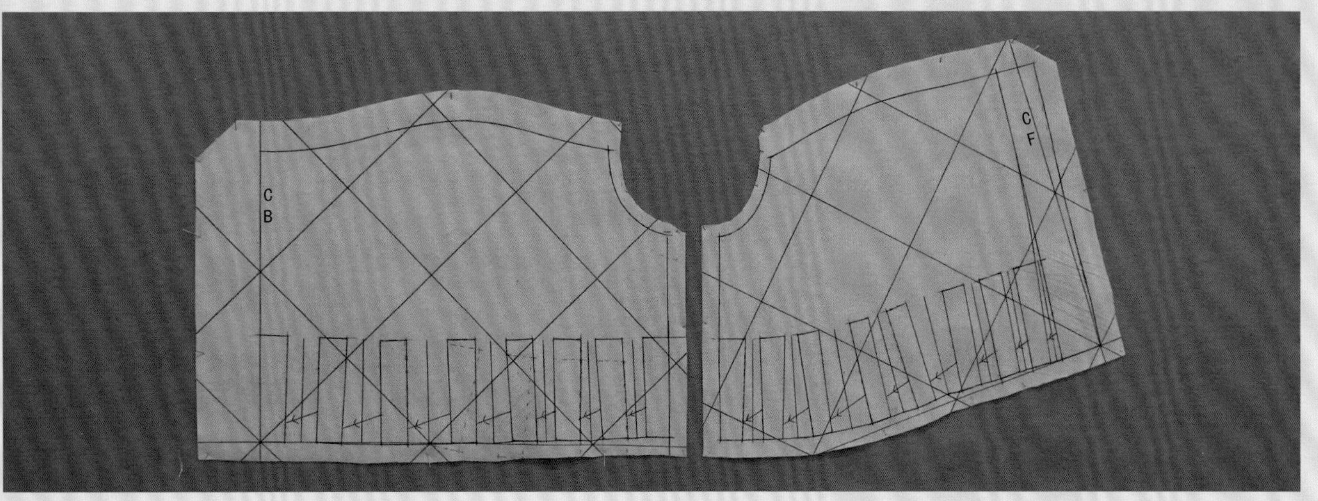

29 将褶裥拆开后修顺上口结构线及褶裥结构线。

30 前、后上部花苞褶裥片熨烫整理后再假缝，与前后衣身上片组装在一起。

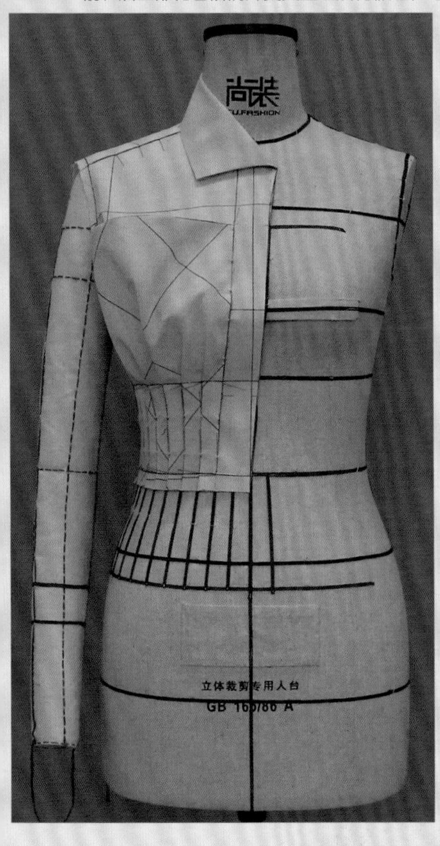

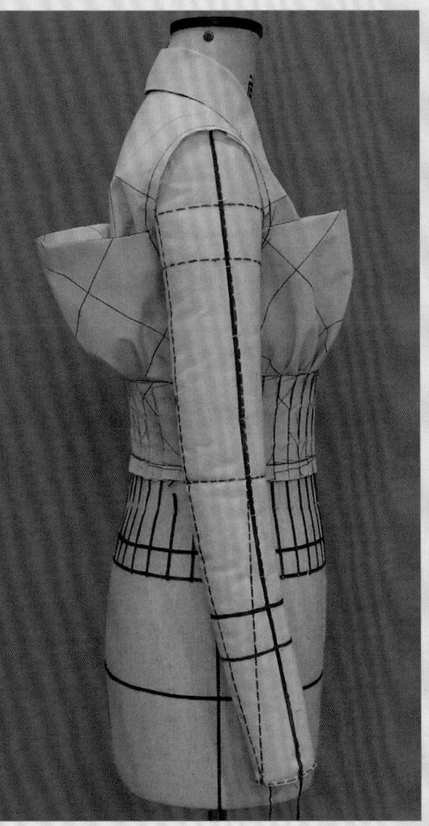

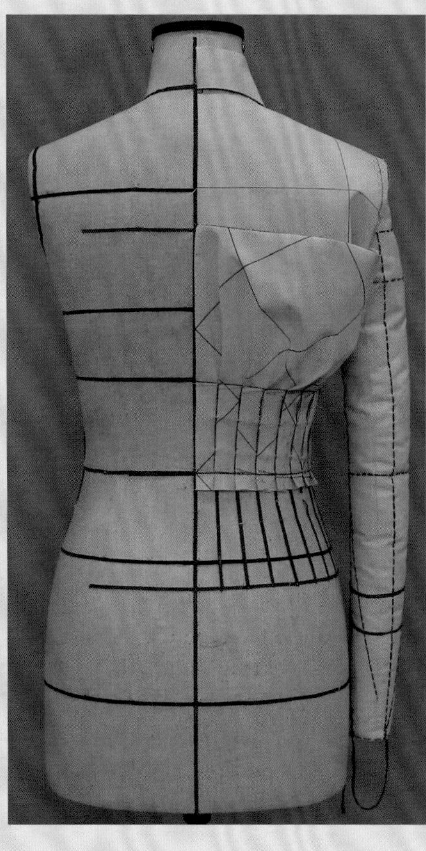

31

袖子的制作：按照图示方法，画出衬衫袖造型，总袖肥，前、后袖肥，袖山高，袖山弧长，吃势，袖口，袖褶皱大小可以自定。

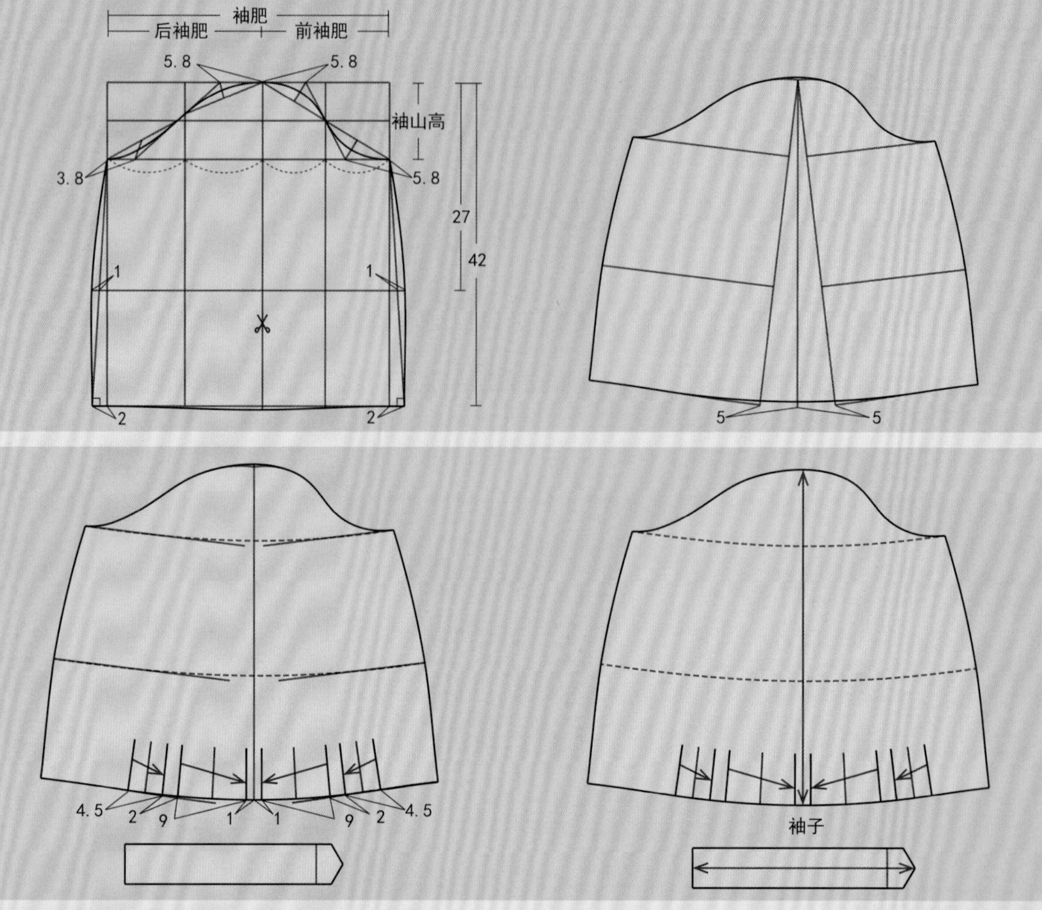

32

画好袖造型后用面料拓印出样片。

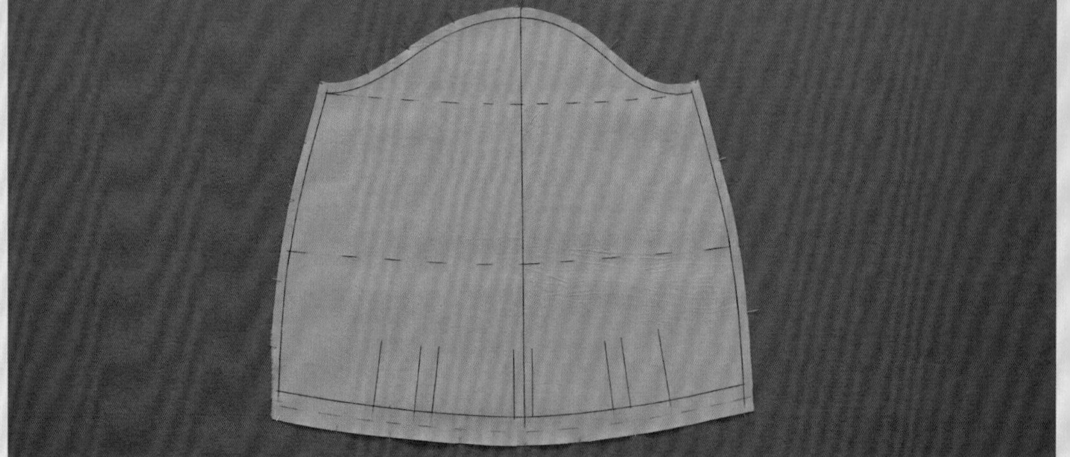

33

对袖子样片进行假缝。

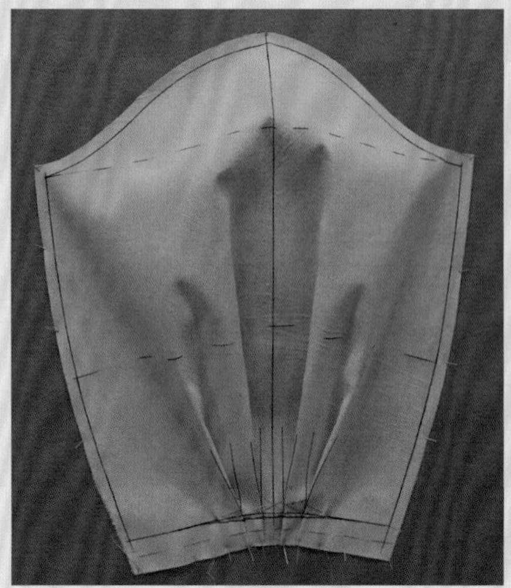

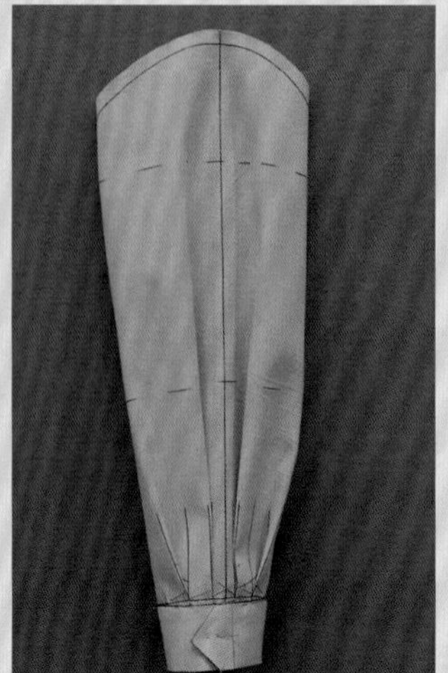

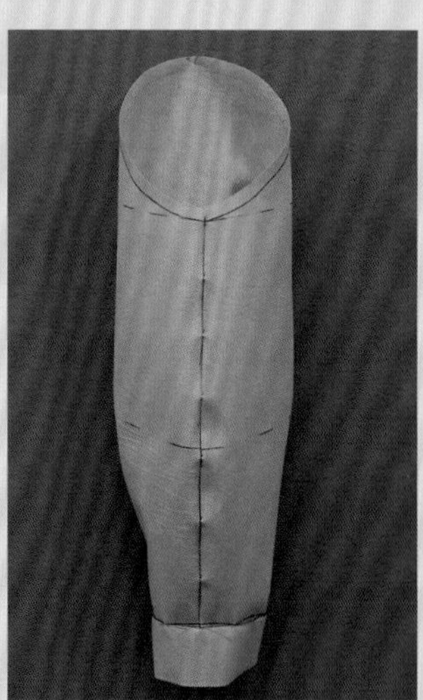

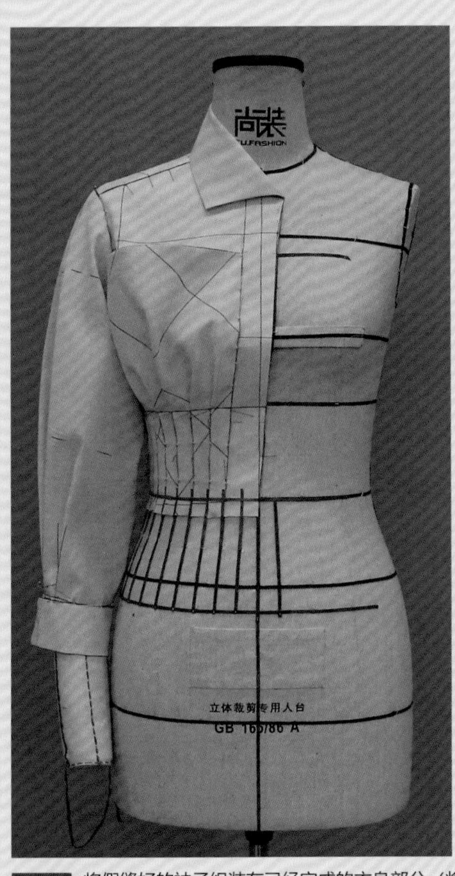

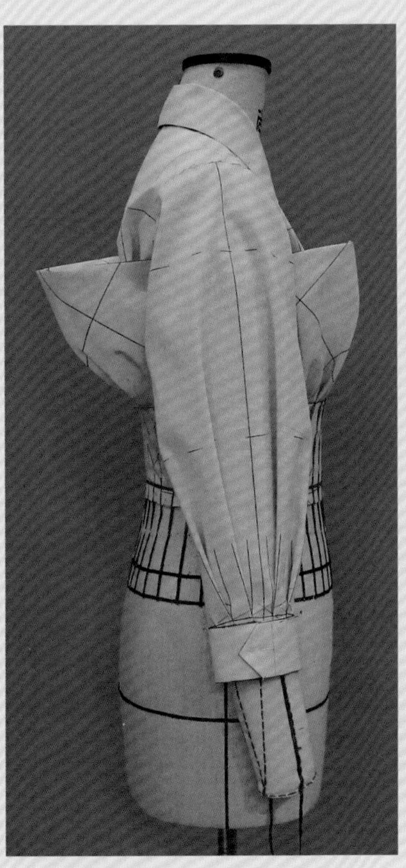

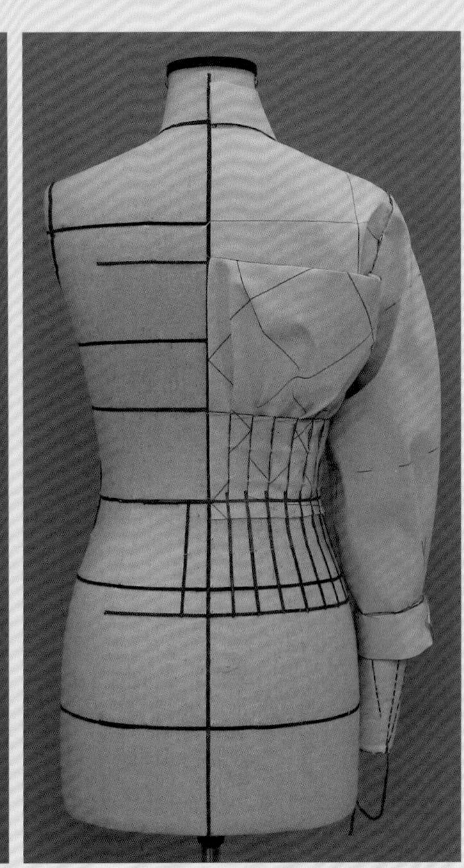

34 将假缝好的袖子组装在已经完成的衣身部分（将下片部分的标线进行完善，方便后面做下摆）。

35 褶裥裙制作：如图所示，做前下摆片的单元片，褶皱量可以自定。

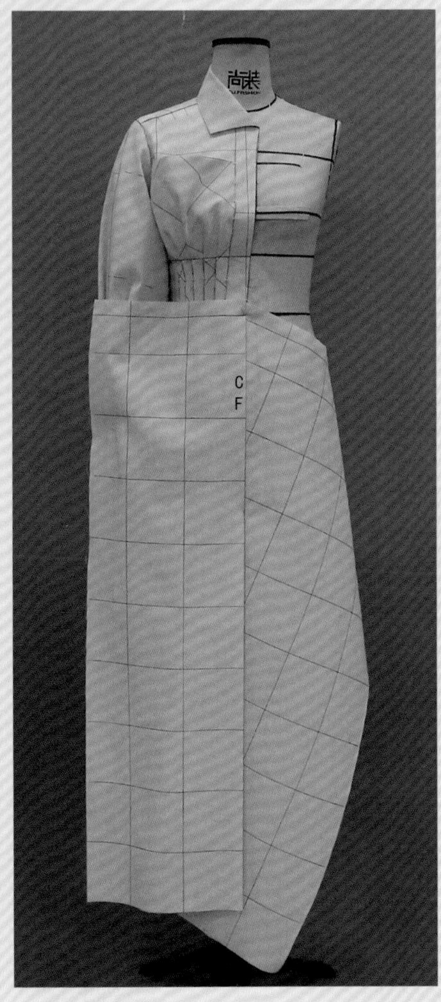

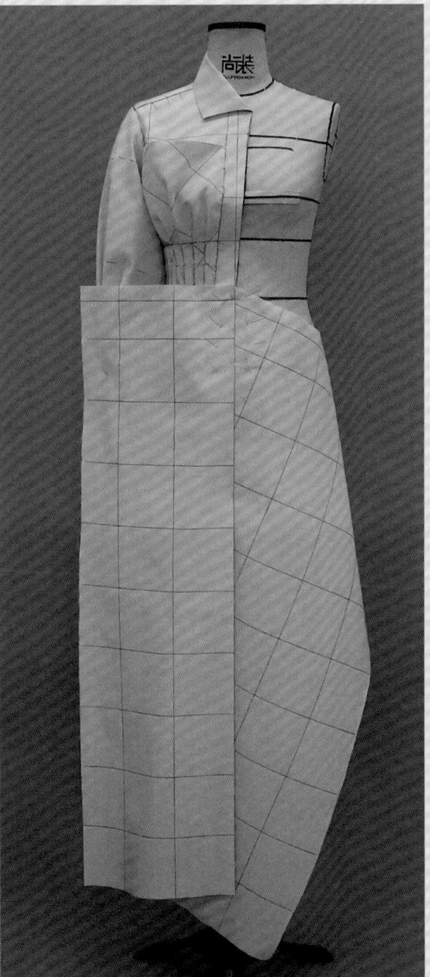

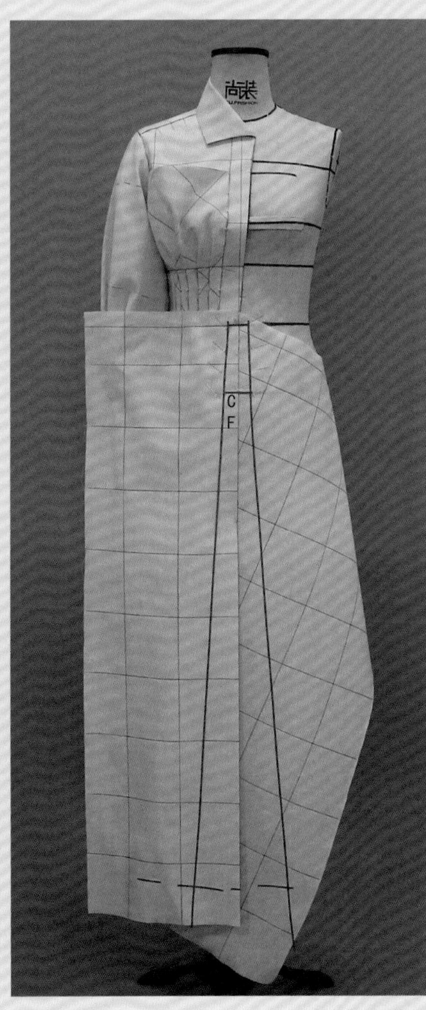

36 单元片整体量感确定之后，将拼条的宽度用标线指示出来，并清剪余布。

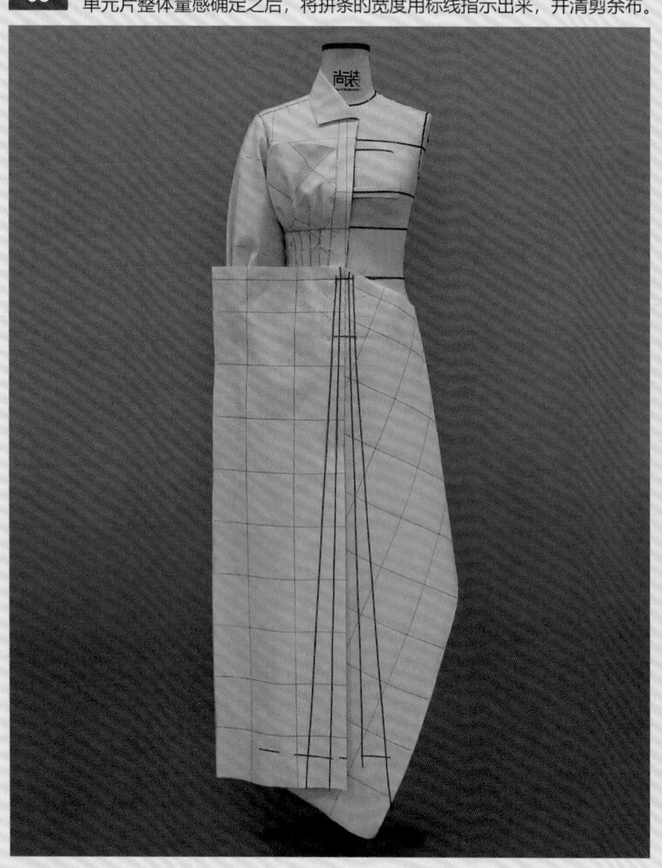

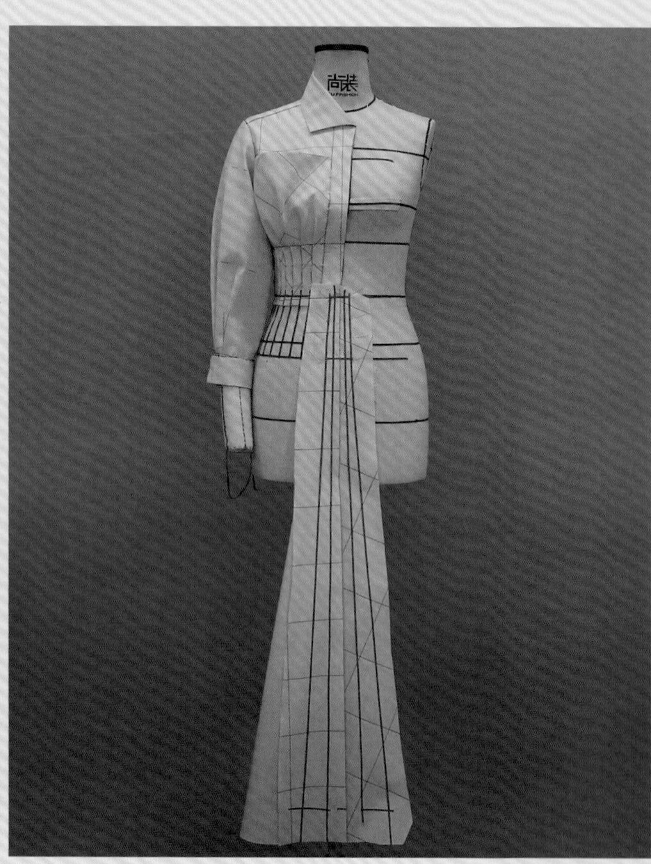

37 参照做前下摆单元片的方法，做出后下摆的单元褶裥造型。

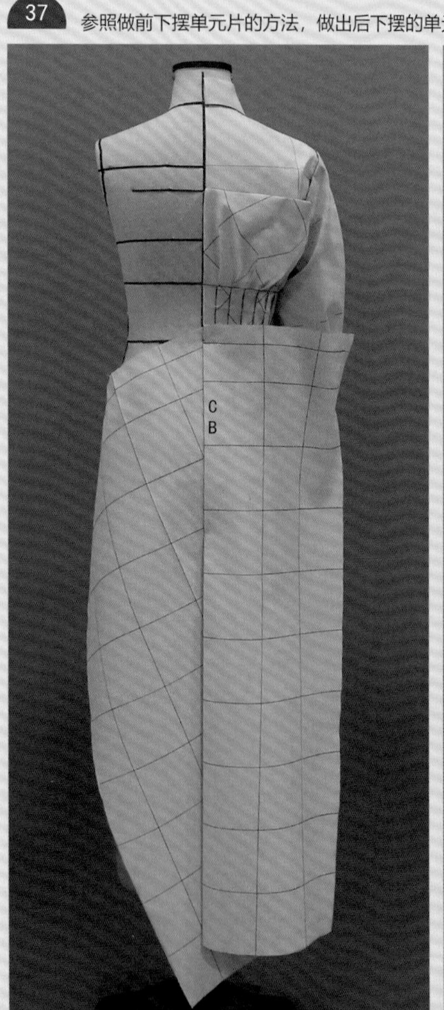

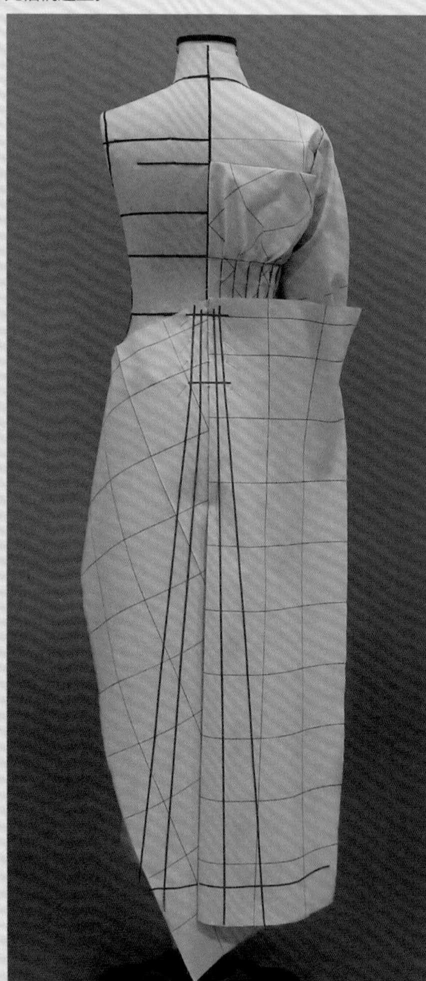

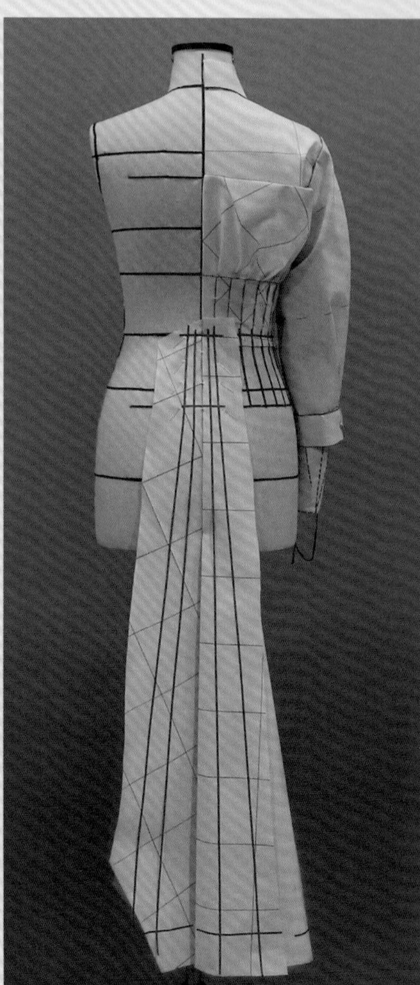

38 如图所示，做前后下摆片的单元片，褶皱量及单元片的数量可以自定。各单元片做好后，用大头针固定并与上部分衣身假缝。

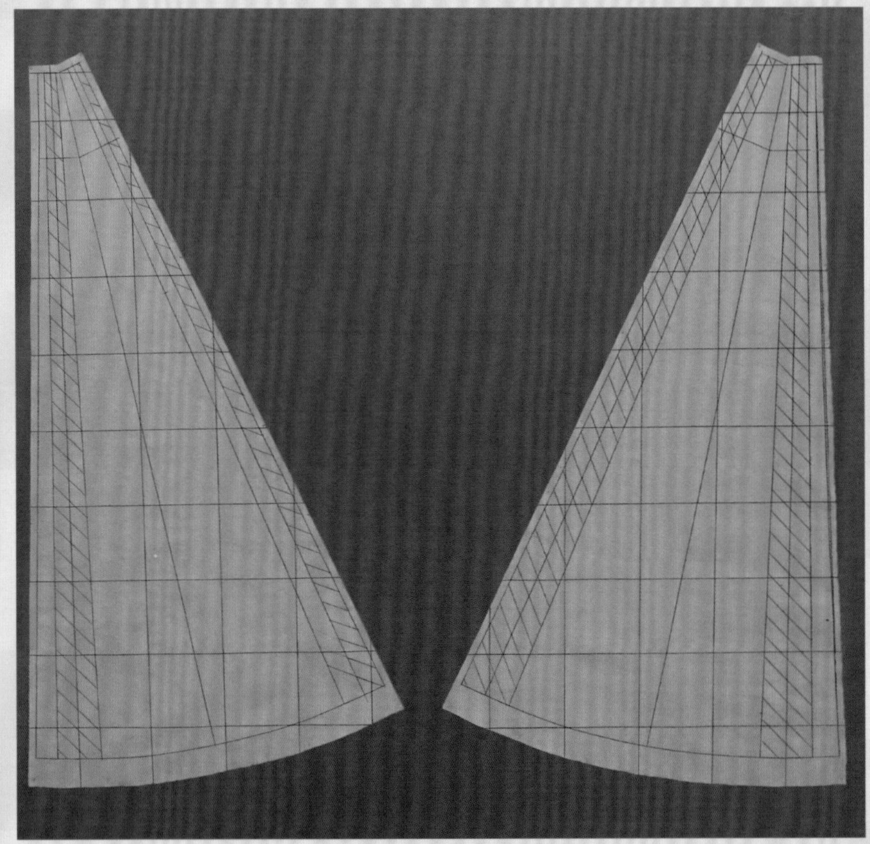

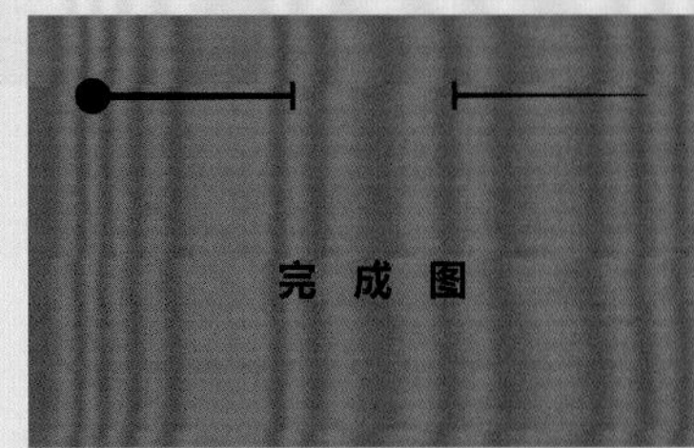
完 成 图

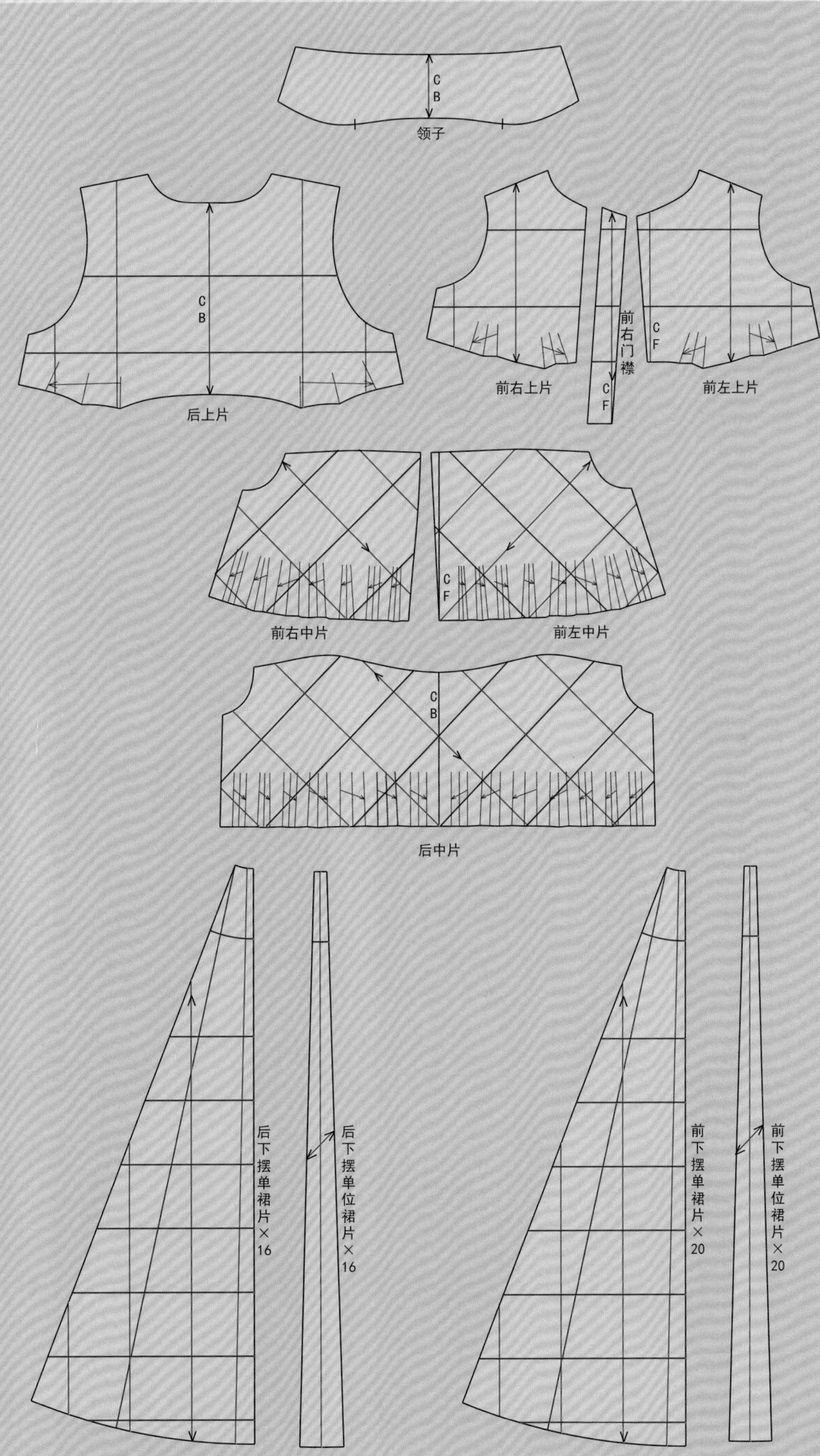
CB
领子
CB
后上片
前右上片
前右门襟
CF
CF
前左上片
CF
前右中片
前左中片
CB
后中片
后下摆单裙片×16
后下摆单位裙片×16
前下摆单裙片×20
前下摆单位裙片×20

Draping

The Complete Course

大礼服
穿花连锦

款式描述

衣身与袖子为多分断式非常规内结构造型，金字塔式廓型；连领座翻驳领，多片扇叶大摆裙。

练习重点

- 衣身与袖子非常规分割的立裁方法。
- 此种造型衣身松量的加放方法。
- 此种多片扇叶式大摆裙与衣身上部的拼接形式。

材料准备

- 人台（不限定号型）。
- 宽0.3cm纯棉织带。
- 专业立裁针、剪刀、人台手臂、垫肩（多副）、肩棉100cm×40cm。
- 约2200cm×2600cm纯棉坯布。
- 马克笔（或4B铅笔）、三色圆珠笔。
- 推版尺、多功能尺、皮尺。

画布指示图

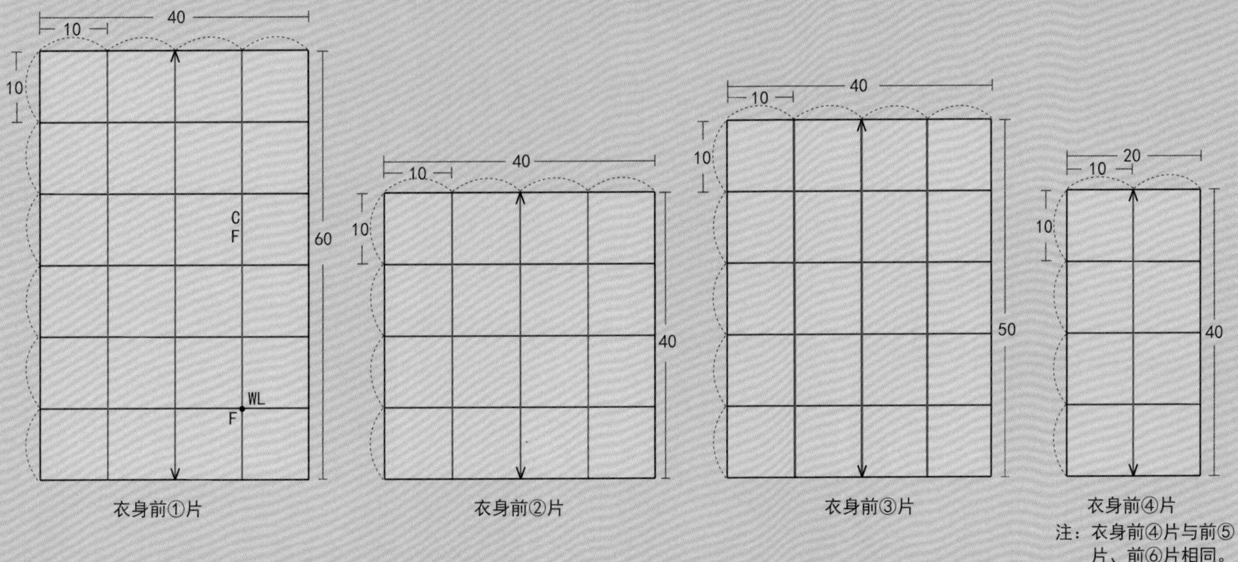

40
10
10
60
C
F
WL
F
衣身前①片
40
10
10
40
衣身前②片
40
10
10
50
衣身前③片
20
10
10
40
衣身前④片
注：衣身前④片与前⑤片、前⑥片相同。

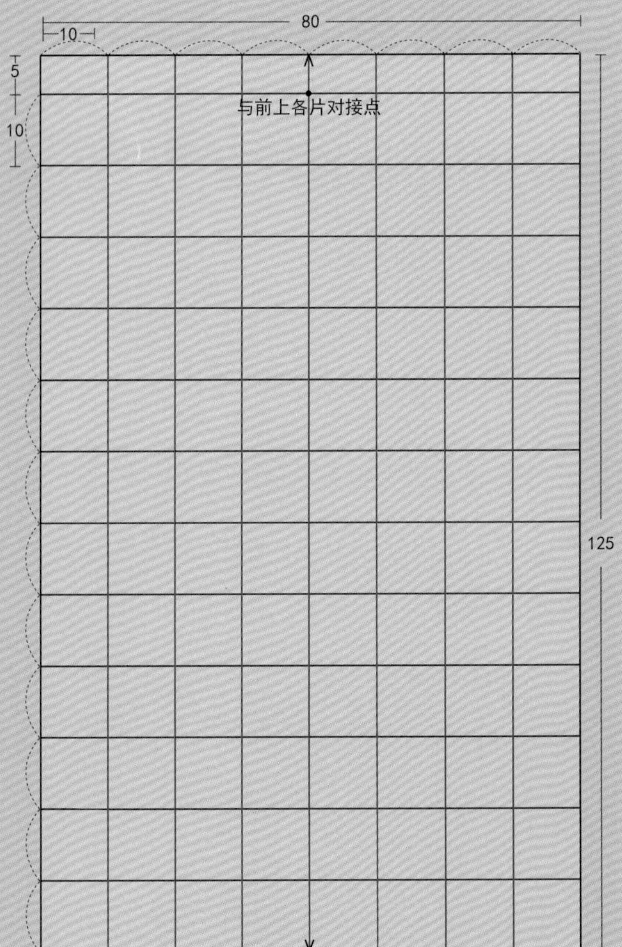

80
10
5
10
与前上各片对接点
125
衣身前（后）下部份连接裁片
注：前②片～前⑥片，后③片～⑥片相同。

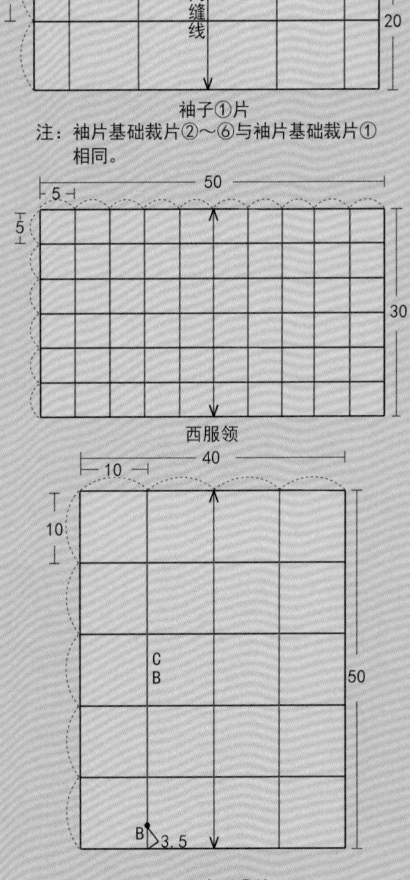

50
5
10
5
10
内缝线
20
袖子①片
注：袖片基础裁片②～⑥与袖片基础裁片①相同。
50
5
5
30
西服领
40
10
10
C
B
50
B
3.5
衣身后①片
注：衣身后②片至后⑥片基础裁片与前②片至前⑥片相同。

• 人台准备

此款需要装配立裁手臂与垫肩。

需要提前标线的部位：领造型线，衣身前后分断线，侧缝线，肩缝线，袖断缝线。

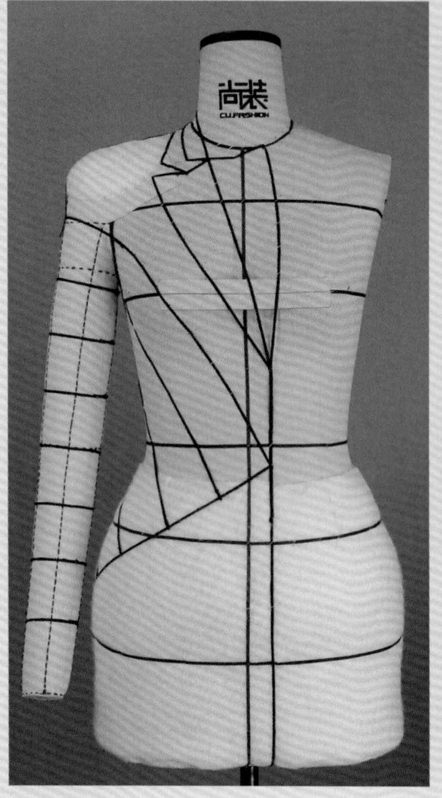

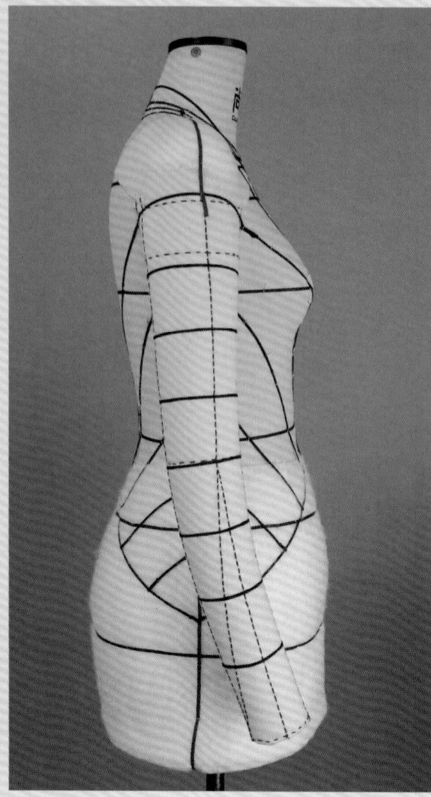

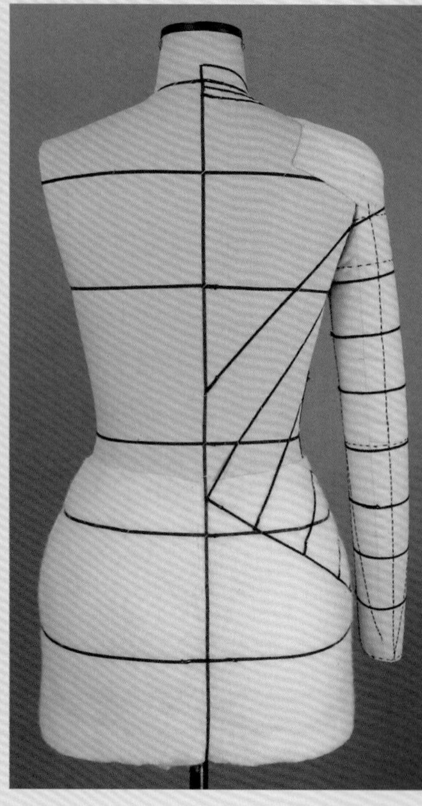

• 款式制作

1

前片制作：将衣身前① 片上的F点对齐人台的前腰中点，下针固定前中丝道线，确保各辅助线的水平与垂直。

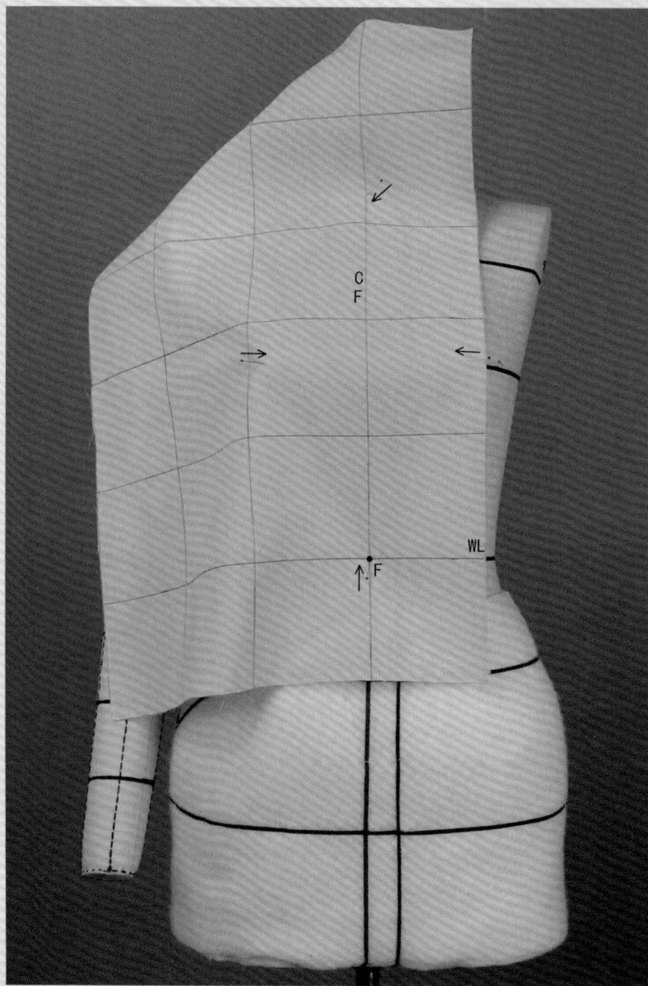

2 自前颈点向肩颈点方向均匀打剪口，剪出前领口，固定肩颈点与肩端点；对肩、袖缝线进行描点并确定落肩位置，确定前袖窿拐点，打剪口至此点；沿前胸斜向分割线预留3cm余布后对分割线描点；确定搭门宽度与驳端点位置，画出新的前、后领口线与穿口线及领角造型线。

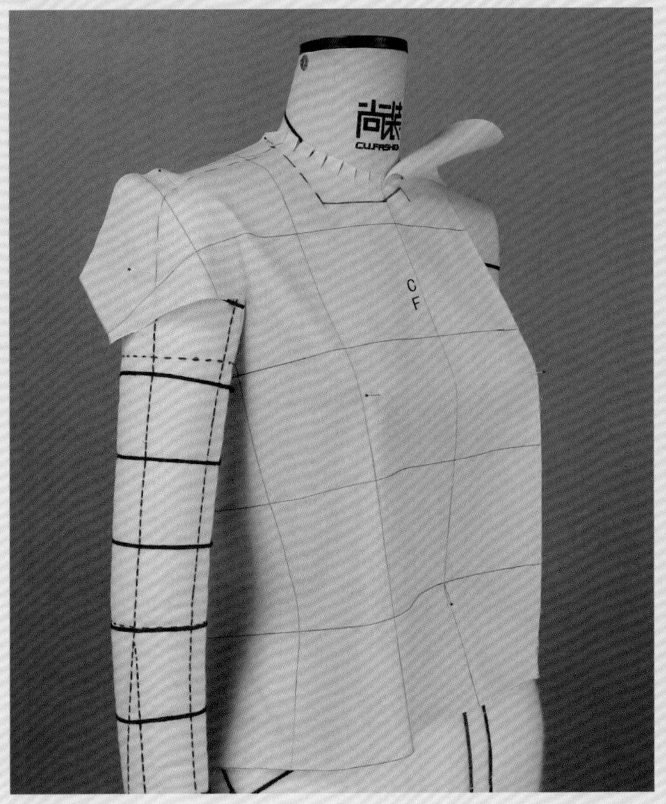

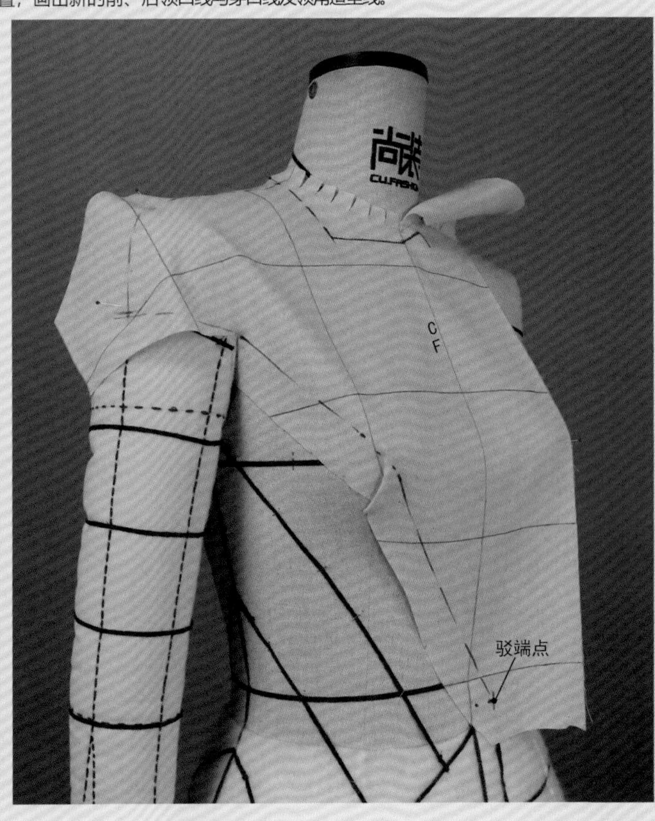

3 将衣身前②片基础布直纱垂直、横纱水平固定在人台前身，如图所示进行操作。

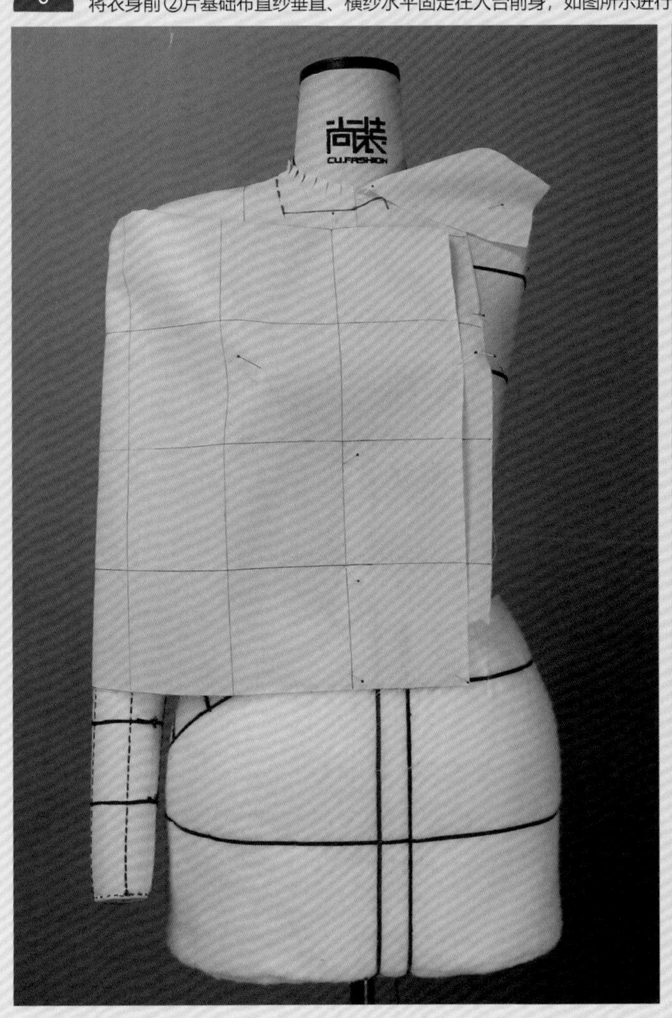

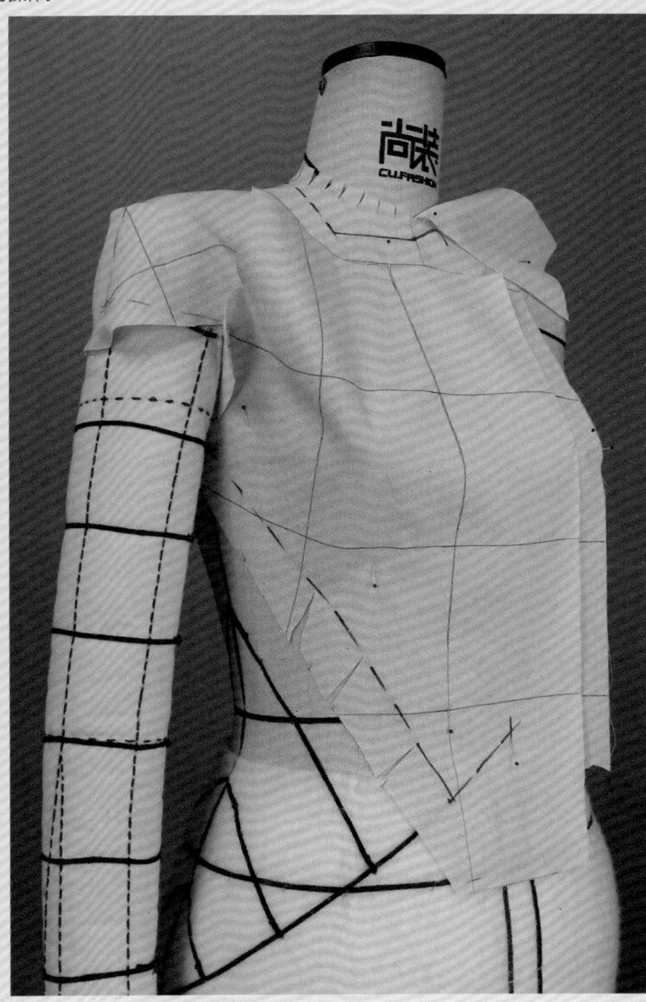

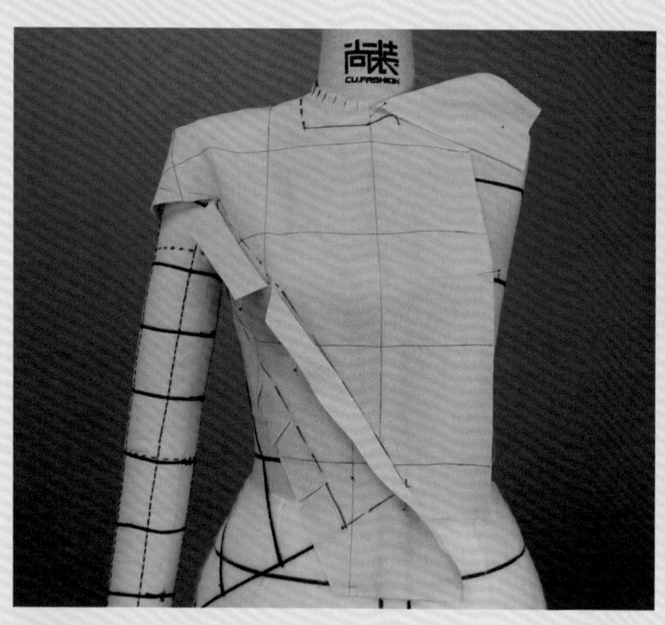

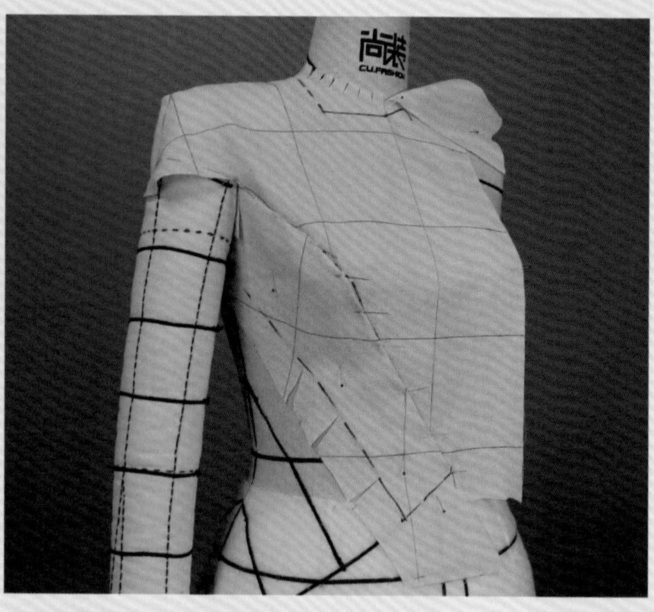

4　将衣身前③片的基础布对应人台前侧面，在此状态下直纱垂直、横纱水平固定基础布，如图所示进行操作。

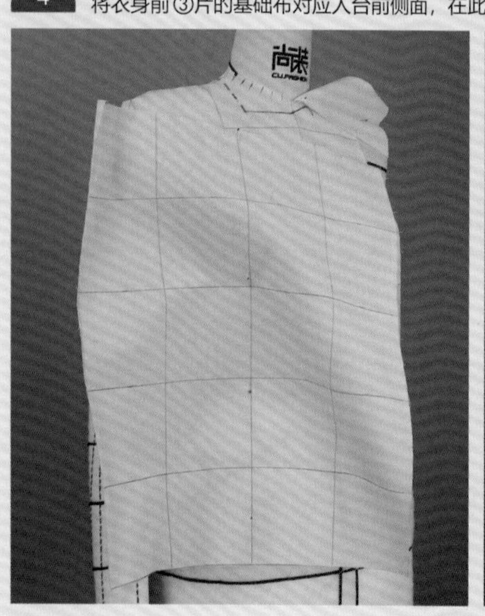
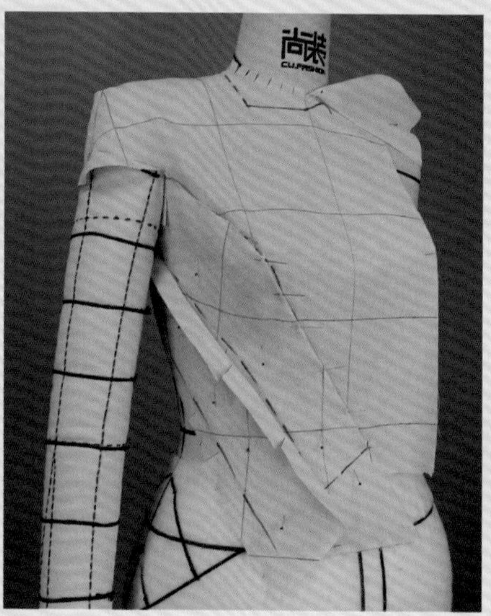
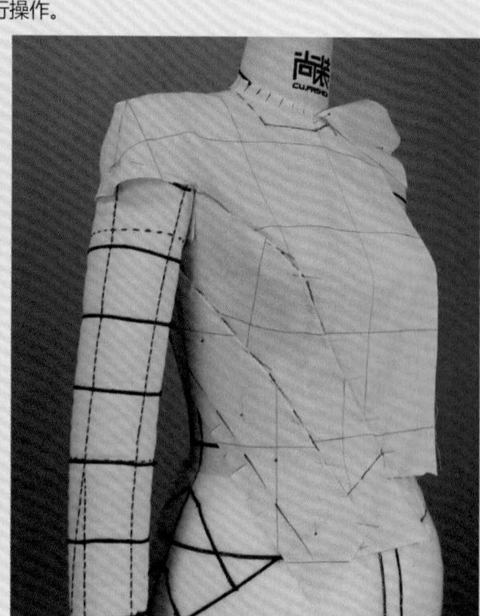

5　将衣身前④片基础布对应人台上的分割线部位，在此状态下直纱垂直横纱水平固定基础布，如图所示进行操作。

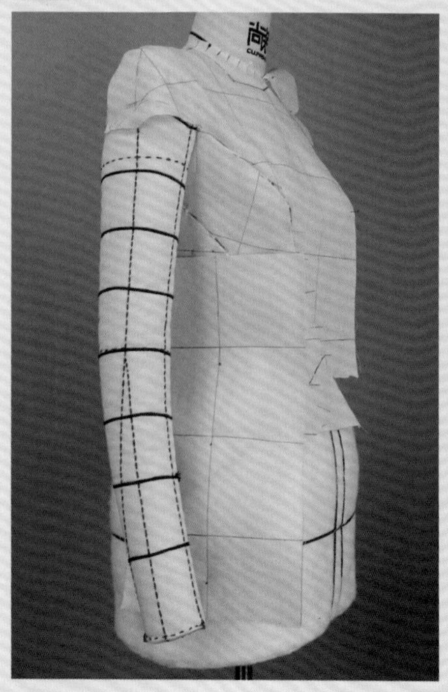
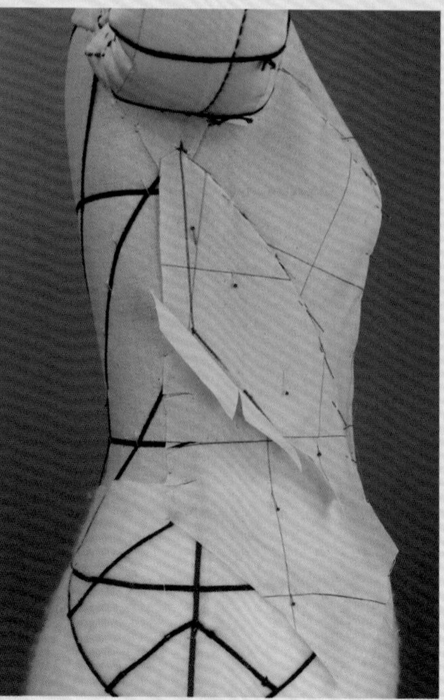
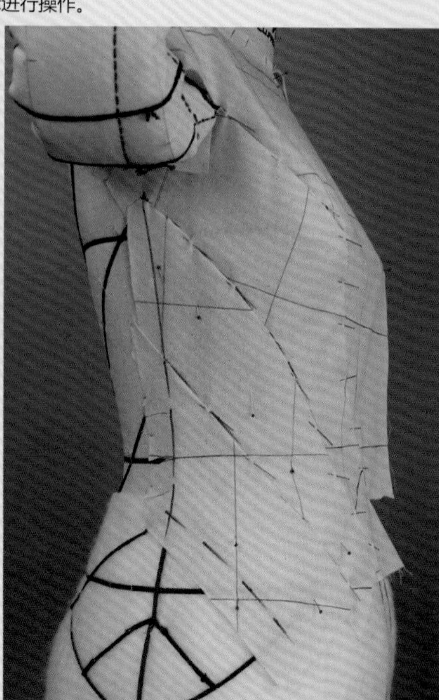

6 衣身前⑤片的操作方法同上。

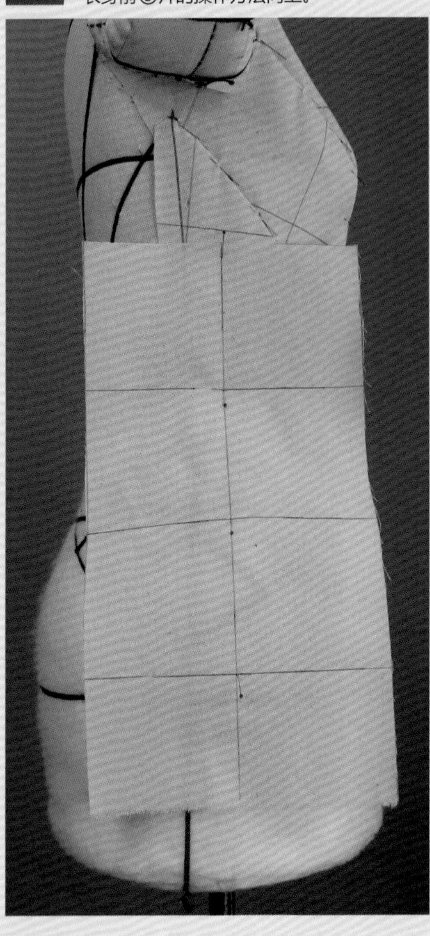

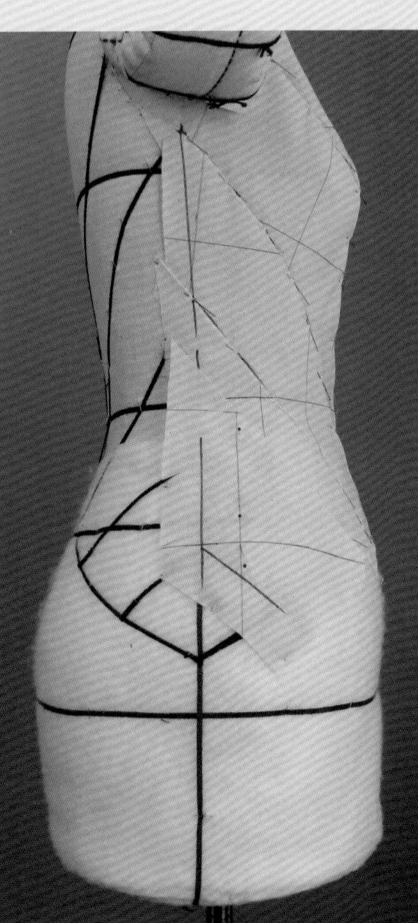

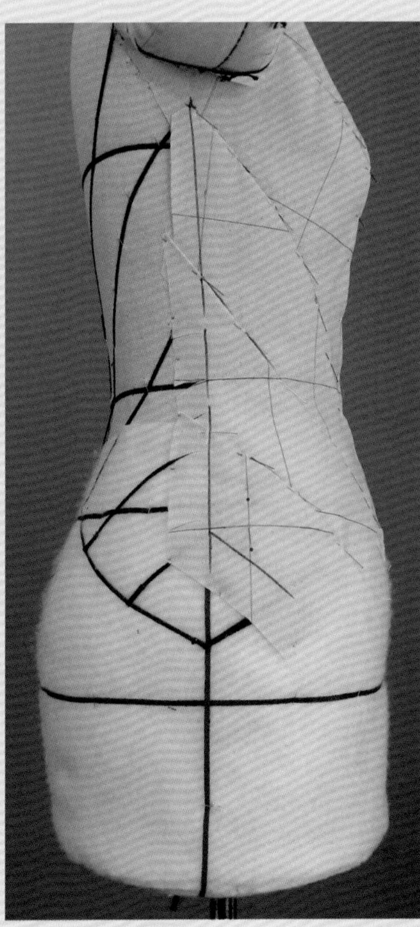

7 衣身前⑥片的操作方法同上。

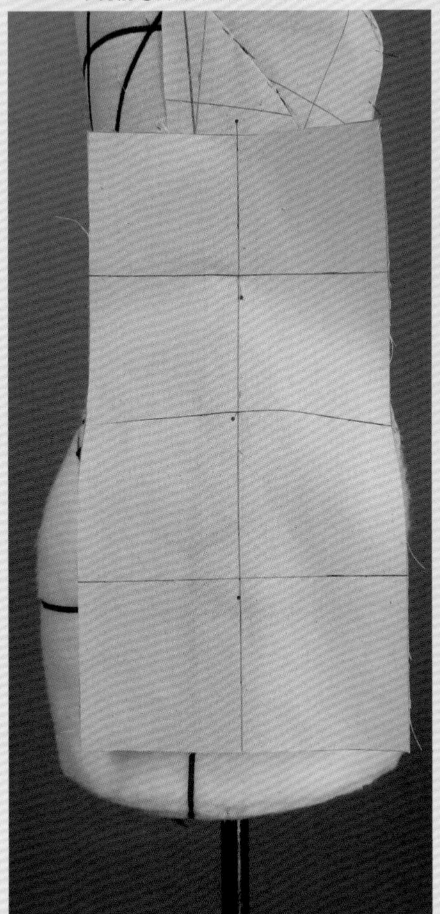

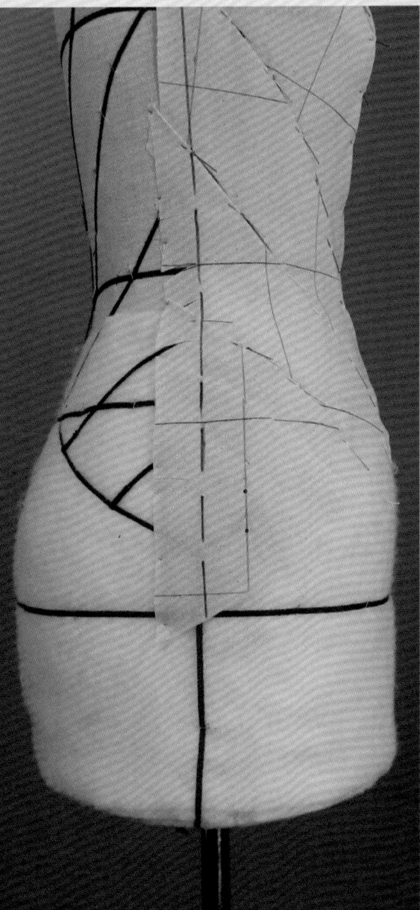

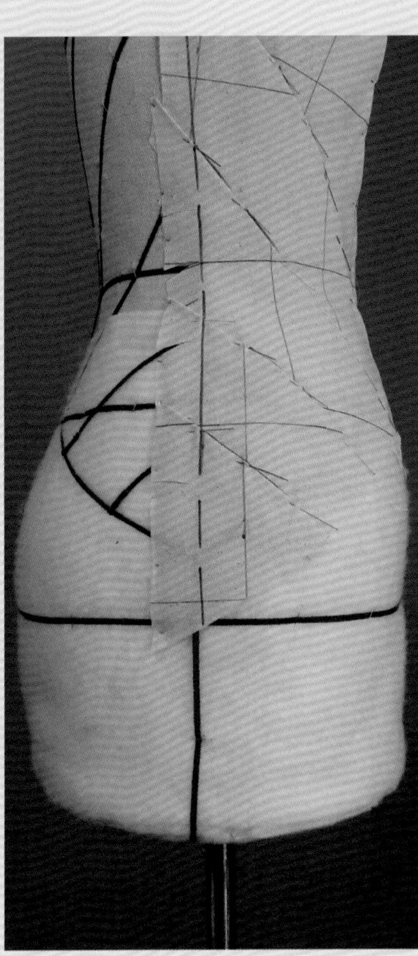

8

后片制作：将衣身后①片上的B点对齐人台后腰中点，下针固定后中丝道线，确保各辅助线的水平与垂直。自后颈点打剪口至肩颈点，后小肩留0.5cm吃势刮折扣净假缝肩袖缝。确定后袖窿拐点，沿后背斜向分割线预留3cm余布后对分割线描点，绘制后落肩袖窿上部分弧线并描点，将前领口弧顺，确定后领口线。注意：衣身后②③④⑤⑥片的立裁方法与衣身各前片相同，在此不做展示与描述。

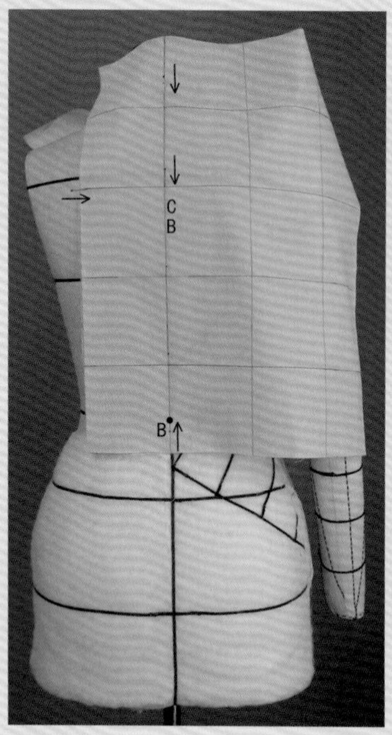

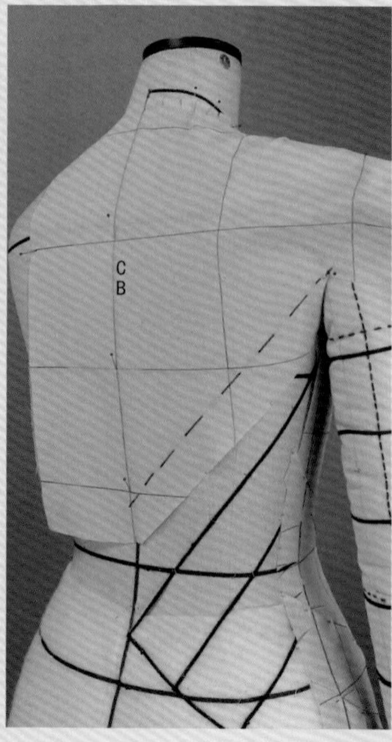

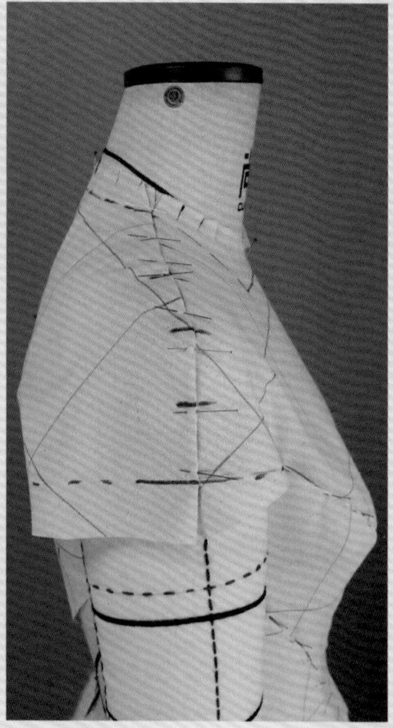

9

衣身上部分前、后各片完成效果，对各片分断线进行描点，并对腰部横向与下部分拼接线进行描点。如图所示，对前止口线与前领角上口线进行绘制。

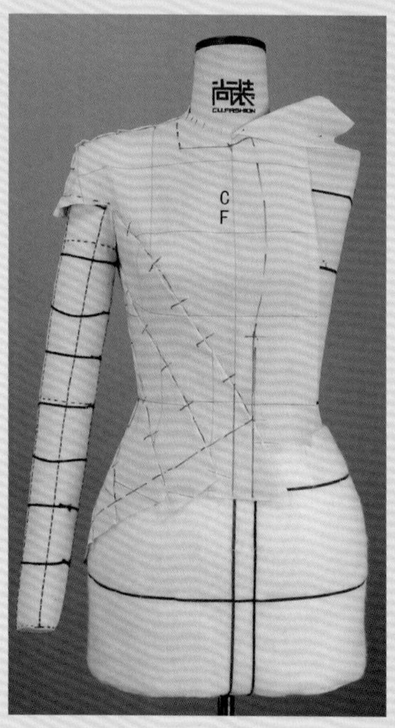

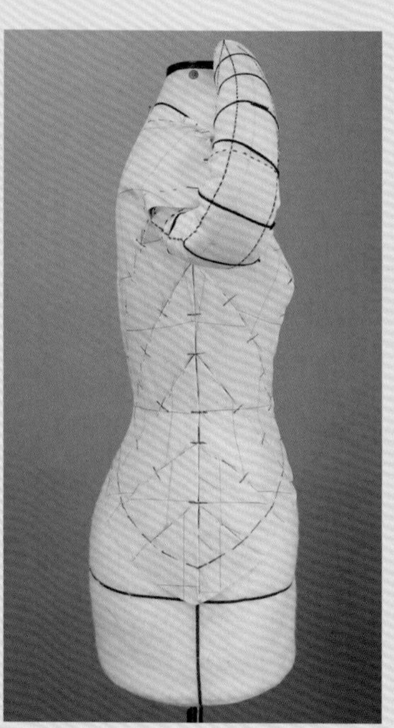
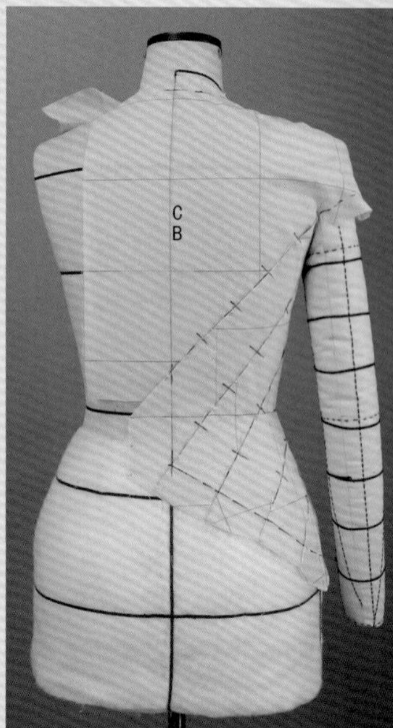

10

将衣身前、后肩袖缝与前、后侧缝处的大头针拆下后铺于平面上的效果。

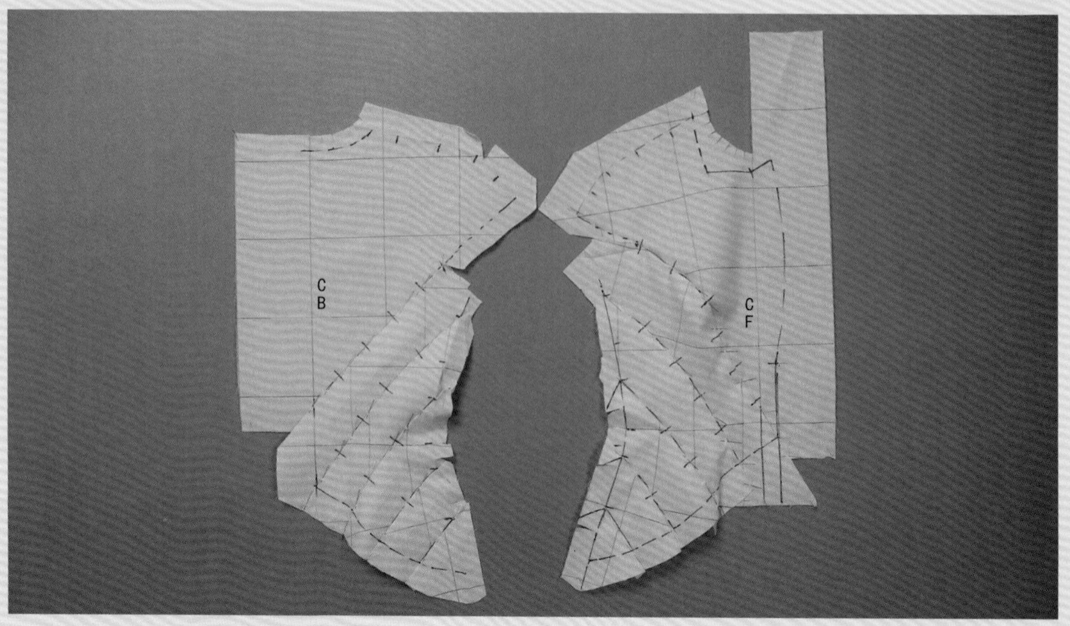

11 将衣身上部分各裁片上的大头针拆下后铺于平面上，对描点的轮廓进行线条归纳弧顺；更换新的坯布拓版复制各裁片，并如图所示预留各部位裁片的缝边，准备在后面的操作中加放松量使用。注意：黑色圆点为未来与衣身下部分裙片的对接点。

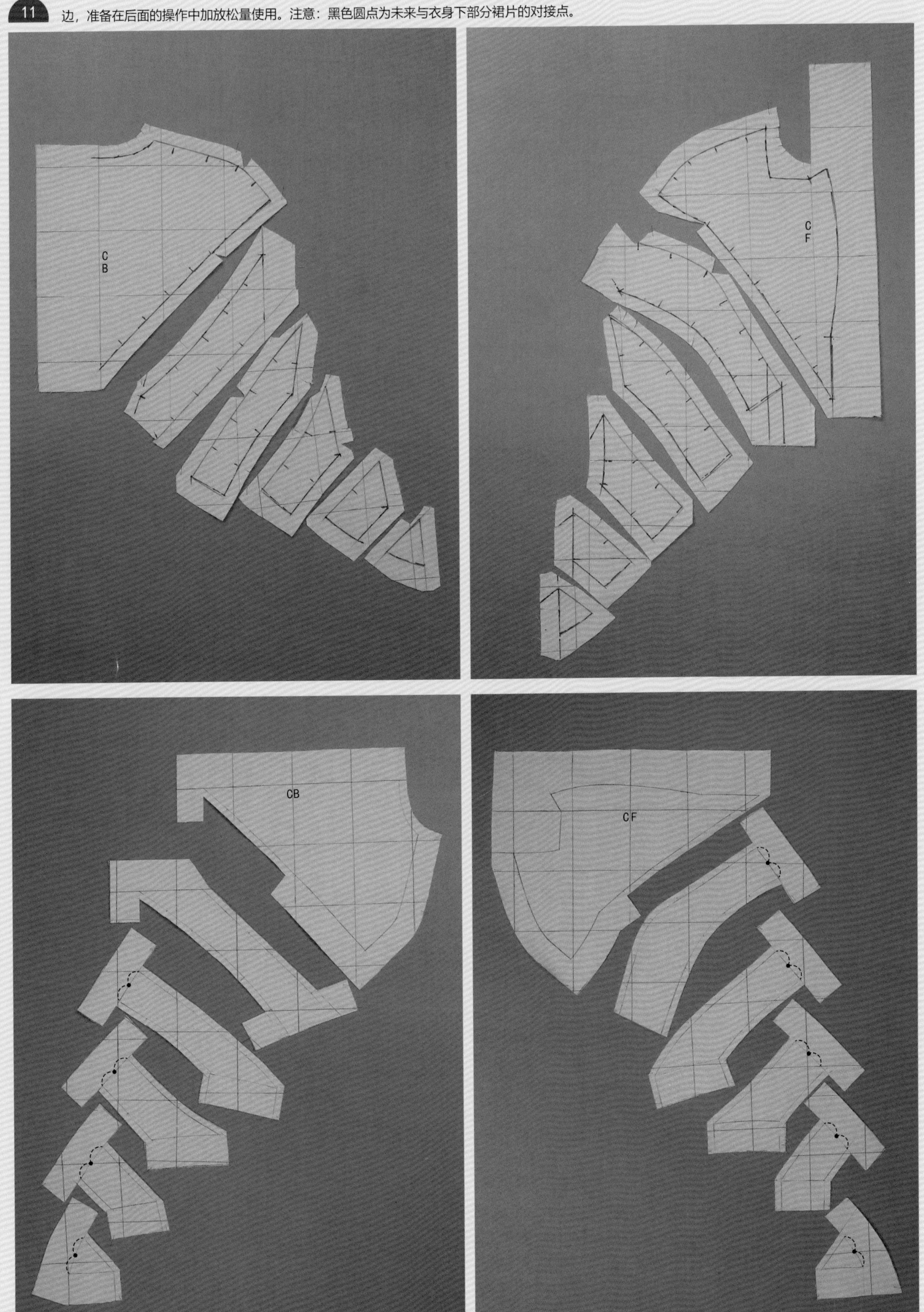

12 将复制好的前后各裁片用缝纫机车缝并熨烫平伏。

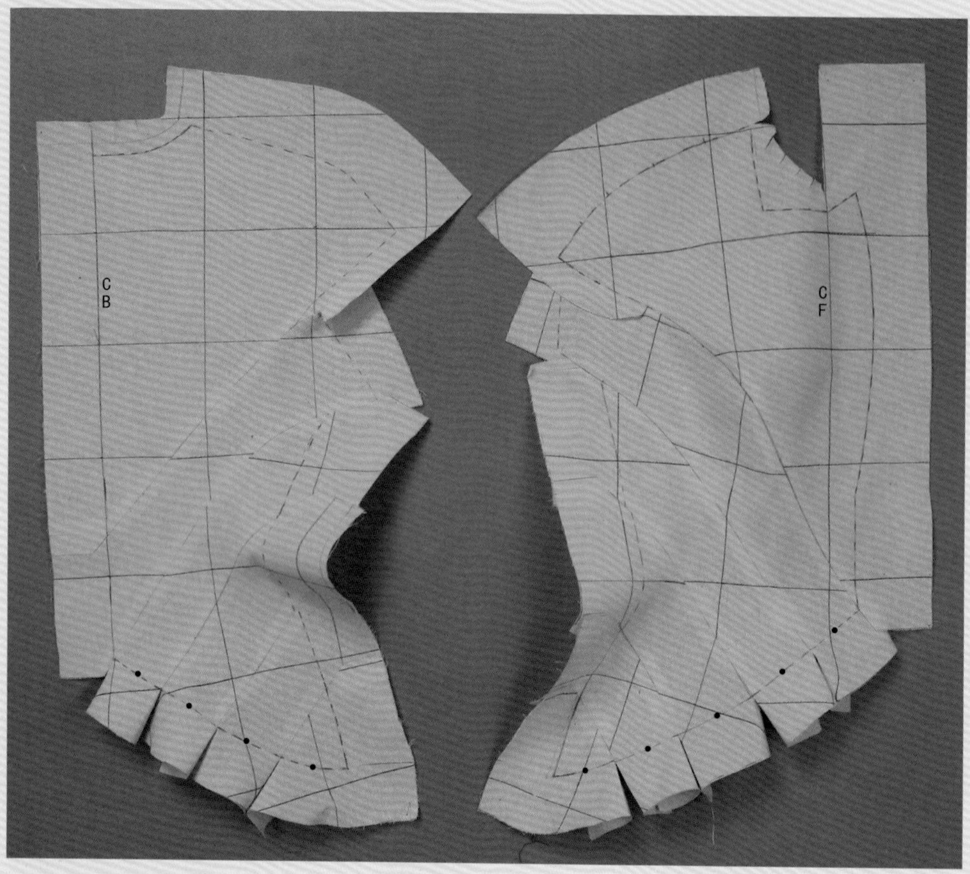

13 将缝制好的前身裁片以正确的穿着方式（CF线对齐人台CF线，肩、袖缝线与侧缝线分别与人台相对应位置对齐）固定在人台上；如图所示，在臂侧部位固定大头针后将前侧缝余布向前中方向推动，使前胸宽处出现风琴量（活动松量）后对新的侧缝线进行描点。

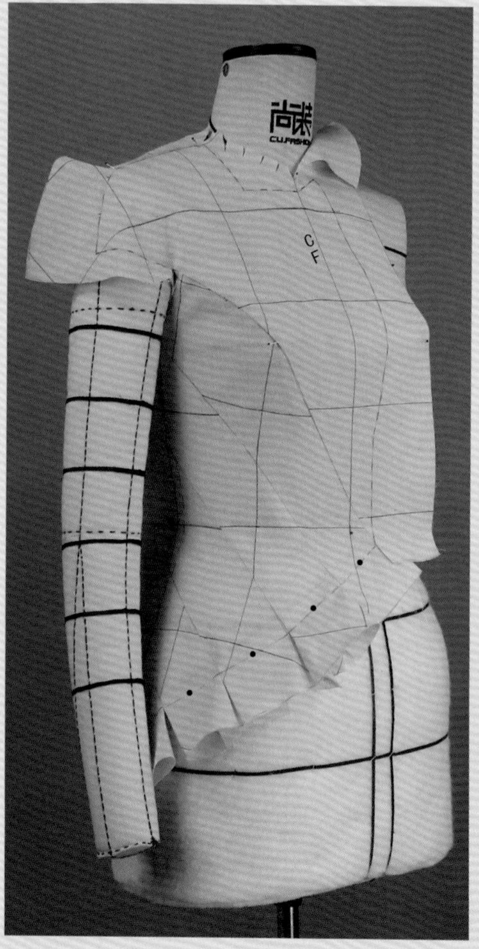

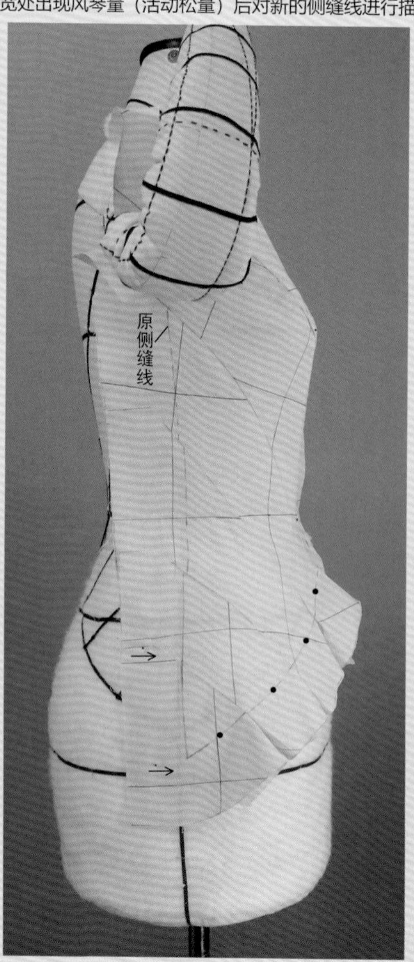

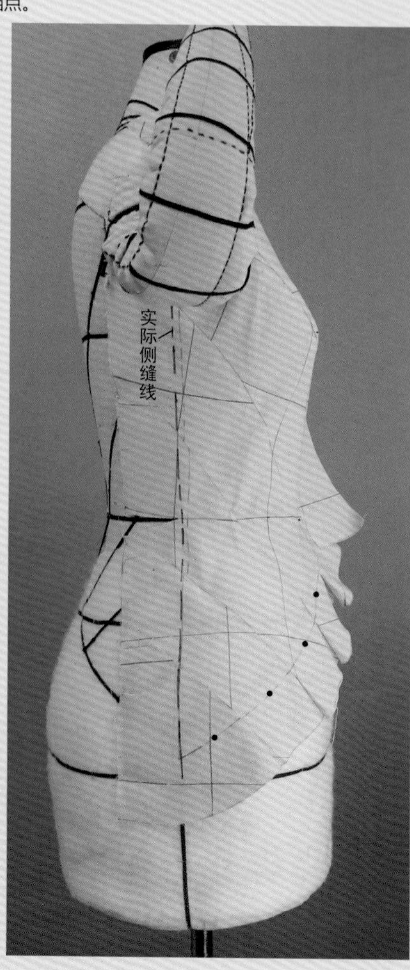

14 如图所示，用大头针固定肩颈点与1/2小肩区域后，推动前袖窿上部分余布，使前袖窿产生运动量后对新的肩袖缝线进行描点，并固定前肩袖余布于人台上。

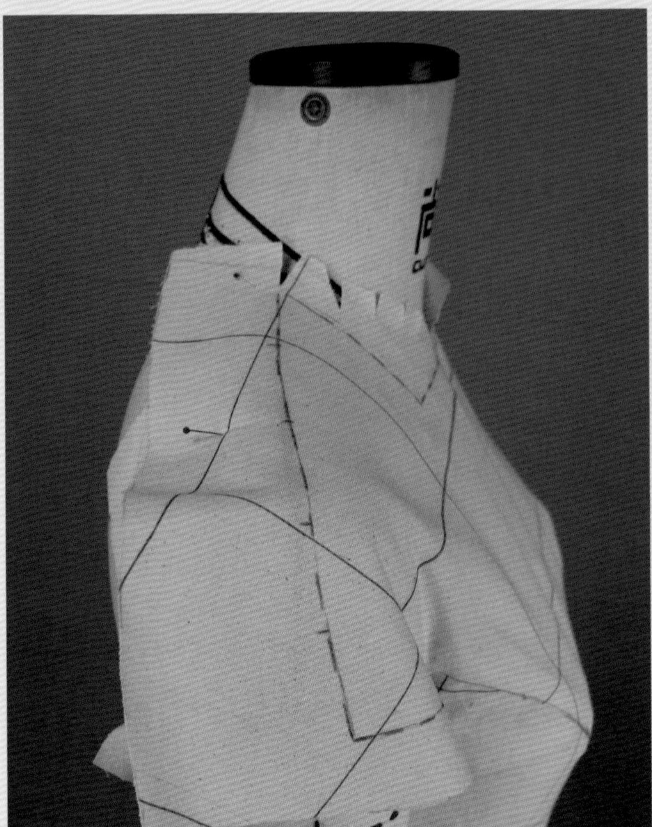

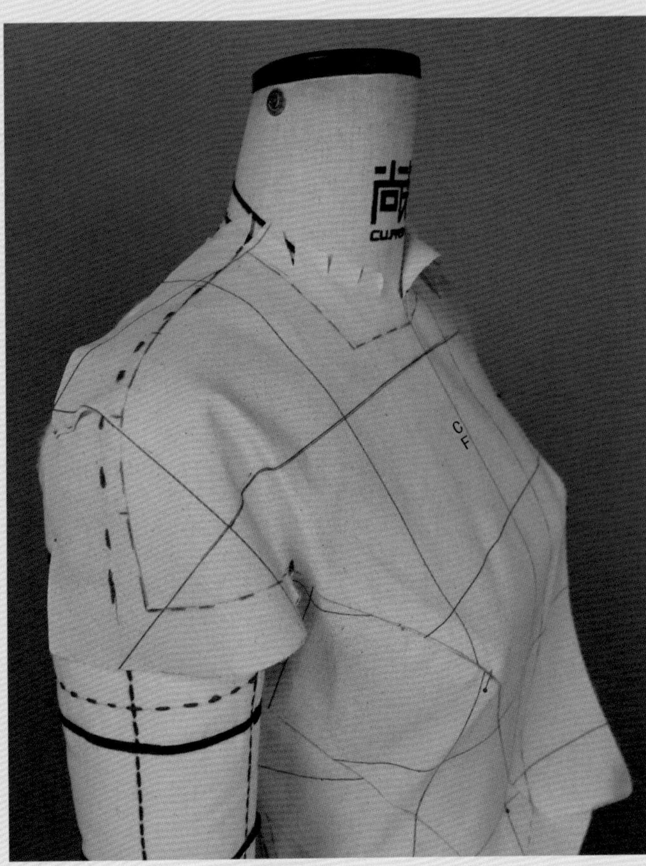

15 衣身后片背宽处与后袖窿处加放松量的方法与前片相同（松量应比前面大一些），加放松量后假缝肩、袖缝线与侧缝线，并对袖窿底弯线与落肩袖窿线描点。在原后中线（CB）基础上，可将后腰中点区域收进1cm为后中腰省，使后腰产生更加收腰的效果，对新的后中线进行描点。

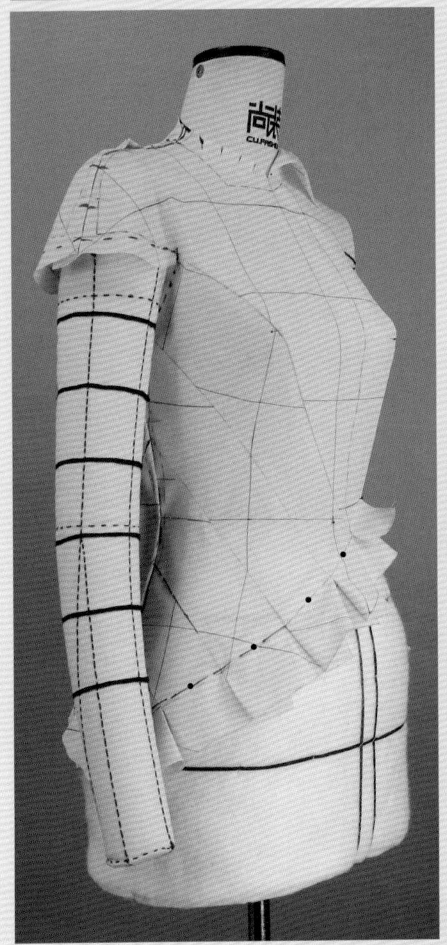

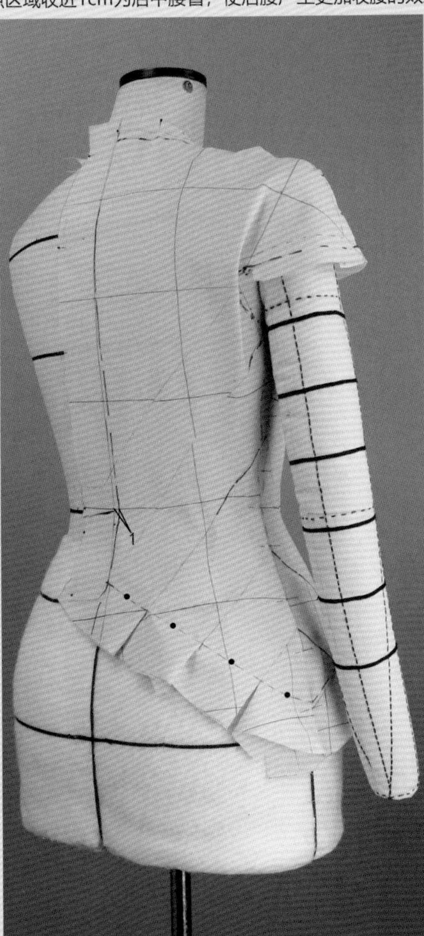

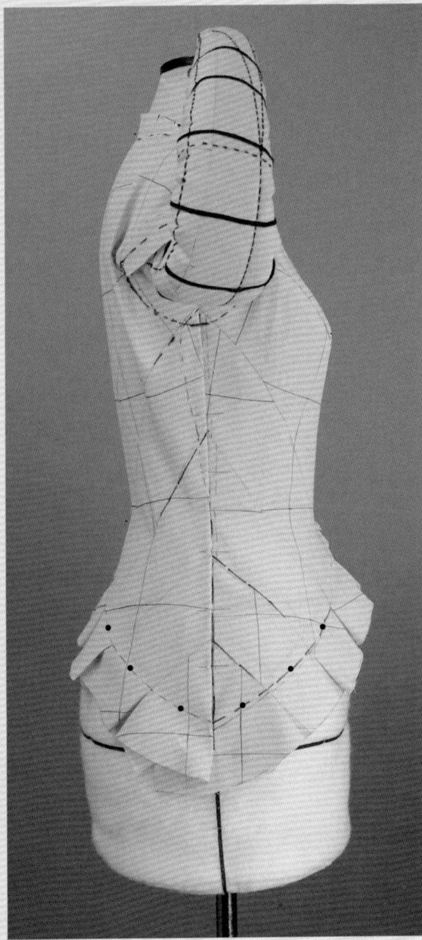

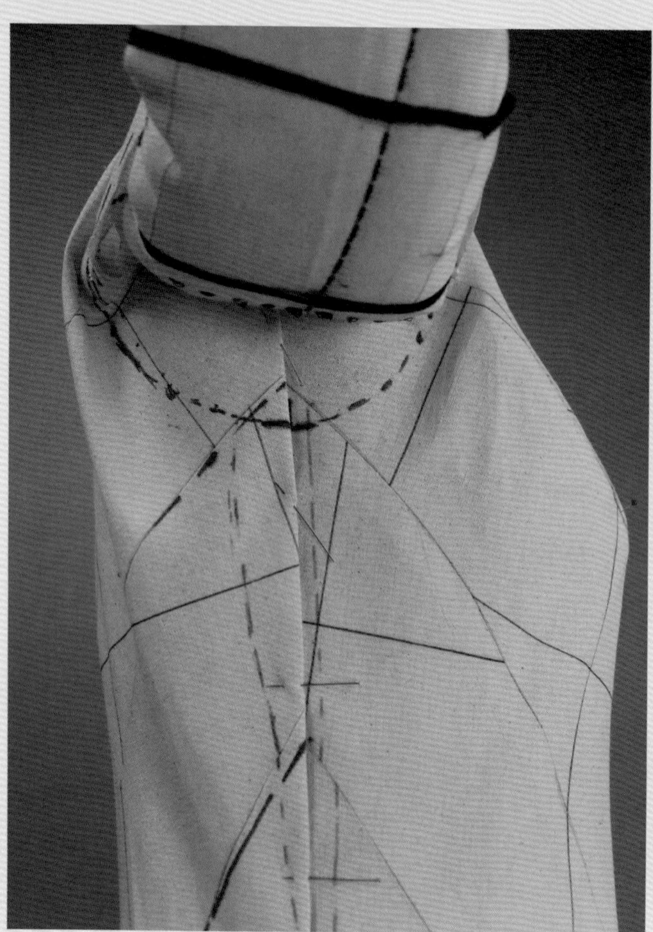

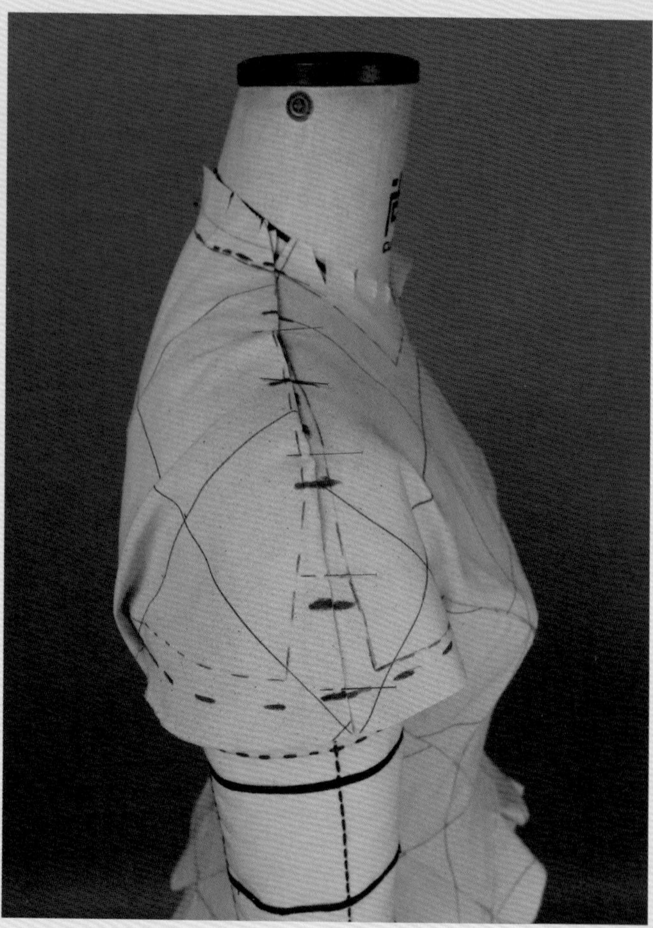

16 领子制作：本款型为连领座翻驳领，立裁方法与本系列丛书《尚装服装讲堂•服装立体裁剪Ⅰ》中第164～173页"西服领"立裁第5～20步骤相同。如图所示，将后中与前止口余布及落肩袖袖窿上部分余布扣净，准备立裁袖子。

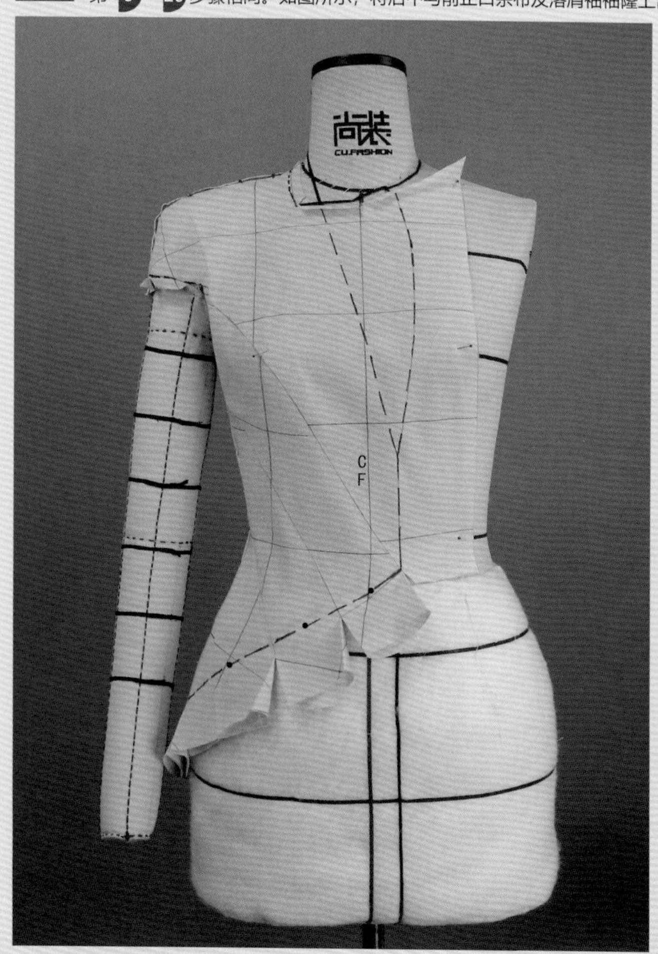

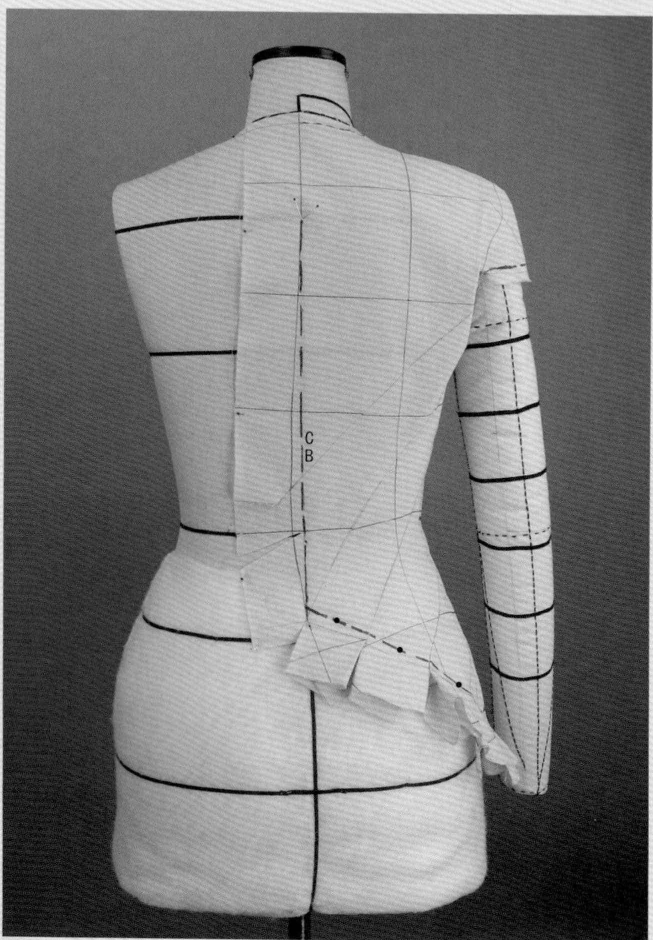

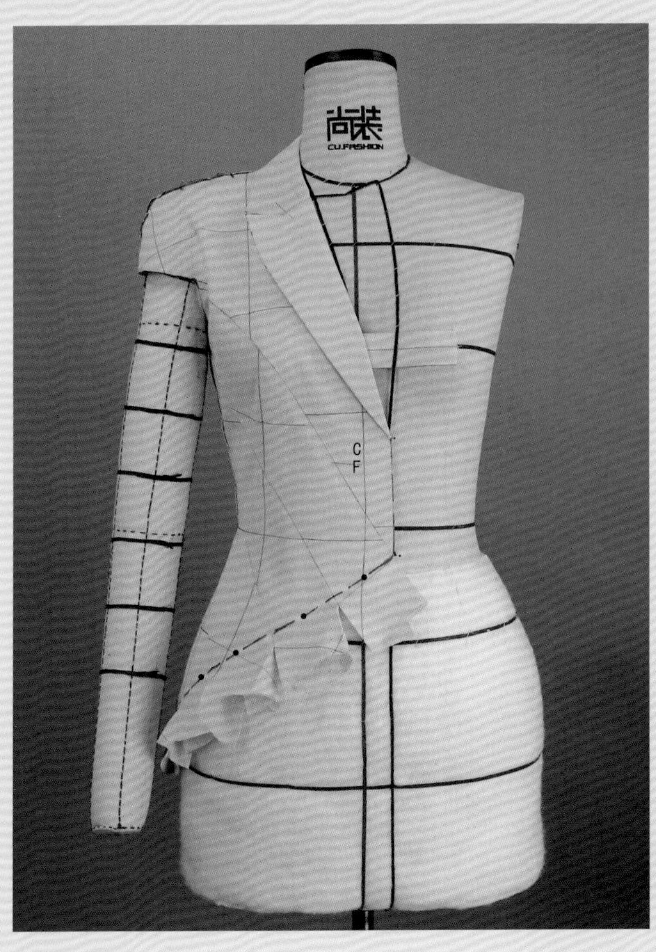

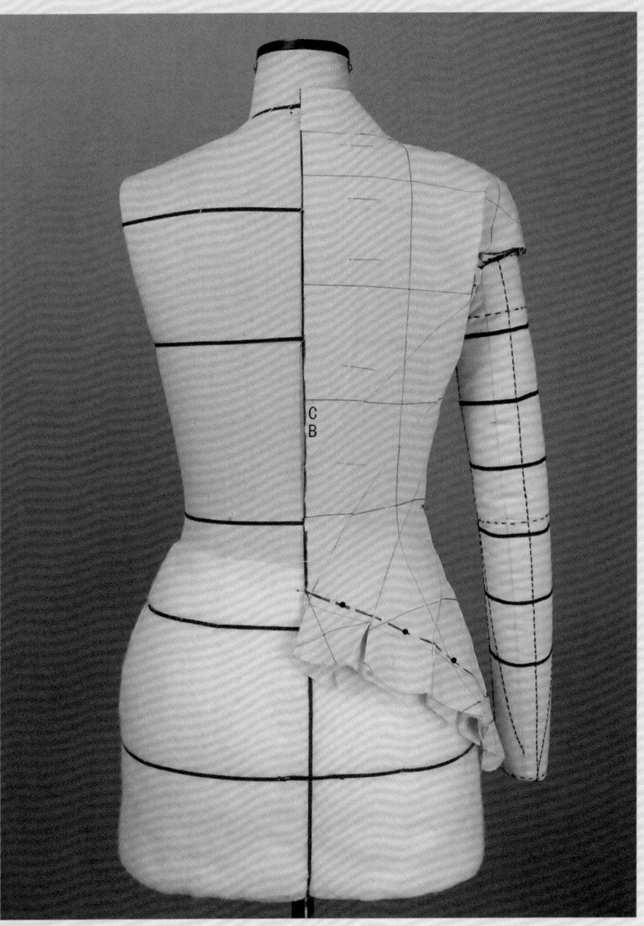

17 袖子制作：将袖子①片基础布反面上的内缝线对齐衣身侧缝线，并用大头针固定在衣身上。对准前、后袖窿拐点自上而下打剪口，将袖子基础布与衣身布摆放自然平伏后，用大头针固定袖窿底弯线。

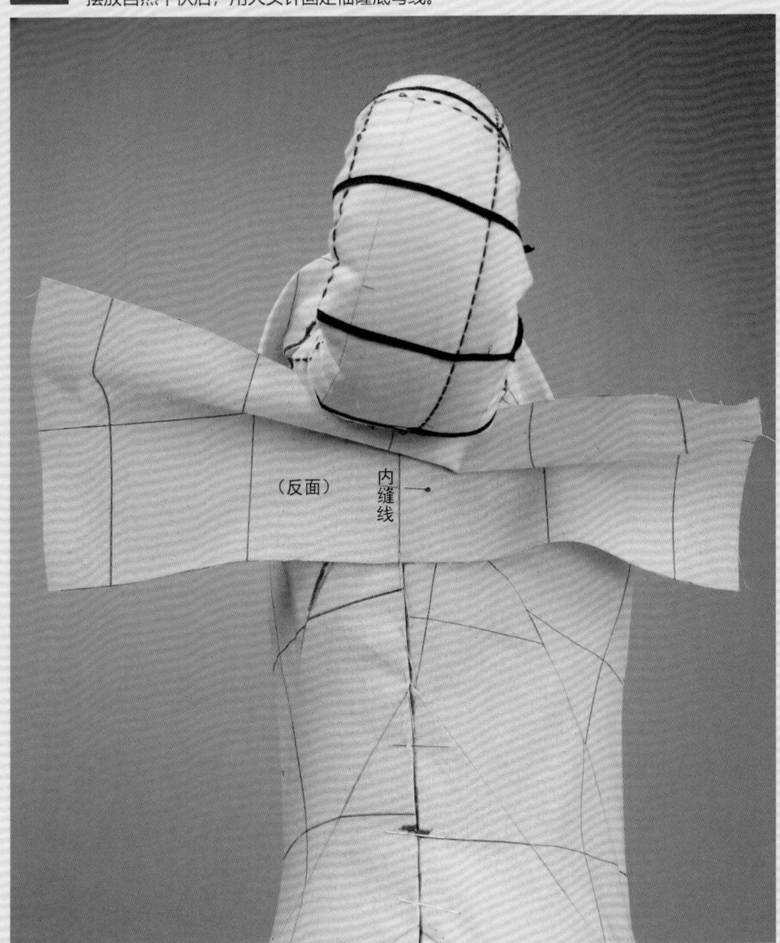

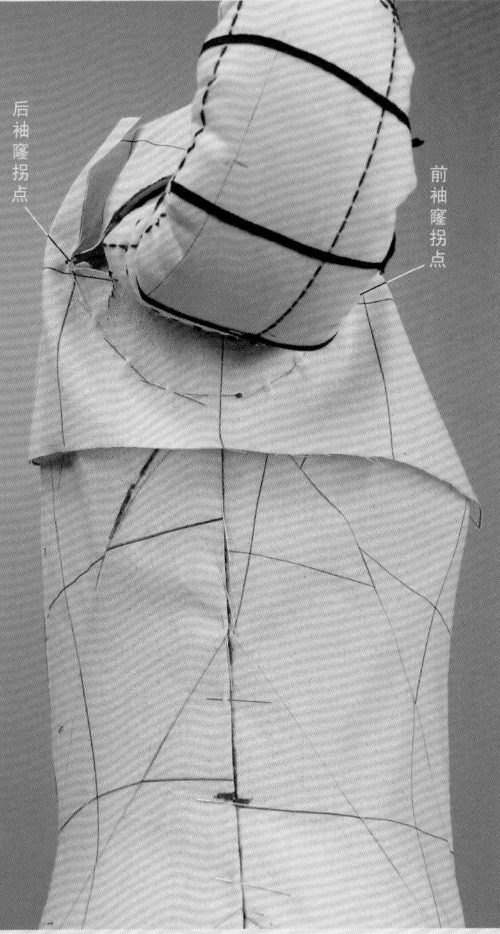

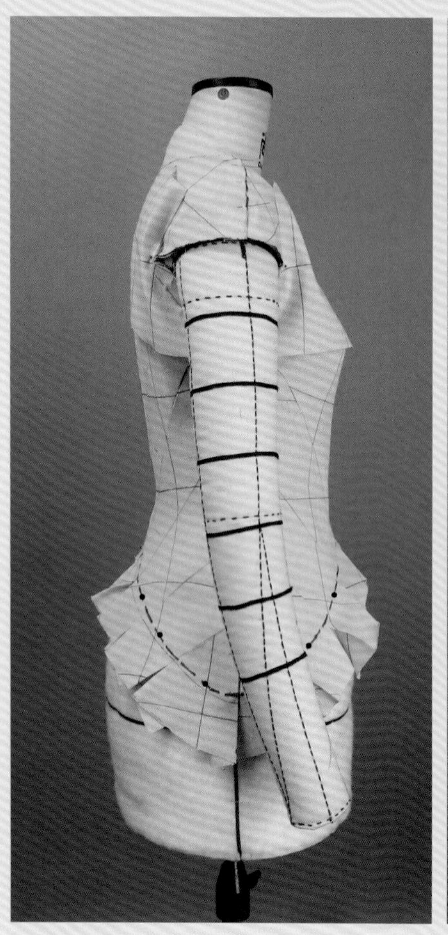

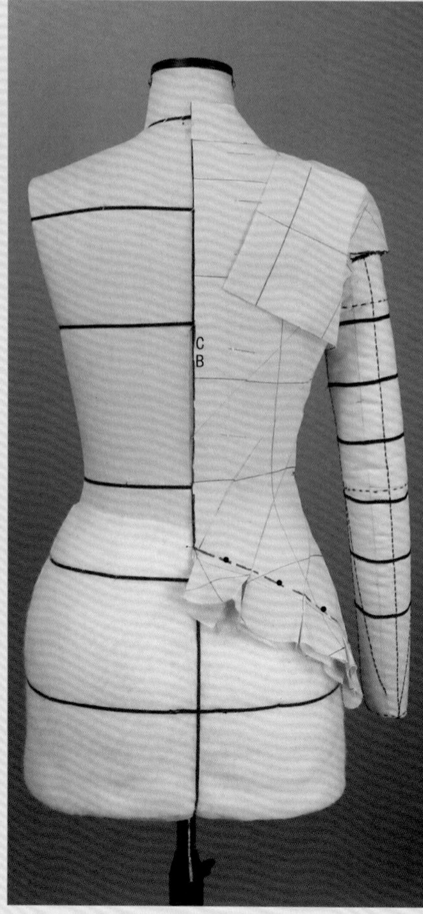

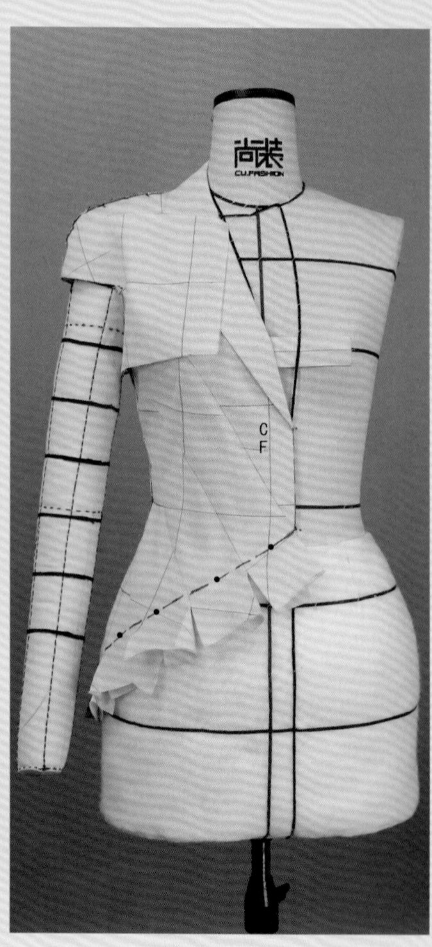

18 将袖子①片基础布向外翻折，清剪上端余布后放入衣身落肩袖袖窿的里面；调整袖基础布的造型至理想状态后，对齐肩、袖缝线刮折扣净假缝袖中缝线；确定横向分断线位置并对齐描点，然后清剪余布，扣净折边。

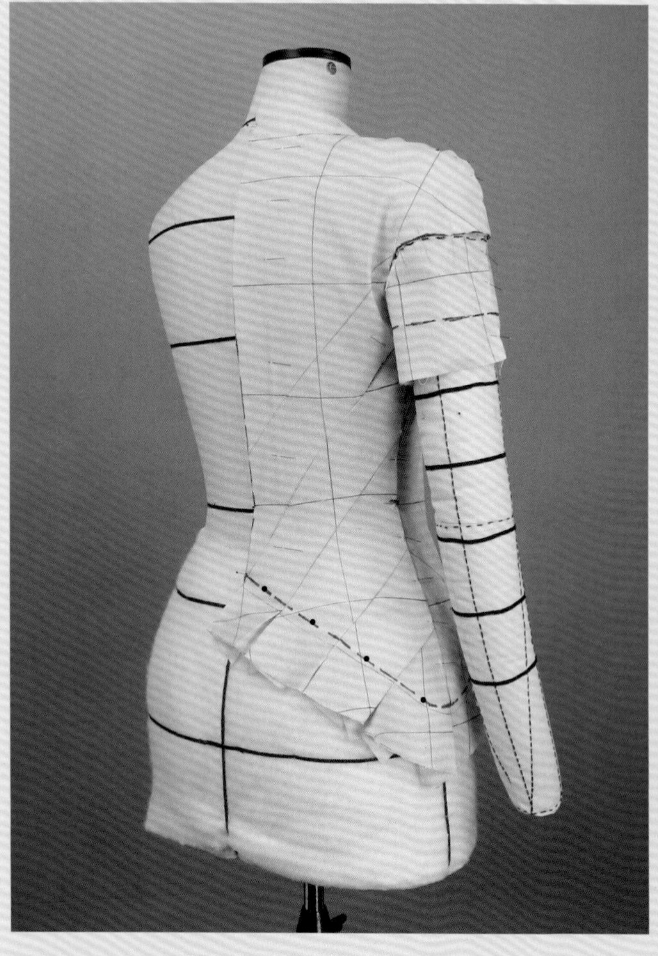

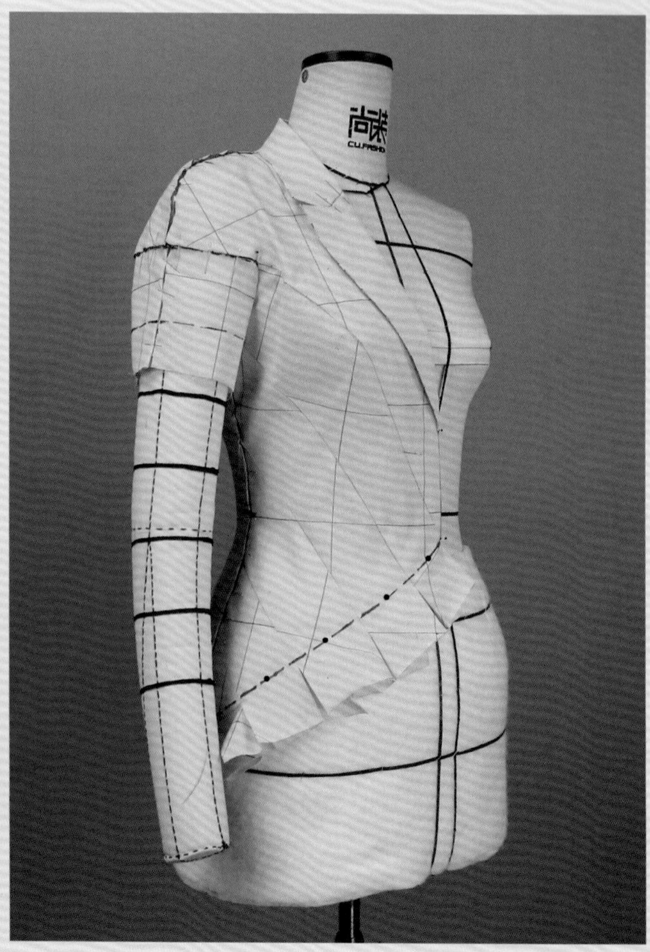

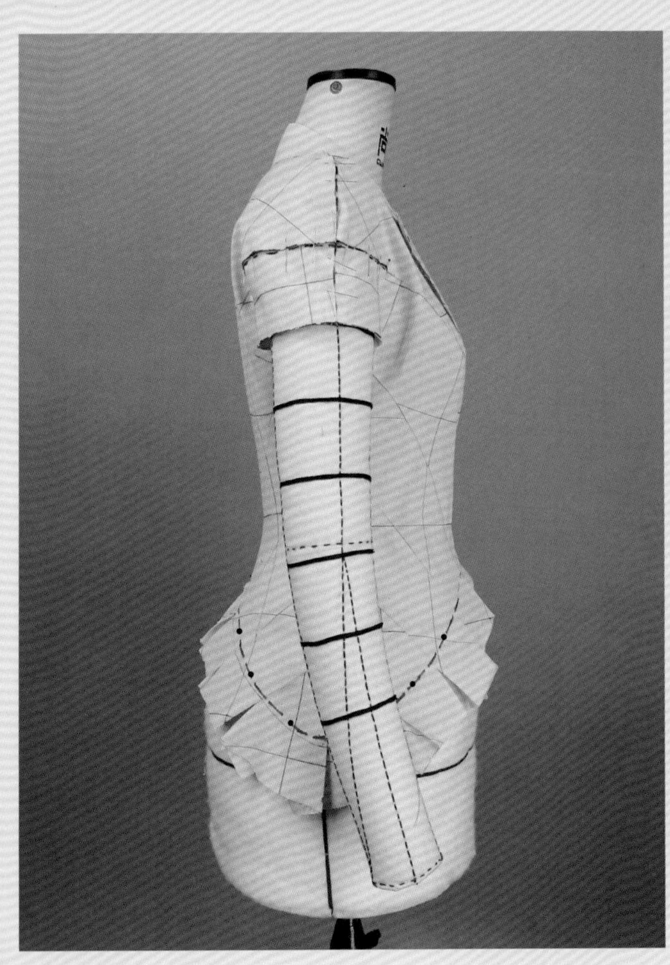

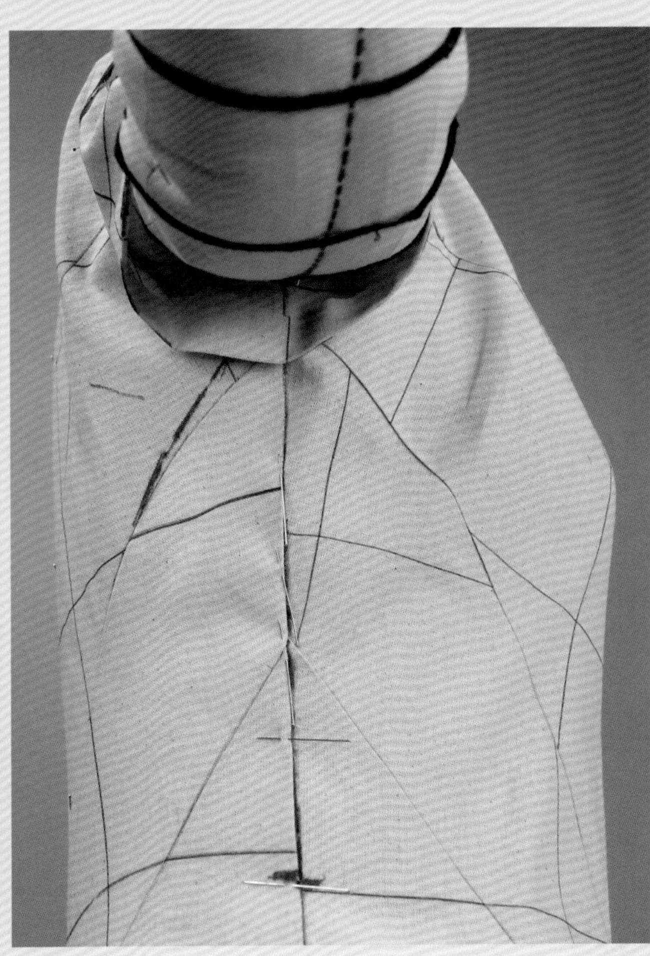

19 如图所示，袖子②~⑥片的立裁操作方法与袖子①片相同。注意：由袖子①片至袖子⑥片袖口逐渐变瘦，袖型随手臂弯曲。

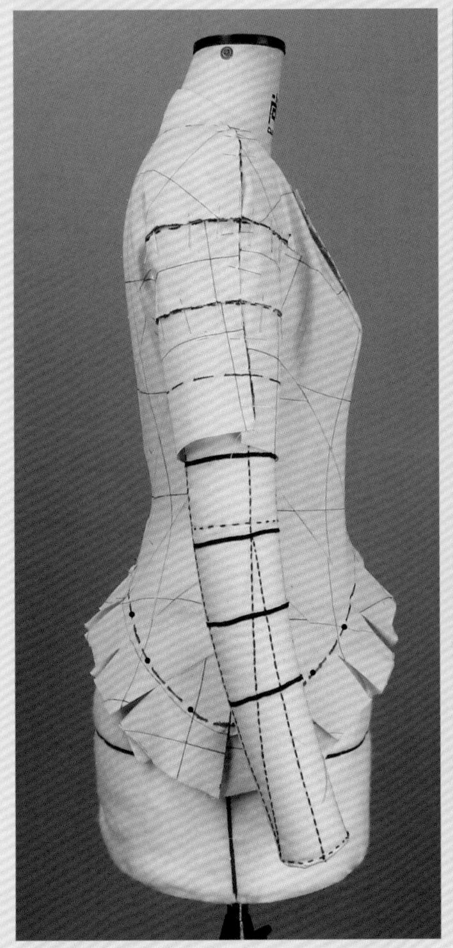

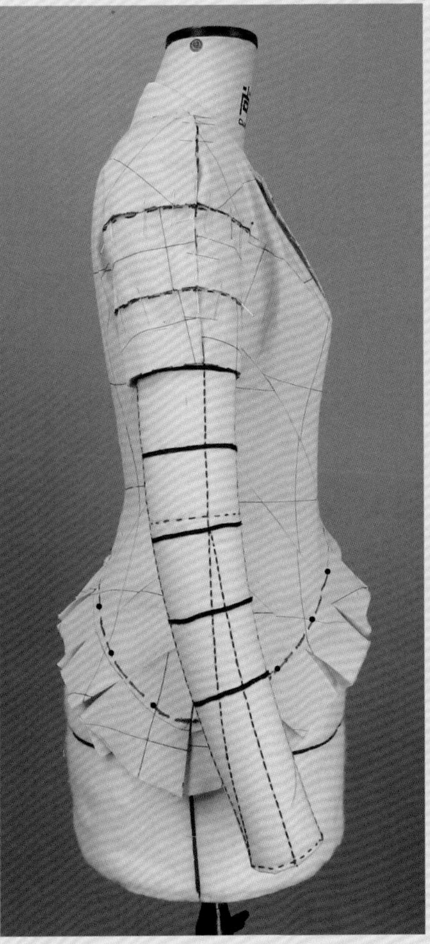

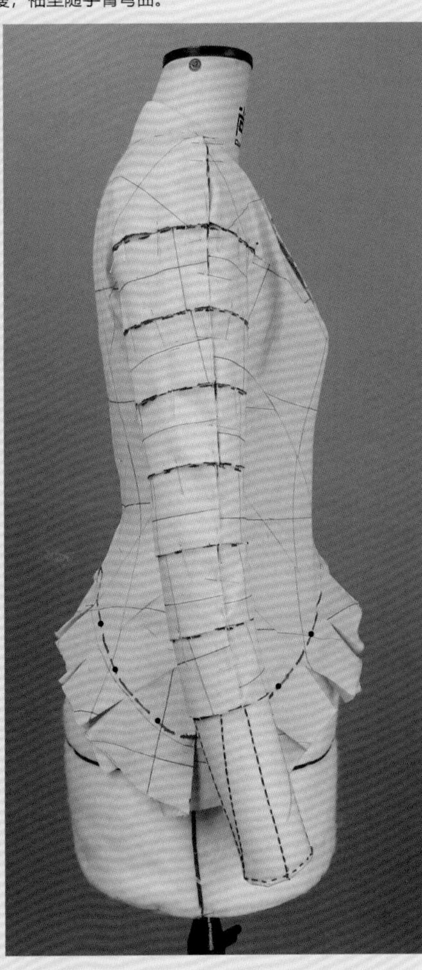

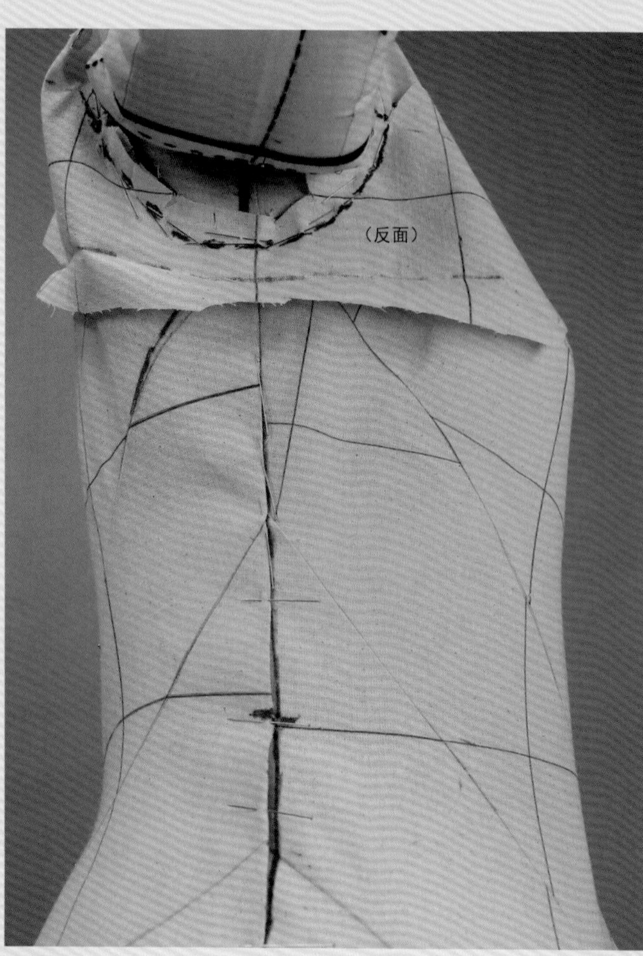

20

确定造型无误后对各袖断缝线进行描点；将各袖断缝大头针拆下，如图所示对袖①片反面袖窿底弯线进行描点。

21 将各袖裁片的边缘线条归纳弧顺，并准备剪开内缝线。

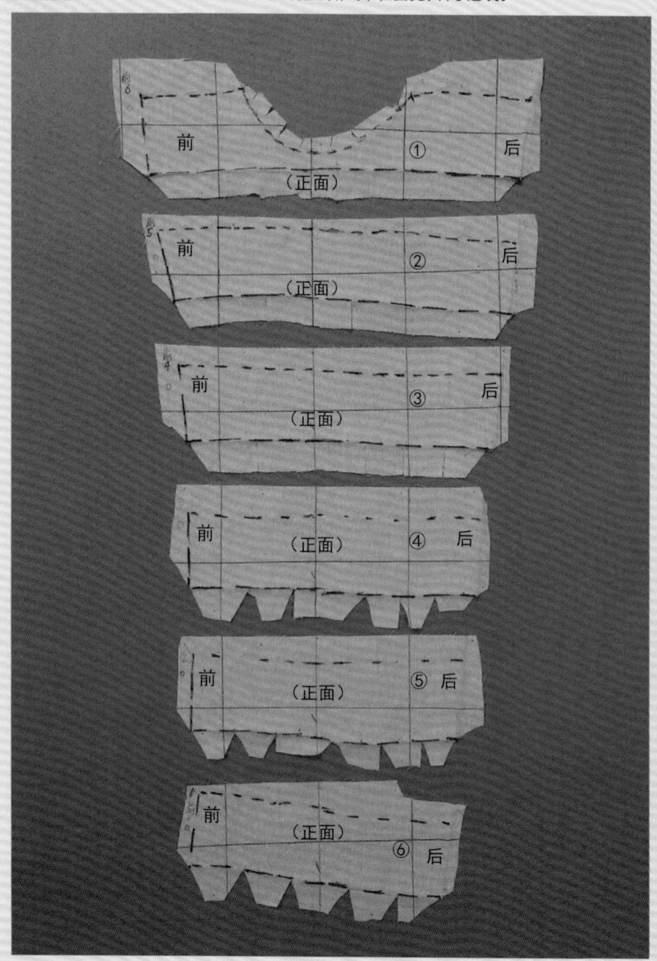

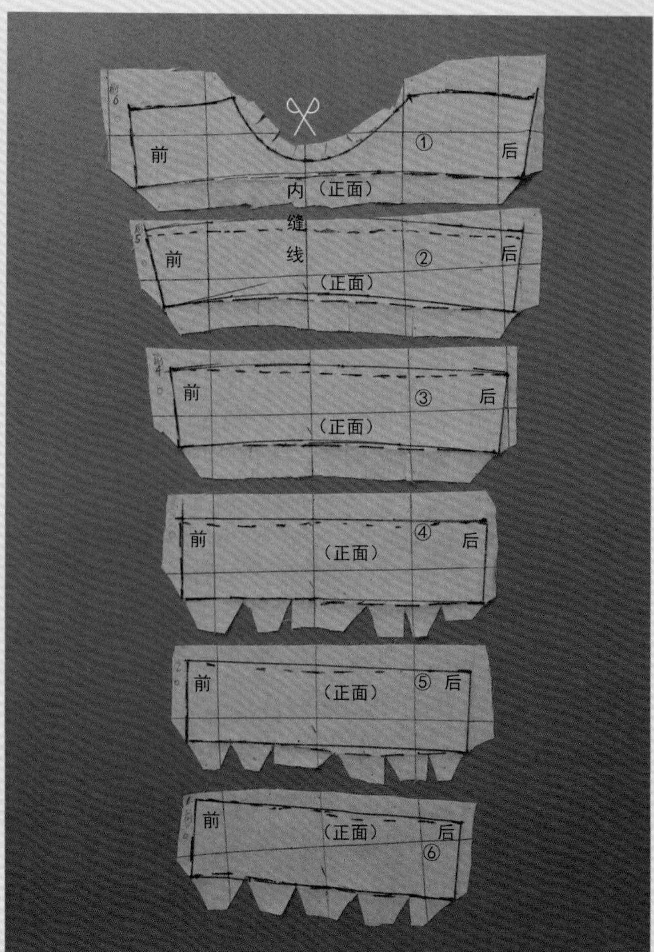

22 将袖内缝线剪断并如图所示将袖外中缝线合并；使用新的坯布复制袖各裁片版型并加放缝份准备大头针假缝。

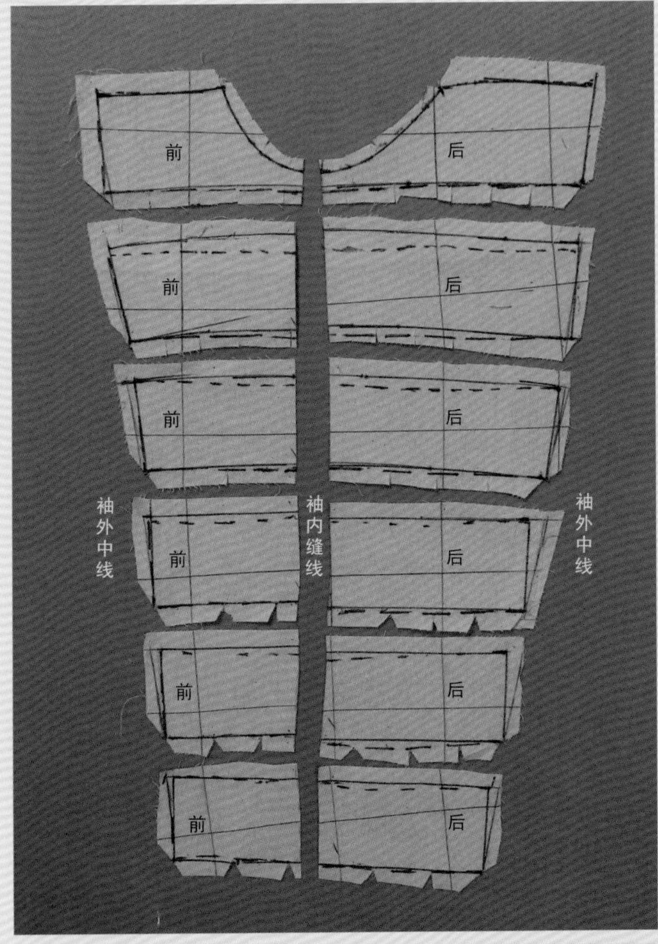

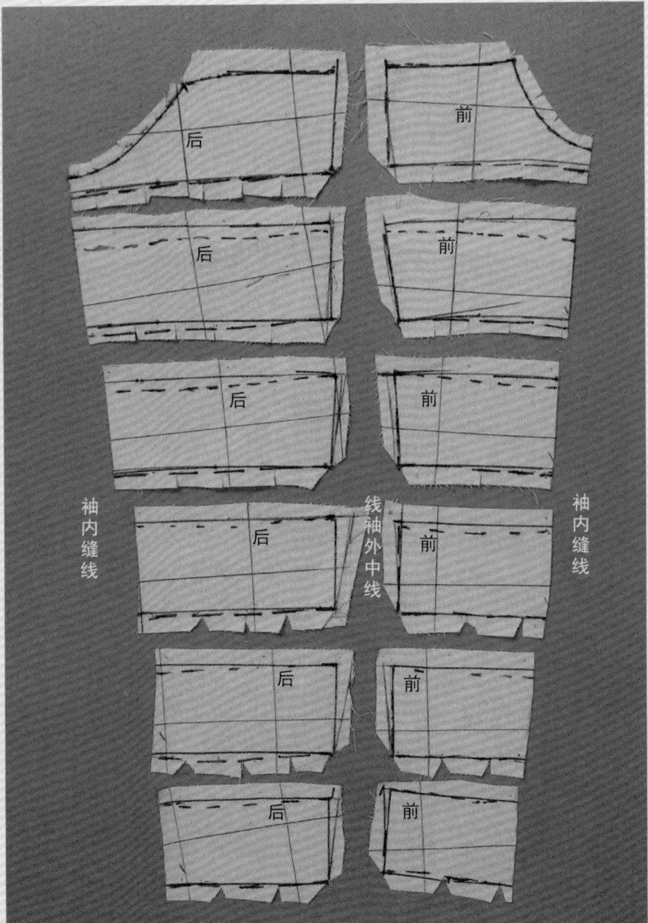

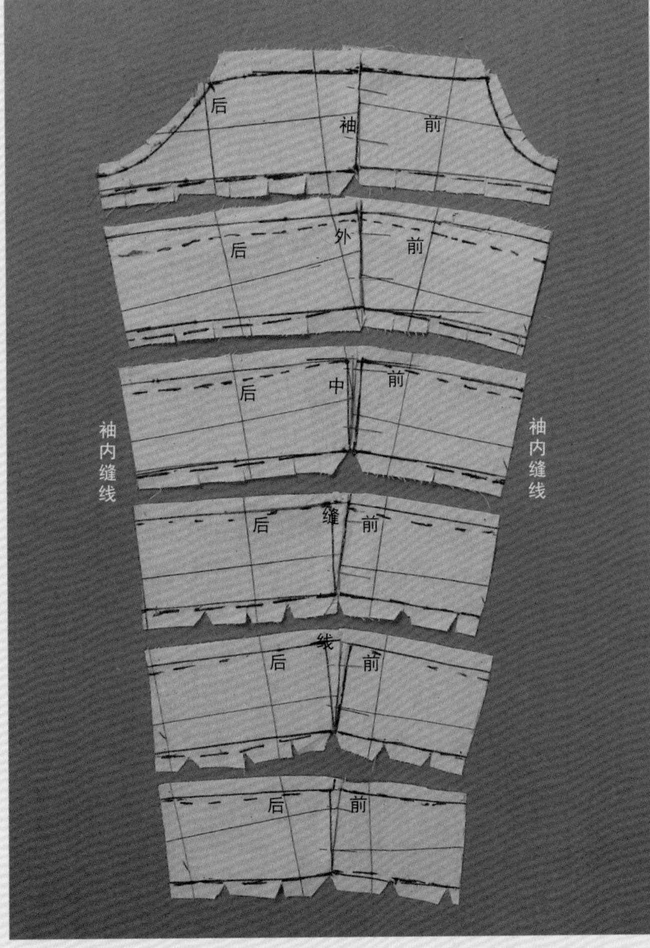

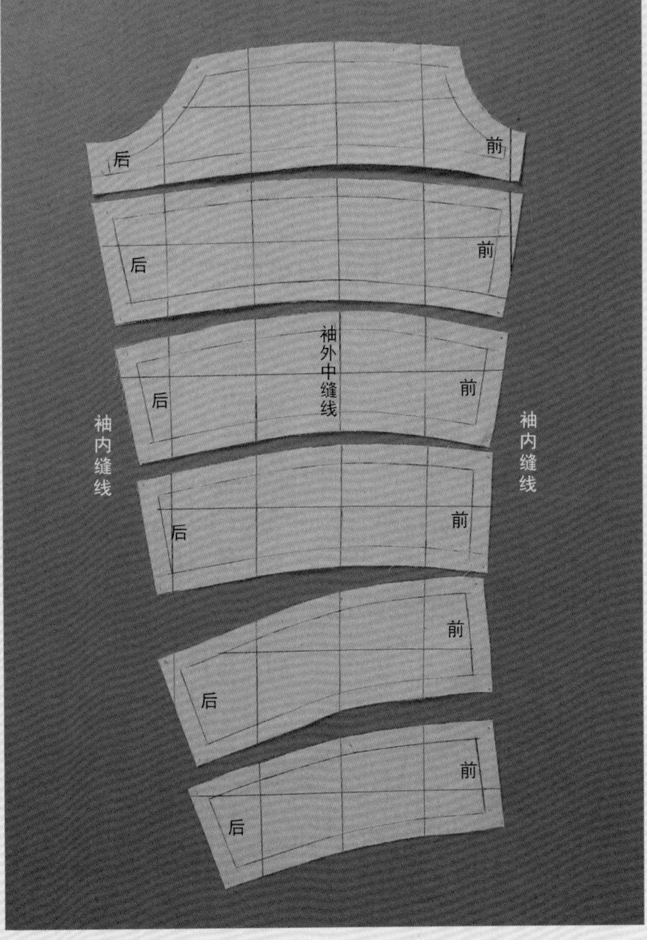

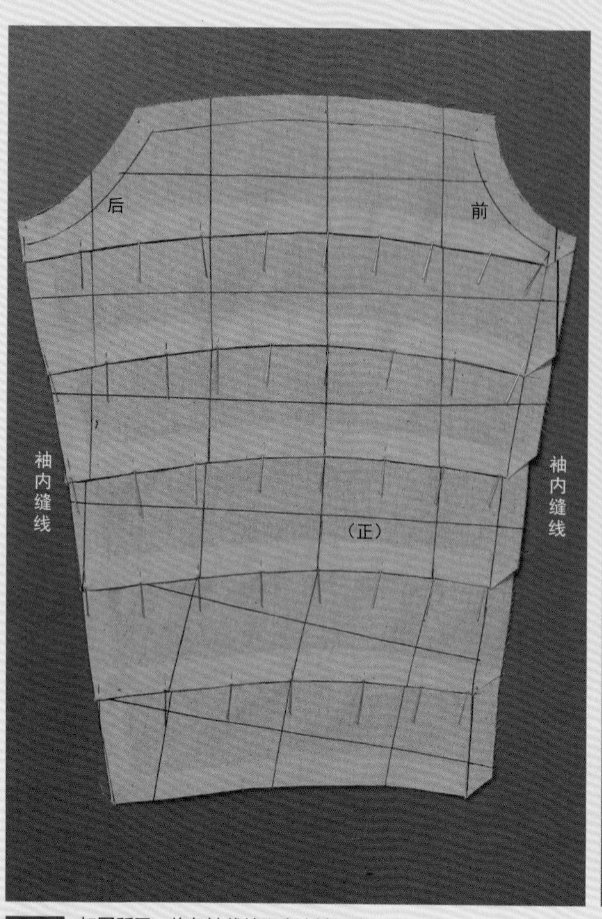

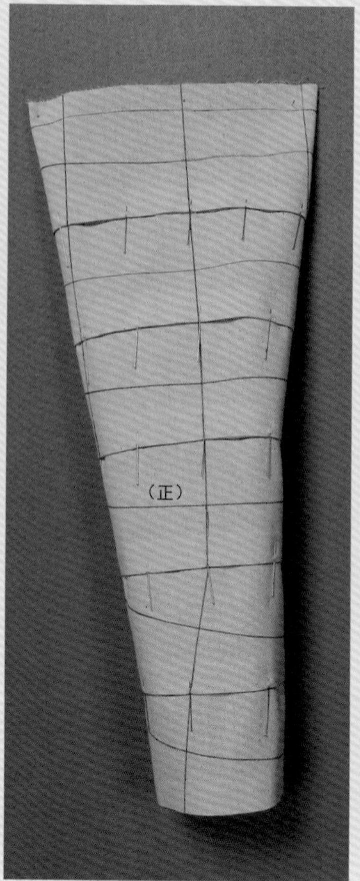

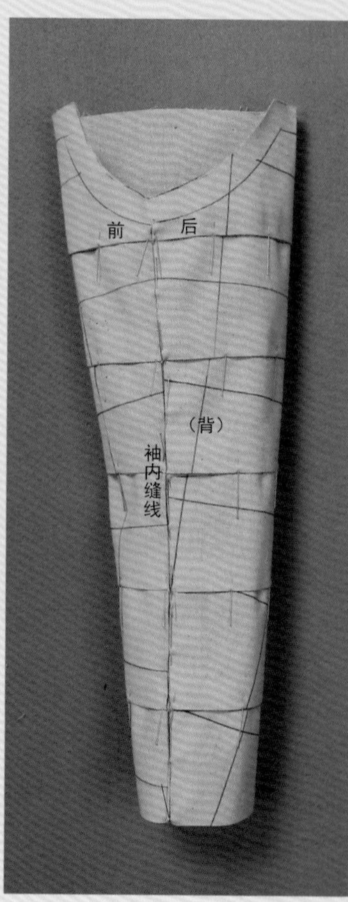

23 如图所示，将各袖裁片用大头针假缝。

24 如图所示，将袖片与衣身袖窿进行大头针装配假缝。

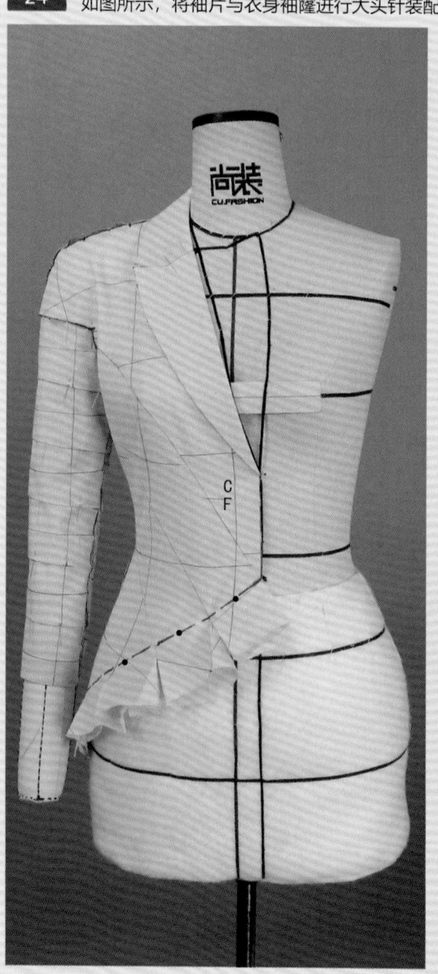

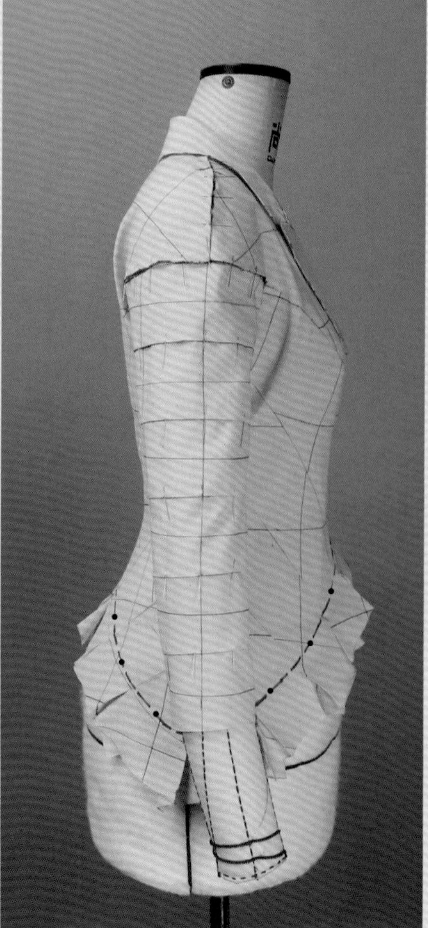

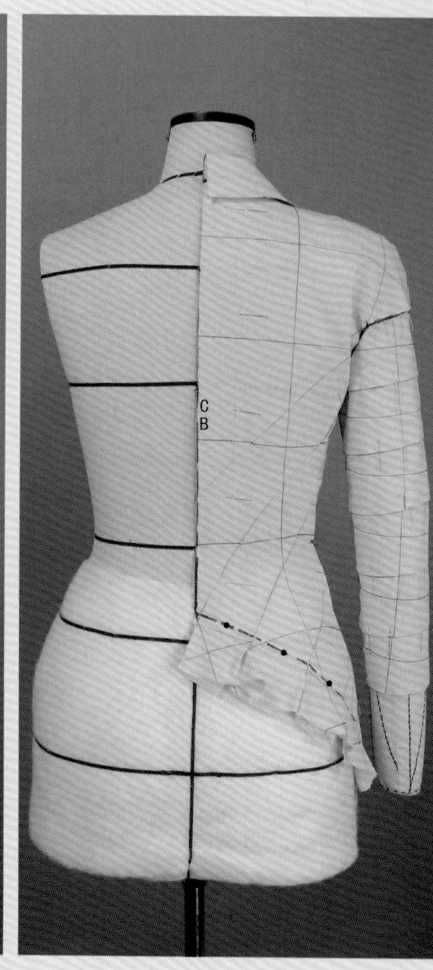

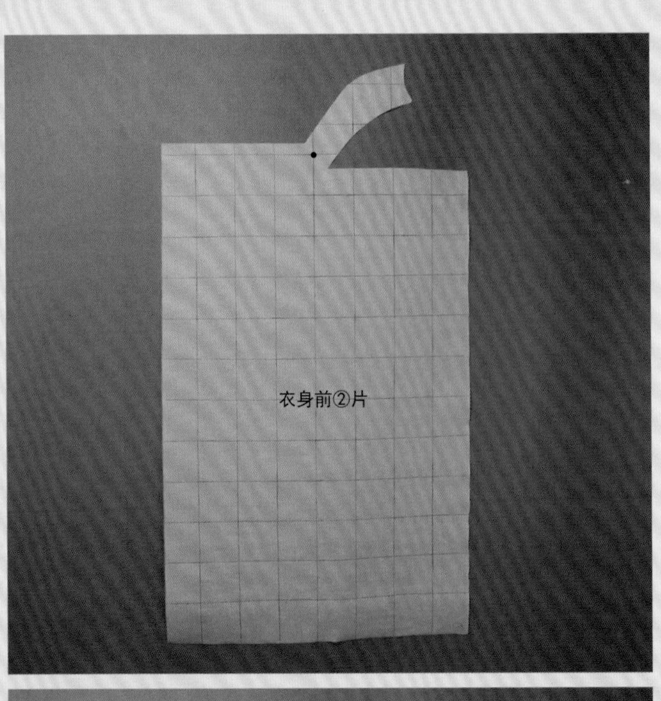

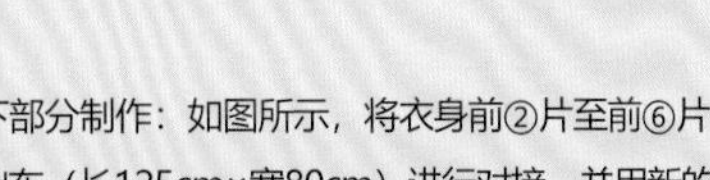

衣身下部分制作：如图所示，将衣身前②片至前⑥片上部裁片与准备好的衣身下片基础布（长125cm×宽80cm）进行对接，并用新的坯布复制完整裁片；衣身后③片至后⑥片的操作方法与前片相同，在此不作展示与描述，准备假缝完整衣身。

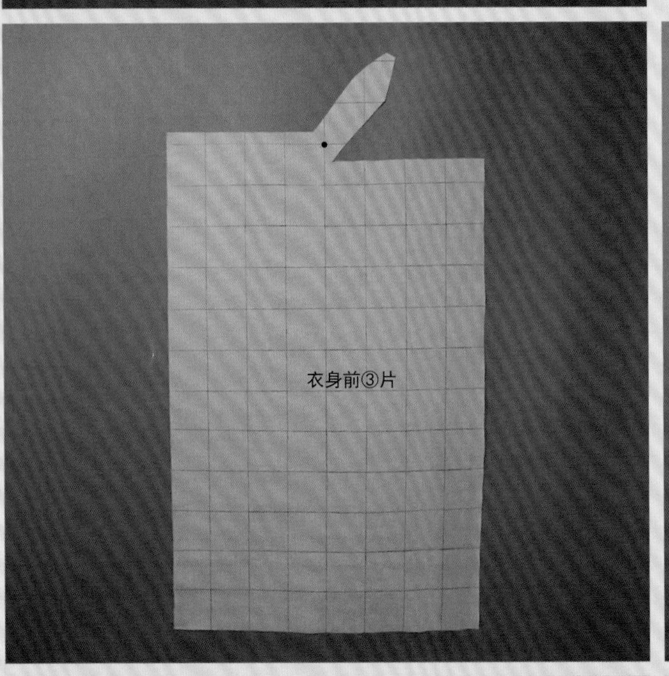

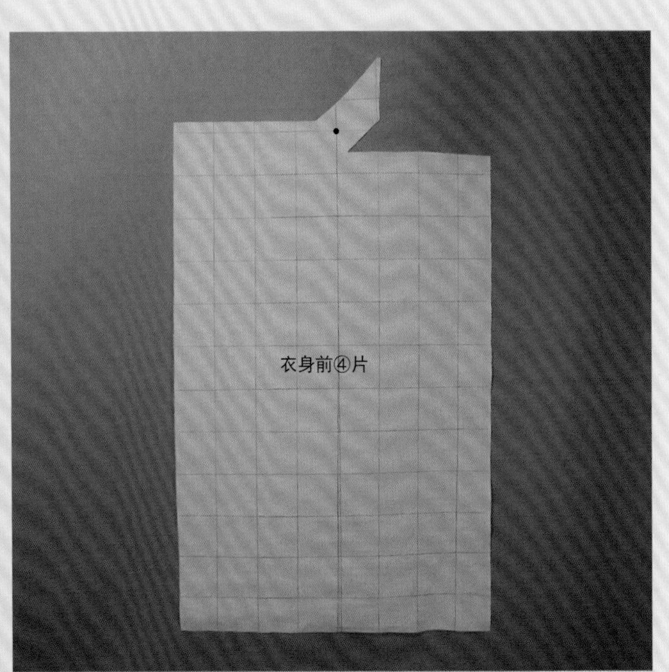

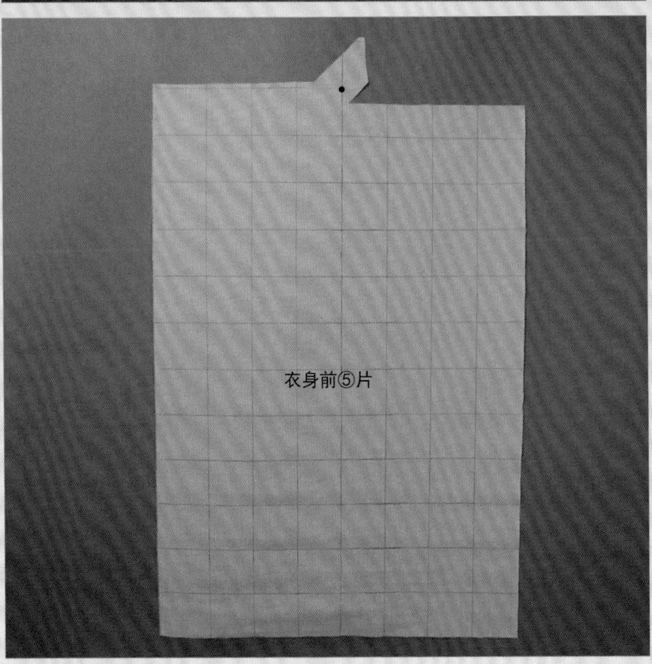

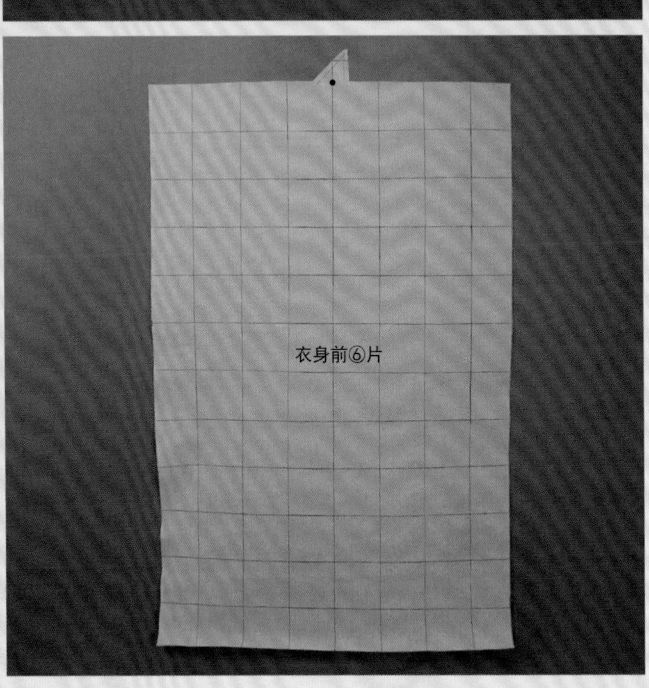

完成图

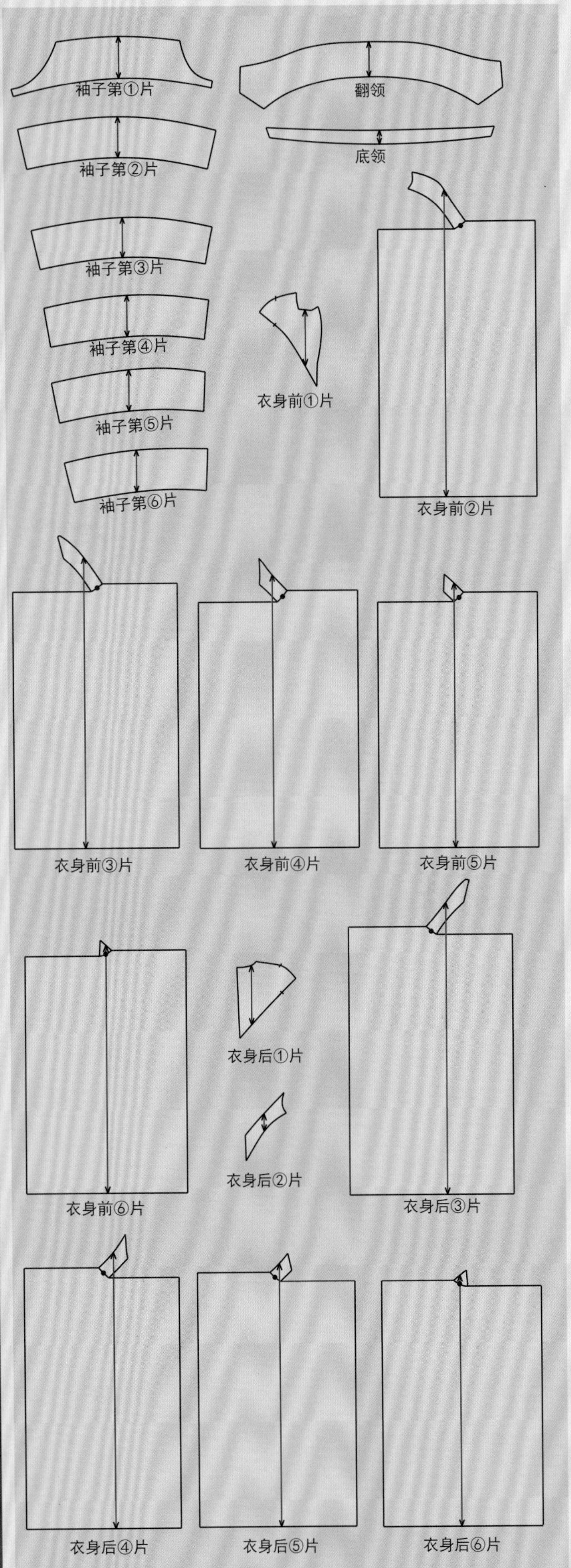

袖子第①片

翻领

袖子第②片

底领

袖子第③片

袖子第④片

衣身前①片

袖子第⑤片

袖子第⑥片

衣身前②片

衣身前③片

衣身前④片

衣身前⑤片

衣身后①片

衣身后②片

衣身前⑥片

衣身后③片

衣身后④片

衣身后⑤片

衣身后⑥片

注：为便于排版，衣身前①片至前⑥片，衣身后①片至后⑥片的图形比例有所缩小。

Draping

The Complete Course

大礼服 螺旋裙

款式描述

衣身为金字塔型，前后为公主线大刀断缝，紧身偏合体松量；连领座西服领；两片合体圆装袖；内有网纱裙撑，大摆呈波浪螺旋式，左右不对称裙。

练习重点

- 网纱裙撑的制作及不对称螺旋式大波浪裙立裁方法。

材料准备

- 人台（不限定号型）。
- 宽0.3cm纯棉织带。
- 专业立裁针、剪刀、人台手臂。
- 150cm×680cm纯棉坯布、网纱150cm×800cm。
- 马克笔（或4B铅笔）、三色圆珠笔。
- 推版尺、多功能尺、皮尺。

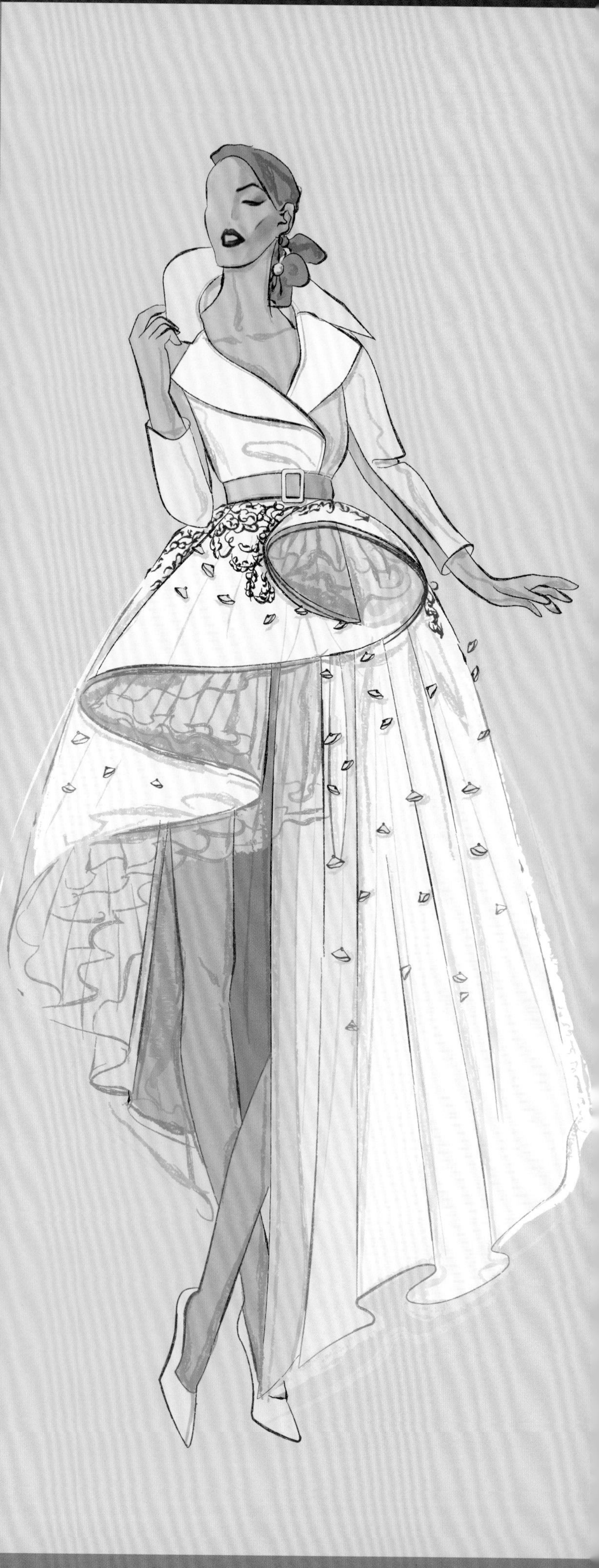

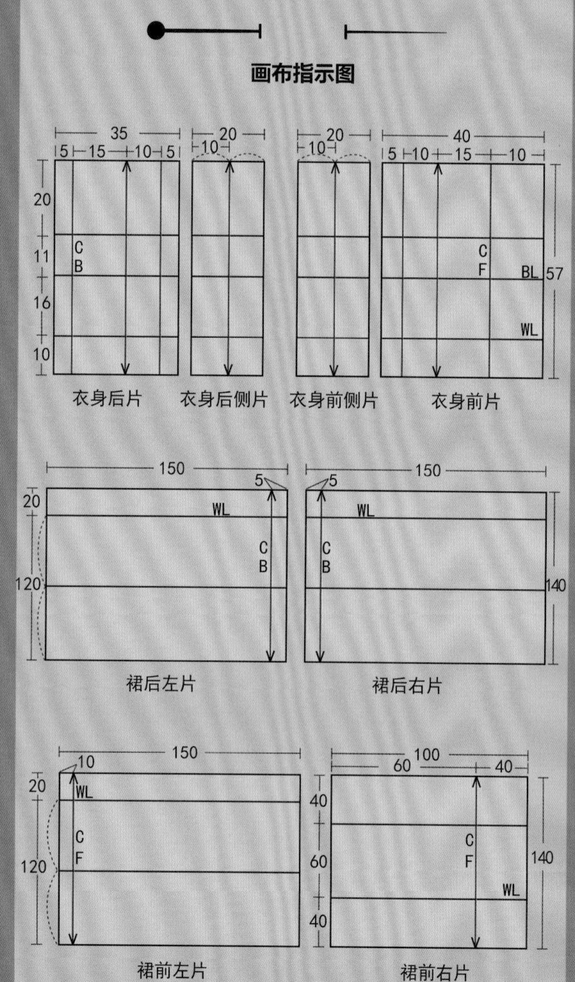

• 人台准备

此款式需要装配立裁用手臂。需要确定标线的部位：前、后领口线，穿口线，衣身翻领外口线，前、后小刀线，驳口线，前门止口线。

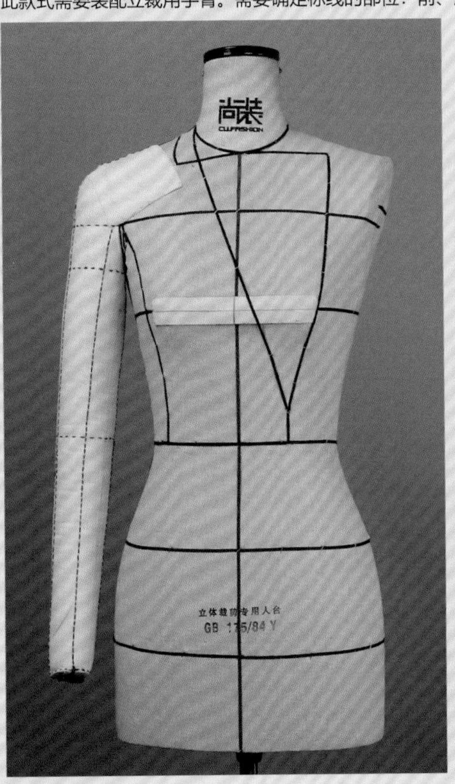

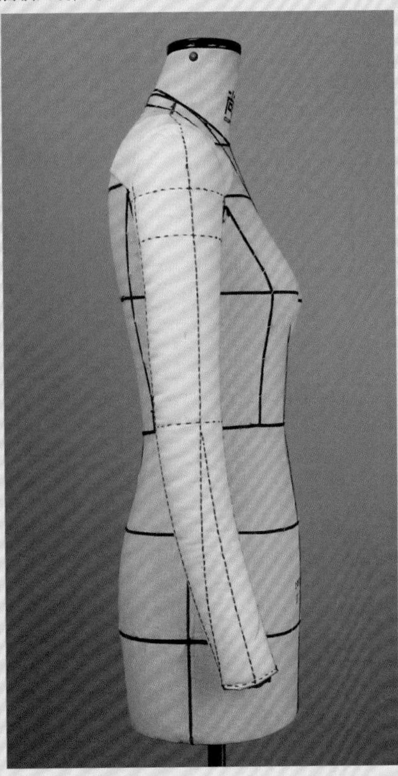

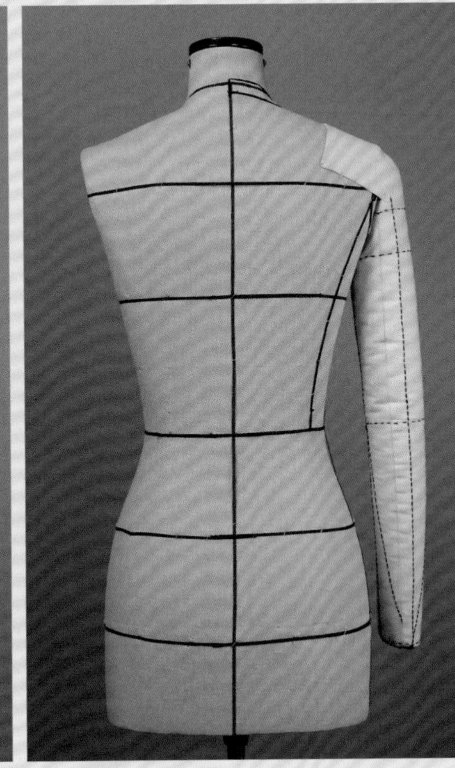

• 款式制作

1 前片制作：将前片基础布的前中线与腰围线交点对准人台前腰中点，用大头针固定；确定前袖窿拐点，打剪口，沿前大刀断缝预留3～4cm余布，并用大头针固定，清剪余布；对小肩、大刀断缝腰节线进行描点。

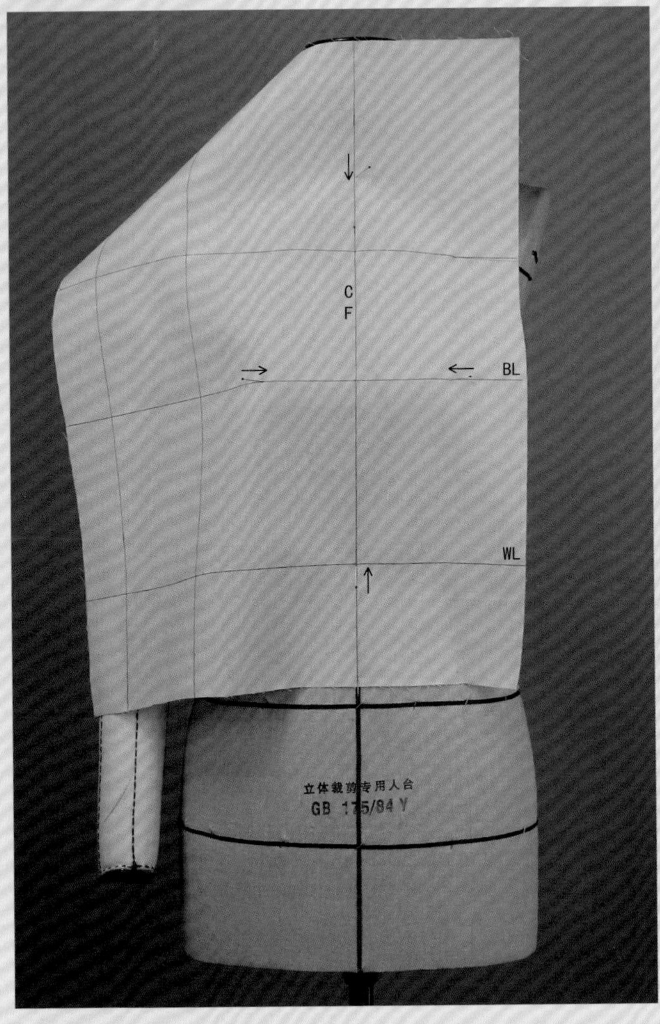

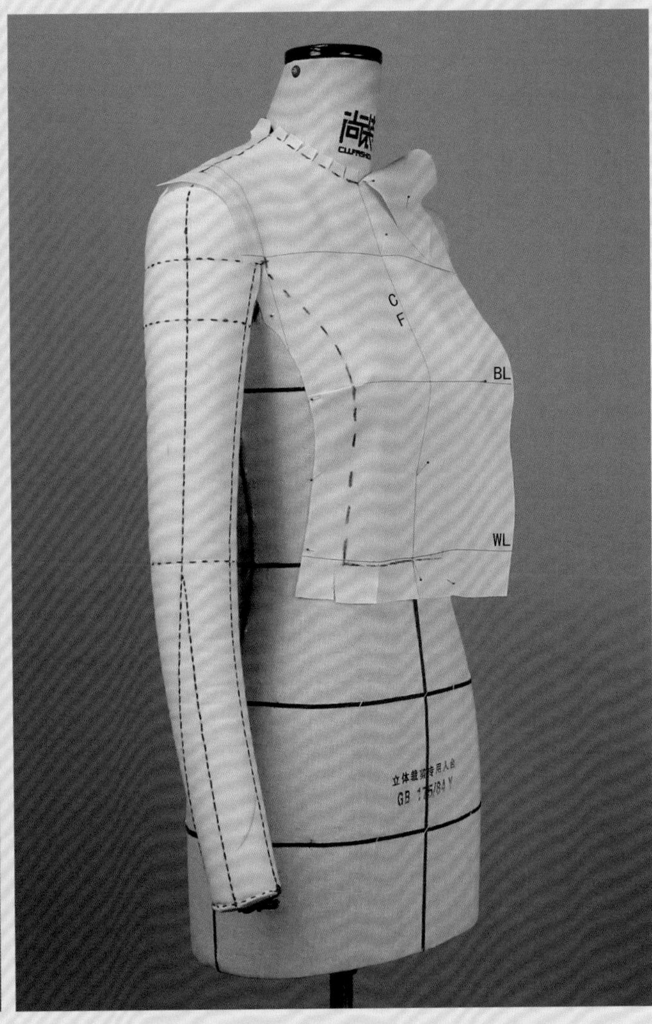

2

如图所示，将前侧片基础布直纱垂直横纱水平，用大头针固定在人台前侧部位，并让各辅助线与人台相对应。大刀断缝线、侧缝线、腰围线及袖窿处预留缝边，清剪余布，并对大刀断缝胸围线以下部位扣净刮折并假缝（折叠针），胸围线以上用重叠针固定，对各个部位描点。

注意：胸围线以上的大刀断缝形状弧度较大，刮折扣净不适合操作，因此使用重叠针固定。

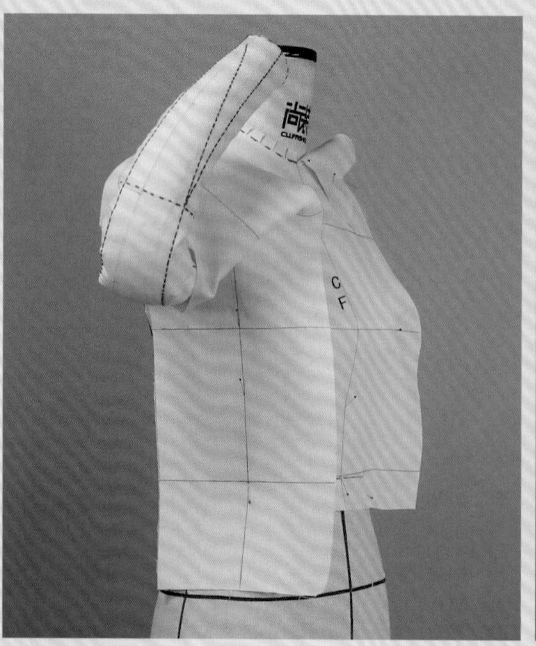

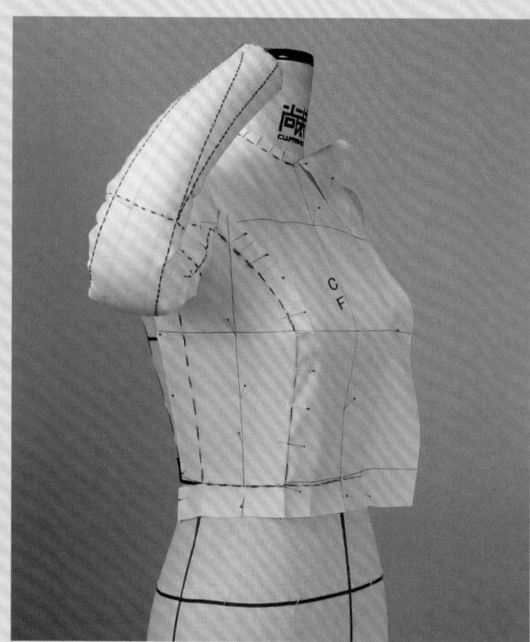

3

后片制作：将后片基础布如图所示固定在人台上。在背宽线与CB线交点固定的情况下，将上端基础布向左拉，使原后领口点向右移0.5～0.8cm。此收进的0.5～0.8cm为撇背量，它可以起到化解肩胛骨省的作用。清剪后领口，小肩、袖窿、大刀线。刮折扣净小肩并对其描点。

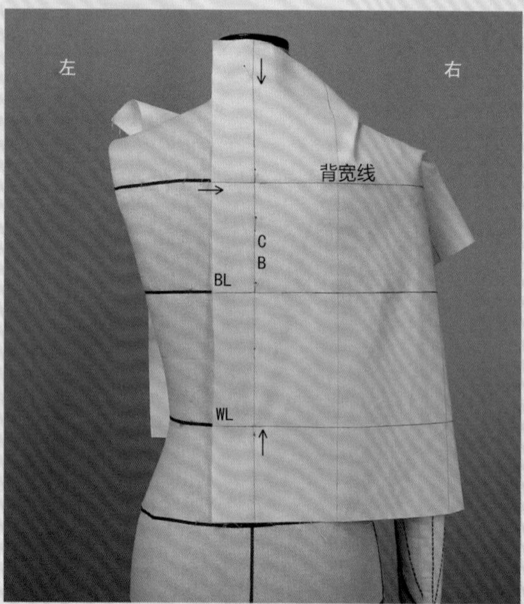

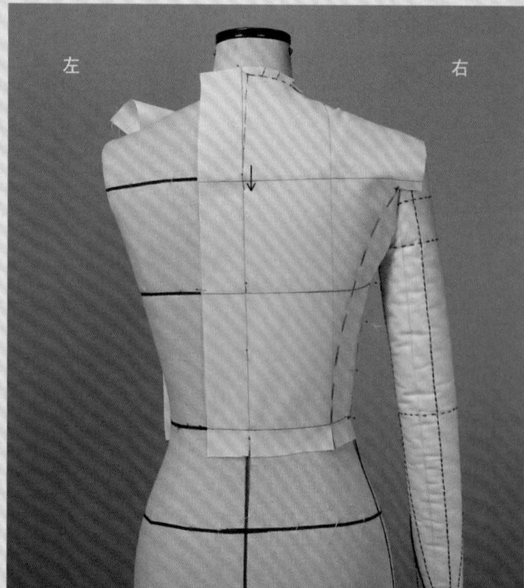

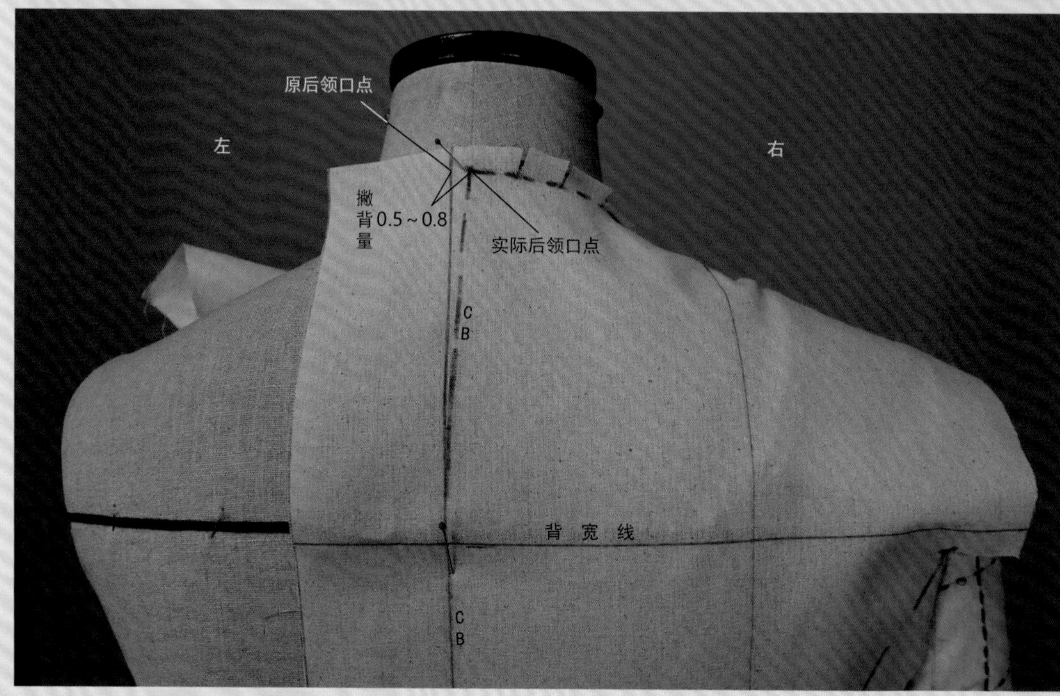

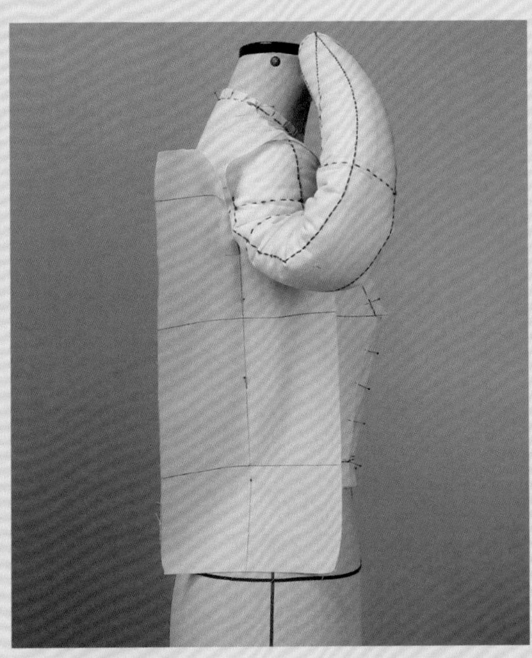

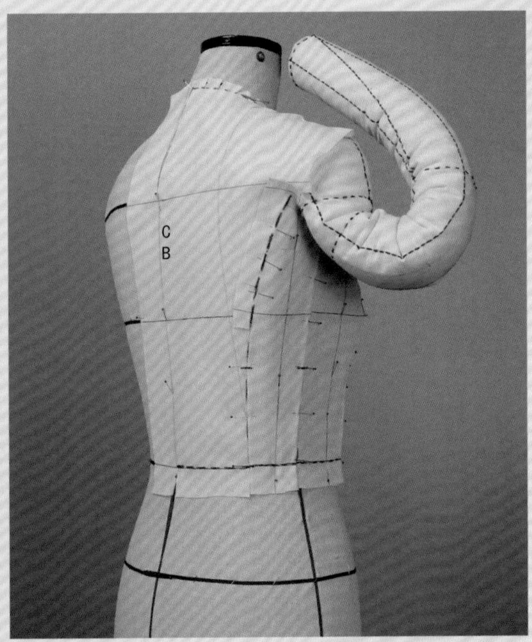

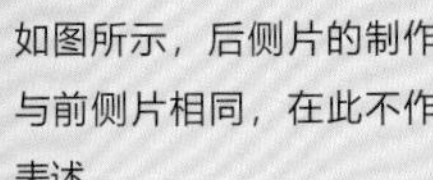

4

如图所示，后侧片的制作与前侧片相同，在此不作表述。

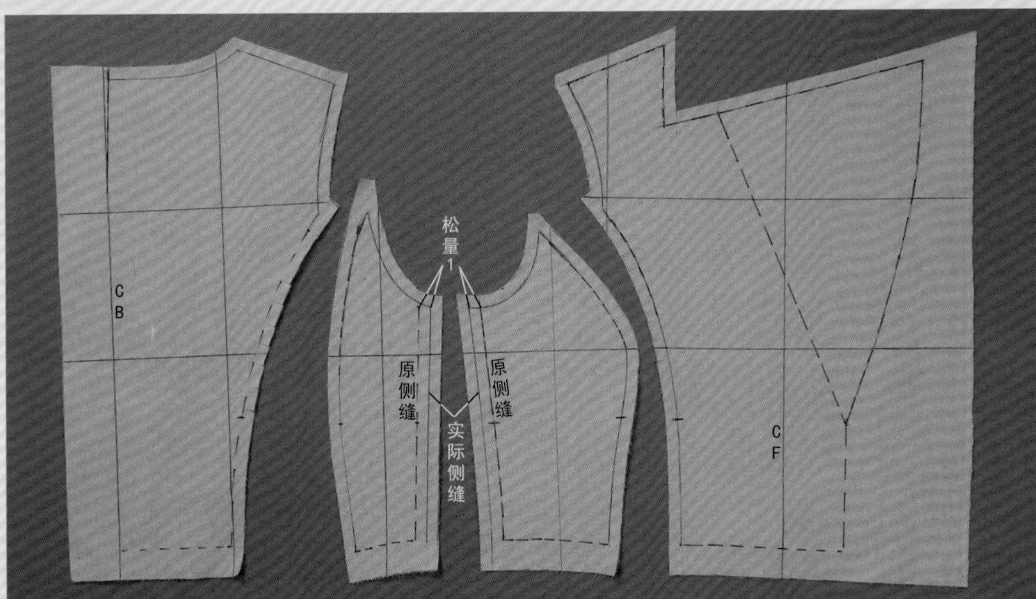

5

前、后各片做好确认无误后，将布片取下，烫平，圆顺线条，对前、后侧缝线向外各加1cm松量。预留各部位缝边后清剪余布。假缝各裁片穿于人台之上，领子的立裁与本系列丛书《尚装服装讲堂•服装立体裁剪Ⅰ》中第164～173页“西服领”立裁第5～20步骤相同。

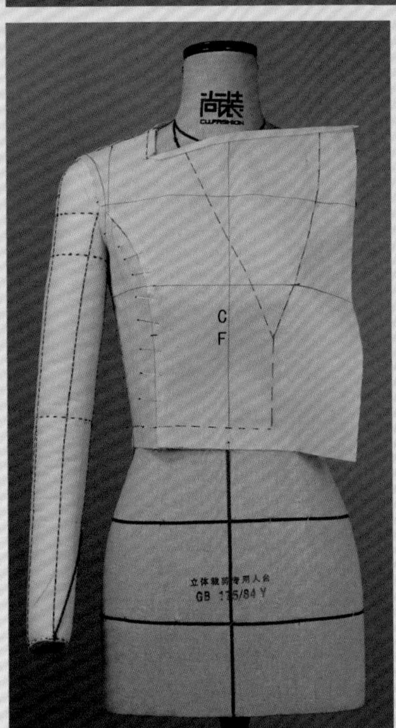

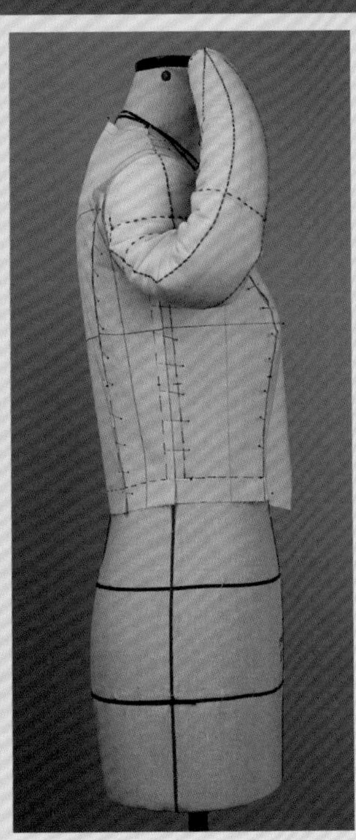

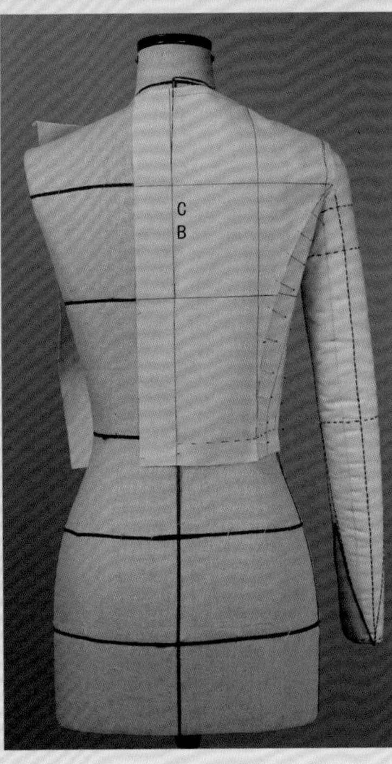

6

准备内衬裙撑所用的材料。

7

将衣身上半部分缝制成左右对称的完整状态，对内衬裙撑腰头底布与内衬裙撑网纱进行缝合后与衣身上半部分的腰头相连。

8 如图所示，使用本套书上册中的太阳裙立裁技法制作此款大摆裙。

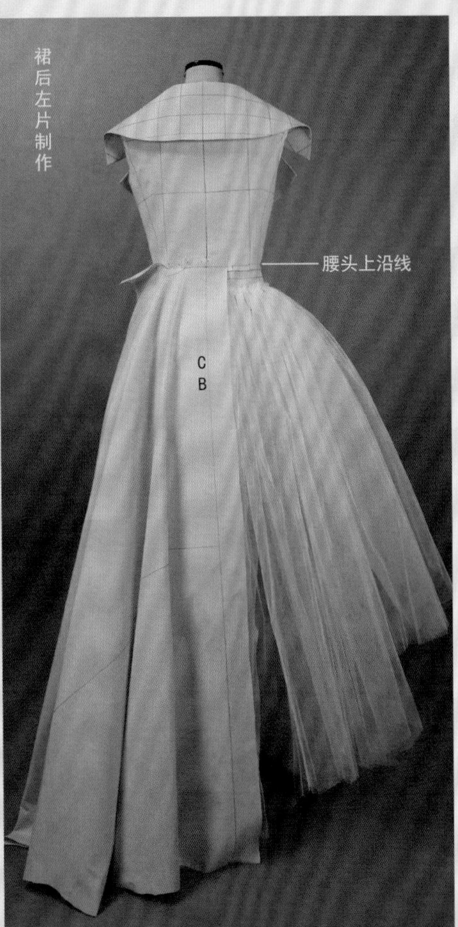

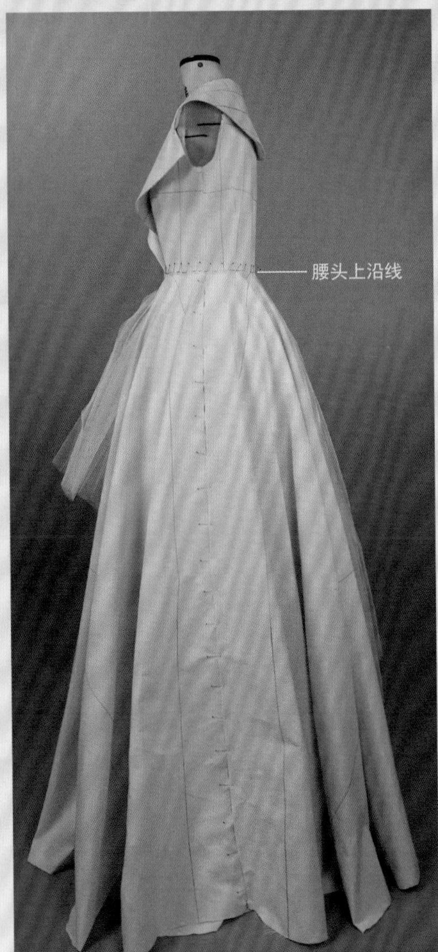

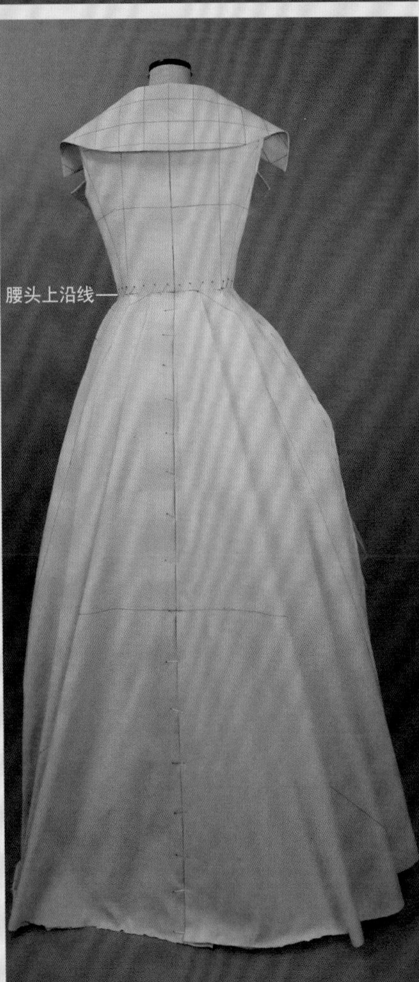

9 如图所示，在翻折变换的裙摆夹层中填充裙撑网纱并以太阳裙的立裁技法进行操作，确定造型无误后，用大头针假缝腰头与左右侧缝，并确定裙长后清剪余布。

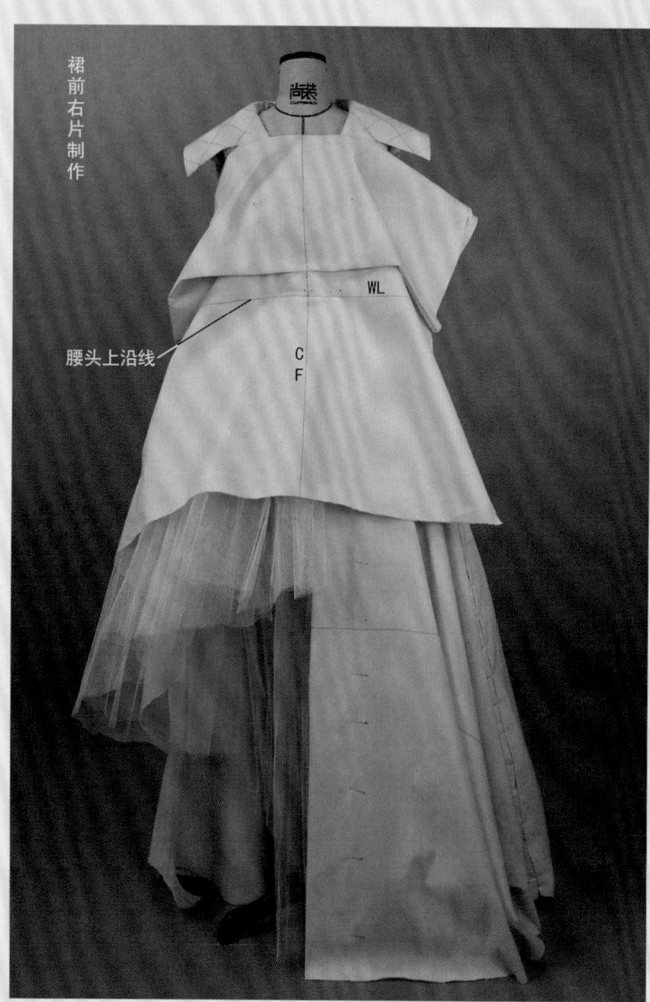

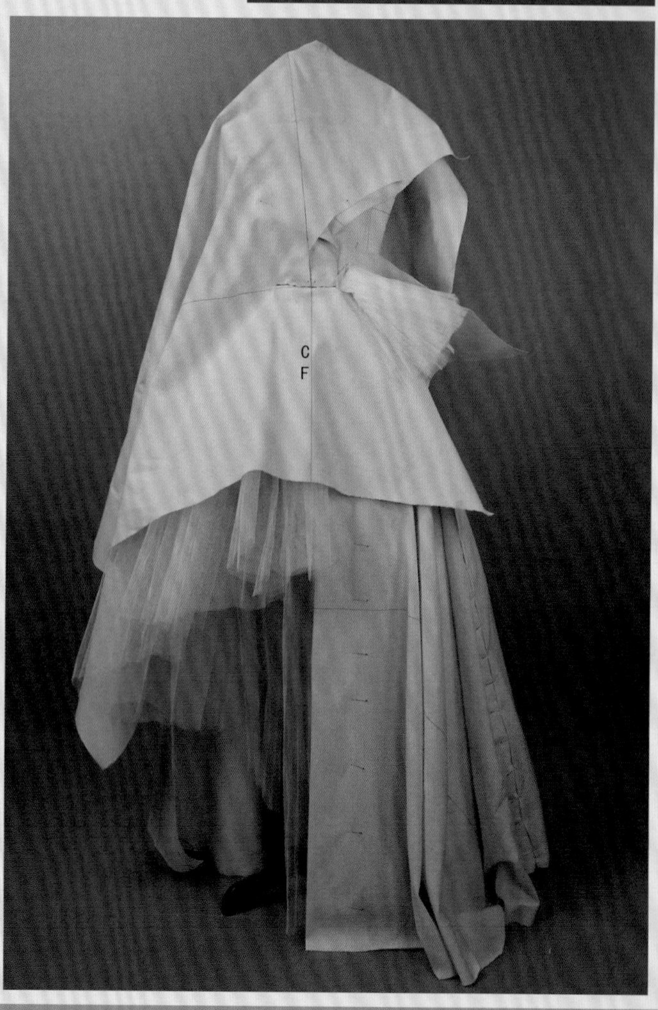

C
F

腰头上沿线

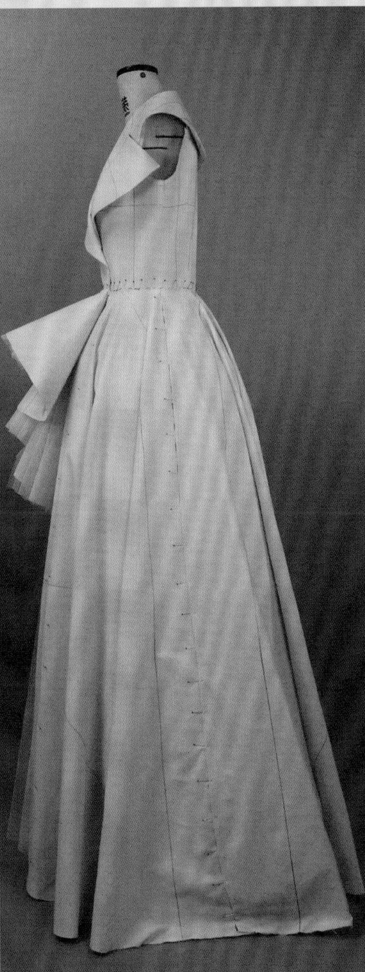

完成图

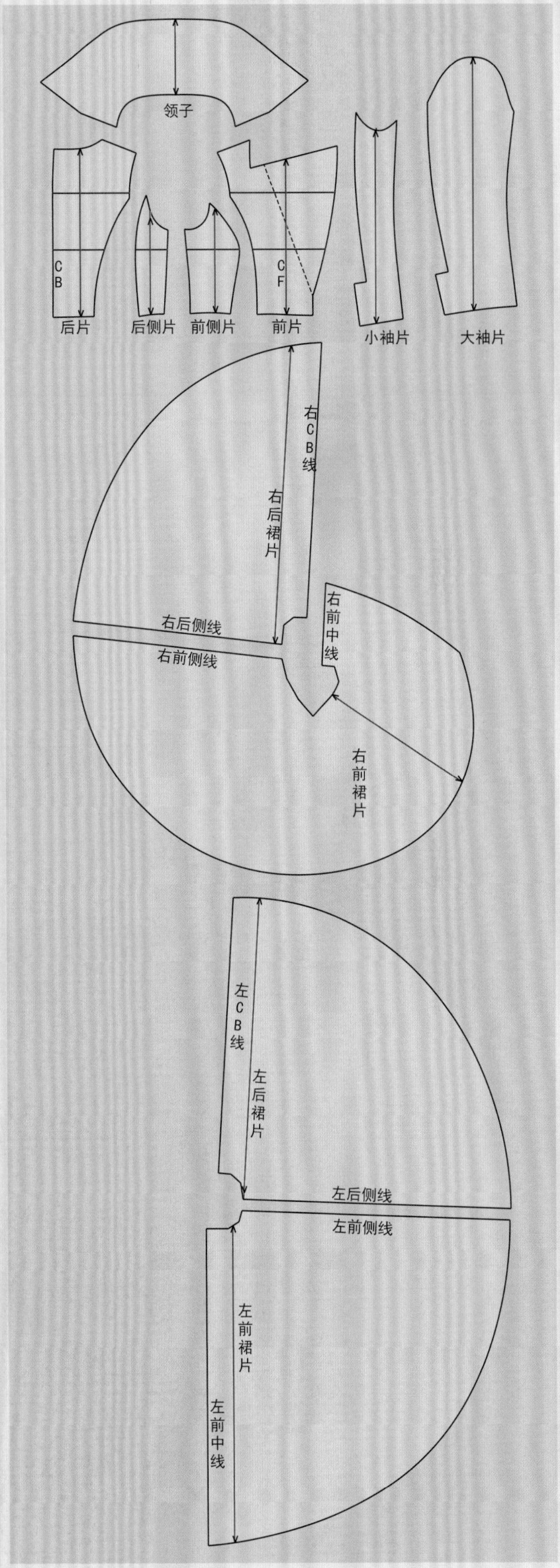

领子
CB
CF
后片 后侧片 前侧片 前片 小袖片 大袖片
右CB线
右后裙片
右后侧线
右前侧线
右前中线
右前裙片
左CB线
左后裙片
左后侧线
左前侧线
左前裙片
左前中线

Draping

The Complete Course

缠花网衬礼服

款式描述

衣身为X廓型，紧身松量，V型领口。波浪形装饰裙摆内部填充衬纱。

学习重点

- 了解紧身胸衣与外部造型的关系。
- 波浪形装饰裙摆及内部填充衬纱的制作方式。

材料准备

- 人台（不限定号型）。
- 宽0.3cm纯棉织带。
- 专业立裁针、剪刀、缝纫线、手缝针、人台手臂。
- 220cm×400cm纯棉坯布、胸垫、美工胶带五卷、硬卡纸100cm×120cm。
- 马克笔（或4B铅笔）、三色圆珠笔。
- 推版尺、多功能尺、皮尺、粘合衬嵌条。
- 网纱（数量根据造型要求确定）。

注意：坯布的使用量可以根据实际情况进行增减。

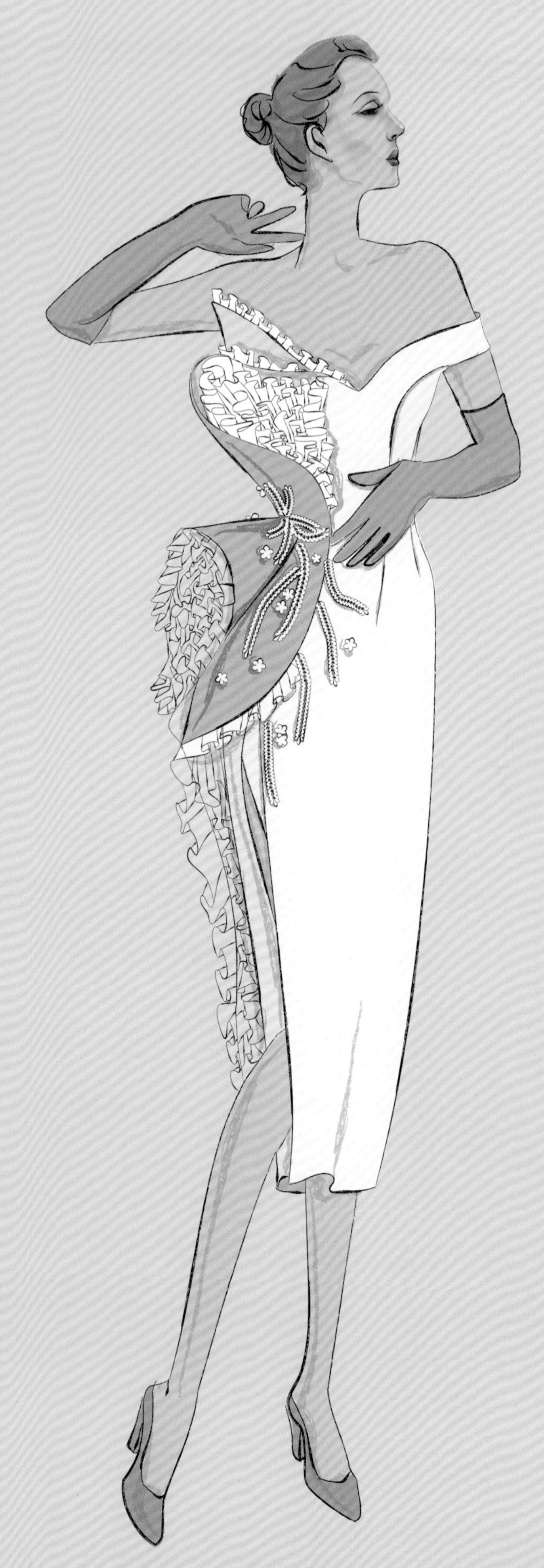

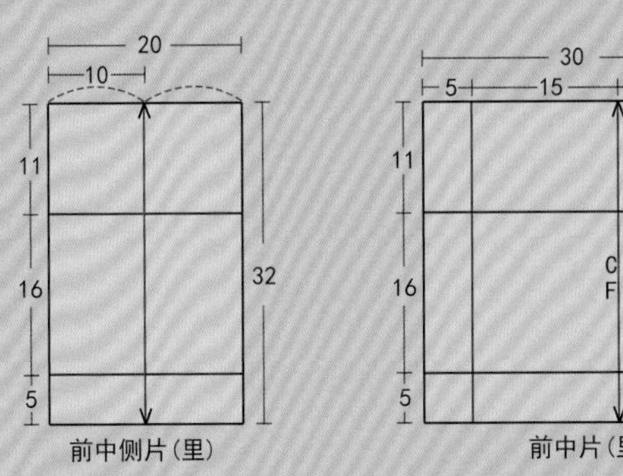

前中侧片(里)　　前中片(里)

注意：前侧片(里)(外)、后侧片(里)(外)、后中侧片(里)、右后中侧片(外)、后中片(里)(外)与前中侧片(里)相同。

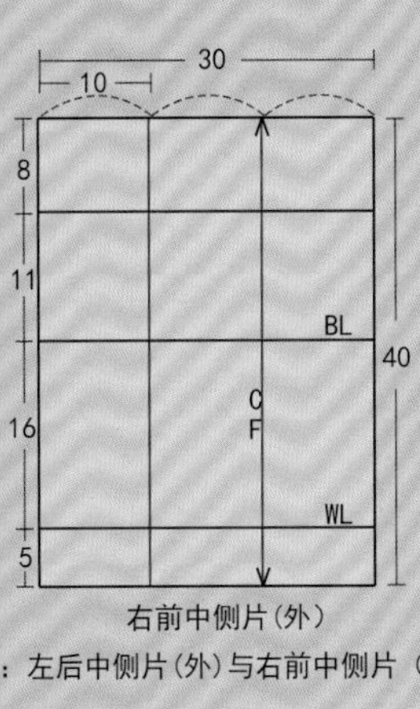

右前中侧片(外)

注意：左后中侧片(外)与右前中侧片(外)相同。

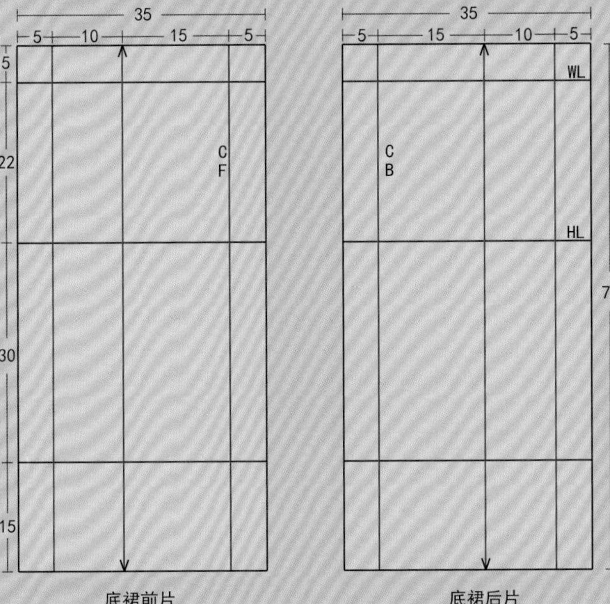

底裙前片　　底裙后片

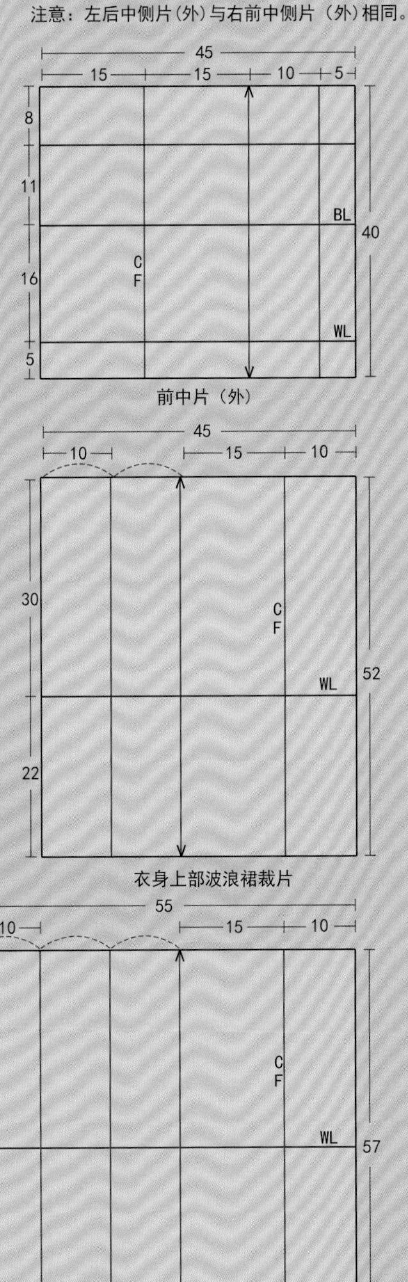

前中片(外)

衣身上部波浪裙裁片

前下部波浪裙裁片

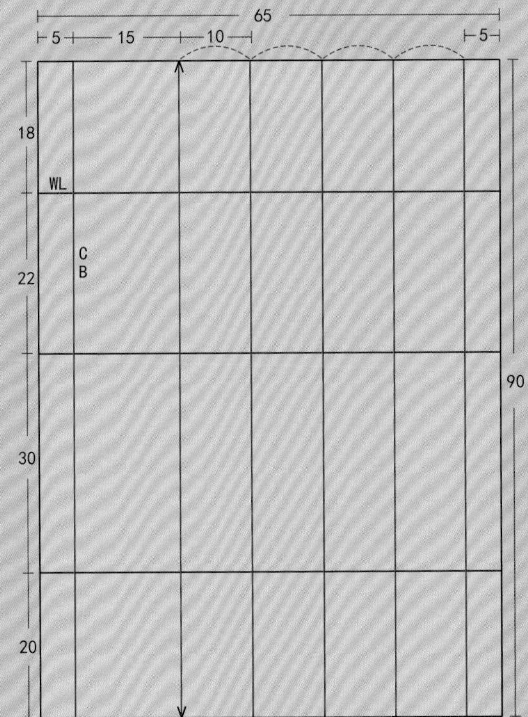

后下部波浪裙裁片

• 人台准备

此款式需要装配胸垫，臀围线以下加上筒状围挡。

需要提前标线的部位：前、后紧身胸衣上口线，前、后刀缝分断线，前中、后中及侧缝线延长至围挡底摆处。

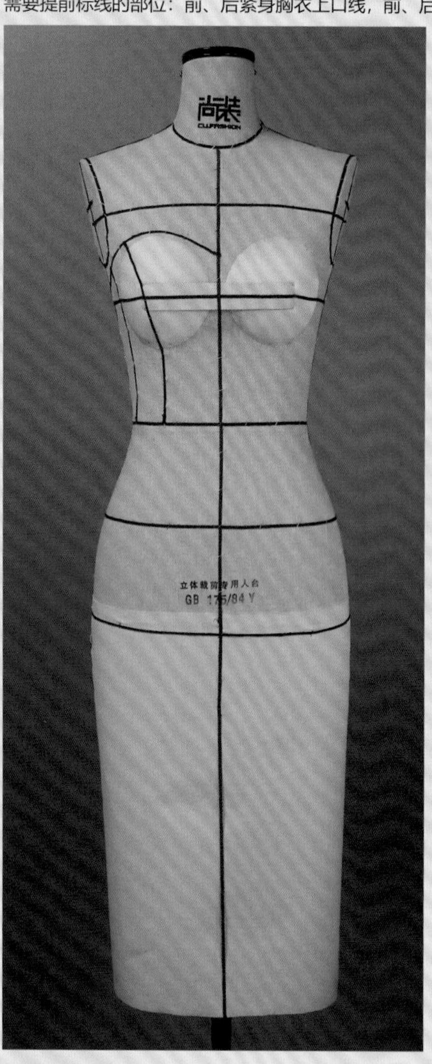

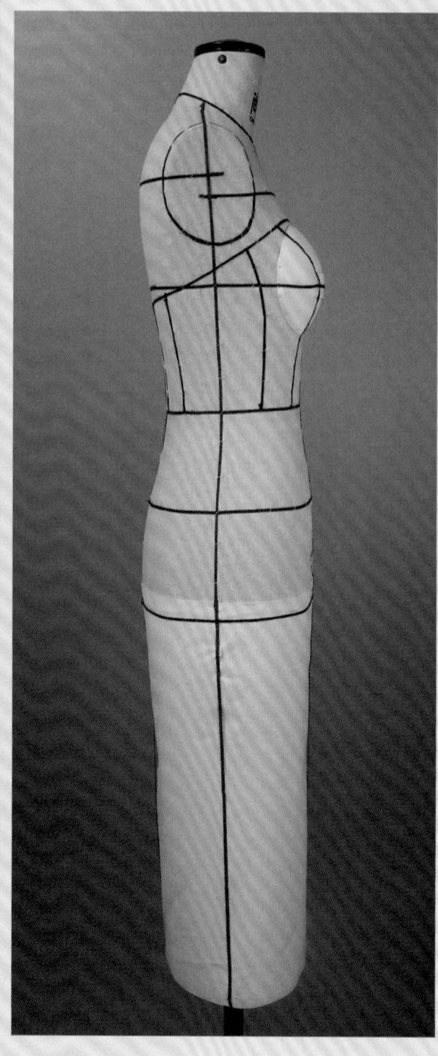

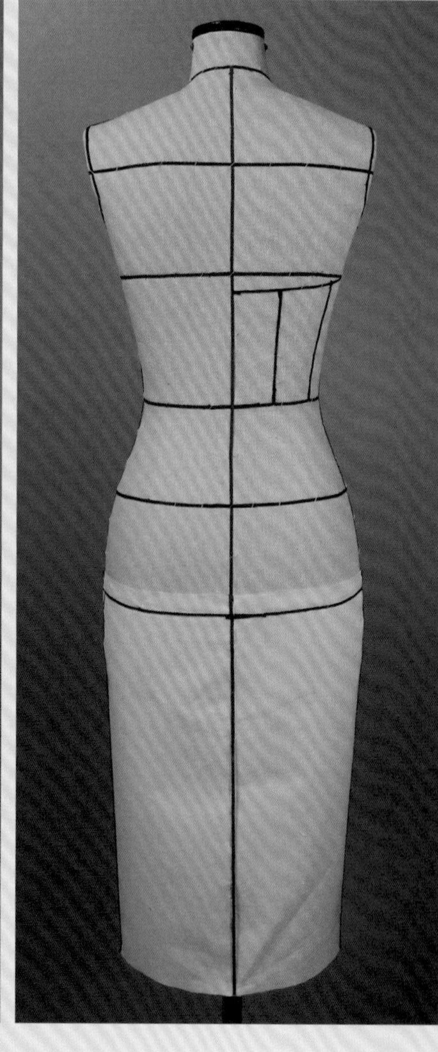

• 款式制作

1 紧身胸衣制作：如图所示，对前中片、前中侧片、前侧片、后侧片、后中侧片、后中片逐步进行立体造型（立体造型方法与通天省西装方式相同），无须加松量。

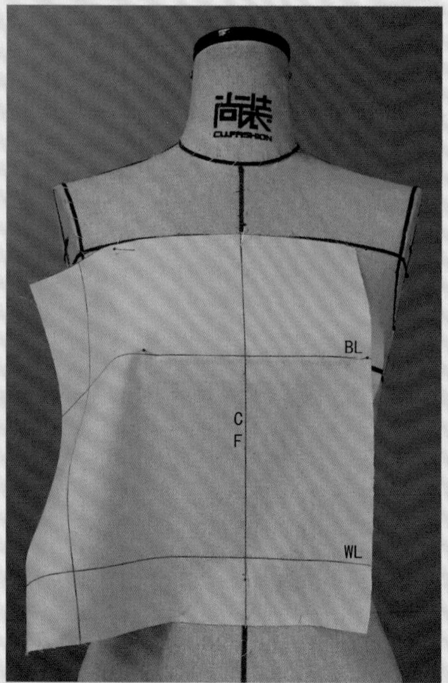

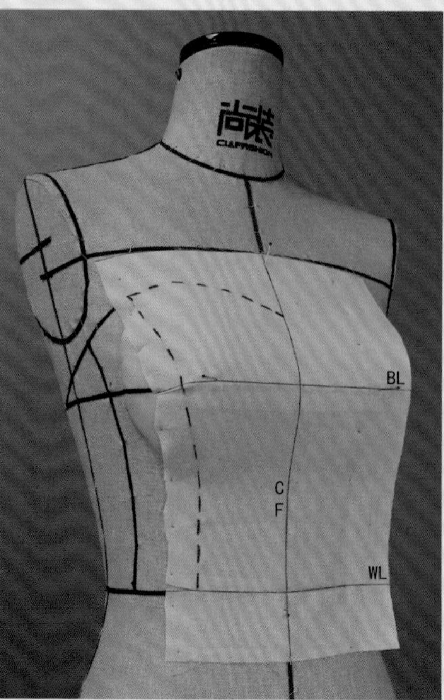

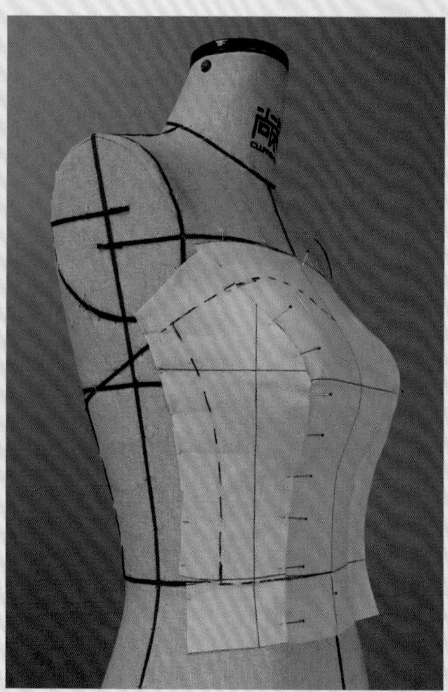

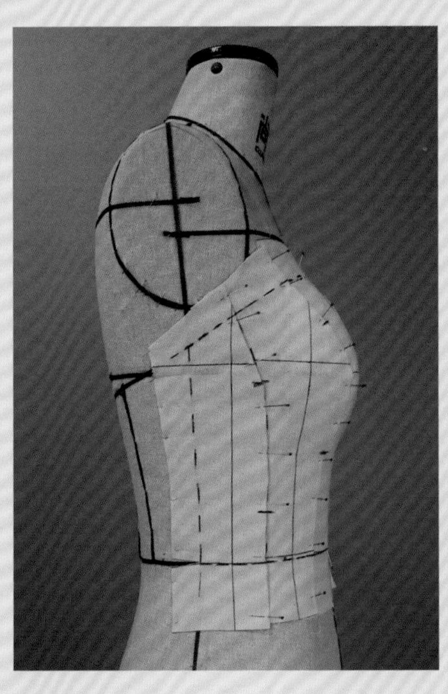

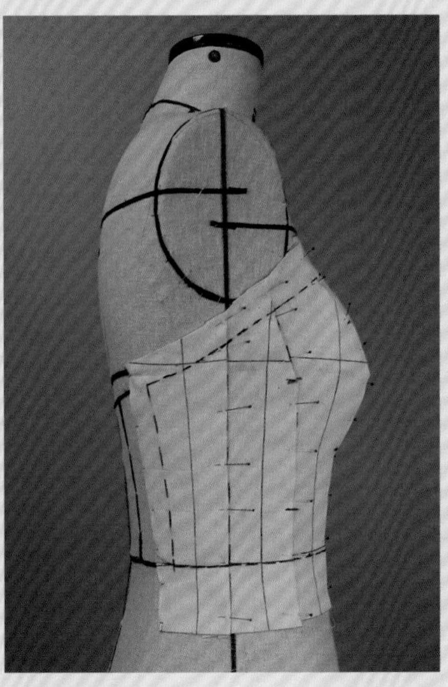

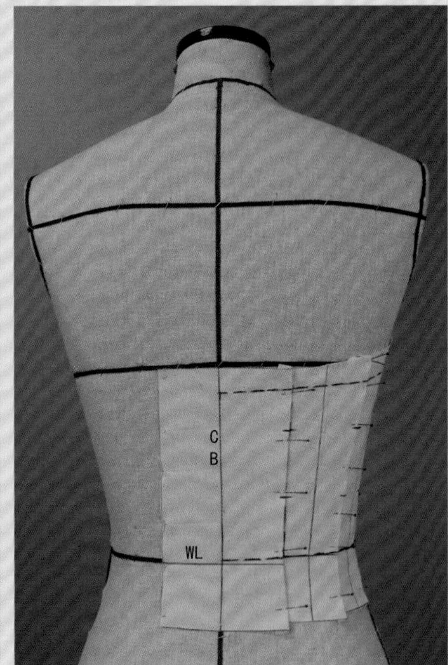

2 将描好点的紧身胸衣各裁片线条修顺，并复制衣身裁片，用缝纫机将其缝制完整。

3 将缝制好的紧身胸衣穿于人台上，在后中线（CB）用大头针假缝，准备立裁腰围线以下的底裙。底裙立裁方法与本套书上册中H型西装裙的方法相同，在此不作描述与展示。

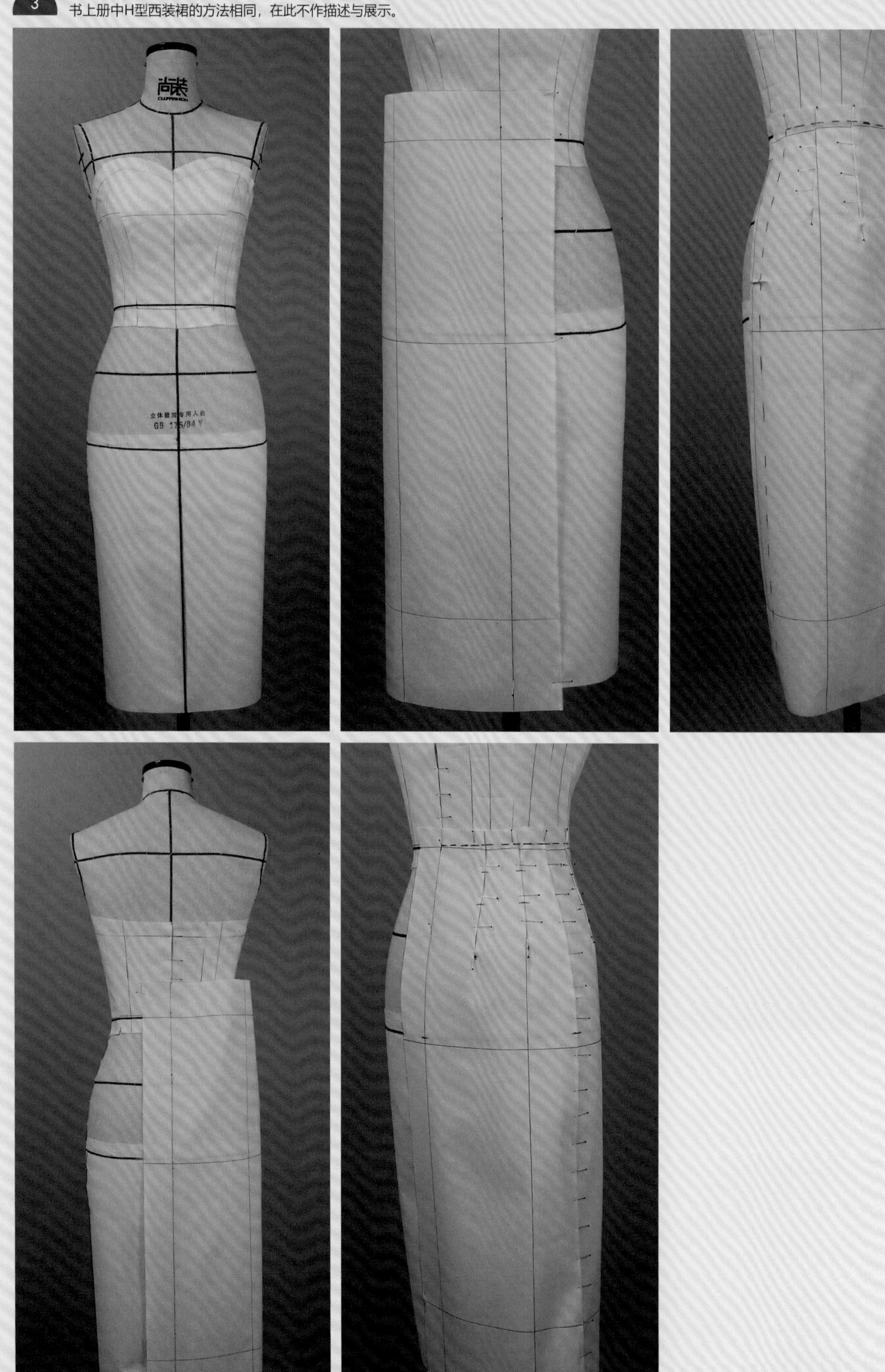

4 为了方便操作上半身外部造型，可将底摆拆下，如图所示，对上半身外部造型进行标线。

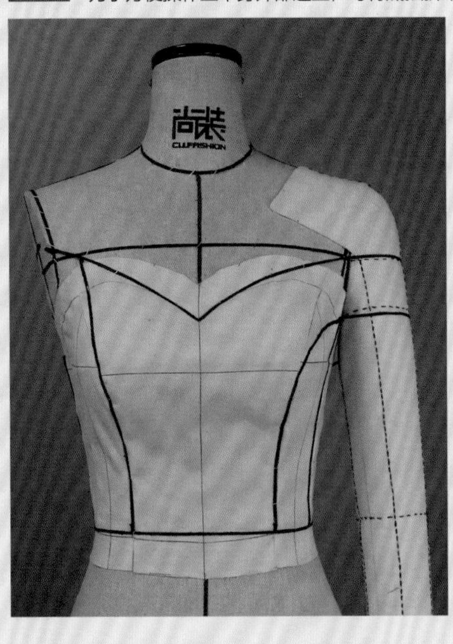

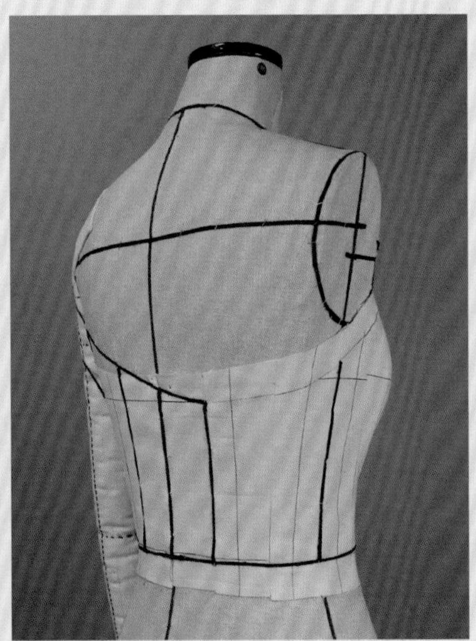

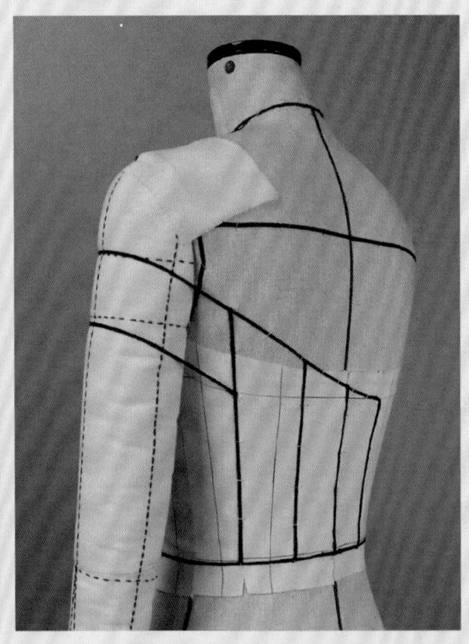

5 上半身外部衣身制作：分别对前中片（外）①、左前中侧片（外）②、右前中侧片（外）③、右后中片（外）④、左后中片（外）⑤、左后中侧片（外）⑥进行立裁操作。

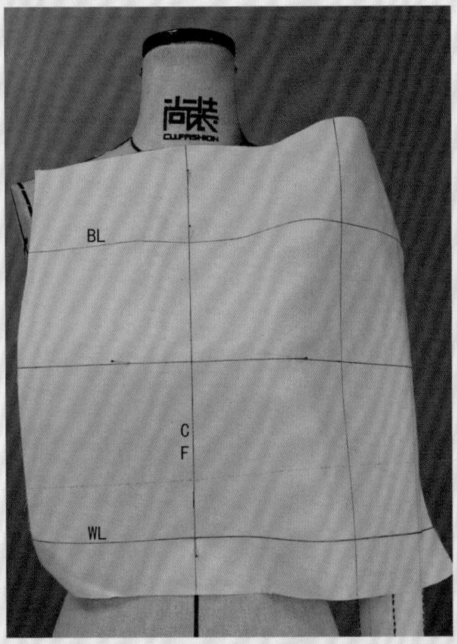

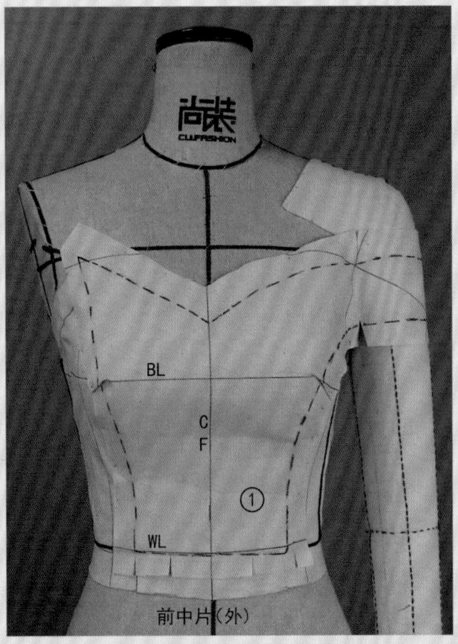

前中片(外)

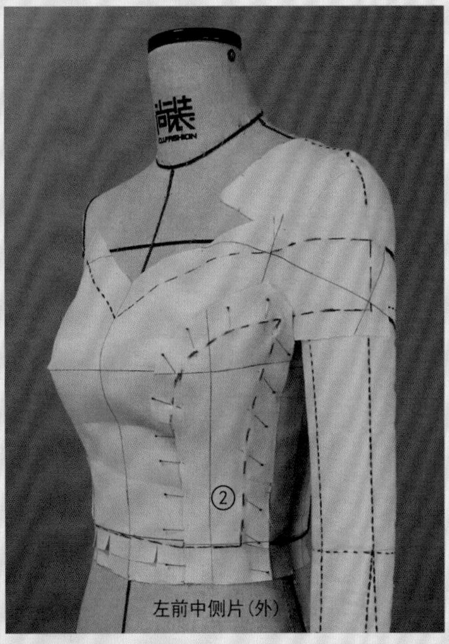

左前中侧片(外)

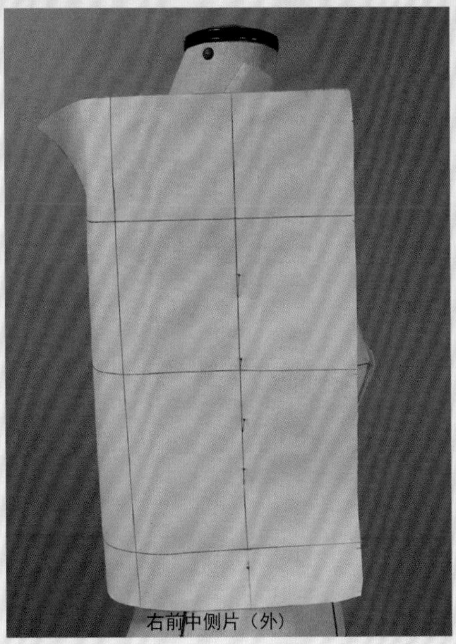

右前中侧片（外）

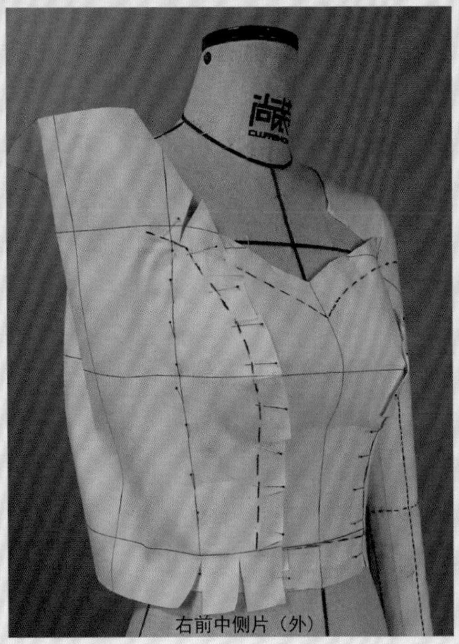

右前中侧片（外）

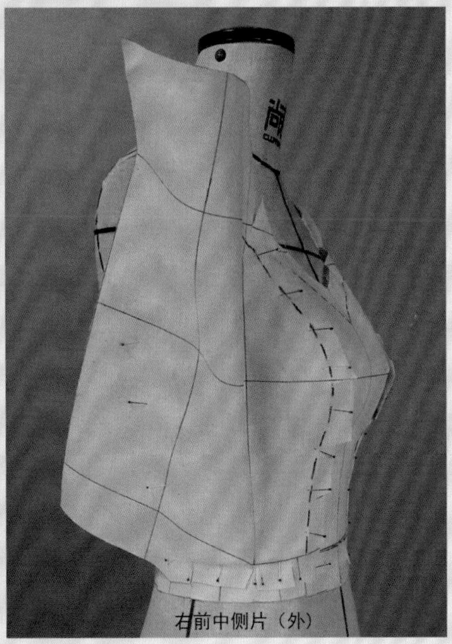

右前中侧片（外）

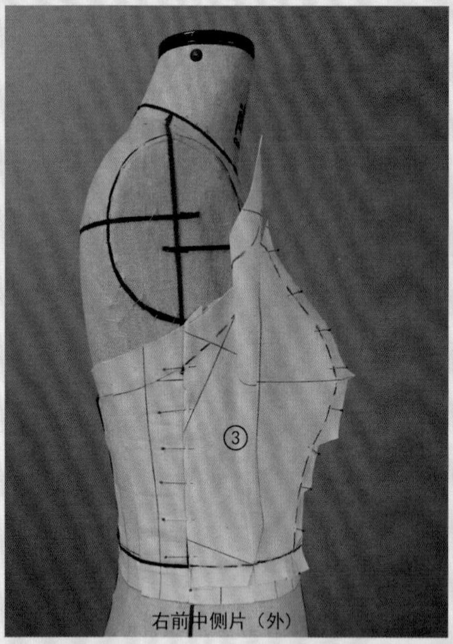

③
右前中侧片（外）

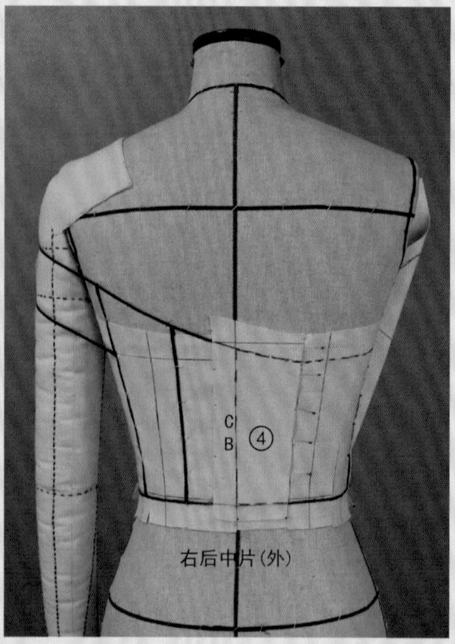

C
B
④
右后中片（外）

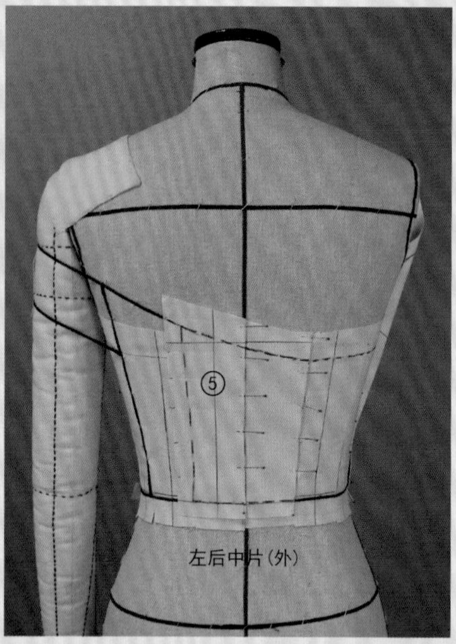

⑤
左后中片（外）

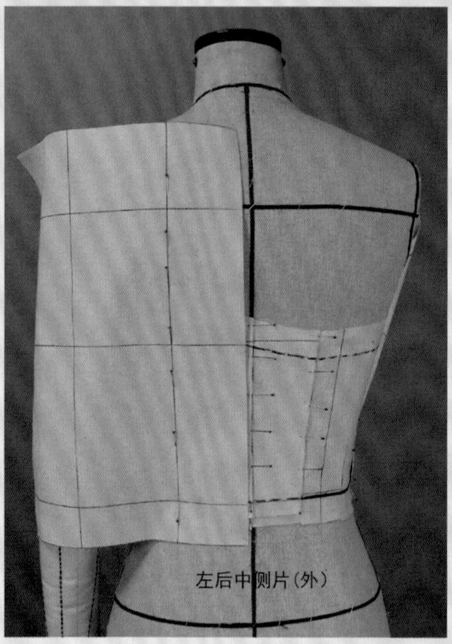

左后中侧片（外）

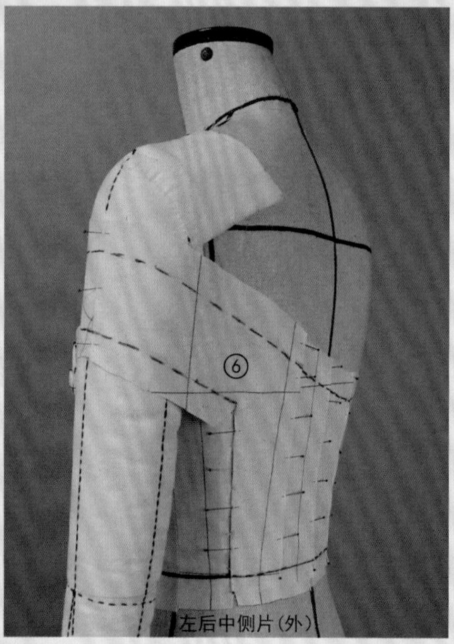

⑥
左后中侧片（外）

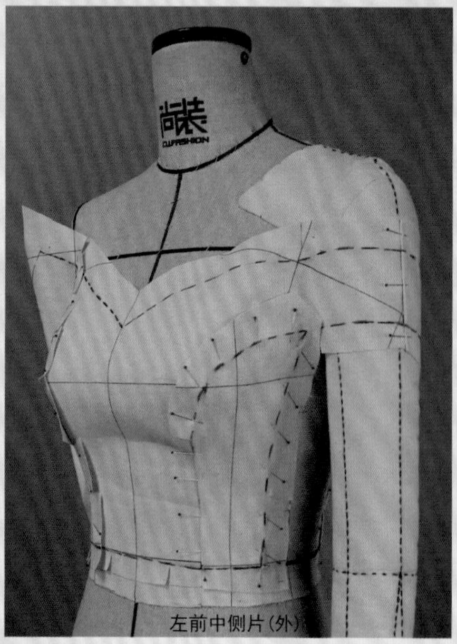

左前中侧片（外）

6

将上半身外部衣身各裁片上的大头针拆下，对各片的线条进行修顺。对上半身内部各裁片与外部各裁片加放缝份，并用缝纫机缝合。

右前中侧片（外）
C
F
前中片（外）
左前中侧片（外）
左前侧片（外）
左后侧片（外）
左后中侧片（外）
左后中片（外）
C
B
右后侧片（外）
右后中侧片（外）
右后中片（外）
C
B

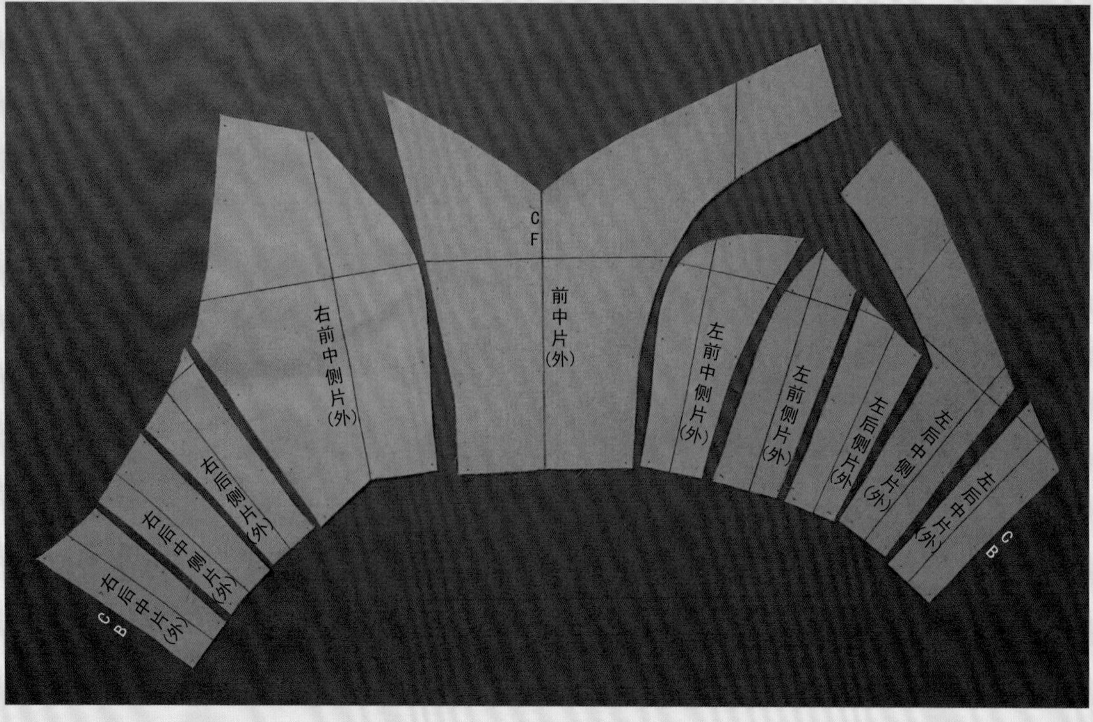

7 将衣身上半身与下半身裙缝合，并在右前中侧片（外）内加入衬纱材料。如图所示，准备进行衣身上半部份波浪褶的制作。

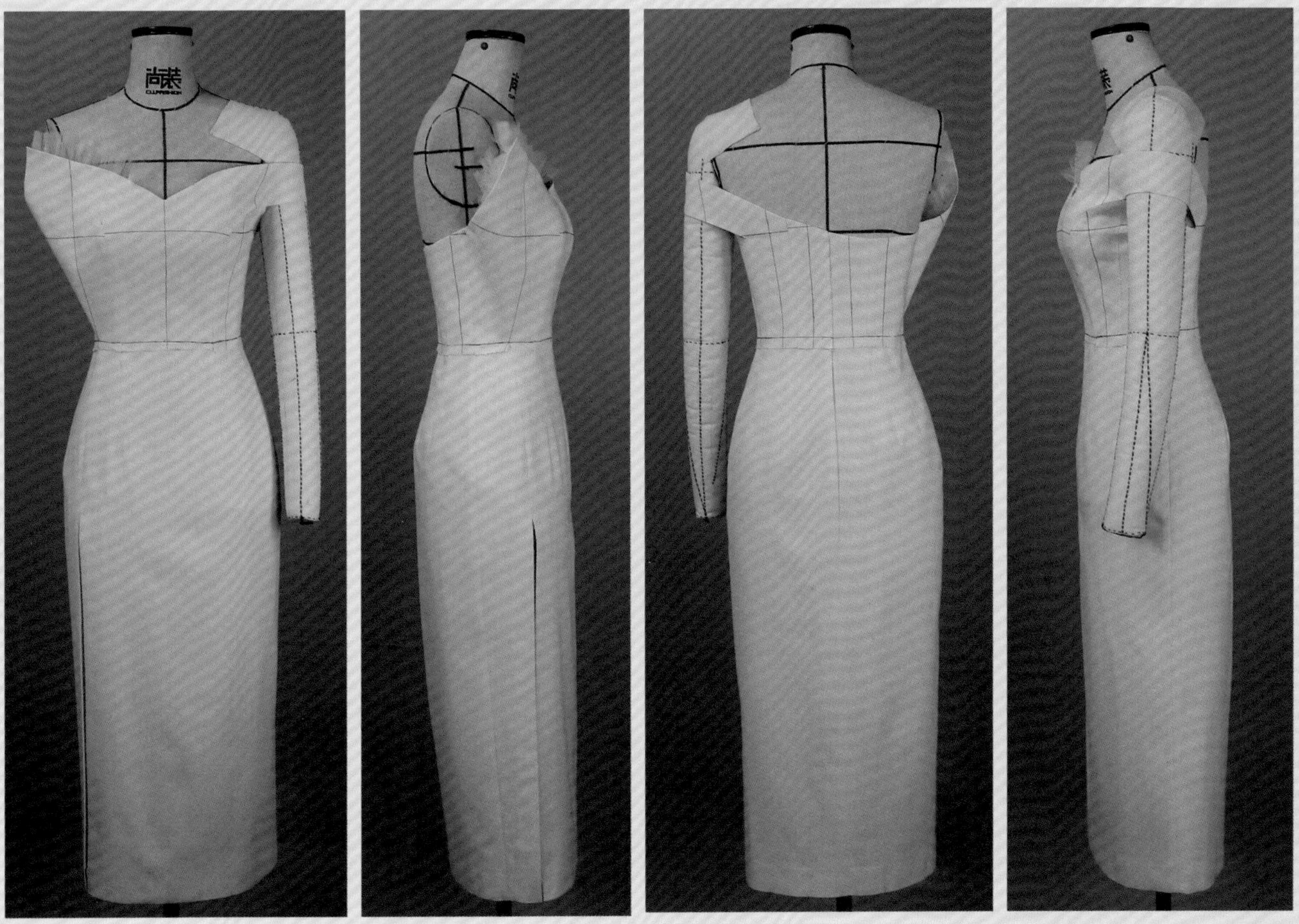

8 衣身上半部分波浪褶制作：如图所示，将基础布前中线与人台前中线重合在前腰中点处，下针固定，沿腰线铺平后在确定的褶位折叠基础布（翻折），调整好褶量，并在腰围线处用重叠针法将上下双层基础布固定，在腰围线处描点。

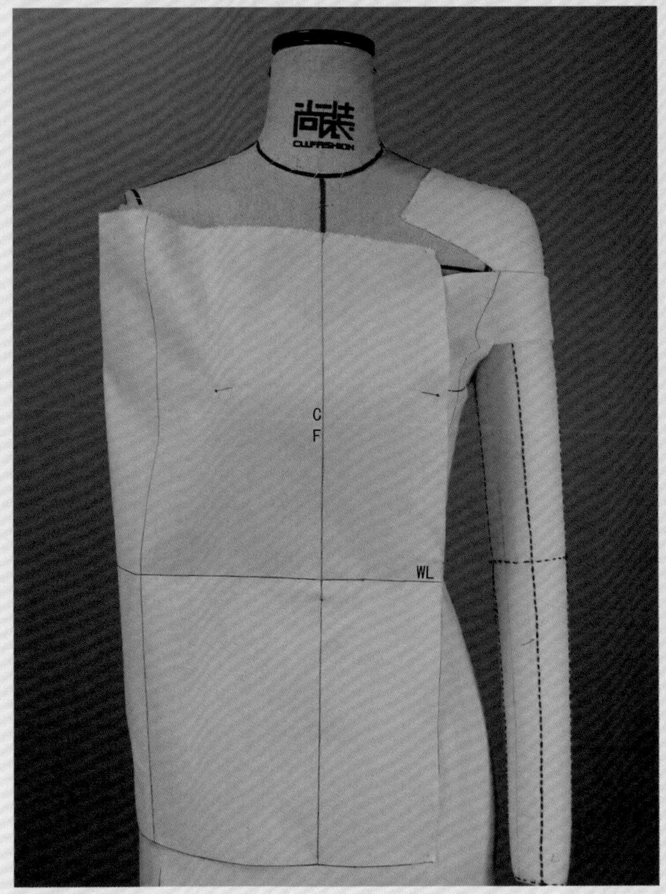

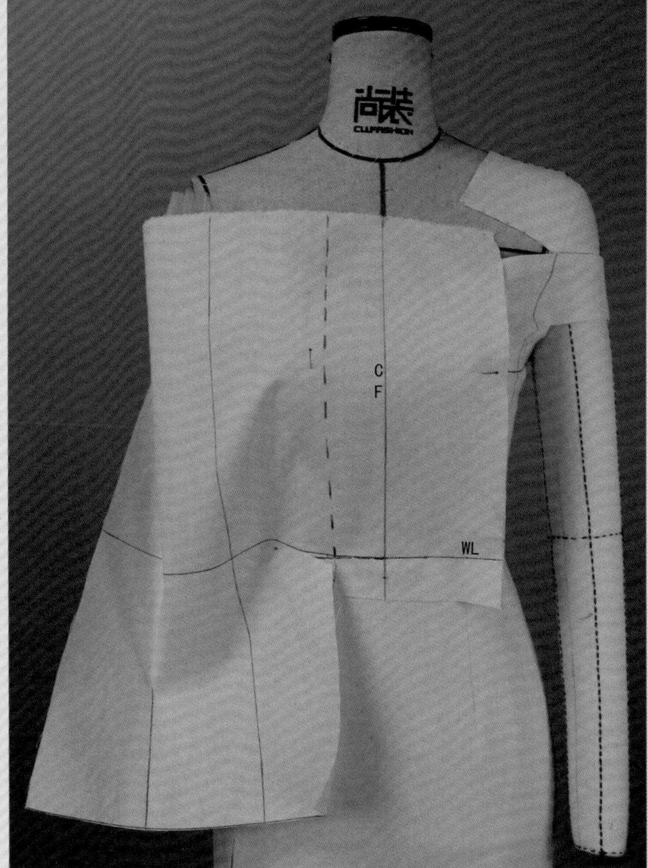

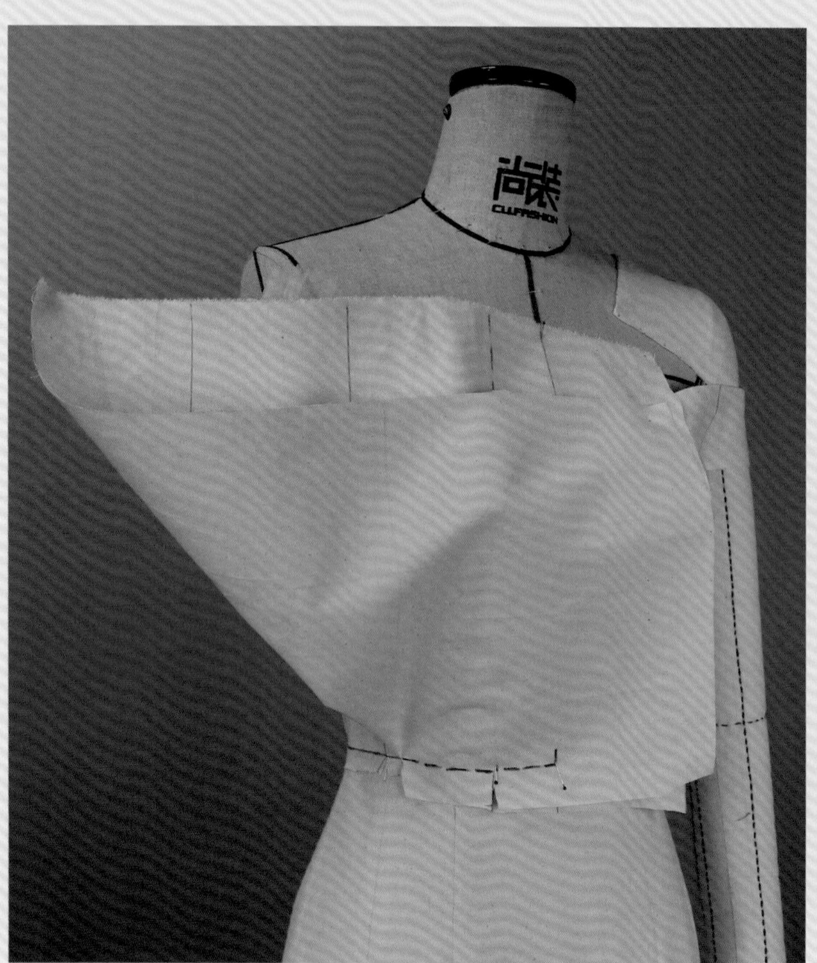

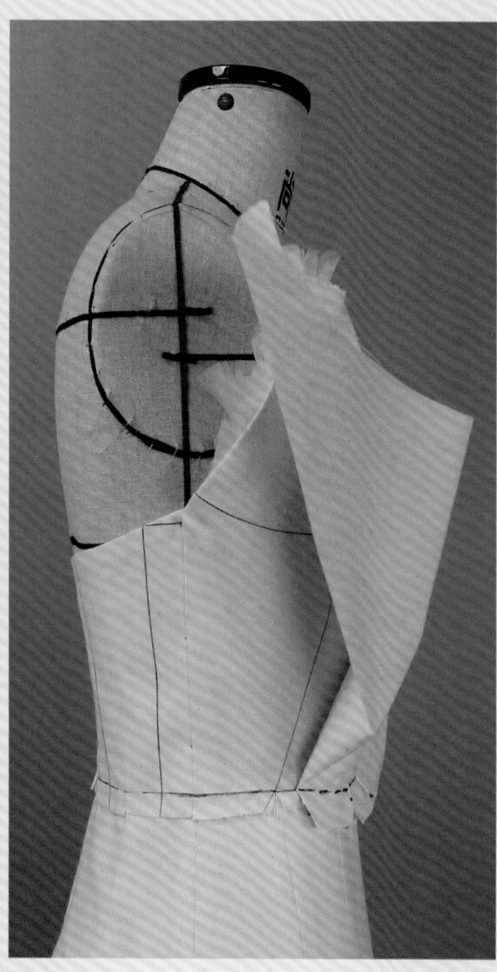

9 如图所示，确定好上半部分波浪褶上沿轮廓线，描点后清剪余布。

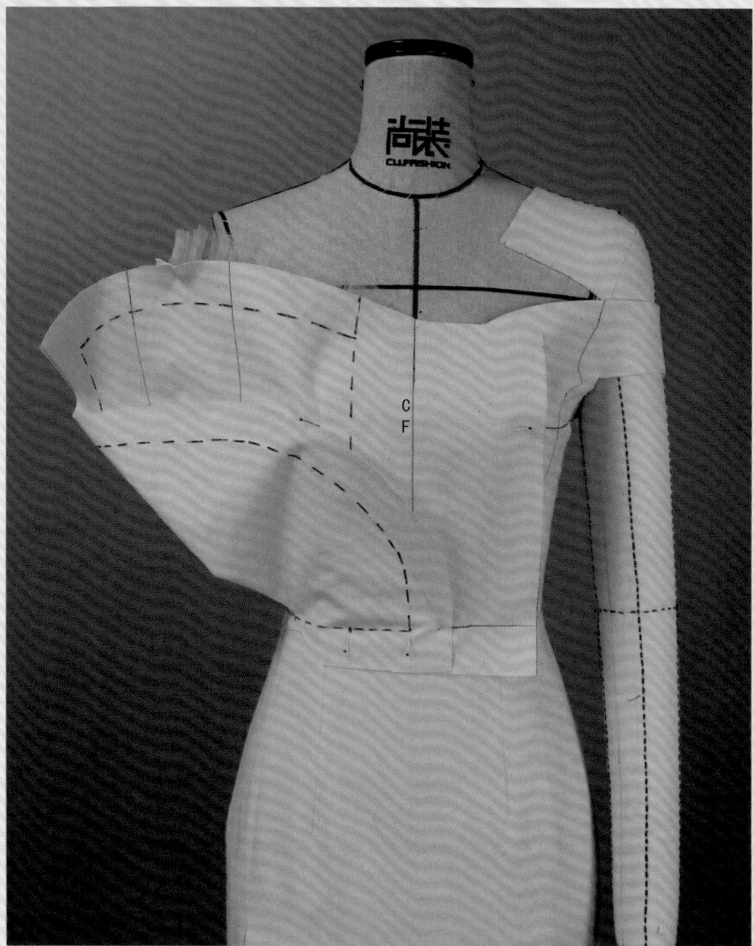

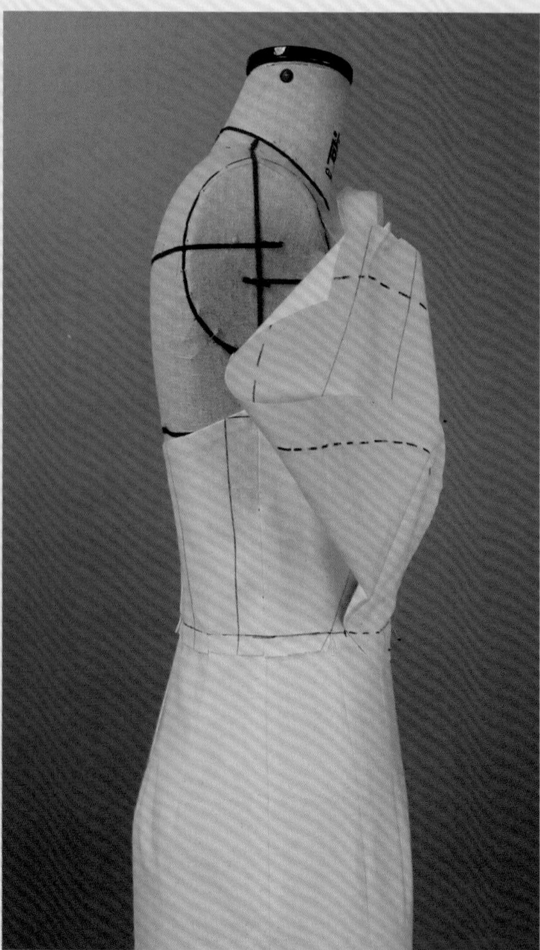

10 后下部波浪裙制作：如图所示，将基础布后中线与人台后中线重合在后腰中点处，下针固定，采用本套书中太阳裙立裁方法进行操作，调整好裙摆造型并描点，清剪余布。

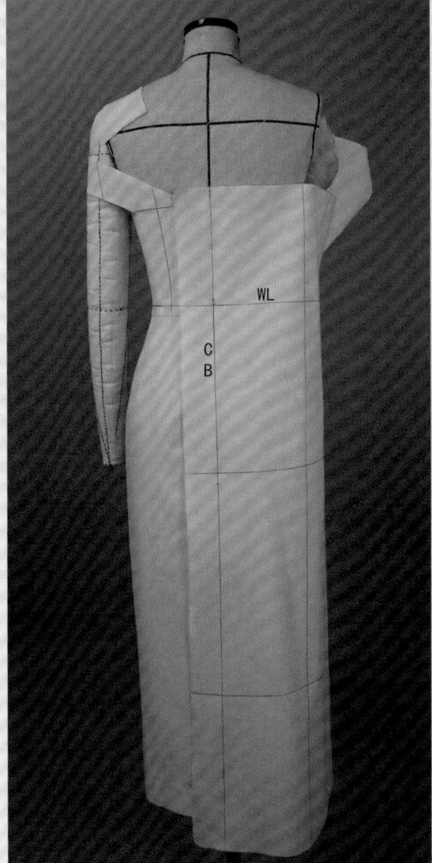

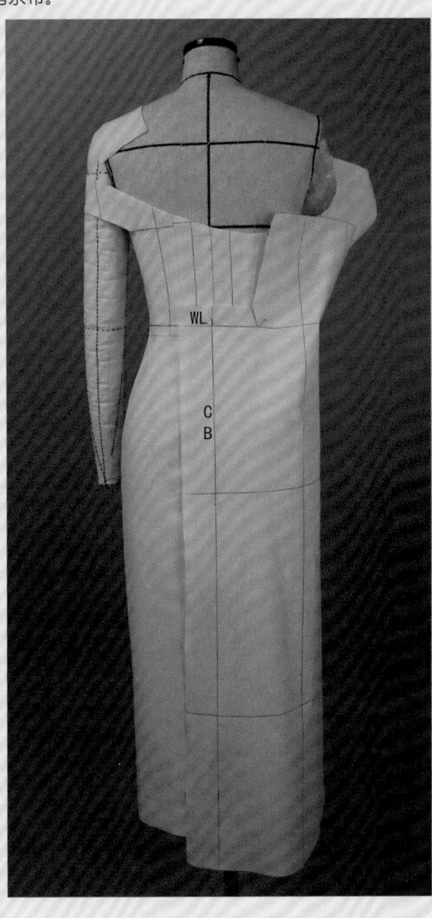

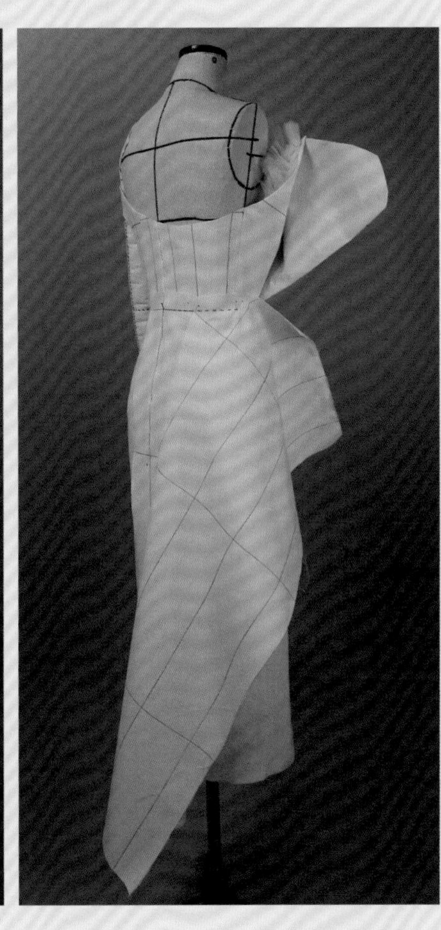

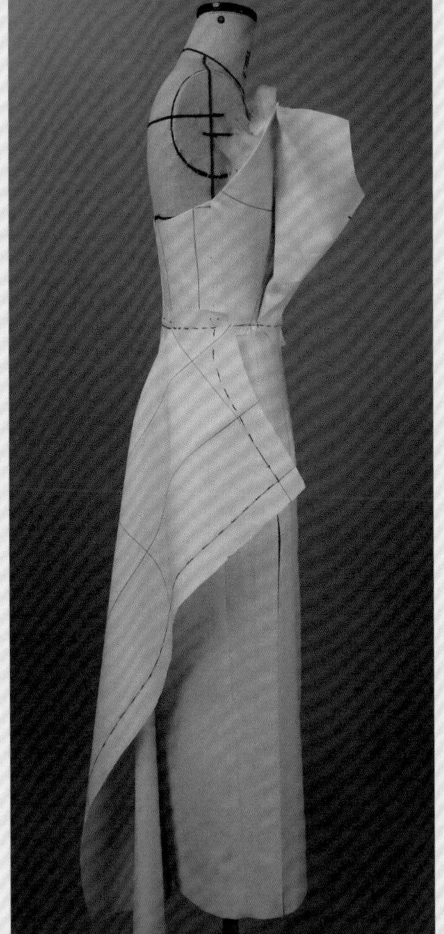

11 前下部波浪裙的制作：为了方便立裁操作，先将衣身上部波浪褶取下。将基础布前中线与人台前中线重合，在前腰中点处下针固定，采用后下部波浪裙相同的立裁方法进行立裁操作，调整好波浪造型，对裙摆边缘描点并清剪余布，与后下部波浪裙侧缝连接，假缝（折叠针法）。

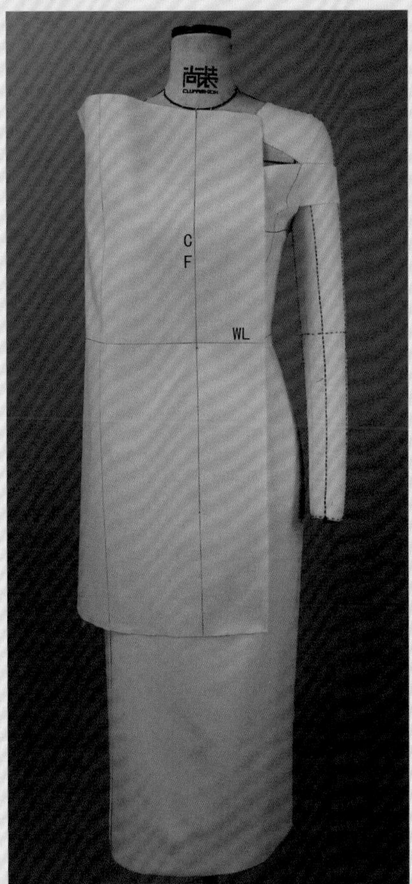

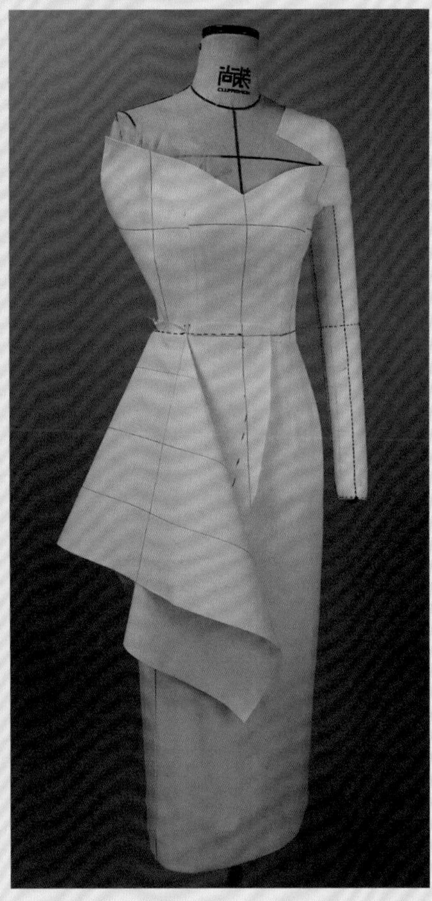

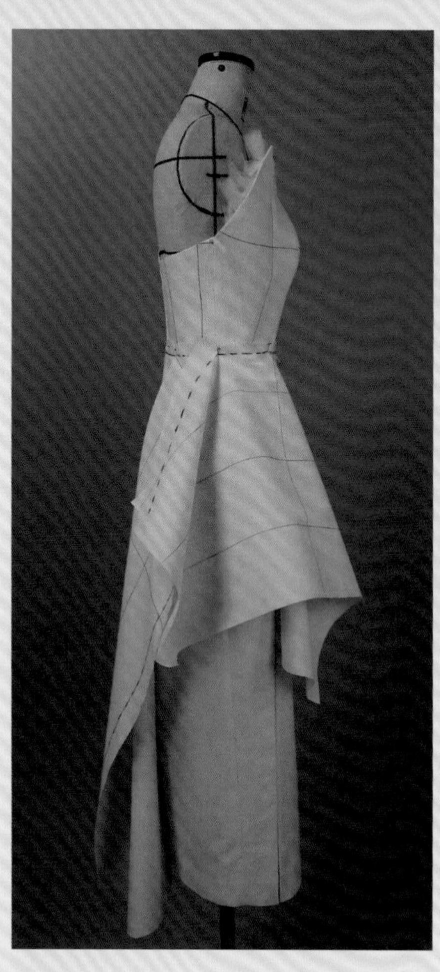

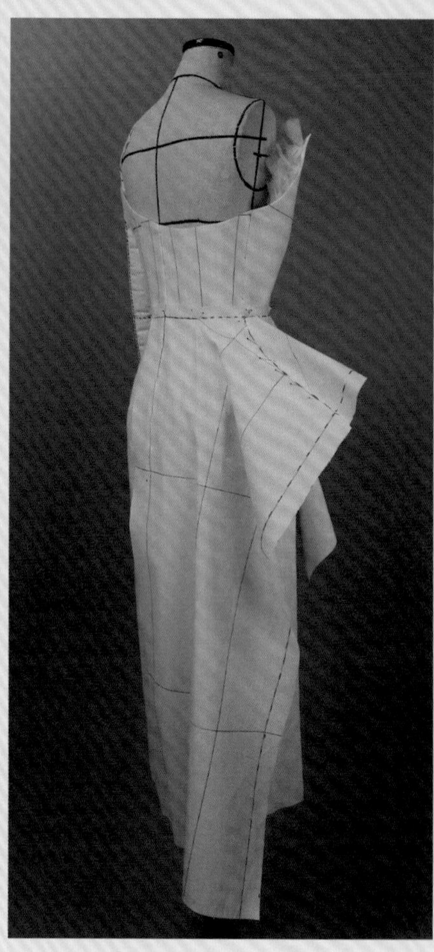

12 将波浪裙的上下部分装配（重叠针法）在一起后观察造型效果，确认无误后检查描点对位是否严谨；准备拓版加内部的衬纱填充材料。

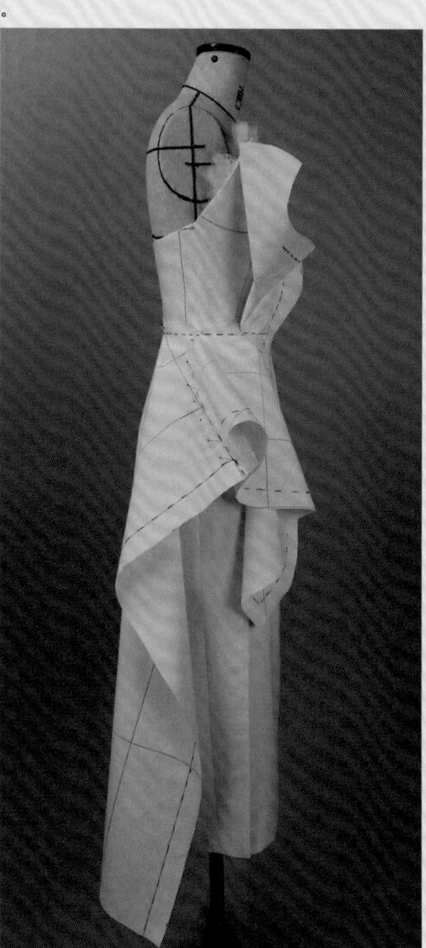

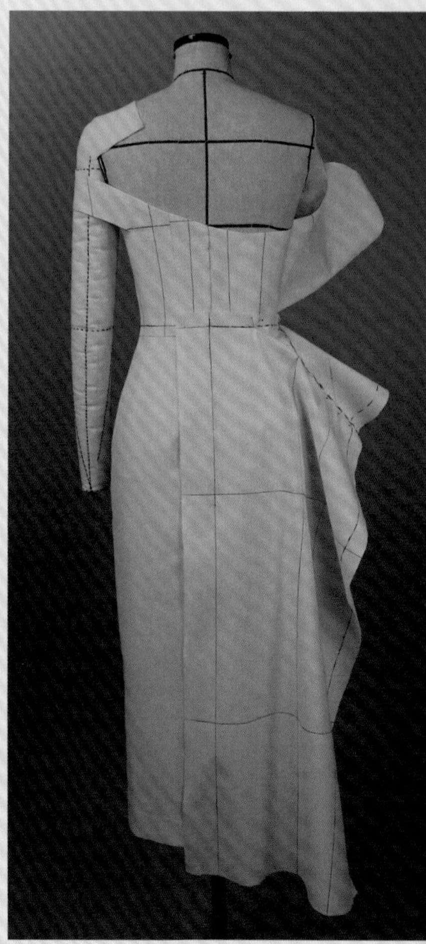

13 将波浪裙的上下部分取下后修顺线条，并重新用坯布拓版加放缝份，准备添加固定内部衬纱材料。

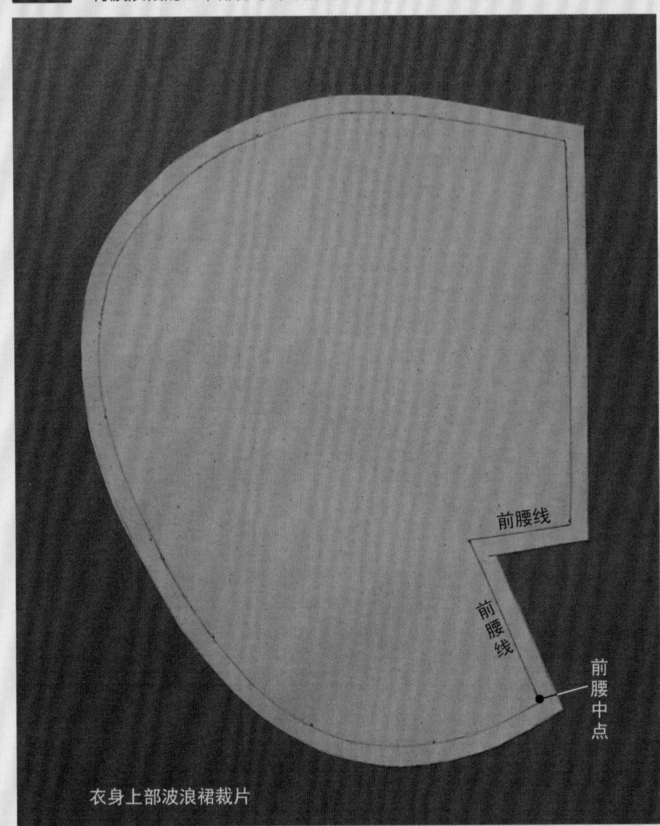

衣身上部波浪裙裁片

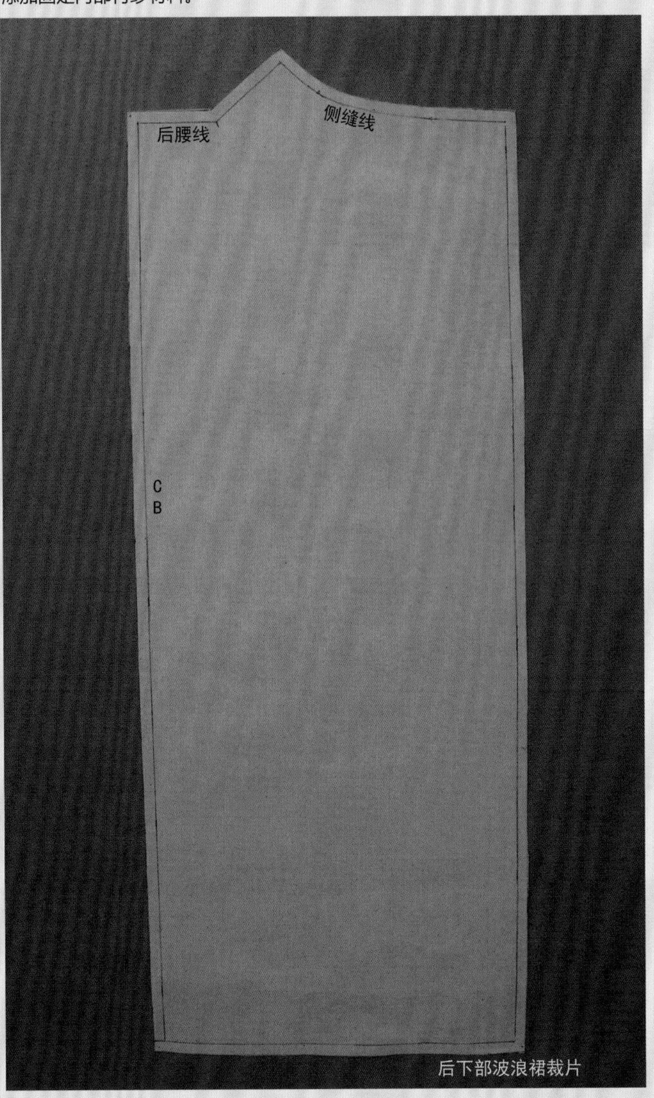

后下部波浪裙裁片

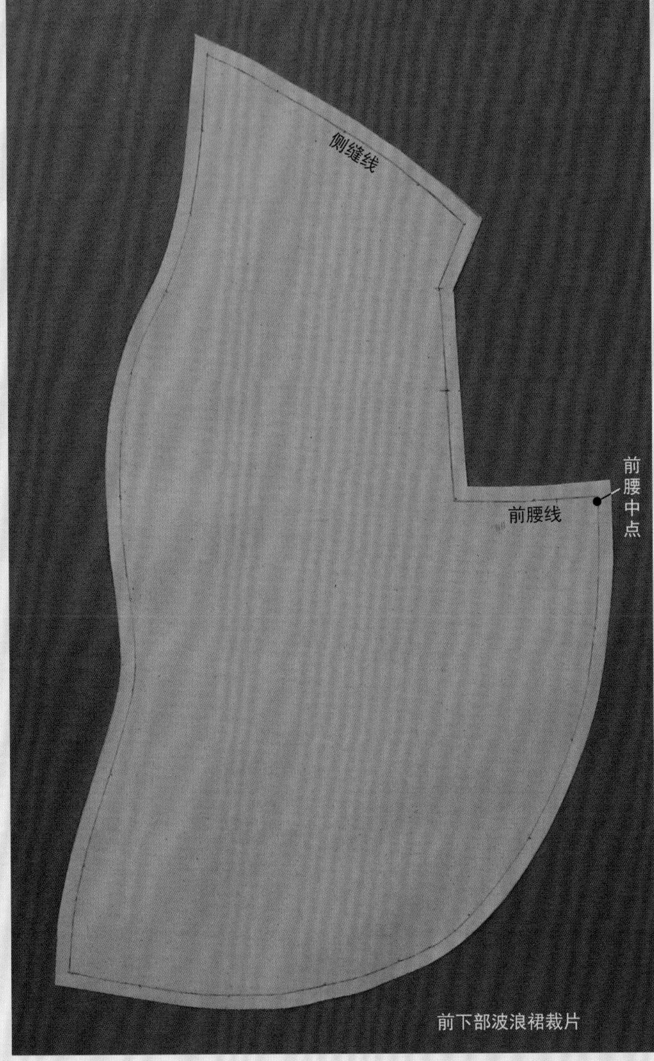

前下部波浪裙裁片

14 如图所示，将内部衬纱材料用手缝针或缝纫机固定在各裁片上。

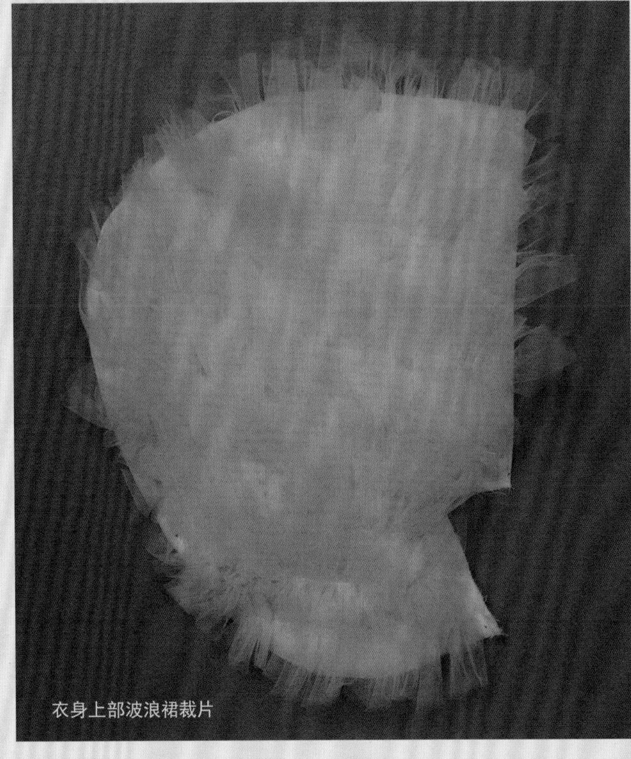
衣身上部波浪裙裁片

前下部波浪裙裁片

后下部波浪裙裁片

- **假缝完成效果**

将添加完衬纱后的波浪裙上下部分重新装配在衣身上，观察整体效果。

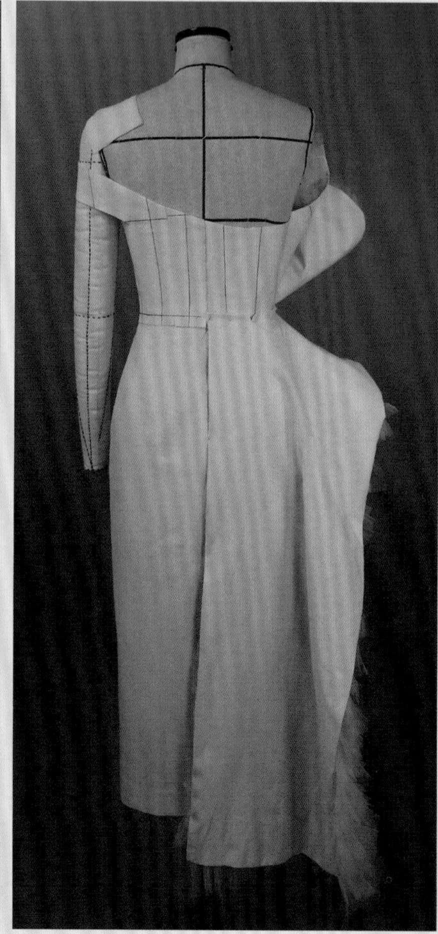

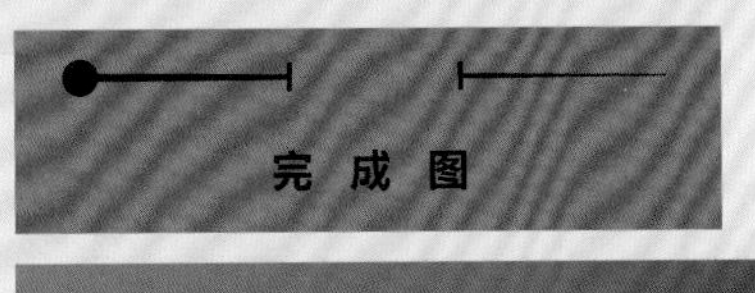
完成图

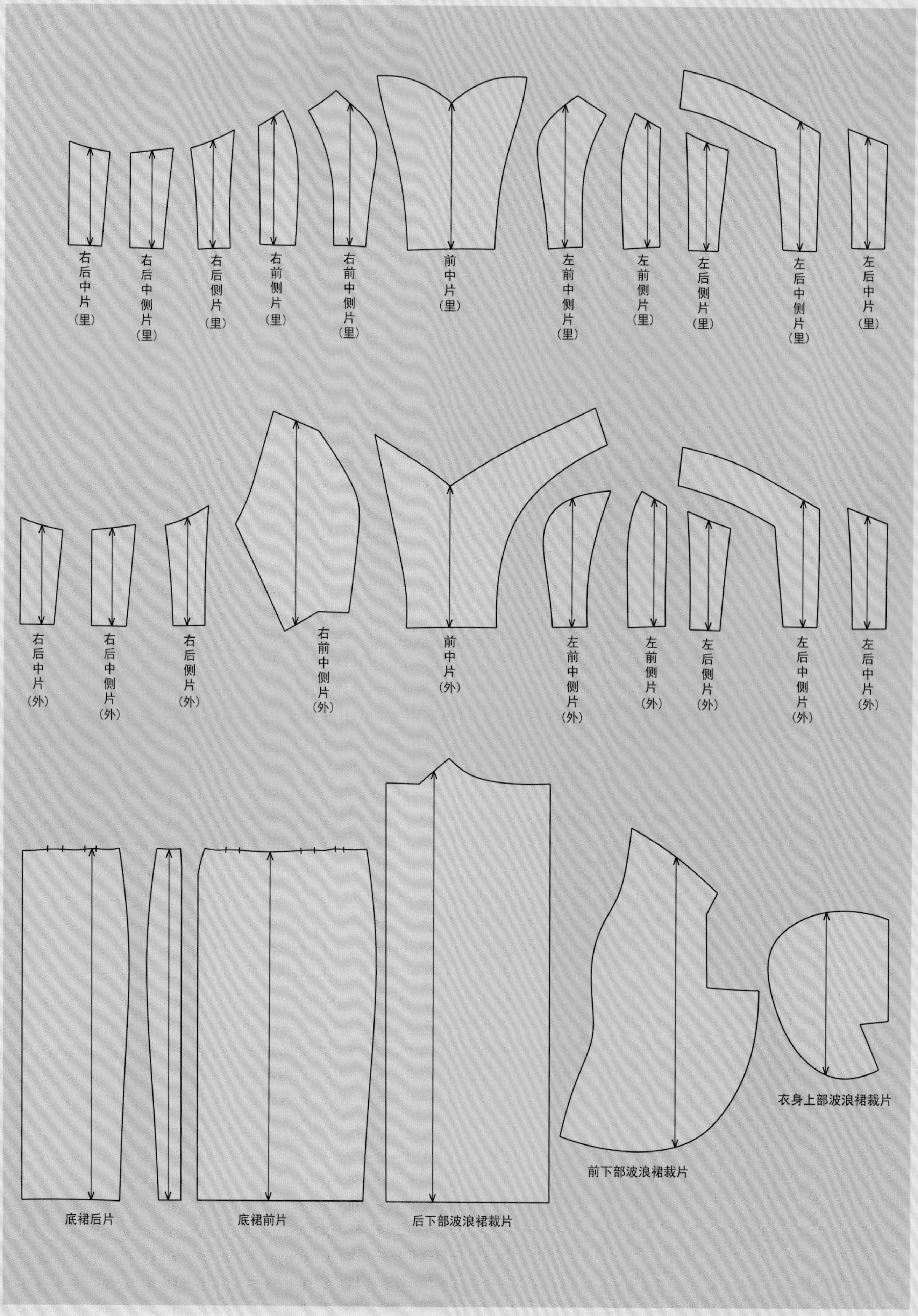

右后中片（里）　右后中侧片（里）　右后侧片（里）　右前侧片（里）　右前中侧片（里）　前中片（里）　左前中侧片（里）　左前侧片（里）　左后侧片（里）　左后中侧片（里）　左后中片（里）

右后中片（外）　右后中侧片（外）　右后侧片（外）　右前中侧片（外）　前中片（外）　左前中侧片（外）　左前侧片（外）　左后侧片（外）　左后中侧片（外）　左后中片（外）

前下部波浪裙裁片

衣身上部波浪裙裁片

底裙后片　底裙前片　后下部波浪裙裁片

解构风格之风衣

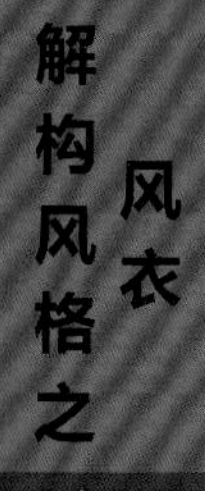

款式描述

西服领、落肩袖，单件为A型衣身；两件套，后背与前侧缝连体设计。

练习重点

- 此款立裁在技术上属于常规方法，并无特殊之处；将两件套后背、前侧缝相连成为一件成衣的设计重在拓宽学习者的思维，是打散构成设计的典型案例。

材料准备

- 人台（不限定号型）。
- 宽0.3cm纯棉织带。
- 专业立裁针、剪刀、人台手臂、垫肩。
- 520cm×520cm纯棉坯布。
- 马克笔（或4B铅笔）、三色圆珠笔。
- 推版尺、多功能尺、皮尺。
- 粘合衬嵌条。

画布指示图

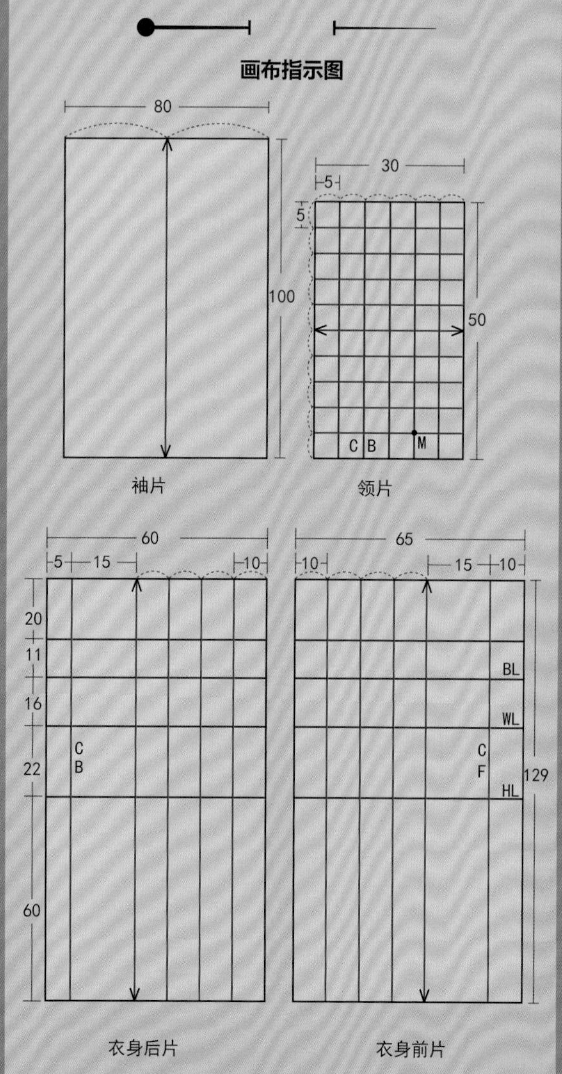

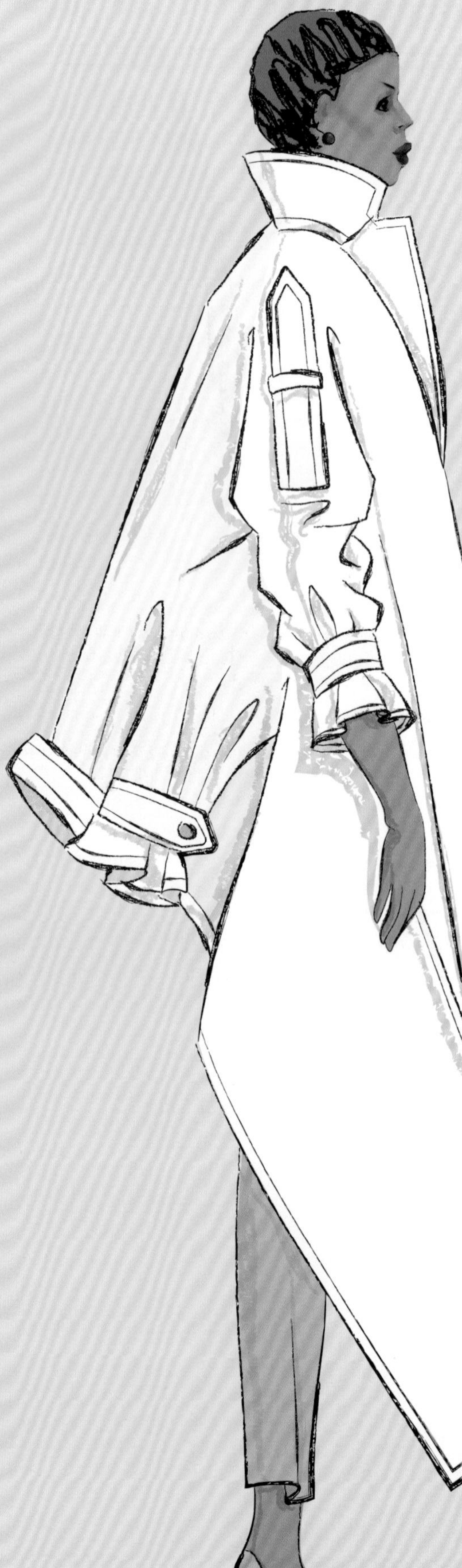

- **人台准备**

此款式需要装配立裁用手臂，并配合圆形垫肩。作标线的部位：前、后领口线，穿口线，驳口线，领外口线，前止口线，前、后小肩线。

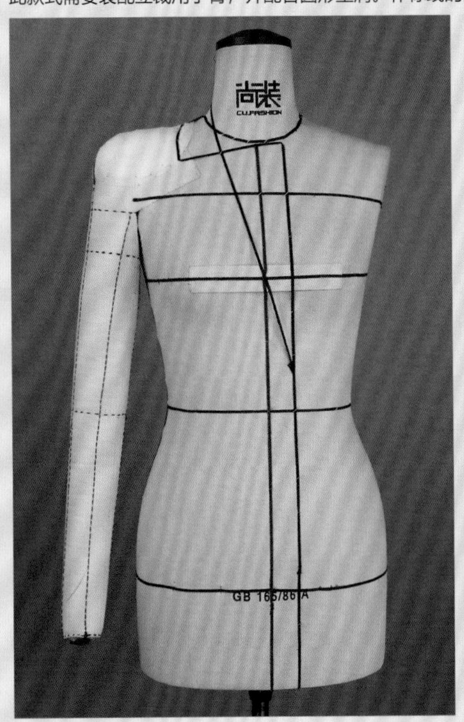

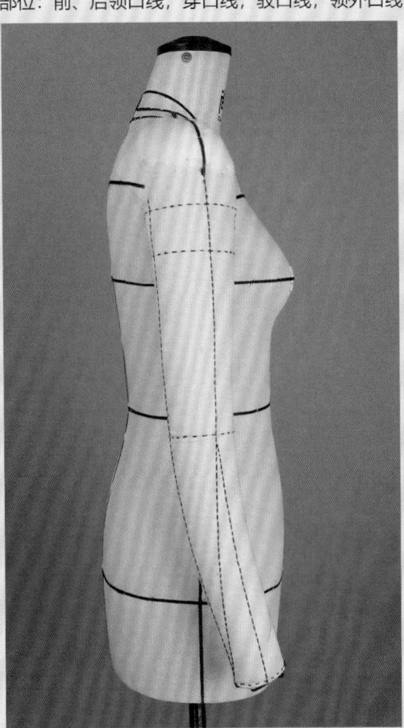
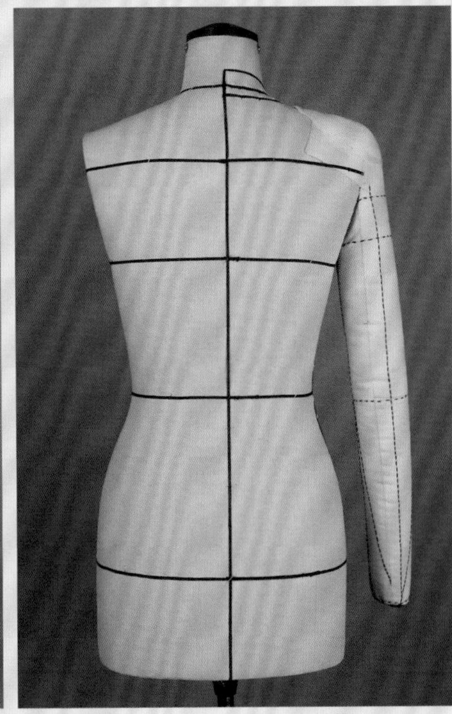

- **款式制作**

1

前片制作：衣身前片基础布的臀围线与前中线交点处下针固定人台的相对应部位，确保各辅助线的水平与垂直；将前颈点与两侧BP点用点针固定，准备转撇胸。

2

将前颈点固定丝道针取下，进行转撇胸操作，并对新的前中线进行描点；由前颈点向肩颈点方向均匀打剪口，在肩颈点固定大头针后轻提肩端处余布，并用大头针固定肩端点；调整前胸围松量后调整前袖肥松量，确定落肩位置并对肩袖缝描点；清剪肩袖缝处余布。

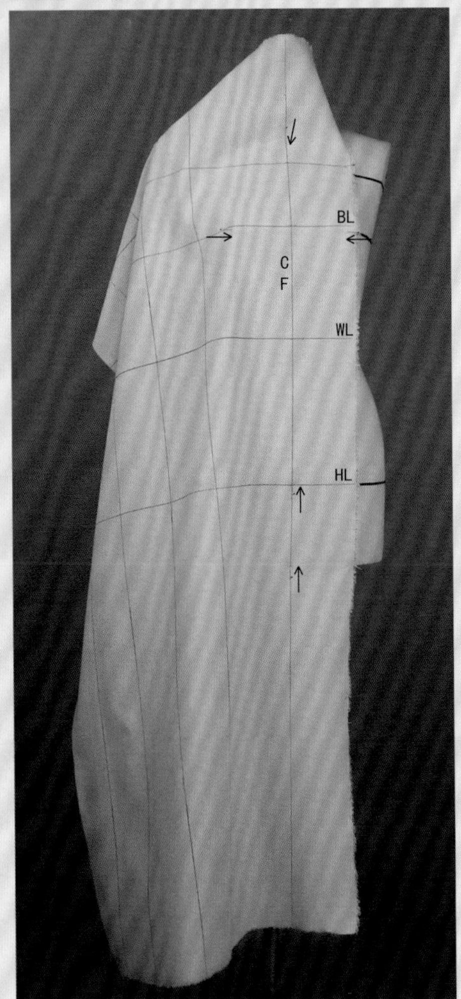

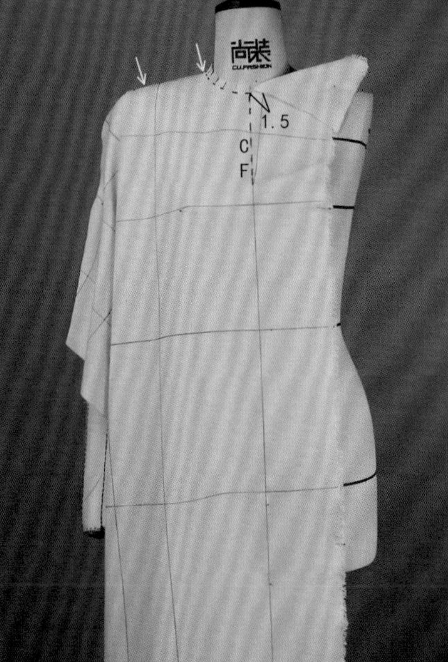

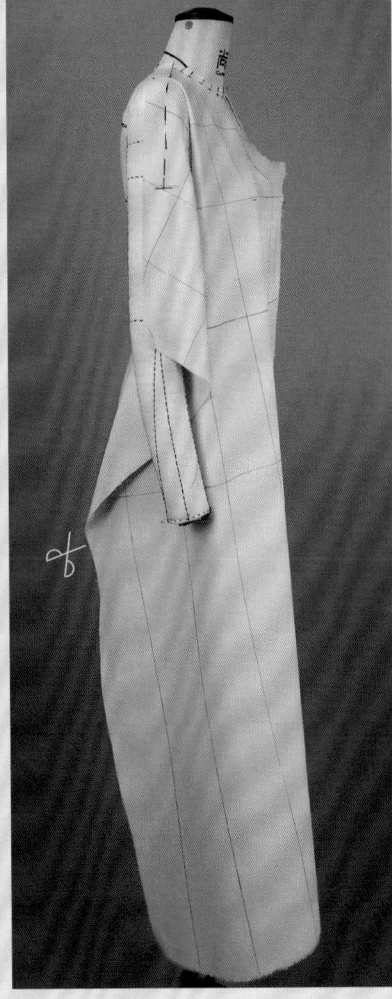

3 在后身处前片基础布对折印上打剪口至前袖窿深腋点；使用皮尺由腋点向下作垂线并对侧缝描点，留5cm缝边后清剪余布，并用大头针固定余布，准备作后片。

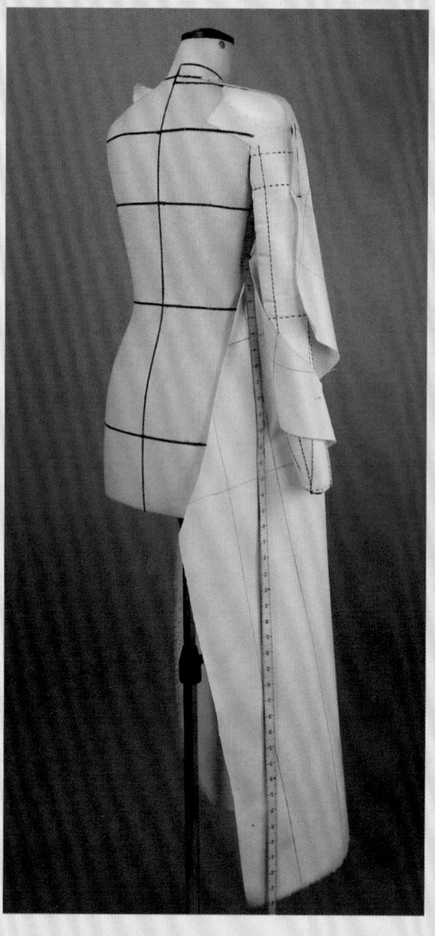

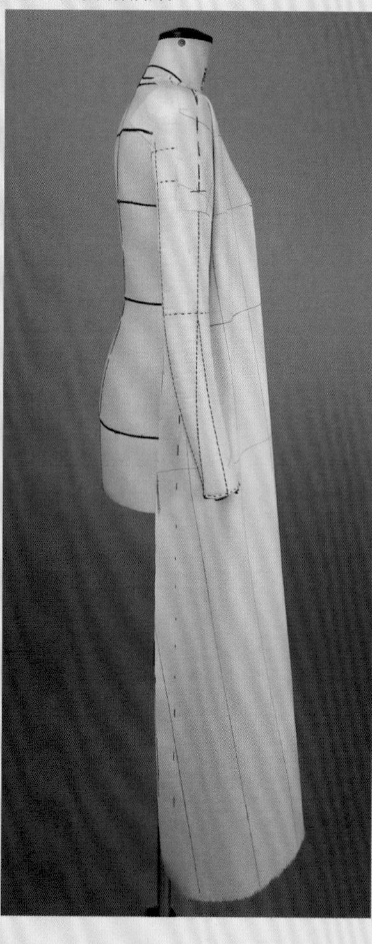

4 后片制作：衣身后片基础布的臀围线与后中线交点处下针固定人台的相对应部位，确保各辅助线的水平与垂直；将后颈点与背宽余布处及人台底摆和后中交点处用点针固定。

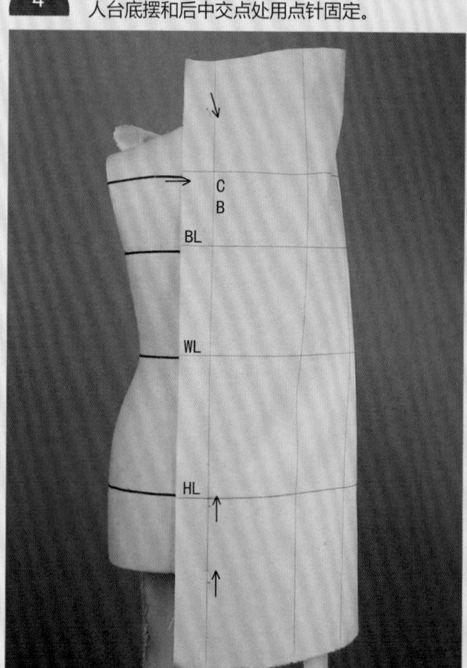

5 由后颈点至肩颈点打剪口，剪出后领口线并在肩颈点处下针固定，顺势用大头针固定肩端点，并调整后胸围松量与后袖肥松量，观察无误后沿肩袖缝线反向刮折，清剪余布，用大头针假缝（折叠针）；对后领口、肩缝线、落肩点、后腋点描点。

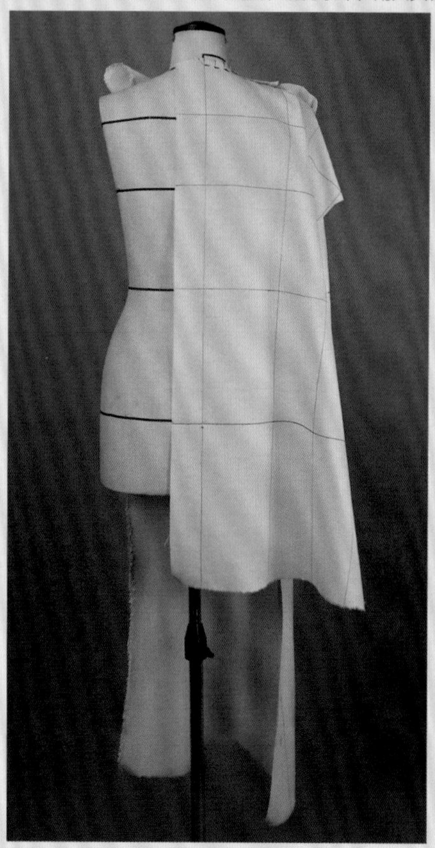

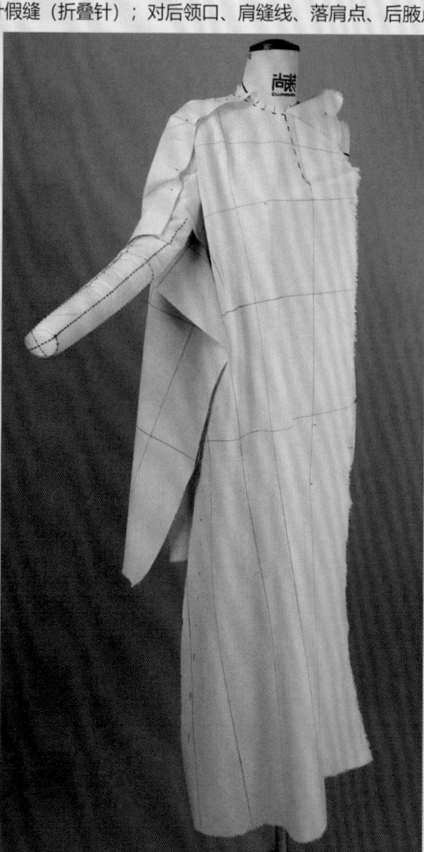

6 将描好点的前后片上的大头针取下，前后身片铺平，修顺归纳描点的线条并绘制前后袖窿弧线与袖子（绘制方法可参考本册书第116~118页"宽松落肩袖大衣"中的第10-1~12-2步骤；此款袖子无后袖肘省断缝线），预留缝边，清剪余布。在CF线基础上加搭门量画出前止口线与前翻领领角造型线。由后腋点向CB作垂直线，以此线为对称轴，如图所示将后中线（CB）、后领口线、肩袖缝线、后袖窿线对称复制。

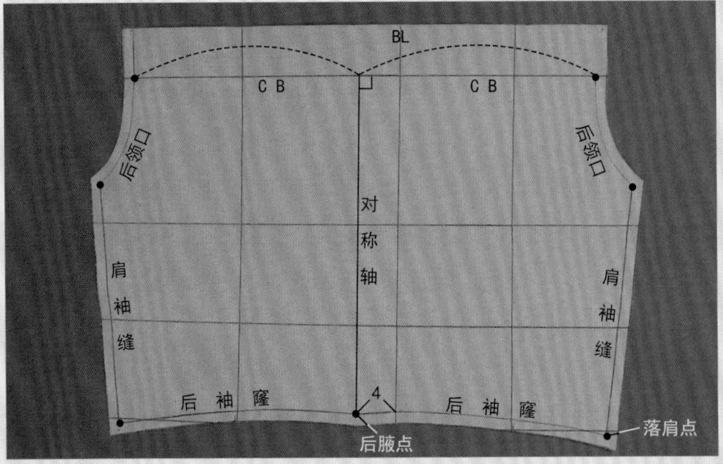

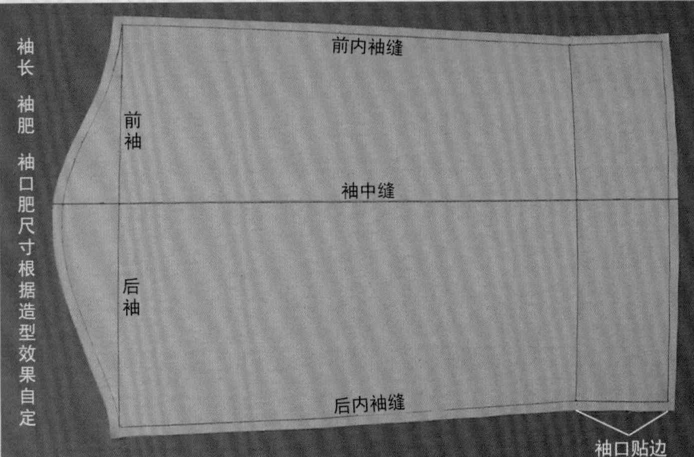

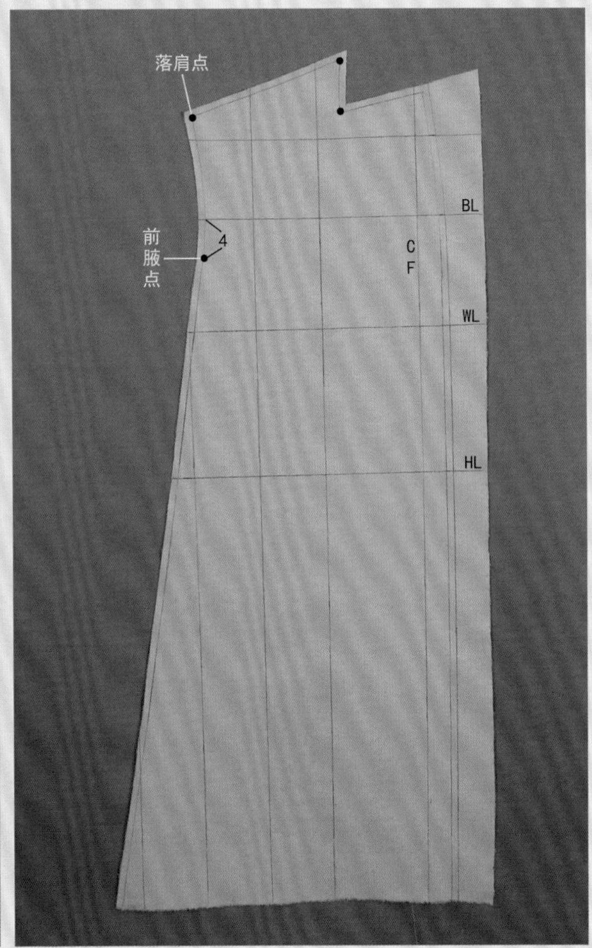

7 将复制好的完整后衣身与前衣身的肩袖缝用大头针假缝，准备假缝袖子与立裁领子。

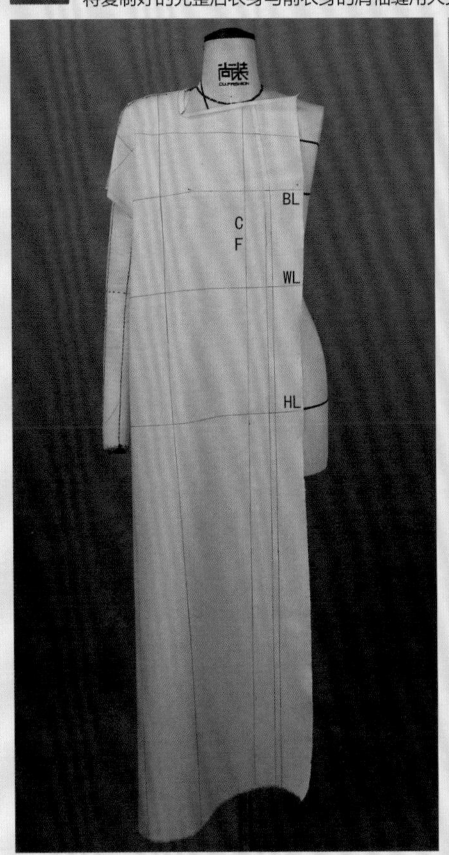

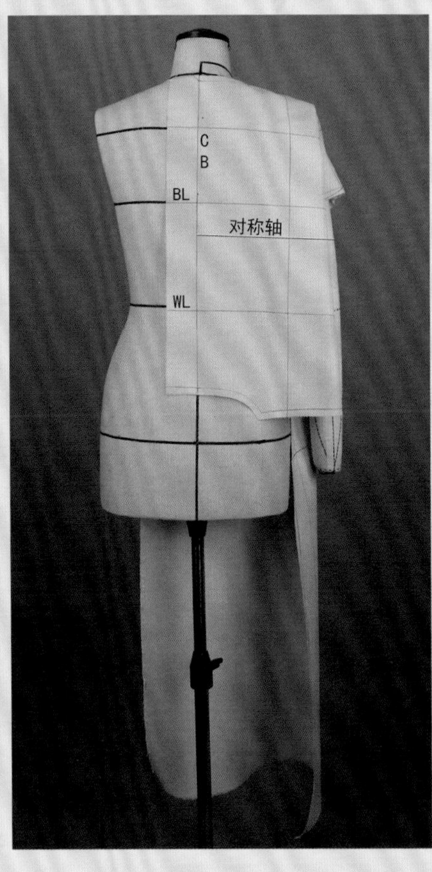

8 将袖子与衣身进行大头针假缝，假缝方法可参考本册书第119~120页"宽松落肩袖大衣"中的第13~14步骤。立裁西服领的方法可参考本系列丛书《尚装服装讲堂•服装立体裁剪Ⅰ》第164~173"西服领"立裁中的第6~20步骤。领袖与衣身假缝装配好后观察其效果有无问题，确定无误后复制左右全部裁片的两套并配好肩章、袖襻、扣子、穿带等配件，准备进行完整成衣的组合。

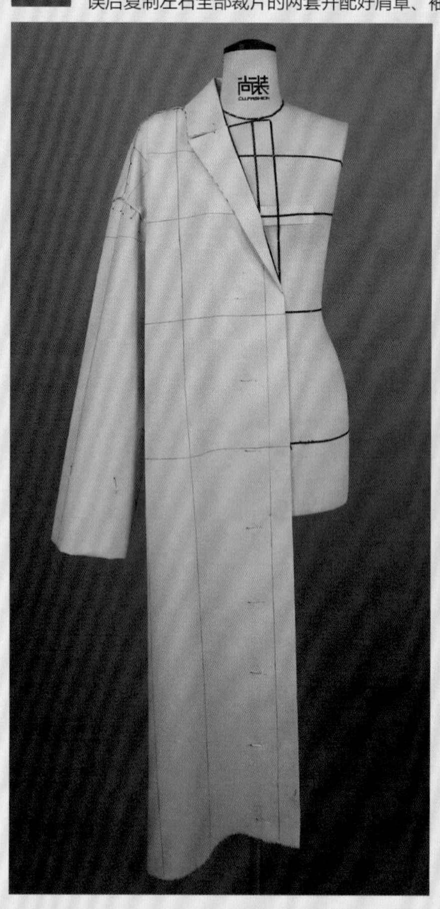

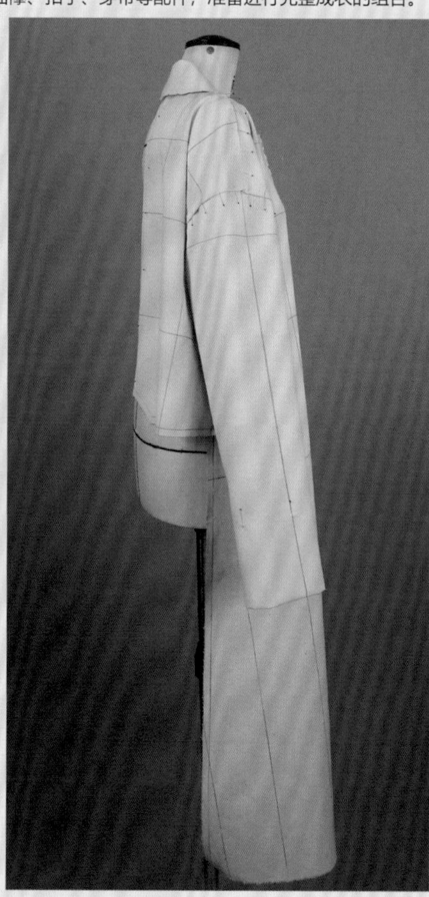

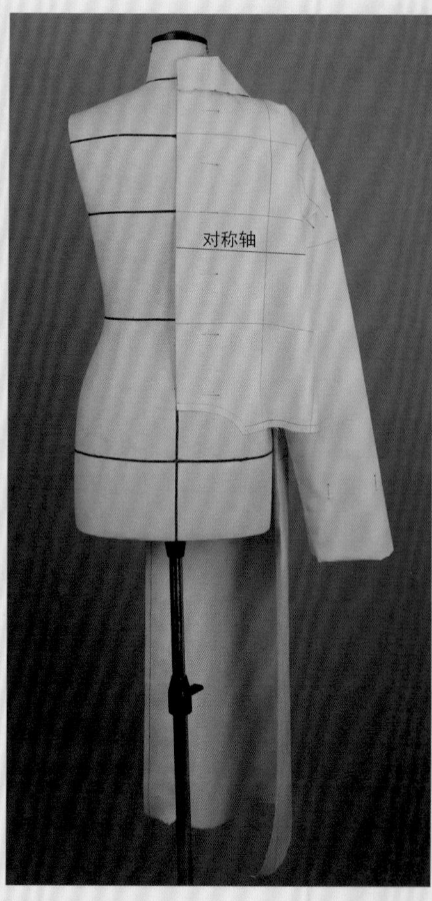

9 成衣组合完成后的效果。

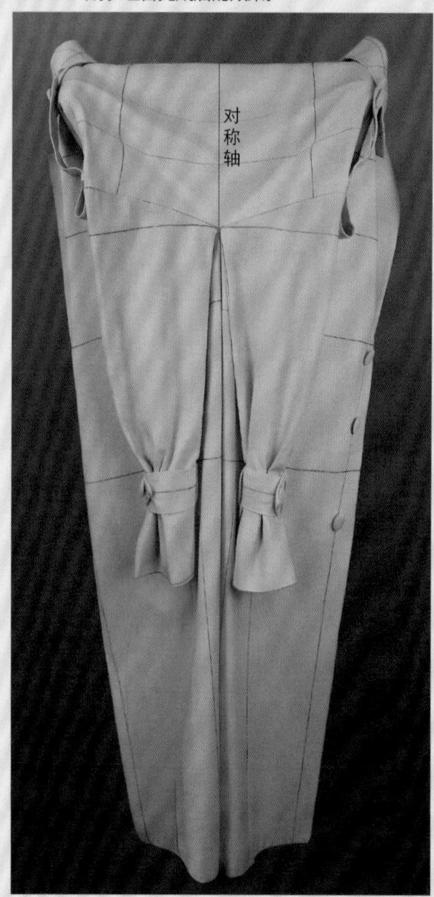

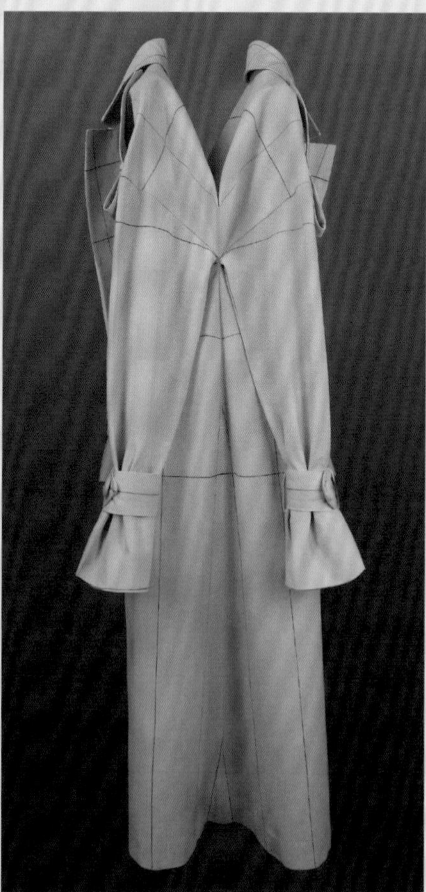

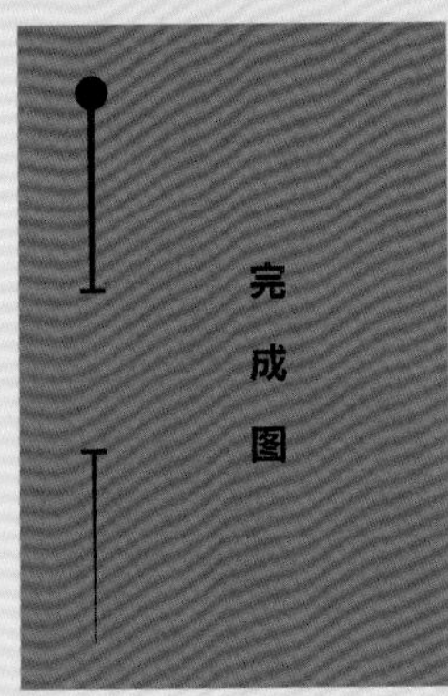

完成图

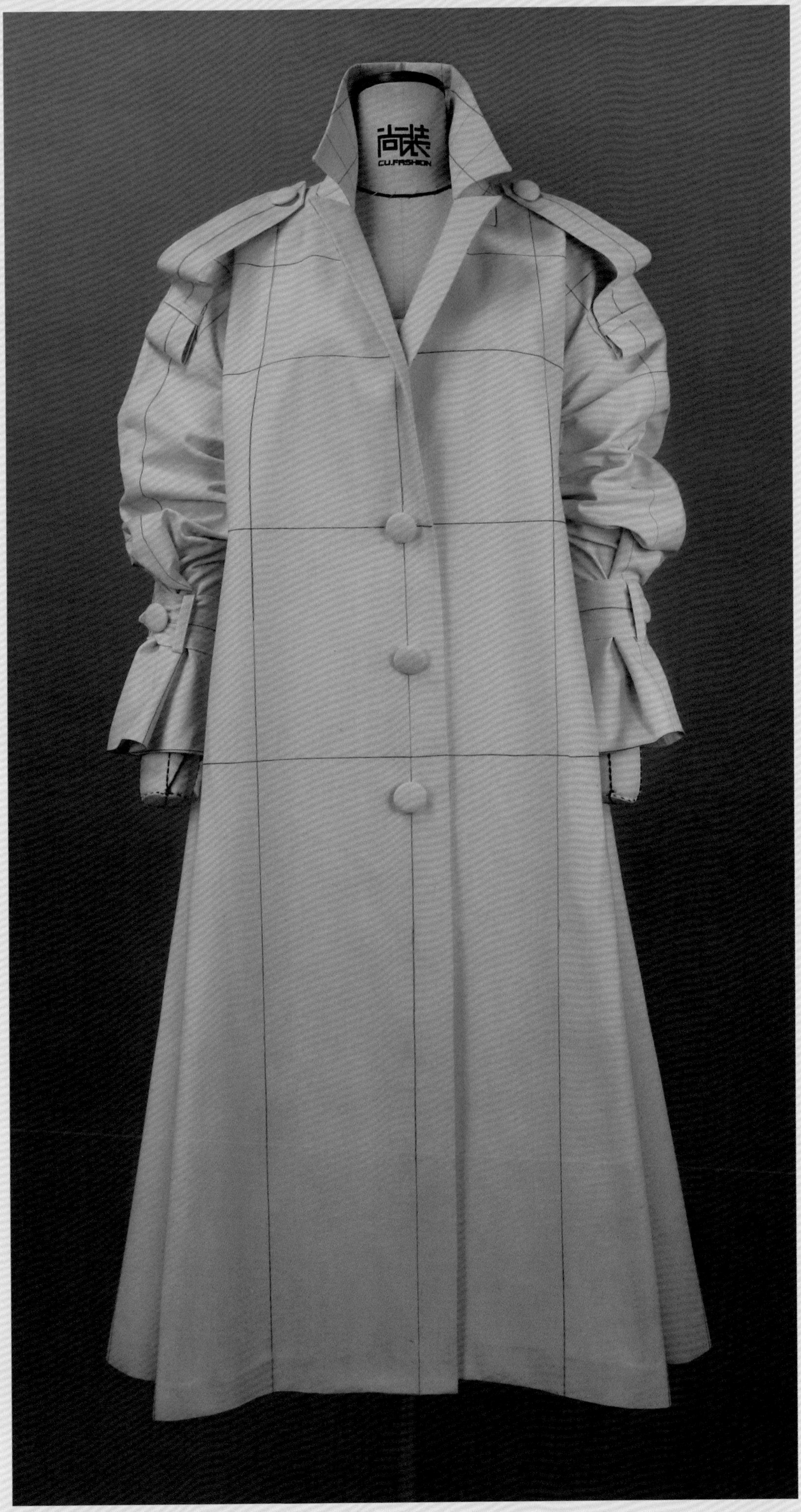

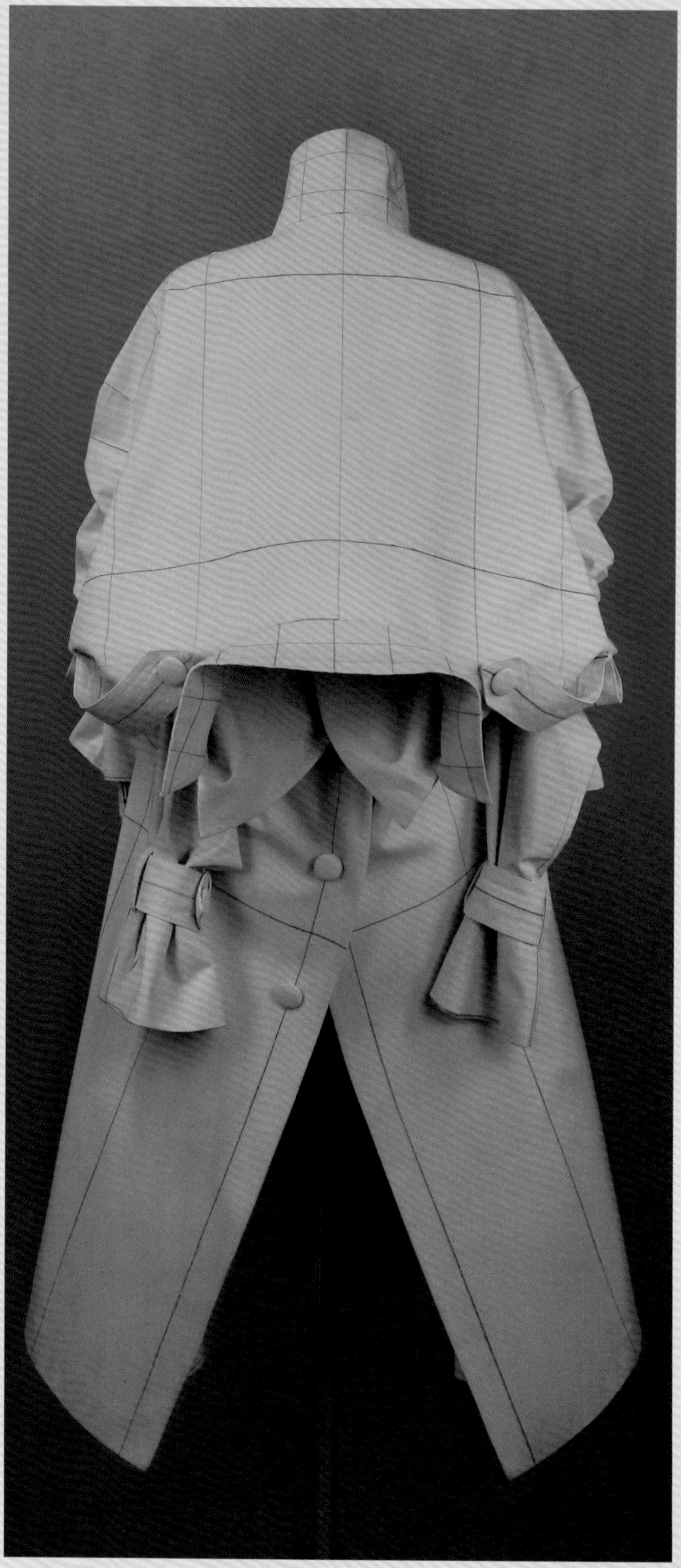

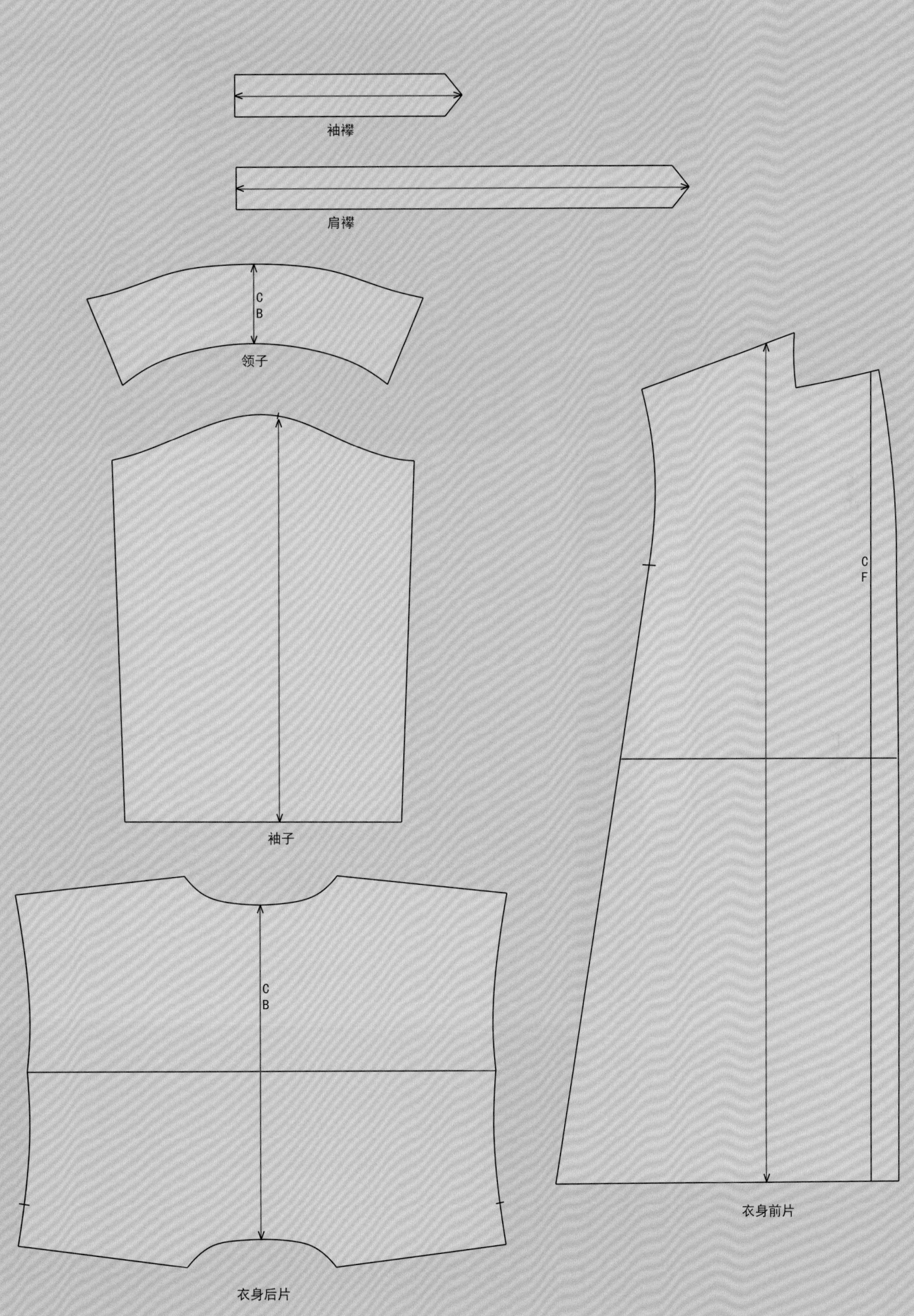
袖襻
肩襻
C
B
领子
袖子
C
B
衣身后片
C
F
衣身前片

致 谢

时至今日，中国的服装立体剪裁技术日渐成熟，我想这是一代又一代从业者们的共同付出才会有今日的成就。

《尚装服装讲堂·服装立体裁剪Ⅰ·Ⅱ》这套书自著作之初就得到了很多前辈与同行的帮助与支持。尤其要感谢尚装服装讲堂的各位教师，从款式制作、拍照、文字编写、图片修改、排版到时装画的绘制等等，都是她们在背后落实与推动。

此书的成形决非一人之力，是一个团队所有成员心血的结晶。

同时更加感谢东华大学出版社的谢未编辑，因她的帮助此书才得以出版。

崔学礼

2020年6月18日